U0163727

中国工程院重大咨询研究项目

"中国进出口食品安全国际共治发展战略研究"项目组

中国进出口食品安全国际共治发展战略研究

庞国芳　主编

科学出版社

北　京

内 容 简 介

"中国进出口食品安全国际共治发展战略研究"是中国工程院重大咨询研究项目,该项目由中国工程院庞国芳院士任组长,16 位院士领衔参加,20 多家单位 170 多位专家共同参与研究。本书是该项目成果,总结了新形势下我国进出口食品安全现状,系统分析了现阶段我国进出口食品安全主要问题及发达国家和地区进出口食品安全监管策略与措施,提炼了我国进出口食品安全国际共治发展战略构想与建议。全书共分 12 章,包括:国际食品产业科技创新发展战略研究,中国进出口食品安全战略研究,中国食品进出口贸易战略研究,"一带一路"共建国家环境基准发展战略研究,国际农业资源禀赋、农产品生产与贸易前景分析,国际食品微生物安全科学大数据战略研究,国际食品微生物安全检测战略研究,中国进出口食品生物安全战略研究,食品真实性与溯源技术国际联盟构建战略研究,跨境电商食品安全保障与监管措施战略研究,进出口食品安全质量基础设施战略研究,食品安全重点领域专利发展战略研究。

本书可为推进食品安全国际共治提供指导和借鉴,推动我国进出口食品安全水平进一步提升,提高贸易便利化水平,更好地利用全球资源满足我国食品消费需求,保障消费者健康。本书对食品安全管理相关的各级政府部门具有重要参考价值,同时可供食品生产、科研、教育及社会公众等了解食品安全现状参考使用。

图书在版编目(CIP)数据

中国进出口食品安全国际共治发展战略研究 / 庞国芳主编. —北京:科学出版社,2024.2

中国工程院重大咨询研究项目
ISBN 978-7-03-076985-5

Ⅰ. ①中… Ⅱ. ①庞… Ⅲ. ①进出口商品－食品安全－研究－中国 Ⅳ. ①TS201.6

中国国家版本馆 CIP 数据核字(2023)第 220697 号

责任编辑:杨 震 刘 冉 / 责任校对:杜子昂
责任印制:徐晓晨 / 封面设计:北京图阅盛世

科学出版社 出版
北京东黄城根北街 16 号
邮政编码:100717
http://www.sciencep.com
北京建宏印刷有限公司 印刷
科学出版社发行 各地新华书店经销
*
2024 年 2 月第 一 版 开本:787×1092 1/16
2024 年 2 月第一次印刷 印张:35 1/4
字数:830 000
定价:198.00 元
(如有印装质量问题,我社负责调换)

《中国进出口食品安全国际共治发展战略研究》

编写委员会

主要研究人员名单

项　目　组

顾　问：曲久辉　中国科学院生态环境研究中心，中国工程院院士

郝吉明　清华大学，中国工程院院士

刘　旭　中国工程院，中国工程院院士/原副院长

范维澄　清华大学，中国工程院院士

夏咸柱　中国人民解放军军事医学科学院军事兽医研究所，中国工程院院士

陈克复　华南理工大学，中国工程院院士

陈焕春　华中农业大学，中国工程院院士

尹伟伦　中国工程院，中国工程院院士

侯立安　第二炮兵工程设计研究院，中国工程院院士

谢剑平　中国烟草总公司郑州烟草研究院，中国工程院院士

郑静晨　中国人民武装警察部队总医院，中国工程院院士

刘文清　中国科学院合肥物质科学研究院，中国工程院院士

朱蓓薇　大连工业大学，中国工程院院士

杨志峰　北京师范大学，中国工程院院士

沈建忠　中国农业大学，中国工程院院士

孟素荷　中国食品科学技术学会，名誉理事长/正高级工程师

陈萌山　国家食物与营养咨询委员会，主任/研究员

郎志正　国务院原参事

任玉岭　全国政协原常委、国务院资深参事

张晓刚　国际标准化组织（ISO），前主席

蒲长城　原国家质量监督检验检疫总局，原副局长

边振甲　中国营养保健食品协会，会长

贾敬敦　科学技术部火炬高技术产业开发中心，原主任/研究员

金发忠　中国绿色食品发展中心，主任/研究员

段永升　国家市场监督管理总局产品质量安全监督管理司，司长

戴小枫　中国农业科学院农产品加工研究所，原所长/研究员

于　军　国家市场监督管理总局新闻宣传司，司长

张志强　国家卫生健康委员会食品司，原副司长/研究员

　　　　　　王东阳　农业农村部食物与营养发展研究所，研究员
组　　长：庞国芳　中国检验检疫科学研究院，中国工程院院士
副 组 长：孙宝国　北京工商大学，中国工程院院士
　　　　　　魏复盛　中国环境监测总站，中国工程院院士
　　　　　　陈君石　国家食品安全风险评估中心，中国工程院院士
　　　　　　沈昌祥　北京工业大学，中国工程院院士
　　　　　　吴清平　广东省科学院微生物研究所，中国工程院院士
　　　　　　吴丰昌　中国环境科学研究院，中国工程院院士
成　　员：陈　坚　江南大学，中国工程院院士
　　　　　　陈　卫　江南大学，中国工程院院士
　　　　　　任发政　中国农业大学，中国工程院院士
　　　　　　谢明勇　南昌大学，中国工程院院士
　　　　　　胡　浩　南京农业大学，教授
　　　　　　方　向　中国计量科学研究院，院长/研究员
　　　　　　陈　颖　中国检验检疫科学研究院，副院长/研究员
　　　　　　朱水芳　中国检验检疫科学研究院，首席科学家/研究员
　　　　　　余　强　南昌大学，教授
　　　　　　吴永宁　国家食品安全风险评估中心，技术总师/研究员
　　　　　　王　静　北京工商大学，教授
　　　　　　王守伟　北京食品科学研究院，正高级工程师
　　　　　　钱　和　江南大学，教授
　　　　　　段小丽　北京科技大学，教授
　　　　　　赵晓丽　中国环境科学研究院，研究员
　　　　　　郭波莉　中国农业科学院农产品加工研究所，研究员
　　　　　　唐　恒　江苏大学知识产权学院，院长/教授
　　　　　　万益群　南昌大学，教授
　　　　　　谢建华　南昌大学，研究员
　　　　　　常巧英　中国检验检疫科学研究院，高级工程师
　　　　　　宁振虎　北京工业大学，研究员
　　　　　　白若镔　中原食品实验室，高级工程师
　　　　　　徐建中　河北大学，教授

课 题 组

第1章　国际食品产业科技创新发展战略研究

组　　长：孙宝国　北京工商大学，中国工程院院士

成　　员：王　静　北京工商大学，教授
　　　　　倪国华　北京工商大学，教授
　　　　　刘英丽　北京工商大学，教授
　　　　　张慧娟　北京工商大学，教授
　　　　　孙金沅　北京工商大学，研究员
　　　　　颜国政　中粮营养健康研究院，工程师

第 2 章　中国进出口食品安全战略研究

组　　长：王守伟　北京食品科学研究院，正高级工程师
成　　员：臧明伍　北京食品科学研究院，正高级工程师
　　　　　李　丹　北京食品科学研究院，高级工程师
　　　　　张凯华　北京食品科学研究院，高级工程师
　　　　　李笑曼　北京食品科学研究院，工程师
　　　　　张哲奇　北京食品科学研究院，工程师
　　　　　张睿梅　北京食品科学研究院，工程师
　　　　　张秀敏　北京食品科学研究院，工程师

第 3 章　中国食品进出口贸易战略研究

组　　长：陈　坚　江南大学，中国工程院院士
　　　　　陈　卫　江南大学，中国工程院院士
成　　员：钱　和　江南大学，教授
　　　　　郭亚辉　江南大学，副教授

第 4 章　"一带一路"共建国家环境基准发展战略研究

组　　长：魏复盛　中国环境监测总站，中国工程院院士
　　　　　吴丰昌　中国环境科学研究院，中国工程院院士
成　　员：段小丽　北京科技大学，教授
　　　　　赵晓丽　中国环境科学研究院，研究员
　　　　　周志祥　北京工业大学，副教授
　　　　　陈月芳　北京科技大学，副教授
　　　　　曹素珍　北京科技大学，副教授
　　　　　秦　宁　北京科技大学，副教授
　　　　　王贝贝　北京科技大学，讲师
　　　　　齐　玲　北京科技大学，讲师

第5章　国际农业资源禀赋、农产品生产与贸易前景分析

组　　长：周光宏　南京农业大学国家肉品质量安全控制工程技术研究中心，主任/教授

　　　　　胡　浩　南京农业大学，教授

成　　员：王学君　南京农业大学，教授

　　　　　虞　祎　南京农业大学，副教授

　　　　　万　悦　南京农业大学，博士研究生

　　　　　戈　阳　南京农业大学，博士研究生

　　　　　江光辉　南京农业大学，博士研究生

　　　　　陈子豪　南京农业大学，博士研究生

　　　　　梁宇亮　南京农业大学，博士研究生

第6章　国际食品微生物安全科学大数据战略研究

组　　长：吴清平　广东省科学院微生物研究所，中国工程院院士

　　　　　张菊梅　广东省科学院微生物研究所，研究员

成　　员：马连营　广东省科学院微生物研究所，正高级工程师

　　　　　薛　亮　广东省科学院微生物研究所，研究员

　　　　　陈谋通　广东省科学院微生物研究所，研究员

　　　　　蔡淑珍　广东省科学院微生物研究所，高级工程师

　　　　　叶青华　广东省科学院微生物研究所，副研究员

　　　　　吴　诗　广东省科学院微生物研究所，副研究员

　　　　　古其会　广东省科学院微生物研究所，副研究员

　　　　　庞　锐　广东省科学院微生物研究所，副研究员

　　　　　宋仲戬　广东省科学院微生物研究所，工程师

　　　　　杜　娟　广东省科学院微生物研究所，助理研究员

　　　　　李　曼　广东省科学院微生物研究所，助理研究员

第7章　国际食品微生物安全检测战略研究

组　　长：陈　颖　中国检验检疫科学研究院，副院长/研究员

成　　员：王　婷　中国检验检疫科学研究院，研究员

　　　　　赵晓美　中国检验检疫科学研究院，助理研究员

　　　　　赵贵明　中国检验检疫科学研究院，研究员

　　　　　张九凯　中国检验检疫科学研究院，副研究员

　　　　　黄文胜　中国检验检疫科学研究院，研究员

杨海荣　中国检验检疫科学研究院，高级工程师
姬庆龙　中国检验检疫科学研究院，助理研究员

第8章　中国进出口食品生物安全战略研究

组　　长：朱水芳　中国检验检疫科学研究院，首席科学家/研究员
成　　员：潘绪斌　中国检验检疫科学研究院，研究员
　　　　　徐　晗　中国检验检疫科学研究院，研究员
　　　　　王　聪　中国检验检疫科学研究院，副研究员
　　　　　何佳遥　中国检验检疫科学研究院，助理研究员
　　　　　景小艳　中国检验检疫科学研究院，助理研究员
　　　　　丁子玮　中国检验检疫科学研究院，硕士研究生

第9章　食品真实性与溯源技术国际联盟构建战略研究

组　　长：陈君石　国家食品安全风险评估中心，中国工程院院士
　　　　　吴永宁　国家食品安全风险评估中心，技术总师/研究员
成　　员：Patrick Wall　国家食品安全风险评估中心，教授
　　　　　Godefroy Samuel　国家食品安全风险评估中心，教授
　　　　　樊永祥　国家食品安全风险评估中心，中心副主任/研究员
　　　　　陈　艳　国家食品安全风险评估中心，研究员
　　　　　李敬光　国家食品安全风险评估中心，研究员
　　　　　骆鹏杰　国家食品安全风险评估中心，研究员
　　　　　陈　思　国家食品安全风险评估中心，副研究员
　　　　　吕涵阳　国家食品安全风险评估中心，助理研究员
　　　　　王紫菲　国家食品安全风险评估中心，副研究员
　　　　　钟其顶　中国食品发酵工业研究院，正高级工程师
　　　　　王道兵　中国食品发酵工业研究院，正高级工程师
　　　　　武竹英　中国食品发酵工业研究院，高级工程师
　　　　　樊双喜　中国食品发酵工业研究院，高级工程师
　　　　　吴　頔　英国贝尔法斯特女王大学，讲师

第10章　跨境电商食品安全保障与监管措施战略研究

组　　长：郭波莉　中国农业科学院农产品加工研究所，研究员
成　　员：魏益民　中国农业科学院农产品加工研究所，教授
　　　　　张　波　中国农业科学院农产品加工研究所，研究员

张影全　中国农业科学院农产品加工研究所，副研究员
李　明　中国农业科学院农产品加工研究所，副研究员
孙倩倩　中国农业科学院农产品加工研究所，助理研究员
张　磊　中国农业科学院农产品加工研究所，工程师

第11章　进出口食品安全质量基础设施战略研究

组　　长：方　向　中国计量科学研究院，院长/研究员
成　　员：刘　军　中国计量科学研究院，研究员
　　　　　劳嫦娟　中国计量科学研究院，高级工程师
　　　　　徐文见　中国计量科学研究院，助理研究员
　　　　　邓川子　中国计量科学研究院，助理研究员
　　　　　郑华荣　中国计量科学研究院，高级工程师
　　　　　陈岳飞　湖南省计量检测研究院，高级经济师

第12章　食品安全重点领域专利发展战略研究

组　　长：唐　恒　江苏大学知识产权学院，院长/教授
成　　员：韩奎国　江苏大学知识产权学院，副院长
　　　　　包甄珍　江苏汇智知识产权有限公司，副总经理
　　　　　田玉菲　江苏汇智知识产权有限公司，技术总监
　　　　　尹丽梅　江苏汇智知识产权有限公司，项目经理
　　　　　汪　芬　江苏汇智知识产权有限公司，专利代理人
　　　　　李侨飞　江苏汇智知识产权有限公司，专利代理人
　　　　　汪满荣　新结构经济学知识产权研究院，办公室主任
　　　　　何　英　江苏大学知识产权学院，办公室主任
　　　　　陈佳佳　江苏汇智知识产权有限公司，专利代理人
　　　　　侯　进　江苏汇智知识产权有限公司，项目经理
　　　　　石晓花　江苏汇智知识产权有限公司，专利代理人
　　　　　王　磊　江苏汇智知识产权有限公司，项目经理
　　　　　屠志炜　江苏汇智知识产权有限公司，专利代理人
　　　　　冯燕平　江苏汇智知识产权有限公司，专利代理人
　　　　　张明明　江苏汇智知识产权有限公司，专利代理人
　　　　　王军丽　江苏汇智知识产权有限公司，专利代理人

前　言

随着经济的快速发展，我国进口食品消费规模增长迅速，已成为全球最大的进口食品消费国之一，形成了出口五大洲、进口全世界的态势。进口食品成为中国消费者餐桌的重要部分，但其"一头在外"，来源广，品种多，风险因素复杂，安全风险控制任务艰巨，面临极大挑战。

习近平总书记关于构建人类命运共同体的理念传达了中国倡导互利合作、共同发展的理念，这是我国对全球共享未来的愿景。根据进出口食品供应链"跨国"的特点，要把构建人类命运共同体的理念落实在进出口食品安全领域，在新的经济形势下，推动我国进出口食品安全状况持续改善，进出口食品安全国际共治水平不断提升，这不仅是关系到老百姓切身利益的重大民生问题，更关系到国家的声誉与形象。

2019 年 3 月，中国工程院在前期调研和反复酝酿的基础上，启动了"中国进出口食品安全国际共治发展战略研究"重大咨询研究项目（2019-ZD-4）。项目由中国检验检疫科学研究院庞国芳院士任组长，联合食品、农业、环境、信息等领域 16 位院士和 170 多名相关领域专家共同研究。项目设置了六个课题：①"一带一路"共建国家食品产业与食品安全发展战略研究；②"一带一路"共建国家环境基准与农业资源禀赋发展战略研究；③国际食品微生物安全科学大数据库构建战略研究；④应对经济利益驱动造假全球合作与中国引领战略研究；⑤国际食品安全信息化与质量基础发展战略研究；⑥国际食品安全专利与标准体系战略研究。

经过近三年的紧张工作，项目组成员通过文献调研、问卷调查、实地考察、座谈研讨和专题咨询等方式，基本厘清了影响我国进出口食品安全的深层次、根源性制约因素，经过反复研讨和多次修改，提炼了课题研究报告 6 份、中国工程院院士建议 1 份、政协提案 1 份和国际组织 IPPC 报告 1 份，在进出口食品安全国际共治领域取得许多新的认识和重要的研究成果。

项目分别从食品产业、生态环境、农业环境禀赋、信息化与质量基础、电商、生物和微生物安全、食品真实性、专利、标准等角度，全面系统研究了新形势下我国进出口食品安全现状。在各课题和专题研究成果基础上，分析归纳出我国现阶段六类进出口食品安全问题，即：①各国产品产业发展不平衡不充分；②产地环境安全形势不容乐观；③微生物安全风险凸显；④经济利益驱动食品造假现象屡禁不止；⑤进出口食品安全信息化尚处于起步阶段；⑥进出口食品安全监管与标准体系不健全。进一步剖析了我国进出口食品安全问题产生的主要根源，包括：①各国技术创新水平参差不齐；②各国环境基准与农业禀赋各异；③科学大数据库尚未建立；④跨境电商监管不到位；⑤"信息孤岛"问题严重；⑥进出口食品安全监管体系不完善；等等。基于国际食品贸易现状和未来发展趋势，对我国进出口食品安全风险研判如下："一带一路"共建国家之间合作持续加深，各国环境基准和农业禀赋差异凸显，进出口食品微生物安全风险日益严重，跨境电商成为进出口食品重要渠道，进出口食品技术性贸易壁垒加剧等问题短期内难以改观。基于上述基本判断，充分借鉴发达国家和地区进出口食品安全治理先进经验，项目研究提出我国进出口食品安全国际共治的战略目标，即：力争到 2035 年，"一带一路"共建国家食品产业国际合作密切，全球食品安全的环境基准体系基本统一，国际食品微生物安全科学大数据库基本建成，经济利益驱动食品造假率显著降低，国际食品安全监管信息化水平明显增强，食品安全国际共治新格局基本形成；到 2050 年，实现进出口食品安全国际共治，全球食品安全与健康命运共同体理念深入人心。同时，提出实现该战略目标的战略重点，尤其是推进我国进出口食品安全的六项重大建议：一是深化"一带一路"共建国家的食品产业国际合作；二是构建全球食品安全的环境基准体系；三是构建国际食品微生物安全科学大数据库；四是加强应对经济利益驱动型掺假（EMA）风险全球合作；五是完善国际食品安全监管信息化与标准体系；六是构建食品安全国际共治新格局。

希望本书的出版能够为进出口食品安全国际共治提供指导和借鉴，推动我国进出口食品安全水平进一步提升，提高贸易便利化水平，更好地利用全球资源满足我国食品消费需求，保障消费者健康。在本书中，尽量确保支撑数据的权威性和时效性，绝大部分数据采用国内外官方数据，但仍有部分数据尚无法实时更新，敬请广大读者谅解。

项目组力求将七位院士任组长的六个课题、20 多家单位 170 余位专家参与的中国工程院重大咨询研究项目的丰硕成果，翔实地呈现给大家，但受水平所限，不妥之处在所难免，敬请广大读者批评指正。

"中国进出口食品安全国际共治发展战略研究"项目组
2023 年 2 月

目　　录

摘要 ·· 1

第 1 章　国际食品产业科技创新发展战略研究 ··································· 42

　1.1　食品产业状况 ··· 42

　　1.1.1　中国食品对外贸易往来情况 ··· 42

　　1.1.2　"一带一路"共建国家食品产业概况 ······································ 44

　　1.1.3　食品资源分析 ··· 48

　　1.1.4　饮食习惯分析 ··· 50

　1.2　食品产业科技创新水平 ·· 51

　　1.2.1　食品产业科技发展现状 ··· 51

　　1.2.2　食品产业研发投入 ·· 54

　　1.2.3　食品产业科技论文产出 ··· 55

　　1.2.4　食品产业科技论文被引频次 ··· 57

　1.3　食品产业发展机遇与挑战 ··· 58

　　1.3.1　国际环境 ··· 58

　　1.3.2　各国政策环境 ··· 58

　　1.3.3　中国食品产业发展的机遇 ··· 58

　　1.3.4　中国食品产业面临的挑战 ··· 59

　1.4　国际合作发展路线和战略建议 ··· 60

　　1.4.1　合作发展路线 ··· 60

　　1.4.2　合作发展战略建议 ·· 61

　　1.4.3　中国食品产业发展的借鉴 ··· 62

　参考文献 ·· 64

第 2 章　中国进出口食品安全战略研究 ··· 65

　2.1　中国食品进出口现状 ·· 65

　　2.1.1　中国食品进出口贸易现状 ··· 65

　　2.1.2　中国食品进出口安全现状 ··· 78

　2.2　中国进口食品安全问题剖析 ··· 86

　　2.2.1　国际贸易新形势给中国食品贸易带来挑战 ·································· 86

　　2.2.2　欠发达地区食品安全控制水平相对薄弱 ····································· 86

　　2.2.3　食品欺诈和掺假给食品安全带来潜在危害 ·································· 87

　　2.2.4　走私食品流入市场对食品安全构成威胁 ····································· 87

2.3 国内外进口食品安全防控经验借鉴 ·· 87
  2.3.1 进口食品监管法律法规体系不断完善 ·································· 87
  2.3.2 进口食品追踪机制健全 ·· 88
  2.3.3 采用风险分析的监管理念 ·· 88
  2.3.4 进口食品掺假的治理手段更加多元化 ································ 88
  2.3.5 构建进口食品的食品安全社会共治格局 ·························· 89
2.4 提升中国进口食品安全的建议 ·· 89
  2.4.1 加快进口来源地的多元化 ·· 89
  2.4.2 强化对进口食品掺假风险的防控 ······································ 90
  2.4.3 加强风险分析在口岸监管中的应用 ··································· 90
  2.4.4 引导消费者正确选购进口食品 ·· 90
参考文献 ··· 90
第3章 中国食品进出口贸易战略研究 ··· 92
3.1 各国食品进出口政策 ··· 92
  3.1.1 发达国家和地区食品进出口政策 ······································ 92
  3.1.2 "一带一路"共建国家食品进出口政策 ··························· 100
3.2 各国食品法律法规情况 ··· 106
  3.2.1 发达国家和地区食品法律法规情况 ································· 106
  3.2.2 "一带一路"共建国家食品法律法规情况 ······················ 110
3.3 中国食品进出口政策及法律法规情况 ·· 115
  3.3.1 中国食品进出口政策 ··· 115
  3.3.2 中国食品进出口法律法规情况 ·· 119
3.4 中国食品进出口贸易存在的问题和面临的挑战 ······························ 120
  3.4.1 威胁中国食品贸易竞争力的因素分析 ······························ 120
  3.4.2 进口食品安全监管面临的新挑战 ····································· 122
3.5 中国食品进出口贸易保障对策及措施 ·· 126
  3.5.1 中国食品进出口贸易竞争力的提升对策 ··························· 126
  3.5.2 中国进口食品安全监管对策 ··· 127
参考文献 ·· 130
第4章 "一带一路"共建国家环境基准发展战略研究 ······························· 131
4.1 研究背景 ··· 131
  4.1.1 食品暴露是人体健康风险的一个重要来源 ······················ 131
  4.1.2 环境基准是农产品产地安全的首要保障,
    是"一带一路"共建国家食品安全的第一道防线 ············· 132
  4.1.3 当前"一带一路"共建国家环境质量标准/基准
    和食品标准差异显著 ··· 132
4.2 研究内容与方法 ··· 135
  4.2.1 研究内容 ··· 135

　　　4.2.2　技术路线 ……………………………………………………135
　　　4.2.3　研究方法 ……………………………………………………136
　4.3　"一带一路"共建国家环境基准与标准发展 ……………………137
　　　4.3.1　地表水体 ……………………………………………………137
　　　4.3.2　大气 ………………………………………………………141
　　　4.3.3　土壤 ………………………………………………………143
　　　4.3.4　食品 ………………………………………………………146
　4.4　"一带一路"共建国家环境基准与标准对比分析 ………………148
　　　4.4.1　现行空气质量标准差异 …………………………………148
　　　4.4.2　"一带一路"共建国家现行地表水标准差异 …………150
　4.5　中国环境标准与基准的现状和问题分析 …………………………150
　　　4.5.1　环境保护标准 ……………………………………………150
　　　4.5.2　环境卫生标准 ……………………………………………157
　　　4.5.3　存在的问题分析 …………………………………………164
　4.6　环境食品安全标准与基准的现状和问题分析 ……………………164
　　　4.6.1　中国与韩国食品安全标准中重金属指标对比分析 ……164
　　　4.6.2　中国与新加坡农食产品中重金属限量标准对比分析 …166
　　　4.6.3　中国与印度尼西亚农食产品中重金属限量标准对比分析 …170
　参考文献 ……………………………………………………………………173
第5章　国际农业资源禀赋、农产品生产与贸易前景分析 …………………176
　5.1　研究设计 ……………………………………………………………176
　　　5.1.1　研究对象选取依据 …………………………………………176
　　　5.1.2　农业资源禀赋研究范围 …………………………………177
　　　5.1.3　农业生产部门统计 …………………………………………177
　　　5.1.4　贸易指标计算方法 …………………………………………177
　5.2　"一带一路"共建国家资源禀赋、生产概览及前景分析 ………178
　　　5.2.1　俄罗斯 ………………………………………………………178
　　　5.2.2　韩国 ………………………………………………………181
　　　5.2.3　希腊 ………………………………………………………183
　　　5.2.4　意大利 ………………………………………………………187
　　　5.2.5　哈萨克斯坦 …………………………………………………190
　　　5.2.6　土耳其 ………………………………………………………193
　　　5.2.7　泰国 ………………………………………………………195
　　　5.2.8　马来西亚 ……………………………………………………199
　　　5.2.9　巴基斯坦 ……………………………………………………201
　　　5.2.10　孟加拉国 ……………………………………………………204
　　　5.2.11　新西兰 ………………………………………………………206
　　　5.2.12　埃及 ………………………………………………………209

5.3　发达国家和地区农业资源禀赋、农产品生产与贸易前景分析 ·········· 212
　　5.3.1　美国 ··· 212
　　5.3.2　加拿大 ··· 215
　　5.3.3　荷兰 ··· 218
　　5.3.4　德国 ··· 220
　　5.3.5　日本 ··· 223
　　5.3.6　澳大利亚 ·· 225
参考文献 ··· 228

第6章　国际食品微生物安全科学大数据战略研究 ······························· 231
6.1　食品微生物安全科学大数据挖掘现状 ··· 231
　　6.1.1　食源性致病微生物菌种资源大数据 ·· 231
　　6.1.2　食源性致病微生物风险识别大数据 ·· 234
　　6.1.3　食源性致病微生物特征性代谢产物大数据 ····································· 240
　　6.1.4　食源性致病微生物危害因子大数据 ·· 242
　　6.1.5　食源性致病微生物分子溯源大数据 ·· 245
　　6.1.6　食源性致病微生物基因大数据 ··· 247
6.2　食品微生物安全科学大数据库架构 ·· 253
　　6.2.1　食品微生物安全科学大数据库架构分类及建设意义 ······················ 253
　　6.2.2　典型食品微生物安全科学大数据库架构 ·· 254
　　6.2.3　食品微生物安全科学大数据库架构特点 ·· 263
6.3　对食品微生物安全科学大数据挖掘战略的建议 ···························· 265
　　6.3.1　关于加快构建"中国食品微生物安全科学大数据库"的建议 ·········· 265
　　6.3.2　关于"加强食品微生物安全科学大数据库软硬件平台建设"的
　　　　　建议 ··· 267
参考文献 ··· 269

第7章　国际食品微生物安全检测战略研究 ······································· 271
7.1　微生物检测技术 ··· 271
　　7.1.1　概述 ··· 271
　　7.1.2　传统微生物检测法的改进 ·· 272
　　7.1.3　现代快速检测技术 ··· 274
　　7.1.4　流式细胞术 ·· 275
　　7.1.5　代谢学技术 ·· 275
　　7.1.6　质谱技术 ·· 276
　　7.1.7　光谱技术 ·· 276
　　7.1.8　李斯特菌快速筛查技术 ·· 277
　　7.1.9　克罗诺杆菌快速筛查技术 ·· 278
　　7.1.10　链置换扩增反应 ··· 280
　　7.1.11　食品安全微生物检测技术的发展方向 ·· 280

7.2　食品微生物检验方法标准体系 ································281
　　7.2.1　概述 ································281
　　7.2.2　美国食品微生物检验方法标准 ································281
　　7.2.3　加拿大食品微生物检验方法标准 ································282
　　7.2.4　欧盟食品微生物检验方法标准 ································283
　　7.2.5　澳大利亚食品微生物检验方法标准 ································284
　　7.2.6　日本食品微生物检验方法标准 ································284
7.3　食品微生物耐药性 ································285
　　7.3.1　概述 ································285
　　7.3.2　食品微生物耐药性现状 ································285
　　7.3.3　抗生素作用及微生物耐药机制的研究 ································286
　　7.3.4　抗生素耐药性 ································287
　　7.3.5　固有耐药性 ································288
　　7.3.6　细菌耐药性产生与传播的分子机制 ································288
　　7.3.7　细菌耐药"网络" ································290
　　7.3.8　病原菌耐药检测技术研究 ································291
　　7.3.9　常规药敏试验及其改良 ································292
　　7.3.10　现代耐药检测技术 ································293
　　7.3.11　食品微生物治理策略 ································295
参考文献 ································298
第8章　中国进出口食品生物安全战略研究 ································302
8.1　概述 ································302
8.2　代表性进出口食品相关生物安全事件 ································305
　　8.2.1　草地贪夜蛾 ································305
　　8.2.2　非洲猪瘟 ································307
8.3　进出口食品生物安全风险管控 ································309
　　8.3.1　我国现有的风险管理措施和技术手段 ································309
　　8.3.2　开展生物安全风险管控的关键环节/流程/体系 ································309
　　8.3.3　应急管理 ································310
　　8.3.4　国际合作 ································310
8.4　我国生物安全保障能力的全面提升 ································312
　　8.4.1　对现阶段中国生物安全保障能力粗浅判断 ································312
　　8.4.2　相关建议 ································313
参考文献 ································313
第9章　食品真实性与溯源技术国际联盟构建战略研究 ································315
9.1　食品真实性形势分析 ································315
　　9.1.1　食品真实性发展现状与趋势 ································315
　　9.1.2　食品真实性法律法规体系现状 ································317

9.2　食品真实性问题现状 ··· 349

9.2.1　食品真实性常见问题 ··· 349

9.2.2　食品行业存在的真实性问题 ····································· 350

9.3　食品真实性与溯源技术国际联盟构建面临的困难分析 ············· 369

9.3.1　全球食品真实性共识未达成 ····································· 369

9.3.2　实验室工作网络未完成构建 ····································· 370

9.3.3　全球食品真实性与溯源信息、知识模型和分享体系暂无成功案例 ··· 372

9.4　食品真实性与溯源技术国际联盟建设建议 ························· 372

9.4.1　建立真实性技术与产业发展联盟 ································· 372

9.4.2　加强食品真实性问题的脆弱性评估和关键技术研究 ············· 373

9.4.3　建立食品真实性国际标准体系 ··································· 373

9.4.4　加强食品真实性认证工作推广活动 ······························ 374

9.4.5　加强食品真实性与溯源人才培养 ································· 374

参考文献 ·· 374

第10章　跨境电商食品安全保障与监管措施战略研究 ····················· 381

10.1　跨境电商食品发展与安全监管现状 ······························ 381

10.1.1　跨境电商食品发展现状与趋势 ································· 381

10.1.2　跨境电商食品安全监管法律法规体系现状 ····················· 390

10.2　跨境电商食品存在的安全问题 ···································· 400

10.2.1　假冒伪劣等欺诈行为层出不穷 ·································· 400

10.2.2　标签标识违规现象频发 ··· 402

10.2.3　储运过程存在安全隐患 ··· 403

10.2.4　标准化、品牌化产品缺乏，质量难以保障 ···················· 403

10.2.5　监管及维权困难 ··· 403

10.3　跨境电商食品存在安全问题原因剖析 ···························· 404

10.3.1　跨境电商食品生态圈诚信体系不健全 ·························· 404

10.3.2　跨境电商食品追溯体系不健全，产品信息不透明不对称 ········· 404

10.3.3　跨境电商食品质量标准体系、认证体系、监管体系不健全 ······· 405

10.3.4　冷链物流基础设施薄弱，冷链物流体系不健全，而且冷链食品包装

　　　　也存在一定安全隐患 ··· 405

10.4　跨境电商食品安全保障与监管措施建议 ·························· 406

10.4.1　建立健全跨境电商食品信用体系建设，营造诚信的营商环境 ······ 406

10.4.2　建立健全跨境电商食品可追溯体系，并快速推进监管体系建设 ···· 406

10.4.3　加强跨境电商食品标准体系建立及标准互认制度 ·············· 407

10.4.4　加强冷链物流体系建设 ··· 407

10.4.5　加强跨境电商人才培养 ··· 407

参考文献 ·· 408

第 11 章　进出口食品安全质量基础设施战略研究 ················411

　11.1　全球食品安全质量政策研究 ····················413

　　11.1.1　进出口食品安全质量政策 ··················413

　　11.1.2　进出口食品安全质量基础设施 ···············414

　　11.1.3　食品安全质量政策及质量基础设施研究现状 ·······419

　　11.1.4　国际食品安全质量基础设施现状 ··············420

　　11.1.5　国际食品安全质量基础设施国际共治发展形势研判 ···433

　11.2　我国进出口食品安全质量基础设施现状研究 ·········434

　　11.2.1　我国进出口食品安全现状 ·················434

　　11.2.2　我国进出口食品安全质量基础设施现状 ·········437

　11.3　我国进出口食品安全质量基础设施的未来机遇与挑战 ····449

　　11.3.1　"一带一路"共建国家进出口食品安全质量 ·······449

　　11.3.2　我国进出口食品安全质量基础设施的未来机遇 ·····452

　　11.3.3　我国进出口食品安全质量基础设施建设的挑战 ·····454

　11.4　对策建议 ·····························458

　　11.4.1　进一步加强进出口食品安全质量基础设施国际共治 ···458

　　11.4.2　进一步提升食品安全质量基础设施体系建设 ······458

　　11.4.3　全面加强共建共治共享的食品安全社会治理体系 ····459

　　11.4.4　加强食品安全质量基础设施人才的培养 ·········460

　参考文献 ······························460

第 12 章　食品安全重点领域专利发展战略研究 ············463

　12.1　中国进出口食品总体情况调研分析 ···············463

　　12.1.1　中国进口食品总体状况 ··················463

　　12.1.2　中国出口农产品（食品）总体状况 ············469

　　12.1.3　中国进出口食品安全监管体系 ··············471

　　12.1.4　小结 ·························472

　12.2　国内外食品安全检测技术专利概况 ···············473

　　12.2.1　食品安全技术分解及专利检索 ··············473

　　12.2.2　专利申请趋势及技术占比 ················475

　　12.2.3　专利申请人分析 ····················477

　　12.2.4　专利地域分布及技术流向 ················478

　　12.2.5　中国专利概况 ·····················481

　　12.2.6　小结 ·························483

　12.3　国内外食品安全源头治理技术专利概况 ············484

　　12.3.1　专利申请趋势及技术占比 ················484

　　12.3.2　专利申请人分析 ····················486

　　12.3.3　专利地域分布及技术流向 ················489

　　12.3.4　中国专利概况 ·····················492

　　　12.3.5　小结 ……………………………………………………………… 494
　12.4　国内外食品安全过程风险管控技术专利概况 …………………………… 495
　　　12.4.1　专利申请趋势及技术占比 ………………………………………… 495
　　　12.4.2　专利申请人分析 …………………………………………………… 497
　　　12.4.3　专利地域分布及技术流向 ………………………………………… 501
　　　12.4.4　中国专利概况 ……………………………………………………… 504
　　　12.4.5　小结 ………………………………………………………………… 505
　12.5　国内外食品安全风险监控技术专利概况 ………………………………… 506
　　　12.5.1　专利申请趋势及技术占比 ………………………………………… 506
　　　12.5.2　专利地域分布及申请人分析 ……………………………………… 508
　　　12.5.3　中国专利概况 ……………………………………………………… 509
　　　12.5.4　小结 ………………………………………………………………… 510
　12.6　食品安全防控技术专利概况 ……………………………………………… 510
　　　12.6.1　冷链物流概况 ……………………………………………………… 510
　　　12.6.2　冷链物流的发展趋势 ……………………………………………… 514
　　　12.6.3　冷链制冷技术专利分析 …………………………………………… 517
　　　12.6.4　冷链信息管理技术专利分析 ……………………………………… 526
　　　12.6.5　冷链物流温度监控技术专利分析 ………………………………… 529
　　　12.6.6　冷链物流溯源技术专利分析 ……………………………………… 534
　　　12.6.7　中国冷链物流信息平台的建设现状 ……………………………… 536
　　　12.6.8　小结 ………………………………………………………………… 537
　参考文献 …………………………………………………………………………… 537
缩略语 ……………………………………………………………………………… 539

摘　要

一、中国进出口食品安全现状

（一）进出口食品数量安全现状

1. 我国已成为全球最大的进口食品消费国之一

随着经济的快速发展，中国进口食品消费规模快速增长。根据 UN-Comtrade 统计数据（SITC 第 4 次修订版），2018 年世界食品进口总额高达 14759.8 亿美元，食品进口前 5 位的国家分别为美国、中国、德国、日本和英国，进口金额分别为 1547.7 亿美元、1221.5 亿美元、996.8 亿美元、702.1 亿美元和 641.5 亿美元，分别占世界食品进口额的 10.5%、8.3%、6.8%、4.8%和 4.3%。根据海关总署统计数据，2009~2018 年，我国进口食品规模年复合增长率高达 17.7%[1]。另外，2008~2018 年，我国食品贸易额从 493.4 亿美元增长至 1221.5 亿美元，年均增长率高达 9.5%，由此可见，中国已成为全球最大的进口食品消费国之一。

2. 我国进出口食品来源呈现多样化态势

越来越多国家和地区的美食登上我国居民日常生活的餐桌，进口食品品种和来源越来越多元。1997~2018 年，中国进口食品来源国（地区）从 108 个增至 185 个，覆盖了全球 80.4%的国家和地区。进口食品的种类也在日益多元化，满足消费者多元化的饮食需求。我国进口食品一般包括水果蔬菜、肉禽蛋、水产品、冷饮冻食、牛奶乳品、熟食烘焙、粮油副食、休闲零食、酒水饮料及婴幼儿食品等。根据 UN-Comtrade 统计数据（SITC 第 4 次修订版），2018 年油脂及含油果实、蔬菜及水果、水海产品、肉及肉制品是进口最多的食品类别，分别进口 417.8 亿美元、123.8 亿美元、119.2 亿美元和 110.9 亿美元，分别占我国食品进口总额的 34.3%、10.2%、9.8%和 9.1%，四者占我国食品进口总额的 63.2%[2]。

3. 我国进口食品来源地以发达国家和地区为主

发达国家和地区是我国重要的食品进口来源地。2018 年，我国共从美国、加拿大、澳大利亚、新西兰、欧盟、英国、日本、韩国、以色列和新加坡等发达国家和地区进口食品 505.4 亿美元，占我国食品进口总额的 41.4%[3]。其中美国、欧盟是我国十分重要的食品进口国家和地区，2018 年从美国和欧盟进口食品的金额均占我国食品进口总额的一成以上。

4. "一带一路"共建国家在我国食品进口中的重要性不断提升

"一带一路"倡议有效促进了中国与"一带一路"共建国家（地区）间贸易的发展。2013～2018 年，我国从"一带一路"共建国家的食品进口额从 175.3 亿美元，上升至 237.7 亿美元，占我国食品进口总额的比重从 17.9%上升至 19.5%，成为新的进口食品增长亮点[4]。中国与中亚地区的进口食品贸易也有突破性进展。中亚国家的牛羊肉、樱桃等优质食品将通过霍尔果斯、阿拉山口等口岸持续进入中国市场。从整体上看，"一带一路"共建国家在我国进口食品中的比重不断上升。

（二）进口食品质量安全现状

1. 进口食品整体质量状况良好

作为负责进出口食品安全的职能部门，国家市场监督管理总局和机构改革后的海关总署进出口食品安全局坚决贯彻落实习近平总书记"四个最严"要求，严格按照《食品安全法》的规定，坚守安全底线，不断完善监管体系，有效保障了进口食品安全，对于检出的不合格食品，均按照有关规定做了退运或销毁处理，不准进入国内市场。进口食品质量安全总体情况一直保持稳定，迄今为止，没有发生过重大进口食品质量安全事件。

1）未准入境食品来源国家和地区

2018～2019 年，入境不合格食品多来自发达国家和地区。经统计，2820 批次未准入境食品中，有 1583 批次（占 56.2%）来自发达国家和地区①，751 批次（26.7%）来自"一带一路"共建国家。发达国家和地区中，来自欧盟、美国和日本的未准入境食品占比最高，分别占我国未准入境食品总批次的 22.6%、10.0%和 9.3%。"一带一路"共建国家未准入境食品主要来自东盟，占未准入境食品总批次的 14.3%。

2）未准入境食品种类

根据世界海关组织《商品名称及编码协调制度》（Harmonized Commodity Description and Coding System，简称 HS）编码分类，我国未准入境食品共涉及 23 章，排名前十的有 HS19、HS21、HS22、HS03、HS20、HS09、HS02、HS04、HS17、HS18，其不合格食品合计 2530 批次，占全部未准入境批次的 89.7%。

来自发达国家和地区的谷物、粮食粉、淀粉或乳的制品及糕饼点心不合格批次最多，共 425 批次，占来自发达国家和地区全部未准入境食品的 26.9%；其次为杂项食

---

①包括美国、加拿大、澳大利亚、新西兰、欧盟、英国、日本、韩国、以色列和新加坡

品，共 290 批次，占比为 18.4%；排名第三的为饮料、酒及醋，共 246 批次，占比为 15.6%。这三类食品共占来自发达国家和地区的全部未准入境食品的 60.9%，是发达国家和地区主要未准入境食品类别。

来自"一带一路"共建国家的排名前三的食品类别与发达国家和地区一致。谷物、粮食粉、淀粉或乳的制品及糕饼点心不合格批次最多，共 109 批次，占来自"一带一路"共建国家和地区全部未准入境食品的 14.6%；其次为饮料、酒及醋，共 103 批次，占比为 13.8%；排名第三的为杂项食品，共 85 批次，占比为 11.4%。咖啡、茶、马黛茶及调味香料，鱼、甲壳动物、软体动物及其他水生无脊椎动物，食用蔬菜、根及块茎，蔬菜、水果、坚果或植物其他部分的制品这四类食品的占比也较高，分别占 10.5%、10.1%、8.9% 和 8.5%[5]。以上七类食品共占来自"一带一路"共建国家和地区的全部未准入境食品的 77.6%，是"一带一路"共建国家和地区主要未准入境食品的类别。

3）未准入境食品不合格的主要原因

2018～2019 年我国进口的 2820 批次未准入境食品不合格原因共计 2868 种（部分进口食品未准入境原因有多种）。其中排名前 6 位的分别是食品添加剂不合格 553 批次（占比为 19.3%）、标签不合格 466 批次（占比为 16.2%）、证书缺失或不合格 351 批次（占比为 12.2%）、微生物不合格 220 批次（占比为 7.7%）、理化指标不合格 212 批次（占比为 7.4%）、违规进境 206 批次（占比为 7.2%），六者总占比为 70.0%。

2. 进口食品安全监管信息化水平持续提升

食品安全信息化体系是利用新一代信息技术，通过感知化、物联化、智能化手段，感知、整合、分析、展示食品安全关键信息，为政府实施有效管理提供必要手段，同时也为食品企业、专业人员和普通民众提供动态情况和信息资源，更有力地推进食品安全社会共治与全程监管。在信息化技术的支撑下，监管部门的监管重心将向前转移，更加注重事前的预测预警和事中的过程监控，同时通过信息手段开展预测预警，防控大规模食品安全事件的爆发。国家重视信息化建设，建立全国食品污染物监测、食源性监测报告系统，食药部门的国家食品安全抽检监测信息系统等风险监测信息化平台；积极构建国内质监系统动态监测和趋势预测网络，并在全国开展了多部门、全过程风险监测，初步建立了覆盖全国的食品安全风险监测体系；不断完善农业部门兽药数据平台，食药部门特殊食品信息化数据库，食药部门的食品生产许可管理系统等过程管理信息化平台。通过一系列食品安全信息化建设规划的出台和实施以及信息化管理体系的完善，进口食品安全监管信息化水平持续提升[6]。

3. 进出口食品安全标准体系与国际接轨程度稳步提高

目前，我国的食品安全标准体系已逐渐完善，并与我国的基本国情相适应，我国的食品标准体系以国家标准为主体，以地方标准、企业标准为补充，形成了一个较为完整的三级食品标准体系，包括对食品生产和加工、食品经营、食品的贮存和运输、安全管理过程中影响食品质量安全的各要素进行控制和管理的标准和卫生规范等,具有覆盖面积大、影响范围广以及执行严格的特点。食品安全相关的标准可以分为四大类,即基础标准,食品、食品添加剂、食品相关产品标准,食品生产经营过程的卫生要求标准,检验方法与规程。

我国食品安全标准的国际接轨程度和国际影响力不断提升。在我国农残限量标准中,符合或严于 CAC 标准的比例达到 90.6%。2006 年,我国成功当选国际食品法典农药残留委员会（CCPR）主席国,目前已推动我国茶叶上硫丹和稻米上乙酰甲胺磷等 8 项农药残留限量标准转化为 CAC 标准,由我国主导提出茶叶上农药残留评估引入茶叶浸出率的概念获得多个国际组织和权威机构认可,并且在茶叶评估中得到应用,我国参与国际标准化活动的话语权明显增强。

（三）农业环境安全现状

1. 国际环境质量基准存在差异

当前世界各国环境质量标准/基准和食品标准差异显著。"一带一路"共建国家和发达国家（地区）在农业资源、技术、市场、产能等各方面禀赋不同,各有所长,而且不同国家（地区）环境质量基准发展阶段不同,各环境质量标准的完善程度不一,相关环境质量标准和食品安全标准关注的污染物种类及指标限值也存在显著差异。同时,"一带一路"共建国家由于政治经济文化等方面的不同,国家的水质量环境基准、大气质量基准、土壤质量基准和食品质量标准也存在差异。

2. 各国农业禀赋各有特色

1）具有代表性的"一带一路"共建国家

俄罗斯联邦是"一带一路""中蒙俄经济走廊"的重要国家,拥有 1.913 亿 hm² 的农业用地。2017 年,俄罗斯农业总体继续保持平稳增长,农业在俄罗斯占有比较大的比重,在俄罗斯从事农业的人口呈现出逐年下降的趋势。俄罗斯总体来说机械化程度高,此外俄罗斯农业机械制造能力较强,俄罗斯农业的发展还带动了农业机械制造业的增长和对外出口。

以色列是"一带一路"中西亚经济走廊重要国家之一,目前以色列实际控制面积约 2.5 万 km²。耕地面积约为 43.7 万 hm²,以色列地处亚洲西部,大部分地区是典型的地中海气候,水资源十分匮乏,地处中东的以色列虽然自然环境恶劣,国际环境复杂,却创造出了享誉世界的农业奇迹,成为各国学习的典范。随着以色列人口的不断增加,相反农业人口占比近十年来却稳步下降,截止到 2018 年,农业人口只占总人口的 7.58%。近些年,农业机械化在农业生产的各个环节都发挥了重要作用。

泰国既是"中国-中南半岛经济走廊"的重点国家,又是 21 世纪海上丝绸之路经济带"南方丝绸之路"的重要国家。亚洲热带地区自然条件使泰国具有了得天独厚的农业资源禀赋。泰国农业用地面积 22.11 km^2，丰富的自然资源为农业生产奠定了重要的基础。此外，泰国农业生产具有丰富的劳动力资源，但是随着城市化进程的加速，泰国的农村人口占总人口的比例逐年下降。

越南是东盟十国之一，也是"一带一路"和"中国-中南半岛经济走廊"重要国家之一。越南森林覆盖率达 30%，且在逐年增加。虽然越南农业水资源丰富，但耕地资源较为短缺。2017 年越南全国适龄劳动力约为 4820 万人，比上年增加 51.1 万人，其中农村有 3210 万人，占比 66.6%，劳动力资源极为丰富。相较于国内丰富的农业劳动力资源，由于农地细碎化和分散的农业生产，越南农业机械化水平却较低，许多地区农业基础设施发展落后。

2）重要的发达国家

美国农业用地包括农田、草原、牧场、草木林等土地所占的面积总计 11.8 亿英亩①，占美国土地总面积的 52.5%。美国的农业人口在近十年内呈现逐渐下降的趋势，但是由于已经是发达国家，农业人口基本保持稳定，下降幅度很小。美国由于地广人稀，历来重视发展农业机械。美国农业机械化的特点包括农场拥有的机械总量大，机械的生产能力强，专业化机械多，自动化水平高。

英国 2015 年农用土地 1722.9 万 hm^2，且属于海洋性温带阔叶林气候，农业发展自然条件得天独厚。英国农场规模虽不及美国、加拿大等农业大国，但农业规模化经营程度较高。2018 年，英国农业人口占全社会总劳动力的 16.6%，农业总产值约合 176.4 亿美元，政府高度重视农业农村发展，以欧盟共同农业政策为主导，不断推进农业现代化向更高水平迈进。英国农业机械较为发达，技术先进、配套齐全、装备总动力大的特征明显。

日本 2016 年的农业用地仅 4.47 万 km^2，占国土面积的 11.8%，耕地面积占 11.47%，日本的农业人口占比和日本的农业人口数量却随着总人口的下降逐年下降，从 2007 年 15173000 人（占比 11.85%）下降到 2018 年 10849000 人（占比 8.38%）。虽然农业人口占比逐年降低，但是日本的农业生产值却在逐年增加，主要原因是日本的农机使用率不断提高。

（四）进出口食品监管体系

1. 我国进出口食品监管部门分工协作良好

我国改变了以往采取的多部门分段监管体制，消除了所谓的"九龙治水"现象，而是将各部门整合，组建国家市场监督管理总局，作为国务院直属机构。由国家市场监督管理总局统筹负责全国食品安全监管问题，协同农业农村部、卫生健康委员会、

---

① 1 英亩 ≈ 4046.86m^2

海关总署、经济贸易委员会等部门共同监管进口食品安全[7]。海关总署负责进出口食品安全监督管理，依法承担进口食品的检验检疫、监督管理工作，承担出口食品相关工作。

2. 我国进出口食品相关法律法规较为完备

2018 年 12 月 29 日，新修订的《中华人民共和国食品安全法》实施。自此，我国以《中华人民共和国食品安全法》为主导，由《中华人民共和国食品安全法实施条例》、《中华人民共和国产品质量法》、《中华人民共和国进出境动植物检疫法》、《进出口水产品检验检疫监督管理办法》、《进出口肉类产品检验检疫监督管理办法》和《进出口产品检验检疫监督管理办法》等多部法律法规及其规范性文件组成的食品安全法律体系逐渐完善。随后 2019 年 12 月 1 日修订后的《中华人民共和国食品安全法实施条例》施行是食品安全法制建设的重要节点，为推动食品安全领域国家治理体系和治理能力现代化发挥重大的促进和保障作用。

3. 我国进出口食品安全全过程监管体系初步形成

经过多年的努力和探索实践，我国已经建立起了一套以"预防在先、风险管理、全程监控、国际共治"的进口食品质量安全监管制度，覆盖了进口食品安全监管的所有相关环节，有力地保障了进口食品安全。

根据 WTO/SPS 协定、有关国际标准以及《食品安全法》及其实施条例和《进出境动植物检疫法》及其实施条例等法律法规，我国已建立了完善的有中国特色的进出口食品安全监管机制。根据具体进出口食品的特点和特殊性要求，分别对肉类、水产品、蔬菜、乳制品等特定类别进出口食品制定了专门的检验检疫监督管理制度。

中国进出口食品安全监管规定：实行注册备案管理，强调进出口食品经营者的责任和义务，对监管人员的资格进行规定，实施风险管理措施，食品召回的规定，以及进出口食品安全相关各方的法律责任。对于进口食品，从入境前准入、入境时查验和入境后监管 3 个环节进行管理。对于出口食品，建立了从田间食品原料生产、工厂加工生产过程监管到出口前抽样检验全过程的质量安全管理体系[8]。

4. 国际组织引领食品安全国际共治趋势日益明显

国际合作是瓦解技术性贸易壁垒的至关重要的手段。世界贸易组织（WTO）框架下的《技术性贸易壁垒协定》（TBT 协议）和《动植物卫生检疫措施协议》（SPS 协议），是国际社会为防止贸易壁垒达成的重要共识。这两个协议的内容互为补充，均肯定采用国际统一标准的重要性。WTO 各成员以此为依据制定了各自的食品安全标准。为顺应 WTO 提出的消除技术性贸易壁垒的要求，1999 年，38 个米制公约成员国和 2 个国际组织的代表共同签署了《国家计量基准、标准和国家计量院颁发的校准和测量证书互认协议》（MRA），为国际贸易、商业和法律事务方面的协议提供计量技术和数据支撑。同时，"国家质量基础设施"概念提出，国际组织积极推行，为食品安全国际共治提供了有效的抓手。由此可看出，以质量基础设施为主线，国际惯例逐步形成，国际组织从单一到联合，新的运行机制形成并实施，食品安全国际共治的局面正在形成。

二、中国进出口食品安全问题分析

（一）国际新形势下进出口食品安全状况

1. 各国食品产业发展水平不平衡不充分

据商务部统计[9]，截至 2020 年 1 月底，中国已经同 138 个国家和 30 个国际组织签署 200 份共建"一带一路"合作文件。"一带一路"是各国食品产业"走出去"发展的客观需求，作为我国产业输出的重大战略机遇，"一带一路"也为食品产业的扩大发展提供了广阔的市场空间。2017 年"一带一路"沿线聚集着大约 30.8 亿居民，占到世界人口总量的 44%左右，与此同时 GDP 总规模达 12.8 万亿美元，占全球经济总量的17%。"一带一路"沿线区域的发展中国家食品需求一直比较旺盛，人口增长较快，居民的食品支出不到发达国家（地区）的 50%。"一带一路"共建国家庞大的人口基数和经济总量预示着该地区食品产业输出巨大的市场空间和发展潜力。但是已签署合作协议的国家绝大多数是新兴经济体和发展中国家，总体而言食品产业发展水平参差不齐，差距比较明显。在食品产业的发展中，面临着许多困难，亟须克服。

1）各国经济发展不均衡

"一带一路"共建国家众多，食品产业发展非常不均衡，大洋洲和欧洲国家的食品工业发展普遍较好，东亚地区的食品产业也相对发达，而中亚、非洲、南亚等发展中国家集中的地区无论是食品产业规模还是科技含量均比较落后。多数"一带一路"共建国家的食品科技发展非常落后，由于政治经济体制的原因，这些国家很难发展食品科技，所以只能寄希望于中国或者发达国家（地区）的技术输出。

中亚各国由于地理位置原因，气候干燥，农牧产品大量依靠进口，同时由于技术相对薄弱，整个地区的食品产业相对落后。同时，近年哈萨克斯坦等中亚国家通货膨胀比较严重，导致食品内需不足，民众的购买能力下滑，产业发展进一步受限制。农业是中亚五国的传统主导产业，虽然光热资源、土地资源丰富，但是面临着水资源短缺、农业劳动力比重大、农业资金投入不足以及农业生产技术相对落后等问题。

"一带一路"沿线南亚国家人口总数和国家 GDP 合计分别为 181440 万人和34577.78 亿美元，该地区人均 GDP 为 1905.74 美元。沿线的西亚国家人均 GDP 为10982.40 美元，远超中亚国家水平，这为居民功能食品的消费提供了较大需求环境。

"一带一路"沿线东盟国家与中亚地区的人均 GDP 水平相近，而沿线独联体国家虽然经济发展迅速，人均 GDP 高于其他地区，但是优势主要集中在重工业，轻工业方面略显薄弱。

2）各国食品资源不平衡，经贸不充分

不同国家因为地处经纬度以及气候的不同，形成了各自特有的食品资源。东南亚地处亚洲纬度最低地区，位于亚洲的赤道部分，同时也位于太平洋与印度洋的交汇地带，气候以赤道多雨气候和热带季风气候为主，农产品具有明显的地域特色。中东欧气候以温带大陆性气候和地中海式气候为主，耕地资源丰富，主要出口海产品、动物源性食品、乳制品、蜂蜜、葡萄酒等。中亚地区气候以温带沙漠和大陆性草原气候为主，该地区土地资源十分丰富，因此粮食、油料、棉花等农产品出口量大[10]。

根据联合国商品贸易数据库的数据对 2017 年世界各国（地区）食品进出口贸易总额和市场占有率进行了计算，并依照贸易总额对各国（地区）进行排序，世界食品贸易前五大国依次是：美国、德国、中国、荷兰、法国，前五大国的贸易总额达到世界贸易总额的 33.98%，超过世界食品贸易总额的三分之一。世界食品贸易前十大国的市场占有率总和 50.96%，超过了市场总份额的二分之一，而"一带一路"共建国家的食品贸易额整体处于较低水平。

我国与"一带一路"共建国家食品农产品贸易规模总量持续增长，据海关总署数据，食品农产品贸易总量从 2013 年的 37.1 亿美元，增长到 2018 年的 49.7 亿美元，年均增长率为 6.02%，我国已经成为"一带一路"共建国家食品农产品的主要贸易国。但中国食品出口额占商品出口总额的比重在 2007～2016 年略有下降，由 3.25% 降为2.88%，低于世界食品出口额占世界商品出口总额的比重，目前我国与"一带一路"共建国家食品农产品贸易存在沿线各区域各国家食品农产品贸易不平衡、贸易国家国情复杂、食品农产品出口结构比较单一、附加值低等诸多问题[11]。

2. 进出口食品产地环境安全形势不容乐观

随着我国食品进口量的迅速增长，我国进口的食品除了来自欧盟、美国和澳大利亚等发达国家和地区外，从巴西、阿根廷等发展中国家进口的食品所占比重也越来越高。然而，这些欠发达国家往往对食品中微生物污染、动物疫病等方面的控制相对薄弱。我国发现多批次来自欠发地区的进口食品微生物超标甚至检出致病菌。根据我国海关总署发布的未准入境的食品信息，2018～2019 年，微生物不合格已经成为"一带一路"进口食品排名第二的不合格原因。例如，2019 年 5～10 月，共有 11 批次从越南进口的水果制品菌落总数超标或者霉菌超标。

部分"一带一路"共建国家动植物疫病疫情复杂，且通报系统不规范，疫情信息极不透明或疫病防控能力不足。中亚各国几乎均有口蹄疫疫情；中东欧则受非洲猪瘟、疯牛病影响较大。东南亚、南亚是全球口蹄疫和禽流感流行较密集地区。非洲是许多疫情的主要"重灾区"；全球其他地区已消灭的一些重大动物疫病如牛传染性胸膜肺炎等也在非洲流行[12]。各类动物疫病给进口食品安全带来严峻挑战。

3. 进出口食品微生物安全风险凸显

食品进出口在中国进出口贸易中一直据重要地位，随着我国进出口食品贸易量的不断增加，不合格进口食品的数量也呈现逐年上升的趋势，食品的质量安全问题引起了学术界的广泛关注。分析中国海关总署发布的相关数据发现，滥用食品添加剂、微生物污染是影响进口食品安全风险的主要安全卫生问题，占比29.98%，其中2018年海关检出的进口不合格食品批次中因微生物污染而拒绝入境的较2017年下降77.14%，但占全年不合格进口食品批次的比重由6.86%上升到7.70%，其中菌落总数超标、霉菌超标以及多种菌群共同超标的情况仍然较为严重。

我国出口的主要农产品种类存在的质量安全问题，涉及微生物污染、农兽药残留及重金属污染等。根据2019年欧盟RASFF、美国FDA、日本厚生劳动省等通报的相关数据，我国出口食品被国外通报种类之中蔬菜及其制品和水产品及其制品的农兽药残留和微生物污染，干坚果类和粮油类的生物毒素污染占比例最大。可见，我国出口食品中微生物安全问题的风险日益突出，给我国出口食品安全留下了严重隐患。

4. 经济利益驱动食品造假现象屡禁不止

食品造假属于以经济利益为驱动的食品欺诈，是目前影响及破坏食品安全秩序的重要因素之一，当下食品造假现象是公众极为关注的问题。而食品欺诈是指以经济利益为动机的食品造假，通过故意和有意改变和/或歪曲食品或食品成分的完整性、真实性、来源和/或制造工艺，或利用虚假的或误导性的陈述达到欺骗消费方以使犯罪者获得经济利益的目的，此过程或对消费方造成损失和/或伤害。

食品造假，是一个全球性的问题，世界各地也经常爆发食品造假事件。欧洲"挂牛头卖马肉"，英国清真鸡肉肠和汉堡中掺猪肉，日本食材虚假标识，德国掺腐败肉等造假劣行均发生于发达国家（地区）。在我国，食品安全造假事件呈现出数量多、涉及面广、层次复杂、形式多样的特点。造假涉及肉制品、食用油、油脂及其制品、食糖、薯类和膨化食品、饼干、茶叶及相关制品、罐头、粮食加工品等。

食品领域掺杂造假涉及消费者日常生活的方方面面，包括主食副食、鱼肉蔬菜等，一些不法商家瞄准食品造假以牟取暴利，如近几年曝光的塑料大米，在猪肉、鸭肉中加入羊血蛋白制造的假羊肉、假豆腐、甲醛鸭血，用明矾、水、糖精合成的假蜂蜜和用工业酒精勾兑的假白酒等，食品安全危机已成为无法避免的问题。食品造假得到越来越多的关注，掺杂造假事件导致利益相关者要求对食品欺诈作出明确定义，包括确定不同类型的欺诈行为，以此作为打击这些行为的第一步，比如美国食品杂货制造商协会、密歇根州立大学和美国药典公约（USP）开展了一些早期工作，马肉丑闻之后，一些国家卫生当局也发表了一系列高级别报告，都强调了食品造假相关术语标准化的重要性。

5. 进出口食品安全信息化尚处于起步阶段

信息化是指以基于计算机的智能化工具为代表的对社会有利的新的生产力。从农田到餐桌，食物都要经过生产、加工、存储、运输和销售，食物供应系统往往是复杂的[13]，在如此长的产业链中，所有环节都可能污染食品，如果不使用先进的信息管理方法，就无法实现全面的食品安全管理。实施信息管理方法可以在信息跟踪和预警中发挥重要作用，有效地将食品安全风险降至最低。食品安全信息化是食品安全监督的有机组成部分，有效建立并确保了食品安全长期监督机制的完整性。

我国食品安全信息化建设始于 2003 年，但主要应用在农牧业和初级的食品加工业，直到目前为止在广泛意义上的食品安全行业应用较少。且当前我国涉及食品安全智能化应用的标准总量少，已发布的标准多集中在食品追溯领域和食品安全监管领域，食品安全信息公布、食品安全全程追溯、诚信体系建设、信息安全数据质量、数据安全、数据开放共享等方面标准不够完善，对信息的采集、存储、处理、整合、共享缺乏规范。另外部分关键领域的研究仍薄弱，我国食品安全信息化应用虽形成一批创新成果和创新团队，但在农药及其他化学投入品管理与追溯、全程双向追溯分析、食品大数据智能分析预警、食品安全风险预警、食品安全风险处置信息化培训以及基于我国居民营养状况的特膳食品健康评价体系等方面仍较为薄弱，亟待深入研究。

6. 进出口食品安全监管与标准体系不健全

我国的食品安全监督体系与食品安全标准体系也经历了从无到有，从发展初级阶段到逐渐完善的过程。但是食品安全事故也频频发生，对广大人民群众的生命健康和社会和谐、安定造成了严重的威胁，这也体现出我国的食品安全监管体系和标准体系仍不健全[14]。

1）食品安全监管现状

为了加强食品安全监管，全国人大常委会对《中华人民共和国食品安全法》等一系列食品安全的法律法规进行了多次修订，并组织一系列食品安全检查。食品安全监管部门开展了一系列保障食品安全的活动，部署了食品安全的重点工作安排。自 2013 年起，各地相继进行了机构改革，由之前国家工商行政管理总局、国家质量监督检验检疫总局、国家食品药品监督管理局等部门各司其职，到 2018 年最终调整为由国家市场监督管理总局统一监管的模式，管理方式也从之前的"分段式"管理调整为"全段式"管理。整合的初衷是想解决九龙治水、政出多头的问题，缓解分段监管的弊端，避免监管过程中出现盲区和死角，以及界限不清的"几不管"现象。

食品安全监督管理体系不完善，主要的原因在于食品安全监督涉及的工作部门多，职责不统一、技术标准不统一。另外，政府职能设置中仍存在着一定的不足，各部门之间的沟通性、协调性较差，使得实际的食品质量监管中市场部门、农业部门、商业监管部门等无法正常地发挥作用，跨地区、跨部门的协调工作受到阻碍。食品的生产经营是一个长周期的连续过程，从农作物到生产加工再到食品销售的各个环节都需要进行严格的分段管理和切实可行的模块化管理。

2）食品安全标准体系发展现状

目前，我国食品安全标准体系以国家标准为主体，以地方标准、行业标准、企业标准为补充，形成了一个较为完整的四级食品标准体系，覆盖了对食品生产、加工、流通和消费的食品链全过程中影响食品安全和质量的各要素进行控制和管理标准和卫生规范等。但是标准体系仍然有不全面的地方，在互相联系和相互应用上不能起到相辅相成的作用。

食品与标准不对应。由于食品种类繁多，分类不统一，食品与食品安全标准没有对应关系，出现不法企业以"特色"为噱头，故意制定新的食品品种标准，逃避监管的问题。如市场上销售的"竹筒酒"，它既不属于白酒范畴，也不是配制酒，生产地区也没有将其归为"特色"食品发布相关食品安全地方标准。在生产企业没有统一的标准对"竹筒酒"的质量和安全进行评估控制时，以"竹子里的酒"为卖点进行宣传销售，易导致消费者上当受骗，严重者造成食品安全威胁。

标准总体水平偏低。食品安全标准由国家统一制定，但我国采用的食品安全标准与国际标准和国外先进标准相比，水平偏低，导致我国食品出口需重新认证而增加成本，加大贸易风险。如大米标准，日本产品列表中关于大米的指标，有579项限量值规定，而我国大米产品标准中，仅设置了43项指标，相差较大。

产品标准未全覆盖。部分应由国家统一的、重要的食品安全标准缺失，导致企业无执行标准，监管无适用标准。如食品添加剂有23个类别、2600多个品种，但只有591种添加剂有产品标准，有2000余种添加剂无产品标准。

（二）进出口食品安全问题根源剖析

1. 各国技术创新水平参差不齐，食品产业发展能力不平衡

国家科技竞争力实力与国家经济实力、科研投入情况有很大关系。国内研发总经费（GERD）是测度国家研发活动规模、评价国家科技实力和创新能力的重要指标[15]。然而，研发人员的规模和素质成为影响国家科技资源和潜力的关键因素。

各国经济发展程度不同，且对于科研经费的投入也不同，发达国家（地区）用于食品装备的科研投入比重较大，2012年平均花在食品装备科技开发方面的资金约占企业营业额的8%～12%。其中，美国为12%，德国为11%，英国、法国、意大利为10%，日本为9%，瑞典、丹麦、荷兰为8%，且每年都有不同程度的增长。而"一带一路"沿线发展中国家，例如，我们国家食品装备科技开发方面的资金占全国食品装备主营业务收入的1%左右，与发达国家（地区）的投入差距很大。这极大地影响到各国的研发人员的规模和素质，以及科技论文的产出量，进一步加剧了各国之间食品行业创新水平的不平衡。

科技文章的发表数量在一定层面上能反映该国家的科技创新发展能力，而文章的被引频次是评判论文发表之后产生的学术影响力的重要指标。从被引论文的总被引次数和篇均被引次数指标看，中国的论文质量和影响力与论文数量排名第2的美国相比，还有较大的差距，尤其是篇均被引次数仅为美国的一半。而进入高被引论文数排名前10的亚洲国家，只有排名第1的中国和排名第10的印度。同样在文章转化

产业领域，食品相关专利的产出存在显著差距。据专利局统计，2019 年食品领域获得的发明专利前 3 分别为美国、日本和德国，中国第 7，"一带一路"沿线的发展中国家中只有中国和印度进入了排名前 15。

2. 各国环境基准与农业禀赋各异，产地安全风险防控难度大

1）各国环境基准差异大，使产地安全风险防控难度增大

由于"一带一路"共建国家在经济社会发展水平上的差别很大，难以达成多方统一的、具有法律约束力的区域性环境标准。共建国家环境标准/基准差异较大，对进出口食品的原产地环境规范要求大不同，进出口食品安全评价面临挑战。另外，共建国家食品安全标准关注污染物种类参差不齐，污染物限量差异显著，易造成贸易壁垒，使产地安全风险防控难度大。

2）各国农业禀赋各异，使产地安全风险防控难度增大

共建国家耕地、水、气候、劳动力、资本、农业基础设施及技术条件与农产品生产结构，使农业资源禀赋和经济发展状况各异，导致其农产品结构和食品产业基础差距悬殊，从而产生了食品供需和食品安全问题。

3. 科学大数据库尚未建立，国际食品微生物安全缺乏科学支撑

随着世界各国对食品安全的日益重视和相关科学大数据的积累，国际上陆续建立起众多食品微生物安全相关的科学大数据库，涵盖食源性致病微生物菌种资源大数据、风险识别大数据、特征性代谢产物大数据、危害因子大数据、分子溯源大数据及基因大数据[16]，用于收集、分析、整理和发放各种食品微生物安全相关的信息。

世界卫生组织提供的相关数据显示，微生物危害是食品安全的主要威胁。近十年，我国在食品安全领域持续投入，在关键技术、装备水平、人才队伍方面得到显著提升。然而，由于我国微生物资源的发掘利用工作起步较晚，包括风险识别数据库、菌种资源库、全基因组数据库、转录组学数据库、蛋白质组学数据库、代谢组学数据库、特征性代谢产物数据库和分子溯源数据库等全国统一的食品微生物科学大数据库尚未建立，导致我国食源性致病微生物危害形成规律和风险水平难以全面掌握，阻碍了风险评估工作的开展；阻碍了基于科学大数据具有自主知识产权的特异性检测新靶标挖掘、安全检测技术、溯源技术等关键技术新产品的研发与应用。因此，国家亟待构建食品微生物安全相关的科学大数据库，为研发高效的食品安全风险识别、预警、溯源和控制技术及体系提供重要的科学支撑保障。

4. 跨境电商监管不到位，食品真实性与溯源技术缺乏国际共识

跨境电商食品属于一种新业态，且我国与"一带一路"共建国家贸易规模持续扩大，这为跨境电商食品发展提供了良好的机遇，我国跨境电商进口无论从商品种类还是商品的数量都呈逐年增长的态势。然而跨境电商食品假冒伪劣等欺诈行为层出不穷、标

签标识违规现象频发、储运过程存在安全隐患，标准化、品牌化产品缺乏，质量难以保障，监管及维权困难。另外，跨境电商对电商主体责任、动植物检疫风险防范缺乏制度设计。此外，电商食品质量标准体系、认证体系、监管体系目前仍旧不健全。跨境电商食品由于其交易的虚拟性，以及为满足消费者方便快捷的需求，各国对此新业态保持包容审慎监管的态度，致使跨境电商零售食品中的假冒伪劣产品相比传统的进出口贸易食品比例更高。造成此现象的根本原因是跨境电商食品生态圈诚信体系不健全，亟待推进跨境电商食品生态圈的诚信体系建设。此外，跨境电商食品的监管仍存在漏洞。一方面，跨境电商进出口食品的量非常大，检测监测中难免出现漏检；另一方面，跨境电商食品的 B2C 模式中，电商零售商品按照个人物品管理，未实行严格的进出口食品安全管理制度，目前此部分跨境电商食品的监管不是很明确，存在很大的风险，还需要进一步探讨研究解决方案。

跨境电商食品追溯体系不健全，产品信息不透明不对称。我国农产品出口经营者对自身情况及其农产品的情况了解得比较多，但对国外农产品消费者的相关信息了解得比较少；相反地，国外农产品消费者对自身的需求、喜好等情况相对熟悉，而对我国农产品出口经营者及其农产品的信息了解得比较少，进而形成了基于跨境电商的农产品跨国产销之间的信息不对称，产、销地经济与监管发展不平衡进一步加大产、销分离风险，供应链国际化导致的输入风险渐显。目前，各国及地区之间尚未建立一个完善的跨境电商食品安全追溯体系，而且由于追溯信息内容不规范导致食品从生产到进出口销售的全过程信息包括进出口国别（地区）、产地、生产商、品牌、批次、进出口商或代理商、收货人、进出口记录及销售记录等信息和海关报关信息、检验检疫信息和产品标签标识均不明确。再加上缺少适用于国际的规范化追溯标准，就更无法追溯食品的原产地信息。目前现阶段的追溯体系，对信息只能追溯到商品进入保税仓阶段，对于进口食品在国外生产流通情况几乎没有涉及。这样也导致大量的假冒伪劣产品和不法商贩存在。

5. "信息孤岛"问题严重，食品安全信息化能力建设有待提升

1）多平台共存，缺乏信息互通

目前应用于食品安全监管的信息化平台包括国家级的食品安全监督抽检平台和农产品抽检直报系统，食品安全监督抽检平台是针对食品安全抽检和不合格后处理的综合性数据平台，农产品抽检直报系统是主要针对初级农产品抽检以及农产品数据分析产品溯源的平台（2019 年 7 月份，国家已将两个系统整合为一个系统）。此外，还有省级用于食品生产企业获证审批和日常监管的食品药品安全监管综合系统以及用于小餐饮、流通登记发证的综合管理系统。但这些系统均是针对某一部分监管职能或行政许可进行的信息化，信息互通性差、信息碎片化让使用者感觉不便，部分行政许可系统已经停用。

2）食品安全信息缺少公开和互联互通

我国现有食品安全领域的信息系统建设中由于缺乏顶层设计，各部门各自为政，

标准、软件、接口都未统一，虽构建了多个监测、追溯数据库，但信息系统之间缺少关联桥接，数据库之间多处于封闭和分散的状态，没有相互关联，共享程度低，没有形成统一的信息发布渠道，"信息孤岛"问题严重。特别是不同数据库录入格式不统一，造成跨部门的食品安全信息收集分析体系不统一，难以对数据库信息进行共享、升级和改造，发现食品安全潜在风险的能力尚待提高，未能让各部门食品安全信息在食品安全监管中的作用最大化。另外，信息化建设的逐步推进，在安全性能方面也存在未安装防火墙和杀毒软件以及日常工作未及时备份等问题，导致保密数据基本处于不设防或损失的状态。平台数据应用方面，因未建立良好的互通性，重复冗余信息量大，且数据库的数据未能实现"动态更新"，从数据的提供、审查、录入不能做到无缝对接，数据的时效性难以保障。

6. 进出口食品安全监管体系不完善，政府、企业和社会尚未形成合力

1）食品生产企业缺少先进的食品安全控制体系

经过近 30 年的实践与探索，我国已初步形成符合我国国情的 HACCP 体系认证管理制度，我国的 HACCP 认证体系以《中华人民共和国食品安全法》为基础、国家认证认可监督管理委员会为主导、各项标准为依据、企业有效实施为重点。在应用上已形成在出口食品生产企业内强制实施，在内销食品生产企业内鼓励实施，在餐饮业及饲料生产加工企业自愿实施的多元局面。虽然 HACCP 体系在我国出口食品企业已得到广泛建立与实施，获证企业数量持续攀升，但其与我国 2016 年度食品药品监管统计年报显示的 13.9 万家食品生产企业的庞大体量相比相形见绌，这不仅制约了我国食品企业尤其中小食品企业自身的可持续发展，影响了整个行业安全，也增加了检验检疫部门的监管难度，需要在食品企业中进一步推广 HACCP 认证。

2）食品追溯制度建设有待完善

食品安全追溯制度缺乏统筹建构。近年来，随着追溯制度不断深入，我国大部分的省、直辖市相继不同程度地建立了食品安全追溯体系，都在一定范围内积极探索、推广食品安全追溯系统。但我国存在着巨大的地域差异，各地区间的发展水平以及生产资料不尽相同。因此在建立这些系统时仅仅考虑到其所管辖范围的追溯信息的收集，忽视了食品流通过程中存在跨区域流通的普遍性，最后造成了各追溯系统数据的共享性较差、追溯过程中食品的标准系数不统一、追溯源头的数据也不准确等问题。

缺乏对企业参与追溯制度系统的管理与评价机制。生产经营者提供的准确无误的食品信息是食品追溯制度的重要内容，但现实食品企业生产过程中选择性添加食品码或部分的生产经营者录入不准确、不完整、监管单位缺乏有效监督和管理，从而导致追溯效果差、无法快速召回、难以对问题食品有效溯源等相关的一系列难题，而现行的食品法包括大部分的地方性法规，尚未对于食品企业这一溯源制度主体明确责任义务的规定。

企业、消费者参与意愿不高。对企业而言，加入追溯体系要输入大量的追溯信息，需要投入一定的资金、技术，从而增加了企业的经营成本和风险，却不能在短时间内大幅度获利，导致很多企业不愿加入追溯系统。对消费者而言，可追溯产品的标价往往比普通产品高，往往不愿购买，甚至还有很多消费者对食品追溯体系及其功能和价值没有一个正确的认知，因此食品追溯体系的实施普遍存在"叫好不叫座"的情况。

食品安全追溯标识编码与国际标准脱轨，造成绿色壁垒影响我国进出口贸易。食品追溯制度得以实现的有力工具是食品的编码。国际通用的食品追溯标准是国际物品编码协会推进的 GS1 编码标准，参与国际贸易的国家都被要求统一使用。我国物品编码与国际标准的不兼容、与国际标准存在的差异性，导致在进出口贸易和流通他国市场中受到制约，对贸易经济打击大[17]。

3）食品召回制度有待完善

食品召回相关法律需要完善。我国目前基本形成了以《中华人民共和国食品安全法》为核心，《食品召回管理办法》为主体，相关部门规章、地方性法规为补充的食品召回法律框架，但是很明显可以看出，我国的食品召回法律仍然存在诸多不足之处。法律位阶较低，缺乏权威性；立法冲突较多，缺乏统一性；立法内容不足，缺乏可操作性。

对食品安全的违法行为处罚力度过轻。我国《食品召回管理办法》中对于相关违法行为最多处以 3 万元的罚款，违法成本太低，根本起不到法律应有的惩罚与威慑的作用，对食品生产加工企业而言，处罚成本与承担食品召回所造成的成本损失相比，往往微不足道，因此生产经营者为了自身的利益，往往以身试法，因此，我国与食品安全相关的法律应当加大对犯罪行为的处罚力度，否则将难以对食品违法行为构成有效威慑。

消费者的食品安全意识薄弱。我国消费者的食品安全意识并不强。许多人对食品安全，如绿色食品、有机食品等的认识比较肤浅。部分消费者对当前食品安全监管机制持悲观态度，即便遭遇到食品安全的问题时，很多人并没有向相关的监管部门举报投诉。显然我们在食品安全及《中华人民共和国食品安全法》的宣传方面还有待加强。

综上所述，我国食品安全监管体系不完善，政府、企业和社会尚未形成合力，仍存在诸多问题。食品安全问题涉及多个利益者，因此在食品安全监管过程之中，除了单一的消费者和生产者企业的利益博弈，还需要社会参与到食品安全监管之中，这样才可以有效地进行食品安全监管。

三、发达国家和地区进出口食品安全监管策略与措施

（一）发达国家和地区食品产业和科技发展经验

食品产业是关系国计民生的生命产业，也是与农业、工业、流通等领域有着密切

联系的大产业。现今的世界食品市场大致可分为成熟市场和发展中市场。前者包括西欧、北美、澳大利亚、新西兰、日本，占世界食品市场的 60%（其中西欧各国占40%）；后者占世界食品市场的 40%。近 20 年来，欧盟、美国、日本等发达国家和地区的食品装备数量每年以 5%～6%的速度增长，其技术水平居世界前列，这些发达国家和地区值得我们国家借鉴的成功经验之一就是不断加大科技投入，通过科技投入开展技术研究和自主创新，形成全球食品装备技术水平的引领地位。

同时，发达国家和地区高度重视生产过程中的质量安全全程控制技术与装备的研发，通过专利知识产权形成技术壁垒，在国际竞争中获得垄断地位。尤其是高新技术领域的技术成果，几乎都被专利技术所覆盖。美国、日本和欧盟部分国家不仅是当今世界创新能力最强，而且是最注重专利知识产权的国家，它们有着专利知识产权的丰富经验，推动了食品产业的创新发展。就我国而言，食品工业自改革开放以来得到了长足发展，但整体水平还不高，依然属于发展中市场。虽然世界各国的国情不同，食品工业的发展特点有着明显的差异，但由于食品工业发展具有固有的规律性，研究国外发达国家和地区食品工业的基本特点和发展趋势，把握其食品工业发展的历史轨迹，有助于理解我国食品工业未来的发展方向。

1. 美国食品产业和科技发展

美国的食品加工业竞争力具有明显优势，而且美国的食品行业巨头众多，食品产业在资本投入、原材料来源、技术开发等方面均处于世界领先地位。美国拥有世界上最强大的国家科技创新能力，而政府先进的科研管理体制、科研机构的高效运作以及企业和大学等科研机构的密切合作所构建的官、产、学、研一体化创新体制，是确保占领技术制高点的体制性因素[18]。同时美国是充分运用专利知识产权激励国家经济增长最成功的国家之一，知识产权保护理念作为全民的信条写进了美国宪法，进一步推动了美国食品产业和科技的发展。

除了加快食品产业的发展，美国还十分重视对于进口食品的监管与监督。1906 年美国颁布《食品药品化妆品法》（FD&C）作为食品药品管理局（FDA）执法依据。为了进一步规范进口食品的安全与健康，后续又颁布了"食品标识管理"（21CFR101）、"食品添加剂管理"（21CFR170，171～173）和 2011 年的《食品安全现代化法》，从食品标签、食品添加剂、进口食品风险评价等多角度加强食品管理，而且根据食品的种类颁布了一系列不同的检查法。

2. 欧盟国家食品产业和科技发展

欧盟是一个超国家的组织，既有国际组织的属性，又有联邦的特征。食品行业是最需要将各种法规进行统一的一个领域，尤其是食品贸易都会受到欧盟各成员国间不同法律法规的限制，使得这些食品即使在欧盟成员国之间也不能进行自由流通和公平竞争。目前欧盟已经建立统一的食品法规体系，只要欧盟成员国符合欧盟法规的要求，便可以在欧盟境内自由流通，从一定程度上促进了产业链整合，食品加工资源互补，整体提高欧盟成员国食品科技创新水平。欧洲各国的食品工业发展在世界范围内均属前列，食品工业相对于其他地区的国家都比较成熟。

欧盟对于食品安全的监管具有显著的特征：

统一协调各成员国的组织管理体系。法律法规体系方面，2000 年，欧盟发表《食品安全白皮书》，将食品安全作为欧盟食品法律法规的主要目标，形成了一个新的食品安全法律框架。各成员国在此框架下，对各自的法律法规进行了修订。为避免各成员国之间的法律法规不协调，欧盟理事会和欧洲议会于 2002 年发布 178/2002 号指令，成立欧洲食品安全管理局（EFSA），颁布了处理与食品安全有关事务的一般程序，以及欧盟食品安全总的指导原则、方针和目标。

以预防为主的监管机制。欧盟在食品安全监管中坚持了预防为主的理念，强调通过风险评估与快速预警，确保对食品问题的事先控制而非事后追查。启用风险评估机制和快速预警机制。

覆盖全程的监管体系。欧盟在《食品安全白皮书》中引入了"从农场到餐桌"的理念，强调对食品安全的全程监管。对食品安全相关法律法规进行了大规模的修改，包括：食品安全原则、食品安全政策体系、食品安全管理机构和管理体制、食品安全风险评估、对所有饲料和食品紧急情况协调的快速预警机制，最终建立起一套涵盖整个产业链的食品安全法律法规体系。

动态调整的监管制度与政策。为适应内部和外部形势的变化，欧盟的食品安全监管制度与政策一直是动态调整的。欧盟不断修订与食品安全相关的指令、法规和标准，完善风险管理运行机制，注重新技术的应用，并以科学、动态的方法和措施来指导生产和消费，同时，不断改进在食品安全上的管理手段和管理方法，建立各种信息传递和快速反应机制，最大限度地确保食品安全。

3. 日本食品产业和科技发展

日本作为亚洲地区科学技术最为发达的国家，其在各类新技术的研发上始终居于世界前三的位置。同时，日本拥有历史悠久的饮食文化，素来就对食品加工有着充分的认识，无论是国家政府还是民间企业都将新技术的不断研发作为支持其产生发展的必要条件。日本食品加工业规模庞大且成熟，是机电制造业、运输机械业之后的第三大产业。同时，日本是世界上制定和实施国家专利知识产权战略最为系统化、制度化和具体化的国家，政府高度重视专利知识产权工作，并根据国家发展阶段适时调整专利战略，不断增强原创技术的研发和加大专利申请的力度。经过 20 余年的努力，日本专利数已经超越欧盟诸国，成为世界第二大专利强国，仅次于美国。

日本制定了《食品安全基本法》《食品卫生法》等一系列相关法律法规来加强食品安全的过程监督与管理。随着食品科技的不断发展，日本食品安全法律监管基本理念得到了全面重塑[19]：

食品安全监管重心由食品卫生向食品安全转变。日本的食品安全监管针对食品原料采集到产品产出各个环节，针对食品从生产到销售过程中可能产生的风险进行法律监管。

国民健康至上理念。为了实现这一理念，日本完善食品安全事故的追责机制，明确国家和相关企业的责任，从而更好地保护消费者的合法权益。该监管理念的确定，进一步保障了"消费主权原则"在日本食品领域中的真正实施。

全程监控理念。日本吸收国际上先进的经验，全面引入并建立了 HACCP 体系，HACCP 体系主要的功能在于危害点的识别管理，针对食品生产中各关键环节存在的危害进行排查鉴别，科学布控，从而保证食品达到安全水平。

重视科技的理念。对待食品安全，日本非常重视结合国内的现状，在广泛听取民意的基础上，制定科学的食品安全监控措施。HACCP 法和 BSE 法就是在这样的法律理念下制定出来的。

（二）发达国家和地区环境标准与基准的经验

1. 美国环境标准与基准

大气环境标准。美国控制空气污染的主要法规是《清洁空气法》，对其他环境法规有很大的影响。美国空气污染物的控制最终目标是达到环境质量标准。其手段是根据《清洁空气法》的规定，对污染源排放实施技术强制，即制定、实施排放标准。美国经过多年努力，形成了建立以保障公共健康为核心的环境标准制度和环境与健康风险评估框架，实现了对环境与健康风险的有效控制。

水环境标准。水环境标准包括环境水质基准和标准、水污染物排放标准和水环境优先控制污染物名单。美国环境保护局重点控制的水环境污染物共有 129 种，包括十大类：金属与无机化合物、农药、多氯联苯（PCBs）、卤代脂肪烃、醚类、单环芳香族化合物、苯酚类和甲酚类、酞酸酯类、多环芳烃类（PAHs）、亚硝胺和其他化合物。

土壤环境标准。美国土壤环境质量标准体系主要包括美国国家土壤质量标准体系、美国区系土壤环境质量标准体系和美国各州的土壤环境质量标准体系三个层面。国家土壤环境质量标准体系由以下部分组成：通用土壤筛选值（Generic SSLs）、生态土壤筛选值（Eco-SSLs）、人体健康土壤筛选值和土壤放射性核素筛选值。有关土壤质量的标准和规范主要有 EPA 方法和美国测试与材料学会（ASTM）标准，ASTM 建立的有关土壤采样的标准方法已被许多国家采用（如日本与加拿大等）。美国有关土壤的标准主要以采样和质量控制为主。

参考美国的成功经验[20]，并结合我国当前严峻的环境健康形势，第一，建议我国立法机关和国家环境保护主管部门充分认识人体健康风险预防的重要性，尽早将风险预防原则纳入我国环境法基本原则之中，充分发挥风险评估制度对于人体健康风险和生态环境风险的预防作用。第二，由于我国尚未建立环境健康风险评估制度，应当基于环境健康风险评估，科学制定环境标准；建立环境保护部门与公共卫生部门关于环境健康的联合工作机制，从而完善环境健康管理体系；应制定动态环境标准；借鉴美国环境标准的制定经验，应根据对污染物暴露量的定量风险评估分析方法，及时调整环境标准，实现环境标准对人体健康的有效保护。第三，完善环境健康风险评估法律基础。应尽快出台规制环境健康风险评估的法律法规，为我国全面实施环境健康风险评估制度提供可靠的法律依据。确定环境风险评估制度内容和范围。第四，在构架环境与健康风险管理体系中，应将公众参与贯穿于风险评估与风险管理全过程。

2. 欧盟环境标准与基准

欧盟环境标准是以指令或条例形式颁布的，其体系包括水、空气、噪声及基础标准等。欧盟已经公布 200 余项环境标准。欧洲在大气污染对人体健康和生态系统的影响领域开展了长期持续性的研究工作，积累了大量的数据资料和研究成果，特别是在大气污染暴露评价和健康效应早期识别技术、大气细颗粒物对人体健康的急性和慢性健康损伤的关系、典型城市群大气污染的健康风险等方面，建议中欧加强合作研究。欧洲在大气污染对人体健康和生态系统的影响领域开展了长期持续性的研究工作，积累了大量的数据资料和研究成果，特别是在大气污染暴露评价和健康效应早期识别技术、大气细颗粒物对人体健康的急性和慢性健康损伤的关系、典型城市群大气污染的健康风险等方面，建议中欧加强合作研究。

欧盟的环境与健康标准体系的特点是通过化学品的风险评估和管理，将环境污染控制在"源头"，保护人体健康。该体系以化学品风险评价和管理为核心，为了配合 REACH 法规的执行，制定系列化学品风险评价的技术规范和风险管理的有关措施、手段和细则。由此，构成了比较完善的化学品风险评价和风险管理的标准体系，中国应结合实际情况借鉴欧盟的成功经验。

3. 日本环境标准与基准

大气环境质量标准。日本空气环境质量标准可以分为两个层次，其一为环境质量标准项目，主要包括传统大气污染物、有害大气污染物质等内容。其二为 1996 年日本大气污染防治法修订后指定的 234 种空气中的有害污染物监测，目前已经开展常规监测的有 21 项。日本的空气监测规范和方法有调查方法、测定手册等类型，手册主要包括《大气环境常规监测技术手册（第 6 版）》《有害大气物质监测技术手册》《$PM_{2.5}$ 测定方法暂定技术手册》和《有毒有害化学物质（Dioxins）大气环境调查技术手册》（2008 年 3 月）。

土壤环境质量标准。日本土壤环境质量标准始发于农田土壤环境质量标准，1967 年颁布的《公害对策基本法》，将土壤污染纳入典型公害范围，随后制定《农用地土壤污染防治法》，规定大米中镉、铜、砷含量标准，1991 年发布土壤环境质量标准。依据《公害对策法》第 9 条规定的"防治土壤污染的环境质量标准"。2002 年日本正式颁布《土壤污染对策法》，对城市和工业地域的土壤污染物质做了明确规定，城市和工业地域的土壤环境质量标准项目有了法律依据。为防治有毒有害化学物质（Dioxins）污染对土壤造成的危害，日本于 1999 年 7 月颁布《Dioxins 物质对策特别措施法》，根据此法第 7 条，制定有毒有害化学物质（Dioxins）环境质量标准。

水环境质量标准。日本水环境标准的法律依据和水质保护体系较为完备。日本环境水质标准规定政府应根据与大气污染、水体污染、土壤污染和噪声有关的环境条件，分别制定出保护人体健康和保障生活环境的理想标准。《水污染防治法》强调制定并实施全国统一的环境水质标准来防治水污染。1984 年颁布了《湖泊水质保护特别措施法》。针对封闭性水域的污染难以改善、富营养化严重等状况，日本还颁布了《濑户内海环境保护特别措施法》（1973 年 10 月）和《关于有明海及八代海再生的特别措施法》（2002 年 11 月）。

当今世界已有许多国家和地区制定了环境损害赔偿方面的专门法律，除了日本的《公害健康被害补偿法》，还有瑞典的《环境损害赔偿法》和德国的《环境责任法》等。日美欧等国家和地区在工业化进程中纷纷出现了严重的公害问题，随后不断建立完善其立法赔偿体制。我国目前处于工业化发展的中级阶段，针对环境污染事件多发的现状，2015 年底，中共中央办公厅、国务院办公厅印发了《生态环境损害赔偿制度改革试点方案》，对各类较大规模的生态环境事件的损害赔偿做出了规定，但不包括人身损害的赔偿。对于后者，可以借鉴日本、美国等国，建立起自己的"超级基金"，作为对健康损害的补偿。

（三）发达国家和地区对食品微生物的治理策略

动物源性食品的健康养殖离不开抗生素的使用，近十几年来，抗生素在动物体广泛、不适当的使用，使得食源性微生物产生耐药性并通过食物链传染给人类，引发食品安全问题。食品作为人们的生活必需品也是耐药菌的主要来源之一，加强对食品微生物的耐药性检测与治理具有重要意义。细菌耐药性是全球性问题，目前，世界各国根据对食品微生物的耐药机制及传播研究制定了相关的抗生素耐药性问题的治理策略，参考欧美等发达国家和地区对抗生素耐药性问题的治理策略有助于我国从中获得启发，以期为我国参与全球卫生治理、发挥大国责任，以及《遏制细菌耐药国家行动计划（2016～2020 年）》的顺利实施提供决策依据。

1. 美国对食品微生物的治理策略

在面临抗生素耐药菌带来的严峻威胁情况下，美国在 20 世纪 90 年代中期开始反对抗生素的滥用并鼓励新型抗生素的研发，同时逐步建立严格的抗生素使用监管体系，其中涉及食品微生物的治理策略主要包含以下几点：

1996 年，为监测抗生素对人畜肠道细菌的敏感性并定期向公众报告监测结果，美国农业部和疾病控制与预防中心合作成立了国家抗生素耐药性监测系统（NARMS），这一举措同时为其他抗生素耐药性（antimicrobial resistance，AMR）[21]研究交流提供了平台。

1997 年美国食品药品管理局（FDA）发布《抗生素使用指南》，全美 50 个州均设立州一级项目，监控当地重要的多重耐药生物；FDA 与美国农业部（USDA）等部门合作，致力于消除食用动物使用高级别抗生素及医用抗生素达到促生长目的，加强在食用动物抗生素使用监测与抵制模式、物种间遗传病及研发成果等共同领域的合作。

规定新批的抗生素只能作为兽用处方药，逐步区分医用抗生素和兽用抗生素，禁止新批抗生素、医用抗生素、预防性抗生素在养殖业中作动物饲料的添加剂。

2. 英国对食品微生物的治理策略

针对食品微生物愈加突出的抗生素耐药性问题，英国从 2000 年开始陆续建立了针对几类耐药菌的临床感染监测体系，随后积极修订《抗生素临床使用指南》，并于 2013 年公布了应对抗生素耐药性五年国家战略（UK Five Year Antimicrobial Resistance Strategy 2013 to 2018）。从国家综合治理角度来看，英国构建了跨多部门协作、多学科联合的 AMR 综合治理体系，其中涉及食品微生物的治理策略主要包含以下几点：

为减少动物感染细菌性疾病的可能性，环境、食品和农村事务部联合制定了一系列措施，在农场消毒程序、房屋设计如通风设置、传染病原检测、牲畜疫苗注射、动物抗生素使用等方面作出规定，其中动物抗生素处方应用指南将预防性抗生素使用剂量降到最低限度。

支持抗生素研究领域的创新工作，设立"英国生命科学战略"等项目；为企业研究和开发新抗生素提供便利政策；搭建研究平台并向国际发出邀请；引入基因组测序技术等新技术，研究快速识别细菌、病毒和真菌病原体及其耐药基因的方法。

（四）发达国家和地区食品真实性与溯源技术经验

1. 美国食品真实性与溯源技术

近年来，以美国为代表的发达国家（地区）和全球食品安全倡议（Global Food Safety Initiative，GFSI）为代表的行业组织，制定了专门应对食品掺假的法规和指导手册，指导食品企业在生产经营中识别容易受到掺假的环节并对食品掺假进行防范，此外，还建立了经济利益驱动型掺假（Economically Motivated Adulteration，EMA）事件数据库，并对事件的特征进行深入分析，通过风险管理的方法和构建数据模型对 EMA 行为进行预警，为提高对食品真实性的保障与管理，美国成立了分析化学家协会（AOAC）。

美国农业部（USDA）和食品药品管理局（Food and Drug Administration，FDA）对牛奶生产进行监督的指导方针是工业化世界中最为严格的。这需要农民、加工商和政府机构的共同努力，以确保牛奶安全且质量最高。美国食品药品管理局目前在树脂技术应用方面的立场是"经树脂技术处理的蜂蜜产品应在标签上充分描述其特性，以区别于未经树脂技术处理的蜂蜜"，目前正在进行大量的科学研究，建立规范使用方法，建立全球数据库，从而更好地分析和评估这项技术。

2. 欧盟食品真实性与溯源技术

为了了解和支持某些有潜力的食品，欧盟于 1992 年创建了不同的标识，包括 PDO 和 PGI，以促进被滥用名称和仿制的优质食品的保护。PDO 标识涵盖了使用公认的专业知识在特定地理区域内生产、加工和制备的农产品或食品，因此可以确保与该地区的紧密联系。除了 PDO，PGI 标识同样有特定链接，但它只要求生产、加工或制备的至少一个阶段属于该地区，允许生产中使用的成分来自其他地区。欧盟《肉馅卫生指令》

要求列出肉馅中用到的肉中每一种动物；同样《欧盟肉制品卫生指令》要求对肉制品进行物种命名；《欧盟标识指令》要求产品成分表中明确标明其使用的每一种肉类。欧盟法规将机械回收的肉类排除在肉类的定义之外，当它用于肉类产品时，应在配料表中单独标识；当成品中水的含量超过 5%时，欧盟法规要求在成分表中注明水。欧盟标识指令要求对食品的加工过程或处理过程进行声明，因此，在大多数情况下要求标明肉是否曾经被冷冻，如果不这样做会产生误导。欧盟委员会成立了一个特别反欺诈部门，负责管理新出现的风险。欧盟法规对过敏原明确提出要求，依据葡萄酒类型的不同设置了不同的二氧化硫限量，若葡萄酒中含有亚硫酸盐，在生产过程中使用蛋白或谷物，也必须在标签上注明。

3. 日本食品真实性与溯源技术

日本的技术法律和标准制定非常细。"食品溯源制度"也是日本政府目前正在大力推广的一项食品安全管理新制度，目的是利用当今发达的信息技术，对每一件产品建立生产、加工、流通所有环节的"履历"，将其产地、农药使用情况、生产者、加工者、销售者等通过电子信息进行记录，一旦出现问题，通过记录就能够迅速找到原因，从而避免鱼目混珠、无从查找的现象出现。如为保证销售日本和牛的品质，商场出售的和牛都会有一个电子标识，一经扫描，所有履历一目了然。先树立标杆，再进行推广。日本政府以日本食品贸易振兴机构（JETRO）作为认证机构，2015 年秋季成立由大型食品企业和餐饮产业等参加的讨论委员会，制定认证标准，认证通过后食品将贴上专用标识。如果海外厂商的日本食品符合标准，也可以成为认证对象。

（五）发达国家和地区食品安全监管与标准体系建设经验

1. 美国食品安全监管与标准体系建设

美国强调食品安全以预防为主，在科学评估基础上，对全程进行监控理念，食品安全管理体系于 20 世纪 30 年代开始形成，经过多年的发展和完善，现已建成职能明确、管理有序、运行有效的食品安全管理体系。

1）美国食品安全监管体系

美国食品安全监管水平较高。在食品安全监管体制上，美国成立了可以相互协调配合的多个机构。为了使不同机构在监管上的职责没有交叉和监管盲区，美国食品安全监管对各个机构的职责进行了详细的划分，规定了不同机构之间的权责界限，形成了无重复的监管全覆盖。

美国采取"以品种监管为主、分环节监管为辅"和多部门协调的监管模式。联邦食品安全监管机构和地方政府食品安全监管机构组成了美国食品安全监管主体。以品种监管为主，按照食品种类进行责任划分，不同种类的产品由不同的部门管理，一个部门负责一个或者数个产品的全程监管工作。各部门分工明确，在总统食品安全管理委员会的统一协调下，对食品安全进行一体化监管。美国已经建立由总统食品安全管理委员会综合协调，卫生和公众服务部、农业部、环境保护局等多个部门具体负责的综合性监管体系。该体系以联邦和各州的相关法律及生产者生产安全食品的法律责任为基础，通过联邦政府授权管理的食品安全机构的通力合作，形成一个相互独立、互为补充、综合有效的食品安全监管体系。

2）美国食品安全标准体系

食品安全标准体系发展现状：美国食品安全的基本法是《联邦食品、药品和化妆品法》（FFDCA），其中提出了食品安全原则及框架，是食品法令标准的核心基础；食品标准的表现形式主要以法令为主，如《联邦肉产品检查法》《禽类及禽产品检验法》和《婴幼儿配方乳粉法》等[22]。美国标准制定过程是公开透明的，需要全社会共同参与；食品安全标准制定主要包括 4 家机构：①卫生部食品药品管理局（FDA），主要负责瓶装水、食品中的添加剂和防腐剂等食品安全、卫生标准和兽药标准的制定；②环境保护局，主要对饮用水、农药残留限量标准进行制定；③农业部食品安全和检疫局（FSIS），负责肉、禽和蛋制品的安全和卫生标准制定；④农业部农业市场局，负责蔬菜、水果、肉和蛋制品等常见食品市场质量分级、谷物质量等标准的制定[23]。美国的技术水平一直处于世界前列，CAC 和欧盟国家的许多标准的制定都是采用或部分采用美国标准作为参考，形成了具有本国国情的标准。2011 年颁布的《美国食品安全现代法案》对 FFDCA 中食品供给安全内容进行了修订，强调食品安全应以预防为主，在科学评估的基础上，对全程进行监控。联邦政府制定的标准简明扼要，是国际强制性遵循的准则。

食品安全标准体系特点：第一，标准体系完整。1890 年《联邦肉类检验法》的出台奠定了美国食品安全法的基础。目前，美国已经形成了 30 多部法律法规组成的标准体系。第二，标准范围明确。美国制定的食品安全标准主要包括两大类：①推荐性检验检测方法标准；②肉类、水果、乳制品等产品的质量等级标准。这些标准约占标准总数的 90%以上。第三，机构职能明确，运作协调。垂直多部门协同管理是美国食品安全标准机构的特点，机构中的总统食品安全委员负责各标准机构的职能协调和指挥，这种做法既明确了各部门的职责，又实现了对食品安全标准机构的全程监督。第四，风险的分析把控与时代创新相结合。美国食品安全标准机构非常重视对风险的评估，这是制定一系列标准的重要依据。对于风险评估所呈现出的问题，相关的法律机构还要制定具体的应对措施。

2. 欧盟食品安全监管与标准体系建设

1）欧盟食品安全监管体系

为了实现对食品安全的有效监管，欧盟成员国建立了统一的食品安全技术标准和组织管理体系，其中欧盟食品安全监管机构可以划分为两个层级，一级是由欧盟组建的，主要包括：欧盟理事会、欧盟委员会及相应的常务委员会、欧洲食品安全管理局

（EFSA），以及健康和消费者保护总司（DGSANCO）。其中，欧盟理事会主要负责食品安全基本政策的制定，在分析食品行业潜在风险的基础上，为颁布食品安全政策与法律提供意见建议，并通过制定"食品安全白皮书"向公众披露食品安全信息[24]；欧盟委员会及相应的常务委员会（如科学委员会、饲料常务委员会等）主要负责食品安全及食品安全监管等工作的理论和实践研究；DGSANCO 主要负责向欧盟理事会与欧洲议会提供各种立法建议和议案，制定进口产品的标准；EFSA 主要包括其内设的科学委员会及 8 个小组，重点负责食品安全科学研究，搜集、处理食品安全信息，为各项政策的制定提供风险评估和技术支持；另一级是由欧盟的成员国组建的，结合自己国家的国情，配合欧盟的相关机构，做好与本国有关的食品安全监管工作。

　　2）欧盟食品安全标准体系

　　欧盟食品安全法规与标准体系是建立在风险评估基础上的，强调对食品安全的控制是从源头开始，强调以预防为主对食品生产全过程进行控制。欧盟对食品标签标示的管理采用横向和纵向两种法规体系，横向规定各种食品标签共同的内容，比如欧盟食品标签指令、营养和健康声称等，属于基础法规；纵向规定各种特定食品，比如巧克力、葡萄酒等食品的标签，属于特殊规定。欧盟食品安全标准体系主要包括食品卫生要求、微生物限量、污染物限量、食品添加剂、营养强化剂、食品接触材料、食品中农兽药残留、新资源食品和转基因食品的管理要求和产品标准等。总体上欧盟食品安全法规标准是以各项法规来规范，内容从框架性法规到特殊性法规，从基础标准到产品标准，体系严密，分工合作。坚持以预防为主、以风险分析为基础，对食品生产全过程进行控制。

　　食品安全标准体系发展现状：欧盟建立了完善的技术标准体系，此标准已经深入社会生活中的各个角落，为法律法规提供技术支撑，成为契约合同维护、市场准入、贸易仲裁、产品检验、合格评定、质量体系认证等的基本依据。在当今世界经济全球化的大市场中，欧盟标准已经得到了全世界的认同。随着科学技术的不断发展，食品的生产日益复杂且更加多元化。为了保持食品安全制度的先进性，欧盟始终与负责食品安全标准的食品安全法典委员会保持密切联系，不断更新、完善相关标准，分别于 2004 年和 2005 年颁布了《食品卫生系列措施》和《欧盟食品与饲料安全与管理法》，对食品安全标准体系进行了适时的更新、完善。

　　食品安全标准特点：①强制性。欧盟食品安全标准作为一套超国家的规范体系，其强制性特征表现很明显。欧盟的食品安全标准是通过法规条例、指令及决定的方式发布出来的。法规条例、决定和指令都具有法律约束力，如果有成员国没有履行转化食品安全标准的指令的规定，则欧盟委员会或者是其他的成员国可根据《欧洲共同体条约》第 169 条和 170 条的规定，对没有履行转化义务的成员国向欧盟法院提起违反条约的诉讼，而这时候的强制性是受到法律保护的。②统一性。综合统一是贯穿于整个欧盟食品安全标准法律的最基本的原则。欧盟食品安全标准的统一性首先指各个成员国的食品安全标准在根本原则上的一致性，然后就是各个成员国有其各自的食品安全标准，但是每个成员国食品安全标准应尽可能与欧盟食品安全标准相统一，各个成员国的食品安全标准应该相互协调，避免冲突，来达到统一。③程序性。通过严谨的制定程序，欧盟食品安全标准的法律法规形成一个有着清晰脉络的框架，由一条主线和很多个分支组成，消费者的安全为整个法律体系的价值主导。欧盟食品安全标准的严格程序性，也被大家认为是保护食品安全标准法律纯正性的一个重要的手段。

3. 日本食品安全监管与标准体系建设

1）日本食品安全监管体系

日本采取分段监管的食品安全独特监管原则。作为世界上食品安全监管最严格的国家之一，日本已经建立了一套比较完善的食品安全监管体系[25]。其食品安全监督管理机构主要包括食品安全委员会、厚生劳动省、农林水产省、消费者厅。现在的食品质量安全监管体制主要基于 CODEX 风险分析方法，其风险分析主要包括风险管理和风险评估以及风险交流。其中，风险管理由农林水产省和厚生劳动省共同协作完成，风险评估由食品安全委员会完成，而风险沟通则由这三个府省合作完成。

日本对进口食品的检验检疫非常严格。所有进口食品都必须通过厚生劳动省管辖的食品检疫所的检查和海关手续之后才能够进入日本国内市场流通；其中新鲜蔬菜、水果、谷物、大豆等和畜产品先要经过农林水产省管辖的植物检疫所和动物检疫所的检疫，不合格的将被拒收或销毁，合格的才可以进入食品检疫所的检查程序。其他加工食品及鱼类则直接进入食品检疫所检查。

对需要检查进口的食品采用"自主检查"、"监测检查"和"命令检查"3 种级别。其中，"监测检查"是对一般进口食品进行的一种日常抽检，由厚生劳动省确定监测检查计划，包括需检查项目和抽检率，由各地食品检疫所具体实施。"命令检查"是强制性逐批进行 100%的检验，由口岸食品检疫所负责实施。"自主检查"是进口商自选进口食品样本送到厚生劳动省指定的检疫机构进行检验，对检出的问题必须依法报告。

2）日本食品安全标准体系

日本食品安全体系由法律法规和标准两部分组成，日本食品标准体系分为国家标准、行业标准和企业标准三层。国家标准即 JAS 标准，主要制定对象是农、林、畜、水等产品；行业标准，多由行业团体、专业协会和社团组织制定，主要用于国家标准的补充或技术储备；企业标准，是由各株式会社联合制定的操作规程或技术标准。

食品安全标准体系特点：①食品安全标准体系完善。标准数量多、种类齐全；标准科学、先进和实用性高；标准与法律法规紧密结合，执行力强；制定标准目的性明确。②标准的制定注重与国际标准接轨。日本食品标准制定始终注重与国际接轨，按照国际和国外先进标准，结合自己本国的具体国情，融入国际标准行列和适应国际市场要求，既符合本地实际情况，又具有可操作性。③标准管理协调。在标准管理层面，日本成立了标准化事务战略本部，由首相担任本部长，主持制定日本国家标准综合战略，统筹协调国家标准化工作。而日本经济产业省负责统一管理技术法规、标准及合格评定工作。日本始终坚持"标准化政策与产业技术政策一体化"原则，在充分吸收产业界标准提案、政府严格把关制定标准、通过法律保护标准和鼓励创新的同时，将创新激励政策与完善产业技术政策相结合。

四、我国进出口食品安全国际共治发展战略构想与建议

（一）未来我国进出口食品安全风险研判

1. "一带一路"共建国家之间合作持续加深，食品安全挑战重重

"一带一路"共建国家绝大多数是新兴经济体和发展中国家，其食品产业发展水平参差不齐，差距比较明显。各国经济发展不平衡，对食品农产品安全的重视程度不同，导致共建国家的食品农产品质量控制体系、食品农产品安全法律体系、食品农产品质量安全管理体系参差不齐，甚至有的共建国家缺少针对食品农产品监管的法律和技术标准。随着"一带一路"共建国家之间合作交流持续深入，我国食品安全将面临重重挑战。

国际食品贸易监管难度大。国际食品贸易的不断深入客观上满足了国内对进口食品的需求，但同样也使得单一国家或地区爆发的食品安全危机很容易演变成为全球性的食品安全问题。由于进口食品生产加工过程大多数都在国外完成，我国食品安全检测机构很难从源头上对食品的安全性进行检查，再加上各出口国的食品安全管理存在着许多差异，这就使得现代食品安全监管需要一个全方位的控制体系来解决[10]。

欠发达地区食品安全控制水平相对薄弱。随着近年来我国食品进口量的迅速增长，我国进口的食品除了来自欧盟、美国、澳大利亚和新西兰等发达国家和地区外，从巴西、阿根廷等发展中国家进口的食品所占比重也越来越高，这些欠发达国家往往对食品中微生物污染、动物疫病等方面的控制相对薄弱。如果进口食品原料的微生物基数较大，或者存在动植物疫病，很有可能导致食品安全问题。

食品欺诈和掺假是潜在威胁。随着食品供应链全球化和现代化的发展，加上市场竞争日趋激烈等原因，一些不法分子受经济利益驱动进行的食品掺假和欺诈行为在全球范围内愈演愈烈，以食品掺杂掺假为主要特点的食品欺诈（food fraud）逐渐成为一个全球性问题。

走私食品对市场影响深远。未经过有效检验检疫的走私食品，可能含有致病微生物、重金属、兽药残留等有毒有害物质，不仅食品的质量无法得到控制，食品的来源也无法追踪。这些食品在贮藏和运输过程中往往不能满足应有储存条件。例如冻肉、海鲜等食品如果无法满足低温储存条件，在运输过程中反复冻融，容易造成微生物的大量繁殖，发生腐败变质。

2. 各国环境基准和农业禀赋差异凸显，国际食品贸易阻力增大

当前世界各国环境质量标准/基准和食品标准差异显著。由于自然条件和技术发展水平不同，不同国家、地区环境要素禀赋的差异是巨大的。这主要体现在：①由地理位置、气候、降水等决定的土壤、水体、大气的自然容量或灵敏度存在差异，使得不同

地区对污染的吸纳能力有很大差异，资源类型和分布的不同也带来了不同的环境禀赋。②由技术进步程度决定环境技术禀赋的差异不仅使不同的国家和地区在消除环境损害上费用是不同的，而且使自然资源的可替代、可更新程度也不同，从而形成不同的环境禀赋。这导致各国环境标准差异凸显，有些国家（地区）的环境标准严于我国，有些国家（地区）则比较宽松，有些国家（地区）甚至没有制定环境标准，这会给"一带一路"共建国家和地区的企业和项目合作带来制度性的障碍。

"一带一路"涉及 60 余个共建国家，标准方面存在差异，同时各国食品农产品质量安全监管方式存在差异，导致了食品农产品绿色通道不通畅，给食品农产品贸易带来了阻碍。如欧盟制定了动物福利标准，对中国出口的猪肉、牛肉等肉类制品上实行贸易限制；海合会成员国对进入该区域的某些产品，要求符合其制定的标准，并必须加GCC 标记，且不准许进口含酒精的饮料。

3. 进出口食品微生物安全问题日益严重，安全治理难度加大

进入 21 世纪，日益增加的国际旅游业、动物生产的集约化、病原体的不断进化以及生物技术和生物恐怖等正影响着进出口食品携带外来病的管理、预防和控制，微生物污染的食物作为外来动物疫病传染源在一些国家（地区）已是屡见不鲜。

从近几年发生的食品微生物安全事件可见，随着全球化的发展，进出口食品微生物安全问题不再是一个国家或地区的"独角戏"，将极有可能牵涉世界各个国家并对整个世界贸易体系的运转产生不可估量的伤害。例如非洲猪瘟（African swine fever，ASF）首先流行非洲大陆，并于 1957 年从非洲传到欧洲，再从欧洲传入拉丁美洲，在全球不断迅速传播[26]。只有加强国际合作，构建食品安全国际共治格局，才能让全球消费者共享"舌尖上的安全"。

就目前来看，中国对进出口食品在管理上取得了很大的进展，但在对进出口食品的检验检疫管理、检疫手段及检疫管理工作的模式上与发达国家（地区）相比依旧存在着一定差距。我国进出口食品检验检疫和监督体系仍旧不完善，监管部门内部协调程度较低，存在监管体系松散及监管力度不足等问题，而且各国间存在贸易壁垒，我国食品进出口市场对突发事件的应对经验略显不足，因此，现有的监管以及治理越来越难以满足检疫工作和检疫标准的要求。

4. 跨境电商成为进出口食品重要渠道，安全监管面临新挑战

自 2011 年以来，我国电子商务产业不断壮大，网络零售规模全球最大、产业创新活力世界领先。跨境电商作为其中一门重要的分支力量越来越受到社会各阶层的广泛关注，从母婴市场兴起的这股潮流，已经延伸到零食、化妆品、空气净化器、奢侈品等方方面面。"一带一路"倡议为跨境电商食品发展提供了良好的机遇，"一带一路"共建国家对进口食品的旺盛需求为我国食品工业发展提供了巨大的国际市场[27,28]。根据海关总署统计数据，2009～2018 年，我国进口食品规模年复合增长率高达 17.7%，到 2018 年进口食品规模已达到 724.7 亿美元，2019 年我国消费品进口增长 19%，其中包括水

果、水海产品进口大幅增长，分别达到 39.8% 和 37.6%。中国已成为全球最大的进口食品消费国之一，且电商平台逐渐占据市场主导地位，我国跨境电商进口无论从商品种类还是商品的数量都呈逐年增长的态势。

跨境电商成为进出口食品重要渠道，但同时也带来了新的挑战。由于互联网的虚拟性和广域性，食品在交易过程中更加隐蔽，导致食品质量监督不到位、食品安全监管体系落后、网络市场规范化经营管理不细致。同时部分网店食品经营者诚信缺失，追求短期效益而忽视商品品质，侵害消费者权益，不断危害食品安全市场，给原本严峻的食品安全问题提出了更高的挑战。另外，网络食品交易多是通过一些综合性的网络平台或者是手机客户端等手段实现交易，交易具有虚拟性、隐蔽性、不确定性，并且网店大多数没有实体店，许多没有取得工商、食品等相关部门的许可，网上食品销售无法出具购物发票，一旦发生食品安全事故，消费者因为没有消费凭证很难得到赔偿。同时，网络交易多涉及异地维权，有的甚至涉及境外经营者，消费者所在地监管部门不具有管辖权，异地维权难度加大。因此，为保障交易正常发展和食品安全，需不断出台电子商务相关法规及政策，完善安全监管体系。

5. 进出口食品技术性贸易壁垒加剧，信息化标准化势在必行

技术性贸易壁垒（Technical Barrier to Trade，TBT），是指一国以维护国家利益、保障本国国民生命健康和动植物的生命健康免受侵害，积极主动地采取相关的技术法规、标准、合格评定程序、包装盒标签制度、检验检疫制度等技术性贸易措施，无论是在主观还是在客观上，这些技术性贸易措施的施行都会对国际贸易带来一定的障碍。

《TBT 协定》承认各成员有权制定必要的技术性贸易措施以保证其实现合法目标。这些合法目标包括：国家安全要求；防止欺诈行为；保护人类健康或安全、保护动物或植物的生命或健康及保护环境。随着全球经济一体化和食品贸易国际化，食品安全已成为一个世界性的挑战和全球重要的公共卫生问题，各国纷纷建立相应的食品技术性贸易壁垒体系。根据 WTO 发布的 TBT 通报信息统计数据，2018 年有关食品技术问题的 TBT 通报共 614 件，占全部类别的 22.34%，同样是贸易类别中涉及最多的领域，食品技术性贸易壁垒加剧。

发达国家（地区）技术性贸易壁垒的实施增加了我国食品出口的成本，我国食品企业为了顺利进入发达国家（地区）市场，需对采购、生产、仓储、物流等各个环节加大投入进行质量控制，并支付较高的注册认证等费用。此外，技术标准的经常变动，使我国出口企业必须花费巨大的人力、物力去适应不断更新的标准和法规，更改工艺流程、更新设备仪器、培训员工等都会增加企业的成本，影响出口企业的经营效益。并且，我国进出口食品监管过程中存在检测技术不能完全满足需要、技术法规不完善、监管机构职责分工不明确、预警与快速反应系统不完善、标准化工作薄弱、检验检疫工作水平亟待提高、检验项目的设定有待调整改进、检验资源配置不合理、技术水平相对落后等问题，食品进出口面临的技术性贸易壁垒难以突破[29]。

随着全球经济一体化进程的加快，技术性贸易壁垒具有多样性、灵活性、广泛

性、合法性、隐蔽性等特点。为有效应对技术性贸易壁垒，我国应当借鉴发达国家和地区的经验，建立健全食品安全标准体系，在制定标准时尽量等同或等效采用国际标准和国外先进标准，及时跟踪国际标准的变化，并且标准制定过程中要建立相关利益方信息化沟通交流平台，形成多方参与、有效互动、注重实效的标准制定机制。另外，建立食品技术性贸易壁垒的预警机制和长效应急、快速反应机制，针对性地加强对技术性贸易壁垒的研究，提高应对技术贸易壁垒的能力和水平。同时，建立国家食品安全信息平台，采集企业食品生产经营数据和不断提升政府部门的食源性疾病、污染物、监测和溯源等数据的采集存储的信息化程度；对监测数据质量控制、数据共享、食品安全大数据处理要求提高，监测信息化和智能化、预警智能化，大数据安全保障要求提升，不断推进食品安全与互联网、物联网、云计算等信息技术的融合。在信息化技术的支撑下，监管部门的监管重心将向前转移，更加注重事前的预测预警和事中的过程监控，同时通过信息手段开展预测预警，严把进出口关，保证我国食品安全，避免技术性贸易壁垒。

（二）总目标

力争到 2035 年，"一带一路"共建国家食品产业国际合作密切，全球食品安全的环境基准体系基本统一，国际食品微生物安全科学大数据库基本建成，经济利益驱动食品造假率显著降低，国际食品安全监管信息化水平明显增强，食品安全国际共治新格局基本形成。

到 2050 年，实现进出口食品安全国际共治，全球食品安全与健康命运共同体理念深入人心。建立和完善新经济形势下进出口食品安全主动保障、可持续发展体系，促进中国与共建国家食品产业合作双赢、共同发展。

（三）战略重点

1. 建立和完善新经济形势下进出口食品安全主动保障体系

1）开展"一带一路"共建国家食品产业国际合作

开展"一带一路"食品产业国际合作，一是有利于实现与共建国家农业资源的互补，从而促进形成国际农业合作新格局、农业贸易投资新机遇以及全球农业治理新秩序，为"一带一路"沿线发展中国家粮食安全以及农业食品产业发展带来新机遇[30]。通过实施新型国际农业合作战略，充分发挥相关农业资源丰富的优势，支持有关国家，特别是发展中国家提高农业科技水平、改善农田水利设施，提高农业综合生产能力，不仅有利于解决其粮食安全保障和农民增收问题，还能够扩大其农产品出口，增加全球供给。二是促进"一带一路"共建国家农业食品产业的产能合作。通过农业食品的国际产能合作，把国内农业食品产业的价值链，通过投资、合作等方式延伸到境外，形成覆盖"一带一路"区域的农业供应链，逐步促进共建国家农业食品产业升级、结构优化，既符合共建国家的利益，也是中国国内农业产业发展的需要。三是建立农产品市场互惠机制。在"一带一路"倡议的区域合作框架下，如果能够逐步建成高水平的自贸区网络，将推动形成公平、合理安全、稳定的区域农产品市场体系，使各个国家都能平等、安全分享经济发展、农产品市场增长带来的利益。四是实现共建国家农业发展共赢。这将促进中国与共建国家农业共同受益、共同发展。

2）推进国际食品微生物安全科学大数据库建设

目前，食源性致病微生物作为影响食品安全的一大主要因素不容忽视。据世界卫生组织统计，食源性致病微生物所引发的食源性疾病超过总数的 50%，但就目前而言，我国还无法全面掌握食源性致病微生物危害形成规律和风险水平，此外，全球范围内食源性致病菌的耐药问题十分严峻。世界各国食品安全的监管依赖于先进检验检测技术、风险管理方法和强大数据信息系统，我国在基于科学大数据库的关键技术与发达国家（地区）还存在较大差距，使我国在国际食品贸易谈判中处于被动地位，并制约了食源性致病菌耐药性的风险评估、产生机制、传播机制和防控技术的开展。推进构建起覆盖全国的食品微生物安全风险识别数据库、菌种资源库以及基于组学的食源性致病微生物数据库，进而建设国际食品微生物安全科学大数据库是解决问题的关键。

3）加强国际食品安全监管信息化与标准化建设

在"互联网+"时代，信息交流已成为国际食品安全监管的重要内容，是监管理论在信息领域的延伸。由于信息治理的对象具有跨级、跨域等明显特征，因此，通过信息化平台和信息化工具的使用，首先可以大大提升监管效率，提高监管质量，有助于更有效分配有限的监管资源，其次通过建立互联互通的监管数据和实验室数据管理系统，实现部际、国家与地方之间的资源整合和数据共享，为科学决策和监管提供数据支撑。另外，成立国际食品安全信息中心，搭建统一的"国际共治"信息平台，畅通多双边专用信息交换通道，让参与国家、地区共建共享食品安全"大数据"，构建"互联网+国际共治"，及时有效地防控食品安全风险，为联合惩戒违法违规企业提供支撑，为解决贸易争端推进自由贸易提供便利。

较为认可、公共性的食品安全监管标准是应对食品安全危机的必然选择，也是国际食品安全监管的重要组成部分，要从根本上解决国际食品安全标准差异较大导致的食品安全国际共治难以实现的问题，就必须积极推进国际食品安全标准的统一，这有利于各国监管信息的沟通和交流，而且有利于监管效率的提高和监管结果的改善，保障食品安全。

加强国际食品安全标准化建设，有效消除"一带一路"各国标准、计量、合格评定程序、技术法规差异带来的障碍，实现"一个标准、一次测试、一张证书、全球通行"，强调"一站式服务"的理念，从而实现全球认可的目标，构建投资贸易信任与经济高质量发展的内在要求。提升产品质量对于保持各国尤其是发展中国家的竞争力尤为关键，只有高质量产品才能在国内和国际消费市场中站稳脚跟。

2. 建立和完善国际新形势下进出口食品安全可持续发展体系

1) 完善全球食品安全环境基准建设

随着可持续发展观念的深入，进出口食品安全越来越多地和环境基准相关。环境目标使得国际贸易的实践发生着重大变化，国际贸易基本理论、基本原则也因此呈现出新的发展，环境因素已经成为影响国际贸易面貌的一个新的变量。环境基准是农产品产地安全的首要保障，是生物和健康的理论安全阈值，同时也是直接保障农产品产地土壤、大气和水体环境质量的重要标尺。从某种意义上说，一国的环境标准和政策就是该国环境偏好的体现。环境偏好程度高的国家（地区）往往有着较高的环境目标，其环境标准也较高。在实施较高环境标准的国家（地区）生产的食品质量安全才会有保障。因此，开展相关国家（地区）环境基准的发展战略研究对于促进各国食品经贸往来、保证国家进出口的食品安全、促进各个国家经济社会共赢发展具有重要的现实意义。

2) 开展应对进口食品 EMA 评估

掺假是最常见的欺诈行为，是一种食品欺诈，包括故意添加外来或劣质的物质或元素；尤其是为了准备销售，用价值较低或不具活性的成分代替更有价值的成分。在"出口全世界，进口五大洲"的大背景下，食品供应链国际化将导致食品安全风险随国际供应链扩散，"一国感冒、多国吃药"正不断成为全球食品安全应急的常态化特征。由于世界经济持续低迷，有些企业在成本压力面前，为节省支出而减少食品安全管理的投入，也有些企业为牟取非法利益使用假冒伪劣、掺假造假等手段，导致进口食品输入性风险加大。

食品掺假是食品欺诈最主要的形式，是政府和消费者最关注的一类食品安全问题，同时也是对食品安全、政府公信力、社会和谐稳定影响最大的一类。然而，目前我国并没有"食品欺诈"和"经济利益驱动型掺假"的专门定义。《中华人民共和国产品质量法》中规定，在产品中掺杂、掺假、以假充真，均属质量欺诈的违法行为。而生产以次充好、失效变质、假冒合格的产品，标示虚假的产地、生产厂名、厂址，伪造生产日期、保质期，伪造或者冒用质量认证标志等，均属于严重的质量欺诈问题。我国主要通过食品掺假黑名单对食品掺假进行监管，缺乏对食品生产过程中食品掺假的防控措施，没有构建专门针对食品掺假事件的数据库，在食品真实性方面尚无明确定义和具体的法规标准，对食品事件的特征研究和预警研究也较少。因此，亟须建立应对进口食品 EMA 评估体系和安全监管体系，保障食品安全。

3) 加强食品安全国际共治

食品安全问题的全球化使多边治理成为必然，任何单一的、单边的力量都不可能有效解决全球食品安全问题。现存食品安全多边治理中的上述问题需要国际社会共同应对，需要将国际组织、主权国家、市场和市民社会的力量结合起来共同解决。面对违规进出口食品中存在的质量安全风险，突破传统的思维模式，立足于现实与未来需要，把握食品安全监管国际化的基本态势，着力完善覆盖全过程的具有中国特色、与中国大国形象相匹配的进口食品安全监管体系，保障国内食品安全已非常迫切。

建立和完善中国食品安全国际共治机制，一是在当前国际食品大会的基础上，通过提高大会的代表性和权威性，号召国际社会，主要是中国食品进出口贸易的主要国际伙伴，成立国际食品安全共治组织。二是在国际食品安全共治组织的基础上，制定相应的国际食品安全共治多边协议，包括常态化的交流和磋商机制、紧急食品安全事件的处理机制、食品安全国际争端的解决机制等，形成比较全面的国际食品安全共治框架。三是建立国际食品安全共治组织的专门信息平台，这一平台不仅面向所有参与国际食品安全共治组织的成员国、机构和相关人员，在信息共享的基础上更好地实现食品安全国际共治的目标，而且将某些功能模块向成员国所有民众公开，充分利用公众参与和监督的方式发现各种食品安全国际共治的问题和隐患，在已有的国际共治机制的基础上不断发展和完善。

（四）战略措施与建议

1. 深化"一带一路"共建国家的食品产业国际合作

1）合作发展路线

促进国际发展合作，加快建立和完善与"一带一路"共建国家在国家层面、地方层面和边境口岸层面的多层面沟通合作机制，加大在法律法规、技术规范、认证认可和合格评定程序具体执行方面的合作交流力度，为食品进出口营造良好的合作环境。"一带一路"合作，探索的是南南合作、南北合作以及三方合作等新模式、新实践，是对传统国际发展合作的重要补充，有利于共建国家分享经验、互鉴互学。这将推动中国构筑东西互动、南北互通、陆海统筹、内外一体的开放新格局，促进中国适应经济全球化以及区域一体化的新形势新要求，建立和完善开放型经济体系，构建高水平的开放型经济新体制，进而促进亚欧非区域发展和人类和平发展。

促进贸易、投资与产业合作。共建国家不同的产业基础和资源优势，具有巨大的互补性。将相关国家的资金优势、产能优势和技术优势结合起来，就能够转化为巨大的区域合作优势，将加快扩大沿线相关国家的贸易、投资，促进产业升级。打通亚欧经济通道的核心在于打通链接两个地区的众多国家间的制度和物流壁垒，这将为世界经济提供新动力。"一带一路"建设将欧亚大陆的两端，即发达的欧洲经济圈和最具活力的东亚经济圈更加紧密地连接起来，带动中亚、西亚、南亚、东南亚的发展，促进形成一体化的欧亚大市场，并辐射非洲等区域。"一带一路"合作项目和推进措施的实施，必将缩小地区发展差距，加快区域一体化进程。

借力于"一带一路"加快基础设施的完善。"一带一路"以交通基础设施建设为重点和优先合作领域，契合亚欧大陆的实际需要。在互惠互利基础上，加大在"一带一路"共建国家的交通运输等物流设施建设是"一带一路"倡议成功实施的重要内容之一。尤其是亚洲,许多国家和地区的基础设施亟须升级改造。加强对基础设施建设的投资,不仅本身能够形成新的经济增长点,带动区域内各国的经济,更可以促进投资和消费,创造需求和就业,为区域各国未来发展打下坚实的基础。我国食品产业发展须借力于"一带一路"基础设施的完善和发展。

2)合作发展战略

行业的投资发展和布局。应重点考虑投资地的政治稳定性、经济社会发展水平和当地居民的消费习惯与消费水平,考虑到"一带一路"沿线涉及的国家较多,且政治、经济、社会环境复杂多样,因此在选择区域布局时,应该结合企业的实际发展情况和未来市场拓展的规划进行推广发展。

需要有充足的市场调研。在企业确定投资计划之前,应该着重对当地居民的消费意识和对食品的需求环境进行详细的调研和评估,针对不同区域居民的消费偏好和饮食偏好,进行适用于不同群体的食品研发和设计,以达到企业的有效投资。同时推动食品的布局发展应重点结合当地的政策环境、经济和社会发展环境,并结合居民的饮食习惯和需求习惯进行产品的研发和生产。

加速自身产业技术资源整合转变。在中国食品产业长期以加工贸易的方式融入全球食品产业价值链的情况下,"一带一路"倡议有望通过整合共建国家的地缘优势和资源加之自身的技术优势为中国食品产业在全球价值链中的地位提升一个台阶,同时,也借此改变长期以来食品产业属于劳动密集型产业和其低附加值的特点,着重合作进口我国短缺特别是易受西方国家出口限制的食品资源,加强出口我国传统发酵食品、"食药同源"食疗食品、民族特色食品等,并结合当地居民的消费需求开发产品,输出先进技术与装备,强化资源整合,推动各国食品产业结构转型升级。

2. 构建全球食品安全的环境基准体系

受经贸活动和贸易政策等影响,多商圈交叉的"一带一路"贸易往来可能将食品进出口的管理要求引入新的局面,给水体、大气、土壤等环境带来新的挑战和压力,进一步对环境基准和标准等环境管理抓手提出新要求。

1)完善政策法规体系

与保护人类健康的目标相比,中国环境与健康保护的政策法规体系远不能满足实际的需要,很多方面存在着法律的空白,已有的法律法规也有一些不适应的新情况。目前应按照可持续发展的要求进行环境与健康保护的立法,完善政策体系。借鉴欧盟的成功经验,结合中国的实际情况,制定诸如农药法令、公众健康计划、环境与健康影响评价、健康环境补偿和公众参与等政策法规。随着突发性环境与健康事件的发生,我国在环境与健康政策法规体系中已经有所建树,但本着"预防为主、防控结合"的原则,从控制污染物源头和疾病感染途径上解决环境污染对健康的影响,构建相应的政策法规体系。

2）加强科学研究

为了减少各种环境污染因素对健康的潜在威胁，应该积极开展与人民生活密切相关的环境与健康影响研究。例如，环境污染物对人体健康及人体负荷的生物监测，环境污染对人体健康影响及决策，环境对人体健康敏感性指标的研究等。研究成果将为我国的环境与健康政策制定和执行提供坚实的科学依据。为此，需要对环境与健康研究提供资助，制定综合的研究计划框架，并在此框架内促进多学科之间的交流与合作，推进食品安全国际共治背景下环境与健康的基础和系统研究，逐步实现融保护环境安全与全民健康为一体的目标。

3）强化部门与区域间合作

针对部门间缺乏沟通造成的分头立项和信息系统重复建设问题，需要强化各主管部门之间的协调沟通，共同建立覆盖地方和全国的环境与健康监控系统，加快信息系统的标准化和规范化进程，建立公开、共享的环境与健康信息体系，提高环境与健康领域的科学决策水平。对于各部门环境与健康管理的职能划分问题，应探讨部门间有效的合作形式，借助联席会议、联合监察执法、共同立项等多种形式提高管理的效率。

4）促进国际合作

我国食品安全环境基准相关机构和行业应进一步加强与国际交流与合作，取长补短，不断完善环境与健康领域的标准，构建环境保护区域性协调机制和对话平台，加强分享和交流环境标准制定与实践经验。并借鉴先进理念和方法，通过人员互访、联合科研、信息交流等多种形式，在监控系统的建立和使用、数据信息的获得和发布、政策评估的方法和标准等方面寻求经验和启发，将为解决各国环境与健康管理面临的问题提供更多的积极方案。

各国应该在相关基准和标准的制定过程中统一、规范环境重金属健康风险评价方法、程序和技术要求，建立风险评估模型、决策支持系统。形成农兽药残留监测平台、重金属污染物监测平台、营养健康监测平台、食源性疾病监测平台、进出口食品监测与风险预警平台、食品掺假风险监测与预警平台、社会诚信体系平台、食品安全监测与预警平台、高风险食品可追溯中央数据库平台，实现各平台间信息共享，为食品安全监管提供良好的信息化支持，实现包括预测分析、监测预警、综合评价在内的多层次的宏观决策支持。

3. 构建国际食品微生物安全科学大数据库

1）加快构建"中国食品微生物安全科学大数据库"

全面系统开展食品微生物安全风险识别、重点追踪和定点监测研究。针对我国不同地区不同类型的食品，系统科学地采集全国县级以上城市市售食品，进行食源性致病微生物污染调查和风险识别；确定存在微生物安全隐患较大的重点食品行业，进行全产业链追踪调查，确定污染的主要来源，为消除食品安全风险提供数据支持；在此基础上，在全国存在食品安全问题较多的城市、产业和医院设立经常性的监测点，进行常态化的定点监测，以实时掌握我国食品微生物安全的发展态势。同时，构建起覆盖全国的食品微生物安全风险识别数据库和菌种资源库，为搭建我国食品安全科学大数据库提供科学依据。

创新运用国际前沿生物技术，开展食源性致病微生物组学研究。基于二代三代测序、高分辨质谱技术、基因编辑技术、生物大分子模拟技术，开展食源性致病微生物的基因组、转录组、蛋白组、代谢组等研究，构建起基因组-转录组-蛋白质组-代谢组网络系统，分析食源性致病微生物危害特征表型与组学信息相关的内在规律，明确我国食品微生物安全的主要风险因子和优势基因型，为构建我国食品微生物安全科学大数据库提供数据支撑。

基于菌种资源库和多组学基础数据，搭建高水平创新平台支撑大数据库，包括构建大规模数据存储系统、高性能计算系统和集成化数据系统等生物信息分析超算平台，优化多组学数据分析、质量控制的算法和标准分析流程，支撑食源性致病微生物全基因组学、转录组学、蛋白质学和代谢组学等科学大数据库的建设。

全面系统分析国际相关领域数据库，搭建共建、共享兼顾科学研究和食品安全保障的具有自主知识产权的数据库框架。构建食源性致病微生物风险识别数据库、菌种资源库、全基因组数据库、转录组数据库、蛋白质组数据库和代谢组数据库等一级数据库，在此基础上，进一步开发耐药动态数据库、分子溯源数据库和特征性代谢产物库等系列专业数据库，进而建成具有国际先进水平的中国食品微生物安全科学大数据库。

2）加强食品微生物安全科学大数据库软硬件平台建设

对标国际建设中国食品微生物安全科学大数据库软硬件平台，部署高性能计算系统、大规模数据存储系统及高速网络带宽，建设能保障超算平台运行服务的机房环境（包括场地、供电、网络、空调、安全、消防等），构建最终计算聚合能力达 450Tflops 的超算硬件资源平台。

构建完善的生物信息超算软件资源平台，研究与开发可满足大规模核酸序列比对、蛋白质功能分析、代谢通路预测、基因组可视化、组学数据-表型关联分析、人工智能等应用领域发展需求的应用软件。开展微生物基因调控网络建模及生物大分子动力学模拟研究，利用基因表达和染色质可及性数据刻画转录因子和调控元件调控下游基因表达的数学模型，构建描绘细胞状态转化的染色质调控网络，并通过网络分析鉴定细胞命运的关键因子，揭示细胞命运变化过程信号调节机制；整合微生物分布信息、基因组数据、转录组数据、蛋白组数据、代谢组数据以及生物大分子结构信息、文献数据、专利数据等，构建包括基因组学、转录组学、蛋白质学和代谢组学等一级数据库在内的微生物安全与健康科学大数据库；开展微生物基因调控网络建模及生物大分子动力学模拟研究，利用基因表达和染色质可及性数据刻画转录因子和调控元件调控下游基因表达的数学模型，构建描绘细胞状态转化的染色质调控网络，并通过网络分析鉴定细胞命运的关键因子，揭示细胞命运变化过程信号调节机制。

建设具有国际一流资源能力和服务水平的高性能计算环境，组建具有计算机和生物学交叉学科背景，精通硬件架构、算法研究、软件开发的复合型人才队伍。逐步融合大数据、云计算和 AI 等前沿信息技术，构建 AI+微生物活性物质结构智能化快速鉴定、分类、溯源、生长变化评估体系，生物活性预测体系和成药性预测体系；发展深度循环神经网络生成人工智能模型，开展疾病分子新靶标挖掘、药物分子发现、原位设计和合成路径规划等；构建微生物生物信息转导-反馈网络数字模拟系统，实现对微生物分布等的预测预警，以及在生物安全、人体营养、疾病防治等方面的精准调控与应用；构建涵盖基因组学、转录组学、蛋白组学、代谢组学等一级数据库在内的食品微生物安全科学大数据库，为国家微生物菌种基因与生物安全提供重要支撑。

4. 加强应对经济利益驱动型掺假（EMA）风险全球合作

经济利益驱动型食品掺假已经成为一个新的全球主题，但目前我国主要通过事后的抽检对食品掺假进行监管，未能对食品生产过程中食品掺假做出相应防控措施。而 EMA 防控体系评估数据库的建立对提升我国食品安全治理能力和推进治理体系现代化具有重要意义。因此，建议加强应对 EMA 全球合作。

1）建立真实性技术与产业发展联盟

建立 EMA 预警数据库是预防食用农产品 EMA 发生的关键。只有建立完备的预警数据库系统，才能及早对 EMA 行为进行识别并预估风险，及时采取有效的防控措施。目前，我国在 EMA 的研究和防控方面还处于借鉴和学习的阶段，未建立起食用农产品和食品的 EMA 数据库，国际上已经建立起来的数据库中仅获取了极少部分的我国 EMA 时间信息和数据。因此，亟须通过全面搜集和梳理建立我国 EMA 中文数据库，并开展与国际 EMA 数据库的比对和整合，探寻 EMA 事件的动态发生规律和我国 EMA 独有的特点，从而为潜在的风险进行预警，做好相应的技术储备。

贸易全球化背景下的食品真实性需全球联动、共治，这其中不仅要包含监管部门和科学界，还应包括生产企业和流通领域各市场主体的积极参与。FAO、CODEX 等国际组织正就食品真实性术语定义展开讨论和研究工作，但专家委员会的成立工作暂无时间表。2019 年 10 月，项目组在《食品真实性技术与产业发展国际论坛》上倡议组建"国际食品真实性技术与产业创新联盟"，吸纳科研院所、食品企业和第三方机构，集合全球食品真实性技术领域的科技资源，发挥产学研销一体化技术创新和成果转化的联盟优势。一方面，通过组织科研立项推动食品真实性关键共性技术的攻关研究，解决行业亟须的技术难题，促进食品行业稳步健康发展；另一方面，依托联盟平台，同步开展食品真实性前沿技术的标准化、规则制定、国际互认等成果转化研究，助力规范全球食品竞争环境，推动贸易国际化。

2）建立食品真实性国际标准体系

针对我国食品欺诈中存在非法、非食用物质以及有毒有害物质的特点，研究构建我国的食品脆弱性评估体系，开发风险预警模型。食品标准和法规是规范从事食品生产、营销和贮存以及食品资源开发与利用必须遵守的行为准则，也是食品工业持续健康快速发展的根本保障。但目前食品真实性相关标准极度缺乏，更不必谈真实性标准体系建设，有且仅有部分食品（如蜂蜜、葡萄酒、醋和果汁）的分析方法标准，无法进行实际应用。建议加快共性标准的研制工作，即使短时间内真实性判定标准无法出台，也要从术语—方法—识别/判定—召回等各方面搭建体系框架。

3）加强食品真实性认证工作推广活动

积极参与国际食品掺假防控，参与构建全球性食品掺假防控网络，共同研究反掺假检测技术，在国际 EMA 问题防控领域作出中国贡献。食品真实性特征属于千人千面，无法确定统一的"阈值"或"限值"。存在真实性需求的食品本身就属于高附加值产品，在无数据库可利用的情况下，建议结合当前的认证体系规划食品真实性认证内容和保障技术体系，并在此基础上以各国产品认证体系为基础嵌入真实性保障技术方案，在现阶段规范食品行业的企业主体活动；并且建议支持成立一个第三方机构对真实性认证和后续监管情况进行跟踪评价，实现信用评级、信用记录、风险预警和违法失信行为等信息的在线披露和共享。

4）加强食品真实性与溯源人才培养

建议构建由专业人员负责和参与的我国 EMA 数据库，梳理我国食品安全事件，创建我国经济利益驱动型食品掺假数据库。要加强食品及农产品领域的食品真实性与溯源人才培养，提高生产流通领域从业人员的基础知识，提高科技和监管人员的专业技能，培养科研、成果转化和应用推广相结合的复合型人才。高校应建立系统有效的真实性与溯源人才培养模式，引导学生了解行业需求，关注行业最新动态，掌握最前沿的专业知识。另外也要意识到，在全球共建共治共享食品真实性问题的大背景下，我们在该领域的国际化人才也相对缺乏，需要未雨绸缪制定相应的对策培养创新人才，参与国际标准和国际认证体系的制定与推广工作。

5. 完善国际食品安全监管信息化与标准体系

1）建立国际食品安全共治组织

要实现中国食品安全国际共治机制的建立和完善，必须解决国家食品安全共治组织建设的问题。具体来讲，这一食品安全国际共治组织的建立应当主要包含以下内容：首先，在当前国际食品大会的基础上，通过提高大会的代表性和权威性，号召国际社会，主要是中国食品进出口贸易的主要国际伙伴，成立国际食品安全共治组织。其次，在国际食品安全共治组织的基础上，制定相应的国际食品安全共治多边协议，包括常态化的交流和磋商机制、紧急食品安全事件的处理机制、食品安全国际争端的解决机制等，形成比较全面的国际食品安全共治框架。再次，建立国际食品安全共治组织的专门信息平台，这一平台不仅面向所有参与国际食品安全共治组织的成员国、机构和相关人员，在信息共享的基础上更好地实现食品安全国际共治的目标，而且将某些功能模块向成员国所有民众公开，充分利用公众参与和监督的方式发现各种食品安全国际共治的问题和隐患，在已有的国际共治机制的基础上不断发展和完善。

2）积极推进国际食品安全标准的统一

国际食品安全标准差异的存在是当前中国食品安全国际共治推进过程中必须面对的重要现实。要从根本上解决这一问题，就必须积极推进国际食品安全标准的统一。考虑到当前不同国家和地区在食品安全标准上的复杂性，可以通过以下具体措施逐步推进。第一，针对中国主要的食品进出口贸易伙伴，通过政府间双边或多边协议的方式，在彼此国内民众中广泛宣传不同国家间在食品安全标准方面的主要差异，并对这些差异的存在予以合理而务实的解释，针对出口目的地和进口来源地的食品严格实行原产地和最终目的地的双重安全标准，在主要贸易伙伴中逐渐形成对相关食品安全标准的共识。第二，在食品安全标准共识的基础上，通过双边或多边协议的方式，推进主要食品进出口贸易伙伴间食品安全标准的一体化，尽可能采取更加有利于国民健康的较高食品安全标准。第三，在主要贸易伙伴国实现食品安全标准一体化的基础上，进一步通过世界性的多边食品安全标准，最终达成国际食品安全标准的全球性公约，彻底解决因为食品安全的国别标准不一致导致的国际共治难以开展的问题。

3）搭建国际食品安全信息化支撑平台

建立环境监测体系、农药残留检测体系、兽药检测体系、污染物监测体系、食源性疾病监测体系、食品掺假监控体系、食品安全风险预警体系、食品可追溯体系、快速反应网络、食品成分数据库、食品安全过程管控系统等食品安全信息化国际平台，使食品安全管理进入网络监控管理时代。通过信息化支撑平台，为政府管理提供有效的技术支撑，同时也为专业人员和普通民众提供动态情况和信息资源。当监测中发现食品风险，监管部门能够迅速对问题进行判定，准确地缩小问题食品的范围，并对问题食品进行追溯和召回，减少食品安全问题带来的损失。

4）完善信息化技术支撑体系

依托美国、欧盟等为代表的发达国家和地区信息技术的研发能力和应用水平，加强国际交流和合作，构建完善食品安全检测、预警和应急反应系统。同时，还结合国际食品安全专家咨询机构和信息化平台，实现对食品安全信息的高效整合，帮助食品安全宏观决策的制定。完善个体识别技术、数据信息结构和格式标准化、追溯系统模型、数据库信息管理、数据统计分析、可视化等关键技术配套，为食品安全信息系统的构建提供有力的技术支撑[32]。

建立多元化的食品安全信息发布和共享机制。利用新一代互联网技术，采用"云计算"的思路和方法，建立的"云检测"服务平台，实现检测报告的溯源管理，有效保障检测报告的真实性，还可以实现产品检测数据的大集中。建立一套全球通用食品安全监管信息网络，借助互联网技术和各个国家现有的食品安全监管网络，建立覆盖全球的信息搜集、评估及反馈方面的基础设施，对信息进行全方位披露。此外，积极通过网络、出版物等形式对食品安全信息进行公开，并鼓励个人和社会团体对食品安全风险进行判断并发表见解。

完善国际食品安全危机管理的相关规则。健全的法律制度是实现国际食品安全的法律基础和制度保障。首先，应强化风险评估机制，强化食品供应链上各个环节的监管，制定出准确科学的食品安全政策。其次，建立风险通报机制。随着全球经济一体化的不断发展，对食品的生产、加工、流通和消费已经不限于国内范围内。国际食品贸易拉长了原有的食品链，因此，通过贸易国之间的协调与合作，共同治理贸易中的食品安全问题已成为大趋势。除了需要政府间、行业组织间、学术研究机构间的信息交流与沟通，促进食品安全生产技术的发展、安全标准的制定外，还需建立起进出口食品安全风险通报机制。最后，建立有效的风险交流网络。这是风险评估专家、消费者以及利益相关方之间对食品安全风险信息及观点的互动，其目的是促进各方对彼此观点的理解，缓解公众的负面情绪，将可能发生的食品安全风险降至最低。

6. 构建食品安全国际共治新格局

在经济全球化、贸易自由化的背景下，全球食品贸易规模屡创新高，供应链体系更加复杂多样，"互联网+"新业态的出现，增加了防范食品安全风险的难度。食品安全防控的多元化和复杂程度，使任何一个国家均不可能独善其身。加强国际合作，是未来保障食品安全的基本路径。应该采取的策略是，呼应《推动共建丝绸之路经济带和21 世纪海上丝绸之路的愿景与行动》，以"一带一路"以及与我国签订食品安全合作协议的国家和地区为重点，通过信息通报、风险预警、技术合作、机制对接、联合打击走私等方式，搭建不同层次的食品安全风险治理的合作平台，积极参与或承担全球治理责任，努力构建食品安全国际共治体系。

1）善用国际组织，争取多边治理中的主动权与话语权

全球化背景下我国的食品安全治理离不开国际多边治理，虽然近年来我国参与WTO、WHO 和 CAC 等国际组织的活动越来越多，也从被动参与转变为主动参与，但我国参与利用这些国际组织的广度和深度仍有待提高。我国应利用亚太经合组织等区域性组织与美国、加拿大等全球实践最佳的国家（地区）建立体系化、常态化的合作伙伴关系。以合作委员会的方式推进监督合作计划的实施，实现食品安全信息的跨境共享和交流，以便对国际食品安全问题早发现、早预警、早控制、早处理，保障国内消费者健康。

2）强化政府间磋商

将贸易壁垒的影响降到最低，"一带一路"共建国家和地区应尽快签订双边和区域贸易协定，将食品农产品贸易便利化上升到制度层面。降低区域间食品与农产品贸易关

税，简化通关手续。同时，提高技术性贸易措施的透明性，深化共建国家食品安全技术法规、标准规范等方面的务实合作。

3）推进政府间合作，构建进出口食品安全对话平台

充分发挥多双边高层合作机制作用，开展多层次、多渠道沟通磋商，推动多双边关系全面发展，为食品合作提供有力保障。为前瞻性地预防进口食品安全带来的食品风险，应加强食品安全国际共治，可将国际政府及组织纳入我国食品安全共治框架或政策中，建立完备的国外食品安全系统评估框架并定期对其进行审查、评估。

4）全方位地开展国际合作与交流

在全球经济"统一市场"与"统一市场游戏规则"的活动中，发挥计量、标准、认证认可和检验检测的作用，从要素整合、流程优化、质量控制、技术创新、价值实现等视角，围绕产品价值链，实现创新价值链的增值实现。鼓励社会组织、产业技术联盟和企业积极参与质量基础设施国际交流，大力宣传推介我国先进的质量技术。根据时代特征，支持我国食品安全优势技术和质量基础设施的国际推广，推动我国在重要竞争领域影响或主导国际标准的制定。积极参与质量基础设施的国际治理，发挥好我国专家在计量、标准化、合格评定等国际组织中担任重要领导与技术职务的作用，参与国际规则、政策、规划、标准的制定。开展质量基础设施国际比对提升，突破我国质量基础设施协同集成关键技术，促进传统产业和新兴食品产业质量基础设施同频共振、竞相发展。各地方要充分发挥区位优势，加快地区质量基础设施体系的开发开放。

参 考 文 献

[1] 艾瑞网.食遍全球——中国进口食品消费白皮书 2019 年[EB/OL]. (2019-05-01)[2022-04-14]. https://report.iresearch.cn/report_pdf.aspx?id=3364.html.

[2] 中国农业信息网. 2018 年我国农产品进出口情况[EB/OL]. (2019-02-01)[2022-04-14]. http://www.agri.cn/V20/SC/jcyj_1/201902/t20190201_6333390.html.

[3] 2018 年中国对外进出口贸易主要 40 个国家和地区数据分析[EB/OL]. (2021-06-21)[2022-04-12]. https://www.coowor.com/news/view/20190522161213JLHO.html.

[4] 中国食品土畜进出口商会. 2019 年度中国进口食品行业报告[EB/OL]. (2019-11-07)[2022-11-03]. http://www.e-waicai.com/Book/info/id/7.html.

[5] 中国食品土畜进出口商会. 2020 年度中国进口食品行业报告[EB/OL]. (2020-01-01) [2022-11-03]. http://www.e-waicai.com/Book/info/id/8.html.

[6] 何欢, 陈巧玲, 胡康, 等. 食品安全信息化建设的思考[J]. 中国药师, 2018, 21(11): 2013-2016.

[7] 费威, 朱玉. 我国进口食品安全监管体制分析及其完善[J]. 河北科技大学学报(社会科学版), 2018, 18(3): 19-25.

[8] 费英, 夏沛然, 陈露. 《中华人民共和国进出口食品安全管理办法》助读[J]. 中国海关, 2021(6): 34-36.

[9] 韩薇薇, 黄心洁, 刘万慧. "一带一路"战略背景下我国食品产业发展的机遇、困局与对策分析[J]. 当代经济, 2018(6): 82-84.

[10] 王远东, 华从伶, 刘善民, 等. 中国与"一带一路"沿线国家食品农产品贸易现状及对策研究[J]. 食品与发酵科技, 2019, 55(6): 87-90.

[11] 韩祖奇. 中国食品出口美日的贸易现状及其影响因素分析[J]. 世界农业, 2018(11): 130-136.

[12] 宋仁虹. 牛传染性胸膜肺炎的临床诊治及防控措施[J]. 吉林畜牧兽医, 2021, 42(12): 63-65.

[13] 贾红霞, 范丽娜. 中国生态环境信息化发展现状[J]. 世界环境, 2022, 195(2): 50-52.

[14] 张玉莲. 我国食品安全监督管理体系建设的分析[J]. 科技与企业, 2016(3): 41.

[15] 国家科技图书文献中心. "一带一路"沿线国家科技竞争力报告[R]. 北京, 2019.

[16] 吴清平. 广东科协论坛第 79 期报告会[R]. 广东: 广东科学馆, 2018.

[17] 张亦凡. 食品安全追溯系统的研究现状[J]. 食品安全导刊, 2020, 283(24): 27.

[18] 庞德良, 孙继光. 美国食品加工业国际竞争力及其影响因素分析[J]. 社会科学战线, 2016, 251 (5): 66-75.

[19] 王玉辉, 肖冰. 21 世纪日本食品安全监管体制的新发展及启示[J]. 河北法学, 2016, 34(6): 136-147.

[20] 周扬胜, 安华. 美国的环境标准[J]. 环境科学研究, 1997(1): 61-66+46.

[21] 朱留宝, 林少武, 刘跃华. 美国应对抗生素耐药性问题的国家治理战略及对我国的启示[J]. 中国药物经济学, 2018, 13(9): 117-121.

[22] 王玉娟. 美国食品安全法律体系和监管体系[J]. 经营与管理, 2010, 312(6): 57-58.

[23] 邓攀, 陈科, 王佳. 中外食品安全标准法规的比较分析[J]. 食品安全质量检测学报, 2019, 10(13): 4050-4054.

[24] 朱慧娴. 欧美食品安全监管体系研究[D]. 武汉: 华中农业大学, 2014.

[25] 杨晓红. 食品安全治理借鉴与思考[J]. 中国市场监管研究, 2019, 325(11): 54-56.

[26] 王君玮. 非洲猪瘟传入我国危害风险分析[J]. 中国动物检疫, 2009, (3): 63-66.

[27] 程永刚, 岳振峰, 窦媛, 等. 进口食品安全检验监管要求、问题与建议[J]. 食品安全质量检测学报, 2020, 11(21): 8112-8118.

[28] 陈妙香. 基于"一带一路"战略红利下的跨境电商发展策略分析[J]. 轻工科技, 2021, 37(7): 108-109.

[29] 田荣华, 鹿雪莹. 应对美欧发达国家技术性贸易壁垒的对策分析[J]. 未来与发展, 2020, 44(3): 21-24.

[30] 王世海. "一带一路"国家地区粮食基本特点和加强粮食安全合作的对策建议[J]. 中国粮食经济, 2022(9): 22-25.

[31] 陈山泉, 叶晓星, 郭明伟. 国内外食品安全信息系统建设现状及方向[J]. 农业展望, 2021, 17(3): 84-89.

第1章 国际食品产业科技创新发展战略研究

1.1 食品产业状况

1.1.1 中国食品对外贸易往来情况

1. 进出口贸易的主要国家

近年来，我国营养保健食品进口金额处于持续增长态势，2021年，我国营养保健食品进出口总额为78.0亿美元，同比增长11.6%，其中进口金额为51.8亿美元，同比增长7.8%；出口金额为26.2亿美元，同比增长19.9%，进出口均创历史新高。

从出口市场看，2021年我国营养保健食品前两位的出口市场是美国、日本，出口额分别为4.4亿美元、1.2亿美元，占比分别为17%、5%。从进口市场看，2021年我国营养保健食品的前五大进口来源国是美国、澳大利亚、德国、印度尼西亚和日本，进口金额分别为10.3亿美元、7.5亿美元、4.7亿美元、4.0亿美元和3.2亿美元，分别占比20%、14%、9%、8%、6%。

农产品方面，2021年我国农产品进出口总额3041.68亿美元，较上年增加573.07亿美元，同比增长23.2%，其中出口额843.54亿美元，同比增长10.9%，占农产品进出口总额的27.73%；进口额2198.14亿美元，同比增长28.6%，占农产品进出口总额的72.27%。

2021年我国农产品出口目标国排名前8位的国家分别是日本、美国、越南、韩国、泰国、马来西亚、菲律宾、印度尼西亚。其中出口农产品至日本102.69亿美元，占农产品出口额的12%；出口至美国74.4亿美元，占农产品出口额的9%；出口至越南54.4亿美元，占农产品出口额的6%。

2021年我国农产品进口来源国排名前8位的国家分别是巴西、美国、泰国、新西兰、印度尼西亚、澳大利亚、加拿大、法国。2021年我国农产品从巴西进口453.37亿美元，占农产品进口额的21%；从美国进口389.69亿美元，占农产品进口额的18%；从泰国进口118.75亿美元，占农产品进口额的6%；从新西兰进口113.15亿美元，占农产品进口额的5%。

2. "一带一路"共建国家

由于"一带一路"共建国家具有庞大的人口基数和经济总量，可能有强大的食品市场开发空间和潜力。"一带一路"共建国家有着超过46.4亿的人口，约占全世界总人口的 62%，其总 GDP 超过 24 万亿美元。且"一带一路"共建国家还包括世界人口大国，比如印度、印度尼西亚、巴基斯坦、孟加拉国、俄罗斯等[1]。目前，中国与沿线的多个国家和地区的食品贸易较为活跃，贸易量排名靠前的包括东盟、独联体、南亚、西亚、中东欧、中亚和东亚。其中，东盟一直是"一带一路"共建国家与我国食品农产品贸易量最多的地区，属第一梯度；其次是独联体、南亚、西亚，为第二梯队区域，而中东欧、中亚和东亚受经济发展状况、饮食文化差异等因素影响，贸易金额占比较小。2013～2018 年中国与共建国家进口和出口贸易量保持在前五的均为泰国、印度尼西亚、马来西亚、越南和俄罗斯。世界贸易组织的数据显示，中国在 2016 年的食品进出口贸易总额约达 1658 亿美元，占 2016 年中国所有进出口货物总额的 4.5%，其中食品交易的逆差额超过约 334 亿美元。此外，近些年，向共建地区或国家进出口的食品种类和总量也有着明显的增加。从 2016 年到 2019 年 11 月中国与"一带一路"共建国家的食品农产品的进出口总额见表 1-1。

表 1-1　2016～2019 年中国与"一带一路"共建国家食品类货物进出口统计表

项目名称	出口累计金额/万美元	进口累计金额/万美元
蔬菜及水果	2184583	1346864
章鱼、甲壳及软体类动物及其制品	1797284	1401530
杂项食品	471975	940188
咖啡、茶、可可、调味料及其制品	384751	178889
饲料（不包括未碾磨谷物）	255381	419252
肉及肉制品	236543	1626211
糖、糖制品及蜂蜜	216836	159960
谷物及其制品	210838	571243
饮料	184979	522599
烟草及其制品	117780	180269
乳品及蛋品	25222	549385

数据来源：中国海关总署

　　表 1-1 统计结果显示，中国出口累计金额最大的产品是"蔬菜及水果"，其次为"章鱼、甲壳及软体类动物及其制品"等水产品。中国在 1978 年时的全球的交易总额为 61.00 亿美元，而在 2018 年已涨至 2168.10 亿美元，其中，中国出口交易额在 2012 年时是 610.93 亿美元，到 2018 年已经增长至 760.00 亿美元，约有 21% 的增长。中国对"一带一路"共建国家的总出口额在同期从 159.76 亿美元迅速涨至 331.80 亿美元，增长超过 100%，同期的农产品向全世界的总出口量从 26.15% 增长至超过 30%。从增长速度来看，中国向共建国家的农产品出口额的增速超过了总农产品出口的平均增长速度的 21%。

如果将清真食品在"一带一路"共建国家的贸易作为考量，清真食品的交易额在2017年达到98%，在中东国家中，清真食品的交易额约达1500亿美元，而这些国家所需的清真食品超过80%是通过进口贸易获得的。总体来说，"一带一路"共建国家和地区有着相对来说比较稳定的清真食品需求市场[2]。

除此之外，中国出口食品种类繁多，其出口目标国涵盖了绝大部分"一带一路"共建国家和欧美国家，例如美国、意大利、加拿大等。中国茶、油类、大米出口情况如下：茶叶的主要市场是摩洛哥、塞内加尔、美国、加纳、阿尔及利亚、乌兹别克斯坦等；食油类的主要目标市场是朝鲜、马来西亚、新加坡等；大米的主要出口目标市场是亚洲和非洲国家，包括朝鲜、日本、韩国、印度尼西亚、马来西亚、土耳其、埃及、科特迪瓦、塞内加尔、利比里亚等[3]。

依据海关总署2017年统计数据，中国2017年的食品进口国家和地区的总数为187个。其中，食品进口交易额排名第一的是欧盟，后九位依次是美国、新西兰、印度尼西亚、加拿大、澳大利亚、巴西、马来西亚、俄罗斯、越南。其中"一带一路"共建国家的占比超过50%。中国与"一带一路"共建国家进口累计金额最大的三类产品是肉及肉制品、水产品、蔬菜及水果。而且中国与"海上丝绸之路"共建国家的交易往来密切，例如越南、印度尼西亚、泰国生产的生鲜粮油是中国重要的进口食品。我国对进口食品的安全质量进行严格的把关和监管，近年来，没有任何关于食品安全的系统性、行业性、区域性情况发生。

1.1.2　"一带一路"共建国家食品产业概况

沿线地区国家众多，不同地区的食品工业发展不平衡，其中，欧洲、东亚、大洋洲的食品产业较为发达，但南亚、中亚、非洲等发展中国家和地区较为密集的地区食品工业的发展规模和科技则相对落后。沿线地区的发展中国家对于食品的需求较大，市场需求潜力大，这是因为其人口增长速度较快，但国民的食品支出不到发达国家（地区）的50%。从科技的角度来看，中国食品科技发展迅速，10年之内可能会与发达国家（地区）的科技水平看齐。多数"一带一路"共建国家的科技较为落后，其政治经济体制限制了食品科技的发展，因此这些国家只能依赖于中国或其他高科技输出的国家。

1. 中亚

中亚各国由于地理和气候的原因，大量的农牧产品都要依赖进口。与此同时，由于科技水平相对较弱，整个地区的食品产业较为落后。此外，近年哈萨克斯坦等中亚国家通货膨胀较为严重致使消费者购买力不足，内需不足，进而使得食品行业发展受阻。

农业是哈萨克斯坦、乌兹别克斯坦、吉尔吉斯斯坦、塔吉克斯坦、土库曼斯坦的传统核心产业。以农业为核心产业的原因主要是，第一，这些国家有丰富的自然资源，适合农业生产。第二，在苏联时期，分工是通过地域划分的，而中亚国家则主要集中在矿产、农业、石油资源开采的加工工业上，形成了相对简单的生产模式。这五个国家的农业生产条件具有六大特色[4]：

1）光热资源丰富

中亚五国与中国新疆维吾尔自治区的地理位置相似，地处内陆，远离海洋，降水稀少，为大陆性气候。中亚五国冬夏分明，光照充足，且日温差大。夏季白天的平均温度为 27℃以上，且约有 2000～3000 小时的年平均光照时间。中亚五国的气候条件非常有利于农产品生长，农作物中的养分可以得到充分的积累，特别是有利于优质瓜果、花卉、粮食、棉作物等的生长[4]。

2）农业劳动力资源丰富

五国的总人口约为 6000 万，其中约有 40%是农村人口。平均每一农业劳动力拥有5 万平方米的耕地和 39 万平方米的草地，哈萨克斯坦的每一农业劳动力平均拥有 18 万平方米的耕地和 149 万平方米的草地[4]。

3）丰富的耕地面积

中亚五国的领土面积共 400 万 km^2，其中耕地面积占 3241 万 hm^2，为中国耕地面积的 1/4，草地面积占 2.5 亿 hm^2，约为中国的 62.54%。五国中并不是所有可用耕地都被充分利用，例如，哈萨克斯坦最近几年的农业耕地面积约为 1500 万～1800 万 hm^2，其少于总耕地面积的 80%[4]。

4）资金资源短缺

五国在对于农业投入方面不足。虽然五国对于农业的重视在不断上升，但受到五国经济转型的影响使得农业投资和信贷体制不健全。五国的经济转型主要表现在农业私有化改革、第三产业发展、发展重工业（化工、石油天然气工业、矿产开采）等上。近年来，中亚五国均加大对农业的支持资金投入，但是受本国经济发展的影响，各国的农业支持力度有限，特别是在农业基础设施等配套服务方面支持能力有限，此时引进外资，利用国际援助发展农业切实可取。其中，吉尔吉斯斯坦和塔吉克斯坦的主要外部资源来自于联合国粮食及农业组织（FAO）等国际组织的援助[4]。

5）水资源短缺

五国的年降水量约为 160～700 mm，降水多在春冬，山区降水较多。其中吉尔吉斯斯坦和哈萨克斯坦的降水量相比其他三国较大。五国的人均水资源小于 8000 m^3，虽然高于我国的人均水资源（2200 m^3），但中亚五国依然水资源短缺，从而限制了农业发展。

五国之间的地表水资源分布不均，塔吉克斯坦和吉尔吉斯斯坦位于阿姆河和锡尔河上游，拥有的地表水分别为 25.1%和 43.4%，总和大于五国地表水的 2/3。而地处下游的土库曼斯坦、哈萨克斯坦、乌兹别克斯坦的灌溉需求量相对较大，农牧在国民收入中占较大比重，而这三个国家拥有的地表水只接近 1/3。因此，解决水资源在五国之间的平衡是农业发展面临的重要问题[4]。

6）生产技术水平低

五国农产品生产的现代化水平较低且经营较为粗略。从农业生产的机械化水平来说，在 2002 年吉尔吉斯斯坦的农业不动产组成中，农用机械只占 8%，同期，乌兹别克斯坦有 4%的农机比重，土库曼斯坦、塔吉克斯坦、哈萨克斯坦的农机比重都是 3%[4]。

此外，五国的农作物交易在全球市场的份额较小，且农作物出口类别比较简单，五国在 2004 年的进出口额分别只占总出口额的 0.22%和 0.32%，其中种植棉、蚕丝和羊毛等纺织材料是五国的重点出口产品。2004 年，土库曼斯坦的纺织纤维的出口额占总农产品的 87%，同期，塔吉克斯坦、乌兹别克斯坦、吉尔吉斯斯坦分别为 80%、69%、45%。乌兹别克斯坦在 2004 年的棉花出口数量位于全球棉花出口的第三位，此外塔吉克斯坦和哈萨克斯坦分别位于第十一和第十六位，这三国的棉花出口总量占全球前 20 名棉花出口国总量的 9.2%。果蔬的出口对于除土库曼斯坦的其他四国都非常重要，尤其是乌兹别克斯坦，果蔬在该国的出口额占农产品出口额的 23%，吉尔吉斯斯坦、塔吉克斯坦、哈萨克斯坦约占 12%。谷物是哈萨克斯坦最主要的出口食品，2004 年哈萨克斯坦净出口 280 万吨谷物，是该国农产品出口总额的 62%，占其国内生产总值的 22.7%，它也是五个国家中可以大规模出口谷物的唯一国家。在五国中只有吉尔吉斯斯坦可以大规模出口蜂蜜和食用糖，约占其农产品出口额的 18%。以上几种农产品是五国的主要出口产品，而五国的其他农产品则很少被出口[4]。

对于五国的进口贸易来说，2004 年进口的蜂蜜和食用糖约占农产品进口额的 20%，茶、咖啡、可可占农产品进口总额的 15%，而饮料烟叶、肉蛋奶、谷物各占农产品进口额的 12%。塔吉克斯坦和吉尔吉斯斯坦需要进口谷物。而五国的畜牧产品则由之前的出口转进口[4]。

欧洲（英国、意大利、瑞士、法国、德国等）和亚洲（中国、韩国、伊朗、土耳其等）是五国的首要贸易合作伙伴，五国之间的相互贸易往来也不断增长，哈萨克斯坦在 2004 年成为乌兹别克斯坦第四大贸易合作伙伴。吉尔吉斯斯坦向哈萨克斯坦进出口的贸易分别占 16.4%和 13.6%，从乌兹别克斯坦进口货物占 7%。塔吉克斯坦向乌兹别克斯坦的进出口贸易分别占 12.3%和 7.2%，向哈萨克斯坦的进口货物占 15%[4]。

2. 南亚

"一带一路"沿线南亚国家包含阿富汗、尼泊尔、孟加拉国、不丹、斯里兰卡、印度、巴基斯坦、马尔代夫八个国家（地区）[5]。这 8 个国家（地区）的人口总数为181440 万人，国家（地区）GDP 总和是 34577.78 亿美元，其人均 GDP 是 1905.74 美元，无论是人口基数还是经济发展水平，南亚八国都远超中亚地区。印度食品公司通常专注于具有高附加值的食品，比如沙司、麦片谷物、果酱，但因为这些食品的目标人群是高端消费者，所以这些产品属于利基市场，市场较小。以大众市场为出发点的食品，如饼干、小麦面粉、牛奶、家禽等，具有非常大的开发潜力。据推测，以大众市场为主的食品将来可能会占据 80%以上的市场。但印度的食品产业并不发达，产业的自动化水平相对较低，大多数企业处于手工制作和半机械化的情况，冷链运输也才刚刚起步。

3. 北非

非洲大陆北部国家食品生产并不太先进，食品加工自动化水平较低，食品的自给率较低，埃及是北非地区食品产业发展比较好的国家。埃及有丰富的食品生产原料，除了部分油籽粒、乳制品、谷物、糖需要进口外，大部分产品可以通过本国生产加工以满足当地市场需求。当前埃及食品加工中，果蔬、果汁、果酱、半成品最具有市场潜力。随着经济的发展，人们对于休闲方便食品、快餐、罐头的需求随之增加。随着国民人数的增长，埃及对粮食进口的需求也快速增加，埃及如今已经是全球最大食品进口国之一。埃及市场的主要需求食品包括糖、冷冻肉、红肉、谷物、面粉制品、鲜果蔬、果蔬制品。

4. 独联体代表国家

"一带一路"沿线独联体代表国家包含俄罗斯、白俄罗斯、摩尔多瓦、阿塞拜疆、亚美尼亚。与沿线的其他国家和地区相比，重工业是独联体代表国家的主要优势，但其轻工业较为薄弱。摩尔多瓦、白俄罗斯、亚美尼亚在独联体七国中是主要的食品出口国，特别是摩尔多瓦。摩尔多瓦 80%的土地是高产黑土田，非常适合农作物的生产，曾经是苏联的一个农业生产基地，用来生产果蔬、向日葵、玉米等，如今盛产烟草、葡萄、糖、食用油等[5]。其他六国的食品则依赖于进口，白俄罗斯也需要进口少量食品。

摩尔多瓦乳制品也较为发达，摩尔多瓦是乳制品净出口国。20 世纪 90 年代受苏联解体的影响，摩尔多瓦的乳制品行业受到严重打击，乳制品行业从工业化生产转变成了个体经营，使得产量严重下滑[6]。

俄罗斯是全球最大的食品生产国之一，包括肉类、油、谷物。其食品产值在 2015 年约为 800 亿美元，出口额约为 162 亿美元。虽然俄罗斯的国民经济从 2014 年之后一直处于停滞不前的阶段，但其农粮市场一直保持着 2%~3%的稳定年均增长速率。俄罗斯国内食品市场几乎可以自产自销。当前，亚洲和非洲的一些发展中国家对于俄罗斯食品的需求持续增加，可以推测食品在俄罗斯的生产和出口的增长速率可能会加大[7]。

土地退化、虫害、资源枯竭、气候改变等因素严重影响着农作物的生产，这导致俄罗斯的粮食供给短缺。俄罗斯的农业部和食品部对转基因技术持有保守态度，另外俄罗斯并没有将"大力振兴国家农业应用研发"作为产业重点，这使得粮食问题可能长期存在。虽然俄罗斯的渔业是全球最大的渔业之一，但其水产养殖技术并不先进。俄罗斯在水产养殖方面的研发方向在植物性鱼类饲料还有循环水产养殖系统，新技术或将代替传统捕鱼业，以减少对大自然的损害。由于俄罗斯国内市场已经饱和还有出口扩张壁垒的原因，该国畜牧业的增长率或将减少[7,8]。

白俄罗斯的土地资源丰富，劳动力资源充足，工农产业发达，白俄罗斯有足够的能力提高农业，增加粮食产量。目前，白俄罗斯食品产业快速发展，该国的食品产量和种类都在飞速增加。白俄罗斯自 2011 年成立了白俄罗斯国家食品科学研究院食品科学与实践中心（前身为食品科学研究所），直至今日该研究所也都一直为国家科学研发做着重要贡献。该研究所致力于研发与食品加工有关的技术、产品、机器设备、科学研究，还致力于提高科学在食品加工中的占比。在《经济学人》期刊发表的国家粮食安全排名中，白俄罗斯排在第四十四位（63.5 分）：白俄罗斯的"食品质量与安全"得分为 70.5 分；"食物可及性和消费水平"得分为 63.5 分；"食物的可获得性和充足性"得分为 60.9 分。白俄罗斯根据"白俄罗斯共和国国家粮食安全概念"制定了两项计划，分别是："2011～2015 年国家可持续农村发展计划"和"2005～2010 年国家复兴和发展农村地区计划"，两项计划成功地增加了农业原料和粮食的产出，增加了农产品出口的潜力[9,10]。

与阿塞拜疆有关的食品研究非常少，但可以确定的是该国家的粮食供应系统是可持续发展的。截止到 2018 年，该国农村地区的农业超过 47%，在总就业人数中有 36% 的农业工作者。但为了满足国内市场的需求，阿塞拜疆的粮食需要进口[11]。

乳制品产业部门是亚美尼亚最大的农业生产部门，主要生产奶酪、牛奶（巴氏消毒）和其他乳制品。乳业部门全部都是国内企业，无外资或合资企业。亚美尼亚大约 40% 的土地不适用于农业，农业适用地为 139.44 万 hm^2，其农业适用地的组成为：69.4 万 hm^2 牧场、49.43 万 hm^2 耕地、13.89 万 hm^2 干草地、6.38 万 hm^2 草地[12]。

5. 中东欧

"一带一路"沿线中东欧十六国分别是保加利亚、波兰、北马其顿、罗马尼亚、拉脱维亚、匈牙利、波黑、捷克、爱沙尼亚、斯洛文尼亚、阿尔巴尼亚、立陶宛、克罗地亚、黑山、塞尔维亚、斯洛伐克。中东欧十六国的工农业较为发达，有较为良好的食品生产基础。啤酒酿造是捷克的主要食品产业。食品工业部门是保加利亚、斯洛伐克、立陶宛、克罗地亚、拉脱维亚的主要工业部门。农业发展优良并且可以大量出口的国家有塞尔维亚、斯洛伐克、北马其顿、匈牙利、保加利亚。反观黑山、斯洛文尼亚、波黑，这三个国家的食品则依靠进口。

1.1.3　食品资源分析

1. 农产品资源

东南亚位于亚洲最低纬度，地处太平洋与印度洋交汇处。以热带季风气候和赤道雨林气候为主。东南的农作物地域特色显著，例如，老挝、缅甸、越南生产的稻米具有出口优势；泰国则是全球最大的橡胶供应国；马来西亚产出的棕榈油具有出口优势；菲律宾食品生产的椰子和香蕉具有出口优势；印度尼西亚生产的椰子品种优势明显[13]。

中亚地区主要以大陆性气候和温带沙漠气候为主，有富饶的土地资源。粮、油、棉等被大量出口，其中哈萨克斯坦的谷物，吉尔吉斯斯坦的蜂蜜食糖被大量出口，优势明显；乌兹别克斯坦果蔬的年产在 370 万吨左右，且被大量出口[14]。

　　中东欧主要以地中海气候和温带大陆性气候为主,有丰富的耕地。主要出口的食品包括乳制品、动物源食品、葡萄酒、海产品、蜂蜜等。玫瑰精油、饼干、葡萄酒具有地域特色。埃及长绒棉的生产量和出口额位居全球第一;波兰是该地区最大的农产品生产国,粮食出口优势明显[13]。

2. 进出口贸易现状

　　自"一带一路"倡议实践以来,中国与"一带一路"共建国家的食品贸易往来越来越密切,贸易交流收获颇多,而食品的进出口贸易也是"一带一路"的重要组成,其增长迅速,具有深远的合作共赢的远景。"一带一路"共建国家与中国食品交易总量不断增长,据海关总署的数据,食品农产品贸易总量从 2013 年的 37.1 亿美元,增长到 2018 年的 49.7 亿美元,年均增长率为 6.02%,我国已经成为"一带一路"共建国家食品农产品的主要贸易国。而且,"一带一路"共建国家与中国之间食品交易的规模和增长速度显示出地区之间与国家之间的双重差异和阶梯形特征。

　　第一,"一带一路"沿线地域呈阶梯形特征。"一带一路"沿线地区可以粗略地分为三个阶梯:第一阶梯是东盟的十个国家,这十个国家自 2013 年便成为与中国食品交易最多的国家;第二阶梯是独联体、南亚、西亚。反观中东欧、中亚、东亚(蒙古国)因为受饮食文化不同和经济发展等要素的限制,与中国食品交易量虽然在上升,但总交易金额的占比并不大。沿线地区与中国在 2018 年的食品交易量依次是:①东盟十国,占比 70.0%,350.5 亿美元交易额;②独联体代表国家,占比 13.8%,68.9 亿美元交易额;③南亚八国,占比 5.9%,29.8 亿美元交易额;④西亚十八国,占比 5.8%,28.8 亿美元交易额;⑤中东欧十六国,占比 2.2%,10.9 亿美元交易额;⑥中亚五国,占比 1.6%,7.9 亿美元交易额;⑦东亚蒙古国,占比 0.7%,3.3 亿美元交易额[15]。

　　第二,高度重合的进出口国家。在与中国进出口食品交易额较高的"一带一路"共建国家中,虽然进出口国家的前后排名有不同,但前 20 的进出口国家有 80%的重复率,其中有 16 个国家同时出现在出口和进口的前 20,这 16 个国家所占进口交易额是 90.9%,出口交易额为 87.6%。这些国家都是与中国食品交流密切的国家,其中东盟有 7 个,南亚和西亚各有 3 个,中东欧、独联体、中亚各有 1 个[15]。

　　第三,与"一带一路"共建国家的食品贸易遵守"二八定律"。在交易量排在前 20 个国家中,东盟十国有 7 个国家,其中食品进出口交易额的前 4 位都是东盟成员,占"一带一路"共建国家食品总交易量的 59.8%;西亚十八国有 6 个国家,西亚虽然有 6 个国家排在前 20,但交易额只占总交易额的 4.9%;独联体七国有 2 个国家;南亚八国有 3 个国家;中东欧十六国和中亚五国各有 1 个国家。"一带一路"共建国家中占据前 20%位次的 13 个国家的贸易量占总贸易量的 95%,中国虽然与某些国家有着密切的食品往来,但与其他另一部分国家的贸易还有很大发展空间[15]。

3. 问题与挑战

　　(1)"一带一路"共建国家发展不均衡。"一带一路"共建国家食品往来主要集中在东南亚等少数国家,东盟往来快速增长,目前已经是中国农产品交流的重要伙伴。可是中亚与中国的食品往来处在萌芽阶段，市场份额较低，其农产品贸易也落后于东盟地区的一些国家。大部分发展中国家的金融体系较弱，汇率波动较大，有些国家其经济实力较弱，港口设施便利性较低，物流成本较高，自由贸易区协定便利化和自由化较低，关税较高，这可能是导致"一带一路"共建国家与中国贸易成本偏高的原因[15]。

（2）"一带一路"共建各国食品交易不均衡。"一带一路"共建国家的食品交易主要集中在东盟十国和独联体的俄罗斯等少数国家和地区上，东盟已经是中国食品重要的战略联盟。2013~2018 年，东盟十国的交易往来超"一带一路"共建国家总交易额的70%，而中国与其他区域的交易往来较少，2013~2018 年，中东欧的 16 个国家的交易往来只占"一带一路"共建国家食品交易量的 2.4%，从 2013 年到 2018 年，贸易从 9.6 亿美元增加到 10.9 亿美元，其年均增长率只有 2.57%，比"一带一路"共建国家的整体贸易增长量低 6.08%。交通是否便利对食品贸易有很大的影响，东盟十国邻近中国，无论是从其饮食文化还是风俗习惯都与中国相近，因此商业往来最多；中国与东欧、西亚、中亚这些地区的商业往来相对较少，可能是由于饮食、地理距离、宗教等多种因素。以中亚为例，2013~2018 年，虽然中国与中亚的农产品交流增长了 6 倍多，但却只占"一带一路"共建国家食品出口的 8%[15]。

（3）附加值低、结构单一。其一，出口的食品种类单一，中国向沿线地区出口的农产品的集中度不断提升，主要是几种优良的初级农产品或初加工食品，例如果蔬、水果罐头、干制食用菌。其二，出口的市场单一，马来西亚、印尼、泰国对中国农产品一直有较高进口额，近年来，中国对越南的出口也快速增加。中国对马来西亚、印尼、泰国、越南的农产品出口额占"一带一路"共建国家总出口额的 80%左右。我国对于不同国家的出口在一定程度上受每个国家食品进口额上下浮动的影响。其三，在原始农业生产的影响下，中国有 80%的食品为初级产品，其附加值低。中国对于农产品生产主要是以劳动资源的投入为主，而缺少技术和基金的投入，导致附加值低，在沿线市场的品牌形象和地位需要进一步提升[15]。

（4）国情复杂。"一带一路"共建国家有着 53 种以上的官方语言，宗教、文化、饮食、经济水平、管理制度和机构等因素都会对贸易交流量产生一定程度的影响。而且每个国家的安全认定标准并不统一，这可能会提高企业对于食品和农产品的经营成本。国与国之间的法律制度或其他领域可能会存在差异，而且有些国家的法律法规并不完善，并且还会有政治风险，这都会导致贸易格局构建的困难性增加，带来更多挑战[15]。

1.1.4　饮食习惯分析

1. 居民膳食类型及饮食构成

在"一带一路"共建国家的总人口中，有 80%人口带有宗教信仰，"一带一路"共建国家几乎聚集了全世界所有的宗教类型。宗教信仰是一个重要的社会变量，可帮助理解"一带一路"共建国家的文化、饮食、科技模式、人才培养模式、教育模式、合作模式。中国在食品的生产研发时考虑宗教特征和相通性，并加以利用，这将会促进国际交流贸易的发展与深入。此外，民族文化的"同质性"，能够降低食品业发展的风险、节约成本。食品业可以考虑大众市场，利用受众面广这一优势来进行规模化生产，这样可以降低边际成本，提高利润[1]。

2. 居民消费需求状况

2019 年世界经济展望指出，2018 年全球总人口为 74.96 亿万人，全球总 GDP 为 84.74 万亿美元，人均 GDP 为 11305 美元。该报告选取了 10 个"一带一路"共建国家，这 10 个国家 GDP 均值为 4424.9 亿美元，人均 GDP 为 11276.4 美元，其中，人均 GDP 排名第一的是沙特阿拉伯，为 23566 美元，其次是匈牙利，第三是波兰。

1.2 食品产业科技创新水平

1.2.1 食品产业科技发展现状

表 1-2 是由联合国给出的 2017 年食品在全球国家和地区中的贸易总额和市场份额。按"贸易总额（亿美元）"排序后得出，美国拥有最大的贸易总额，为 2146.17 亿美元，市场占有率为 10.58%，紧随其后的是德国、中国、荷兰、法国。排名前五的国家的贸易总额占世界贸易总额的 33.99%，超全球食品贸易总额的 1/3。全球前十国的市场总占有率则为 50.96%，大于市场总份额的 1/2。

表 1-2　2017 年世界食品贸易国家（地区）贸易额及市场占有率

排名	国家（地区）	贸易总额/亿美元	市场占有率/%
1	美国	2146.17	10.58
2	德国	1445.05	7.12
3	中国	1180.05	5.82
4	荷兰	1176.41	5.80
5	法国	948.43	4.67
6	西班牙	715.36	3.53
7	意大利	695.94	3.43
8	英国	692.07	3.41
9	瑞典	672.66	3.31
10	加拿大	668.91	3.30

论文被引用次数和频率反映了论文发表后所产生的学术影响力。虽然中国"高被引论文数"排名第一，但以"总被引次数"和"篇均被引次数"来看，中国的"篇均被引次数"约为美国的一半，这表明，中国论文的影响力和质量与美国相比还存在一段距离。从排名前十的"高被引论文数"来看（表 1-3），欧洲跻身前十的国家最多，欧洲

有五个国家进入前十，它们是西班牙、意大利、英国、法国、爱尔兰；亚洲有 2 个国家，中国和印度；美洲有 3 个国家，美国、加拿大、巴西[16]。

表 1-3　2009～2018 年食品科学高被引论文数量排名前十国家

序号	国家	高被引论文数	占比/%	总被引次数	篇均被引次数
1	中国	463	20.20	30720	66.35
2	美国	429	18.72	52670	122.77
3	西班牙	243	10.60	26563	109.31
4	意大利	175	7.64	15400	88.00
5	英国	144	6.94	15492	107.58
6	加拿大	143	5.54	14363	113.46
7	巴西	127	5.45	10778	84.87
8	法国	125	5.24	14811	118.49
9	爱尔兰	118	5.15	13167	111.58
10	印度	114	4.97	12713	111.52

数据来源：中国食品学报

食品制造业的科技化程度是一个国家的科技发展水平和居民生活水平的重要体现之一，而衡量食品产业是否先进的一个指标是食品设备的科技发达程度。当前，中国与发达国家（地区）的食品生产设施相比还有较大差距，中国大多数的食品生产企业小规模分散化，整体加工工艺不发达，设施老旧。如今消费者更加关注食品安全，追求营养健康的食品，这使得我国对于更新食品生产设备的需求更加迫切。

在过去的 20 年中，发达国家和地区，例如日本、美国、欧盟等的食品设备数量每年以 5%～6% 的速度上涨，其工艺位居全球领先地位。国家不停地加大对食品科技的投入是中国需要向发达国家（地区）学习的经验之一，以投资科学技术来发展科研和自主创新，提高在全球食品科技的引导地位。发达国家（地区）对于食品设备的科研方面有较多投入。调研发现，在 2012 年食品设备科研的平均投资占企业营业额的 8%～12%。美国最多，约在 12%，其次是德国，约在 11%，意大利、英国、法国的投入均在10%，日本在 9%，荷兰、瑞典、丹麦的投入均在 8%，且每年的投入都会有所增加。对食品科技投入的主要是企业，政府辅助补充。而中国与发达国家（地区）对于科技投入有较大差距，中国对于科技的投入约占全国食品设备业务收入的 1%[17]。

1. 美国

美国拥有很多行业权威，在食品加工产业具有竞争优势，且在原料来源、资金投入、技术研发等方面都位列前茅。美国的科技创新能力在全球具有领先位置，加上完善的科研管理体制，科研单位的有效运行，企业和大学的紧密合作，进而形成了"官-产-学-研"一体化创新体系，为占领科技领域制高点创造了条件。最近几年，美国在食品加工研发的投入有上升的趋势[18]。

2005 年，美国投入 2261.59 亿美元研发资金，研发支出是销售额的 3.7%，

1581.90 亿美元用于制造业研发，研发支出是销售额的 4%，27.16 亿美元用于食品加工业研发，其境内销售额是 3743.42 亿美元，研发支出是销售额的 0.7%。虽然食品加工业的研发支出占销售额比较少，但投资金额相当可观。自 2008 年之后，美国对食品研发的投资不断增长，到 2011 年投资上升至 8.5 亿美元，研发支出占销售额之比增加至 1%，投入和支出占销售额之比都有所增加[18]。

美国将保护知识产权写进美国的宪法，并利用知识产权来激励国家经济的增长，这取得了极大的成功。其专利知识产权制度以企业为主体，企业是技术创新和专利实际应用的主体；以政府为主导，推动"产业-学术-科研"之间的合作，可以促进技术创新和技术转移，提高企业竞争力[16]。随着美国对研发投入的不断增加，美国对于食品专利的申请量较为可观。在 2011 年，有 2810 个专利申请，其中研发公司的申请为 2805 件，受理 1274 件，到 2012 年，美国食品设备企业拥有的专利约占总专利量的 80%，企业在知识产权方面具有引领地位[17]。美国的研发基本上是企业中的 R&D 进行的，这同时也能看出美国在食品研发创新的才能。完善的知识产权保护体制为美国的食品科研提供了支持和帮助[18]。

2. 日本

日本，亚洲科技最发达的国家，在不同领域的新兴技术研发上一直保持全球前三的地位。而且日本饮食文化历史悠久，对食品加工有着独特的见解和充分的认知，不仅是日本政府，日本企业等都视科技研发为支持食品产业发展的必要条件[19]。日本的食品产业不仅规模大而且还很成熟，是仅次于机电制造和机械运输的第三大产业。面条和大米是日本的主粮，其饮食文化和营养搭配与中国相似。日本的食品产业与中国的饮料、烟草、饲料、食品制造的总和不分上下。日本的食品工业约占该国制造业的 10.20%，其附加值比重相当，占制造业总附加值的 10.80%。虽然日本食品产业总体的发展速度较慢，但日本的功能性食品发展迅速。从 2000 年到 2006 年，日本功能性食品的年均增长率是 16.50%，到 2006 年达到日本食品制造业的 8%，接近于日本食品产业平均发展速度的 8 倍[20]。

日本的产业集中度很高。2007 年，烟草饮料饲料业和食品制造业中拥有员工数超过一百人的公司总数约占全国总企业的 4.2% 和 7.5%，年销售额占行业总销售额的 68.1% 和 55.1%，略低于整个制造业。2007 年，日本制造业拥有员工数超过一百人的公司总数约占全国总企业的 5.7%，销售额占总销售额的 73.7%[20]。

日本在定制和实施专利知识产权战略上非常具体化、制度化、系统化，日本政府非常重视知识产权的研发和实施，会依照本国的发展阶段实时调整知识产权战略，不断加强对创新技术的研发，增加专利申请力度。通过 20 多年的努力，日本的授权专利已超过欧盟，是全球排名第二的专利大国，20 世纪 70~80 年代，日本的专利向技术创新转移，过渡到自主专利战略发展阶段，并在 90 年代增加了基础研究投资，采用专利战略来提高创新技术，增强了其在高科技领域的竞争力[17]。

3. 欧盟

欧盟是一个超国家的组织，既有联邦的特征，又有国际组织的属性。欧盟声明要减少或消除成员国之间的贸易壁垒。食品行业非常需要不同国家的法规统一标准，特别是营养健康功能食品受不同成员国不同法规的约束，使得食品在成员国之间不能公平竞争或自由流通，欧盟所有成员国之间已构建了标准的食品法规体系，只要该产品符合欧盟食品法规，就可以在成员国之间自由流通。在一定程度上，它促进了食品资源的互补，整合了产业链，提高了欧盟的创新科技水平[20]。

成员国的食品加工水平在全球中名列前茅。以德国为例，食品产业是德国的第四大产业，德国是全球食品产业最发达的国家之一，在欧洲也处于领先地位[21]，其食品设备制造业的注册专利占世界食品设备制造业注册专利的30%[17]。

即使欧盟成员国中有发展中国家，其食品产业也比欧盟以外很多地区更为成熟。波兰是欧盟食品产业的引领者之一。波兰生产的甜菜、猪肉、牛肉、油菜、水果、谷物在欧盟处于领先地位，同时也是欧洲最大的苹果、家禽、黑麦生产国。桑坦德银行数据显示，波兰每年产出的食品价值约有2500亿兹罗提，其中约有40%的食品价值用于出口。自2010年，该国粮食的产量增长了57%，在过去的十年食品出口增长了135%。2019年食品进口占出口的67%，贸易顺差为105亿欧元。农业原料和食品产量充分满足了国内市场的食品需求，但也越来越依赖全球市场，非常容易被欧洲市场价格的变化所影响。

4. 澳大利亚

澳大利亚农副产业的总产值约为600亿澳元，占社会总产值的8%～10%。食品制造业的员工占全国从业人员总数的1/5，年销售额约为400亿澳元，其中2/3的营业额是包装产品和深加工产品，占全国总制造业销售额的21%。澳大利亚的食品饮料加工业为本国的经济作出非常大的贡献，其饮料加工行业涵盖设备方面：自动、称重系统、试验设备、计算机系统、加工设备、空调设备、安全措施；原料方面：配料、原材料、添加剂；生产条件方面：冷藏、清洁、照明、保温；市场方面：市场销售、包装、产品文字介绍。该国食品和饮料的产业重点在于新品研发和出口贸易，以此来契合全球不同消费者的不同需求。

1.2.2　食品产业研发投入

一个国家的科技竞争力与该国经济实力还有对科研投入多少有很大的关联。研究开发总支出是度量该国的研发规模、评估创新能力和科学技术实力的重要指标[22]。研发人员是指直接从事研发活动的人员，以及为研发活动提供直接服务的管理人员、办事人员、行政管理人员，他们都是研发环节的重要组成部分，研发人员的素质和规模是权衡国家科技资源和潜力的指标之一。

表1-4提供了"一带一路"共建地区2016年研发总经费（GRED）和研发强度作为数据支持，以此来全面地理解结论。2018年除中亚外的其他4个地区（东南亚、东欧、南亚、西亚）的GDP都超过了29000亿美元，而中亚的GDP则为2904亿美元。

东欧的人均 GDP 最高，为 10885 美元，南亚的人均 GDP 最低，为 1906 美元。2016 年，中国的研发总经费（GRED）为 3727 亿美元，研发强度为 2.108%。同年，东南亚、东欧、南亚研发总经费超过 500 亿美元，除中国外，研发强度最大的是东南亚，达 2.067%。

表 1-4 　"一带一路"共建地区 2016 年研发总支出及 2018 年 GDP 和人口数

国家或地区	GDP/亿美元	人口/万人	人均 GDP/美元	GRED/亿美元	研发强度/%
中国	136082	139273	9771	3727	2.108
东南亚	29690	65390	4540	614	2.067
东欧	36697	33714	10885	608	0.978
南亚	34578	181438	1906	557	0.547
西亚	40827	44063	9266	455	0.833
中亚	2904	7566.965	3838	11	0.162

注：GDP（现价美元）和人口数据来自世界银行统计数据，GRED 数据来自联合国教科文组织的统计数据

1.2.3　食品产业科技论文产出

从全球及"一带一路"共建国家的科研发文数量曲线（图 1-1）中可知，2009～2018 年间，全球科技论文发表量一直维持在 200 万篇以上，2009～2017 年的年均增长率约在 3.5%。"一带一路"共建国家科技论文发表量平稳增长，2009～2016 年间"一带一路"共建国家论文增长率为 8%，超过全球论文增长率。共建国家在 2009 年发表了 33.44 万篇，到 2018 年有 61.15 万篇发表，发表数量几乎增加了 1 倍。"一带一路"共建国家论文发表量的全球份额从 2009 年的 15.6%增加到 2018 年的 22.7%，这表明"一带一路"共建国家在全球的科研地位越来越高。

图 1-1 　"一带一路"共建国家科技论文年度发表情况曲线

1. 南亚

南亚八国在 2009~2013 年和 2014~2018 年间的科技论文量分别是 36.75 万篇和 61.63 万篇，印度的科技论文发表量大于其他 7 个国家科技论文的总和。相比于 2009~2013 年间，印度的科技论文发表量在 2014~2018 年间有更显著的增加，科技论文全球占比从 2.78%增加到 3.86%。

2. 西亚

西亚十八国在 2009~2013 年和 2014~2018 年间的科技论文发表量分别是 60.58 万篇和 86.22 万篇，伊朗和土耳其的科技论文发表量远远领先于其他 16 个国家，土耳其论文发表量的增速小于伊朗。相比于 2009~2013 年间，沙特阿拉伯的论文发表量在 2014~2018 年间有更显著的增加，科技论文数量全球占比由原来的 0.32%增长到了 0.65%；其次是埃及，科技论文全球占比从 0.38%增加到 0.55%。

3. 中亚

中亚五国在 2009~2013 年和 2014~2018 年间的科技论文发表量分别是 0.75 万篇和 1.55 万篇，哈萨克斯坦和乌兹别克斯坦的科技论文发表量远远领先于其他 3 个国家。相比于 2009~2013 年间，哈萨克斯坦的科技论文发表量在 2014~2018 年间有更显著的增加，科技论文全球占比从 0.03%增加到 0.07%。

4. 东盟

东盟十国在 2009~2013 年和 2014~2018 年间的科技论文发表量分别是 21.52 万篇和 37.54 万篇，其中新加坡、马来西亚、泰国的科技论文发表量远远领先于其他 7 个国家。2014~2018 年间，马来西亚科技论文发表量增长快速，位居东盟第一。相比于 2009~2013 年间，印度尼西亚科技论文的增长量在 2014~2018 年间有更显著的增加，科技论文全球占比从 0.10%增加到 0.43%。

5. 东欧

东欧地区 23 个国家在 2009~2013 年和 2014~2018 年间的科技论文发表量分别是 74.83 万篇和 100.35 万篇，其中俄罗斯科技论文发表数量为第一，其次波兰、捷克、罗马尼亚。相比于 2009~2013 年间，俄罗斯的科技论文发表量在 2014~2018 年间有更显著的增加，科技论文全球占比从 1.57%增加到 2.09%。反观塞尔维亚、斯洛文尼亚、立陶宛等国家的科技论文数量全球占比出现了下降趋势。

从"一带一路"共建国家的论文产出占全球份额的比例可以得到以下结论：

（1）西亚和东欧的论文发表量在 2009~2013 年和 2014~2018 年间远超其他沿线地区。虽然南亚的论文发表量低于东欧和西亚，但在国家平均论文发表量占比方面一马当先。在 2009~2018 年间，中国的论文发表量要远多于"一带一路"共建地区。

（2）在 2009~2013 年和 2014~2018 年间，"一带一路"共建国家的论文发表量一直维持着增长的态势。相比于 2009~2013 年，2014~2018 年间论文发表量的平均增长率达到 40%，中亚的论文增长率甚至达到 75.5%。

（3）2009～2013 年间，"一带一路"共建国家的科技论文发表量排名前五的分别是印度、俄罗斯、土耳其、波兰、伊朗，前五的论文发表量均超过十万篇。随着时间的推移，"一带一路"共建地区科技论文发表量超过十万篇的国家越来越多，2014～2018 年间超过 10 万的国家除了印度、俄罗斯、土耳其、波兰、伊朗之外还增加了捷克、以色列、马来西亚、新加坡。

1.2.4　食品产业科技论文被引频次

科技论文的被引用次数能够显示出论文发表之后所可能产生的学术影响力，从"一带一路"共建国家连续五年累计的被引频次全球占比中可以看出：

（1）全部"一带一路"共建国家在 2009～2013 年间的科技论文被引频次占全球的 16.28%，在之后的 2014～2018 年间增长至 23.24%。

（2）2009～2013 年和 2014～2018 年间，西亚和东欧的科技论文被引频次全球占比远远领先于其他"一带一路"共建地区，分别是 11.33% 和 20.41%[22]。

（3）中亚、西亚、东欧、东盟在 2009～2013 年间有着相似的科技论文被引频次全球占比，在 0.24%～0.38% 范围内。2014～2018 年间，"一带一路"共建国家科技论文被引频次全球占比的差距逐渐变大，中亚各国平均科技论文被引频次全球占比达到 0.56%，超东欧地区 2 倍多。南亚国家的平均科技论文全球占比非常低，一直在 0.01% 上下。

1. 南亚

2009～2013 年间印度的科技论文被引频次全球占比是 2.64%，2014～2018 年间增长到 3.63%，远超其他南亚国家。排名第二的是巴基斯坦，在 2009～2013 年和 2014～2018 年间分别为 0.27% 和 0.55%。印度的论文被引频次全球占比涨幅为 0.99%，而巴基斯坦只有 0.28%。

2. 西亚

2009～2013 年间，以色列、土耳其、伊朗的科技论文被引频次全球占比大于 1%，名列前茅。2014～2018 年间，沙特阿拉伯、土耳其、以色列、伊朗的科技论文被引频次全球占比都大于 1.2%。伊朗近 5 年来的论文被引频次有非常明显的增长，涨幅为 0.8%，沙特阿拉伯的涨幅则是 0.67%。

3. 中亚

中亚五国每年的科技论文被引频次都小于 9000 次，其中哈萨克斯坦的论文是被引用次数较多的，涨幅在近 5 年来也最多，是 0.03%。

4. 东南亚

2009～2013 年和 2014～2018 年间，新加坡的科技论文被引频次最多，全球占比分别为 1.22% 和 1.53%。第二是马来西亚，第三是泰国。从被引频次数量的增长速度来看，马来西亚的科技论文被引频次全球占比增长 0.36%，其次是新加坡，增长 0.31%。

5. 东欧

波兰和俄罗斯在 2014~2018 年间的科技论文被引频次相对较多，全球占比分别为 1.59% 和 1.55%。这两个国家在 2009~2013 年间的全球占比也高于 1.1%。波兰和俄罗斯近 5 年的科技论文被引频次的增幅非常相似，分别为 0.43% 和 0.45%。

1.3　食品产业发展机遇与挑战

1.3.1　国际环境

"一带一路"贯穿亚洲、欧洲、非洲、南美洲、北美洲、大洋洲六大洲，涉及 100 多个国家和地区。其中，新兴经济体和发展中国家占比非常高。综合各种因素来看，"一带一路"共建国家的食品产业差距明显，发展水平参差不齐。除了一些具有良好的食品工业基础的国家如新加坡、新西兰等国之外，剩余大部分国家的食品工业发展水平均较为落后，食品产业也相对较为不发达。技术水平和创新能力等方面的发展也与产业发展的水平相对应[1]。

1.3.2　各国政策环境

"一带一路"涉及的国家数目众多，各国经济发展水平也不平衡，对食品农产品等的安全重视程度亦有所差别，这就导致"一带一路"共建国家的食品农产品质量控制体系、安全法律体系及质量安全管理体系等发展水平参差不齐。部分"一带一路"共建国家缺少针对食品农产品监管的法律和技术标准，对于实验室检测结果和检测标准缺乏国际互认，这也增加了出口企业的检测成本；检验检疫证书尚未全面建立国际联网核查互认机制，逃避检验检疫的不法行为时有发生，进一步影响了食品农产品贸易的深化合作与发展[13]。

1.3.3　中国食品产业发展的机遇

1. "一带一路"是中国食品工业走出去的历史新机遇

目前国内食品企业认识到了"一带一路"可能带来的新机遇，纷纷借力走出国门，进一步促进了食品贸易的发展。目前针对全球 210 多个国家和地区我国均可对其出口食品，食品企业抓住这一机遇加快海外市场的开拓，尤其是带动了"一带一路"共建国家和地区的食品出口，使其出口量显著上升。而随着国内食品产业结构的不断优化和升级，新增加工比例的不断攀升，一些大型企业如双汇、光明、伊利等国际影响力也在不断扩张。以伊利大洋洲生产基地的投资发展为例，伊利大洋洲生产基地作为中国"一带一路"国际合作的标志性项目，现已成为中国和新西兰两国经贸合作共赢的示范样本，被中央电视台作为"一带一路"先进典型进行重点推介。2014 年 11 月 21 日，伊利大洋洲生产基地创下了总体投资额达 30 亿元人民币的记录，刷新了中新两国投资规模的新纪录[25]。随后在 2017 年 3 月 25 日，伊利集团在新西兰奥克兰举行了伊利大洋洲生产基地二期揭牌仪式。二期的计划包括年产 16.2 吨功能性乳蛋白牛乳深加工项目、年产 80000 吨超高温瞬时灭菌奶项目、年产 56000 吨全脂奶粉生产项目和年产 30000 吨婴儿奶粉包装项目，一共四个单元的建设。依托这一生产基地，该集团在为中国消费者带来了高品质、高营养的创新产品的同时，也为新西兰当地提供了就业和资金支持，并且树立了中国品牌的形象，为中国企业"走出去"做出了有益探索和尝试。"走出去"是中国品牌发展的必经之路，"一带一路"建设为国内企业"走出去"带来了更多的全产业链上的发展机遇。我们可以预见，随着"一带一路"倡议的实施和推进，将会有更多中国品牌在这个世界大舞台上迎来更大的辉煌和发展空间。

2. "一带一路"是食品产业发展与转型升级的新机遇

"一带一路"共建将最终形成庞大产品需求、投资需求与全方位的经济合作，对国内食品产业发展来说也将带来重大而深远的影响。将从"量"与"质"两个方面得到体现，前者可以积极扩大国内食品产业的需求规模，而后者，将强势推动国内产业的转型升级，从而带动整个食品行业向着高质量发展的方向迈进。"一带一路"共建效应首先表现为促进产业发展。由于可为国内食品产业提供大规模的市场空间，农产品加工业、生产设备及配套类制造业、物流、包装材料、环保、生物、大数据及前沿交叉等新兴产业与高新技术产业等产业得到了显著的促进和发展。其次，进一步促进国内食品产业转型升级，助推我国培育新的国家竞争优势。在为国内产业的转型升级形成推力也带来压力的同时，我们注意到"一带一路"共建国家建设强调绿色低碳化建设和运营管理，他们看重建设的技术含量，也非常看重建设的环保标准。此外，新兴产业与高新技术产业的合作也为"一带一路"共建国家建设与经济发展需要注入活力。

中国食品企业应紧紧抓住此次宝贵的发展机遇，进一步开拓发展空间，有助于食品产业形成新的商业模式与社会价值实现模式，同时，参与世界食品市场竞争，实现生产要素的跨区域合理化配置，带动行业发展。在"一带一路"倡议下增加更多走向世界的机会，我们相信食品的全球化将有效推动食品产业向规模化、集约化发展，我国食品企业应该趁此机会更好地掌握全球食品需求动态，掌握食品产业现状，促进企业发展。

1.3.4　中国食品产业面临的挑战

1. 中国食品产业走出去面临制度环境等诸多困难

目前中国食品行业对外投资环节不完善，其深层次原因包括企业资质欠佳、国内外标准不同、政府多头管理等，尤其是企业的生产工艺、产品标准需要跟国际接轨。具体表现在：

一是国内外市场卫生安全标准差距较大，如国内标准低于国外标准，部分商品的标准缺失。作为一个发展中国家来说，中国食品产业的发展需要一个过程，从国情的角度出发，在对食品进行加工生产时其质量要求，技术要求偏低；食品种类繁多，部分食品尚未制定统一的标准，也缺乏相应的质量认证体系；此外考虑到目前我国食品分为内销和出口，并且采用两种标准对其进行生产和检测，标准差异导致管理成本大大增加。

二是多部门管理混乱。目前由于农业农村部、检验检疫局、质量监督局、工商管理局等均有行政管理权，这导致管理我国食品加工和出口的部门繁多，并且由于各部门管理侧重点不同，收集信息角度不同，出台的管理规定也不尽相同。这给管理带来了许多问题，如各部门掌握的信息分散，不能共享，给风险预警和交流等工作带来困难；多部门管理、检查，使得企业应接不暇，分散精力；政出多门，有时甚至出现相互抵触的情形，使得食品加工生产企业不知以何为准。

三是企业缺乏市场应急能力。在面对一些国家以各种理由阻止我国食品入境时，中国企业大多时候没有预案，只能仓促应对，对国际市场变化的应对能力明显不足，此外，部分企业管理存在严重问题，国际标准自律意识不足。

2. 食品企业面临调整结构转型升级的压力

我国食品企业规模小，布局分散，食品产业竞争力弱，产业发展相对粗放。在实现经济增长的方式上主要通过增加生产要素的投入，如增加投资、扩大厂房、增加劳动投入等方式来扩大生产规模，增加产量。随着我国经济发展步入新常态，食品企业面临新的挑战，尤其是产品同质化带来的竞争加剧、利润下滑，需要积极推动产业从粗放增长转向集约增长，从要素驱动转向创新驱动。

中国食品企业布局分散，企业之间的协同效应很差。发展食品产业集群有益于增加上下游企业之间的联系，降低企业成本，使得产业链上不同环节更易进行创新，提高产业竞争力。与此同时，我国农产品及食品仍然存在成本较高、档次较低、产量过剩却仍大量进口的市场矛盾，制约食品行业的发展。

企业应以"一带一路"为契机，瞄准世界市场创新改革，推动食品行业快速转型发展。

1.4　国际合作发展路线和战略建议

1.4.1　合作发展路线

1. 加强区域多边合作

首先，从各个层面加强沟通合作机制，在国家、地方和边境口岸等层面加快建设并完善与"一带一路"共建国家的全方位沟通合作机制,在法律法规、技术规范、认证认可和合格评定程序具体执行方面进一步加大合作交流的力度,营造良好的食品进出口合作环境。其次,加强相关国家食品领域标准收集、比对研究等工作,加强食品安全通报信息互通,研究建立对沿线各国技术法规、标准、合格评定程序等专项跟踪机制,提高技术性贸易措施透明度。再次,加强互联互通合作,通过实施"一带一路"沿线大通关合作行动计划,重点建设好一批示范项目,推进高效畅通的国际大通道建设。开展海洋产业和绿色食品资源深入开发与合作,启动建设"中国-东盟蓝色经济圈",推进"中欧蓝色产业园"建设。持续深化中欧班列品牌建设,提升运行效率,扩大回程货源,拓展国际联运市场。

2. 提升贸易便利化水平

首先提升国际贸易便利化水平,加大基础设施投资和建设,交通运输等物流设施建设是"一带一路"倡议成功实施的关键环节之一,在互惠互利基础上进一步扩大双边市场融合的广度和深度。亚欧经济通道的核心在于链接两个地区的众多国家间的制度和物流壁垒,打通这一通道使其同时在制度和体制上推进与"一带一路"共建国家的电商合作。其次,要优化国内营商环境。当前,我国电商由于打破了传统营销模式,大幅压缩了生产者和消费者的沟通空间,极大拓展了消费者覆盖面和企业销售地域,显著降低了新产品推销时间和销售成本,电商行业得到了快速发展。因此,作为目前国内产品营销的成功典范和新模式,我国在进一步强化和规范电商发展的同时,可以将电商发展融入"一带一路"倡议之中,在部分成熟国家推动电商发展及其相关的货物贸易等。这对于推动与"一带一路"共建国家的经贸融合、发挥典型示范效应、吸引社会资本进入和推动具有中国特色的贸易发展新模式都具有积极的推动作用和重要的战略意义[15]。

3. 借力于直接投资和基础设施建设

雄厚的资金和基础设施等硬件条件的支持对于一个产业的发展壮大有重要的作用和意义。2020 年上半年我国对"一带一路"共建国家非金融类直接投资 81.2 亿美元,同比增长 19.4%。其中,对东盟国家投资 62.3 亿美元,同比增长 53.1%。可以预见,政策倾斜和资金扶持等信号将强有力地进行释放以促进"一带一路"共建国家的基础设施建设。因此,食品产业想要获得健康协调发展,需要从多方面在研发、物流、仓储等各个生产运输环节构建达标的硬件条件。"一带一路"带来的经济影响力和感召力是巨大的,作为国家的顶层战略构想,我国食品产业发展须借力于"一带一路"基础设施的完善和发展[2]。

1.4.2　合作发展战略建议

1. 行业投资应优先布局政治经济稳定的国家和地区

行业的投资发展和布局应重点考虑投资地的政治稳定性、经济社会发展水平和当地居民的消费习惯及消费水平，考虑到"一带一路"沿线涉及的国家较多，且政治、经济、社会环境复杂多样，因此在选择区域布局时，应该结合企业的实际发展情况和未来市场拓展的规划推广发展。重点考虑以新加坡、俄罗斯和马来西亚为代表的需求利好因素较多的国家进行企业的布局和业务的拓展，能够保证企业在短期内铺开市场。

由国家信息中心"一带一路"外贸大数据研究所与海关出版社共同发布的报告显示，食品行业投资潜力最优的国家是俄罗斯和印度。其中，印度位于南亚地区，处于恒河平原地区。印度作为传统的农业大国，经过一系列的改革，印度农业生产发展迅速。而俄罗斯是自然资源出口大国，具有良好的工业基础和先进发展的科学技术，其丰富的海洋、淡水和森林资源在以农林渔业为主的第一产业上具有天然的优势。

2. 入市之前做好充分的市场调研

当地市场行业的实际发展情况，也是在进行企业进驻和市场布局之前，需要重点考虑的因素。在企业确定投资计划之前，应该着重研究当地居民的消费意识并对食品的需求环境进行详细的调研和评估，针对不同区域居民的消费偏好和饮食偏好，进行适用于不同群体的食品研发和设计，以达到企业的有效投资。

1.4.3　中国食品产业发展的借鉴

1. 完善食用农产品结构和市场结构

中国作为农业大国，其出口的农产品多为初加工产品，品质需要进一步提升，也就是说必须要通过产业结构的升级和优化，进一步提升农产品的附加值，才能扩大农产品的出口额，提升我国农产品国际贸易水平。对初加工产品而言，出口数量不再是关注的重点，而是着眼于如何提高出口食用农产品的质量和技术水平，进一步降低产品生产成本，通过提高核心竞争力，扩大市场占有率，把品牌形象与品牌战略实施好，打造好特色品牌产品，发展高质量的品牌农业和现代农业。总之，应根据整个国际市场需求对加工农产品做出相应的生产结构调整，加大对产业集中度高、质量稳定，具有自主知识产权的食品品牌建设的支持力度，打造中国品牌的知名度，讲好中国制造好故事[15]。

2. 加大食品加工业研发投入力度

食品科技和装备技术水平是食品加工业国际竞争力形成的基础保障。同发达国家和地区相比，中国食品加工业自主创新能力较低，一些成套设备和关键设备乃至包装产品都长期依赖进口，严重制约了产业发展。从企业层面来看，一些企业生产工艺、装备非常落后，环境负荷较大。针对上述问题，中国必须加大食品加工业研发投入力度，增强自主创新能力。

第一，完善自主创新机制，加快建设科技创新与服务平台建设，推进关键技术自主创新与产业化。在创新机制建设方面，要进一步推动产学研联合创新机制，形成以生产企业为主体、以科研院所和高校等研究机构为依托的创新联盟，探索新型合作模式，将科技创新与产业应用做到无缝连接。在关键技术创新方面，要以大宗食品加工、特色食品加工以及现代化食品加工技术为突破点，提高自主创新能力。第二，大力提高大型食品加工装备的自主化率，提高食品加工业整体技术装备水平。中国在智能食品制造与智能控制、食品检测与监测设备、安全卫生共性技术与装备自主创新方面能力较弱，需要加快自主创新。考虑到食品加工业的特点与加工食品特征，中国目前要重点开展粮食、油料、果蔬、水产品、乳制品等加工装备与包装材料的研发与产业化应用，为产品创新提供基础。第三，食品加工企业要加快技术改造与转型升级工作。中国食品加工业的国际竞争力建立在食品加工业产业链中每个个体企业竞争力的基础之上，为提高中国食品加工业国际竞争力，必须加快企业技术进步步伐。重点鼓励和支持食品加工企业优化产能结构、淘汰落后产能和装备，实现技术进步。以酿酒、水产品加工、肉类屠宰等行业为重点，推进节能减排技术应用，实现产业的可持续发展。

3. 加大食品加工业上下游产业链建设

食品产业涉及生产加工、仓储运输、分销零售等多个环节，这些环节互为上下游。其中，物流以及包装等相关产业发展水平对于食品加工业国际竞争力的提升发挥着重要作用。考虑到食品加工业的产业特征、产品特性以及消费者需求特点，要想中国食品加工业的国际竞争力提升必须提高冷链物流以及包装等相关辅助产业的发展水平。在冷链物流建设方面，中国应该鼓励社会资本参与到冷库、配送中心等冷链物流基础设施建设中来。考虑到冷库、配送中心的共用性，国家可以出台相关融资与税收激励政策，鼓励包括电商平台、大型水产品加工企业、液态乳制品企业、畜牧屠宰企业在内的相关方组建投资联盟，打造区域性冷链物流节点基地，做到基础设施与物流通道共用，减轻投资压力与风险。同时，鼓励第三方大型冷链物流企业发展，提高基础设施与物流线路的共用性，发展绿色物流，降低企业成本。此外，国家应对从事食品包装研发企业与机构科研经费给予支持，加强基础包装材料与包装工艺研发，降低包装原材料消耗，提高包装性能，加快新型包装产品市场化进程。

4. 打造中国食品产业集群的全球价值链融入平台

伴随着社会经济的发展，全球经济联系空前加强，几乎所有的经济体都或主动或被动地融入全球价值链体系，中国的价值链也扩展到全球范围。而中国将致力于发展成为制造强国，产业集群成为一种主要推进形式，我国食品产业集群也将融入这个全球大市场。面对国际激烈竞争及随着食品行业分工的进一步加深，竞争集中在某一特定的生产环节，不同国家、不同地区可根据自身的比较优势承担不同的生产环节，中国食品产业将以何种方式融入全球食品产业价值链，并通过整合"一带一路"共建国家的地缘优势和资源使自身在全球价值链中获得一席之地尤为关键。长期以来食品产业属于劳动密集型产业和其低附加值的特点需要借此得到改变，提供基础原料和简单原料的角色需要借此改变，向提供加工技术和资源整合的方向做出改变[2]。

参 考 文 献

[1] 姜彤, 王艳君, 袁佳双, 等. "一带一路"沿线国家 2020—2060 年人口经济发展情景预测[J]. 气候变化研究进展, 2018, 14(2): 155-164.

[2] 韩薇薇, 黄心洁, 刘万慧. "一带一路"战略背景下我国食品产业发展的机遇、困局与对策分析[J]. 当代经济, 2018(6): 82-84.

[3] 万羽墨, 张帆. "一带一路"对我国农产品贸易带来的影响分析[J]. 农家参谋, 2018(23): 24, 51.

[4] 布娲鹣·阿布拉. 中亚五国农业及与中国农业的互补性分析[J]. 农业经济问题, 2008(3): 104-109.

[5] "一带一路"沿线 65 个国家和地区名单及概况[J]. 世界热带农业信息, 2018(2): 8-16.

[6] Gorton M, Dumitrashko M, White J. Overcoming supply chain failure in the agri-food sector: A case study from Moldova[J]. Food Policy, 2006, 31(1): 90-103.

[7] Gokhberg L E O N I D, Kuzminov I L Y A. Technological future of the agriculture and food sector in Russia[R]. The Global Innovation Index, 2017: 135.

[8] Svitlana Y. Problems of innovative activity development at food industry enterprises of Ukraine[J]. Journal of Hygienic Engineering and Design, 2017(21): 96-102.

[9] Киреенко Н В, Кондратенко С А. Продовольственная безопасность Республики Беларусь: глобальный и национальный аспекты обеспечения[J]. Известия Национальной академии наук Беларуси. (白俄罗斯共和国的粮食安全：安全的全球和国家方面) [J]. 白俄罗斯国家科学院院刊（农业科学系列）, 2016, 1(4): 5-16.

[10] Eteri K. Challenges for sustainable food security in Georgia[R]. Challenges for Sustainable Food Security, 2017.

[11] Guliyeva A E, Lis M. Sustainability management of organic food organizations: A case study of Azerbaijan[J]. Sustainability, 2020, 12(12): 5057.

[12] Engels J E, Sardaryan G. Developing the food supply chain in Armenia[R]. 2006.

[13] 王远东, 华从伶, 刘善民, 等. 中国与"一带一路"沿线国家食品农产品贸易现状及对策研究[J]. 食品与发酵科技, 2019, 55(6): 87-90.

[14] 魏涛, 陈文, 秦菲, 等. 欧盟对功能食品的管理[J]. 食品工业科技, 2009, 30(9): 292-295, 362.

[15] 陈朝, 沙天慧, 卞长远, 等. 我国与"一带一路"沿线国家进出口食品农产品贸易现状[J]. 大陆桥视野, 2019(11): 41-44.

[16] 刘彬, 陈柳. 食品科学高被引论文计量分析[J]. 中国食品学报, 2020, 20(5): 308-318.

[17] 戴相朝, 王国扣. 食品装备国内外科技水平总体分析[J]. 食品工业, 2015, 36(8): 248-250.

[18] 庞德良, 孙继光. 美国食品加工业国际竞争力及其影响因素分析[J]. 社会科学战线, 2016(5): 66-75.

[19] 姜丽. 日本食品加工领域新技术应用现状与发展趋势[J]. 农业工程, 2019, 9(3): 56-58.

[20] 山丽杰, 徐玲玲, 华霄, 等. 日本食品工业近 10 年的发展状况研究[J]. 安徽农业科学, 2012, 40(22): 11419-11420, 11444.

[21] 王守宝. 德国食品产业竞争力分析与借鉴[J]. 中国食品, 2018(6): 36-41.

[22] 闫亚飞, 王靖娴, 朱相丽. 奔腾不息的伏尔加河——俄罗斯科技竞争力报告[J]. 高科技与产业化, 2020(4): 64-67.

[23] 徐兴利, 黄家伟. 疫情防控常态化阶段食品行业迎来新生与陨落[J]. 食品界, 2020(8): 8-15.

[24] 黄鑫. 伊利集团：让全球 20 亿人吃上中国奶产品[J]. 农产品市场周刊, 2017(19): 42-43.

[25] 李昂. 中国食品出口如何冲破技术壁垒[N]. 中国工业报, 2004-11-04. DOI: 10. 28076/n. cnki. ncgyb. 2004. 000337.

第2章　中国进出口食品安全战略研究

2.1　中国食品进出口现状

2.1.1　中国食品进出口贸易现状

1. 中国已成为世界重要的食品进口国

近年来中国食品进口额稳步扩大，成为世界第二大食品进口国。本章对食品范围的界定，采用《国际贸易标准分类（SITC）》的分类方法，即食品包括 SITC 第 0 章食品和活动物，第 1 章饮料和烟草，第 4 章动植物油、脂、蜡，第 22 节油籽和油质的果实。这也是 WTO 贸易统计年鉴所采用的分类方法[1]。根据 UN-Comtrade 统计数据[2]（SITC 第 4 次修订版），2018 年世界食品进口总额高达 14759.8 亿美元，食品进口前五位的国家分别为美国、中国、德国、日本和英国，进口金额分别为 1547.7 亿美元、1221.5 亿美元、996.8 亿美元、702.1 亿美元和 641.5 亿美元，分别占世界食品进口额的 10.5%、8.3%、6.8%、4.8%和 4.3%。2018 年世界食品进口排名前 20 的国家和地区占世界食品进口额的 68.8%，美国、中国、欧盟、日本、韩国、加拿大等是世界主要食品进口国家和地区。

2. 中国进口食品额快速增长，食品种类和来源多样化

随着经济的快速发展，中国进口食品消费规模快速增长，进口食品已经成为中国消费者餐桌的重要部分[3]。2008～2019 年，中国食品贸易额从 493.4 亿美元增长至 1364.6 亿美元，年均增长率高达 9.7%（图 2-1）。中国进口食品的品种几乎涵盖了各类食品，成为已有食品的重要补充。2019 年油脂及含油果实、肉及肉制品、水海产品[指 SITC 第 03 节-鱼（非海洋哺乳动物）、甲壳动物、软体动物和水生无脊椎动物及其制品]、蔬菜及水果是进口最多的食品类别，分别进口 385.1 亿美元、187.4 亿美元、157.5 亿美元和 150.1 亿美元，分别占中国食品进口总额的 28.2%、13.7%、11.5%和 11.0%（图 2-2），四者占中国食品进口总额的 64.4%。进口食品来源多样化，2019 年中国进口食品共来自 188 个国家和地区。开放的政策促进了中国食品进口贸易的发展，2019 年上海进口博览会上共有来自 120 多个国家与地区的近 2000 家进口食品（或农产品）企业。进口食品的多样化，也促进了中国食品消费的增长[4]。

图 2-1 2008～2019 年中国进口食品额及增速

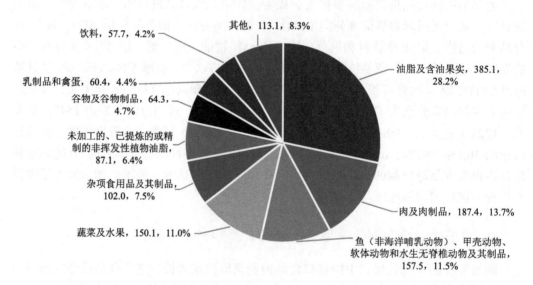

图 2-2 2019 年中国各类食品进口金额（亿美元）及占比

3. 中国进口食品来源地主要是发达国家和地区

发达国家和地区是中国重要的食品进口来源地。2019 年，中国共从美国、加拿大、澳大利亚、新西兰、欧盟、英国、日本、韩国、以色列和新加坡等发达国家和地区进口食品 558.8 亿美元，占食品进口总额的 40.1%（图 2-3）。其中美国、欧盟是中国十分重要的食品进口国家和地区，2019 年从欧盟和美国进口食品的金额分别占中国食品进口总额的一成左右。中国从新西兰、澳大利亚和加拿大进口的食品金额也较高，2019 年从这三个国家进口的食品金额均超过进口总额的 5% 以上。

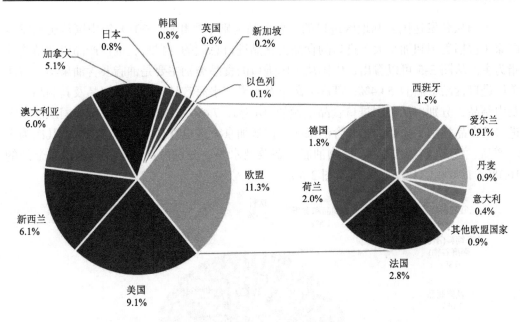

图 2-3　2019 年从各发达国家和地区进口食品金额占中国食品进口总额的比例

中国对发达国家和地区的动物源性食品、杂项食用品及其制品、饮料的依赖性相对较高。2019 年我国从发达国家和地区进口的乳制品和禽蛋、杂项食用品及其制品、活动物、饮料、动物油脂、肉及肉制品分别占我国该类进口食品总额的 97.3%、92.2%、88.0%、80.7%、70.9%、57.1%（图 2-4）。从进口的金额数来看，肉及肉制品、杂项食用品及其制品、油脂及含油果实、乳制品和禽蛋这四类食品进口金额均超过 50 亿美元，是中国从发达国家和地区进口的主要食品类别。

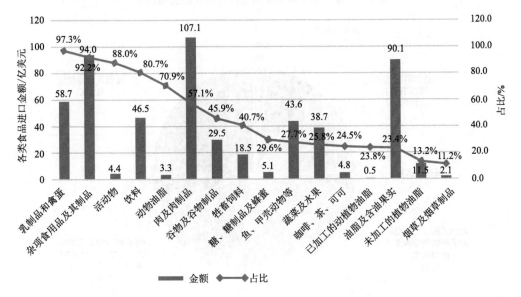

图 2-4　2019 年从发达国家和地区进口各类食品的金额及占中国各类食品进口总额的比例

　　中国从各发达国家和地区进口的主要食品类别不尽相同。2019 年中国从美洲发达国家（包括美国和加拿大）进口的食品占食品进口总额的 14.2%，进口产品以动植物油脂为主。从图 2-5 可以看出，中国从美国进口的食品类别主要是油脂及含油果实，占从美国进口食品金额的 54.4%；其次为蔬菜及水果、水海产品、杂项食用品及其制品、肉及肉制品，分别占从美国进口食品金额的 10.5%、7.4%、7.2% 和 7.0%。中国从加拿大进口的食品类别主要是油脂及含油果实，占从加拿大进口食品金额的 31.0%；其次为水海产品、谷物及谷物制品、植物油脂、蔬菜及水果，分别占从加拿大进口食品金额的 16.1%、13.0%、11.2%、9.7%（图 2-6）。

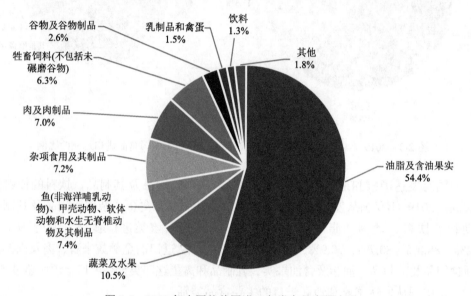

图 2-5　2019 年中国从美国进口各类食品金额占比

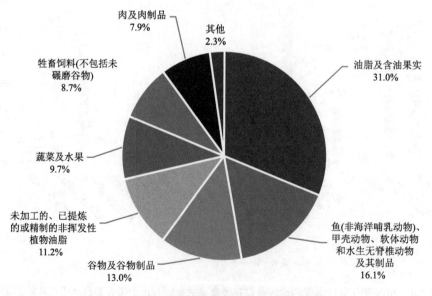

图 2-6　2019 年中国从加拿大进口各类食品金额占比

　　2019 年中国从欧洲发达国家和地区（包括欧盟和英国）进口的食品占食品进口总额的 11.3%，产品类别以杂项食用品及其制品、饮料、肉及肉制品为主。2019 年中国从欧盟 26 国进口的产品类别主要包括杂项食用品及其制品、肉及肉制品、饮料、乳制品和禽蛋，分别占从欧盟进口食品金额的 28.2%、26.9%、18.7%、10.0%（图 2-7）。中国从英国进口的食品主要包括饮料、肉及肉制品、水海产品、杂项食用品及其制品、乳制品和禽蛋，分别占中国从英国进口食品金额的 30.0%、26.4%、14.1%、12.7%和 8.3%（图 2-8）。

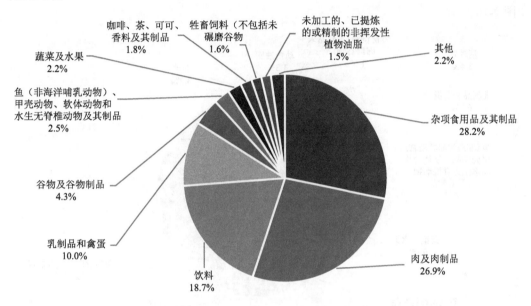

图 2-7　2019 年中国从欧盟进口各类食品金额占比

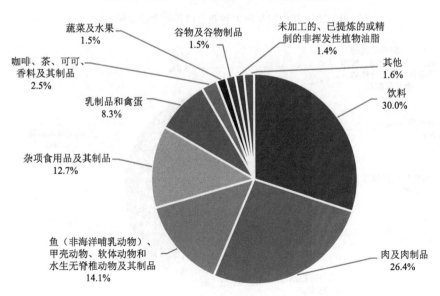

图 2-8　2019 年中国从英国进口各类食品金额占比

　　2019 年中国从大洋洲发达国家（包括澳大利亚和新西兰）进口的食品占中国食品进口总额的 12.1%，进口产品以肉类、乳制品和谷物为主。中国从澳大利亚进口的食品以肉及肉制品为主，占从澳大利亚进口食品金额的 31.6%；其次为杂项食用品及其制品、饮料、谷物及谷物制品、蔬菜及水果、水海产品，分别占从澳大利亚进口食品金额的 12.2%、11.2%、10.4%、9.8%和 8.7%（图 2-9）。中国从新西兰进口的食品以乳制品和禽蛋为主，占从新西兰进口食品的 40.9%；其次为肉及肉制品、杂项食用品及其制品、蔬菜及水果、水海产品，分别占从新西兰进口食品的 25.8%、17.0%、6.7%和 5.8%（图 2-10）。

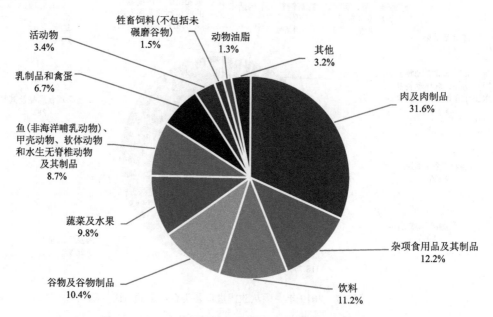

图 2-9　2019 年中国从澳大利亚进口各类食品金额占比

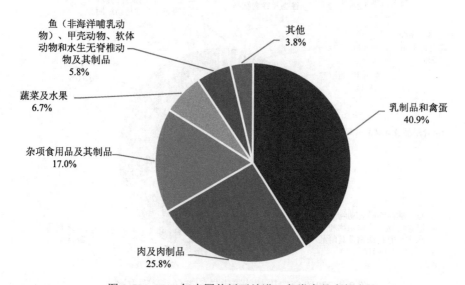

图 2-10　2019 年中国从新西兰进口各类食品金额占比

　　2019 年中国从亚洲发达国家进口的食品占中国食品进口总额的 2.7%，产品类别以杂项食用品及其制品、水海产品、饮料等为主。中国从日本主要进口水海产品、杂项食用品及其制品、饮料、谷物及谷物制品（图 2-11）；从韩国主要进口杂项食用品及其制品、饮料、水海产品、蔬菜及水果（图 2-12）；从新加坡主要进口杂项食用品及其制品、烟草及烟草制品等（图 2-13）。

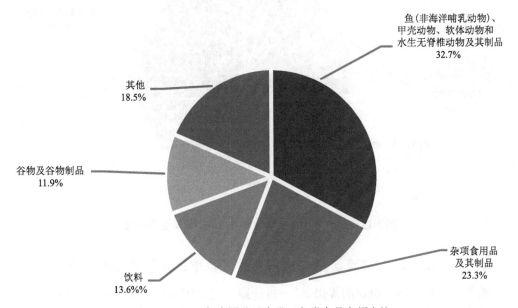

图 2-11　2019 年中国从日本进口各类食品金额占比

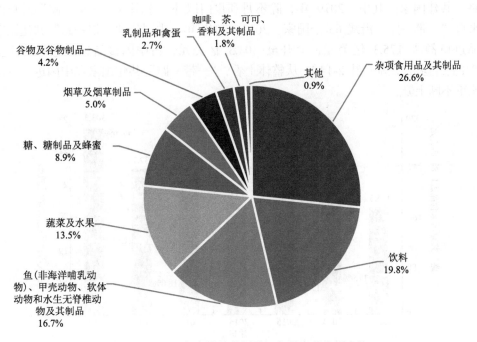

图 2-12　2019 年中国从韩国进口各类食品金额占比

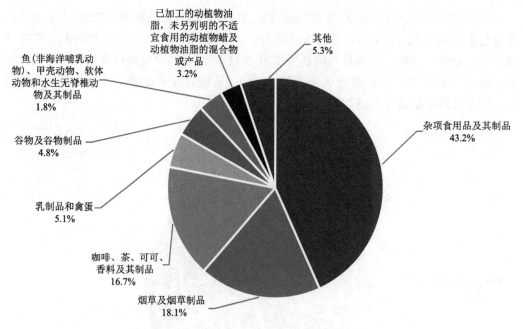

图 2-13　2019 年中国从新加坡进口各类食品金额占比

4. "一带一路"共建国家在中国食品进口中的重要性不断提升

随着"一带一路"倡议的提出,"一带一路"共建国家在中国食品进口中的重要性不断提升。2013～2019 年间,中国从"一带一路"进口食品的来源国覆盖 65 个"一带一路"共建国家。其中,2019 年,除不丹和也门以外,中国从"一带一路"进口的食品来自"一带一路"沿线 63 个国家。2013～2019 年,中国从"一带一路"共建国家的食品进口额从 175.3 亿美元,上升至 303.3 亿美元,占中国食品进口总额的比重从 17.9%上升至 22.2%(图 2-14)。从整体上看,"一带一路"共建国家在中国进口食品中的比重不断上升。

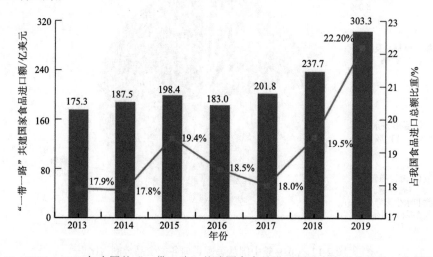

图 2-14　2013～2019 年中国从"一带一路"共建国家食品进口额及占中国食品进口总额的比例

中国从"一带一路"共建国家进口的食品，以果蔬、未加工的植物油脂、水海产品、谷物及其制品为主。2019 年，中国从"一带一路"进口的蔬菜及水果，未加工的、已提炼的或精制的非挥发性植物油脂，鱼（非海洋哺乳动物）、甲壳动物、软体动物和水生无脊椎动物及其制品，谷物及谷物制品金额分别为 75.9 亿美元、69.5 亿美元、64.2 亿美元和 31.8 亿美元，共占中国从"一带一路"共建国家进口食品金额的 80%。

"一带一路"共建国家是中国重要的动植物油脂，咖啡、茶、可可、香料及其制品，蔬菜及水果等食品的来源地。2019 年中国从"一带一路"进口的未加工的、已提炼的或精制的非挥发性植物油脂，已加工的动植物油脂，咖啡、茶、可可、香料及其制品，蔬菜及水果，谷物及谷物制品分别占中国进口该类食品总额的 79.8%、69.7%、61.4%、50.6% 和 49.4%（图 2-15）。

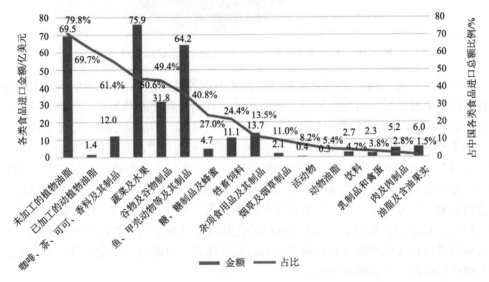

图 2-15　2019 年中国从"一带一路"共建国家和地区各类食品的进口金额及占中国各类食品
进口总额的比例

东盟国家是"一带一路"地区食品进口的主力军。2019 年，中国从东盟十国共进口食品 190.4 亿美元，占"一带一路"地区食品进口总额的 62.8%。中国从独联体代表国家进口的食品金额为 61.9 亿美元，占"一带一路"地区食品进口总额的二成。中国从南亚、西亚、中东欧和东亚（蒙古国）进口的食品金额分别为 28.7 亿美元、11.9 亿美元、9.2 亿美元、1.3 亿美元，分别占"一带一路"地区食品进口总额的 9.5%、3.9%、3.0% 和 0.4%（图 2-16）。

泰国、印度尼西亚、俄罗斯、越南、马来西亚、乌克兰、印度、菲律宾是中国重要的"一带一路"食品进口国。2019 年，中国从泰国、印度尼西亚、俄罗斯、越南、马来西亚、乌克兰、印度、菲律宾这 8 个国家进口的食品金额占从"一带一路"进口食品总金额的 85.8%。其中，从泰国、印度尼西亚、俄罗斯、越南进口的食品金额占中国食品进口总额的 4.4%、4.0%、2.6%、2.1%；从马来西亚、乌克兰、印度、菲律宾进口的食品金额占中国食品进口总额的 1.8%、1.8%、1.6% 和 0.7%。

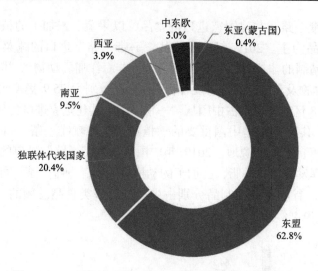

图 2-16　2019 年"一带一路"不同地区食品进口金额占比

　　中国从"一带一路"不同地区进口的食品类别各具特色。2019 年中国从东盟进口的食品以蔬菜及水果、植物性油脂、水海产品、谷物及谷物制品为主，分别占从东盟进口食品总额的 34.3%、25.9%、13.2%和 8.1%（图 2-17）。中国从泰国、印度尼西亚、越南、马来西亚和菲律宾进口的食品占中国从东盟国家进口食品总额的 31.6%、28.6%、15.1%、13.1%和 5.1%。从泰国进口的食品以蔬菜及水果、水海产品、谷物及谷物制品为主，分别占从泰国进口食品总额的 67.1%、8.0%和 7.3%；从印度尼西亚进口的食品以植物油脂、水海产品、杂项食用品及其制品为主，分别占从印度尼西亚进口食品总额的 63.9%、12.1%和 10.6%；从越南进口的食品以蔬菜及水果、谷物及谷物制品，分别占从越南进口食品总额的 40.7%和 34.5%；从菲律宾进口的食品以蔬菜及水果为主，占从菲律宾进口食品总额的 82.5%。

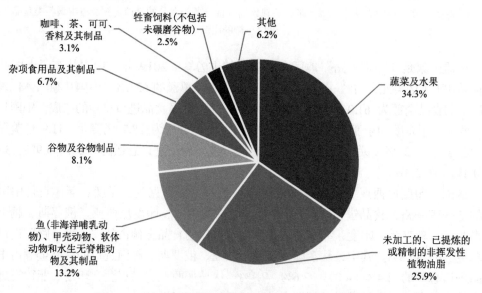

图 2-17　2019 年中国从东盟地区进口各类食品金额占比

2019 年中国从独联体代表国家进口的食品以水海产品、植物性油脂、谷物及谷物制品为主，分别占从独联体进口食品总额的 35.4%、21.6%和 19.8%（图 2-18）。中国从俄罗斯进口的食品占从独联体代表国家进口总额的 57.4%。从俄罗斯进口的食品以水海产品、植物性油脂、油脂及含油果实为主，分别占从俄罗斯进口食品总额的61.6%、13.9%和 11.4%。

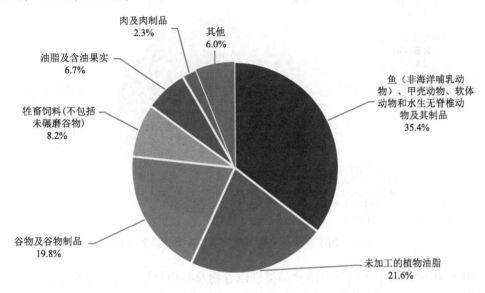

图 2-18　2019 年中国从独联体代表国家进口各类食品金额占比

2019 年中国从南亚进口的食品以水海产品，咖啡、茶、可可、香料及其制品，未加工的植物油脂为主，分别占从南亚进口食品总额的 51.2%、17.4%和 14.0%（图 2-19）。中国从印度进口的食品占从南亚国家进口总额的 67.2%。从印度进口的食品以植物性油脂、水海产品为主，分别占从印度进口食品总额的 40.6%和 39.3%。

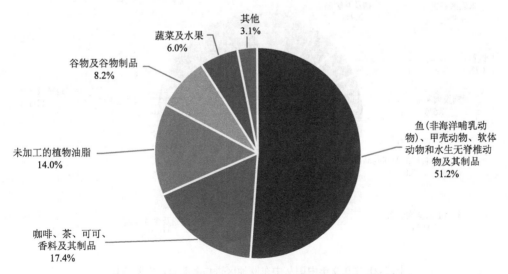

图 2-19　2019 年中国从南亚地区进口各类食品金额占比

　　2019 年中国从西亚进口的食品以蔬菜及水果为主，占从西亚进口食品总额的 58.6%（图 2-20）。中国从伊朗、土耳其和埃及进口的食品占从西亚国家进口总额的 58.5%，从这几个国家的进口食品类别也以蔬菜和水果为主。

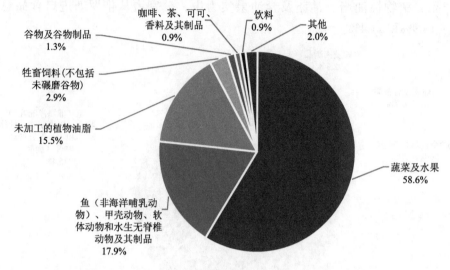

图 2-20　2019 年中国从西亚地区进口各类食品金额占比

　　2019 年中国从中东欧进口的食品类别以谷物及谷物制品、蔬菜及水果、油脂及含油果实、乳制品和禽蛋为主，分别占从中东欧进口食品总额的 18.0%、12.8%、12.3% 和 11.4%（图 2-21）。中国从东亚（蒙古国）进口的食品以肉及肉制品为主，占中国从蒙古国进口食品总额的 77.5%（图 2-22）。

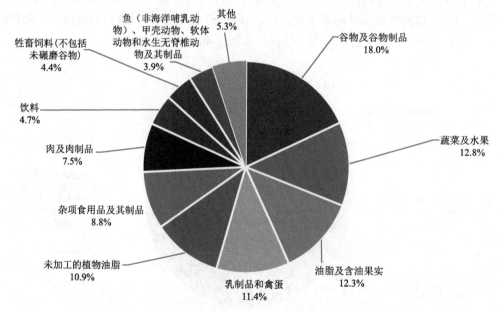

图 2-21　2019 年中国从中东欧地区进口各类食品金额占比

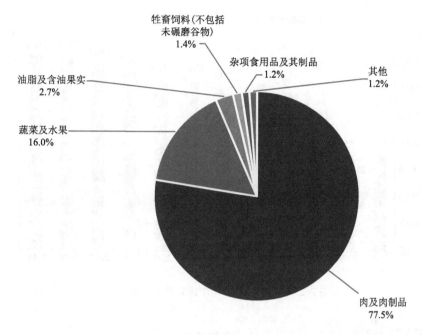

牲畜饲料(不包括
未碾磨谷物)
1.4%

杂项食用品及其制品
1.2%

其他
1.2%

油脂及含油果实
2.7%

蔬菜及水果
16.0%

肉及肉制品
77.5%

图 2-22　2019 年中国从东亚（蒙古国）地区进口各类食品金额占比

5. 线上渠道已经成为中国食品进口的主要渠道

线上购物已经成为中国消费者购买进口食品最主要的渠道。线上渠道购买进口食品能够打破时间和空间的限制，简化进口贸易供应链流程，提高国内外供需双方对接的效率，减少购买的中间成本，广受消费者采用。根据《中国进口食品消费研究白皮书》（2017 年），中国消费者采购进口食品的线上渗透率已高达 84%。中国消费者最青睐的食品来源地是澳大利亚，其次为美国、日本和德国。"80 后"这个受过良好教育的群体逐渐成为我国进口食品消费的重要人群，并且采购以满足家庭需求为主。电商平台的发展在进口食品消费中起到重要作用，消费者选购进口食品最重要的考虑因素是网购平台的资质，消费者非常青睐的模式是平台自营和产地直采[3,5]。

6. 随着国内食品需求的上升，食品出口增速放缓

中国食品出口稳步上升但是增速显著放缓。2008～2019 年中国食品出口量从 358.7 亿美元上升至 718.3 亿美元（图 2-23），整体呈增长态势，年均增长率为 6.5%，比同期进口增长率低 3.2 个百分点。随着我国经济的增长和消费结构的改变，对牛羊肉等高档食品的需求不断增加，为了满足国内需求，这些食品的出口量也有所降低。从图 2-24 可以看出，2019 年我国出口的食品主要以蔬菜及水果、水海产品为主，出口金额分别为 255.3 亿美元和 199.4 亿美元，分别占我国食品出口总额的 35.5%和 27.8%（图 2-24）。我国出口的食品多是初级加工的水果、蔬菜、水海成品，高附加值加工食品占比较低。

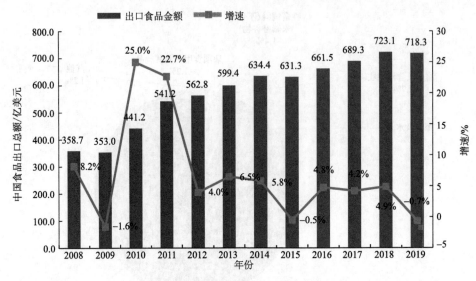

图 2-23　2008～2019 年中国食品出口额及增速

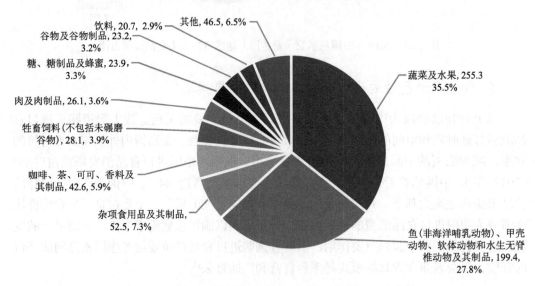

图 2-24　2019 年中国各类食品出口金额（亿美元）及占比

2.1.2　中国食品进出口安全现状

1. 发达国家和地区进口食品占未准入境食品的比重较高

随着中国进口食品的种类和数量不断丰富，进口食品安全问题也日益凸显。通过对 2018～2019 年以来海关总署发布的中国进境不合格食品的来源国家和地区的信息进行分析，发现进境不合格食品多来自发达国家和地区。2018 年和 2019 年，海关总署分别通报 1351 批次和 1469 批次未准入境食品。经统计，2820 批次未准入境食品中，有 1583 批次（占 56.2%）来自发达国家和地区，751 批次（26.7%）来自"一带一路"共建国家。

来自发达国家和地区的食品占未准入境食品的比重较高，与发达国家和地区进口金额占比有一定的关系。2018 年来自发达国家和地区的进口食品占我国食品进口总额的四成左右，而"一带一路"共建国家和地区占比为二成。发达国家和地区中，来自欧盟、美国和日本的未准入境食品占比最高，分别占我国未准入境食品总批次的22.6%、10.0% 和 9.3%（图 2-25）。"一带一路"共建国家未准入境食品主要来自东盟，占未准入境食品总批次的 14.3%（图 2-26）。

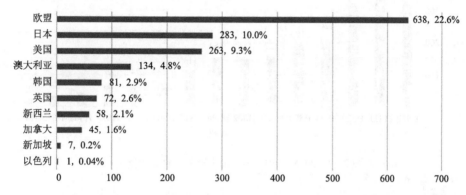

图 2-25　2018～2019 年发达国家和地区未准入境食品的批次和占比

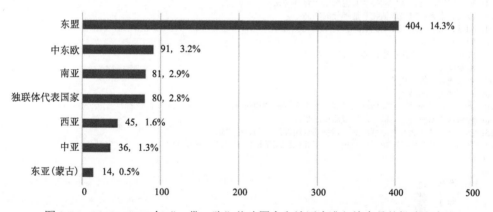

图 2-26　2018～2019 年"一带一路"共建国家和地区未准入境食品的批次和占比

2. 谷物和乳制品等进口食品未准入境的情况较多

根据世界海关组织《商品名称及编码协调制度》（Harmonized Commodity Description and Coding System，HS）编码分类，中国未准入境食品共涉及 23 章，排名前十的有 HS19、HS21、HS22、HS03、HS20、HS09、HS02、HS04、HS17、HS07，其不合格食品合计 2530 批次，占全部未准入境批次的 89.7%（图 2-27）。

来自发达国家和地区的谷物、粮食粉、淀粉或乳的制品及糕饼点心不合格批次最多，共 425 批次，占来自发达国家和地区全部未准入境食品的 26.9%；其次为杂项食品，共 290 批次，占比为 18.4%；排名第三的为饮料、酒及醋，共 246 批次，占比为15.6%。这三类食品共占来自发达国家和地区的全部未准入境食品的 60.9%，是发达国家和地区主要未准入境食品类别（图 2-28）。

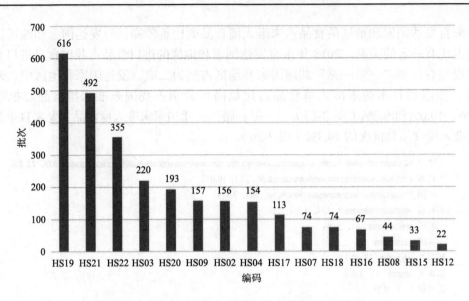

图 2-27 2018～2019 年中国未准入境食品类别分布

HS19：谷物、粮食粉、淀粉或乳的制品；糕饼点心
HS21：杂项食品
HS22：饮料、酒及醋
HS03：鱼、甲壳动物、软体动物及其他水生无脊椎动物
HS20：蔬菜、水果、坚果或植物其他部分的制品
HS09：咖啡、茶、马黛茶及调味香料
HS02：肉及食用杂碎
HS04：乳品；蛋品；天然蜂蜜；其他食用动物产品
HS17：糖及糖食
HS07：食用蔬菜、根及块茎
HS18：可可及可可制品
HS16：肉、鱼、甲壳动物、软体动物及其他水生无脊椎动物的制品
HS08：食用水果及坚果；柑橘属水果或甜瓜的果皮
HS15：动、植物油、脂及其分解产品；精制的食用油脂；动、植物蜡
HS12：含油子仁及果实；杂项子仁及果实；工业用或药用植物；稻草、秸秆及饲料

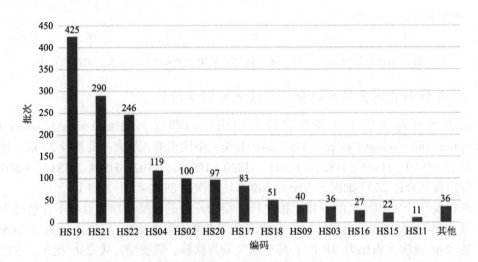

图 2-28 2018～2019 年中国从发达国家和地区进口的未准入境食品类别分布

HS11：制粉类产品

来自"一带一路"共建国家的排名前三的食品类别与发达国家和地区一致。谷物、粮食粉、淀粉或乳的制品及糕饼点心不合格批次最多，共 109 批次，占来自"一带一路"共建国家和地区全部未准入境食品的 14.6%；其次为饮料、酒及醋，共 103 批次，占比为 13.8%；排名第三的为杂项食品，共 85 批次，占比为 11.4%。咖啡、茶、马黛茶及调味香料，鱼、甲壳动物、软体动物及其他水生无脊椎动物，食用蔬菜、根及块茎，蔬菜、水果、坚果或植物其他部分的制品这四类食品的占比也较高，分别占 10.5%、10.1%、8.9% 和 8.5%。以上七类食品共占来自"一带一路"共建国家和地区的全部未准入境食品的 77.8%，是"一带一路"共建国家和地区主要未准入境食品的类别（图 2-29）。

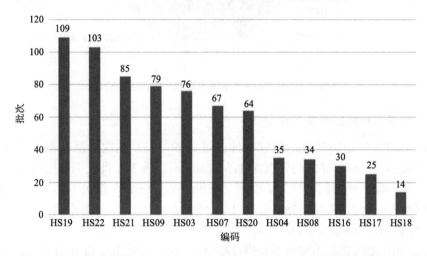

图 2-29　2018～2019 年中国从"一带一路"共建国家和地区进口的未准入境食品类别分布

3. 食品添加剂和标签不合格等是食品未准入境的主要原因

2018～2019 年中国进口的 2820 批次未准入境食品不合格原因共计 2868 种（部分进口食品未准入境原因有多种）。其中排名前 6 位的分别是食品添加剂不合格 553 批次（占比为 19.3%）、标签不合格 466 批次（占比为 16.2%）、证书缺失或不合格 351 批次（占比为 12.2%）、微生物不合格 220 批次（占比为 7.7%）、理化指标不合格 212 批次（占比为 7.4%）、违规进境 206 批次（占比为 7.2%），六者总占比为 70.0%（图 2-30）。

近年来未准入境食品不合格的主要原因发生显著变化。2009～2014 年中国未准入境的 13261 批次食品不合格的主要原因是微生物不合格（占比 22.8%）、品质不合格（占比 17%）、食品添加剂不合格（占比 16.2%）、标签不合格（占比 15.4%）和证书不合格（占比 10.7%）。我国进口食品的法律法规不断完善，2015 年颁布的《食品安全法》要求进口食品应满足我国的食品安全国家标准，随着对进口食品生产企业要求的提升，微生物不合格和品质不合格已经不再是未准入境食品不合格最主要原因。《食品安全法》中第九十七条规定进口的预包装食品应当有中文标签，不符合我国法律法规和食品安全国家标准的一律按不合格产品处理。自从制定了对进口食品中文标签标注的强制要求后，标签不合格成为我国进口食品不合格的主要原因之一。

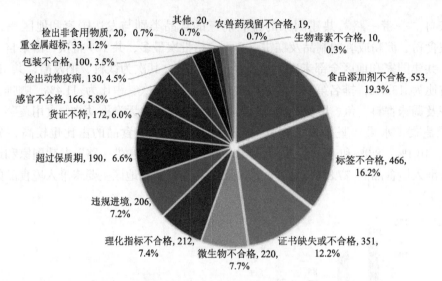

图 2-30　2018～2019 年中国未准入境食品不合格原因

1）发达国家和地区未准入境食品不合格原因

2018～2019 年中国从发达国家和地区进口的 1583 批次食品未准入境原因共计 1604 种（表 2-1）。排名靠前的分别为食品添加剂不合格 301 批次（占比为 18.8%）、标签不合格 268 批次（占比 16.7%）、证书缺失或不合格 246 批次（15.3%）、超过保质期 159 批次（9.9%）、理化指标不合格 144 批次（9.0%）。这五类原因占发达国家和地区未准入境食品不合格原因的 69.7%。

其中，301 批次食品添加剂不合格食品中，谷物、粮食粉、淀粉或乳的制品及糕饼点心（HS19）116 批次，占比 38.6%；杂项食品（HS21）59 批次，占比 19.6%；饮料、酒及醋（HS22）46 批次，占比 15.3%。可见这三类食品中违规使用食品添加剂的情况较为严重。

268 批次标签不合格食品中，谷物、粮食粉、淀粉或乳的制品及糕饼点心（HS19）82 批次，占比 30.6%；杂项食品（HS21）57 批次，占比 21.3%。这两类食品占据从发达国家和地区进口的标签不合格食品的一半以上。

246 批次证书缺失或不合格的食品中，杂项食品（HS21）50 批次，占比 20.4%；谷物、粮食粉、淀粉或乳的制品及糕饼点心（HS19）47 批次，占比 19.1%；饮料、酒及醋（HS22）40 批次，占比 16.3%。这三类食品证书缺失或不合格的情况较为多见。

2）"一带一路"共建国家和地区未准入境食品不合格原因

2018～2019 年中国从"一带一路"共建国家和地区进口的 751 批次食品未准入境原因共计 772 种（表 2-2）。排名靠前的分别为食品添加剂不合格 132 批次（占比为 17.1%）、微生物污染 94 批次（占比 12.2%）、标签不合格 93 批次（占比 12.0%）、违规进境 84 批次（占比 10.9%）、检出动物疫病 79 批次（占比 10.2%）。这五类原因占"一带一路"共建国家和地区未准入境食品不合格原因的 62.4%。

表 2-1　2018～2019 年中国从发达国家和地区进口食品不合格原因分类

编码	食品添加剂不合格	标签不合格	证书缺失或不合格	超过保质期	理化指标不合格	货证不符	微生物污染	感官不合格	违规进境	包装不合格	检出动物疫病	尚无标准	重金属超标	检出非食用物质	品质不合格	生物毒素不合格	共计
HS19	116	82	47	32	76	6	23	23	8	14	0	0	0	0	0	0	427
HS21	59	57	50	8	43	7	34	10	12	5	0	6	2	0	0	0	293
HS22	46	30	40	37	15	9	3	32	2	25	0	0	4	0	3	1	247
HS04	3	13	25	10	5	5	28	7	8	3	12	0	0	0	0	0	119
HS20	26	26	22	6	1	8	13	1	1	2	0	0	0	0	0	0	106
HS02	0	24	2	0	0	54	0	14	5	4	0	0	0	1	0	0	104
HS17	28	5	13	30	1	1	1	0	1	1	0	0	0	2	0	0	83
HS18	6	21	6	14	0	1	0	0	0	2	0	0	0	1	0	0	51
HS09	0	1	26	10	0	1	0	0	2	0	0	0	0	0	0	0	40
HS03	0	1	3	8	0	8	0	4	8	0	3	0	1	0	0	0	36
HS16	12	3	3	0	0	0	1	4	6	0	0	0	0	0	0	0	29
HS15	2	3	4	2	2	2	0	0	5	2	0	0	0	0	0	0	22
HS11	0	0	1	2	0	1	0	0	4	1	0	2	0	0	0	0	11
HS08	0	2	1	0	0	0	0	4	1	0	0	0	0	0	0	0	8
HS07	0	0	0	0	0	0	0	2	4	0	0	0	0	0	0	0	6
HS10	0	0	3	0	0	0	0	0	1	0	3	0	0	0	0	0	4
HS12	0	0	0	0	0	0	0	0	1	0	0	0	0	0	0	0	4
HS25	3	0	0	0	1	0	0	0	0	0	0	0	0	0	0	0	4
HS05	0	0	0	0	0	2	0	0	1	0	0	0	0	0	0	0	3
HS13	0	0	0	0	0	3	0	0	0	0	0	0	0	0	0	0	3
HS35	0	0	3	0	0	0	0	0	3	0	0	0	0	0	0	0	3
HS30	0	0	0	0	0	0	0	1	0	0	0	0	0	0	0	0	1
共计	301	268	246	159	144	108	103	102	73	59	18	8	7	4	3	1	1604

数据来源：海关总署网站全国未准入境食品信息，经过整理得到。

表2-2　2018~2019年中国从"一带一路"共建国家和地区进口食品不合格原因分类

编码	食品添加剂不合格	微生物污染	标签不合格	违规进境	检出动物疫病	理化指标不合格	超过保质期	证书缺失或不合格	包装不合格	感官不合格	货证不符	兽药残留超标	检出非食用物质	品质不合格	重金属超标	共计
HS19	40	33	10	0	1	1	27	1	5	1	0	0	0	0	0	119
HS22	35	5	17	5	0	11	18	4	13	0	0	0	1	0	0	109
HS21	16	21	5	2	1	19	3	11	4	1	2	0	0	0	0	85
HS09	0	0	2	46	1	0	0	9	0	7	0	14	0	0	0	79
HS03	6	0	0	14	6	17	0	9	1	7	11	1	3	0	1	76
HS07	0	0	8	1	53	0	0	2	4	0	0	0	0	0	0	68
HS20	2	17	32	0	1	1	4	1	1	1	5	0	0	0	0	65
HS04	8	3	0	0	5	6	3	3	0	1	0	1	5	0	0	35
HS08	9	2	11	3	1	3	0	2	0	3	0	0	0	0	0	34
HS16	2	12	3	6	1	0	0	1	0	1	2	0	0	4	0	32
HS17	10	0	1	0	1	1	0	8	0	1	0	0	3	0	0	25
HS18	2	1	2	0	1	0	1	1	4	1	1	0	0	0	0	14
HS15	1	0	1	1	1	1	0	0	0	2	0	0	0	0	0	7
HS02	0	0	0	0	0	0	0	0	1	1	4	0	0	0	0	6
HS12	1	0	0	2	1	0	0	0	0	0	0	0	0	0	2	6
HS10	0	0	0	1	2	0	0	0	0	0	0	1	0	0	1	5
HS05	0	0	1	2	0	0	0	0	0	0	0	0	0	0	0	3
HS11	0	0	0	1	1	0	0	0	0	0	0	0	0	0	0	2
HS13	0	0	0	0	1	0	0	0	0	0	0	0	0	0	0	1
HS14	0	0	0	0	1	0	0	0	0	0	0	0	0	0	0	1
共计	132	94	93	84	79	60	56	52	33	27	25	17	12	4	4	772

数据来源：海关总署网站全国未准入境食品信息，经过整理得到。

其中，132 批次食品添加剂不合格食品中，谷物、粮食粉、淀粉或乳的制品及糕饼点心（HS19）40 批次，占比 30.3%；饮料、酒及醋（HS22）35 批次，占比 26.6%。这两类食品中违规使用食品添加剂的情况较为严重。94 批次微生物不合格食品中，谷物、粮食粉、淀粉或乳的制品及糕饼点心（HS19）33 批次，占比 35.1%；杂项食品（HS21）21 批次，占比 22.4%。这两类食品占据从"一带一路"共建国家和地区进口的微生物不合格食品的一半以上。93 批次标签不合格食品中，蔬菜、水果、坚果或植物其他部分的制品（HS20）32 批次，占比 34.4%；饮料、酒及醋（HS22）17 批次，占比 18.3%。这两类食品的标签不合格情况较为多见。违规进境的 84 批次食品中，咖啡、茶、马黛茶及调味香料（HS09）46 批次，占比为 54.8%。因此该类食品的违规进境应重点关注。检出动物疫病的 79 类食品中，食用蔬菜、根及块茎（HS07）53 批次，因此植物中检出疫病的问题较严重。

4. 各国纷纷建立食品技术性贸易壁垒体系

随着全球经济一体化和食品贸易国际化，食品安全已成为一个世界性的挑战和全球重要的公共卫生问题，各国纷纷建立相应的食品技术性贸易壁垒体系。WTO/SPS 协定（实施卫生与植物卫生措施协定）规定，各成员应保证迅速公布所有已采用的卫生与植物卫生法规，以使有利害关系的成员知晓。并且强调各成员应在法规的公布和生效之间留出合理时间间隔使出口成员尤其是发展中国家有一定的适应期。WTO/TBT 协定（技术性贸易壁垒协定）规定，各成员有权制定必要的技术性贸易措施（技术法规、标准，包括对包装、标志和标签的要求，以及对技术法规和标准的合格评定程序）以保证其实现合法目标，并及时发布其拟采用某项技术性贸易措施的通知。

民以食为天，根据 WTO 发布的 TBT 通报信息统计数据，2018 年有关食品技术问题的 TBT 通报共 614 件，占全部类别的 22.34%，同样是贸易类别中涉及最多的领域。TBT 协定承认各成员有权制定必要的技术性贸易措施以保证其实现合法目标。这些合法目标包括：国家安全要求；防止欺诈行为；保护人类健康或安全、保护动物或植物的生命或健康及保护环境。2018 年全年，美国、欧盟、日本、加拿大、新西兰和澳大利亚新发布 499 条通报，其中有关消费者人身安全的相关通报 177 条，约占总数的 35.47%，如欧盟修订婴儿配方食品维生素 D 要求和婴儿配方食品与后续配方食品芥酸要求的法规。随着产品安全和生存环境问题的日益突出，各成员对产品安全、环保和能效的要求也更加严格。许多成员纷纷出台或修订有关能效的法规、标准、标识与认证要求，此外，各成员近年来一直针对食品包装和标签标识等不容易被重视的环节制定相关要求。如乌拉圭制定含有高钠、糖、脂肪或饱和脂肪的食品包装的正面标签要求等。

随着"一带一路"倡议的深入推进，我国与共建国家和地区的贸易合作日益紧密，新兴市场的技术性贸易措施（以下简称 TBT）通报量也在不断攀升，各成员都在逐步完善技术法规，提高准入门槛，保护本土企业发展。2018 年，在 64 个"一带一路"共建地区，共有 31 个 WTO 成员提交了 753 件通报，占 WTO 成员总通报数的 24.57%。其中埃及、以色列、沙特阿拉伯、阿拉伯联合酋长国和科威特发布的通报数量最多，分别为 80、68、61、52 和 52 件。"一带一路"共建地区发布的 TBT 通报涉及产品较广，以食品为主，涉及家电、钢材、烟草、无线电通信、农药、电梯、木材和医疗器械等信息，多为新发布的技术法规、标准和合格评定程序通报。

2.2　中国进口食品安全问题剖析

2.2.1　国际贸易新形势给中国食品贸易带来挑战

保障食品供给安全是保障中国食品安全的重要内容之一，保障食品供给的途径之一就是"适度进口"。进口食品对丰富我国居民食品类别，调节我国食品市场供应起到积极作用。2018 年以来的中美贸易战，给我国食品贸易带来新的挑战。2018 年 8 月我国根据《中华人民共和国对外贸易法》等，对原产于美国的 5207 个税目的商品（约合 4124 亿元）加征 5%～25%不等的关税，这些商品涉及的食品涵盖畜禽肉及其制品、蔬菜及其制品、蜂蜜、茶叶、调味料、淀粉、植物油、果汁等食品类别。其中美国的鲜橙、苹果、车厘子等水果，以及猪杂碎、鸡翅尖和鸡爪等畜禽副产品对中国市场依赖性较高[6]，贸易战一定程度上会降低美国食品在中国市场的竞争力，给我国国产食品带来机遇。然而，我国部分食品存在进口依赖性风险。吴渊等采用进口依赖性评价模型的方法对部分食品类别开展进口依赖性风险分析，发现我国的鲜牛奶、猪肉、牛肉、羊肉和鸡肉均存在进口依赖性风险，其中猪肉和鸡肉的风险来自美国等国家[7]。如果短时间内这些食品难以找到国外替代进口来源国，一旦供给减少会带来价格的波动，容易造成通胀风险[8]。

2.2.2　欠发达地区食品安全控制水平相对薄弱

随着近年来我国食品进口量的迅速增长，我国进口的食品除了来自欧盟、美国、澳大利亚和新西兰等发达国家（地区）外，从巴西、阿根廷等发展中国家进口的食品所占比重也越来越高，这些欠发达国家往往对食品中微生物污染、动物疫病等方面的控制相对薄弱。如果进口食品原料的微生物基数较大，或者存在动植物疫病，很有可能导致食品安全问题。我国发现多批次来自欠发达地区的进口食品微生物超标甚至检出致病菌。根据我国海关总署发布的未准入境的食品信息，2018～2019 年，微生物不合格已经成为"一带一路"进口食品排名第二的不合格原因。例如，2019 年 5 月有 12 批次从捷克进口的谷物制品检出霉菌超标。2019 年 5 月至 10 月，共有 11 批次从越南进口的水果制品菌落总数超标或者霉菌超标。2019 年 1 月，有 9 批次从俄罗斯进口的威化饼干菌落总数超标；4 月，有 9 批次从俄罗斯进口的冰淇淋菌落总数超标。

2.2.3　食品欺诈和掺假给食品安全带来潜在危害

近年来国内外发生"马肉事件""葡萄酒"等众多食品掺假事件,给食品安全带来潜在危害。根据历年未准入境食品不合格原因,未准入境食品中检出含有莱克多巴胺、呋喃西林、呋喃唑酮、孔雀石绿、氯霉素等禁用兽药;硼酸、苏丹红、过氧化苯甲酰(吊白块)、甲醛、氢氧化钠、罂粟等非食用物质;超量超范围使用苯甲酸及其钠盐、辣椒油树脂、柠檬黄、日落黄、酸性红、诱惑红等食品添加剂的情况也时有发生。禁用兽药和非食用物质往往会给消费者带来多种急慢性危害,甚至致癌、致畸、致突变,在食品中残留会对人体健康构成威胁。与此同时,进口食品中还检出大量我国未经批准使用的食品成分,这些食品成分未经风险评估,存在一定的食品安全隐患。

从食品掺假事件来看,我国市场上存在大量走私肉类等未经检验检疫的食品,如果这些肉类来禽流感、口蹄疫等疫区,有可能携带相关疫病病原。在肉类的加热过程中,如果加热时间较短,中心温度可能达不到杀菌温度,容易导致进食者感染消化道疾病、寄生虫病和人畜共患病。这些走私食品通常容易流入未取得正规经营资质的生产经营加工场所,对消费者构成潜在威胁。此外我国市场上还有许多假冒进口食品,这些产品通常标注虚假进口商,国外生产企业的协调联系较为困难,造成进口食品的真假难辨。这些假冒进口食品的成分未知,也存在食品安全隐患[9]。

2.2.4　走私食品流入市场对食品安全构成威胁

未经过有效检验检疫的走私食品,可能含有致病微生物、重金属、兽药残留等有毒有害物质,不仅食品的质量无法得到控制,食品的来源也无法追踪。这些食品的贮藏和运输过程中往往不能满足应有储存条件。冻肉、海鲜等食品如果无法满足低温储存条件,在运输过程中反复冻融,容易造成微生物的大量繁殖,发生腐败变质。2015 年,我国发生"僵尸肉"事件,引起社会广泛关注。长龄冻肉主要来源于走私肉,一般采取混装、夹带、以次充好等方式流入国内,有可能携带各种病毒或其他致病微生物,在一些情况下甚至会导致大规模的公共卫生事件。

2.3　国内外进口食品安全防控经验借鉴

2.3.1　进口食品监管法律法规体系不断完善

2018 年 6 月 13 日,日本公布新修改的《食品卫生法》,涉及对输日食品的修改主要包括两个方面。一是输日的食用肉(包括指兽肉、家禽肉、乳以及脏器)也需要实施 HACCP 管理。输日的食用肉实施 HACCP 的日期是在该法修订公布之日的两年内,此外还有 1 年的缓存期，即原则上最晚从 2021 年 6 月 13 日前实施 HACCP。未来，其他产品是否需要满足 HACCP 管理，需等待日本省令的后续决定。二是增加了输日乳及乳制品和一部分水产品需要提供卫生证明[10]。

2.3.2　进口食品追踪机制健全

为加强中国香港进口食品可追溯性，香港的《食物安全条例》引入食物追踪机制，即建立食物进口商和分销商登记制度和食物商备存交易记录。该条例规定所有经营者在香港进口、获取或以批发方式供应食物，须备存为其供应食物和向其采购食物的商号的交易纪录。活水产及保质期在 3 个月或以内的食品纪录须备存 3 个月，保质期超过 3 个月的食品纪录则须备存 24 个月。该机制有助于处理进口食品安全事故时更快速有效地追溯食品来源和采取行动[11]。

2.3.3　采用风险分析的监管理念

风险分析能够将有限的行政管理资源运用在重点监管环节，提升监管效果，同时也提升食品进口的便利性。日本对依据风险分析的结果，对进口食品实施年度监控计划，如果监控发现某类进口食品不合格率较高，将会强化对该食品的监控检查和命令检查。欧盟对进口食品实施的是分类管理的方式，并制定了针对每种产品的管理模式。欧盟将进口食品依据风险高低的不同分为三个类别，第一类为动物产品和动物源性产品，第二类是非动物源性产品，第三类是动物合成产品。欧盟的 RASSF 系统使各成员国实现食品风险信息的实时互通，同时各成员国也可对这些风险信息及时调整监管模式。

2.3.4　进口食品掺假的治理手段更加多元化

作为实施《食品安全现代化法案》的一部分，2018 年美国 FDA 最终确定和发布了关于《食品防护计划》的法规，即美国联邦法规第 21 章食品药品第 121 部分"保护食品免受蓄意掺假的防控策略"。该规则适用于为美国消费者提供食品的国内外生产企业。欧盟是世界上最大的有机食品消费市场，市场上有机食品年均增长率显著高于普通食品。为提升有机产品的可追溯性，防止潜在的掺假和欺诈行为，从 2017 年 10 月 19 日开始，欧盟开始实施进口有机产品的电子认证制度。该系统整合了现有的"贸易管控专家系统"（TRACES），用于追溯欧盟地区食品贸易。该制度的实施有助于保证有机产品运输和进口核查的一致性，降低生产经营者和监管部门的行政成本。

为掌握食品掺假这类非传统食品安全风险，必须先回顾以前的食品掺假事件。当前，发达国家和地区已经构建了一系列食品掺假数据库，系统地搜集和分析学术研究和媒体报道中的食品掺假事件，如 Decernis 食品欺诈数据库、食品欺诈风险信息（Food Fraud Risk Information，FFRI）、食品掺假事件登记处（Food adulteration incidents registry，FAIR）、食品欺诈风险信息（Food Fraud Risk Information，FFRI）。

为更好地对食品掺假进行防控，在食品掺假数据库的基础上，许多工具被开发出来。如 Food Fraud Advisor's vulnerability assessment tool、SSAFE、EMAlert，这些软件和工具能够帮助食品生产企业分析和了解食品容易被掺假的环节及其产生的原因。但是这些工具和软件中的哪一个能最有效地防止欺诈并减轻其影响，仍需要进一步确定。

2.3.5　构建进口食品的食品安全社会共治格局

随着全球化的加速和食品产业链的不断延长，食品安全问题已经从单一的"国内问题"形态转向超越国界的世界性问题演变。治理进口食品安全问题的过程中，一国或一个地区单打独斗的方式往往难以应对。这一背景下，进口食品安全的治理也上升至全球治理和社会共治的新高度。许多发达国家和地区，都构建了政府为监管主体，食品进口商为食品安全责任主体，第三方组织和消费者等利益相关者共同参与的食品安全监管机制。以美国为代表的国家还积极与进口食品生产企业所在国家的监管部门开展监管方面的合作，要求食品进口企业需要执行国外供应商验证程序，此外，还利用多种方式引导消费者也参与到进口食品的监管中。欧盟十分注重对进口食品国的食品安全生产体系的监管，除了进口前的食品安全生产体系核准外，还会定期进行审查，在有必要时还会对生产企业进行现场验证[12]。

2.4　提升中国进口食品安全的建议

2.4.1　加快进口来源地的多元化

中国进口食品来源地涵盖世界上大部分国家和地区，"一带一路"倡议和自由贸易区建设为我国食品国际贸易提供广阔的发展空间，进口食品已经走上我国普通消费者的餐桌。随着我国食品产业面临的资源承载力和环境容量问题日益突出，需要我国"走出去"，在全球范围内整合优质食品资源。此外，我国居民对食物多层次、多元化的消费需求，部分也需要通过进口解决。美国是我国的重要农产品和食品进口国之一，为减少贸易战对我国食品产业的冲击，我国也亟须在全球更广阔的范围寻找这些产品的进口替代国。报告建议我国加大对全球食物资源分布的掌握，通过构建全球食物资源数据库等凭条，掌握全球食物产量、食品贸易量、消费量现状，进而为我国掌握世界食品资源现状提供强大的信息支持，并为食品企业、相关管理者乃至决策者获取世界食物资源信息提供有效的工具。

2.4.2　强化对进口食品掺假风险的防控

随着中国进口食品数量的快速上升，进口食品掺假防控不容忽视。近年来国际上发生了大量食品掺假事件，如马肉事件、葡萄酒造假事件、辣椒苏丹红事件、蜂蜜掺假事件和橄榄油造假事件等。此外，我国海关抽检和专项行动中也发现了大量走私食品等掺假问题，但是这些媒体报道以及学术研究中发现的进口食品掺假事件未被系统梳理。而食品掺假数据库能够系统梳理掺假事件发生的地点、掺假的食品类别、掺假的手段、容易被掺假的食品环节，有助于进口食品掺假问题的防控。基于国际上各类食品掺假数据库的构建经验，报告建议对我国媒体报道的进口食品掺假事件以及我国主要食品进口国发生的食品掺假事件进行系统梳理，并在此基础上，构建我国进口食品掺假脆弱性评估体系，以便于更好地发现食品中容易掺假的环节，对进口食品掺假进行防控。

2.4.3　加强风险分析在口岸监管中的应用

风险分析是提升进口食品安全的较为先进有效的措施。借鉴发达国家和地区的经验，报告建立类似 RASFF 体系的信息平台，提升进口食品的准入门槛，对进口食品信息开展风险评估，对进口食品问题较多的来源地和生产企业采取增加口岸抽检比例等针对性措施，进而减轻监管成本，保障食品安全；落实食品生产企业和进口商主体责任，要求其定期提供第三方检测报告，从而保障消费者的健康和权益；完善召回和追溯机制，强化对进口食品全产业链的监管[13]。

2.4.4　引导消费者正确选购进口食品

建议加大宣传，引导消费者正确选购进口食品。第一，消费者应该明确，进口食品不等于安全食品。从我国公布的未准入境食品批次数可以看出进口食品中也存在食品添加剂不合格、标签不合格和违规入境等一系列食品安全问题。第二，消费者应学会阅读进口食品标签和索要出入境检验检疫部门出具的检验合格证书。从正规渠道进口的预包装食品，应该有中文标签和中文说明书，载明食品的原产地，以及境内代理商的名称、地址和联系方式。第三，消费者应尽量到经营规范、声誉较好的商场、超市等场所选购进口食品。

参 考 文 献

[1] 中华人民共和国商务部. 出口商品技术指南: 食品标签、添加剂限量[EB/OL]. [2005-11-09]. http://www.mofcom.gov.cn/aarticle/b/e/200511/20051100766143.html.
[2] UN-Comtrade 统计数据库[EB/OL]. https://comtrade.un.org/data/.

[3] 艾瑞集团. 中国进口食品消费研究白皮书[R]. 艾瑞咨询系列研究报告. 2017: 34.

[4] 方巧云. 进口食品多样化与消费者福利增长: 机理与事实[J]. 经济论坛, 2019(3): 91-94.

[5] 上海艾瑞市场咨询有限公司. 2019 年中国进口食品消费白皮书[EB/OL]. [2019-05-17]. https://baijiahao. baidu.com/s?id=1633767335284991269&wfr=spider&for=pc.

[6] 王守伟, 臧明伍, 李丹. 标本兼治是肉类产业的应对良策[J]. 中国农村科技, 2018(7): 19-23.

[7] 吴渊, 高颂, 高雅灵, 等. 基于食物安全视角的我国畜产食品进口依赖性风险评价[J]. 草业学报, 2018, 27(10): 171-182.

[8] 中国食品报网. 中美贸易战对中国农产品影响几何 [EB/OL]. [2018-04-05]. http://www.cnfood. cn/toutiao123025.html.

[9] 马三喜, 李娅娇. 大庆市进口食品安全监管存在问题及对策研究[J]. 大庆社会科学, 2020(2): 92-96.

[10] 边红彪. 解读 2019 年日本进口食品监控检查指导计划[J]. 食品安全质量检测学报, 2019, 10(21): 7433-7437.

[11] 张凯华, 臧明伍, 王守伟, 等. 中国香港食用农产品供应及监管经验借鉴[J]. 食品科学, 2020, 41(3): 281-287.

[12] 汤丹, 胡月珍. 发达国家进口食品监管制度对我国的启示[J]. 科技视界, 2017(12): 227.

[13] 杨洋, 焦阳, 聂雪梅, 等. 2012 年欧盟 RASFF 通报各国输欧食品安全情况分析和对我进口食品安全监管的启示[J]. 食品科技, 2014, 39(1): 299-304.

第3章　中国食品进出口贸易战略研究

3.1　各国食品进出口政策

3.1.1　发达国家和地区食品进出口政策

1. 美国

1）食品药品管理局（FDA）执法依据

A. 《联邦食品药品化妆品法》

《联邦食品药品化妆品法》是食品药品管理局（FDA）执法依据。该法于 1906 年颁布，由多达 200 种不同法律组成，是世界上最完整、最有效的公共健康安全法律保护体系。在长达 100 多年的发展过程中，经历多次修订和完善。其中，重要的修订分别是 1938 年儿童用磺胺制剂事件（死亡 107 人）修订、1962 年沙利度胺镇静剂事件（涉及欧洲多人死亡或致残）修订以及 1976 年医疗设备修正案（造成 731 人死亡）修订。

B. 其他法规指南

（1）"食品标识管理"（21CFR101）。食品标识管理是 FDA 管理食品安全工作的一个重要方面，其中食品营养标签、过敏源标注、功能声称以及添加剂（包括色素）等被作为食品标签管理的重要内容。FDA 要求"食品产品必须安全、健康并进行正确标示"。此外，按照《营养成分标签和教育法》要求，食品行业必须遵守现行食品标签方面的法律要求。需要补充说明的是，所有新条例均在生效日期之前公布在"联邦公报"（FR）上，并编入每年的《联邦法规汇编》第 21 篇（21CFR）。

（2）"食品添加剂管理"（21CFR170，171～173）。FDA 负责食品添加剂安全使用管理工作。对于食品添加剂新的使用情况（该食品添加剂已被批准使用），如用于新的食品或新的使用环境中，企业必须向 FDA 提出申请，并提供科学数据说明新的使用情况的安全性，获得 FDA 批准后，方可按照拟使用情况使用该食品添加剂。对于非直接食品添加剂（会间接进入食品中的添加剂），也适用于上述操作程序。FDA 批准食品添加剂使用时考虑以下因素：添加剂物质的成分和特性；正常消费产品的数量（所含添加剂量）；直接以及长期健康影响；其他各种安全因素。总的来讲，食品及色素添加剂使用属于严格监管内容，每种添加剂必须按照规定用途使用以保证其安全性。

（3）《食品安全现代化法》。2011 年 1 月 4 日颁布的《食品安全现代化法》也是对 FDA 食品安全监管工作的一次重大修改。首次将 FDA"事后应对"工作方式转变为

"事中处置"及"事前预防"的工作方式；同时，将 FDA 的口岸监管模式由原来的"口岸查验"单一模式转变为"境内外全程监管"模式，并借助其境外食品企业现场监督考核措施，实现了食品安全保障全程监管目标，从根本上扭转了 FDA 食品安全监管工作思路和做法。《食品安全现代化法》中"国外进口商确认项目"（FSVP）明确指出"进口商承担着保障进口食品安全的首要责任"；"进口商资质自愿项目"（VQIP），尽管属于收费项目，但在实施过程中得到 FDA 通关政策惠顾，也得到食品进口商的青睐。

2）食品药品管理局（FDA）业务工作介绍

A. 食品药品管理局管辖业务

FDA 管理的产品范围非常广，包括食品（除了肉、禽产品以及蛋制品以外所有食品，也包括酒精含量低于 7% 的酒精类饮品）、药品（包括兽药）、疫苗及生物制品、医疗器械、放射性电子产品、化妆品、膳食补充成分以及烟草产品。以食品为例具体包括：①膳食补充成分；②瓶装水；③食品添加剂；④婴儿配方食品；⑤其他各种食品（除了农业部管辖的肉禽产品、蛋制品以外的各种食品）。

B. 进口食品管理程序

进口食品前期要在 FDA 进行企业注册，详细规定可以参阅 FDA 注册网站（registration food facilities）信息。此外，食品到达美国前必须提交"提前通知"（prior notice），目的是对其（拟进口食品）安全性进行审核。目前，FDA 主要使用电子审单方式决定进口食品是否可以进入美国市场。通过对美国海关边境保护局自动商业环境中的相关数据信息（由进口商提交）进行审核，并结合 FDA 自己的数据库信息（包括历史数据信息），依据进口食品的数据资料符合 FDA 法律法规的情况，决定该食品能否进入美国市场方式。绝大多数进口食品可以直接放行，少数进口食品（占比 2%，其中送实验室检验的约占 1%）需要经过现场查验后抽样或放行。查验或抽样依据所进口产品的风险、产品的历史记录（违规情况）、生产商（运输商、进口商历史记录）以及日常监控结果而定。详细信息可参阅 FDA 专门工作手册（如 *Investigation Operation Manual*，*Regulatory Procedure Manual*）或直接下载相关文件。

C. 进口食品管理业务系统

FDA 使用建立在风险评价基础上的信息系统管理进口食品业务。进口贸易辅助交流系统（ITACS）、进口支持操作管理系统（OASIS）、针对性进口合规动态风险评价预测系统（PREDICT）是三个主要操作系统。其中，"进口贸易辅助交流系统"（ITACS）用来与进口业务客户进行数据信息交流，即客户通过 ITACS 系统向 FDA 提交所需的各种信息资料。

"进口支持操作管理系统"（OASIS）用于 FDA 内部对进口货物进行管理和确定是否允许进口该货物；"针对性进口合规动态风险评价预测系统"（PREDICT）是针对高风险进口货物进行评价的系统。此外，海关边境保护局"自动商业环境（ACE）/国际贸易数据系统（IIDS）"也为 FDA 提供许多进口食品安全保障关键信息。最新的"自动商业系统（ACS）"正在取代"自动商业环境（ACE）"。

3）食品药品管理局（FDA）监管特色说明

近年来，FDA 进口食品安全监管模式发生了巨大变化。2001 年"9·11"事件后，根据 2002 年《反恐法》要求，为应对食品恐怖事件发生，进口食品必须履行"提前通知"和向 FDA 进行企业注册；2011 年《食品安全现代化法》更将"食品企业注册"要求扩大到"加工、生产、存放、包装食品"的所有食品企业，同时要求"食品企业注册"工作"每两年进行一次"，偶数年 10 月 1 日起至当年的 12 月 31 日结束。

日前，FDA 更加强了在国外的检查工作。通过在包括中国在内的全球主要食品出口地建立办事处，以及定期不定期对境外企业进行监督审查，实现其食品生产全过程控制目标。例如对外国食品安全全面评价工作包括如下内容：

①提高对进口养殖水产品监督抽样的针对性（增加或减少）；②针对性实施 HACCP 专项检查（如水产品）；③加强与国外政府监管部门的合作，调动国外资源实现更好的食品安全保障资源；④密切关注国外兽药残留问题；⑤加强国内进口食品预警通报工作。

4）进口食品准入介绍

进口配额（关税配额）限制也是 FDA 调节国内市场的一个手段。以美国关税配额设定限制的进口产品有：牛奶和奶油，金枪鱼；以关贸总协定关税配额限制的进口产品有：牛肉，混合果蔬汁，加拿大切达奶酪，巧克力；以美国澳大利亚自贸协议限定的进口产品有：牛肉、奶油/冰激凌。

2. 日本[1]

日本实施的食品进口程序（Food Import Procedures），也是食品安全体系中的重要组成部分，它不仅从程序上规范细化了食品进口检疫检验工作，强化了监管工作力度，还把食品监管部门和海关等口岸管理部门的监管工作联系起来，开展多部门把关，从而更加有效地控制了进口食品中可能存在的安全卫生风险。

1）食品进口清关

日本进口食品，无论是以海运还是空运方式进口，都必须通过下述进口食品清关（Food Import Clearance）程序。

①通关前需要按《食品卫生法》《植物保护法》《家畜传染病防治法》办理进口许可，并向厚生劳动省提交《进口食品通知单等》（Notification Form for Importation of Foods，etc.）

②进口申报。进口商品必须按海关规定进行申报，由报关员提交相关申报文件。

③海关查验。海关审查报关文件，必要时进行查验，以确认货证是否相符，是否归类正确。如果需要进口许可证的，海关还会确认是否完成全部程序。同时查处商标侵权等侵犯知识产权的行为，以及贩毒、产地造假等行为。

④交付关税、消费税。关税：进口价（商品价格+保险+运费）×关税率；消费税：（进口税+关税）×5%。

⑤进口许可。将货物储存在保税区，待海关完成征税等所有必要程序后，签发进口许可，进口商提货。进口程序结束。

⑥销售。进口食品应符合《食品安全基本法》和《食品卫生法》的规定，确保食品安全。根据食品种类和销售方法的不同，可能需要依法获得销售许可。销售商必须遵守标签及回收法规的规定。

2）进口食品通知程序

与其他国家不同，日本对进口食品实行进口通知程序（Import Notification Procedures for Foods and Related Products），其目的是加强食品安全管理，确保进口到日本的食品符合日本法律法规各项规定和要求。但针对不同食品种类，不同进口国家，其所适用的法律法规可能不尽相同，因此需要分别对待。日本将它们分为三大类别食品，并分别制定了相应的进口程序。下面就按普通食品类分别进行分析。

进口肉类及其制品、部分特殊水产品（如河豚）和加工食品，主要是以《食品安全法》及其相关规定为基础，进行检查和监管。凡是进口该类食品，日本都实行食品进口程序。该程序的一个重要规定，就是需要在食品货物进口前，向厚生劳动省的食品检疫站提交进口通知（Notification Importation）相关文件夹，包括进口食品通知单、卫生证书〔Sanitary（Health）Certificate〕、自检结果等。至于是否需要全部文件，需要依据进口食品的种类及国家情况而定。因此，进口商最好详细咨询检疫站有关事宜。经厚生劳动省检疫站官员审核符合要求后，方可进入食品进口检查等程序。否则，这些食品将不允许在日本进行销售和使用。而且将可能导致违反《食品卫生法》，影响以后相关食品的进口，并因此承担法律责任，面临经济处罚。

进口食品首先要获得进口通知。获得该通知需要向检疫站提供相关文件。其中，对下列食品，需要由进口商提供的文件有：

肉类及制品：出口国政府机构签发的卫生证书。

河豚：出口国政府机构签发的卫生证书，提供其种类和捕获地信息，并证明已按卫生方式加工。

加工食品：由生产公司提供所用原料成分及添加剂名录，公司名称（如果原始文件为英文，需要提供公司名称的日文翻译）；并提供由原料到产品的生产日程表，包括灭菌温度和时间，该文件需由公司负责人签署（同样需要有日文翻译）；产品描述（需要有日文翻译）；生产商在出口国的名称、地址及生产地；表明产品名称的文件；如果食品含有牛肉或牛肉衍生物的，在书面文件中需说明牛是在哪个国家饲养、屠宰和加工的，产品原料是用牛的哪一部分；视不同产品（奶酪、蘑菇、西红柿、比目鱼、鳗鱼、保健食品等）和出口国家，提供卫生证书、自检结果及其他文件。自检结果可以由出口商提供，也可由进口商品提供。

如果食品是用于销售或其他商业目的，每次均需要向食品检疫站提交进口通知。否则，该食品将不允许在日本销售或使用。

提交上述文件，一般在货物到达7天前，或者运到保税区时（完成动植物检疫后）。当然也可用在线系统FAINS（Food Automated Import Notification and Inspection Network

System）提交。不过，采用后者，需要事先在厚生劳动省信息系统中注册。提交文件是免费的，但是如果受到检查命令或需要提供检查指导，则需要征收检查费和运输费。

检疫站接到进口通知后，食品卫生检查员会对所提交的文件进行核查，必要时对货物进行现场检查。通过检查后，将签发通知证明。

除了在《食品卫生法》"食品、食品添加剂等规格标准"（Specifications and Standards for Food，Food Additives，etc.）中有规定之外，进口到日本的食品各项目必须符合《食品卫生法》的规定。否则，不准进口，也不准生产和销售。

《食品卫生法》对食品添加剂的规定十分严格，严禁将未经批准的添加剂用于食品生产、加工和保存。

食品农兽药残留限量在《肯定列表制度》中有详细规定，在此不再赘述。

3. 加拿大

1）加拿大进口食品管理机构

加拿大食品安全检验局（CFIA）专门负责进口食品安全管理工作。食品安全检验局与加拿大卫生部（HC）、加拿大公共卫生局（PHAC）、加拿大卫生研究院（CIHR）、专利药品价格审查委员会（PMPRB）组成"健康委员会"（Health Porfolio）共同承担维护加拿大民众健康安全的职责。

2013 年 10 月 9 日，加拿大政府进行职能调整，将联邦政府包括国内和进口食品的食品检验和检疫所有授权职能均整合到 CFIA 管理工作中，同时，CFIA 业务指导也从农业及农业食品部（AAFC）划归卫生部（HC）。加拿大农业及农业食品部继续监督CFIA 的与农业食品安全相关的业务，例如经济和贸易问题以及动物健康和植物保护工作。此外，与进口食品管理相关的政府部门还有：①加拿大边境服务局（CBSA）主要负责征收海关关税，以及验证货物到达口岸后符合进口要求情况；②加拿大税务局（CRA）负责提供企业代码或进出口账户信息；③加拿大国际事务局（GAC）负责颁发进口许可证；④各省、领地及市政府负责各自管辖区域内食品行业（包括餐饮及相关服务）的安全管理，需要注意的是，各地可能会根据自己的特殊情况针对进口食品提出特殊要求。

2）加拿大食品进口程序依据《加拿大安全食品法》

所有进口食品均需进口许可证、预防控制方案（PCP）、追溯文件和召回程序。CFIA 有权扣留、销毁或退运违反加拿大食品法规的产品。作为加拿大口岸第一线监管机构的边境服务局，其主要职能是确保所有进口商品均具有规定的文件和记录，加拿大食品安全检验局则要确保食品和农产品符合有关的规定和要求。

CFIA 进口服务中心（ISC）处理整个加拿大的进口信息，即以电子方式或通过传真发送的进口申请文件/数据。中心工作人员审核信息，然后以电子方式将决定发送给加拿大边境服务局，后者将其转发给客户，或者直接传真给经纪行/进口商，客户或代理人再将放行文件提交给 CBSA。此外，进口服务中心工作人员还会处理有关受 CFIA

监管的所有商品的进口要求的电话咨询，并在必要时协调进口货物的检查工作。

关于预防控制措施，首先，要了解所进口食品潜在的各种风险，如进口食品相关的各种生物、化学、物理危害如何控制；其次，要确认进口食品的生产、存放、运输过程达到加拿大国内同样的安全标准水平；最后，进口食品还需要有预防控制方案（PCP）文件，以便记录和总结进口食品安全保障措施相关的各种活动。

关于追溯，依照《加拿大安全食品法》（SFCR）要求，进口食品要有方便可用的召回信息资料，详细规定可参阅有关专门内容。

3）加拿大进口食品管理系统

自动进口参考系统（AIRS），CFIA 使用 ARIS 实现进口食品的信息化管理。该系统主要管理信息有，海关协调码信息（前六位）、原产地信息、目的地信息、最终使用信息以及该进口食品其他相关用途信息。

4. 澳大利亚

进口管理：澳大利亚通过制定进口食品检验计划，对进入澳大利亚的食品进行检验和控制。根据进口食品检验计划（IFIS），澳新食品标准局（FSANZ）提供的与食品相关的公共健康卫生风险建议，农资部则负责对进口食品进行检验和抽样调查，以保证其符合《澳新食品标准》。澳大利亚按风险程度将食品分三类进行检验，分别为风险食品类、监督食品类、合规协议食品类。风险食品类指经 FSANZ 检验具有潜在微生物和化学危害的中高级风险的食品，监督食品类指对人体健康风险较低的食品，合规协议食品类是指进口商与农资部签订食品进口合规协议的食品。每种类型食品的检疫方式和检验频次不同。进口商可以与农资部建立进口食品合规协议（FICA），在该协议下，大多数进口商的进口食品安全管理体系信息已经建立，经 FICA 确认，只需根据 IFIS 做选择性的检查，而不必做常规抽查。

出口管理：澳大利亚农资部官方网站表明，澳大利亚大约三分之二的农产品供出口，通过农资部有效地管理出口食品，澳大利亚出口食品获得了良好的信誉。

澳大利亚指定出口的货物如下：乳制品、蛋和蛋制品、鱼和鱼制品、新鲜水果和蔬菜、谷类和种子、干草和稻草、活的动物、肉和肉制品、有机产品、植物和植物制品、药物（动物原材料）。澳大利亚规定，从澳大利亚出口的食品必须是适合人类食用的、具有准确的描述和标签、如果必要的话可以完全追溯的食品。对于这类货物的出口，农资部为出口商出具登记信件或者证书，出口商就可以出口产品了。企业在要求出口登记时，必须由农资部作出可用于评估的完整的核准协议，所有经过出口登记的企业必须具有核准协议。企业核准协议是一个关于"如何出口"的文件，包括企业成功出口的具体操作流程，涵盖所有企业出口的商品及目的地市场需求。

指定货物外的货物都属于非指定的货物，包括但不限于畜产品、木材、皮毛、非食用的血、加工肉制品、宠物食品、加工食品、化妆品、营养补充剂和精制脂肪和油。非指定货物不受政府监管，但是在一些情况下，出口商必须符合进口国的要求，包括认证要求。

5. 欧盟

欧盟对食品生产企业采取备案和注册的管理模式，备案企业只需将相关信息向主管部门报备即可，对于需注册的企业主管部门则需实施现场的检查，经检查认为需要改进的，给予 3～6 个月的有条件批准。欧盟将食品划分为动物源性食品、植物源性食品和复合食品，853/2004/EC 附件规定动物源性食品采取注册管理，植物源性食品（芽菜除外）和复合食品采取备案的管理模式。854/2004/EC《动物源性食品官方管理规范》第 11 条规定，应制定允许向欧盟出口动物源性食品的国家名单，名单中的国家应有欧盟批准的人畜共患病控制计划和残留监控计划。同时根据产品类别制定具体的允许向欧盟出口的企业名单，在某些情况下也可以不制定企业名单，例如 853/2004/EC 附件没有规定要求的可以不必制定企业名单（蜂蜜）。欧盟对进口食品的具体管理要求包括：

1）进口食品管理基本要求

（1）确定需要实施准入的产品名单。

（2）制定准入国家名单。

（3）制定准入企业名单。

（4）制定证书样本。

（5）针对具体国家制定特殊的保护措施。

（6）口岸管理。

853/2004/EC《动物源性食品特殊要求》附件规定的动物源性食品都需要实施准入；2011/163/EC《批准第三国根据 96/23/EC 提交的残留监控计划》列举了能够向欧盟出口动物源性食品的国家，其中批准我国的动物品种包括：禽、养殖水产品、蛋、兔和蜂蜜。853/2004/EC 附件没有规定要求的食品可以不必制定准入企业名单（蜂蜜）。

2）具体产品的准入国家名单和证书要求

（1）206/2010/EC《允许向欧盟出口畜肉的国家名单和证书样本》制定了允许向欧盟出口牛、羊、猪、马等动物及其鲜肉的国家名单和证书样本，我国不在名单中。

（2）798/2008/EC《允许向欧盟出口禽产品国家名单及证书要求》，我国在名单中，但是由于高致病性禽流感原因（HPAI）于 2004 年 2 月 6 日暂停对欧出口生禽肉，同时根据 2160/2003/EC 要求由于我国未向欧盟提交沙门氏菌监控计划，因此不能向欧盟出口市场鲜销的鸡蛋，可以出口其他的用于企业加工的原料蛋和蛋制品。

（3）119/2009/EC《允许向欧盟出口兔肉的国家名单和证书要求》。

（4）2000/572/EC《允许向欧盟出口肉糜和调理肉制品的国家名单和证书要求》生产调理肉制品的动物原料必须是欧盟允许进口的鲜肉，因此我国可以向欧盟出口使用兔肉生产的调理制品。

（5）2007/777/EC《输欧肉制品动物卫生和公共卫生要求及证书样本》。

（6）2003/779/EC《输欧肠衣动物卫生要求和兽医证书》。

（7）605/2010/EC《输欧奶、奶制品动物卫生和公共卫生要求及证书样本》。

（8）2074/2005/EC 规定了其他动物产品包括明胶、蜗牛、青蛙和蜂蜜等的证书样本。

（9）28/2012/EC《输欧复合食品证书要求》。

（10）2006/76/EC《输欧水产品准入名单》：中国目前允许向欧盟出口水产品，可以出口扇贝柱，不允许出口双壳软体类、棘皮类、被囊类和海洋腹足动物。允许中国向欧盟出口的养殖水产品主要是易患流行性溃疡综合征的鱼类，包括鲤鱼、草鱼等。

（11）1251/2008/EC《向欧盟出口养殖水产品条件、证书要求和可能传播疫病的鱼种名单》（装饰用、娱乐等）。

（12）2006/696/EC《输欧禽、种蛋、日龄鸡、禽肉、蛋及蛋制品和无菌蛋国家名单及兽医卫生证书》。

（13）200029/EC《防止损害植物、植物产品的有害生物传入欧盟及在欧盟传播的保护措施》规定了必须随附植物检疫证书的植物和植物产品，包括不准携带入境的病虫害等，还规定了证书的附加声明等内容。

3）口岸检查

（1）97/78/EC《进口食品兽医检查实施原则》。

（2）2007/27/EC《需实施口岸检查的动物和产品名单》其中规定了不需要兽医口岸检查的含有动物源性成分的复合产品名录。

（3）136/2004/EC《入境口岸兽医检查工作程序》，其中规定按照抽检计划，如果抽检项目对人类健康危害不大，可以在实验室结果出来前放行货物，同时每月向欧盟汇总检测情况。

（4）94/360/EC《部分进口动物源性食品的货物检查比例》规定了对进口动物源性食品的口岸抽检比例，并根据进口食品监控计划确定是否抽样送实验室检测。

4）对中国的特殊要求

（1）2002/994/EC《针对中国输欧动物源性食品采取的保护措施》规定中国产的养殖水产品、虾、小龙虾、兔肉、禽肉、蛋及蛋制品、蜂蜜、蜂王浆、蜂胶、花粉和肠衣在出口前官方主管部必须检测氯霉素、硝基呋喃及其代谢物。养殖水产品还需检测孔雀石绿、结晶紫及其代谢物。

（2）2008/798/EC《中国输欧奶制品特殊条件》规定了三聚氰胺限量为 2.5 ppm。

（3）284/2011/EC《从中国进口聚酰胺和三聚氰胺塑料厨具的特殊条件和管理程序》规定了 10%的实验室抽检率。

5）中国输欧食品管理要求

（1）植物源性食品：除芽菜外，其他植物源性食品不需要注册，均可向欧盟出口。

（2）动物源性食品：目前中国可以向欧盟出口的动物源性食品包括生的禽肉（只能做熟制品的原料）、生兔肉、熟制禽肉、水产品、蛋及蛋制品、肠衣、明胶、胶原蛋白（目前暂停进口）。

（3）目前可以出口但不需要注册的产品包括蜂蜜和动物源性提炼制品，包括硫酸软骨素、透明质酸、其他软骨水解产品、去乙酰甲壳素、氨基葡萄糖、凝乳酶、鱼胶、氨基酸。

（4）需要的证书样本：兔肉（119/2009/EC）、肉制品（200777/EC）、蛋（798/2008/EC）、肠衣（200/779/EC）、水产品（2074/2005/EC 最新版或 1250/2008/EC）、其他产品（包括明胶、胶原蛋白、软骨素、蜂蜜等 2016/759/EC 或 2074/2005/EC 最新版）。

6）进口后的监管

欧盟法规要求食品经营者能够分辨其所提供的商品从哪里来，卖到哪里去，并具备相应的系统或程序，该程序在应要求时可为主管当局提供其供货方及货物购买方的相关信息。为了保证产品的可追溯，欧盟指令 Directive 89/396/CEE 规定，所有的食品（除初级农产品、非预包装食品、包装物的最大面积小于 10 cm^2 的预包装食品）都需要按照一定的规则标注产品批号，同时，欧盟对于食品的相关记录做出了专项的规定。

7）复合食品管理要求

复合食品（composite food）是既含加工的动物源性成分又含非动物源性成分的食品。

证书要求：28/2012/EC《输欧复合食品证书要求》（含肉、蛋、奶成分的复合食品）。含其他成分的提交相应的证书（如蜂蜜）。

进口管理要求：

（1）需要实施口岸兽医检查条件：2007/275/EC 附件规定了复合食品需口岸检查的种类为含有加工肉制品成分或其他动物源性成分超过 50%、奶成分低于 50%但不能常温保存的食品。

（2）不需要口岸兽医检查的条件：不含肉或其他动物源性成分低于 50%；经充分热处理或烹制，能够常温保存、明确标明用于人类消费使用、预包装、随附商业单据注明产品属性、成分、生产商，原产国等信息的食品。

（3）生产企业是否需要欧盟注册：复合食品生产企业不需要欧盟注册，但是动物源性成分的生产企业应是欧盟注册企业。如果动物源性成分是在复合食品企业完成加工，则复合食品生产企业应在欧盟注册。

3.1.2　"一带一路"共建国家食品进出口政策

1. 东亚：韩国[2,3]

进口食品生产企业需提前注册，但农、林产品等一次生产品及其单纯加工品（是指加工时不使用食品添加剂或其他原料，并经过能认出原型的程度的单纯的截断、剥皮、晒干、用盐腌、熟成、加热、冷冻等加工过程，还能由感官确认出食品状态）除外。经文件审查和必要时的现场检查后，可批准注册。进口商须提前登记，进口时需申报（包括到达港口、预计到达日、相关检查证书、韩文标签包装、转基因证明、检疫证明等）；检查合格的发给"进口确认证"。鲜活产品、易腐败食品及随机抽样检查产品可在检查结果出来前发给"确认证"。食品医药品安全处可根据进口企业资质及进口食品随附相关检验证明（食品医药品安全处认可的检查机构出具）等情况，免除部分或全部检查。负面检查结果应通报相关经营者，后者可申请复检，但所有费用由申请者承担。

2. 东南亚：新加坡、泰国、马来西亚、越南

1）新加坡[4]

新加坡拥有先进的食品安全理念，认为食品安全不能只依靠政府监管，而是需要社会责任共担，形成政府、食品从业者、消费者责任共担的理念。并通过宣传食品法律法规和知识、通过培训等形式强化从业者和消费者的食品安全意识，实现食品安全目标。新加坡食品安全监管的一个鲜明的特点是集中统一监管、职责明确、协调合作。制定健全和严格的食品法律法规体系，构建符合进口食品实际国情的食品标准，尊崇国际食品法典委员会（CODEX）国际标准。新加坡按照年度食品安全计划指导检查食品安全工作，实施严格的口岸检验检疫和市场检查和处罚，配之以实施严格的食品安全检测，这些做法和经验取得了良好的效果，尤其体现在对食品商贩和街道餐馆的管理方面，创建了令消费者和旅游者放心的食品环境。

2）泰国[5]

泰国以"让所有人享受健康安全的食品"为政策导向，注重食品安全综合保障体系建设，体系覆盖从建立食品监管机构和明确其职责，健全食品法律体系，完善标准、实施食品监管、制定食品监测计划，注重食品安全教育培训，倡导消费者参与和食品安全国际合作，体现了泰国注重食品安全综合保障体系建设的特点，其食品法律体系能如此完善在发展中国家中比较少见，其食品安全监管理念在发展中国家处于领先水平。

3）马来西亚[6]

马来西亚《检验检疫法》（728 法案）是 2011 年最新修订的关于进出境动植物检疫检验的法律，该法律是在原动物法、植物检疫法的基础上专门针对进出境动植物检验检疫和服务进出口企业的法律。马来西亚属于传统农业国家，政府对食用农产品的质量安全问题非常重视。目前，马来西亚已建立了跨部门的管理体系，制定了农产品质量安全的基本法规和标准限量要求，确保从农田到餐桌的食品供应链各环节管理严密，不留空隙。马来西亚明确政府、生产者、消费者三方在食品管理中的职能和作用。政府是食品安全管理主体，负责入境点监控、国内监测、食品供应链的协调等，生产者严格遵守法规和标准，遵循良好的操作规范，消费者接受食品安全教育，了解相关食品知识，增强食品安全意识。

4）越南[7]

进境动物及水生动物产品的检疫要求：①兽医局负责对食用或非食用的进境水生动物及其产品实施检疫并颁发检疫进口许可证。②以食用为目的水产品，贸易商必须在国家农林水产品质量管理局进行注册登记，并抽样检验证明其产品符合卫生和食用安全。

植物及其产品的进出口要求：①申报；②查验和检疫；③检疫处理；④出证；⑤放行；⑥进口植物种子和有益生物。

3. 南亚：巴基斯坦、印度、斯里兰卡

1）巴基斯坦[8]

进出口食品安全监管机构实施法律法规：巴基斯坦海关根据《1950 年进出口（控制）法》《2016 年进口政策法令》《1969 年海关法》《2001 年海关细则》等对入境食品进行监管。

巴基斯坦进口食品监管：在出入境食品监管上，由国家食品安全研究部、海关、巴基斯坦标准局负责保障进口食品的安全。巴基斯坦国家食品安全研究部负责制定农业、食品相关政策，参与制定食品标准，对食品制造、供给、动植物卫生进行管理。其附属机构植物保护部作为国家植物保护机构，总部位于卡拉奇，依据巴基斯坦植物检疫法律法规及《1997 年国际植物保护公约》第四条有关规定，在陆海港口、机场、边境点设置检疫站，组织开展进出口植物及其制品检疫、颁发植物检疫证书、检查进口植物生产和认证等工作。动物检疫部依据动物检疫法管控出入境动物及动物制品的食品安全状况。此外，由海关监察出入境食品标签及保质期是否合格、食品种类是否符合《2016 年进口政策法令》规定，由巴基斯坦标准局把控出入境食品标准与质量。

在进口食品监管上，巴基斯坦食品进口需由产品出口商提供原产地证书、植物检疫卫生证书、（动物）卫生健康证书、提单、发票、装箱单及由巴基斯坦国家食品安全研究部颁发的进口许可证等。此外，基于巴基斯坦穆斯林文化，进口动物及动物制品还须由出口商提供"清真食品"证书，进口烈性饮料也需出口商提供特殊的酒精浓度证书。除了提供必要的证书外，进口食品还需满足以下要求:食品标识，食品包装，食品添加剂，食品检测方式。

2）印度[9,10]

实行对外贸易经营权登记制。印度政府将进出口产品分为：禁止类、限制类、专营类和一般类。所有外贸企业均可经营一般类产品。对限制类产品的经营实行许可证管理。对石油、大米、小麦、化肥、棉花、高品位铁矿砂等少数产品实行国有外贸企业专营管理。

检验检疫主管部门为食品安全与标准局（FSSAI）。根据印度 2006 年《食品安全与标准法》成立印度食品安全与标准局，该法合并了迄今为止在各部委处理食品相关问题的各种法案和条例。建立 FSSAI 的目的是制定科学的食品标准，管理食品生产、储存、批发和销售，保障人类消费食品的安全和健康，以及处理其他与食品相关的突发事件。《食品安全与标准法》授权 FSSAI 执行以下职能：制定与食品相关的标准和指南，并制定适当的执行各种通报标准的系统；制定对从事食品企业食品安全管理体系认证的认证机构进行认证的机制和指南；制定实验室认可程序和指南，并通知认可实验室；在制定与食品安全和营养有直接或间接影响的地区的政策和规则方面，向中央政府和州政府提供科学咨询和技术支持；收集和整理有关食品消费，生物风险的发生率和流行率，食品中的污染物，各种残留物，识别新出现的风险以及引入快速预警系统的数据；在全国范围内建立一个信息网络，以便公众、消费者、各专业组织等能够获得有关食品安全和相关问题的快速、可靠和客观的信息；为参与或计划参与食品行业的人员提供培训计划；有助于制定有关食品、卫生和植物检疫标准的国际技术标准；提升人们对食品安全和食品标准的认识。

3）斯里兰卡

食品进口检验：斯里兰卡对《进口管制法》规定下的 122 种产品实施进口检验计划。进口检验计划的目的是确保对产品（122 种产品）进行严格监控，并根据相关的斯里兰卡标准规范（SLS）进行检查，并向斯里兰卡海关提出建议。该计划基于 1969 年第 1 号进出口管制法根据 2018 年 3 月 29 日第 2064/34 0f 号政府公告。指定的进口产品的合格性应当基于以下标准：来自出口国的支持货物的合格证书的可接受性；出口国国家标准机构或其他国家的国家标准机构签发的产品认证标志的可接受性；出口国产品制造商的可靠性和过往经验。

4．中亚：哈萨克斯坦

企业须提前 3 天提出出口申请，需提供下列文件：申请表、驻厂兽医提供的证明等文件。当收到申请后，县级检查局的官员会前往工厂采样，送到州级兽医实验室检测，合格后方可允许出口。在出口装运的时候，县级检查局的官员须现场核查货物信息、数重量、标签以及集装箱适载情况并加封。根据哈萨克斯坦共和国农业部令规定，出口肉的签证兽医官需获得国家认可方可签发卫生证书，签证兽医官不得为发生动物疫病或缓冲区的产品签发证书。以下几种情况拒绝签发证书：①提交不可靠文件或信息；②提交的文件、材料、数据和信息不符合要求；③受到法院禁止，从事某些需要兽医证书的活动；④申请人已受法院判决，被剥夺获得兽医证书的权利。

5．西亚：阿联酋、沙特阿拉伯、以色列

1）阿联酋[11]

进口食品的相关规定有：进口食品从业者必须在迪拜市政府运营的电子政府上进行注册。该注册网址由迪拜市政府食品管理局管理。经注册并被批准的从业者可从事进口食品业务。阿联酋发布"海湾合作理事会控制进口食品指南",该指南介绍了出口国及海湾进口合作理事会成员国为保证船运进口食品货物的安全和适合性而必须采纳的原则和法规要求。该指南内还提出需要提供动植物卫生认证证书。在海湾进口合作理事会成员之间的进口食品要求和程序尚未完全协调一致时,该指南将继续有助于协调进口程序。

2)沙特阿拉伯[12]

进口食品的口岸检查由沙特工商部负责,沙特工商部也兼顾国内食品市场监管,并控制全国陆海空口岸的质量安全并实施检查。贯彻反商业欺诈,并通过实验室检测控制食品质量,发现食品问题及时处理。进口食品的检验检疫划归沙特环境、水利农业部负责,该部通过设立在全国各地的动植物检疫中心实施食品检验检疫。并负责国内牲畜的管理,通过检验检疫控制进口食品质量安全和国内牲畜安全。

3)以色列

根据 1978 年颁布的《自由进口法令》(5738—1978)修订的最新版《自由进口法令》(5766—2006)对 125 大类产品的进口实施许可证制度,但不包括日常消费类产品,主要是武器和弹药,汽车、飞机、船舶及配件,活动物及动物产品类受限最多。根据产品不同,进口许可证分别由工贸部、农业部、卫生部、交通部和劳工部签发。

《海关法》制定了包括监管、检验等进口货物程序。以色列对不同风险产品实施不同的监管要求。

《消费者保护法》由一系列法令组成,部分法令对进口商品提出明确要求,如"货物标签法令"要求进口商必须在商品上印制或加贴希伯来语标签。

以色列于 1953 年颁布了《标准化法》,并于 1998 年 1 月和 2000 年 1 月进行了 2 次修订。《标准化法》的目的在于保护人身健康安全、环境安全、消费者权益以及促进与国际标准的一致性等。以色列标准分为强制性标准和自愿性标准。所有企业必须执行强制性标准,否则其产品不得进入以色列市场流通。

6. 欧洲:意大利、葡萄牙、俄罗斯

1)意大利[13]

意大利作为欧盟成员,在制定本国的食品安全法律法规时,遵从欧盟的食品安全法律法规,贯彻欧盟食品安全法。在欧盟,虽然大部分欧盟食品安全法律法规适用于成员,但意大利在制定本国食品安全法律法规时,往往结合本国食品安全管理的具体法律法规诉求,适合本国实际情况的法律法规则执行,对欧盟食品法律法规存在的缺陷则进行补充。

意大利单独执行的进出口食品法律法规标准:意大利 214 号法令规定,对来自美国的新鲜水果和蔬菜及未经加工的果仁,必须出具官方植物检疫证书。2000 年 5 月,意大利卫生部制定了药物残留类型及限量标准 282/62 号法令。

2）葡萄牙

葡萄牙对所有进口、出口的食品全部实施检验检疫制度。由于欧盟成员国质检的食品是自由流通的，所以对在欧盟境内流通的食品不需要经过检验检疫，但对于从欧盟以外的国家进口的食品或出口到欧盟以外国家的食品，需要经过出入境检验检疫。

葡萄牙 2006 年 6 月 12 日发布第 113/2006 号法令，旨在确保欧洲议会和理事会第 852/2004 号和第 853/2004 号条例规定的成员国法定义务得以实施和执行。在 2008 年 11 月 18 日发布了第 223/2008 号法令，对第 113/2006 号法令部分条款进行了修订。

葡萄牙食品、动植物源性食品进出口检验检疫体系基本上执行欧盟相关法律法规等的要求。对于出口到欧盟以外国家的本国食品，主管部门也要实施管控。具体的管控措施，一是在日常管理中对生产出口食品的企业进行监督抽查，而是在口岸对出口食品进行检验，保证出口食品既符合进口国的要求，也符合欧盟的食品安全标准。

3）俄罗斯

进口手续：建议进口商在最新信息来源的帮助下，密切检查所有进口文件，不违反俄罗斯法律和俄罗斯机构制定的特定产品规定，包括因加入关税联盟和世界贸易组织而变更的规则。

虽然关税联盟的成立预计最终将允许在关税联盟的外部边界进行进口货物的清关，目前，在关税联盟海关法第 368 条规定的过渡期内，关税联盟海关申报是基于"居住地原则"，即申请人只能向申请人注册或永久居住的关税联盟国家的特定海关机构提交报关单。在关税联盟成员国之间允许向关税联盟的任何海关办公室出示货物申报单的相关国际协议生效前，将持续适用居住地原则。同时，通过哈萨克斯坦和白俄罗斯向俄罗斯供应的货物将受到关税联盟外部边界的过境海关制度管理，最终由俄罗斯海关当局放行批准其自由流通。

进口许可证以在俄罗斯联邦境内经俄罗斯税务机关正式注册的实体或法人实体的名义签发。通常情况下，产品的出口商办理出口清关，产品的进口商办理进口清关。

7. 非洲：南非

进出口食品安全法律、法规：南非并未专门针对进出口食品安全立法，涉及进出口食品相关的事项在食品安全管理体系里统一管理。1972 年颁布的《食品、化妆品和消毒剂法》（1972 年第 54 号法令）是南非食品安全法律的核心，它为南非食品安全的管理提供了基本原则和框架。南非进出口食品的管理也必须遵守此法。南非的食品安全管理体系是在多种法律、法规的指导下运行，因为食品产品的特殊性，很多食品不仅作为食品管理，也作为动物、动物产品、植物或植物产品管理。

8. 大洋洲：新西兰

进口食品污染物和天然毒素限量：重金属、非金属污染物和天然毒素应符合澳新食品标准法典（FSC）设定的最大限量水平。农兽药最大残留限量：新西兰初级产业部依据《食品法案》（2014）、《食品条例》（2015），根据实际情况，在其官网上发布农兽药最大残留限量通告。通告规定了：新西兰国内销售的食品和所有进口食品应符合新西兰食品最大残留限量标准或特定食品的豁免情况。出口食品必须符合《食品法案》（2014）、《动物产品法案》（1999）、《葡萄酒法案》（2003）、《生物安全法案》（1993）等法律及其法规要求。

3.2　各国食品法律法规情况

3.2.1　发达国家和地区食品法律法规情况

1. 美国

美国食品管理工作主要由三个联邦部门承担，分别是卫生部下属食品药品管理局、农业部下属相关部门（食品安全检验局、动植物卫生检疫局以及财政部下属酒类烟草税收贸易局），其他与进口食品监管有关的联邦机构还有商务部、国防部、国土安全部、司法部、劳工部、财政部、退伍军人事务管理部、消费品安全委员会、环境保护局、联邦贸易委员会（FTC）等机构。

食品安全相关法律包括《联邦食品药品化妆品法》《联邦肉类检查法》《禽产品检查法》《蛋制品检查法》《联邦酒类管理法》等。

2. 日本[14]

1）食品安全监管机构

根据《食品卫生法》《食品安全基本法》等法律法规，日本建立了以食品安全担当大臣领导下的中央政府管理机构，包括食品安全委员会、农林水产省和厚生劳动省，彼此相互配合，又各司其职。食品安全担当大臣负责消费者委员会、消费者厅及食品安全委员会，在日本食品安全管理方面起着关键作用。

消费者厅是日本的行政机关之一。为日本内阁府的外局，简称为 CAA。食品安全委员会负责协调农林水产省和厚生劳动省工作，并为他们提供中立客观的食品安全风险评估结果，而厚生劳动省和农林水产省等风险管理机关，会根据食品安全委员会的评估结果，制定相应的安全基准和规制规则。对于国际进口食品，农林水产省负责动植物检疫，厚生劳动省负责食品安全检验和食品卫生检疫工作。此外，在食品安全管理体系中，农林水产省和厚生劳动省属于行政领导机关，各司其职，各有侧重，彼此之间既分工又合作。而各自设在全国的分支机构，以及地方政府的卫生机构等则负责相应的食品安全管理业务。在日本食品安全管理体系中，相对而言，三个主要部门充当的角色是，农林水产省有时会倾向于生产者，厚生劳动省则倾向于消费者，而食品安全委员会则往往处于中立立场。由此形成相互促进、相互监督又相互制约的关系。

2）食品安全管理法律法规体系

日本食品安全管理的法律法规，是在应对食品安全的突出问题中建立、发展和完善起来的。日本保障食品安全的法律法规体系是由基本法律和一系列专业或专门法律法规，其中包括标准组成。涉及食品安全管理体系的基本法律主要有两部：《食品卫生法》和《食品安全基本法》，它们共同成为食品安全委员会、农林水产省和劳动厚生省执法的最基本法律法规依据。

《食品卫生法》是日本食品质量安全与卫生管理中最重要的法律之一，其目的是保护人们远离饮食导致的健康危险，并帮助促进公众健康。日本食品安全管理工作就是在《食品卫生法》的基础上开展起来的，这项工作包含诸方面的内容，如制定食品、添加剂、器具和食品包装、盛放容器的标准和规格，通过检验来验证这些标准是否得到执行，以及对食品生产和销售的卫生管理是否到位，等等。

《食品安全基本法》强调了在发生食品安全事故之后的风险管理能力，并强调了对食品安全可能造成健康影响的预测能力。根据《食品安全基本法》成立的"食品安全委员会"，负责对涉及食品安全的事务进行管理，并"公正地对食品安全做出科学评估"。

3. 加拿大

《加拿大安全食品法》（简称《安全食品法》）是加拿大进口食品监督管理的主要法律，涉及进口食品、出口食品、省内、跨省食品流通管理。

与《安全食品法》配套实施的还有《食品药品法》和《食品药品管理规定》。CFIA还依照《农业及农业管理处罚法》（AAAMPA）和《农业及农业管理处罚管理规定》（AAAPR）颁布了该部门依据《管理处罚措施》（AMPs）执法的"管理规定"。尽管《安全食品法》（SFCR）已于 2019 年 1 月 15 日生效，该法还是根据企业情况及产品特点，提供了 12~30 个月过渡期。相关方可以根据不同产品种类查询了解详细规定要求。目前，（进口）食品分类为：①乳制品、蛋类、蛋制品、水果蔬菜制品；②鱼类；③肉制品及动物源食品；④新鲜水果蔬菜；⑤蜂蜜及枫糖产品；⑥未加工的粮食、油、豆类、糖或饮品；⑦食品添加剂和含酒精饮品；⑧其他食品。

其他重要法律有：

①《海关法》为海关工作人员扣留货物提供了法律授权。假如相关货物可能违反《海关法》或任何其他有关禁止控制或管制货物进出口的法律或法规，工作人员可以扣留这些货物。②《进出口许可证法》规定对进出口商品和技术实施许可证管理，该法提供了一系列清单名录，如进口管制清单（ICL）、出口管制清单（ECL）、自动火器国家管制清单（AFCCL）和区域管制清单（ACL）。对于每一份清单，《进出口许可证法》都制定了管理商品或国家纳入相应清单的标准。通过发放进出口许可证，政府可以控制这些清单上列出的货物的流向以及向特定目的地的进出口活动。《进出口许可证法》赋予外交部部长权力，可向加拿大公司分配配额。一旦分配了配额，只要满足许可证的条款和条件，就将向配额持有人颁发不超过最高配额的进口许可证。加拿大对某些农产品的关税配额由加拿大外交和国际贸易与税收部管理。③《渔业法》以及《鱼类健康条

例》旨在通过检查鱼类种群的生产来源，控制受感染鱼类种群的流动，防止传染性鱼类疾病的传播。它们同时适用于活的和死的养殖鱼以及养殖鱼和野生鱼的卵（包括任何受精或未受精的产品）。④《食品和药品法》是一项涉及食品、药品、化妆品和医疗器械的消费者保护法规。它规定了最低的健康和安全要求，并制定了预防销售带有欺诈和欺骗性质食品的规定。该法还涵盖食品标签要求，以及几类食品的标识、成分、强度、效力、纯度、质量或其他特性标准。⑤《动物卫生法》和《动物卫生条例》的目的是防止将动物疫病引入加拿大。《动物卫生法》和《动物卫生条例》对活体动物、动物产品及其副产品、动物饲料、兽用生物制品和生物产品的国际贸易进行详细规范，并涉及动物、动物产品和兽用生物制品进口的私人检疫场所和场地的批准和注册内容。《动物卫生法》和《动物卫生条例》还为这些场所和场地制定了建设、运营和维护标准。⑥《植物保护法》和《植物保护条例》为防止植物有害生物进口、出口和传播提供了法律授权。《植物保护法》和《植物保护条例》的目的是保护加拿大植物健康以及农业和林业产业。

4. 澳大利亚

管理部门：澳大利亚作为一个联邦制国家，对食品安全的监管分为三个层面，即联邦政府层面、州及地区层面、地方层面，食品安全标准及政策的制定则由澳新食品标准局负责，而进出口食品的安全则由澳大利亚农资部规管。农资部负责对出口食品中农兽药残留以及环境污染物残留进行监测，还负责管理进口食品检验计划，对进口到澳大利亚的食品进行监测，确保该食品满足澳大利亚公共健康和安全要求并符合法典规定。

法律基础：澳大利亚进出口食品相关法案包括《进口食品管理法》（1992）、《进口食品管理条例》（1993）、《进口食品管制》（2001）、《出口控制法案》（1982）、《乳及乳制品出口控制条例》、《蛋及蛋制品出口控制条例》、《肉及肉制品出口管理条例》等。

5. 欧盟

1）欧盟与食品相关的标准

欧盟标准的法律地位与我国标准的法律地位不同，我国食品安全标准是由政府主管部门公布的需要强制执行的要求，欧盟标准是由依法成立的标准制定机构制定的非强制性标准。欧盟食品安全标准的制定机构包括欧洲标准化委员会和欧盟各成员国国家标准两层体制。欧洲标准和欧盟各成员国国家标准是欧盟标准体系中的两级标准，其中欧洲标准是欧盟各成员国统一使用的区域级标准，对贸易有重要的作用。

2）欧盟食品安全官方监管新法规简介

2017 年 3 月 15 日，欧盟议会和理事会通过了（EU）2017/625 法规，该法规取代了与食品安全官方监管相关的法规，包括 882/2004/EC《实施官方监管确保欧盟食品安全法规有效实施》、854/2004/EC《动物源性食品官方监管要求》、89/608/EEC《成员国主管部门之间以及成员国主管部门与欧盟之间相互协助合作确保欧盟法规有效实施》、

89/662/EEC《欧盟内部市场兽医检查》、90/425/EEC《欧盟内部市场活动物兽医检查》、91/496/EEC《第三国输欧动物兽医检查原则》、96/23/EC《动物及其产品兽药残留监控措施》、96/93/EC《动物及其产品的出证要求》、97/78/EC《输欧产品兽医检查原则》、92/438/EEC《兽医进口管理程序的电子管理系统》。同时修订了其他相关的 15 部法规。

新法规的变化：

①适用范围更广。要求实施官方监管确保下列法规有效实施：食品和饲料法、动物健康和福利法、植物卫生法、非食用动物副产品法规等，包括对有机产品和植保产品（杀虫剂、农药等）的监督管理。新法规使官方的监管链条覆盖从农场到餐桌的整个食品链。因此新法规使原本分散在各个法规中的官方监管要求融入单一法规，使官方监管要求和框架更简明清晰。新法规规定的官方监管不包括对农产品的监管，但是涵盖有关农产品欺诈方面的监管。②监管内容更多。新法规增加了对商业欺诈的监管要求，透明度更高。要求主管部门至少每年一次公布官方监管的组织实施情况，及时公布监管的结果和对企业的管理分级情况。③建立新的机构。除了参考实验室之外，新法规要求成立针对动物福利和食品链信息真实性的参考中心，以提高官方对动物福利的管理能力和为有效防止商业欺诈行为辨别真假的能力。④统一入境口岸管理部门。新法规要求整合原来的口岸检查站（BIPs）和指定入境口岸（DPEs），统一为口岸管理部门（BCPs）并规定了口岸管理部门人员、设施和设备的基本要求。⑤整合电子管理系统。将原来的 TRACE、RASFF、EUROPHYT、AAC 等电子系统，合并为 IMSOC 电子管理系统，新的电子系统便于各成员国之间的电子数据共享，针对入境产品使用标准的通用入境卫生证明（CHED）。⑥强化各成员国协作。新法规强化了各成员国主管部门之间的协助和支持，利于对不合格产品的快速处理。同时新的电子系统也利于各成员国主管部门之间的协作。⑦加大管理力度。新法规加强了对商业欺诈行为的经济处罚，加强了对举报人员的保护。

3）新法规的配套法规

欧盟法规分为法律和法规两个层次，（EU）2017/625 是立法机构通过的法律，行政机构根据法律授权针对（EU）2017/625 管理要求制定了多部实施细则和执行条例，主要包括：（EU）2019/624《肉类加工、双壳软体动物养殖和暂养区域官方监管要求》规定了肉类加工时，宰前宰后管理要求，官方辅助人员的条件、职责和培训，双壳软体动物养殖、暂养区域官方监管要求等。（EU）2019/625《输欧人类消费动物及其产品管理要求》规定了输欧动物及其产品的管理要求，包括市场准入要求、企业注册要求、生产输欧动物源性产品原料要求、复合食品输欧要求等。（EU）2019/626《允许向欧盟出口人类消费动物及其产品的国家名单》规定了允许向欧盟出口不同动物及其产品的国家名单。（EU）2019/627《人类消费动物源性食品官方监管要求》规定了官方对企业的审核要求、审核频率、对肉类企业的审核要求、不同动物的宰后检验要求、双壳软体动物的审核要求、动物福利的监管要求、不合格处理要求等。（EU）2019/628《部分动物及动物源性产品官方兽医卫生证书模板》汇总了欧盟要求出具的动物及动物源性产品官方兽医卫生证书模板。（EU）2019/2090《疑似和确定违反兽药使用和残留或饲料添加剂使

用和残留情况的处理》规定了对疑似或确定阳性结果的官方处理要求。（EU）2019/2129
《进口动物及产品货证核查和实货检验统一频率》规定了进口动物及其产品货证核查和
货物检验的频率，所有动物和动物源性产品 100%实施货证核查，动物的实货查验率为
100%，动物源性产品的实货查验率包括 30%、15%、5%和 1%等不同频率。（EU）
2019/1793《部分进口货物应急管理措施及临时强化抽检频率》动态调整进口货物的检
验项目和抽检频率，例如对中国出口欧盟的枸杞、甜椒和茶叶分别实施 20%的抽检
率，检测项目包括农药残留和沙门氏菌。（EU）2019/2123《进口货物在欧盟境内转关
实施文件审核、货证核查和实货检验的情形和条件》。（EU）2019/2124《动物及其产品
在欧盟过境转运的官方管理要求》。

3.2.2　"一带一路"共建国家食品法律法规情况

1. 东亚：韩国

《食品安全基本法》和《食品卫生法》是所有食品安全相关法律的基本法。这些相
关法律约有 40 个法案，包括《农产品质量监管法》和《农畜产品卫生法》等，都是直
接或间接关系到食品安全。在这些法案中，《基本法》是更高形式的法规，涵盖《食品
安全基本法》《农业、渔业、农村和食品工业基本法》《林业基本法》《海洋事务和渔业
发展基本法》《消费者基本法》。《儿童膳食安全监管特别法》以特别法的形式出现。
《食品安全基本法》于 2008 年 6 月颁布，由 30 个条款组成。该法规定了国家食
品安全政策和体系的基本原则和依据，以及中央和地方政府对食品安全应该承担的相
关责任。《食品卫生法》于 1962 年 1 月颁布，2009 年 2 月进行了全面修订。该法包括
102 个条款，旨在防范源自食品的卫生风险，提高膳食营养质量，提供食品的正确信
息，以助于国民的身体健康。《食品公典》和《食品添加剂公典》是韩国两个很重要
的食品和食品添加剂标准。对食品生产过程中有害物质的残留和食品添加剂的使用量
提出了限量要求。

《进口食品特别管理法》对《食品卫生法》《保健功能食品法律》《畜产品卫生管理
法》《家畜传染病预防法》等法规中涉及进口食品安全管理的措施进行了整合，以提高
法律管理的有效性和一致性。在法律层级上，《特别法》在进口食品管理方面高于其他
法律。如《特别法》未做规定的，适用各横向法规。

2. 东南亚：新加坡、泰国、马来西亚、越南

1）新加坡

食品安全监管机构和职责：新加坡政府非常重视食品安全，集中统一监管、协调
合作是新加坡食品监管的鲜明特色，其食品安全监管机构职责明确。新加坡设立有专业
的食品监管机构——新加坡食品农业兽医厅，食品管理局，拥有监管、检查、执法的
权力。新加坡国家环境厅环境卫生局、新加坡海关也参与食品安全监管，形成了统一监

管、部门之间协调合作的食品安全监管机制。

食品安全法律法规：新加坡的食品法律数量不算多，但法律法规的制定注重实用，符合新加坡主要依靠进口食品的国情，内容周全、严密、条文详尽细致，配套合理，可操作性强，覆盖了食品从进口到销售及餐桌的各个环节，体现了新加坡追求食品安全法律和秩序的意志。新加坡食品安全法主要有《食品销售法》和《食品法规》。

2）泰国

食品安全监管机构和职责：泰国食品安全监管的主要部门为泰国卫生部、农业部、商务部和科学技术部，形成了以卫生部为主，各参与监管部门协调配合的食品安全监管机制。泰国食品安全风险分析机构、食品安全研究所和各类食品检测机构承担食品安全技术支持任务。为确保食品安全，泰国卫生部设有国家食品委员会、食品药品局、医学科学局、卫生局等司局，这些部门分别负责管理和监督食品生产、销售、制定进口标准、食品许可和食品合格评定工作。泰国卫生部所属食品药品监督管理局牵头负责食品安全监管并起草相关食品药品法律，医学科学局负责食品风险分析工作，同时承担农药残留检测技术研究工作，发放检测证明，实施实验室认可。卫生局负责制定标准和合格评定程序，对市场、餐厅和夜市进行检查，开展食品健康研究和普及食品安全知识。食品安全实验中心负责制定食品安全政策和开展食品安全风险分析工作，收集国际国内食品安全信息，并将有关信息及时通报社会各界。

食品安全法律：泰国食品法律制定工作起步较早，从 20 世纪 50 年代开始就制定食品的相关法律，食品安全法律体系严密且完善。泰国的食品法律体系以《食品法》为中心，制定了约 16 部与食品相关的配套法律。规范了食品从种植、生产、加工、销售、宣传、广告至餐桌的各个环节的有关规定。对保障食品安全起到了切实的法律支撑作用。

3）马来西亚

法规标准体系：法规体系基本法规《食品法》（1983）。马来西亚独立后加强了对食品安全管理的立法，马来西亚卫生部作为国家食品安全卫生的主管部门。1996 年，马来西亚颁布实施《标准法》，确定了马来西亚标准局（DSM）作为国家标准管理主管部门，监督并协调标准的执行，但是不具备强制执行标准的行政能力。DSM 由标准委员会电工委员会、认可委员会和医学检测认可委员会组成，是马来西亚唯一承担实验室认可及认证机构认可相关工作的国家认可机构。

4）越南

基本法规主要有《商品质量法》《标准与技术法规法》《食品安全法》。

食品添加剂相关法规：2010 年 3 月，越南卫生部通报了国家发酵乳制品食品安全技术法规，规定物理及化学规范和食品添加剂等安全要求。

农药、兽药残留相关法规：2009 年 11 月，越南发布了国家技术法规《动物饲料磨坊食品安全条件、兽医健康及环境保护》；发布了国家技术法规《动物饲养材料-动物饲料安全及最高许可限制标准》。

食品标签相关法规：2012 年 11 月，越南卫生部食品安全局发布了预包装食品标签指导通知草案。

3. 南亚：巴基斯坦、印度、斯里兰卡

1）巴基斯坦

食品安全监管机构及其职责：公共卫生与危机处理、食品行政管理两大体系。巴基斯坦国家卫生服务、条例和协调部及地方各省卫生部属于国家公共卫生与危机处理体系，负责公共卫生监管、传染病控制等事务。在食品行政管理体系上，由中央和省级部门实行分级管理。巴基斯坦国家食品安全研究部属于中央食品监管核心部门，主管制定国家食品安全政策，协调省级政府食品安全政策，监管进出口食品与农产品安全等事务。

巴基斯坦食品安全法律：《1960 年西巴基斯坦纯净食品条例》《1965 年西巴基斯坦纯净食品法规》。

2）印度

2006 年 8 月印度正式颁布了《食品安全与标准法》，该法总共 12 章，101 条。其内容主要包括明确了印度食品安全和标准局的职能，对食品局的构成和主席及其成员的任命、任期、薪水、就职条件、免职，以及食品局首席执行官、中央顾问委员会、科学委员会、科学小组的职责和食品局的会议制度等都作了详细的阐述；在遵循食品和食品安全的一般原则下，阐述了食品生产者、分装商、批发商、零售商应承担责任的情形；该法赋予食品安全专员和特派官员享有和食品局相等的权利和应履行的职责，有权监督食品局的日常经费开支和行政执法活动；对违法和处罚、审判和受理食品安全上诉的法庭，以及对食品安全违法的审判过程和要求都作了相应的规定。为促进食品安全法的实施，印度后来又制定了《食品安全与标准条例》以及一系列配套食品安全标准规章。

3）斯里兰卡

1980 年颁布《食品法》，分别于 1991 年、2011 年进行了修订。《食品法》共四部分：第一部分"食品的禁令"，第二部分"管理"，第三部分"法律程序"，第四部分"总则"。规定了食品制造、进口、保存、销售等的基本要求和禁令，食品监管机构及职责权利、失责问责，食品经营者的法律责任。

4. 中亚：哈萨克斯坦

哈萨克斯坦是欧亚关税联盟成员之一，除本国相关法律法规外，大部分依据欧亚关税联盟相关法规。核心法律体系为《欧亚经济联盟条约》，联盟条约是在俄白哈海关

同盟、统一经济空间法律基础上编纂而成的。共使用了 236 个条约，其中 96 个为俄白哈海关同盟和统一经济空间条约，133 个为欧亚经济共同体条约，7 个为多边文化、科学、移民合作协定。

5. 西亚：阿联酋、沙特阿拉伯、以色列、土耳其

1）阿联酋

食品安全监管机构和职责分中央和地方两个层面实施。中央层面参与食品安全监管的主要机构有 3 个，分别是环境和水利部、健康部和经济部。其中环境和水利部负责有机食品和瓶装水的监管。健康部负责婴儿食品、药品、保健品的监管，经济部负责食品营业执照的发证工作，并负责对本国产品实施合格评定。地方层面的食品安全监管部门的设置参照中央层面的部门设置模式。阿联酋是由 7 个酋长国组成的联邦国家，各酋长国基本上是半自治政府，拥有各自主管的贸易自治权，贸易管理和贸易规则基本相同。各酋长国政府下设有各自管辖的食品管理局或者食品管理厅。

食品安全法律法规：作为伊斯兰国家，不完全依靠食品法律法规约束人们的食品行为规范，而是借助伊斯兰教义，如《古兰经》等的力量。该国法律体系以制定《食品法》和《食品安全法》为主线，搭建食品安全法律基本框架。

2）沙特阿拉伯

食品监管部门和职责：沙特设立了食品安全的监管部门沙特食品药品监督管理局，有 4 个部门参与食品安全监管，形成了 1 个部门即食品药品监督管理局负主要责任，4 个部门协调配合的食品安全监管机制。

食品安全法律法规：沙特治理国家的执法依据是《古兰经》和《圣训》，由司法部和最高司法委员会负责司法事务的管理。食品安全监管措施：沙特作为伊斯兰国家，在治理国家方面将《古兰经》等作为执法依据，在食品监管领域也具有很强的宗教限制。

3）以色列

2016 年 9 月生效的《食品公共卫生保护法》规定了以色列食品生产、进口、销售过程中参与者的权利和义务。除《公共卫生法》外，以色列还制定许多特定的食品相关的条例，如《公共卫生条例（食品）麸质标识》《公共卫生条例（食品）母乳替代品标识》《公共卫生条例（食品）食品添加剂》《公共卫生条例（食品）农药残留》《公共卫生条例（食品）营养标签》。

4）土耳其

土耳其食品和农业相关法律法规等的执行由 81 个省级食品、农业和畜牧局以及919 个地方局执行。土耳其设有国家食品法典委员会，该委员会负责制定土耳其食品法典，包含食品最低技术和卫生特性的横向和纵向立法：食品添加剂、采样和分析方法、特殊膳食用食品、农药残留、食品接触材料、调味料、食品标签、新型食品、污染物、

兽药和残留、食品卫生和微生物。

6. 欧洲：法国、意大利、葡萄牙、俄罗斯

1）法国

欧盟法与法国国内法存在独立性和互补性。

欧盟法规情况：《通用食品法》及相关条例。欧盟《通用食品法》确立了欧盟成员国制定各自食品法规时应遵循的一般性原则，并包括食品安全相关概念的定义、通用条款及具体要求等。就食品安全要求、食品/饲料企业的职责以及政府承担的责任等内容进行了规定，此外，法律还就风险分析、产品召回、应急措施、危机处理等基本原则进行了规定。欧盟食品卫生法规规定了食品卫生方面的基本原则。法律将"食品卫生"的概念界定为"为控制食品生产过程中任何可能发生的危害，并确保产品适宜人类食用而采取的必要措施和条件"。欧盟食品安全控制法令就食品安全控制体系中政府职能进行了具体规定。政府部门可以在食品生产、加工、贮藏及销售等任何环节履行监管职能，包括食品储存、加工原料、食品企业操作流程等。

2）意大利

意大利标准化协会是制定国家标准的标准化机构，意大利标准化协会的主要职能是制定和推广标准，建立和保存国家标准和国际标准档案。意大利也会根据本国的需求，制定一些适合本国国情的食品标准。意大利的食品产业界、私营业主针对不同食品类型制定了一系列的食品标准。

3）葡萄牙

葡萄牙相关法律法规包括《食品卫生和动物源性食品卫生特别规定》《本国食品卫生法则和特殊食品卫生法则的规定》等。

4）俄罗斯

随着俄罗斯、白俄罗斯、哈萨克斯坦关税联盟继续进行政策整合，俄罗斯的许多食品和贸易法规已经改革或正在进行改革。

俄罗斯食品进口法律、主要监管文件和管理食品进口的规章制度包括关税联盟文件、俄罗斯联邦法律、俄罗斯政府文件以及俄罗斯联邦行政权力机构的监管文件。

7. 非洲：南非[14]

《食品、化妆品和消毒剂法》（1972 年 54 号法令）在南非食品安全法律法规体系中占最重要地位。该法从安全/公共卫生的角度指导所有食品的加工、销售和进口，由卫生部食品监控局实施，确保向公众提供的食品、化妆品和消毒剂的安全和纯度。《卫生

法》（1977 年 63 号法令）规定食品场所以及食品运输的卫生。其余法规包括《国际卫生条例法》、《药品及有关物质法》和《食品添加剂法规》。

8. 大洋洲：新西兰[15]

新西兰食品安全监管主要是依据《食品法案》（2014）、《动物产品法案》（1999）、《农药及兽药法案》（1997）、《葡萄酒法案》（2003）等法案，确保新西兰国内生产、出口及进口销售的食品安全可靠。《危害物质和新物种法案》（1996）、《生物安全法案》（1993）等法案，在生命健康和国际贸易方面规范了食品安全、有毒有害物质和有害生物等要求。

《食品法案》（2014）及其条例最新一次修订是 2018 年 10 月 1 日，主要增加了食品召回、溯源管理等法条并明确了食品控制计划相关表格。该法具体包括基于对公共健康的风险水平，将食品企业划分为三类，列明了三类基于风险的食品企业应实施的具体控制措施。同时规定了销售用进口食品的安全性和适用性条款，溯源管理、召回管理以及食品进口商实施登记管理的条款，还规定了食品安全认可、地方管理部门的职责、管理和采取强制措施的条款。

《食品条例》（2015）于 2018 年 11 月 12 日最新修订，条例规定了食品控制计划内容及评估过程，食品生产、加工、设施设备监管，国家监督计划的要求，认证认可机构及人员要求，进口食品企业注册、产品许可、抽样检测要求，农药残留标准，侵权行为，几种食品标准适用事项等要求内容。《膳食补充剂条例》（1985）于 2016 年 1 月 1 日最新修订，在 2010 年修正案基础上，按照《食品法案》（2014）要求进行附表修订。其主要内容是：膳食补充剂的基本要求，包括每日摄入剂量、膳食补充剂标签标注总则、标签方式、说明书内容、消费者信息版面标注内容、误导信息警示、禁止标注治疗宣称；规定了膳食补充剂所使用的九大类食品添加剂和助剂的具体规定；规定了罚则；界定了膳食补充剂与药物概念；增补叶酸作为膳食补充剂。

《消费者知情权（食品原产国）法案》（2018）于 2018 年 12 月 3 日正式生效，其目的是在新西兰提供某些食品时需要强制性标明原产国（地区），帮助消费者准确了解食品来源，不仅需标明加工包装地点。

3.3 中国食品进出口政策及法律法规情况

3.3.1 中国食品进出口政策

1. 中国食品进出口贸易现状

改革开放 40 年来，中国开放的大门逐渐打开，并逐渐成为全球重要的食品贸易大国，尤其是 2001 年加入世界贸易组织后，我国食品进口贸易快速发展，分别于 2011 年和 2013 年成为全球最大的食用农产品进口市场和食品进口市场。2018 年 11 月，在上海举办的首届中国国际进口博览会（China International Import Expo，CIIE）上，食品及农产品展区成为参与国家数量和企业数量最多的展区，来自 100 多个国家和地区的 1000 余家企业参展，展区面积达 6 万平方米，足见我国市场对国外食品的吸引力。近年来，进口食品贸易量占国内食品消费总量的比重基本维持在 10%以上。由此可见，进口食品已经成为我国居民食品消费的重要来源，在我国食品消费结构中具有越来越重要的作用。然而，随着食品进口贸易量的不断增加，不合格进口食品的数量也呈现逐年上升的趋势，进口食品安全事件时有发生，对我国居民的食品消费安全构成潜在威胁。确保进口食品的质量安全，已经成为保障国内食品安全的重要组成部分。

1）进口食品的总体规模

2008 年，中国食品进口贸易规模为 226.3 亿美元，受当时全球金融危机的影响，2009 年的进口贸易额下降到 204.8 亿美元，下降了 9.50%。之后，食品进口贸易总额总体上一直保持强势增长，尤其是 2011 年和 2012 年分别突破 300 亿美元和 400 亿美元关口，分别达到 368.9 亿美元和 450.7 亿美元。2013 年我国食品进口贸易额增长到 489.2 亿美元，并由此成为全球第一大食品进口市场。

2014 年和 2017 年，我国食品进口贸易总额又分别突破 500 亿美元和 600 亿美元关口，分别达到 514.3 亿美元和 616.8 亿美元。2018 年，我国食品进口贸易规模在高基数上继续实现新增长，贸易总额达到 736.1 亿美元，首次突破 700 亿美元关口，较 2017 年大幅增长 19.34%，再创历史新高。2008～2018 年，我国食品进口贸易总额累计增长 225.28%，年均增速高达 12.52%。

2）进口食品的品种结构

目前，中国进口食品的品种几乎涵盖了全球各类质优价廉的食品，进口种类十分齐全。但值得关注的一个态势是，随着国内食品需求结构的升级、人们消费观念的改变，进口食品的重点种类正在逐渐发生改变，主要表现在乳品、蛋品、蜂蜜及其他食用动物产品，蔬菜、水果、坚果及制品，肉及制品，水产及制品等进口贸易额持续增长，2008～2018 年分别累计增长了 11.63 倍、4.72 倍、3.76 倍和 2.20 倍，而动植物油脂及分解产品、谷物及制品的进口贸易额则逐步呈现下降趋势，其中动植物油脂及分解产品在 2008～2018 年的进口贸易额累计下降 20.25%，谷物及制品的进口贸易额仅在 2015～2018 年就下降了 30.99%。根据商务部发布的数据，2018 年我国进口食品的主要类别为蔬菜、水果、坚果及制品，水产及制品，肉及制品，分别为 121.2 亿美元、119.4 亿美元、110.9 亿美元，分别占进口食品贸易总额的 16.47%、16.22%、15.07%，三类进口食品规模占全部食品进口贸易额的比例之和为 47.76%，接近食品进口贸易额的半壁江山。受国内食品产业结构及消费需求变化影响，预计未来中国对动植物油脂及分解产品的进口规模会进一步下降，对乳品、蛋品、蜂蜜及其他食用动物产品，蔬菜、水果、坚果及制品，水产及制品等食品种类的需求还将进一步上扬。

3）中国与"一带一路"共建国家进出口食品农产品贸易现状[16]

"一带一路"倡议实施以来，中国与"一带一路"共建国家食品农产品贸易变得越来越紧密，贸易合作取得丰硕成果，进出口食品农产品作为"一带一路"倡议的重要组成部分，发展势头迅猛，具有广阔的互利共赢前景。中国与"一带一路"共建国家食品农产品贸易规模总量持续增长，据海关总署数据，食品农产品贸易总量从 2013 年的37.1 亿美元，增长到 2018 年的 49.7 亿美元，年均增长率为 6.02%，中国已经成为"一带一路"共建国家食品农产品的主要贸易国。同时，中国与"一带一路"共建国家食品农产品贸易规模及增速呈现出区域间及区域内国家间双重差异性和阶梯形特征。

2018 年，中国与"一带一路"沿线区域食品农产品贸易量排名为：东盟十国、独联体七国、南亚八国、西亚十八国、中东欧十六国、中亚五国、东亚（蒙古国）。其中，东盟十国贸易额为 350.5 亿美元，占比 70.5%；独联体七国贸易额为 68.9 亿美元，占比 13.8%；南亚八国贸易额为 29.8 亿美元，占比 5.9%；西亚十八国贸易额为28.8 亿美元，占比 5.8%；中东欧十六国贸易额为 10.9 亿美元，占比 2.2%；中亚五国贸易额为 7.9 亿美元，占比 1.6%；东亚（蒙古国）贸易额为 3.3 亿美元，占比 0.7%。"一带一路"沿线地区大致可分为三个阶梯：第一个梯队为东盟，东盟在 2013 年以来一直是"一带一路"沿线区域中与中国食品农产品贸易量最多的地区，其次是独联体七国、南亚八国和西亚十八国，为第二阶梯区域。而中东欧十六国、中亚五国和东亚（蒙古国）受经济发展状况、饮食文化差异等因素影响，与我国食品农产品贸易量虽有所上升，但贸易金额占比不大。

2. 中国与食品进出口相关的政策发展概况

中国的自贸试验区设立后，在自贸试验范围内的贸易便利化改革措施惠及食品贸易的措施如表 3-1 所示。

表 3-1　我国在自贸试验范围内的贸易便利化改革措施惠及食品贸易的措施

从境外进入海关特殊监管区域的货物"先进区、后报关"；区内货物流转自行运输制度；批次进出、集中申报制度；智能卡口验放措施	已在全国范围内推广
检验检疫通关无纸化电子化通关、境外第三方检验结果采信、进口货物分类预检验；动植物及产品检疫审批负面清单	已在全国范围内推广
单一窗口建设制度；按照货物状态分类监管；电子口岸网络建设	已在全国范围内推广
"一站式"申报查验作业制度、归类行政裁定全国适用制度；电子信息化平台提供信息查询	已在全国范围内推广
京津冀通关和检验检疫一体化、创新天津自贸试验区电子商务货物进口模式	京津冀或天津自贸试验区
对台湾地区输入大陆的农产品、食品试行快速检验检疫模式，对台水产品入境申报免交检疫证书	福建自贸试验区

适度开放港澳认证机构进入自贸试验区开展认证检测业务；建设深港检验检疫合作示范区	广东自贸试验区
创新与"一带一路"共建国家国际产能合作新模式，"长安号"国际班列以出口粮食、肉类等为平台，建立国际物流大通道	陕西自贸试验区
海关归类智能导航体系；口岸监管协同"三互"大通关；为区内重点企业打造通关专用模式	辽宁自贸试验区大连片区
"关口前移+直通直放"通关模式实现72小时放行机制，实现四川蔬菜直供港澳快速通关	四川自贸试验区
推广长江经济带"通关一体化"合作经验；全国首个检验检疫综合改革试验区国家标准版"单一窗口"申报；建成全国最大的咖啡现货交易平台	重庆自贸试验区
多式联运体系，中欧班列（郑州）促进河南与欧洲货物贸易；郑州-卢森堡"空中丝绸之路"建设；开封片区发展农副产品及食品加工制造业；建设跨国电商（河南）运营中心	河南自贸试验区
内外贸货物同船运输货物智能放行，"先出区、后报关"	湖北自贸试验区
促进跨境电商进口发展；建设国际农产品贸易中心	浙江自贸试验区

1）食品贸易便利化政策实施效果分析

上述贸易便利化措施在具体落实层面，对不同企业及不同行业产品的影响存在差异。贸易便利化的通常做法是差异化、分类监管和风险分级管理等。具体而言，法定检验检疫的商品（农产品、食品类均属于这类）要比非法检商品通关严格，通关时间长；企业分类方面，目前我国将进出口相关的企业划分为认证企业（包括高级认证企业和一般认证企业）、一般信用企业和失信企业三大类，信用级别高的企业适用便捷通关措施，如果企业有不诚信及不良记录，那么监管等级会降低，只能使用更严格的通关管理措施。基于此，来自企业层面对于贸易便利化措施的评价不一。例如在上海举行的一次政界、商界、学术界、贸易促进机构共同参与的圆桌讨论中，国外贸易促进机构认为，目前中国对来自本国的农产品准入政策过于严格，不够便利。但是从消费者角度而言，安全和放心的食品是最重要的。基于上述事实，贸易便利化措施在提升食品进出口通关速度方面还有待提升。

2）食品贸易行业AEO认证制度在我国的实施情况

AEO制度是指"以任何一种方式参与货物国际流通，并被海关当局认定符合世界海关组织或相应供应链安全标准的一方，包括生产商、进口商、出口商、报关行、承运商、理货人、中间商、口岸和机场、货站经营者、综合经营者、仓储业经营者和分销商"。中国海关企业进出口信用信息公示平台的数据显示，目前被海关认定为高级认证企业的累计有3161家，其中专业的食品企业占比接近35%，境内知名的食品企业（广东中山食品水产进出口集团公司、上海佳农食品有限公司、中粮集团下属的贸易公司、内蒙古伊利实业集团股份有限公司）均在此范围内。而被认定为失信企业的共有5465家。目前，与我国实现AEO互认的国家和地区包括新加坡、韩国、欧盟、新西兰、瑞士等30多个国家和地区，经济总量占世界经济的一半以上。

3.3.2　中国食品进出口法律法规情况

1. WTO 框架下有关食品进出口贸易的国际条约

在国际贸易中，贸易摩擦是不可避免的，相应地，有关食品安全的法律规制也应运而生。随着时代的进步，新的问题也会层出不穷，但目前来说，有关食品进出口贸易的国际条约主要在食品贸易进出口方面就贸易国所制作的检疫检验方法、标准以及法律责任分配等方面作出规制。

技术性贸易壁垒（technical barrier to trade，TBT）是指一国以维护国家利益、保障本国国民生命健康和动植物的生命健康免受侵害，积极主动地采取相关的技术法规、标准、合格评定程序、包装盒标签制度、检验检疫制度等技术性贸易措施，无论是在主观还是在客观上这些技术性贸易措施的施行都会给国际贸易带来一定的障碍。技术性贸易壁垒的存在对国际贸易的健康发展带来了前所未有的挑战，为了消除这种技术性贸易壁垒的限制，在这样的背景下 TBT 协议于 1973 年在东京回合谈判上问世。TBT 协议的立法目的是消除不合理的技术壁垒措施对国际贸易的阻碍，因此，该协议的规定均是围绕着对成员产品的包装、标记和标签等技术规范的制定作出限制，并通过要求成员不得对一些重要条款作出保留的强制性规定来达到该目的，但值得注意的是，TBT 协议的适用范围并不包含动植物卫生检疫措施。

《实施卫生动植物检疫措施协议》（SPS 协议），该协议于 WTO 乌拉圭谈判回合中问世，并与 TBT 协议在适用范围与具体内容两方面呈互补之态。该协议主要对成员关于动植物及其产品进出口检验、检疫措施、检疫方法、检疫标准及制定等方面作出规制，具体包括：成员所采取的检疫措施只能限于保护动植物生命或健康的范围；检验检疫应以科学原理为依据（指国际标准、准则或建议）；检疫措施要有透明度，各国应及时公开本国所制定的检验检疫标准等内容；对发展中国家的特殊或差别待遇提供技术帮助等内容。

2. 中国关于食品进出口贸易中食品安全、检验检疫制度的相关法律规定

中国对食品进出口贸易中食品安全问题的法规规定主要体现在《食品安全法》中。在进口环节规定，应当通过进出口检验检疫部门的检验且符合我国食品安全标准方可销售；在流通环节，规定食品经营者销售进口食品时要履行进货查验义务并建立销售记录制度，以及产生食品安全问题的进口食品召回制度等。值得指出的是，我国《食品安全法》对于流通环节的食品安全规定是围绕着"溯源"这一核心思路制定的，即通过规定食品经营者的"进货查验、销售记录义务"对产生食品安全问题的食品能够追溯到源头，以确保食品安全。

我国对食品进出口贸易中检验检疫制度的规定主要体现在《中华人民共和国进出口商品检验法》《中华人民共和国进出境动植物检疫法》及《中华人民共和国食品安全法》等法律中。对于进口食品，在进口环节、流通环节均作出依法进行检验检

疫的规定，但值得注意的是，两个环节进行检验检疫的行政部门不同，进口环节由出入境检验检疫机构按照其制定的标准进行检验检疫，流通环节是由食品安全监督管理部门依照食品安全国家标准进行检验检疫，二者的检验检疫方法和参照标准不同，前者更多是以食品的"可食用性"方面为出发点进行标准制作、检验检疫，而后者则是从我国公民的"健康权"角度制定标准进行检验检疫，后者的要求更为严格。

3.4　中国食品进出口贸易存在的问题和面临的挑战

3.4.1　威胁中国食品贸易竞争力的因素分析

影响中国食品贸易竞争力的因素包括国际和国内两方面。国际的影响因素主要来自于国际组织、食品供应链主导企业；国内因素主要来自于食品相关企业和食品法规与标准的执行机构。

1. 国际因素

1）世界贸易组织的 SPS 协议、TBT 协议及国家标准

基于安全需要的官方标准可能形成食品贸易的技术性壁垒。为此，世界贸易组织出台了《实施卫生动植物检疫措施协议》（SPS 协议），对成员方之间的动植物检验检疫措施进行规制，避免这些措施阻碍国际食品和农产品贸易的发展。SPS 协议对"必需的检验检疫措施"做了严格界定，检疫将国际标准、准则或建议作为国际检疫协调的基础，提倡有害生物性风险分析（PRA）。从国际食品贸易的发展看，代表性的国家标准包括欧盟的《欧盟食品及饲料安全管理法规》、日本的《肯定列表制度》、美国、日本、欧盟和韩国都实行食品出口企业注册认证制度，美国 2012 年通过了《食品安全现代法案》。2018 年 2 月，欧盟修改了食品接触材料法规，将双酚 A 用于婴幼儿食品接触材料的迁移值提高为 0.05 mg/kg。多边层面的协议有助于防止发达国家和地区食品安全措施的过度滥用，而国家标准的不断提升在一定程度上会削弱我国传统食品在国际上的竞争力。

2）私营标准及非政府组织的行为

由零售商主导的食品生产标准影响力在增加。GLOBAL G.A.P.标准已经从传统的食品安全领域扩展到评估环境保护和劳工福利的结合。1997 年欧盟零售商协会发起欧盟良好农业操作规范（EurepGAP），包括执行危害分析与关键点控制（HACCP）和良好农业规范（GAP）标准。EurepGAP 认证标准涵盖新鲜水果、蔬菜产品和新鲜花卉等。欧洲超市联盟制订了三个门槛标准，一是 EUREP-GAP 标准，这是针对果品蔬菜

等生产者制订的基础性标准；二是 BRC 标准，这是针对食品贮藏包装企业制订的标准；三是 QC 标准质量控制系统，包括生产过程的质量控制。越来越多的 EurepGAP 会员，如德国的麦德龙、英国的特斯科、荷兰的阿霍德等相继进入了中国市场，通过 EurepGAP 认证的产品也会在国内市场上更具竞争力。近年来，社会责任、劳工福利问题也被纳入食品安全认证标准的范畴。私营标准的推行有助于保障食品全球供应链安全，同时也对国内食品供应链企业提出了更高要求，将加大这些企业融入全球供应链的成本。

3）流行疾病、食品污染等重大事件对食品安全的威胁有增加的势头

2011 年日本福岛核泄漏事件对日本及其周边海域的食品安全产生了很大负面影响，该事件的不利影响迄今仍然存在。事件发生后，包括中国在内很多国家禁止从日本进口部分食品。可见，由于食品的特殊性，食品贸易中的食品安全问题远远高于其他产品，食品贸易便利化常会因这些特殊事件而中断。各类媒体和社交网络与工具的盛行加速了食品安全事件的信息传播速度，对有关部门的危机应对能力提出了挑战。

4）跨境电商新业态对食品安全监管提出新的挑战

当前，关于跨境电商的国际经贸规则尚未完全建立，食品贸易中对食品安全的关注给跨境电商模式下的食品检验检疫等提出了挑战。

2. 国内因素

1）食品生产、加工、储运等供应链上的安全问题持续存在

目前我国食品生产和加工主要是以家庭为单位的分散经营模式，存在农药、兽药以及化肥的滥用，一些水产品养殖中投放一些含有违禁成分的原料饲料、食品包装和标签使用不规范等、加工食品中违规使用食品添加剂等问题。如 2018 年 3 月美国 FDA 更新进口预警措施，对我国四家企业出口到美国的食品实行自动扣留，原因包括不规范的原料使用和食品标签标注以及食品运输中造成的污染。

2）食品法规与标准执行问题

1995 年我国制定了《食品卫生法》，2009 年为适应我国食品安全监督和管理需要，制定了《食品安全法》，2015 年我国对《食品安全法》进行了一次较大的修订。根据 2017 年 7 月国家卫生计生委发布的信息，目前我国大约有 1224 项食品安全国家标准，包括了通用标准、产品标准、生产经营规范标准、检验方法等四大类国家标准。我国的食品安全监管机制历经多次调整，2018 年进行职能整合后新成立了国家市场监督管理总局。但是由于食品供应链比较长，区域分布比较广，具体到监管执行层面效果不明显，制约了食品出口竞争力提升。

3.4.2　进口食品安全监管面临的新挑战

1. 贸易便利化带来的挑战

管办分离需进一步健全。在食品质量监管中，管办分离是保障采信和验证有效的基础。贸易便利化要求，政府相关部门不涉及具体的微观检测任务，而是由第三方机构来完成。政府部门只是负责标准的制定。现阶段，我国虽然已经开始实施管办分离，并在《我国消费品标准和质量提升规划（2016～2020 年）》中提出了具体的措施，但在整体上还是处于初期阶段，借鉴西方"法检目录"，在食品贸易便利化背景下，我国还需进一步健全管办分离。

标准规则需进一步完善。同国际接轨的进口食品安全监管标准规则是在贸易便利化背景下，确保进口食品安全监管有效性。我国在具体的食品安全监管标准中，CAC的采标率还相对较低，这就导致了进口食品安全监管与贸易便利化之间的矛盾。因此，在标准规则上亟须进一步完善。

技术机构需进一步整合。当前我国涉及食品安全的检验检测机构仍然是处于初期发展阶段，多为一些事业单位，空间分布上较为分散，还存在重复建设的问题。基于贸易便利化，在管办分离、标准规范的要求下，这些机构显然难以适应新的检测形势，因而必须采取措施对相关的质量监测机构进行整合，同时鼓励社会资本进入检测领域，推动第三方检测机构的发展。

2. 境外食品代购监管难度大

随着互联网经济的发展，加之一些消费者对于国内食品安全形势不认可，近年来境外食品代购发展极为迅猛。而针对这一新变化，由于这一消费形式具有极强的灵活性，很多时候依靠的是人际关系进行推广和销售，目前我国在这方面的食品安全监管上很多环节都还存在盲区。这是新时期，我国进口食品安全监管的一个重大挑战。例如，很多消费者直接通过微信就能联系到境外代购人员，然后进行交易。食品从境外最终到消费者手中，除了食品在过关阶段会有相关的检查，且不是专门针对食品安全的检查，就没有其他的监管措施，这其中无疑包含了巨大的食品安全风险。

3. 进口食品安全监管的企业主体责任不到位

我国进口食品相关企业在质量安全监管主体责任的落实方面还存在着较大的提升空间。首先从企业自身的角度来看，很多企业缺乏进口食品安全监管主体责任意识，甚至是基本的社会责任感，简单地将食品进口过程理解为"一手交钱，一手交货"，直接导致自身的监管主体责任无法得到落实。例如，没有专门的食品安全监管岗位和人员，尤其是一些中小型的食品贸易企业，在这方面体现得尤为明显；还有部分食品贸易企业采用代理模式，对于食品的来源、质量等都不关注，甚至连基本的货物档案都缺乏；还有的企业在食品的进口和销售记录上存在不完善的问题。其次，从政府的角度来看，在《食品安全法》强调企业主体责任的基础上还未建立全面的配套措施，没有完善的食品进口企业质量安全监管相关制度，如企业诚信体系、进口食品企业信息管理系统等等，使得政府部门无法针对不同的进口食品企业实施差别化的管理，这样就不利于督促和激励企业积极落实进口食品安全监管主体责任。

4. 进口食品安全监管的社会参与度不高

社会组织等非政府机构是进口食品安全监管的重要辅助力量。但是根据相关研究，仅有不足 40%的人曾经有过同社会组织合作的经验。可以看出，现阶段我国社会公众在进口食品安全监管中的参与程度非常有限。大多数工作都是由海关部门、农业部门或者是卫生部门等政府机构来开展的，没有社会力量的参与，使得监管工作缺乏活力。而在我国不断完善的社会主义市场经济制度中，诸如行业协会、商会等社会组织相较于政府机构来说更加熟悉和了解进口食品相关的流通环节，以及在食品安全方面可能存在的问题，同时也更了解食品市场的规律，所以能够作为进口食品安全监管的重要补充力量，起到一定的质量安全监管作用，为相关的政府监管部门在制定政策措施时提供更加符合市场和消费者要求的意见建议，最大限度地提升进口食品安全监管水平。

一方面，任何领域的行业协会都具有部分的自律作用，食品领域内的行业协会也是如此，充分发挥食品行业协会的作用能够为保护食品行业的集体利益而对一些违反行业公共准则和道德以及市场规律的行为进行修正，进而引导正确的价值导向，保障食品产业的健康发展。但是，我国的食品行业协会并没有发挥出应有的作用，仍然存在着组织架构不科学、政策引导乏力、独立性不足、技术能力有限等问题。另一方面，社会公众在当前的进口食品安全监管参与中大多数都是被动的，只有当自身的合法权益受到侵害时才会去主动查询进口食品安全监管相关知识，寻求相关部门或者法律的帮助。而且政府部门在进口食品安全监管信息公开方面也还存在选择性发布的情况，社会公众的知情权无法得到有效保障，这就导致社会公众缺乏参与进口食品安全监管的信息基础，监管工作不能得到社会公众的全力支持。另外，我国在进口食品安全监管相关知识方面的宣传工作也相对缺乏，部分媒体的报道有时为了达到"博眼球"的目的而不实事求是，使得公众参与进口食品安全监管缺乏必要的知识基础。

5. 进口食品安全监管相关检测技术水平能力不足

检测技术是进口食品安全监管的一个关键环节。通过调查得知我国在检测技术设备上依然存在滞后的问题。同时，结合进一步的调查分析，发现在检测技术上我国进口食品安全监管主要存在四个方面的问题。

首先，不同地域间检测技术发展不平衡。在沿海地区，进口食品安全监管工作任务相对较重，因而容易得到国家检测资源的倾斜，这也就形成了东部沿海地区成为进口食品安全检测的技术高地。这同内陆地区检测技术水平落后、高端设备缺乏形成了鲜明的对比。其次，由于缺乏检测机构建设的规划，一些政府检测机构同第三方检测机构存在资源交叉的情况，导致了一些检测资源浪费的问题。再次，一些地方的检测机构检测项目较少，但出现一些新型的，或者是项目列表外的检测任务时，无法采取相应的措施进行处理，延长了监管的时间周期。最后，目前的食品安全监管高新技术，很多都是被国外企业所垄断，我国检测机构在检测技术的创新上存在着较大的差距，这就使得我国进口食品安全监管工作在检测技术上往往滞后于国际水平，处于被动状态，从而影响进口食品安全监管的总体工作。

6. 食品进出口法律法规体系不完善

法律法规体系是保障进口食品安全监管顺利实施的基础。现阶段，在中国法律体系中与进口食品安全相关的法律法规及部门规章主要包括《食品安全法》《进出口商品检验法》《进出境动植物检疫法》《进出口食品安全管理办法》等，同时相关的法律还配套了具体的实施条例。从整体上看，这些法律法规将我国食品安全监管的各个环节都纳入了进来，但是在具体条款细节上还存在不翔实的问题，尤其是在进口食品安全监管方面。这样就导致了一些食品安全的风险转移到了消费终端。在 2009 年，我国质检总局明确了全面停止食品类企业国家免检的政策，要对食品类企业实施严格的抽检制度。但是在具体实践中，这一举措并没有发挥出预期的效果，针对食品类企业的抽样检验同总体检验一直没有实现平衡，也就是说在当前的法律法规条件下，我国还不能够真正实现在食品领域的全面检验，这其中自然也涵盖了对于进口食品的检验。另外，在《食品安全法》修订后，对于食品召回体系建设进行了相关的要求，但是我国很多进口食品相关企业规模都有限，在食品召回体系建设上缺乏基本的条件，因而在实施过程中遇到了重重困难。我国现有的进口食品安全监管相关的法律法规体系，首先，在全面性上存在不足，对于进口食品安全监管未来发展的趋势，以及一些超前性的制度规定没有做好充分的准备；其次，进口食品安全监管相关法律法规中的一些措施缺乏操作性、适应性，尤其是对于一些监管的边缘区域缺乏有效的约束力；再次，一些相关的惩罚措施也没有足够的威慑力，导致违法成本较低，一些不法分子可能就会选择铤而走险，实施一些违背进口食品安全监管的行为；最后，进口食品安全监管在整个食品安全监管领域目前还属于相对弱势的环节，无论是在监管措施、方法、技术、标准等方面法律法规中的要求和规定没有形成较为完善的体系，这直接影响了进口食品安全监管的效率。

7. 食品进出口监管标准体系不健全

质量标准体系是进口食品安全监管的重要依据。只有保障了质量标准体系的健全性，进口食品安全监管才能形成统一的工作目标。一些群众对于当前的进口食品质量标准体系还是存在着一定的困惑。这主要是由于，一方面我国政府所采用的国家标准同CAC（国际食品法典委员会）制定的国际通用标准之间存在差异。虽然我国国家标准的制定也参考借鉴了 CAC 的标准，但是同一些发达国家和地区相比，接轨程度（采标率）还明显不足。20 世纪 80 年代初期，欧洲一些国家的 CAC 标准的采标率就超过了80%，日本在这一数值上甚至超过了 90%，其中部分标准还要高于 CAC 标准，而我国目前的采标率仅有 45%左右。例如，很多国家和地区已经对有害的食品添加剂实施了禁令，但是我国的标准体系中还有相关的检验检测方法，这就导致了一些实际监管工作中的无用功，造成资源的浪费；还有我国在农残和兽残方面的标准要明显低于欧盟、美国等国家（或地区）的标准，在植物奶油上还没有制定相关的限量标准等等。另一方面，当前国标的抽样标准与实验室的检测标准存在差异，主要体现在进口食品的抽样比例、数量和质量上，而对于食品进口企业来说，不同的抽样比例、数量和质量对应的成本支出也有差异。一般来说实验室对于样品数量和质量的要求都高于国标要求，这就导致一线监管人员按照国标抽样后，却无法满足实验室的检测需要。例如，2016 年 8 月在黑龙江某口岸进口一批膨化食品，包装规格为 50 g／袋。依据国标抽样 6 袋即可，但是要满足实验室中相关检测项目的需要，则应当抽样 100 袋，这比国标规定的 6 袋要多出 15 倍还多。这些都反映出了我国在进口食品安全监管标准体系建设方面存在的诸多问题。

1）食品安全风险预警体系

食品安全风险是客观存在的，任何国家和地区都不可避免。而在全球贸易不断发展的今天，对于进口食品来说更是如此。我国质检总局在 2012 年就提出了建立进出口食品化妆品不合格信息管理及风险预警系统，但是在具体应用中还有很多问题亟待解决。一是进口食品相关质量安全信息互通不充分，没有实时的信息传递渠道，不同省市之间如果发现不合格信息需要首先进行上报，确定存在风险问题后，国家机构再通过公告、通知的形式进行说明，这就导致了风险预警的时效性大打折扣。二是相关进口食品安全监管信息的处理能力欠缺，无法对信息实施有效的梳理，过滤无效信息，很多食品安全监管信息在收集后无法发挥出真正的作用，甚至有时会出现为了收集而收集的情况，对于后续的数据分析、处理与应用还没有形成完善的机制体制。这些问题都直接导致了无法及时对进口食品风险进行预警，很多时候都是在事后再采取措施。

2）食品安全追溯体系

所谓食品安全追溯体系就是指能够对食品，或者是其中的成分在加工、销售等相关环节中实现问题追溯的系统。通过食品安全追溯体系，政府监管机构就能够对企业、经销商进行追踪监管。且当发生食品安全事故时，追溯体系还能配合召回体系更好地进行产品召回。目前我国在进口食品安全追溯体系建设上还缺乏系统性，政府部门、企业、社会组织之间还没形成追溯协调机制。具体的问题主要表现在三个方面：第一，食品安全追溯体系缺少法律法规保障。我国《食品安全法》在国家层面上虽然指出了要建立食品安全追溯体系，但是没有具体的措施，在实施和操作层面并没有详细的规定，如何采集、留存生产经营信息，以及相关的标准和流程都缺少规范化，同时对于企业并没有进行强制性的规定，而是用了"鼓励"的表述。第二，适应食品安全追溯的统一政府监管模式还未建立，在进口环节目前主要有海关部门进行监管，而流入到市场后在销售环节则要由市场监督管理部门进行监管，由于缺乏有效的协调配合机制，这样分段式的管理模式导致一旦出现食品问题无法在第一时间找到原因，并施以针对性的措施。第三，食品安全追溯体系需要企业、经销商、政府和消费者最大可能地共享相关信息，这就需要信息管理平台的构建，而目前我国在这方面的工作还相对滞后，无法保障食品安全追溯体系的基本软件条件。

3）食品安全召回体系

所谓食品安全召回体系，主要是指食品企业或者是经销商在知道其销售的食品存在安全隐患，威胁人们身体健康的情况下，按照法律和体系要求及时上报政府部门，采取多种方式对社会进行公告，并将消费者手中的问题产品收回、更换的一种补救措施，最终达到消除安全隐患的目的。相较于食品安全追溯体系，《食品安全法》对于食品安全召回体系进行了相对较为详细的要求，同时还专门针对进口食品进行了规定，明确了政府部门在食品召回中相关的行政权力。另外，《食品召回管理办法》在具体召回程序和方法上也有相关的规定。但是，目前进口食品安全召回仍然是以企业为主，政府在食品安全召回中监管职责的落实并不到位，这种情况下往往会导致企业不主动、政府不积极。加之《食品召回管理办法》上一次修订还是在 2007 年，在很多细节上已经无法适应当前食品贸易发展形势的新变化，例如"海淘"食品，由于过于分散等原因，一旦出现问题很难落实食品召回措施。

8. 进出口监管部门组织队伍建设有待强化

组织队伍建设是进口食品安全监管的基本条件。人员力量的不足仍然是一个突出的问题，这也从侧面反映出了我国进口食品安全监管在组织队伍建设方面的诸多问题。首先，在 2005 年我国进口食品量仅有 581 万吨，而到了 2017 年这一数字达到了 5348 万吨，是 2005 年的近 10 倍。这十几年来，我国进口食品的贸易量迅速增加，但是在质量安全监管人员上，虽然有所增加，但完全同进口食品贸易量的增加不匹配，无法满足实际工作的需要，这就导致了大量的监管人员在监管过程中无法保证工作质量，影响进口食品安全监管水平。其次，在监管人员业务能力方面，很多人仍然是注重结果而忽略过程，虽然《食品安全法》《进出口食品安全管理办法》对于进口食品的过程监管提出了要求，但是实际工作中，改善的效果并不明显，部分监管人员或机构依然是习惯于采取静态的监管方法，简单地检验进口食品是否符合相关标准，并以此作为通关依据，而忽略对于其他过程的监管，导致一些食品安全风险流入到了最终的消费市场。另外，还有部分监管人员在思想上存在偏差，缺乏服务意识，甚至存在"官本位"思想，认为自己是权力的拥有者，导致在监管工作中存在工作效率不高的问题。

3.5　中国食品进出口贸易保障对策及措施

3.5.1　中国食品进出口贸易竞争力的提升对策

与食品贸易和食品安全相关的全球标准、国家标准体现了人类对健康安全的高度关注，世界贸易组织的 SPS 协议有助于在多边层面防止上述标准成为食品贸易壁垒。基于可持续发展理念的私营标准则推动着食品标准的发展趋势。国内外重大食品安全突发事件则引发国家食品贸易政策的临时调整。从食品贸易便利和安全的关系而言，本报告认为，我国食品贸易政策的调整应坚持在确保食品安全的前提下实施食品贸易的便利化这一措施，基于此，提出以下政策建议：

第一，强化进出口食品安全标准和监管方面的国际合作。我国检验检疫机构加强与国外相关机构的信息沟通与交流，及时通报国外进口食品安全标准及监管要求的最新政策变化；提升进出口环节食品安全检测手段和技术，缩短食品检验检疫与通关时间。

第二，食品供应链企业强化食品安全意识，增强履行供应链社会责任的自觉性。由食品零售商主导的私营食品标准对国内食品供应链企业的生产、加工、经营、仓储、运输等环节提供了更高的标准，劳工福利等也逐渐进入供应链管理内容，国内食品企业要增强履行社会责任的自觉意识；提升企业的生产、经营和技术水平，减少对供应链领导企业的依赖程度；增强自身的话语权，与供应链企业谈判，争取建立因履行社会责任增加成本的分担机制。

第三，持续推进食品贸易的便利化。在国内，持续扩大贸易便利化措施改革，提升包括食品企业在内的国内企业通关效率，为 AEO 企业提供更多的便利通关措施，扩大 AEO 互认制度的范围。在双边或者区域层面，将海关管理与贸易便利化条款纳入双边自由贸易协定谈判范围。

3.5.2　中国进口食品安全监管对策

1. 构建全面的进口食品安全监管相关法律法规体系

保障进口食品安全，最有效和最根本的措施就是完善的法律法规体系。我国在这方面也开展了诸多的工作，2018 年最新修订的《食品安全法》中，与 2009 年版相比，将涉及的进口食品安全监管方面的内容进行了大量的拓展，如 2009 年版针对进口食品安全监管的法条为第六章的九个法条，最新的《食品安全法》为第六章十一款法条，这充分体现了我国正在结合实际情况不断完善我国进口食品安全监管的法律法规体系。但是，由于科学技术的不断发展，以及进口食品贸易情况的变化，进口食品安全监管要求也不断发生变化，因此为应对时代发展的需要，我国进口食品安全监管的法律法规体系必须进一步完善。具体来说，首先，可以针对进口食品安全监管制定专门的条例来对进口食品安全监管方面的风险进行管控，这就要求在前期对我国现有的进口食品安全相关的法律法规进行梳理，利用修订、废止等措施来对已有的法律法规进行整合，同时结合国外的相关经验，征求社会公众的意见建议，明确对于境外食品代购的监管措施，出台符合我国国情的《进出口食品监管条例》。其次，要在制订该条例的基础上，组织相关的食品安全专家对条例进行案例解读，从而让更多的人能够更充分地了解和掌握条例中的内容，并应用到实践当中。例如，可以针对进口食品的标签进行案例剖析，将进口食品标签审核、判定等相关环节都通过实际案例进行说明，尤其是不符合规定的情况。再次，要在法律法规中进一步明确海关、市场监管等部门在进口食品安全监管中的职责，并建立起协调配合机制。同时，要强化社会公众、组织等非政府机构在进口食品安全监管中的法律地位，通过法律来保障社会公众、组织参与到进口食品安全监管中的权利。最后，要强化法律的惩罚措施，通过法律建立起严格的惩罚制度，增加违法者的违法成本，可以探索建立进口食品相关企业的"黑名单"制度，充分发挥法律的震慑作用，一旦出现进口食品安全问题，严格执行法律规定，决不姑息，利用法律的强制性和威慑力来维护食品安全。

2. 促进社会力量参与

保障公众知情权。知情权是我国公民的一项基本权力。进口食品安全监管信息的交流和互通是保障和维护公民知情权一个关键，也是提升监管水平的重要措施。因此，我国应当积极构建健全的进口食品安全监管信息平台，使得进口食品安全监管逐步实现公开化和透明化，这也是促进公众参与监管工作的一个前提。首先，要强化各类信息的收集，这其中主要包括政府部门自身的信息、食品行业领域内的信息、社会层面相关的信息，以及国外的相关信息。在收集过程中要对信息的真实性进行核实，确保进入信息平台的信息的可靠性。其次，要建立通过信息平台及时公布相关信息的机制。一方面，要对收集和分析的信息，以及政府在进口食品安全监管方面的政策措施进行公布，让社会公众了解食品安全监管的最新情况；另一方面，在制定一些普遍性的条例、政策、办法时要广泛征求社会公众的意见，可以通过电子邮箱、电话、微信公众号、微博等不同形式来收集意见建议，从而提升相关政策条例制定的科学性和合理性。这样，社会公众才有了参与进口食品安全监管的信息基础。

充分发挥行业协会等社会组织的作用。我国新修订的《食品安全法》中明确了行业协会等社会组织在进口食品安全监管中的重要作用。因此，在具体落实方面就需要各方共同努力。首先，政府部门要深刻领会法律规定的精神，认可行业协会的重要作用，并在具体的进口食品安全监管中将其列入议事日程。其次，要明确行业协会的权利和职责，建立起对行业协会的监管机制，确保行业协会在合理、合法的范围内发挥自身进口食品安全监管的作用。同时，作为进口食品的流通终端，消费者是食品安全问题的最终受害者。因此，消费者在进口食品安全监管中也有着重要的地位。政府相关部门要不断通过宣传教育来提升消费者的食品安全意识，培养其基本的食品安全鉴别能力，确保能够及时地发现进口食品中存在的安全隐患，并到相关部门进行举报。而在这其中，消费者协会的作用也是不容忽视的，政府部门要积极地通过消费者协会来广泛地收集消费者的举报或者是投诉信息，发现进口食品安全监管中存在的隐患问题。另外，结合当前我国政府职能的转变，进口食品安全监管有关部门可以将部分监督权力下放到行业协会等社会组织中，促进其更好地发挥监管作用；还可以将一些检验标准的制定也交由社会组织，从而制定出更加符合食品行业特点和要求的标准体系，提高监管水平。

3. 强化企业主体责任

从根本上说，安全的食品不是监管出来，而是生产出来的。政府部门、社会组织、消费者等都只能充当监管者，而并不是食品安全的守护者。企业作为食品的直接生产或销售主体，必然在食品安全监管上占有主导地位，在我国《食品安全法》中也明确了这一点。只有企业保障了生产原料、工艺、设备的安全，才能确保食品的安全，进而减少风险隐患。具体来说，首先，要建立完善的食品进口企业对境外生产企业的审核制度，通过制度建设来强化国内的进口商对境外生产企业的资质审查、安全检查，确保境外的生产企业能够落实自身的质量安全责任。其次，政府部门要定期对检验发现不合格进口食品的相关信息进行公布，加大曝光力度，让存在食品安全问题的进口商和境外生产企业无法立足，从而警醒进口商和境外生产企业要时刻重视食品安全监管责任的落实。最后，构建科学的企业信用体系，激励相关企业落实监管责任，提高监管效率。由于我国食品进口贸易量的不断增大，监管工作量也不断提升，如何在保障监管效率的情况下，减少部分工作量，提高监管效率也是保障进口食品安全监管的关键。通过对企业的规模、过往经营行为、产品安全状况等信息的评级，建立企业的信用体系，为不同信用级别的企业设立不同的抽样和检验标准，这样一方面能够减少对一些信用好的企业的监管工作，另一方面也能够激励信用评级不高的企业为了更好地信用评级而积极落实监管主体责任，从而提升监管水平。

4. 强化进出口食品的检测技术水平

检测技术是保障进口食品安全监管的重要条件，高水平的检测技术能够直接提升进口食品监管的效率和质量，对于强化进口食品质量安全意义重大。针对我国在检测技术上存在的问题，首先要平衡地域间的检测技术水平，要加大对西部等进口食品安全监管技术能力有限地区的扶持力度，投入足够的资金用于检测设备的购置和检测人员的培训，减小不同地区之间检测水平的差距。其次，对各类检测资源进行整合。可以探索将政府的实验室分离，并同高校、企业、第三方机构等相关单位的实验室进行整合，建立起独立的、区域性的实验室，从而最大限度地实现"管检分离"，规避腐败风险。再次，推动前沿检测项目的研究。基本的检测项目很多实验室都可以做，但是一旦涉及前沿的检测项目，往往很少有实验室能做。因此，政府部门应当加大对于前沿检测项目的政策引导，通过各类优惠政策来不断推动相关实验室加强对于前沿检测项目的研究，从而促进我国检测水平始终走在世界前列。最后，积极推动我国相关进口食品企业以及中国检验认证集团与境外机构进行检测合作，将国际权威认证的实验室的检测结果纳入当前境外预检制度中，一方面能够间接提升检测水平，另一方面也能有效减少人力和物力的浪费，还能避免一些不必要的行政干预。

5. 加强食品进出口监管体系建设

在进口食品安全监管体系上主要涉及安全预警、安全追溯和安全召回。首先在安全预警体系上，要构建全面的信息交流平台，实现全国各个海关等政府相关部门之间信息的互通和共享，从而使得相关风险信息能够第一时间被相关单位获知，奠定预警分析的基础。其次，强化风险信息的收集分析能力，组织专业人员建立专门的食品安全预警机构来收集和处理进口食品安全相关的风险信息，无论是在入境阶段，还是在入境后进入我国消费市场的阶段，都要及时收集风险信息，条件允许情况下可以建立相关的数据库，然后通过专业人才进行分析，发现可能存在的进口食品安全隐患，并采取相应的处置措施。而安全追溯和安全召回是相互关联的，通常都是发现问题后，在安全追溯的基础上进行安全召回，所以在安全追溯上，首先应加强法律保障，考虑进口食品安全监管的特殊性，在《食品安全法》的基础上制定专门的进口食品安全监管追溯体系相关的法律法规，明确政府、企业、社会组织等相关单位在食品安全追溯体系中的权利、责任和义务。其次，建立政府、企业、社会组织、检测机构等进口食品安全追溯相关单位之间的协调配合机制，将分段式的管理模式在食品安全追溯体系中有机地整合起来，从而确保追溯体系运行的畅通。在安全召回体系上，有了安全追溯体系的保障后，借鉴国外发达国家和地区的经验，我国可以建立专门的进口食品安全召回管理机构，直接负责进口食品召回的各项具体工作。同时，在法律层面上，应当尽快修订完善相关的安全召回要求和制度。另外，应当尽快研究制定上述监管体系在境外食品代购监管方面的适用方法，确保在互联网经济的浪潮下，进口食品安全监管的全面性。

参 考 文 献

[1] 林雪玲, 叶科泰. 日本食品安全法规及食品标签标准浅析[J]. 世界标准化与质量管理, 2006, (2): 58-61.

[2] 李琳. 韩国食品安全管理机构和法律法规体系简介[J]. 食品安全导刊, 2014, 78(15): 68-69.

[3] 李建军. 韩国食品安全标准体系解析[J]. 食品安全质量检测学报, 2016, 7(9): 3815-3818.

[4] 边红彪. 新加坡食品安全监管体系分析[J]. 标准科学, 2018, (9): 25-28.

[5] 边红彪. 泰国食品安全监管体系研究[J]. 食品安全质量检测学报, 2019, 10(15): 5202-5205.

[6] 席静, 李志勇, 曹晓钢, 等. 马来西亚农食产品监管体系及法规标准体系研究[J]. 现代农业科技, 2019, (21): 216-218+220.

[7] 边红彪. 越南食品安全监管体系分析[J]. 标准科学, 2020, (8): 125-128.

[8] 周惠芳, 庄媛媛. 巴基斯坦食品安全监管体系分析[J]. 标准科学, 2019, (2): 41-47.

[9] 汪廷彩, 张英, 赵旭博, 等. 印度食品安全监管体制简介[J]. 中国食品卫生杂志, 2009, 21(2): 137-139.

[10] 宁立标. 印度食品安全的法律治理及其对中国的启示[J]. 中国食品, 2015, (8): 42-45.

[11] 边红彪. 阿联酋食品安全监管体系分析[J]. 食品安全质量检测学报, 2019, 10(23): 8123-8128.

[12] 边红彪. 沙特阿拉伯食品安全监管体系研究[J]. 食品安全质量检测学报, 2019, 10(20): 7044-7047.

[13] 边红彪. 意大利食品安全监管体系分析[J]. 标准科学, 2018, (12): 70-73.

[14] 马兰, 胡坚, 何宏恺, 等. 南非食品安全法律法规标准体系概览[J]. 标准科学, 2013, (12): 88-91.

[15] 杨洋, 贝君, 蒋萍萍, 等. 新西兰食品安全检验检测体系评估[J]. 食品安全质量检测学报, 2020, 11(24): 9451-9456.

[16] 王远东, 华从伶, 刘善民, 等. 中国与"一带一路"沿线国家食品农产品贸易现状及对策研究[J]. 食品与发酵科技, 2019, 55(6): 87-90.

第4章 "一带一路"共建国家环境基准发展战略研究

4.1 研究背景

"一带一路"倡议是我国主动应对全球形势深刻变化、统筹国内国际两个大局作出的重大决策。随着"一带一路"倡议的不断推进,我国与共建国家的经济贸易往来日益紧密。

2013年至2018年,中国作为"一带一路"倡议发展规划的主导国家,与"一带一路"共建国家进出口总额达64691.9亿美元,其中,2018年农产品进出口总额分别占进出口总额的6.69%和3.34%。粮食和农产品贸易安全作为"一带一路"倡议发展规划的重要组成部分,将是影响"一带一路"共建国家经贸顺利推进的重要因素。

环境基准是守住食品安全的第一道防线,开展"一带一路"共建国家环境基准的发展战略研究对于保证共建国家进出口的食品安全、减缓贸易壁垒、促进共建国家经济社会共赢发展具有重要的现实意义。

4.1.1 食品暴露是人体健康风险的一个重要来源

环境和食物是暴露污染物造成人体健康风险的重要来源。相比环境暴露,WHO研究发现,食品铅暴露给非洲、美洲、东南亚、地中海东部、欧洲和西太平洋带来的人群患病率为0.12~0.23,甚至是部分欧洲地区患病率的最主要风险来源。对于重金属和有机污染物等大多数有毒有害污染物而言,饮食暴露的风险占居民总介质综合暴露风险水平的80%以上。饮食暴露已成为我国及部分"一带一路"共建国家甚至全球人群死亡的第一危险因素。因此,对食品污染物加以管控,是防范人群食品暴露健康风险的有效途径。而环境与食品二者相辅相成,农产品产地的环境安全与食品的"安全"息息相关,甚至起决定作用,中国工程院重大咨询项目"中国食品安全现状、问题及对策战略研究(二期)"的课题二"环境基准与食品安全发展战略研究"发现,小麦等食品中的重金属(如铅)主要来自产地环境的土壤吸附和大气沉降。我国与部分"一带一路"共建国家正处于经济文明建设快速发展的关键时期,土地利用方式、饮用水来源等千变万化,"吃得安全、吃得安心"的内在需求给农产品原产地环境质量提出持续不断的挑战。推进农产品原产地环境风险防控,可有效控制农产品产地环境大气干湿沉降、污水灌溉、土壤污染物迁移转化等过程对农产品的富集污染,是有效控制食品污染、防范食品暴露健康风险的有力保障。

4.1.2　环境基准是农产品产地安全的首要保障，是"一带一路"共建国家食品安全的第一道防线

环境基准是环境标准的科学依据，是生物和健康的理论安全阈值，是直接保障农产品产地土壤、大气和水体环境质量的重要标尺。中国工程院重大咨询项目"中国食品安全现状、问题及对策战略研究（二期）"的课题二"环境基准与食品安全发展战略研究"发现，相比于加工、运输、储存、包装和消费等环节，产地环境既是影响食品安全的首要因素，也是威胁食品安全的主要因素。环境基准作为保障农产品产地环境的重要标尺，可从源头上减少农产品中污染物的富集，为食品安全保驾护航，是保证"一带一路"共建国家食品安全的第一道防线。而环境基准的科学设立不仅取决于污染物的毒性特征，还依赖于空气、水体和土壤等环境介质和食品途径对污染物综合暴露的介质风险分担率底数，只有厘清不同介质的风险分担率底数，才能基于风险综合防控的角度科学地设立基准值。然而，包括我国在内的"一带一路"共建国家当前仍缺乏人体经环境和食品综合暴露调查，人体经各介质暴露风险分担率仍不明确，在制定国家标准或限值时缺乏科学依据，导致环境质量标准与食品标准体系修订不能协调有效联系，使得环境治理的源头难以制定有效的风险防控措施，不能真正防范人类健康风险。基于此，才能结合"一带一路"倡议，综合考虑各国环境管理机制及手段、食品及农产品贸易往来需求、现存贸易壁垒等因素，使用"环境基准"这一标尺来衡量农产品的产地环境安全以保证食品安全；进而结合沿线各国国情及环境基准发展现状，构建"一带一路"共建国家的环境基准体系发展战略。

4.1.3　当前"一带一路"共建国家环境质量标准/基准和食品标准差异显著

"一带一路"共建国家和地区在农业资源、技术、市场、产能等各方面禀赋不同，各有所长。同时，"一带一路"共建国家由于政治经济文化等方面的不同，国家的水质量环境基准、大气质量基准、土壤质量基准和食品质量标准也存在差异。

"一带一路"共建国家水质基准存在差异：以重金属为例，"一带一路"共建国家的饮用水标准中污染物的种类存在差异，我国饮用水标准中包含了 18 种重金属类物质，新加坡有 12 种，俄罗斯有 11 种，罗马尼亚 5 种，而菲律宾、泰国、越南、马来西亚、印度尼西亚、捷克等国家使用的均是 WHO 的饮用水标准，共限定了 11 种重金属类的污染物质。与新加坡相比，我国没有铀的相关标准，其他国家的标准也不尽相同。同类金属在不同国家的限值也存在差异，例如，镉在中国和欧盟的限值为 0.005 mg/L，WHO 和新加坡的镉限值为 0.003 mg/L，俄罗斯的镉限值为 0.001 mg/L；我国的铅标准为 0.01 mg/L，而罗马尼亚的铅限值是我国的 10 倍；我国对于汞的限值是 0.001 mg/L，是俄罗斯汞限值的 2 倍，而新加坡的汞限值是我国的 6 倍；我国铜的限值是 1 mg/L，是罗马尼亚的 1000 倍，新加坡和 WHO 的铜的限值是我国的 2 倍。对于地表水环境标准，我国限定了 19 种重金属类污染物，而越南仅有 9 种重金属类

污染物,克罗地亚仅限定了 3 种重金属类污染物。越南镉限值是我国镉限值的 2 倍,铜限值仅有我国限值的一半,铁限值为我国限值的 5 倍。对地下水而言,中国限定了 18 种重金属类污染物,越南限定 8 种,克罗地亚限定 3 种。我国农业用水铁的限值为 2 mg/L,越南为 5 mg/L;我国锰的限值为 1.5 mg/L,是越南的 3 倍,我国铅的限值为 0.01 mg/L,是越南和克罗地亚的 10 倍;我国镉的限值为 0.01 mg/L 是越南和克罗地亚的 2 倍;汞的限值是 0.002 mg/L,是越南和克罗地亚的 2 倍;等等。对于海洋水质标准,我国限定 10 种重金属类污染物,而越南限定 9 种重金属类污染物。我国水产养殖区铅的限值为 0.005 mg/L,越南铅的限值是我国的 10 倍;越南汞的限值为 0.001 mg/L,是我国汞限值的 5 倍。可以看出,我国与"一带一路"共建国家的水环境标准污染物的种类和限值都存在很大差异。

"一带一路"共建国家空气基准存在差异:我国空气基准中关于重金属仅对铅作了限值规定,越南和蒙古国也仅有铅限值,而欧盟则包括铅、镉、镍三种重金属。我国铅的年平均浓度为 0.5 $\mu g/m^3$,与越南、蒙古国、欧盟地区的限值均相同,而欧盟镉限值为 5 ng/m^3,镍为 20 ng/m^3。空气颗粒物会通过沉降污染水体、土壤,进而污染到农产品,也可以直接沉降到植物,通过植物表面吸收而使植物受到污染。空气环境质量也是引起农产品等食品质量差异的原因之一。

"一带一路"共建国家土壤基准存在差异:以我国和越南为例,我国土壤标准中限定了 8 种重金属类污染物质,分别是镉、汞、砷、铜、铅、铬、锌、镍。越南限定了 5 种重金属类物质,分别是镉、砷、铜、铅、锌。我国土壤限值的二级标准在不同 pH 的土壤中有不同的限值,划分细致,而越南仅有一个限值。越南的镉限值为 2 mg/kg,我国酸性和中性土壤中,镉限值为 0.3 mg/kg,碱性土壤中镉限值为 0.6 mg/kg;我国的铅限值远高于越南地区,是越南地区的 3~5 倍。

不同国家食品安全标准关注污染物种类不同:不同国家食品安全标准限值的污染物项类不同,国际食品法典委员会(CAC)是全球消费者、食品生产和加工者、各国食品管理机构和国际食品贸易重要的基本参照标准。CAC 限定了 3131 项食品添加剂的项类,欧盟 3587 项,印度 7287 项,俄罗斯 5227 项,中国 2660 项,菲律宾 650 项,新加坡 633 项。对于农兽药残留,欧盟有 231134 项,CAC 有 5479 项,中国有 5191 项,印度尼西亚有 3886 项,俄罗斯有 3391 项,泰国有 1294 项,新加坡有 1606 项,马来西亚有 1060 项,而印度仅有 519 项。对于重金属类污染物,印度尼西亚有 290 项,马来西亚有 224 项,印度有 220 项,中国 173 项,越南有 168 项,新加坡 141 项,沙特阿拉伯 122 项,欧盟 72 项,CAC 69 项,泰国仅有 6 项。对于放射性污染物,我国规定了 60 项,欧盟规定 42 项,CAC 规定 41 项,沙特阿拉伯规定 40 项,菲律宾规定 21 项,印度规定 13 项,印度尼西亚规定 12 项,泰国规定 8 项,马来西亚规定 6 项,新加坡规定 1 项。对于其他有毒有害物质,比如黄曲霉毒素、三聚氰胺等物质,欧盟规定 203 项,马来西亚 112 项,印度尼西亚 85 项,中国 84 项,印度 48 项,沙特阿拉伯 41 项,新加坡 40 项,CAC 28 项,越南 9 项,泰国仅有 1 项。可以看出,不同国家在所限定污染物种类方面参差不齐,有很多国家污染物限值较少,若进口在本国无标准规定的食品,则可能会给本国带来食品安全的威胁。

不同国家食品安全标准关注污染物限值存在差异：不同国家不同食品类别中重金属等污染物的限值存在差异。例如镉在 CAC 蔬菜中的限值为 0.1 mg/L，而马来西亚、泰国、中国等国家的限值为 0.05 mg/L；再如铅，在中国豆类蔬菜中的限值为 0.1 mg/L，而印度的限值为中国的 2 倍，新加坡为中国限值的 10 倍。由此可见，受沿线各国人群膳食摄入特征的影响，不同国家环境及食品标准高度不统一，一方面可能给食品的贸易往来及进出口监管带来巨大挑战，造成贸易壁垒；另一方面可能存在引入新型污染物的隐患，且无法真正保障沿线各国"舌尖上的安全"。

由此可见，沿线不同国家环境质量基准发展阶段不同，各环境质量标准的完善程度不一，相关环境质量标准关注的污染物种类及指标限值也存在显著差异。虽然每个国家均有自身的食品指标要求和食品安全监管标准，食品安全标准关注的污染物种类及指标限值也存在显著差异。不同的标准不仅会造成贸易壁垒，同时也会导致引入其他国家新型污染物，威胁食品安全。

"一带一路"倡议是我国主动应对全球形势深刻变化、统筹国内国际两个大局作出的重大决策。随着"一带一路"倡议的不断推进，我国与共建国家的经济贸易往来日益紧密，食品农产品贸易作为"一带一路"的重要组成部分，其安全性将是影响"一带一路"经济贸易顺利推进的重要因素。而环境基准则是守住食品安全的第一道防线，开展"一带一路"共建国家环境基准的发展战略研究对于保证共建国家进出口食品安全、促进共建国家经济社会共赢发展具有重要的现实意义。

当前随着一些新型化学物质的使用，环境中存在很多的"安全隐患"，而这些污染物目前可能未被"一带一路"共建的大多数国家环境标准所监管。受经贸活动过程和贸易政策等影响，多商圈交叉的"一带一路"贸易往来可能将食品进出口的管理要求引入新的局面，给水体、大气、土壤等环境带来新的挑战和压力，进一步对环境基准和标准等环境管理抓手提出新要求。此外，在"一带一路"过程中，会面临产业转移相伴的污染转移、经贸活动产生的固废危废垃圾、海上运输中的溢油污染等，这些过程均有可能引入别国的特征污染物，从而造成我国水体、大气、土壤方面的新型污染或严重污染，进而对我国的农产品、淡水产品和海产品产生危害。进口的食品种类也可能会携带一些特殊的新型污染物质，危害食品安全。作为"一带一路"倡议国，我国也理应构建和维护区域食品安全的环境基准体系，为区域各国人民的食品安全守好第一道防线。鉴于当前"一带一路"共建国家环境质量标准/基准和食品标准差异显著，唯有深入分析各国环境基准和标准体系，剖析这些环境基准制定的背景和科学依据及其存在的差异，分析可能给食品安全带来的隐患并识别出食品污染可能的主要来源，才能基于各国国情和发展需求科学构建"一带一路"共建国家的环境基准发展战略，以保证共建国家的食品安全有章可循，有法可依，最终共建国家保障经贸往来的食品安全。因此，开展"一带一路"共建国家环境基准的发展战略研究对于促进共建国家食品经贸往来、保证共建国家进出口的食品安全、促进共建国家经济社会共赢发展具有重要的现实意义[1-10]。

4.2　研究内容与方法

4.2.1　研究内容

（1）系统梳理"一带一路"共建国家地下水和地表水体、大气、土壤及食品等介质的现行标准和基准，归纳整理相关标准及基准的发展历程，并深入剖析共建国家环境及食品等标准的制定依据。

（2）深入对比分析共建国家相关环境标准在指标、标准值等方面的差异；同时系统分析共建国家食品及环境介质综合暴露的介质分担率，以此识别环境质量改善对各国食品安全的影响权重。

（3）系统总结国际相关环境标准和基准制定过程中的先进经验，结合各国的经济、技术、社会发展等国情，提出"一带一路"共建国家环境基准及食品安全发展战略建议，以保障我国进出口的食品安全并促进进出口食品安全国际共治的发展。

（4）梳理总结分析环境健康风险评估的新技术和新方法，探索以保护人体健康为目的环境基准制定的工作框架和发展规划，为"一带一路"共建国家开展环境与健康调查研究、监测、风险评估工作建立规范并提供建议，为共建国家环境健康风险管理提出战略建议。

4.2.2　技术路线

1. 共建国家环境基准和标准梳理分析

通过系统梳理已有文献资料、公布发布的数据库、报告、标准和规范等，剖析"一带一路"共建国家地下水和地表水体、大气、土壤及食品等介质的现行标准和基准，深入对比分析共建国家相关环境标准在指标、标准值等方面的差异，并归纳整理相关标准及基准的发展历程、标准的制定依据。

2. 共建国家食品及环境的介质分担率底数

通过资料搜集、文献调研、专家访谈交流、问卷调查和实地考察等方式，梳理并识别重金属等污染物在共建国家大气、水体、土壤和食品中的污染和分布特征；结合人体膳食暴露特征，分析共建国家食品及环境介质综合暴露的介质分担率，以此识别环境质量改善对各国食品安全的影响权重。

3. "一带一路"共建国家环境及食品安全发展战略建议

系统总结国际相关环境标准和基准制定过程中的先进经验，结合各国的资源禀赋、经济、技术、社会发展等国情，基于当前及今后"一带一路"食品经贸往来发展现状与需求，在保证共建国家食品进出口安全和居民进出口食品摄入安全的前提下，提出"一带一路"共建国家环境基准及食品安全发展战略建议。

本专题研究技术路线如图 4-1 所示。

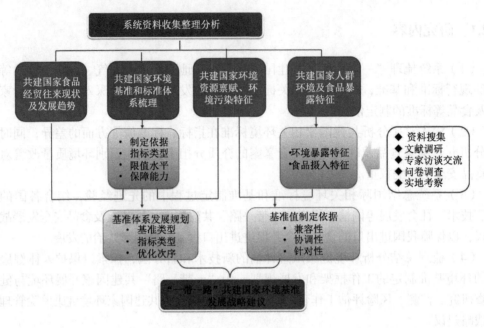

图 4-1　研究技术路线

4.2.3　研究方法

本研究将综合资料搜集、文献调查及实地调查等方法开展研究。

1. 资料搜集

1）"一带一路"共建国家环境标准基准内容梳理

资料来源于各国环保部门、卫生部门的官方网站、培训材料和内部获取资料（如韩国等）。对于世界卫生组织等有关国际组织的有关基准、指南，也进行了搜集和整理。

2）污染物限定规范标准

环境健康/质量标准或基准是以保护人体健康和生态环境、社会物质财富为目的，基于一定时期环境毒理、环境风险判断和社会经济承受能力，对给生态和人体健康带来较大危害的污染物的排放和相关介质中污染物的负荷量做出的限制性规定。因此，任何时间的环境健康/质量标准均考虑了对人体健康的保护要求。我国制定的相关环境质量标准，如《地表水环境质量标准》（GB 3838—2002）、《环境空气质量标准》(GB 3095—2012)、《土壤环境质量标准》(GB 15618—1995)等,根据不同的环境功能区划等方式制定了不同污染物的标准限值,这些标准为评价环境中人群对环境污染物的暴露提供了参考依据。本研究在选定典型污染物时,将大气、水体、食物等相关环境健康/质量标准或规范中予以限定健康损害阈值作为重要的筛选原则。

1995 年颁布的《土壤环境质量标准》(GB 15618—1995)对不同环境条件下不同性质土壤中铅、镉等重金属的含量进行了限制。新修订的《土壤环境质量标准(修订)》涵盖了 16 种重金属和其他无机物,比之前的 10 种有所增加。添加了苯并[a]蒽、苯并[a]芘等 16 种多环芳烃。

为了保护人类健康,《食品安全国家标准 食品中污染物限量》(GB 2762—2012)设定了重金属如铅、铬、汞以及多氯联苯和其他典型污染物在食品中的最大允许含量。

水是万物生命之源。为了保护生态,保护人类健康,中国制定了不同类型的水的相关标准,包括铅、多氯联苯等重金属的含量,如《地表水环境质量标准》(GB 3838—2002)和《饮用水卫生标准》(GB 5749—2006)。

2. 文献调查

通过资料查阅、文献调研等方式,梳理我国及"一带一路"沿线代表性国家当前的相关环境标准基准、环境污染特征及食品进出口现状等。剖析相关国家地下水和地表水体,大气、土壤及食品等介质的现行标准和基准,深入对比分析各国相关环境标准在指标、标准值等方面的差异,并归纳整理相关标准及基准的发展历程、标准的制定依据。梳理并识别重金属等污染物在不同国家大气、水体、土壤和食品中的污染和分布特征;结合人体膳食暴露特征,分析各国食品及环境介质综合暴露的介质分担率,以此识别环境质量改善对各国食品安全的影响权重。

3. 实地调研

通过访谈和交流,本研究还咨询了相关领域关注前沿研究的资深学者和专家,学习和借鉴了他们成功和先进的研究方法和经验、研究视角和科学预测。并结合自己的优势和积累进行相关研究。

4.3 "一带一路"共建国家环境基准与标准发展

4.3.1 地表水体

1. 韩国

在亚洲国家中,韩国的水质管理体系发展迅速,形成了较为合理的地表水水质标准体系。韩国自颁布第一个地表水水质标准以来,一直在不断修订和完善。现行水质标准由保护人体健康的水质标准和保护生态环境的水质标准两部分组成。韩国发布第一个水质标准时，保护人体健康的水质标准包括砷、镉、六价铬、氰化物、铅、汞、烷基苯磺酸钠、有机磷和多氯联苯等 9 种物质。然而，它们不能有效地反映水污染物随时间的推移而增加。为此，韩国环境部制定了"以人为中心、以环境为中心的化学物质管理"的政策目标，不断修订和完善新化学物质的水质标准，以保护韩国公民和水生生物的健康。2009 年，韩国发布了新的水质标准，其中包括两部分：一是保护人体健康的水质标准，该标准为所有水域（河流、湖泊）制定了统一的国家标准，规定了重金属（镉、砷、汞、铅等）以及六价铬、有机磷和多氯联苯等 17 种污染物的标准值，另一部分是生活环境保护的水质标准。根据河流的水生生态状况和特点，分别制定了标准限值。标准项目主要包括 pH、BOD、SS、DO、总大肠菌群和粪大肠菌群。在综合考虑现有水质分析方法、最佳可行处理工艺、经济因素和饮用水标准的基础上，韩国提出了保护人类健康的水质标准。图 4-2 显示了韩国采用分层方法制定人体健康保护水质标准的工作流程。

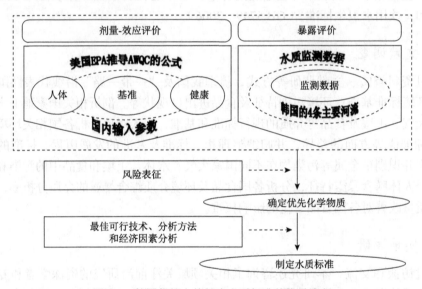

图 4-2　韩国保护人体健康水质标准的推导流程

在推导水质标准的过程中，韩国采用了一系列相关的毒性数据库，包括美国 EPA 的综合风险信息系统、美国 EPA 发布的"国家推荐水质基准：人体健康基准计算矩阵"、韩国卫生福利部发布的"2001 年国民健康和营养调查报告"和韩国环境部发布的"建立环境风险评价方法，转变环境毒性评价技术"；此外，还根据美国 EPA 推导环境水质基准公式，对推导水质基准的方法进行了改进[11]。

韩国生态基准的推导主要依据是"澳大利亚和新西兰的淡水和海水水质指南"，利用现有的生态毒性数据库，如美国 EPA ECOTOX、欧盟 IUCLID、澳大利亚和新西兰 TOX-2000。根据获取的生态毒性数据，韩国推导出了 3 个水平的生态风险基准，分别为高级、中级和低级可靠性基准。其中保护水生生物的高级和中级可靠性基准的推导采用的是物种敏感度分布法；当无法获取足够的生态毒性数据时，低级可靠性基准则采用评价因子法推导得出。

为了使水质标准的制订依据更为充实，韩国环境部将风险评价政策纳入水质管理的法律框架。除化学毒性评价之外，有害污染物的国家范围内的监测项目仍在进行中，目的在于收集主要河流的暴露数据并应用于风险评价，由此有害污染物的暴露数据将与制订的水质基准息息相关，得到的水质标准更能准确地体现出韩国的水环境特性和污染现状。此外，韩国还将致力于发展生态风险基准，将生态风险基准作为法律标准来贯彻执行也是韩国制订水质标准的下一个目标。

2. 俄罗斯

苏联 1974 年制定的《保护地表水免受污水污染条例》是水保护领域的基本标准技术文件。苏联解体后，根据社会经济发展的需要，俄罗斯在苏联标准的基础上制定了一系列水质保护标准。1996 年实施的国家标准《生活饮用水水质卫生标准》（2.1.4.559—1996）共有 34 项常规检验项目，其中 34 项为常规监测项目，9 项指标限值均高于 WHO《生活饮用水水质标准》推荐值，8 项指标略低，17 个指标相同。1996 年版标准共列出 47 项感官指标，其中碲、钐、铋、过氧化氢、残余臭氧等指标未出现在其他国家（包括我国）的水质标准中。1998 年，俄罗斯颁布了《生活饮用水和公共日常用水水体中化学物质最大允许浓度卫生标准》（ГН2.1.5.689—98），在标准中详细规定了 1343 种化学物质的最大允许浓度。2003 年又修订该标准，在新的标准（ГН2.1.5.1315—03）中，详细规定了 1356 种化学物质的最大允许浓度及其危害等级，之后在 2007 年又公布了《生活饮用水和公共日常用水水体中化学物质最大允许浓度卫生标准的补充及变更》（ГН2.1.5.2280—07），对 2003 年的标准进行了补充和变更，其中新增 34 项化学物质，修订了 15 项化学物质的参考值，合并了 2 项化学物质（将原标准中的 Cr^{3+} 和 Cr^{6+} 修改为总铬），修订详细情况见表 4-1。通过 2007 年的补充和修订，俄罗斯现有水质化学物质监测指标 1389 项，常规监测指标和化学物质监测指标共同组成了俄罗斯较为完备的监测指标体系。

表 4-1 俄罗斯《生活饮用水和公共日常用水水体中化学物质最大允许浓度卫生标准》修订前后对比

序号	指标	限值/（mg/L）		危险等级	
		修订前	修订后	修订前	修订后
1	苯	0.01	0.001	1	1
2	铜	1	1	3	3
3	钼	0.25	0.07	2	3
4	硝基苯	0.2	0.01	3	1
5	五氯联二苯	0.001	0.0005	1	1
6	五氯苯酚	0.01	0.009	1	1
7	五氯酚钠	5	0.009	2	1
8	甲苯	0.5	0.024	4	4

续表

序号	指标	限值/（mg/L）		危险等级	
		修订前	修订后	修订前	修订后
9	硝基甲苯	0.5	0.01	4	2
10	氯联苯	0.001	0.0005	1	1
11	铀	0.1	0.015	1	1
12	氯化氰	0.07	0.035	2	2
13	三氯甲烷	0.1	0.06	1	1
14	氰化物	0.035	0.07	2	2
15	乙基苯	0.01	0.002	4	4
16	Cr^{3+}	0.5	总铬	3	2
17	Cr^{6+}	0.05	0.05	3	

在地表水水质标准方面，2000 年俄罗斯公共健康部通过《地表水保护卫生标准》（СанПиН 2.1.5.980—00），对用于饮用水的地表水原水水体成分和性能的常规指标和有害指标进行了规定。俄罗斯饮用水、家庭用水和社会公共用水包括以下三个方面评估指标：一是感官指标，反映改变水体感官特性的能力；二是卫生指标，反映对涉及水体微生物的生化和化学反应造成水体自净能力的影响；三是卫生和毒理学，反映对人体健康的影响。

3. 中国

1）《地表水环境质量标准》（GB 3838—2002）

2002 年颁布了《地表水环境质量标准》，为贯彻执行《中华人民共和国环境保护法》和《中华人民共和国水污染防治法》，防治水污染，保护地表水质量，保护人类健康，维护良好的生态系统。

标准项目分为地表水环境质量标准基本项目、集中式饮用水地表水源补充项目和集中式饮用水地表水源具体项目。地表水环境质量标准基本项目适用于河流、湖泊、运河、渠道、水库等具有使用功能的地表水区域；集中式饮用水地表水源补充工程和专项工程适用于集中式饮用水地表水源一、二级保护区。

该标准规定了我国江河、湖泊、运河、渠道、水库具有使用功能的地表水的水质要求，按功能级别可分为五类，包括目标限值、水温、pH、溶解氧、铜、铅、挥发酚等 109 项，粪便大肠杆菌等 24 项基本项目，集中饮用水地表水源 5 个补充项目（硫酸盐、氯化物、铁、锰、硝酸盐）和 80 个具体项目（三氯甲烷、四氯乙烯、甲苯、甲基汞、微囊藻毒素、滴滴涕等）的标准限值。

根据地表水域的环境功能和保护目标，将地表水环境质量标准按功能划分为一级、二级、三级、四级和五级。其中，一级主要适用于水源地和国家级自然保护区；

二级主要适用于集中式饮用水地表水源地一级保护区、珍稀水生生物栖息地、鱼虾养殖场、仔鱼幼鱼饲养场等；三级主要适用于集中式饮用水地表水源地、鱼虾越冬场、洄游通道、养殖区等渔业水域和游泳区的二级保护区；四级主要适用于一般工业水域和与人体无直接接触的娱乐水域；五级主要适用于农业水域和有一般景观要求的水域。

2）《地下水质量标准》（GB/T 14848—2017）

根据《生活饮用水卫生标准》（GB 5749—2006），地下水水质指标分为常规指标和非常规指标；根据地下水水质和人体健康风险，以及饮用水、工业用水和农业用水的水质要求，按各组分含量（pH 除外）可分为五类：

一类，地下水化学成分含量低，适合多种用途；二类，地下水化学成分含量较低，适合多种用途；三类，地下水化学成分为中等，依据 GB 5749—2006，主要适用于集中式饮用水源和工农业用水；四类，地下水化学成分含量较高，这是基于农业和工业用水的水质要求和一定的人体健康风险水平，适用于农业用水和部分工业用水，经适当处理后可作为饮用水；五类，地下水化学成分高，不宜作为饮用水源。其他水可根据用途选择。

以上五类水质标准是以保护人体健康为目标直接或间接制定的，水质指标的限值是直接或间接以保护人体健康的风险评估结果为依据的。根据地表水水质标准，发现前三类水为饮用水，与保护人体健康有关，但标准值的制定没有考虑环境健康基准。

3）其他水质标准

《海水水质标准》规定了海水水质的各种要求。根据海域的不同功能和保护目标，可分为四类。规定了 35 类 39 项指标的限值。

为防治土壤、地下水和农产品污染，保护人体健康，维护生态和经济发展，制定灌溉水质标准，规定了 29 个指标的限值。

为防治渔业水域水污染，保障鱼、虾、贝、藻的正常生长繁殖和水产品质量，制定渔业水质标准，规定了 33 项指标的限值。

4.3.2 大气

65 个"一带一路"共建国家中有 51 个国家制定了环境空气质量标准，西亚和中东地区 6 个国家信息不详，有 8 个国家没有制定任何空气污染物质量标准，约占有资料国家的 14%。总体来说，"一带一路"大多数国家都关心大气环境的保护。世界卫生组织2005 年颁布空气质量准则后，大多数国家都制定、修订或发布了环境空气质量标准，只有土库曼斯坦、柬埔寨、乌克兰和埃及等少数低收入国家仍然使用旧的环境空气质量标准。

从环境空气污染物基本项目来看，制定了环境空气质量标准的 51 个国家里，对颗粒物（PM）污染最为关注，除柬埔寨外，50 个国家在其环境空气质量标准中均设置了 PM 或总悬浮颗粒物（TSP）项目；对传统的大气污染物 NO_2 和 SO_2 也比较关注，分别有 49 个和 48 个国家设置了相应项目；此外，在环境空气质量标准中设置 CO 和 O_3 项目的国家数量分别有 41 个和 37 个，而中亚和西亚、中东地区对 CO 和 O_3 关注不够，仅有少数国家设置了相关项目[12]。

1. 韩国

韩国的空气污染立法始于 20 世纪六七十年代玉山、文山的环境污染问题。1990 年以前，大气污染治理问题只列入《公害防治法》和《环境保护法》。1990 年 8 月，从《环境保护法》中分离出来，成为一部单独的法律。从那时起，韩国有 30 多部关于空气污染的法律。2003 年，为促进首都圈大气环境整治和首都圈大气保护专项政策的实施，制定了《首都圈大气环境整治专项法》。同时，建立了八大环境监测网络，收集大气污染数据。

韩国 1993 年修订的《大气环境质量标准》规定了二氧化硫（SO_2）、二氧化碳（CO_2）、二氧化氮（NO_2）、总悬浮颗粒物（TSP）、臭氧（O_3）、铅（PB）和碳氢化合物（HC）7 种物质的限量。1993 年增加可吸入颗粒物（PM_{10}）规定，2001 年删除总悬浮颗粒物（TSP）和碳氢化合物（HC）规定，2006 年增加苯规定，2015 年起实施细颗粒物（$PM_{2.5}$）规定，韩国《大气环境质量标准》规定了苯、PM_{10}、SO_2、CO_2、NO_2、O_3 和 Pb 的限量。

2. 中国

1）《环境空气质量标准》（GB 3095—2012）

为贯彻《中华人民共和国环境保护法》和《中华人民共和国大气污染防治法》，保护环境，保护人体健康，防治大气污染，2012 年发布了《环境空气质量标准》。

该标准规定了环境空气功能区的划分、标准分类、污染物项目、平均时间和浓度限值、监测方法、数据统计的有效性规定、实施和监督等内容，其中按不同功能区划分，环境空气可分为两类：第一类是自然保护区、风景名胜区和其他需要特别保护的地区；第二类是居住区、商住混合区、文化区、工业区和农村区。不同环境空气功能区的质量要求不同。一级浓度限值适用于一级区域，二级浓度限值适用于二级区域。规定了 10 项，包括 6 项基本的环境空气污染物浓度限值（二氧化硫、二氧化氮、一氧化碳、臭氧、PM_{10}、PM_5 以及其他四种环境空气污染物（总悬浮颗粒物、氮氧化物、铅、苯并[a]芘）的浓度限值。此外，该标准还规定了环境空气中镉、汞、砷、六价铬和氟化物的参考浓度限值。

2）《乘用车空气质量评价导则》（GB/T 27630—2011）

《乘用车空气质量评价导则》于 2011 年发布，为贯彻执行《中华人民共和国环境保护法》，保护人体健康，促进技术进步，制定该标准。

该标准规定了车辆空气中苯、甲苯、二甲苯、乙苯、苯乙烯、甲醛、乙醛、丙烯醛的浓度要求，适用于乘用车空气质量评价，主要适用于新生产车辆的销售，在用车辆也可作为参考。

3）室内空气质量标准（GB/T 18883—2002）

室内空气质量标准发布于 2002 年，为保护人体健康，预防和控制室内空气污染，制定该标准。

该标准规定了室内空气质量与人体健康有关的物理、化学、生物和放射性参数及检验方法。其中物理性参数项目包括温度、相对湿度、空气流速和新风量 4 项参数。化学性参数包括二氧化硫、二氧化氮、一氧化碳、二氧化碳、氨、臭氧、甲醛、苯、甲苯、二甲苯、苯并[a]芘、可吸入颗粒（PM_{10}）和总挥发性有机物 13 项参数。生物性参数为菌落总数 1 项。放射性参数 1 项为氡 ^{222}Rn。该标准适用于住宅和办公建筑物，其他室内环境可参照该标准执行。

4.3.3　土壤

1. 韩国

1977 年，韩国在《环境保护法》中提到了对土壤环境保护的简单规定。1990 年 8 月，《环境政策基本法》《水质环境保护法》对土壤污染作了简单规定，《农药管理法》对使用农药造成的土壤污染作了具体规定。20 世纪 90 年代，为应对生活垃圾、工业废水和废弃物对土壤造成的日益严重的污染，韩国颁布了《土壤环境保护法》。1996 年实施的《土壤环境保护法》没有明确土壤污染的原因，没有提出统一的土壤污染评价体系。因此，未能为土壤污染防治提供有效手段。1990 年，对其部分程序规定进行了修订，2001 年又进行了修订。该次修订明确了土壤污染的成因，统一了土壤污染评价体系，土壤管理得到了加强。

2. 中国

1）《土壤环境质量　建设用地土壤污染风险管控标准》（GB 36600—2018）

建设用地土壤污染风险管控标准发布于 2018 年，为贯彻落实《中华人民共和国环境保护法》，加强建设用地土壤环境监管，管控污染地块对人体健康的风险，保障人居环境安全，制定该标准。

建设用地中，城市建设用地根据保护对象暴露情况不同划分为第一类用地（包括 GB 50137 规定的城市建设用地中的居住用地、公共管理与公共服务用地中的中小学用地、医疗卫生用地和社会福利用地以及公园绿地中的社区公园或儿童公园用地等）和第二类用地[包括 GB 50137 规定的城市建设用地中的工业用地、物流仓储用地、商业服务业设施用地、道路与交通设施用地、公用设施用地、公共管理与公共服务用地（A33、A5、A6 除外）以及绿地与广场用地（G1 中的社区公园或儿童公园用地除外）等]。

该标准规定了保护人体健康的建设用地土壤污染风险筛选值和管制值，以及监测、实施与监督要求。该标准规定了 95 个项目，包括 45 个基本项目和 40 个其他项目。其中基本项目包括 7 项重金属（砷、镉、六价铬、铜、铅、汞和镍）和无机物、27 项挥发性有机物（四氯化碳、氯仿、氯甲烷、四氯乙烯、甲苯、乙苯等）和 11 项半挥发性有机物（硝基苯、苯胺、2-氯酚、苯并[a]蒽、苯并[a]芘、苯并[b]荧蒽、苯并[k]荧蒽、䓛、二苯并[a,h]蒽、茚并[1,2,3-cd]芘和萘）。其他项目包括 6 项重金属和无机物（锑、铍、钴、甲基汞、钒和氰化物）、4 项挥发性有机物（一溴二氯甲烷、溴仿、二溴氯甲烷和 1,2-二溴乙烷）、10 项半挥发性有机物（六氯环戊二烯、五氯酚、邻苯二甲酸二正辛酯、2,4-二氯酚等）、14 项有机农药类（乐果、七氯、敌敌畏、阿特拉津等）、5 项多氯联苯、多溴联苯和二噁英类（总多氯联苯、3,3′,4,4′,5-五氯联苯、3,3′,4,4′,5,5′-六氯联苯、二噁英、多溴联苯）和 1 项石油烃类[石油烃（C_{10}～C_{40}）]。

2）《展览用地土壤环境质量评价标准》（HJ 350—2007）

2007 年颁布了《展览用地土壤环境质量评价标准》，为贯彻落实《中华人民共和国环境保护法》，防治土壤污染，保护土壤资源和土壤环境，保护人类健康，维护良好的生态环境，为确保会展建设用地的环境安全，制定了该标准。

根据不同的土地利用类型，本标准规定了展览用地土壤环境质量评价的项目、范围、监测方法和实施监督。根据不同土地开发利用对土壤污染物含量的控制要求，将土地利用类型分为两类。Ⅰ类主要为土地利用类型，土壤直接接触人体，对人体健康构成潜在威胁。Ⅱ类主要是指除Ⅰ类以外的其他土地利用类型，如场馆用地、绿地、商业用地、市政公共用地等，本标准规定污染物 92 种，其中无机污染物 14 种（锑、砷、铍、镉、铜、镍、汞等），挥发性有机物 24 项（二氯甲烷、氯仿、四氯化碳、苯、甲苯、氯仿、苯乙烯等），半挥发性有机物 47 项（苯胺、萘、硝基苯、六氯苯、菲、芘、荧蒽等），农药/多氯联苯及其他污染物 7 项（总石油烃、多氯联苯、六六六、滴滴涕、艾试剂、狄试剂、异狄试剂）。该标准适用于展览会用地土壤环境质量评价。

3）《温室蔬菜产地环境质量评价标准》（HJ 333—2006）

《温室蔬菜产地环境质量评价标准》发布于 2006 年，为贯彻《中华人民共和国环境保护法》，保护生态环境，防治环境污染，保障与促进温室蔬菜安全生产，维护人体健康，制订该标准。

该标准规定了以土壤为基质种植的温室蔬菜产地温室内土壤环境质量、灌溉水质量和环境空气质量的各个控制项目及其浓度（含量）限值和监测、评价方法。其中，温室土壤环境质量评价指标规定了 11 个项目，包括土壤环境质量基本控制项目 8 项（总镉、总汞、总砷、总铅、总铬、六六六、滴滴涕、全盐量）和土壤质量选择控制项目 3 项（总铜、总锌、总镍）。灌溉水质量评价指标规定了 24 个项目，包括灌溉水质量基本控制项目 9 项（化学需氧量、粪大肠菌群数、pH、总汞、总镉、总砷、总铅、六价铬、硝酸盐）和灌溉水质量选择控制项目 15 项（五日生化需氧量、悬浮物、蛔虫卵数、全盐量、氯化物等）。温室蔬菜产地环境空气质量评价指标规定了 6 个项目，环境空气质量基本控制项目 4 项（二氧化硫、氟化物、铅、二氧化氮）和环境空气质量选择控制项目 2 项（总悬浮颗粒物、苯并[a]芘）。

4）食用农产品产地环境质量评价标准（HJ 332—2006）

食用农产品产地环境质量评价标准发布于 2006 年，为贯彻《中华人民共和国环境保护法》，落实国务院关于保护农产品质量安全的精神，保护生态环境，防治环境污染，保障人体健康，建立和完善食用农产品产地环境质量标准，制定该标准。

该标准规定了食用农产品产地土壤环境质量、灌溉水质量和环境空气质量的各个项目及其浓度（含量）限值和监测、评价方法。对土壤环境、灌溉水和空气环境中的污染物（或有害因素）项目划分为基本控制项目（必测项目）和选择控制项目两类。其中，食用农产品产地土壤环境质量评价指标规定了 12 个项目，包括土壤环境质量基本控制项目 8 项（总镉、总汞、总砷、总铅、总铬、总铜、六六六、滴滴涕）和土壤环境质量选择控制项目 4 项（总锌、总镍、稀土总量、全盐量）。灌溉水质量评价指标规定了 24 个项目，包括灌溉水质量基本控制项目 6 项（pH、总汞、总镉、总砷、总铅、六价铬）和灌溉水质量选择控制项目 18 项（五日生化需氧量、三氯乙醛、水温、苯、挥发酚等）。食用农产品产地环境空气质量评价指标规定了 7 个项目，环境空气质量基本控制项目 3 项（二氧化硫、氟化物、铅）和环境空气质量选择控制项目 4 项（总悬浮颗粒物、二氧化氮、苯并[a]芘、臭氧）。

5）其他土壤质量标准

《农用地土壤污染风险管理与控制标准》提出了风险筛选值和风险控制值，不再简单地类似于水、空气环境质量标准的确定，而是用于风险筛选和分类。这更符合土壤环境管理的内在规律，更科学合理地指导农用地和建设用地的安全利用。该标准充分考虑了我国土壤环境特点和土壤污染的基本特征，以确保农产品质量安全为目标，为农用地分类管理服务。

为保护在工业企业内工作和生活的人员，保护工业企业边界内的土壤和地下水，制定了工业企业土壤环境质量风险评价基准，并对工业企业生产活动造成的土壤污染危害进行风险评估。采用风险评价方法确定基准值，建立了土壤基准直接接触和土壤基准向地下水迁移两组基准数据。土壤基线直接接触用于保护工人在工业生产活动中因摄入不当或皮肤接触土壤而受到的伤害。土壤基准迁移至地下水的目的是确保化学物质不会因土壤淋溶而对工业企业区土壤下（以下简称工业企业）饮用水源造成危害。如果工业企业下的地下水正在或将要用作饮用水源，则应执行土壤基准向地下水迁移。工业企业地下水作为饮用水源或不作为饮用水源时，应实行土壤标准直接接触。

针对我国核设施退役的迫切需要，参照国际上推荐的原则、方法和实例，编制了《拟建露天场地土壤剩余放射性可接受水平规定》。在计算中，结合我国国情，采用了中国的配方和一些实用参数。同时，内照射剂量换算系数采用国际社会最近推荐的数值。该标准为暂定标准。

综上来看，我国水、土壤、空气相关的环境质量标准中虽然提出了"保障人体健康"的标准制定目标，例如，我国现行的《地表水环境质量标准》中将地表水环境质量划分为五类，其中Ⅰ类、Ⅱ类和Ⅲ类水分别适用于源头水、集中式生活饮用水地表水源地一级保护区和集中式生活饮用水地表水源地二级保护区；《地下水环境质量标准》依据地下水质量状况和人体健康风险，参照生活饮用水、工业、农业等用水质量要求，依据各组分含量高低（pH 除外），分为五类，其中Ⅰ类和Ⅱ类水适用于各种用途，Ⅲ类水主要适用于集中式生活饮用水水源。但是标准中的限值设定并不是以基于我国人群的环境健康基准值为科学依据，因此，无法达到保障我国人体健康的目的。由此可见，环境质量标准制修订还需要人体健康基准技术指南的支持。

同时，中国单独制定了以保护地下水为目的土壤环境基准，制定了土地利用类型为地下水源保护地的土壤筛选值和通用指导值[13]。

4.3.4　食品

1. 韩国

韩国食品安全标准由横向通用标准和纵向产品标准组成。通用标准包括食品原料标准、生产加工标准、安全限量标准、储藏标准、餐食标准等。纵向产品标准则针对每种/类产品，从产品定义、类型、原料要求、制造加工要求、成品规格要求等方面进行具体规定。纵向和横向标准之间互为补充，形成较健全的食品安全标准体系。为便于各利益相关方查询、使用，韩国将上述标准汇编在《食品公典》《食品添加剂公典》中。此外韩国还针对食品接触材料制定了专门的《食品器具、容器、包装规格标准》，针对保健食品制定了《保健功能食品公典》，针对食品标签制定了《食品标签标准》。

韩国的食品原料标准包括原料通用要求标准、原料通用接收标准及针对具体食品的原料特定要求三大类；生产标准包括通用标准和针对特定食品的专门标准两大类。在通用标准方面，韩国要求：所有食品制造和加工使用的机器、用具和设备应保持卫生制造和加工用水符合饮用水标准；应采取严格措施防止制造和加工食品受外来异物或病原菌的污染。韩国的农药残留量标准录在《食品公典》中，包括以下几种情况：一是豁免物质，共 57 种，主要是一些简单化合物（如硫磺、硫酸铜）及微生物制剂（如枯草芽孢杆菌）等。这类物质由于风险极低，在食品正常使用时不会对人、动植物及环境产生危害，因此无须制定残留限量。二是具体限量标准，包括在植物源产品中的残留限量以及在植物源产品中的再残留限量，共 12000 多项，涉及 427 种农药。三是为初级可食用农产品中无具体限量标准的残留项目设定采标规则：首先适用 CAC 相同残留项目设定采标规则，如缺乏 CAC 标准，则采用韩国同类食品最严标准。如上述两项仍然缺乏，则采用韩国同种农药的最严标准。

韩国食品安全标准体系比较完善，覆盖从原料到餐桌的食品链各环节，能较好满足食品安全保障需要。对于每类标准，则通过制定具体限量指标要求，辅之以相应的标准适用规则，以提高标准的适用范围，保证标准的闭合性，这是韩国食品安全标准最具特色的地方，值得我国借鉴[14]。

2. 俄罗斯

早期俄罗斯国家食品标准目录的内容分为三个部分。第一部分是独联体国家的食品标准,第二部分是采用经济贸易委员会的标准作为独联体国家的质量标准,第三部分是俄罗斯国家标准。俄罗斯有强制性标准,但 2002 年,随着《俄罗斯联邦技术法规法》的实施,规定了"自愿采用标准的原则"。所有俄罗斯标准都是自愿的。2012 年俄罗斯加入世贸组织后,俄国家食品标准开始调整。除了保留俄罗斯食品标准的特点外,其食品标准开始追求与市场经济和国际标准相适应的食品标准理念。目标是建立一个接近欧盟、符合国际食品标准要求的食品安全标准体系和技术监管体系。俄罗斯消费者保护和福利监督局是俄罗斯食品标准的主管机构。2008 年以来,俄罗斯制定并发布了《牛奶和乳制品技术规程》、《植物汁产品技术规程》和《石油产品技术规范》等相关国家标准清单,保持了技术规程与标准的良好衔接。俄罗斯自 2012 年加入世贸组织以来,一直致力于保持国家标准与国际标准接轨。据俄罗斯食品网站报道,仅在 2018 年初,俄罗斯就发布了 21 项新标准,其中包括对 ISO 标准的引用。

3. 新加坡

新加坡涉及农食产品重金属限量的法律是《食品销售法》,制定于 1973 年 5 月 1 日,现用 2005 年的修订版。《食品销售法》中对新加坡流通领域的食品中重金属的限量值作出了法律规定。新加坡对国际食品法典委员会(CODEX)国际标准十分推崇,从新加坡食品绝大部分依赖进口的实际情况出发,结合《食品销售法》的具体要求,制定符合新加坡国情的标准体系,以严格控制进出口食品的质量。新加坡规定检验砷含量的食品种类有 5 类,即蔬菜及其制品、油脂及其制品、水产动物及其制品、食糖及淀粉糖和饮料类。新加坡检验镉含量的食品种类主要是蔬菜及其制品、水果及其制品、水产动物及其制品、蛋及蛋制品和饮料类 5 类。新加坡检验铅含量的农食产品种类主要是蔬菜及其制品、水果及其制品、油脂及其制品、水产动物及其制品等7 类。新加坡在采用世界先进标准、推进标准化进程方面成效显著,国际标准采标率达 80%以上[15]。

4. 中国

我国涉及农食产品重金属限量的标准基本都是以强制性国家卫生标准的形式公布。2017 年 3 月 17 日,国家卫生和计划生育委员会、国家食品药品监督管理总局发布《食品安全国家标准食品中污染物限量》(GB 2762—2017),部分代替《食品安全国家标准食品中污染物限量》(GB 2762—2012)。除此之外,我国涉及重金属限量的标准还有 60 多个产品卫生标准以及小部分产品标准,这些标准大部分是在 2000~2015 年间实施,也有极少数是 20 世纪八九十年代实施的旧标准,这些标准与《食品安全国家标准食品中污染物限量》(GB 2762—2017)互相补充。

"一带一路"共建国家包括中国、韩国、新加坡、俄罗斯等国分别对地表水、空气、土壤、食品等不同环境介质提出相应的环境标准,但"一带一路"共建国家的环境标准差异较大。与共建国家在经济社会发展水平上的差别很大相关，难以达成多方统一、具有法律约束力的区域性环境标准。但是，"一带一路"共建国家都有保护生态环境、改善环境质量的诉求，因此，可以推进建设环境保护区域性协调机制和对话平台，加强分享和交流环境标准制定与实践经验。

4.4 "一带一路"共建国家环境基准与标准对比分析

4.4.1 现行空气质量标准差异

"一带一路"共建国家的环境标准差异很大，有些国家的环境标准严于我国，有些国家则比较宽松，有些国家甚至没有制定环境标准，这会给"一带一路"共建国家和地区的企业和项目合作带来制度性的障碍。因此，首先要全面了解和充分掌握共建国家的环境标准和规则，建立共建国家环境标准数据库，实时跟进更新。

1. 中亚

中亚五国大多设置了 TSP、NO_2 和 SO_2 指标，不过由于与 WHO 指标项目和平均时间有所不同，难以直接做出比较。吉尔吉斯斯坦和哈萨克斯坦的环境空气质量标准相对全面和严格（只有哈萨克斯坦区分了粗、细颗粒物，并且 $PM_{2.5}$ 和 PM_{10} 的浓度限值都达到 WHO 第三阶段目标，只有吉尔吉斯斯坦制定了 O_3 浓度限值）。

2. 蒙俄

蒙古国和俄罗斯的环境空气质量标准要求都比较高，不仅覆盖了 WHO 的全部指标，而且指标限值都能够达到 WHO 第二阶段以上，甚至严于 WHO 导则目标。

3. 东南亚

东南亚地区的环境空气质量标准相对宽松，老挝、缅甸、东帝汶和文莱甚至都没有制定标准；而在有标准的其他国家里，虽然规定的污染物指标比较全面，但指标限值普遍偏高，很多项目都只能达到或不能达到 WHO 第一阶段目标。其中，新加坡作为"一带一路"共建国家中人均 GDP 最高的国家，环境空气质量标准却非常宽松，除了 $PM_{2.5}$ 能够达到 WHO 导则标准之外，其他指标都只能达到或不能达到 WHO 第一阶段目标，不过，新加坡已经提出，到 2020 年将会制定更高要求的目标。

4. 南亚

南亚地区除了马尔代夫尚未制定环境空气质量标准之外，其他国家都有空气质量标准且指标覆盖比较全面。其中，阿富汗作为"一带一路"共建国家中人均 GDP 最低的国家，环境空气质量标准却最为严格，与 WHO 导则标准要求完全一致。

5. 中东欧

中东欧地区除了没有制定环境空气质量标准的摩尔多瓦和保加利亚之外,其他多数国家尤其是高收入国家执行欧盟标准,而欧盟标准中各指标限值都能够达到 WHO 导则或阶段性目标。

6. 西亚、中东

除了未制定环境空气质量标准的伊拉克之外,西亚、中东地区的标准差异很大。总体来说,中高和高收入国家的标准相对全面和严格。以伊朗、科威特和沙特阿拉伯为例,虽然三国的环境空气质量标准中都涵盖了 TSP、NO_2、SO_2、$PM_{2.5}$、PM_{10}、和 O_3 六种污染物,但是规定的浓度限值却各不相同,其中沙特阿拉伯只有 $PM_{2.5}$ 和 O_3 指标的浓度限值能够达到 WHO 导则或阶段目标,其他 4 项污染物指标的浓度限值都远超 WHO 目标,这可能与该国对石油和石化工业的高度依赖有关。

7. 中国

中国环境空气质量标准自 1982 年发布以来历经 3 次修订,2012 年第 3 次修订增加 $PM_{2.5}$ 和 O_3 两个项目,修订后的标准中污染物指标全部涵盖 WHO 的 6 个基本项目,并且对污染物的限值要求更加严格。中国政府非常重视环境空气质量标准的实施和修订工作,通过大气污染防治行动计划("大气十条")、各地 3 年作战计划(2018～2020 年)等一系列大气污染防治措施的贯彻实施,环境空气质量标准的阶段性目标得以实现。当然,与 WHO 的目标相比,我国仍然存在一定差距,比如浓度限值除了 NO_2 和 CO 执行 WHO 导则目标之外,其他指标仅能达到 WHO 第一阶段目标,其中 SO_2 的 24 h 平均浓度限值还不能达到 WHO 第一阶段目标。未来随着标准修订工作的推进,中国将加快环境空气质量标准的国际化步伐。

"一带一路" 共建大多数国家都比较重视大气环境保护,制定了本国的环境空气质量标准;各国对包括 PM、NO_2、SO_2 在内的传统大气污染物都比较关注,但是,中亚五国和西亚、中东地区(尤其是其中的中低收入国家)对 O_3 和 CO 则缺乏关注。其中,O_3 污染的危害性很大,治理难度也很大,需要重点关注。

蒙俄、中东欧大多数国家的环境空气质量标准要求较为严格;中亚、东南亚国家的环境空气质量标准相对宽松;而南亚和西亚、中东地区的环境空气质量标准宽严程度差异较大,其中,阿富汗、印度、巴基斯坦、伊朗、科威特等国的标准要求都严于中国。

"一带一路" 共建国家在环境空气质量标准制定、污染物项目、平均时间和限值水平设置上差异很大,主要是各国在政治体制、经济水平、社会文化、技术水平以及环境保护优先性等方面的诸多不同造成的。

"一带一路" 共建国家在经济社会发展水平上的差别很大,难以达成多方统一、具有法律约束力的区域性环境标准,而 "一带一路" 共建国家都有保护生态环境、改善环境质量的诉求,因此,可以推进建设环境保护区域性协调机制和对话平台,加强共建国家环境管理信息交流，就包括环境标准在内的环保问题进行协商，加快生态环境保护战略对接和融合，达成以绿色发展为原则的多方认可的理念共识。在共同的理念下开展环境标准共建和互认，促进环境标准互联互通，例如分享和交流环境标准制定与实践经验，签署环境标准互认协议等。

4.4.2　"一带一路"共建国家现行地表水标准差异

在地表水水质标准方面，比较了我国《地表水环境质量标准》（GB 3838—2002）中的三种水质标准与俄罗斯的《地表水环境保护卫生标准》，后者有 17 个常规监测项目，化学指标参照最高允许浓度相关标准。常规监测指标中，两国共有温度、溶解氧、BOD_5、COD、大肠菌群 5 项指标。在常规指标中，俄罗斯的微生物指标明显高于中国，主要是病原体、寄生卵、耐热大肠菌群、总大肠菌群和大肠噬菌体。

此外，在我国《地表水环境质量标准》的 24 项基本项目中，有 17 项监测指标与俄罗斯相同。在相同的 17 个指标中，俄罗斯有 7 个指标比中国严格，6 个指标比中国宽松，两国有 3 个指标完全相同。在中国的 5 个补充项目和 80 个具体项目中，31 个监测指标与俄罗斯相同，在相同的 31 个指标中，俄罗斯有 10 项指标的标准值严于我国，9 项指标比我国宽松，两国 12 项指标相同。经 2007 年补充修订，俄罗斯水质化学物质监测指标 1389 个。常规监测指标和化学物质检测指标构成了俄罗斯较为完整的监测指标体系。

通过对比中俄两国与世界卫生组织的相关水质标准，发现中国的水质标准与国际相关标准基本一致，但俄罗斯的相关水质标准普遍比中国严格，特别是在饮用水方面。在日常监测过程中，仅对常规水质进行监测，但仍建立了 1387 种化学物质的标准值，标志着危险水平，突出了其在制定水质标准过程中的坚实的工作基础和完备的标准体系。环境标准是环境管理的重要依据。为借鉴俄罗斯制定水质标准的经验，提出以下建议：一是加强基础研究工作，特别是环境标准研究。只有在建立科学标准的基础上，才能建立科学的排放标准，将环境影响评价和排放许可制度作为水环境标准管理体系的内容。二是适当增加控制项目。以《地表水环境质量标准》（GB 3888—2002）Ⅲ类标准为依据，结合《地表水标准》和《饮用水卫生标准》，参照世界卫生组织《饮用水质量标准》，分析了水体的感官和一般化学特性。

4.5　中国环境标准与基准的现状和问题分析

4.5.1　环境保护标准

1. 环境保护标准体系总体框架

我国环境保护标准工作与国家环境保护事业同时起步，1973 年我国发布了第一个国家环境保护标准《工业"三废"排放试行标准》。经过 40 多年的发展，国家环境保护标准体系已经初具规模。"十五"和"十一五"期间，为了适应新时期落实科学发展观、建设生态文明的需要，环境保护部加大了环境保护标准工作的力度，重点解决标准机构投入少、体系不健全、科学性与公开性不足等问题。紧紧围绕国家环境保护重点工作，不断完善环境保护标准体系，制定、修订了一大批环境保护标准。"十二五"期间，生态环境部大力推进生态文明建设。以提高环境质量为核心，基本建立起适应我国经济社会发展的国家环境保护标准体系，推动环境管理战略转型，支持环境管理重点工作，"十二五"期间，总体目标是完成各类环保标准制定修订任务 600 项，正式发布标准 300 多项，基本完成国家环境保护标准体系建设，形成配套污染减排、重金属污染防治、持久性有机污染物污染防治等重点工作。明确了四项任务：制定和修订环境保护标准（环境质量标准、污染物排放标准、环境监测标准、环境基本标准和管理标准）；环境保护标准执行情况评价；环保标准宣传培训；环境保护标准体系设计、基础工作和能力建设。"十三五"期间，总体目标是大力推进标准的制定和修订，重点抓好排污许可证和水、气、土等环境管理中心的工作，加大科研项目推进力度，制定修订一批重点标准。建立以实测为基础的标准修订和评价方法体系，优化形成内外协调的科学环保标准体系。

目前，我国已形成国家标准和地方标准两级五类环境保护标准体系。标准包括国家环境质量标准、污染物排放与控制标准、监测方法标准和技术规范、环境影响评价技术导则、清洁生产标准、循环经济标准、生态保护标准、核安全标准等，截至 2016 年 7 月 1 日，我国共发布国家环境保护标准 1969 项，其中现行有效标准 1720 项。这五大类包括 15 项国家环境质量标准、161 项国家污染物排放（控制）标准、977 项国家环境监测规范（环境监测分析方法标准、环境标准样品、环境监测技术规范），546 项国家环境管理标准和 21 项国家环境基本标准（环境基本标准和标准制修订技术规范）。此外，在环境保护部登记的有效地方环境质量标准有 2 项，地方污染物排放标准有 146 项。从行业控制范围看，现行污染物排放标准已覆盖大气和水污染物的重点排放源。这些标准在国家环境保护工作中发挥了重要作用，有效地促进了经济、环境和社会的协调发展。

《环境标准管理办法》第三条规定："环境标准分为国家环境标准、地方环境标准和国家环境保护行政主管部门标准。"国家环境标准包括国家环境质量标准、国家污染物排放标准（或控制标准）、国家环境监测方法标准、国家环境标准样品标准和国家环境基本标准。地方环境标准包括地方环境质量标准和地方污染物排放标准（或控制标准）；同时，第五条规定"环境标准分为强制性环境标准和推荐性环境标准。法律、行政法规规定必须执行的环境质量标准、污染物排放标准和其他环境标准是强制性环境标准，必须执行。强制性环境标准以外的环境标准是推荐的环境标准。国家鼓励采用推荐的环境标准，强制性环境标准引用的，也必须执行"。环境保护标准体系总体如图 4-3 所示。

环保标准在中国经历了产生、发展和完善的过程。标准数量不断增加，标准种类日益丰富，标准地位显著提高。

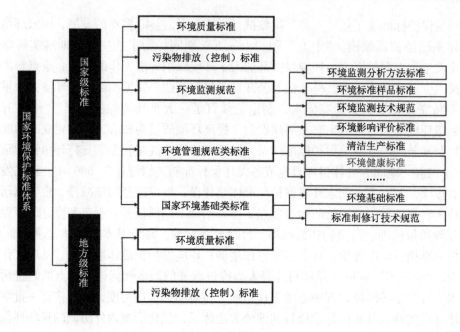

图 4-3　环境保护标准体系示意图

　　环境保护标准是技术文件。其制定主体、制度结构、基本原则、制定依据和实施制度不同于环境保护法律法规，有其自身的特点和规律：其内容大多涉及专业技术领域的概念和原则。单个标准的技术内容往往不完整，需要引用其他标准的部分或全部内容。因此，标准体系是一个复杂的有机体，标准之间的协调、衔接与合作可以使整个标准体系正常运行。如环境质量标准、污染物排放标准参照监测技术规范和监测方法标准，监测方法标准参照采样制样标准；监测方法和标准样品的标准，应当按照环境质量标准和污染物排放标准规定的污染物限值制定。

　　2. 环境影响评价标准

　　环境影响评价是指对规划建设项目实施可能造成的环境影响进行分析、预测和评价，提出预防或减少不良环境影响的对策和措施，并进行跟踪监测的方法和制度。现行环境影响评价标准体系框架见图 4-4。环境影响评价技术规范可分为建设项目环境影响评价和规划环境影响评价。建设项目环境影响评价包括总纲、环境要素类评价导则（大气、地表水、地下水等）和行业类（如水利水电、石油化工），此外，针对危险化学品相关行业，还有建设项目环境风险评价技术规范；规划环境影响评价包括总的技术导则，以及现在已经颁布的开发区和煤炭开发区域的环境影响评价技术导则。

　　《建设项目环境影响评价技术导则　总纲》（HJ 2.1—2016）提出，应在"建设项目环境影响评价技术导则体系构成"中构建人口健康风险评价技术导则。同时指出，对存在较大潜在人群健康风险的建设项目，应进行影响人群健康的潜在环境风险因素识别，分析人群主要暴露途径，提出环境跟踪监测方案。

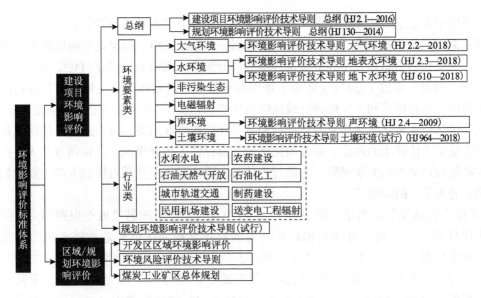

图 4-4　环境影响评价标准体系

《规划环境影响评价技术导则　总纲》（HJ 130—2014）提出对环境和人体健康产生长期影响，论证规划方案的环境合理性及其对可持续发展的影响，论证规划实施后环境目标和指标的可及性，形成规划的优化调整建议，提出环境保护对策、措施和后续评价方案，协调经济效益之间的关系，规划实施的社会效益和环境效益以及当前利益和长远利益的关系，从而为规划和环境管理提供决策依据。对一些可能产生重金属污染物、无机和有机污染物、放射性污染物和微生物等难降解、易生物累积、长期接触后对人体和生物体有害的规划，实施规划所产生的污染物与人体（如经皮、经鼻等）接触的方式方法，以及对人群可能产生的健康影响。

《环境影响评价技术导则　总纲》（HJ 2.1—2011）指出，建设项目排放的污染物毒性较大时，应进行人群健康调查，根据环境中现有污染物和建设项目排放污染物的特点，选择调查指标。

综上所述，无论是规划还是建设项目环境影响评价，对于长期暴露后难以降解、易生物累积、对人体有害的有毒有害污染物，在环境影响评价过程中，应明确人类暴露的方式方法，进行健康风险评估和跟踪监测。因此，环境影响评价需要健康风险评价技术导则的技术支持。

3. 化学品管理类标准

《化学物质环境风险评价框架指南》于 2019 年发布，化学物质环境风险评价是在分析化学物质固有危害属性及其进入生态环境和全身暴露于人体的信息基础上进行的在生产、加工、使用和处置的生命周期中，科学确定化学物质对生态环境和人体健康的风险程度，可以为制定和实施风险控制措施提供决策依据。指南规定了化学物质环境风险评价的基本框架，明确了化学物质环境风险评价的基本要点、技术要求和报告编制要求，适用于正常生产和使用中单一化学物质不同暴露方式的环境风险评价，但不适用于事故泄漏的风险评价。在"基本要点"中指出："危害识别是确定化学物质固有的危害属性，主要包括生态毒理学和健康毒理学两部分属性。风险表征是在对化学物质进行危害识别、剂量（浓度）-反应（效应）评价和暴露评价的基础上，定性或定量分析确定化学物质对生态环境和人体健康造成风险的概率和程度。"在"技术要求"中指出："环境风险评估应评估化学物质对内陆环境和海洋环境的潜在风险，以及通过环境间接接触化学物质对人体健康的风险。通过间接环境暴露评估人类健康风险通常通过吸入、摄入和皮肤接触评估人类健康风险。在进行评估时，要注意化学物质对敏感人群（如孕妇、儿童、老人等）的影响。"

《优先控制化学品名录（第一批）》发布于 2017 年，该名录重点识别和关注固有危害属性较大、环境中可能长期存在并可能对环境和人体健康造成较大风险的化学品。其中包括 1,2,4-三氯苯、1,3-丁二烯、5-叔丁基-2,4,6-三硝基间二甲苯（二甲苯麝香）、N,N'-二甲苯基对苯二胺、短链氯化石蜡、二氯甲烷、镉及镉化物、汞及汞化物、甲醛、六价铬化物、六氯代-1,3-环戊二烯等 22 种化学物质。对列入该名录的化学品，应当针对其产生环境与健康风险的主要环节，依据相关政策法规，结合经济技术可行性，采取风险管控措施，最大限度降低化学品的生产、使用对人类健康和环境的重大影响。

《化学新物质申报登记指南》于 2010 年发布，根据《化学新物质环境管理办法》（环境保护部令第 7 号，以下简称《办法》）第十一条，为规范化学新物质申报行为，引导申请人完成化学新物质申报登记，特制定本指引。其中"新化学物质申报登记程序"指出："申报程序编制时，所有已知信息是指申报物质的危害特性的所有信息，如试验数据、估算结果、文献资料等，申报人目前掌握的纸质资料、环境风险评价资料等，符合真实、可靠、科学、相关性原则。已知申报物质的类似物具有剧毒、致突变、致癌等明显危害人体健康或者生态环境的化学物质的，应当一并报送。""风险评估报告要求"指出："人类健康危害评估应包括急性毒性、刺激性和腐蚀性、致敏性、反复接触毒性、致突变性、生殖/发育毒性、毒代动力学、慢性毒性和致癌性评估等。分类结果和依据应以表格形式列出。在进行定性风险评估时，应列出新化学品的高、中、低危害水平。在进行（半）定量风险评估时，应以表格形式列出新化学物质的无害或最小危险剂量（浓度），并详细说明推导过程。对于非危险或最小危险剂量（浓度）不能产生的毒性作用，应给出原因。风险控制措施应与风险表征结论相匹配。当风险表征表明新化学品的环境风险或人体健康风险可接受时，不需要增加现有的风险控制措施；当风险表征表明新化学物质的环境风险或人体健康风险不可接受时，应增加风险控制措施，并通过进一步的风险评估和风险表征，判断调整后的风险控制措施的适宜性和有效性，直至环境风险或人类健康风险可接受为止。"

《化学新物质环境管理办法》于 2009 年出台，其中"总则"指出："立法的目的是控制化学新物质的环境风险，保护人体健康，保护生态环境。"根据《国务院关于对确需保留的行政审批项目设定行政许可的决定》等有关法律、行政法规，制定本办法。"申报程序"指出:"环境风险评估报告包括申报物质及其理化性质评估、健康危害评估、环境持久性评估、生物累积性和毒性危害评估、接触情景预测评估。""登记程序"指出申报物质的风险评估结论和风险控制措施、事故预防和应急措施、污染预防和消除方法、废物处置措施等,并指出评审委员会由化学、化工、卫生、安全、环境、社会、文化、经济、社会等方面的专家组成。"附则"指出:"危险化学物质,是指具有物理、健康或者环境危害,达到或者超过国家有关危险化学物质分类标准规定的界限的化学物质;关注环境的化学物质,是指具有环境和(或)健康危害的危险化学物质,如果控制不当,可能通过环境污染危害人体健康,严重污染环境,引起环境关注。"

综上所述,我国对化学品实行风险管理,环境化学品管理标准需要对化学品对人体的健康危害进行评估,将化学品对人体健康的风险控制在可接受的范围内。因此,化学品管理还需要一套完整的环境健康风险评价方法和标准作为技术支撑。

4. 现行环境与健康标准

为贯彻新《环境保护法》《"健康中国 2030"规划纲要》《"十三五"环境与健康工作规划》等有关精神和要求,保护环境和公众健康,自 2017 年起,生态环境部陆续发布了 12 项环境与健康标准。其中包括 5 项调查类标准、4 项评估类标准和 3 项信息类标准(具体见表 4-2)。这些标准的制定填补了我国环境与健康标准的空白,为评估我国人群环境健康风险提供了科学基础和技术保障,对于完善我国环境标准体系具有重要意义。

表 4-2 我国现行的环境与健康标准概况

编号	类别	标准名称	标准号	制定目标	内容
1		环境与健康现场调查技术规范 横断面调查	HJ 839—2017	贯彻《中华人民共和国环境保护法》,保护环境和公众健康,规范环境与健康现场调查工作	规定了环境与健康现场调查横断面调查的一般性原则、工作程序、调查内容、方法和技术要求
2		暴露参数调查技术规范	HJ 877—2017	贯彻《中华人民共和国环境保护法》,提高环境健康风险评价的准确性,规范暴露参数调查工作	规定了暴露参数调查的一般性原则、工作程序、调查内容、方法和技术要求
3	调查类	环境与健康横断面调查数据统计分析技术指南	公告 2017 年第 63 号	贯彻《中华人民共和国环境保护法》,科学分析环境污染与人群健康之间的关系,指导和规范环境与健康横断面调查数据统计分析工作	规定了环境与健康横断面调查数据统计分析的工作流程、分析内容、分析方法和技术要求
4		儿童土壤摄入量调查技术规范 示踪元素法	HJ 876—2017	贯彻《中华人民共和国环境保护法》,推进环境健康风险管理,规范儿童土壤摄入量调查工作	规定了儿童土壤摄入量调查的工作程序、调查内容、调查方法和技术要求
5		民用建筑环境空气颗粒物(PM$_{2.5}$)渗透系数调查技术规范	HJ 949—2018	贯彻《中华人民共和国环境保护法》,推进环境健康风险管理,规范民用建筑环境空气颗粒物(PM$_{2.5}$)渗透系数调查工作	规定了民用建筑环境空气颗粒物(PM$_{2.5}$)渗透系数调查的工作程序、调查内容、调查方法和技术要求

编号	类别	标准名称	标准号	制定目标	内容
6		环境污染物人群暴露评估技术指南	HJ 875—2017	贯彻《中华人民共和国环境保护法》，推进环境健康风险管理工作，规范环境污染物人群暴露评估工作	规定了环境污染物人群暴露评估的工作程序、评估内容、评估方法及技术要求
7	评估类	公民环境与健康素养测评技术指南（试行）	公告 2017 年第 24 号	贯彻《中华人民共和国环境保护法》，科学评估公民环境与健康素养水平，指导和规范公民环境与健康素养测评工作	规定了公民环境与健康素养测评内容、工作程序和方法要求
8		环境健康风险评估技术指南总纲	HJ 1111—2020	贯彻《中华人民共和国环境保护法》，保障公众健康，指导和规范环境健康风险评估工作	规定了环境健康风险评估的一般性原则、评估程序、评估内容、方法和要求
9		人体健康水质基准制定技术指南	HJ 837—2017	贯彻《中华人民共和国环境保护法》《中华人民共和国水污染防治法》，科学、规范地制定人体健康水质基准	规定了人体健康水质基准制定的程序、方法和技术要求
10		生态环境信息基本数据集编制规范	HJ 966—2018	贯彻《中华人民共和国环境保护法》，推进生态环境信息标准化，规范生态环境信息基本数据集编制工作	规定了生态环境信息基本数据集的内容结构以及基本数据集的元数据和基本数据集相关数据元的元数据描述规则
11	信息类	暴露参数调查基本数据集	HJ 968—2019	贯彻《中华人民共和国环境保护法》，推进生态环境信息标准化	规定了暴露参数调查基本数据集的元数据和相关数据元的元数据
12		环境与健康数据字典（第一版）	公告 2018 年第 11 号	指导数据采集者和使用者用相同的标准采集和分析数据，从源头保证对不同来源的环境与健康数据有准确、一致的理解和表达，为有效实现环境与健康信息共享和互联互通奠定基础	按照《环境信息元数据规范》（HJ 720—2017）中规定的数据元和术语的属性，对环境与健康领域常用数据元和术语进行标准化，同时注意与国家已经发布的数据标准保持一致，并注明引用标准

5. 存在的问题分析

结合我国环境管理需求和环境与健康标准现状，我国环境与健康标准存在着以下不足：

（1）现有环境质量标准中部分限值设定的目标是保护人体健康，但是这些限值的制定并没有以基于我国人群的环境健康基准（环境中污染物对人不产生不良或有害影响的最大剂量/无作用剂量或浓度）为科学依据，因此，在现有的环境质量标准下，往往存在"质量达标，健康超标"的现象，达不到保障人体健康的目的。目前我国尚未建立起自己完善的环境健康基准技术规范体系，因此在环境与健康标准体系中，应该制定以保护人体健康为目标的水环境基准、大气环境基准、土壤环境基准及其他基准制定方法技术规范，以此来为国家和地方环境质量标准的制修订提供方法学依据。

（2）现行的环境保护标准，如环境影响评价技术导则和化学品风险管理中均需要健康风险评估技术导则的支持。目前，生态环境部于 2020 年发布了环境健康风险评估技术指南总纲，该标准规定了环境健康风险评估的一般性原则、评估程序、评估内容、方法和要求。还缺乏在总纲的指导下，针对环境健康风险评估的各个技术环节（如危害鉴定、暴露评价、剂量-反应关系、危险表征）和特定健康风险管理要求而制定的一系列技术规范。

（3）国家需求提出"建立健全环境与健康监测、调查和风险评估制度，开展重点区域、流域、行业环境与健康调查，建立覆盖污染源监测、环境质量监测、人群暴露监测和健康效应监测的环境与健康综合监测网络及风险评估体系"。但是目前，还缺乏相应的环境与健康监测、调查和评估的标准来科学指导以"环境与健康风险管理"为核心的环境健康工作。

4.5.2 环境卫生标准

现有的环境卫生标准体系如图 4-5 所示。

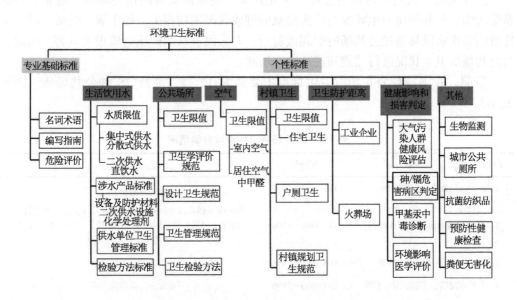

图 4-5　我国现行环境卫生标准体系框架

1. 环境卫生专业基础标准

环境卫生基本标准是制定各类环境卫生专业标准的基础，主要包括：环境卫生术语、规范的标准化；环境污染物毒理学评价程序；有毒物质的联合作用；制定居住区空气、室内空气、公共场所、地表水、土壤卫生标准的原则和方法；环境污染物生物材料监测标准；常用生物材料背景值；快速评估环境中新有害物质的原则和方法；确定环境污染物对健康危害的标准的原则；环境医学评价的原则与方法。

《环境卫生术语标准》（CJJ 65—1995）于 1996 年正式实施，为使我国环境卫生行业的专业术语规范化，特制定该标准。该标准适用于环境卫生行业，包括废弃物处理、废弃物收集、运输、设施以及处理技术、环境管理等方面术语。

《环境卫生技术规范》（GB 51260—2017）发布于 2017 年，该规范是以环境卫生设施基本功能、环保和安全要求为主要内容的强制执行的国家标准。主要内容包括环境卫生设施的规划、设计、施工以及运行管理中涉及的安全、卫生、环境保护、资源节约和社会公共利益等方面的相关技术要求。该规范共分为 13 章，包括总则、术语、基本规定、环境卫生公共设施、清扫保洁及除雪、生活垃圾收集运输、生活垃圾卫生填埋、生活垃圾焚烧处理、生活垃圾生物处理、粪便收运和处理、餐厨垃圾收运和处理、建筑垃圾收运和处理以及渗沥液处理。

2. 环境卫生专业标准

1）公共场所卫生标准

A. 公共场所卫生监督监测标准规范

公共场所是人们进行社会交往、文化娱乐、商业活动等的重要场所；设备、物品易受污染；公共场所卫生状况与广大民众的健康状况密切相关，如中暑、过敏、呼吸道传染病等疾病极易通过公共场所引起或流行，对人民群众的健康造成极大危害。因此，对公共场所卫生状况进行监测和规范迫在眉睫。

目前，我国现行公共场所卫生标准主要分为 12 类，涉及 28 种公共场所。详见表 4-3。

表 4-3　公共场所卫生标准分类情况

序列	类型	标准号	适用公共场所
1	旅店业卫生标准	GB 9663—1996	各类旅店
2	文化娱乐场所卫生标准	GB 9664—1996	影剧院（俱乐部）、音乐厅、录像厅（室）、游艺厅、舞厅（包括卡拉 OK 歌厅）、酒吧、茶座、咖啡厅及多功能文化娱乐场所
3	公共浴室卫生标准	GB 9665—1996	各类公共浴室
4	理发店、美容店卫生标准	GB 9666—1996	理发店、美容院（店）
5	游泳场所卫生标准	GB 9667—1996	人工和天然游泳场所
6	体育馆卫生标准	GB 9668—1996	观众座位在 1000 以上的体育馆
7	图书馆、博物馆、美术馆、展览馆卫生标准	GB 9669—1996	图书馆、博物馆、美术馆、展览馆
8	商场（店）、书店卫生标准	GB 9670—1996	城市营业面积在 300m² 以上和县、乡、镇营业面积在 200 m² 以上的室内场所、书店
9	医院候诊室卫生标准	GB 9671—1996	区、县级以上医院（含区、县级）的候诊室（包括挂号、取药等候室）
10	公共交通等候室卫生标准	GB 9672—1996	特等和一、二等站的火车候车室，二等以上的候船室，机场候机室，二等以上的长途汽车站候车室
11	公共交通工具卫生标准	GB 9673—1996	旅客列车车厢、轮船客舱、飞机客舱
12	饭馆（餐厅）卫生标准	GB 16153—1996	有空调装置的饭馆（餐厅）

　　公共场所涉及的卫生检验方法和卫生规范主要有六方面内容：物理因素、化学污染物、空气微生物、公共用品用具微生物、集中空调通风系统和卫生监测技术规范。相关情况见表 4-4 所示。

表 4-4　公共场所常见的卫生检验方法和规范

序列	类型	标准号	适用范围
1	物理因素	GB/T 18204.1—2013	公共场所中物理因素的测定，其他场所、居室等室内环境可参照执行
2	化学污染物	GB/T 18204.2—2014	公共场所室内空气中化学污染物和池水尿素的测定。其他场所、居室等室内环境可参照执行
3	空气微生物	GB/T 18204.3—2013	公共场所空气中细菌总数、真菌总数、β-溶血性链球菌以及嗜肺军团菌的测定，其他场所可参照执行
4	公共用品用具微生物	GB/T 18204.3—2013	公共场所内公共用品用具细菌总数、真菌总数、大肠菌群、金黄色葡萄球菌以及溶血性链球菌的测定，其他场所可参照执行
5	集中空调通风系统	GB/T 18204.5—2013	公共场所集中空调通风系统的测定。其他场所、居室等使用的集中空调通风系统可参照执行
6	卫生监测技术规范	GB/T 18204.6—2013	公共场所空气质量监测与经常性卫生监测，其他场所可参照执行

　　B. 公共场所卫生管理的主要法律依据

　　我国公共场所卫生管理的首要法律依据是修改后的《中华人民共和国传染病防治法》，该法自 2004 年 12 月 1 日起正式实施，赋予各级卫生部门开展卫生监督监测的权利。其次是 1987 年 4 月 1 日国务院发布的《公共场所卫生管理条例》（以下简称《管理条例》）和卫生部 2011 年 3 月 10 日发布的《公共场所卫生管理条例》新实施细则（卫生部令第 80 号，以下简称《实施细则》），《管理条例》和《实施细则》明确了卫生部门的权利和义务，也对公共场所经营者提出了健康要求。《实施细则》中明确要求，公共场所经营者在经营活动中应当遵守有关卫生法律、卫生标准和规范，防止传染病传播，保护公众健康，为顾客提供良好的卫生环境。公共场所经营者应当保持公共场所的空气流通，室内空气质量应当符合国家卫生标准和要求。公共场所使用中央空调通风系统的，应当符合公共场所中央空调通风系统卫生标准和规定的要求。因此，各地卫生行政部门和检测部门的工作是按照上述《管理规定》、《实施细则》和前述《卫生标准》以及相关检测方法和规范进行的。健康监测的发展确实给卫生工作带来了进步，为人民群众提供了良好的健康环境。

　　C. 公共场所卫生新标准

　　国家卫生委员会组织环境卫生标准委员会制定了《公共场所卫生指标和限制要求》（GB 37488—2019）以及三项强制性国家标准：由国家标准委员会发布并于 2019 年 11 月 1 日正式实施的《公共场所设计卫生规范》（GB 37489—2019）和《公共场所卫生管理规范》（GB 37487—2019），12 月 1 日正式实施的《公共场所卫生评价规范》（GB/T 37678—2019）。《公共场所卫生指标及限值要求》（GB 37488—2019）对室内空气、游泳池水、中央空调通风系统提出了卫生要求。《公共场所卫生管理规范》（GB 37487—2019）规定了基本健康要求管理的基本要求和指南，公共场所卫生管理与员工健康《公共场所设计卫生规范》（GB 37489—2019）包括总则、住宿、人工游泳、洗浴、美容美发五个部分。增加公共场所选址卫生要求，细化总体布局和功能分区，对游泳场所电气设计要求，增加洗浴场所和美容美发场所。《公共场所卫生评价规范》（GB/T 37678—2019）规定了新建、改建、扩建、开放公共场所卫生评价的技术要求和方法。上述四项国家标准将与 2014 年颁布实施的《公共场所卫生检验方法》（GB/T 18204）一起，形成新的公共场所卫生标准体系，从公共场所设计、健康评价、环境卫生、环境卫生等方面进行全方位、全过程的卫生控制，健康监测和健康管理、检查检测，有效保障公共场所的健康安全和公共卫生，为实施"健康中国 2030"战略、推进健康中国行动（2019~2030 年）保驾护航。

2）日用化学品卫生标准

日用化学品卫生标准包括化妆品和洗涤剂、驱虫剂、室内装饰材料等日化品的卫生标准，是实施《化妆品卫生监督条例》的技术性法规。

《一次性使用卫生用品卫生标准》（GB 15979—2002）规定了一次性使用卫生用品的产品和生产环境卫生标准、消毒效果的生物监测和评价标准以及相应的检验方法，以及原材料和产品的生产、消毒、贮存、运输的卫生要求和产品标识要求。该标准所称一次性卫生用品，是指一次性使用后丢弃，直接或间接与人体接触，用于人体生理健康或保健（抗菌或抑菌）目的各类生活用品。产品的性质可以是固体或液体，如一次性手套或指套（不含医用手套或指套）、纸巾、湿巾、电话膜、帽子、口罩、内衣、妇女经期卫生用品（含卫生巾）、尿布等排泄物卫生用品（不含起皱卫生纸等）、避孕套等，其中，保健品必须满足的微生物指标包括初始污染菌、菌落总数、大肠菌群、致病菌、真菌菌落总数等。

为向消费者提供符合卫生要求的化妆品，保证化妆品的卫生质量和安全，加强化妆品的卫生监督管理，保障人民健康，制定了《化妆品卫生标准》（GB 7916—1987）。包括一般要求、原材料要求、产品要求、化妆品包装材料要求和化妆品标签要求。化妆品中有毒物质限量有 4 项（汞、铅、砷、甲醇）。化妆品包装材料必须无毒、清洁。化妆品的中文标签应当标明产地、生产厂家、产地和批号。含有药品的化妆品或者可能引起不良反应的化妆品，应当注明使用方法和注意事项。

3）饮用水水质标准

主要有饮用水源地水质标准和生活饮用水水质标准。饮用水水质标准是保证水质适宜直接饮用的标准，也是水源选择和水源卫生保护的重要依据。是卫生部门开展饮用水卫生工作和评价水质净化消毒效果的依据。

《农村饮用水卫生标准》（GB 11730—1989）规定了农村饮用水卫生标准。该标准适用于县级以下农村自来水的设计和建设。包括用水量标准和时变系数。供水和卫生设备的类型和最大日生活用水量均为集中供水龙头。家庭中安装的水龙头分为无水槽、带水槽或带水槽和淋浴设备。供水条件分为计量收费供水和免费供水。

《生活饮用水卫生标准》(GB 5749—2006)规定了饮用水水质、饮用水源、集中式供水装置、二次供水、与饮用水安全有关的产品、水质监测和水质检验方法的卫生要求。其中水质指标 106 项,其中微生物指标 6 项;四种饮用水消毒剂;毒理学指标中无机化合物 21 种;毒理学指标中有 53 种有机物;感官性状和一般理化指标共 20 项;该标准适用于城乡各类集中式饮用水供水和分散式饮用水供水。

《生活饮用水水源地水质标准》(CJ 3020—1993)规定了水质指标、水质分类、标准限值、水质检验及标准的监督实施。该标准适用于城乡集中式饮用水水源水质(包括各单位提供的饮用水源)。饮用水源水质分为两级,其中一级水质较好。地下水只需消毒,地表水经过简单净化(如过滤)消毒后即可饮用。二次水源水质为轻度污染。经过定期净化处理(如絮凝、沉淀、过滤、消毒等),水质达到 GB 5749 的要求,可供饮用。包括 34 项(颜色、浊度、气味、总硬度、溶解铁、滴滴涕、六六六等)。

4)与饮用水卫生安全有关的产品卫生标准

涉及饮用水卫生安全的产品卫生标准包括:饮用水管及相关产品卫生标准、饮用水供水系统防护材料卫生标准、饮用水化学处理剂卫生标准、净水设备卫生标准和二次供水卫生要求。是实施《生活饮用水监督管理办法》的技术性法规。

为贯彻执行《饮用水监督管理办法》,保障人民健康,制定了《饮用水输配水设备及防护材料安全评价标准》(GB/T 17219—1998)。该标准规定了饮用水输配设备和防护材料的健康安全评价。其中,浸泡试验的基本项目需要 15 个项目(颜色、浊度、气味和味道)。浸泡试验附加项共 21 项(铁、锰、铜等)。

《生活饮用水化学处理剂卫生安全评价》(GB/T 17218—1998)规定了生活饮用水化学处理剂的卫生要求。该标准适用于饮用水化学处理剂的混凝、助凝、消毒、氧化、pH 调节、软化、杀藻、除氟、氟化等用途。经化学处理后的饮用水水质,一般感官指标和健康指标 12 项(色、浊、臭、味等)。化学处理剂带入饮用水中的有毒物质可分为金属、无机、有机和放射性四类。

5)医院污水排放标准

医院污水排放标准是为防止医院污水污染环境以及介水性传染病的流行。它是执行《中华人民共和国传染病防治法》的重要技术法规。

《医疗机构水污染物排放标准》(GB 18466—2005)规定了医疗机构污水及污水处理站产生的废气和污泥的污染物控制项目及其排放限值、处理工艺与消毒要求、取样与监测和标准的实施与监督等。该标准适用于医疗机构污水、污水处理站产生污泥及废气排放的控制,医疗机构建设项目的环境影响评价、环境保护设施设计、竣工验收及验收后的排放管理。当医疗机构的办公区、非医疗生活区等污水与病区污水合流收集时，其综合污水排放均执行该标准。污水排放要求包含传染病和结核病医疗机构污水排放控制项目 25 项［粪大肠菌群数（MPN/L）、肠道致病菌、肠道病毒、结核杆菌等］以及综合医疗机构和其他医疗机构水污染物控制项目 24 项［粪大肠菌群数（MPN/L）、肠道致病菌、肠道病毒、pH 等］。废气排放要求控制项目 5 项（氨、硫化氢、臭氧、氯气、甲烷）。污泥清淘前应监测 5 项［粪大肠菌群数（MPN/g）、肠道致病菌、肠道病毒、结核杆菌、蛔虫卵死亡率（%）］。污水排放要求包含传染病和结核病医疗机构污水排放控制。

　　6）大气卫生标准

　　大气卫生标准即大气中有害物质的最高容许浓度，它是从保护居民健康出发，并考虑到老、幼、病、弱等敏感人群及昼夜长时间接触等特点而制定的，是评价室内外空气质量及其健康影响、防护措施效果的科学依据。

　　《室内空气质量标准》（GB/T 18883—2002）发布于 2002 年，为保护人体健康，预防和控制室内空气污染，制定该标准。该标准规定了室内空气质量与人体健康有关的物理、化学、生物和放射性参数及检验方法。其中物理性参数项目包括温度、相对湿度、空气流速和新风量 4 项参数。化学性参数包括二氧化硫、二氧化氮、一氧化碳、二氧化碳、氨、臭氧、甲醛、苯、甲苯、二甲苯、苯并[a]芘、可吸入颗粒物（PM_{10}）和总挥发性有机物 13 项参数。生物性参数为菌落总数 1 项。放射性参数 1 项为氡^{222}Rn。该标准适用于住宅和办公建筑物，其他室内环境可参照该标准执行。

　　《居室空气中甲醛的卫生标准》（GB/T 16127—1995）规定了居室内空气中甲醛的最高容许浓度，适用于各类城乡住宅内的空气环境。其中包括居室内大气中加群卫生标准（最高容许浓度）规定为 0.08 mg/m^3，居住区大气中甲醛卫生检验标准方法为分光光度法。

　　7）土壤及固体废弃物卫生标准

　　土壤及固体废弃物卫生标准是指土壤中有害物质的最高容许浓度，其目的在于防止土壤污染物迁移到大气、水、植物等而危害人体健康，并且保证土壤自净作用能够正常进行。

　　《土壤环境质量农用地土壤污染风险管控标准》（GB 15618—2018）规定了农用地土壤污染风险筛选值和管制值，以及监测、实施与监督要求。该标准规定了 16 个项目，包括 11 项农用地土壤污染风险筛选值和 5 项农用地土壤污染风险管制值项目。其中农用地土壤污染风险筛选值包括 8 项基本项目（镉、汞、砷、铅、铬、铜、镍、锌）和 3 项其他项目（六六六、滴滴涕和苯并[a]芘）。5 项农用地土壤污染风险管制值项目分别为镉、汞、砷、铅、铬。

　　8）住宅卫生标准

　　为贯彻"预防为主"的方针，改善农村居民的生活居住条件，保证人民身体健康，特制定《农村住宅卫生规范》（GB 9981—2012）。该标准适用于县以下统一规划设计，新建、改建的农村住宅。该标准规定了农村住宅建筑和居室微小气候的卫生标准及住宅用地选择、住宅卫生监督、监测的要求。其中，农村住宅建筑卫生标准规定了 7 个项目（日照时数、日照间距、采光系数、室深系数、自然照度系数、居室净高、人均居室面积）。农村住宅微小气候卫生标准规定了 5 个项目（冬季适宜温度、夏季适宜温度、相对湿度、冬季适宜风速和夏季适宜风速）。

9）环境污染物所致健康危害判定标准

生态环境部在《"十三五"国家环境保护标准制修订项目清单》中写道，2018 年拟发布环境健康调查相关标准制定有关内容；2019 年拟发布《环境污染物暴露评估技术指南》《环境与健康元数据标准》《环境健康风险评价 总纲》《环境与健康现场调查技术规划 暴露参数调查》《环境与健康现场调查技术规划 颗粒物室内外渗透系数》《环境与健康现场调查技术规划 儿童土壤摄入率》。

其余健康类卫生标准还有《旅店业卫生标准》（GB 9663—1996）、《医院候诊室卫生标准》（GB 9671—1996）、《公共交通工具卫生标准》（GB 9673—1996）、《炼铁厂卫生防护距离标准》（GB 11660—1989）等。

《环境镉污染健康危害区判定标准》（GB/T 17221—1998）从环境医学的角度，确定了环境镉污染健康危害区的判定原则、观察对象、健康危害指数和综合反应率的判定值。该标准适用于环境受到含镉工业废物污染，食物链是主要接触途径，可能对当地一定数量居民肾脏造成慢性损害的地区。判断标准值包括健康危害指数的判断值和综合反应率的判断值。健康危害指标判定值包括尿镉肌酐、尿 β_2-微球蛋白肌酐、尿 NAG 酶肌酐。其中个体健康危害为 3 项健康危害指标同时达到判定值的受检者，应确认为镉污染所致慢性早期健康危害的个体，并列为追踪对象。3 项健康危害指标同时达到判定值的一群受检者例数占总检测人数的联合反应率达到判定值的为群体健康危害，确认该污染区镉已构成对当地定居人群的慢性早期健康危害。

《水体污染慢性甲基汞中毒诊断标准及处理原则》（GB 6989—86）主要目的是科学评价水中汞（甲基汞）污染对健康的危害，统一诊断标准，促进污染防治。水污染慢性甲基汞中毒是指长期食用受汞（甲基汞）污染的鱼类和贝类食物，导致甲基汞在体内蓄积并超过一定阈值，导致神经系统损害。该标准根据水体中汞污染程度，食用受汞污染的鱼、贝类的历史、汞在体内的蓄积情况、临床表现及实验室资料，综合分析排除其他疾病进行诊断。

10）病媒生物控制标准

《病媒生物应急监测与控制 通则》（GB/T 27774—2011）规定了在应激状态下病媒生物监测与控制的通用原则。该标准适用于病媒生物应激监测与控制协调机构和疾病预防控制专业技术部门，在突发事件发生、媒介生物性传染病暴发流行、新发传入性媒介生物性传染病及我国尚未发现的重要病媒生物传入或某些经济状态时，对病媒生物应激监测和控制。

11）其他技术规范类标准——《大气污染人群健康风险评估技术规范》（WS/T 666—2019）

大气污染人群健康风险评估技术规范发布于 2019 年，该标准规定了进行大气污染健康风险评估的基本原则、工作流程、评估方法和要求、评估结果的应用及评估报告框架。基于人群特征资料的健康风险评估方法适用于可获得人群监测数据及流行病学资料的情况下，开展基于人群暴露特征和流行病学资料的人群健康风险评估。基于大气污染物毒性数据的人群健康风险评价方法适用于在缺乏人群监测数据和流行病学数据的情况下，基于大气污染物浓度和毒性数据的人群健康风险评价。该规范适用于地方、地区和国家各级大气污染人群健康风险评估。

4.5.3　存在的问题分析

我国现行的环境卫生标准是以法律的形式对生活环境中各种有害因素（空气、水等）的限量要求作出的技术规定，以及为达到这些要求而采取的相应措施，以保护环境和人民健康。环境卫生标准按内容分为饮用水卫生标准、公共场所卫生标准、环境空气卫生标准、村镇卫生标准、卫生防护距离标准、健康影响与损害判断等。

环境卫生标准虽然以保护人体健康为目标，但是主要聚焦于疾病预防和控制，未全面涉及污染源调查、暴露评价、风险评估（仅涉及大气）等内容，不能完全满足我国当前环境与健康工作实际需要。

4.6　环境食品安全标准与基准的现状和问题分析

4.6.1　中国与韩国食品安全标准中重金属指标对比分析

食品中的铅、镉等重金属污染主要来源于食品原料污染、食品加工、运输和储存污染以及食品包装材料污染[16]。据报道，过量铅对人体各系统和器官都有有害影响，主要涉及神经系统、造血系统、心血管系统、肝肾功能[17-19]。镉污染不仅损害心血管系统和肾功能[20-23]，而且对人体具有致癌和致畸作用[24-26]。韩国是中国"一带一路"的重要贸易伙伴。中韩两国的贸易关系非常频繁。2018 年，中国对韩国进出口总额3133.9 亿美元[27]。近年来，我国进口食品的来源地已增加到 170 个国家和地区，成为最大的进口食品消费国[28]。鉴于上述背景，中韩两国也在不断加大对进出口食品安全的关注。韩国食品药品安全部（MFDs）负责食品、药品、医疗器械和化妆品的安全。MFDs 发布和修订的《食品法典》（2019）[29]涉及包括食品中重金属在内的各种食品污染物的限量。中国《食品安全国家标准　食品中污染物限量》（GB 2762—2017）规定了食品中铅、镉、汞、砷、锡、镍、铬、亚硝酸盐、硝酸盐、苯并芘、N-二甲基亚硝胺、多氯联苯和 3-氯-1,2-丙二醇的限量指标。本研究以食品中的铅、镉为研究对象，比较了中韩两国食品安全标准中的食品分类体系和铅、镉限量,为我国食品安全监管部门从标准层面开展对韩国进出口食品安全风险评估,找出我国食品安全标准存在的不足,促进两国贸易交流与合作提供依据。

1. 对比标准

以我国《食品安全国家标准 食品中污染物限量》(GB 2762—2017)与韩国现行食品安全标准《食品法典》2019 中的污染物限量通用标准为研究对象,并结合相关标准如《食品安全国家标准 饮料》(GB 7101—2015)、《食品安全国家标准 蒸馏酒及其配制酒》(GB 2757—2012)、《食品安全国家标准 食用菌及其制品》(GB 7096—2014),进行对比,以完善研究内容[30-33]。

2. 结果与分析

1)植物源食品

中韩两国植物性食品分类相同,由蔬菜、水果、谷物、坚果和食用菌组成。在蔬菜及其制品方面,根据铅指数,我国分为 4 类:新鲜蔬菜、豆类和土豆类蔬菜、芸薹类和叶菜类蔬菜、蔬菜制品。根据镉指数,我国分为 7 类:鲜菜、叶菜、豆类蔬菜、根茎类蔬菜、茎类蔬菜、芹菜和黄花菜。韩国对铅和镉的食品分类基本相同,包括豆类蔬菜、叶菜类蔬菜(含芸薹)、叶菜类蔬菜、球茎类蔬菜、根茎类蔬菜、瓜果类蔬菜、高丽参。此外,对于铅指数,我国增加了蔬菜类产品,但韩国没有。除蔬菜制品和高丽参外,两国大部分蔬菜的铅、镉限量分别为 0.1~0.3 mg/kg 和 0.05~0.2 mg/kg。我国蔬菜制品铅限量为 1.0 mg/kg,高丽参铅限量为 2.0 mg/kg。

在水果及其制品的种类上,我国分为鲜果、浆果等小水果及水果制品三大类,韩国分为水果和果酱两大类。两国水果中铅、镉限量相同,分别为 0.10 mg/kg 和 0.05 mg/kg。我国对果酱等水果产品进行了限量,而韩国只对果酱进行了限量。我国对粮食及其制品、坚果和种子、食用菌及其制品的分类与韩国有较大差异,其限值也不尽相同。粮食中铅、镉限量值相同,分别为 0.2 mg/kg 和 0.1 mg/kg;我国食用菌中铅、镉限量值为 1.0 mg/kg 和 0.2 mg/kg;韩国食用菌中铅、镉限量值为 0.3 mg/kg。

2)其他食品

中韩两国可可制品铅限量不同,分别为 0.5 mg/kg 和 2.0 mg/kg。韩国食糖的分类比我国更详细,但铅限量略有不同。在腌制食品方面,韩国对腌制食品规定了铅、镉限量,而我国对腌制蔬菜规定了铅限量,但没有镉限量。饮料方面,除固体饮料外,我国铅、镉限量单位与韩国不同,我国铅、镉限量单位为 mg/L,韩国铅、镉限量单位为 mg/kg。中国和韩国的铅限量分别为 0.01~0.5 mg/L(固体饮料为 1.0 mg/kg)和 0.05~2.00 mg/kg(浸出茶为 5.0 mg/kg),低于韩国。碳酸饮料和液体茶在果蔬汁和饮料中的铅限量是相同的,韩国也对特色食品人参饮料提出了限量要求。在镉限量方面,我国只规定了包装饮用水和矿泉水的镉限量,韩国则有更详细的分类,规定了液体茶、果蔬汁、碳酸饮料等饮料的镉限量。我国对葡萄酒的分类比较全面，而韩国仅对葡萄酒规定了铅限值，除葡萄酒和黄酒外，其余铅限值均为 0.2 mg/kg。

3. 对策建议

通过对比中韩两国食品安全标准中的铅、镉指标，我们发现两国各有利弊：

（1）在中国，许多食品都规定了铅和镉的限量。调查发现，我国对蔬菜制品、水果制品、肉制品、水产动物制品、乳制品和油制品都规定了相应的铅、镉限量，而韩国仅对番茄酱、泡菜等少数食品规定了铅、镉限量。

（2）韩国更注重本国食品的安全。韩国对高丽参、高丽参饮料、鱿鱼、冷冻食用鱼头、冷冻食用鱼内脏和裙带菜有明确的铅镉限量，并严格控制其特色食品的出口质量。但是，我国在特种食品铅、镉限量管理方面存在不足，值得借鉴。

（3）中韩两国在食品分类上各有特点和不足。在蔬菜及其制品方面，中国和韩国绝大多数蔬菜的分类方法相同，包括叶菜类蔬菜、豆类蔬菜、块根类蔬菜和茎类蔬菜。在肉类和肉制品方面，我国一般分为肉、畜禽内脏，而韩国对国内禽肉、猪肉、牛肉、猪肝、牛肝、猪肾和牛肾的限量规定更为详细。在水果及其制品、谷物及其制品、食用菌及其制品、牛奶和乳制品以及葡萄酒方面，我国的食品分类比韩国更为详细。在饮料方面，虽然两国有不同的分类方法，但覆盖范围相对全面。

（4）中国食品中铅和镉的限量与韩国不同。如我国新鲜蔬菜铅限量为 0.1 mg/kg，与韩国部分蔬菜铅限量相同；两国水果中铅、镉限量相同，分别为 0.10 mg/kg 和 0.05 mg/kg；两国规定的植物油、鱼油、动物油等油脂的铅限量均为 0.1 mg/kg；粮食中铅、镉限量相同，食用菌中铅、镉限量不同；韩国部分食品中铅、镉限量高于中国。我国肉类中铅、镉限量分别为 0.05 mg/kg、0.2 mg/kg 和 0.1 mg/kg。综上所述，与韩国相比，我国对食品限值的制定考虑更为全面，涉及的食品及其产品大多与生活密切相关。然而，我国特色食品中铅、镉等重金属的安全性没有得到足够重视，缺乏符合我国特色食品的个性化标准和限量要求。两国食品安全相关机构和行业应进一步加强交流合作，取长补短，不断完善包括铅、镉等重金属限量在内的各项食品安全标准的衔接。

4.6.2　中国与新加坡农食产品中重金属限量标准对比分析

中国、新加坡两国 1990 年建交，双边贸易自建交后一直保持健康发展的态势，特别是 2009 年《中新自由贸易协定》实施以来，中新贸易不断获得新突破。自 2013 年以来，中国已成为新加坡最大的商品贸易伙伴。据新加坡国际企业发展局统计，2017 年中新双边货物进出口额达到 994.3 亿美元，较去年增长 19.5%[34]。新加坡耕地少，城市人口多，因此被称为"城邦"。其自然资源贫乏，农业占国民经济的比重不到 1%，主要是家禽和水产养殖业。所有粮食全都靠从境外输入，蔬菜自产比例低，仅达到 5%，缺口部分须从马来西亚、中国、印度尼西亚和澳大利亚进口来填补[35]。新加坡 90% 以上的食品和农产品是从国外进口的,因此对进口食品的质量实行最严格的监管制度,但是我国对新加坡农食产品限量标准,特别是重金属限量标准研究甚少,导致我国出口农产品企业经常遭遇技术性贸易措施。本研究对新加坡农食产品重金属限量标准进行了梳理,重点对比分析了我国与其重金属限量标准的差异,并就削弱贸易壁垒、进一步促进中国和新加坡农产品贸易提出了对策及建议。

1. 中国和新加坡重金属限量标准法规介绍

1)中国涉及重金属限量标准和法规

我国涉及农食产品重金属限量的标准基本都是以强制性国家卫生标准的形式公布。2017 年 3 月 17 日,国家卫生和计划生育委员会、国家食品药品监督管理总局发布《食品安全国家标准 食品中污染物限量》(GB2762—2017),部分代替 GB 2762—2012。除此之外,我国涉及重金属限量的标准还有 60 多个产品卫生标准以及小部分产品标准,这些标准大部分是在 2000~2015 年间实施,也有极少数是 20 世纪八九十年代实施的旧标准,这些标准与 GB 2762—2017 互相补充[36,37]。

2)新加坡涉及重金属限量标准法规介绍

新加坡涉及农食产品重金属限量的法律是《食品销售法》,制定于 1973 年 5 月 1 日,现用 2005 年的修订版。《食品销售法》中对新加坡流通领域的食品中重金属的限量值作出了法律规定。新加坡对国际食品法典委员会(CODEX)国际标准十分尊崇,会从新加坡食品绝大部分依赖进口的实际情况出发,结合《食品销售法》的具体要求,制定符合新加坡国情的标准体系,以严格控制进出口食品的质量。新加坡制定的重金属残留标准以附表的形式在《食品销售法》中列出(https://www.ava.gov.sg)[38]。

2. 中新两国重金属检验涉及的食品种类

1)铅含量

我国与新加坡检验铅含量的农食产品种类比较见表 4-5,产品种类主要是蔬菜及其制品、水果及其制品、油脂及其制品、水产动物及其制品等 7 类。谷物及其制品、食用菌及其制品、豆类及其制品、藻类及其制品、坚果及籽类等 14 类,新加坡没有规定涉及。

表 4-5 我国与新加坡检测重金属含量的食品种类比较

食品种类	铅含量		镉含量		汞含量		砷含量	
	我国	新加坡	我国	新加坡	我国	新加坡	我国	新加坡
谷物及其制品	√		√		√		√	
蔬菜及其制品	√	√	√	√	√	√	√	√
水果及其制品	√	√	√	√				

续表

食品种类	铅含量		镉含量		汞含量		砷含量	
	我国	新加坡	我国	新加坡	我国	新加坡	我国	新加坡
食用菌及其制品	√		√		√		√	
豆类及其制品	√		√					
藻类及其制品	√		√					
坚果及籽类	√		√					
油脂及其制品	√	√					√	√
乳及乳制品	√				√			
肉及肉制品	√		√		√			
水产动物及其制品	√	√	√	√	√	√		
蛋及蛋制品	√	√	√	√	√	√	√	√
食糖及淀粉糖	√						√	√
调味品	√				√		√	
淀粉及淀粉制品	√							
焙烤食品	√							
饮料类	√	√	√	√	√	√	√	√
酒类	√							
可可制品、巧克力和巧克力制品以及糖果	√						√	
冷冻饮品	√							
特殊膳食用食品	√				√		√	
总计	21	7	11	5	10	4	12	5

2）镉含量

我国与新加坡检验镉含量的食品种类主要是蔬菜及其制品、水果及其制品、水产动物及其制品、蛋及蛋制品和饮料类 5 类。部分食品类别仅中国有规定，如谷物及其制品、食用菌及其制品、豆类及其制品、藻类及其制品、坚果及籽类和肉及肉制品这 6 类。

3）汞含量

中国涉及食品种类有 10 项，新加坡涉及食品种类有 4 项。其中，谷物及其制品、食用菌及其制品、乳及乳制品、肉及肉制品、调味品和特殊膳食用食品 6 项仅中国作了要求，其余 4 项与新加坡规定相同。

4）砷含量

我国与新加坡检验砷含量的农食产品种类比较可以看出，新加坡规定检验砷含量的食品种类有 5 类，即蔬菜及其制品、油脂及其制品、水产动物及其制品、食糖及淀粉糖和饮料类。中国涉及检验砷的食品种类有 12 类，其中谷物及其制品、食用菌及其制品、乳及乳制品、肉及肉制品等 7 类新加坡未作规定。

3. 中新两国农食产品中主要重金属限量值比较

在铅、镉含量两个指标的对比中，在同种类农食产品划分上，我国的食品种类规定比新加坡更为细分，例如在饮料类中，我国分了果蔬汁类、浓缩果蔬汁类、蛋白饮料类、含乳饮料等 7 类，而新加坡仅规定了 3 类。新加坡在 4 个重金属限量值指标中"以上未规定的其他食品"作出默认限量指标的规定，例如，新加坡规定镉含量的限量指标中未列出的农食产品限量为 0.2 mg/kg，我国并未作出相应的规定。新加坡大部分重金属限量指标宽于我国，例如鱼类、甲壳类中铅含量的限量指标，我国规定为 0.5 mg/kg、新加坡规定为 2.0 mg/kg，是我国限量值的 4 倍，国际食品法典委员会《国际食品法典食品及饲料中污染物和毒素通用标准》中规定，鱼类中铅的限量标准是 0.3 mg/kg[39]。新加坡也有部分重金属限量指标严于中国，例如在其他饮料类中铅的限量标准，我国规定为 0.3 mg/L，新加坡规定为 0.1 mg/kg；在食用盐的镉含量限量规定中，我国规定为 0.5 mg/kg，而新加坡对调味料均规定为 0.2 mg/kg。在可比的 47 个指标中（不包括"以上未规定的其他食品"），我国有 32 个重金属限量指标值严于新加坡，8 个与新加坡相同，7 个宽于新加坡。我国重金属限量值严于或等同新加坡标准的程度达 85%。

4. 对策建议

1）对农食产品种植、加工企业加大监管力度，提升我国出口农食产品的综合质量水平

农产品产地种植环境是否被污染是直接影响农产品质量的第一道关口，因此控制重金属污染须要加大农产品种植企业监管力度。首先，应该要求种植企业通过加强土壤污灌区的监测与管理，合理施用化肥与农药来避免不易降解的高残留的重金属污染物进入土壤，引起土壤污染；其次，应要求种植企业加大科研投入，发现、分离与培养新的微生物品种，以增强生物降解作用，提高土壤净化能力；最后，种植企业须在种植地利用抗污染植物建造防护带，减轻和阻挡汽车尾气、工业废气、废尘等造成的重金属污染；加强对种植环境的重金属监测，食品生产基地一定要选在环境质量达标的地方，从生产源头严格控制农食产品重金属污染。

农食产品中的重金属污染还来源于农食产品生产过程中。应要求农食产品加工企业在收购原材料前对其进行质量把关，检测其重金属残留量是否符合国家标准。随后，制定相关生产细则，避免农食产品在制作储存过程中发生重金属污染，包括控制食品添加剂的量、对一些食品的特殊加工工艺严格把关以及避免食品包装产生的重金属污染等[40]。

2）学习借鉴新加坡的标准化发展经验，推动行业整体质量水平提升

新加坡在采用世界先进标准、推进标准化进程方面成效显著，国际标准采标率达80%以上。我国应借鉴新加坡的标准化活动经验，积极参与国际和国外相关的标准化组织，通过卓有成效的国际合作，一方面积极借鉴其他国家在提高质量和生产率方面所积累的经验，大力推动我国出口农食产品行业整体质量水平的提升；另一方面对国际标准的制定施加自身影响，将我国国家质量技术基础国际化，更加利于我国与共建国家的双边经贸往来。借助"一带一路"倡议的契机，充分发挥本国质量技术基础的相对优势，为中国农食产品出口企业走出去铺路搭桥，实现双边共赢的合作新局面。

3）建立和完善重金属污染的预警和监控体系，确保农食产品安全体系健康可持续发展

成立横跨农业、环保、市场监督、卫生、海关等部门的重金属安全控制委员会，将风险预警和监控系统引入农产品出口检验检疫实践中，有针对性地开展出口农食产品的检验检疫风险分析评估及管理研究，对出口农产品检验检疫风险因素开展相关理论研究，确立风险因素处理机制，提升风险管理能力。运用跟踪监测和动态分析，加强对食品加工、用水、食品添加剂与储存等全过程的重金属检测监测，严格落实食品生产准入制、责任制，确保食品质量和消费者健康。

4.6.3　中国与印度尼西亚农食产品中重金属限量标准对比分析

东南亚国家联盟于 1967 年 8 月成立，包括印度尼西亚、马来西亚、菲律宾、泰国、越南等 10 个国家，其中印度尼西亚是我国重要的贸易伙伴国之一。印度尼西亚统计局公布的数据显示，2016 年，印度尼西亚对中国双边货物贸易额为 475.9 亿美元，增长 7.0%。其中印度尼西亚自中国进口 308.0 亿美元，增长 4.7%，占印度尼西亚进口总额的 22.7%，增长 2.1 个百分点。我国是印度尼西亚最大果蔬进口国，2015 年对印度尼西亚出口 13.9 亿美元，占我国果蔬出口总量的 6.5%。印度尼西亚新法规对进口新鲜植物源性食品设立了苛刻的准入体系、监控措施和安全限量标准，使我国对印度尼西亚果蔬出口全面受阻。

目前我国对印度尼西亚农食产品重金属限量标准研究甚少。本小节通过研究印度尼西亚农食产品重金属限量标准，分析比较其与我国重金属限量标准的差异，在此基础上，针对我国出口农食产品企业应对印度尼西亚农食产品重金属限量标准提出对策建议。

印度尼西亚按照关于食品生产和销售的法 NO.329/MENKES/PER/XXI/76 第 V 章第 21 条以及其他标准，禁止生产、进口或销售含有超过最大限量的有毒化学物、矿物质或非金属的食品。法规 03725/B/SK/VII/89 规定了 15 类食品（如水果和水果制品、软饮料和肉与肉制品，以及法规中未详细列出的食品）中金属污染物砷（As）、铅（Pb）、铜（Cu）、锌（Zn）、锡（Sn）和汞（Hg）的最大限量。

1. 重金属检验涉及的食品种类

1）铅

中国与印度尼西亚检验铅的农食产品种类主要是乳及乳制品、脂肪、油和乳化脂肪制品、水果、蔬菜、豆类制品、食用菌、藻类等 8 类。可可制品、巧克力和巧克力制品以及糖果、粮食和粮食制品等 6 类，印度尼西亚没有规定涉及。

2）汞

我国与印度尼西亚检验汞的食品种类主要是乳与乳制品、水果、蔬菜、豆制品、食用菌、藻类、坚果以及籽类、肉及肉制品等。部分食品类别仅中国有规定，如中国规定了粮食和粮食制品、蛋及蛋制品两类。

3）砷

中国涉及食品种类有 12 类，印度尼西亚涉及食品种类有 9 类。其中，粮食和粮食制品、蛋和蛋制品、酒类 3 类仅中国作了要求，其余 9 类与印度尼西亚规定相同。

4）锡

中国规定检验锡的食品种类仅有 3 类，如饮料类、特殊营养用食品等。印度尼西亚涉及检验锡的食品种类有 9 类，其中包括饮料类、油脂类、鱼和鱼制品、水果、蔬菜及其产品等。中国与印度尼西亚规定相同的饮料类和婴儿食品与较小儿童食品两类。

2. 农食产品中主要重金属限量值比较

因为印度尼西亚铅、汞、锡、砷均列出杂项（以上未列出的其他食品）的默认限量指标，即表明铅、汞、锡、砷是所有食品的必检项目，因此中国和印度尼西亚铅、汞、锡、砷限量数据可比性高。

在铅、砷、汞 3 个指标的对比中，在同种类农食产品类别上，中国的食品种类规定比印度尼西亚更为细分，例如在饮料类中，中国分了果蔬汁类、浓缩果蔬汁类、蛋白饮料类等 8 类，而印度尼西亚仅规定了 5 类。印度尼西亚对农食产品种类杂项做出默认限量指标的规定，中国的 GB 2762—2017 并未做出相应规定，例如，印度尼西亚规定汞的限量指标中未列出的农食产品限量为 0.03 mg/kg。

对于农食产品中锡的限量指标，印度尼西亚的规定比中国更为详细，共分为 48 项农食产品种类，主要分为罐装食品和非罐装食品两大类。中国则统一分成含锡包装食品、饮料和婴幼儿配方食品三大类。其中，印度尼西亚对于锡的规定略严于中国。

印度尼西亚大部分重金属限量指标宽于中国，例如蜂蜜中铅的限量指标，中国规定为 1.0 mg/kg、印度尼西亚规定为 10 mg/kg，是中国限量值的 10 倍，国际食品法典委员会《国际食品法典食品及饲料中污染物和毒素通用标准》中规定，即食蜂蜜中铅的限量标准是 0.05 mg/kg[40]。

印度尼西亚也有部分重金属限量指标严于中国，例如在鱼及鱼制品中铅的限量标准，中国分为肉食性鱼类及其制品与其他水产动物及其制品两类进行规定，汞限量分别规定为 1.0 mg/kg 和 0.5 mg/kg，印度尼西亚则统一规定为 0.5 mg/kg；在肉类的汞限量规定中，中国规定为 0.05 mg/kg，而印度尼西亚则规定为 0.03 mg/kg。

3. 对策建议

1）农产品种植企业层面

农产品产地种植环境质量安全是农产品质量安全的第一道关口，直接影响农产品质量，因此预防重金属污染的需要种植企业的积极配合。种植企业需要做到：①加强土壤污灌区的监测与管理。对污水进行灌溉的污灌区，种植企业需要加强对灌溉污水的水质监测，了解水中污染物质的成分、含量及其动态，避免带有不易降解的高残留的重金属污染物随水进入土壤，引起土壤污染。②合理施用化肥与农药。禁止施用剧毒、高残留性、重金属残留性农药，采用高效低毒、低残留农药，发展生物防治措施。③增加土壤容量与提高土壤净化能力。种植企业应适当增加土壤的有机质含量、砂掺黏改良性土壤，以增加与改善土壤胶体的种类与数量，增加土壤对有害物质的吸附能力与吸附量，从而减少污染物在土壤中的活性。另外，应加大科研投入，发现、分离与培养新的微生物品种，以增强生物降解作用，是提高土壤净化能力的极为重要的一环。

2）农食产品加工企业层面

农食产品中的重金属污染多数来源于农食产品生产过程中。农食产品加工企业应注意以下几点：

①控制农食产品原材料的污染。加工企业在收购原材料前，应该对原材料进行质量把关，检测其重金属残留量是否符合国家标准。②控制农食产品在制作储存过程中的污染。发达国家和地区研究得出，与农食产品直接接触的容器、包装材料等所包含的有害物质是食品重金属污染的重要途径之一。③监控农食产品在制作过程中所使用的食品添加剂引入的重金属污染。一些食品的特殊加工工艺也会造成食品的重金属元素污染，例如皮蛋在生产过程中会加入大量的富含金属元素的添加剂。而一些富含酸碱性的食品在容器中长时间的蒸煮也会分离出一定的金属元素，进而污染食品。④控制食品包装的重金属污染。食品直接接触的外包装材料，如果其中的重金属元素含量超标，长时间的接触会逐步地渗透进食品中。因此，食品包装材料的重金属总迁移量检测监控尤为重要。

3）政府层面

我国出口农食产品应对印度尼西亚重金属限量标准的首要任务就是提升我国出口产品的质量水平。这就必须从源头进行把关，加强工业"三废"的治理与农业生态环境的保护，加大无公害农产品生产规范的实施力度。利用新的食品卫生标准，制定农食产品重金属污染控制规范，建立合理科学的污水灌溉、污泥、垃圾肥和农药、化肥、地膜等农用投入品的重金属限量标准和施用规范，加强对土壤、灌溉水、空气的重金属检测等，通过对农食产品源头环节上的质量把控，从源头上控制重金属对农食产品的污染。

在 WTO 框架下，成员方为了保护国家或地区安全，保护人类健康和消费者权益，防止欺诈行为，保证产品质量，保护环境和动植物安全，可以采取技术性贸易措施。在技术性贸易措施设立的众多动因中，其中非常重要的一个就是质量。因此，质量已经成为当今国际贸易竞争中的一个关键要素。与此同时，随着经济社会的高速发展，技术贸易措施越来越严格，从客观上也对质量提出了更高的要求。要实现对众多技术性贸易措施的有效应对，最关键的就是质量水平的不断提升。

截至 2017 年 10 月 11 日，印度尼西亚共计有 8993 项现行的印度尼西亚国家标准（SNI），采用国际和国外标准 1191 项，采标率为 13.24%。其中，采用 ISO 标准 492 项，约占印度尼西亚现有标准数量的 5.47%。我国可以通过积极参与国际和国外相关标准化组织，一方面对国际标准的制定施加自身影响，另一方面，通过参与国际组织的活动，将我国 NQI 国际化，更加便利我国与共建国家的双边经贸往来。借助"一带一路"倡议的契机，充分发挥自身 NQI 的相对优势，积极帮助印度尼西亚完善其 NQI 建设。为中国农食产品出口企业走出去铺路搭桥，实现双边共赢的合作新局面，推动农食产品行业整体质量水平提升。

安全是世界各国技术性贸易措施所要维护的基本底线。因此，应建设应对印度尼西亚等国农食产品技术性贸易措施信息中心，重点跟踪印度尼西亚农食产品重金属安全相关动态信息，让农食产品出口企业及时了解重要信息，避免因信息不对称造成的损失。同时，也应建立印度尼西亚重金属安全预警系统和快速反应机制，让企业能够及时采取应对措施，化被动为主动，适应国际贸易新形势。借助进出口商品质量安全风险预警和快速反应监管体系，一方面，可以对我国出口商品实施有效监管，维护中国制造的信誉，从而最大限度避免技术性贸易措施对我国出口商品可能产生的不利影响；另一方面，通过对进口商品质量安全风险实施有效监控的同时，也可以为我国发起技术性贸易措施，与国外展开相关交涉提供有力的支撑。

参 考 文 献

[1] 胡国富. "一带一路"倡议下中国与东盟农产品贸易合作发展的路径与前景[J]. 国际商务论坛, 2017(10): 30-33.
[2] 尹舸, 张强. "一带一路"对我国农产品国际贸易的影响[J]. 科技·经济·市场, 2017(9): 61-62.
[3] 张晓良, 徐海涛, 傅立东. "一带一路"沿线国家食品农产品贸易研究[J]. 农业展望, 2017(7): 90-93.
[4] 苏云婷. 地方政府食品安全监管现状及应对策略探究[J]. 经济与管理, 2012, 26(6): 93-96.
[5] 娄瑜. 论我国食品安全监管模式及法律完善[D]. 宁波: 宁波大学, 2013.
[6] 锁放. 论中国食品安全监管制度的完善[D]. 合肥: 安徽大学, 2011.
[7] 徐楠轩. 食品安全监管模式的现状及借鉴[J]. 中国卫生法制, 2007(2).
[8] 张淑贤. 我国食品安全监管体制研究[D]. 郑州: 河南大学, 2012.

[9] 牛雨丰. 食品安全监管法律制度研究[D]. 西安: 长安大学, 2016.

[10] 徐玮, 王颖, 辛明霞, 等. 基于食品安全标准的食品安全监管技术[J]. 食品业, 2017, 38(10): 247-253.

[11] 季文佳, 陈艳卿, 韩梅, 等. 韩国地表水水质标准研究与启示[J]. 环境保护科学, 2012, 38(2): 57-63.

[12] 李林子, 傅泽强, 贺克斌, 等. "一带一路"沿线国家环境空气质量标准比较研究[J]. 中国工程科学, 2019, 21(4): 82-91.

[13] 蒋世杰, 翟远征, 王金生, 等. 国内外基于保护地下水的土壤环境基准的推导与比较[J]. 水文地质工程地质, 2016, 43 (4): 52-59.

[14] 李建军. 韩国食品安全标准体系解析[J]. 食品安全质量检测学报, 2016, 7 (9): 3815-3818.

[15] 袁俊杰, 李婧瑜, 魏霜, 等. 我国与新加坡农食产品重金属限量标准对比分析[J]. 江苏农业科学, 2019, 47 (7): 224-228.

[16] 李玲, 谭力, 段丽萍, 等. 食品重金属污染来源的研究进展[J]. 食品与发酵工业, 2016, 42(4): 238-243.

[17] Bjorklund G, Stejskal V, UrbinaM, et al. Metals and Parkinson's disease: Mechanisms and biochemical processes [J]. Curr Med Chem, 2018, 25(19): 2198-2214.

[18] Gogoi K, Manna P, Dey T, et al. Circulatory heavy metals (cadmium, lead, mercury, and chromium) inversely correlate with plasma GST activity and GSH level in COPD patients and impair NOX4/Nrf2/GCLC/GS tsignaling pathway incultured monocytes [J]. Toxicol Vitro, 2019, 54(2): 269-279.

[19] Ledda C, Cannizzaro E, Lovreglio P, et al. Exposure to toxic heavy metalscan influence homocy steine metabolism[J]. Antioxidants(Basel), 2019, 9(1): 30-37.

[20] AnselM, BenamarN. Accumulation of heavy metals in muscle, liver, and gonads of little tunny (*Euthynnusalletteratus*) from the western region of Algeria [J]. Environ Sci Pollut Res Int, 2018, 25(32): 32640-32648.

[21] Kukong Viriyapan U, Apaijit K, Kukong Viriyapan V. Oxidative stressand cardiovasculardys function associated with cadmium exposure: Beneficial effects of curcumin and tetrahydrocurcumin [J]. Tohoku J Exp Med, 2016, 239 (1): 25-38.

[22] Deering K, Callan A, Prince R, et al. Low-level cadmium exposure and cardiovascular outcomes in elderly Australianwomen: Acohort study[J]. Int J Hyg Environ Health, 2018, 221(2): 347-354.

[23] Satarug S, Vesey D, Gobe G. Kidney cadmium toxicity, diabetesand high blood pressure: The perfect storm [J]. Tohoku J Exp Med, 2017, 241(1): 65-87.

[24] Yang H, Shu Y. Cadmiumtransportersinthekidney and cadmium-induced nephro toxicity [J]. Int J Mol Sci, 2015, 16(1): 1484-1494.

[25] Rapisarda V, Miozzi E, Loreto C, et al. Cadmium exposure and prostate cancer: Insights, mechanisms and perspectives [J]. Front Biosci (Landmark Ed), 2018, 23(4): 1687-1700.

[26] Eriksen K, Mc Elroy J, Harrington J, et al. Urinary cadmium and breast cancer: A prospective danish cohort study [J]. J Natl Cancer Inst, 2017, 109 (2) : 211-217.

[27] 中华人民共和国国家统计局. 中国统计年鉴 [M]. 北京: 中国统计出版社, 2018.

[28] 中国食品土畜进出口商会. 2018 年度中国进口食品行业报告[R]. 中国食品土畜进出口商会, 2018.

[29] Korea Ministry of Food and Drug Safety. FoodCode (2019) [S].

[30] GB 2762—2017 食品安全国家标准食品中污染物限量[S].

[31] GB 7101—2015 食品安全国家标准饮料[S].

[32] GB 2757—2012 食品安全国家标准蒸馏酒及其配制酒[S].

[33] GB 7096—2014 食品安全国家标准食用菌及其制品[S].

[34] 叶欣, 林梦. 以自由港经验深化中新经贸合作[J]. 国际经济合作, 2018(12): 56-60.

[35] 刘国信. 新加坡强化对进口食品的检疫检验[J]. 中国肉业信息, 2005(5): 14.

[36] 国家卫生和计划生育委员会. 食品安全国家标准食品中污染物限量: GB 2762—2017[S]. 北京: 中国标准出版社, 2017.

[37] 《食品安全国家标准食品中真菌毒素限量》(GB 2761—2017)及《食品安全国家标准食品中污染物限量》(GB 2762—2017)解读[J]. 中国食品卫生杂志, 2017(2): 154, 229, 237, 250.

[38] 边红彪. 新加坡食品安全监管体系分析[J]. 标准科学: 政策法规研究, 2018(9): 25-28.

[39] 邵懿, 王君, 吴永宁. 国内外食品中铅限量标准现状与趋势研究[J]. 食品安全质量检测学报, 2014, 5(1): 294-299.

[40] 叶峻. 食品重金属污染及其防治[J]. 公共卫生与防治医学, 2010, 21 (3): 54-56.

第5章 国际农业资源禀赋、农产品生产与贸易前景分析

5.1 研 究 设 计

5.1.1 研究对象选取依据

1. "一带一路"共建国家研究对象选取

截至 2019 年 10 月底，中国已经与世界 137 个国家和 30 个国际组织签署了 197 份共建"一带一路"合作文件，形成了"中蒙俄经济走廊"、"新亚欧路桥经济走廊"、"中西亚经济走廊"、"中国—中南半岛经济走廊"、"中巴经济走廊"、"孟中印缅经济走廊"和"21 世纪海上丝绸之路经济带"七条经济走廊，其中，"21 世纪海上丝绸之路经济带"包括"南海丝绸之路"（经由东南亚各国穿过南海至大洋洲新西兰）和"东方海上丝绸之路"（经由东南亚各国穿过印度洋至非洲以及欧洲部分沿地中海国家）[1]。课题组根据七条经济走廊划分"一带一路"137 个共建国家，综合考虑各个国家的地理位置、资源禀赋、经济体量、农业比重以及与中国的农产品双边贸易总量等要素，在每条经济带中选取数个具有代表性的国家作为本课题重点研究对象，共选取了 12 个"一带一路"共建国家（表 5-1）。

表 5-1 "一带一路"共建国家研究对象选取

经济带	覆盖国家	主要研究国家
中蒙俄经济走廊	蒙古国、俄罗斯	俄罗斯
新亚欧路桥经济走廊	东亚部分国家、独联体六国、中东欧十六国	韩国、希腊、意大利
中西亚经济走廊	中亚五国、西亚十七国	哈萨克斯坦、土耳其
中国—中南半岛经济走廊	东盟十国	泰国、马来西亚
中巴经济走廊	巴基斯坦	巴基斯坦
孟中印缅经济走廊	南亚八国	孟加拉国
21 世纪海上丝绸之路经济带	南海丝绸之路：泰国、菲律宾、越南、印度尼西亚、马来西亚、新西兰	新西兰
	东方海上丝绸之路：非洲与欧洲部分沿地中海国家	埃及

资料来源：中国"一带一路"网

2. 世界相关国家选取

除"一带一路"共建国家之外，课题组综合考虑世界其他相关国家资源禀赋、经济体量、食品安全以及与中国的农产品双边贸易总量等因素，在发达国家和地区选取美国、加拿大、荷兰、德国、日本、澳大利亚 6 个具有代表性的国家，在发展中国家选取巴西和印度 2 个代表性国家，加上 12 个"一带一路"共建国家，总共选取了 20 个资源禀赋各异、发展程度不同的国家作为重点研究对象。

5.1.2　农业资源禀赋研究范围

农业耕地面积、农业水资源、气候、农业劳动力、农业资本投入、农业技术推广。

5.1.3　农业生产部门统计

农业生产总览：农业年产值、增长率及其占 GDP 比重。

种植业生产部门：水稻、小麦、玉米等粮食作物产量，水果、蔬菜、烟草等经济作物产量。

养殖业生产部门：畜牧业和渔业（淡水养殖、捕捞渔业）。

5.1.4　贸易指标计算方法

（1）利用显示性比较优势指数（RCA）来研究两国农产品贸易的竞争性，RCA 指数是衡量一国产品国际竞争力的重要指标。用公式表示为：

$$\mathrm{RCA}_{ik} = \left(X_i^k / X_{it} \right) / \left(X_w^k / X_{wt} \right)$$

式中，RCA_{ik} 为 i 国 k 种产品的比较优势指数；X_i^k 为 i 国 k 种产品在国际市场上的出口额；X_{it} 为 i 国所有产品在国际市场上的出口总额；X_w^k 为 k 种产品在国际市场上的出口总额；X_{wt} 为所有产品在国际市场上的出口总额。

（2）利用贸易互补性指数（TCI）来分析两国农产品双边贸易是贸易互补还是贸易偏向，TCI 指数是常用的测算国家间贸易差异性与融合性的指标。用公式表示如下：

$$\mathrm{TCI}_{ij}^k = \mathrm{RCA}_{xi}^k \times \mathrm{RCA}_{Mj}^k$$

$$\mathrm{RCA}_{xi}^k = \frac{X_i^k}{X_i} \bigg/ \frac{X_w^k}{X_w}$$

$$\mathrm{RCA}_{Mj}^k = \frac{M_j^k}{M_j} \bigg/ \frac{X_w^k}{X_w}$$

式中，TCI_{ij}^{k} 为 i 国（reporter）和 j 国（partner）k 种产品双边贸易互补指数；RCA_{xi}^{k} 为 i 国 k 种产品的出口比较优势指数；RCA_{Mj}^{k} 为 j 国 k 种产品的进口比较优势指数。

5.2 "一带一路"共建国家资源禀赋、生产概览及前景分析

5.2.1 俄罗斯

1. 农业资源禀赋概览

俄罗斯联邦是"一带一路""中蒙俄经济走廊"的重要国家。俄罗斯作为世界上面积最大的国家，有着相当丰富的土地资源，农业用地 1.913 亿 hm²，其中包含耕地 1.155 亿 hm²，饲料用地 7050 万 hm²，人均耕地面积 0.86 hm²，远高于世界人均耕地面积数。此外，俄罗斯拥有着种类多、储量大、自给程度高的各种自然资源，境内水域面积占总国土面积的 13%，森林面积占国土面积的 65.8%。农业人口在俄罗斯总人口中占有比较大的比重，虽然呈逐年下降的趋势，但在 2018 年仍占比 5.9%。

俄罗斯农业机械化程度较高[2]，农业机械在其国内农业生产实践中有着不可或缺的作用和地位。俄罗斯同时拥有强大的农业科研力量，农业食品系统（含俄罗斯农业科学院）有 310 个研究单位、528 个试验和教学农场、64 个农业高等院校，总计有 9.4 万名农业科技人员[3]。

2. 农产品生产情况

俄罗斯主要农产品的自给率较高，从播种面积看，其谷物和豆类作物占主要地位，饲料作物和油料作物次之，马铃薯和蔬菜类作物则占比最小。在谷物和豆类作物品种中，主要是小麦，其次是大麦、玉米、燕麦、黑麦、荞麦、豌豆等作物。2017 年谷物和豆类作物的总产量为 13413 万吨，同比增加了 11.2%，其中小麦产量为 8581.9 万吨，同比增加了 17.1%。此外，大麦、豆类作物和油菜籽的总产量均有不同程度增长，而小黑麦、玉米、水稻、向日葵籽、亚麻等农作物的产量则有不同程度下降[4]。

俄罗斯的畜产品的产量也在平稳增长。2017 年俄罗斯的肉禽屠宰量达到了 1462.4 万吨，鸡蛋产量达 447.7 亿个，产奶量达到 3112 万吨。另外，俄罗斯渔业资源丰富，各主要鱼类的产量呈现逐年上升的趋势[5]。

3. 俄罗斯与中国的农产品贸易前景分析

1）两国农产品贸易概况

从 2001～2018 年中俄农产品贸易总额的情况来看，中俄农产品贸易总体水平呈

增长趋势，年均增长率为 11%。2018 年中美贸易摩擦后，中俄农产品贸易呈现快速增长的态势，2019 年中俄农产品贸易总额为 54.8 亿美元，较 2015 年增长 55.6%。2020 年中国从俄罗斯进口的农产品总额为 40.9 亿美元，同比增长 13.7%，占中俄农产品贸易总量的 74%，中国成为俄罗斯农产品第一大进口国。与此同时，中国对俄罗斯的农产品贸易从顺差再转为逆差，并且逆差呈逐步扩大的趋势。这既表明中国与俄罗斯农产品贸易联系紧密，也反映出中国与俄罗斯农产品贸易不对等的态势[6]。

2）两国农产品贸易竞争性和互补性分析

表 5-2 反映了 2013～2017 年中国与俄罗斯主要食品农产品出口显示性比较优势指数，表明两国优势产品并不相同，反映了中俄农业贸易具有较强的互补性。俄罗斯的谷物及畜产品比较优势，但农业贸易供给能力不足，有很大的发展空间[7]。

表 5-2　中国与俄罗斯主要食品农产品显示性比较优势指数

编码	产品类型	中国农产品出口					俄罗斯农产品出口				
		2013 年	2014 年	2015 年	2016 年	2017 年	2013 年	2014 年	2015 年	2016 年	2017 年
HS01	活动物	0.22	0.19	0.20	0.23	0.20	2.26	2.08	2.00	3.73	3.91
HS02	肉及食用杂碎	0.07	0.07	0.07	0.06	0.06	3.63	6.58	3.85	4.3	5.37
HS03	水产品	1.02	1.01	0.95	0.95	0.86	0.46	0.41	0.4	0.47	0.47
HS04	食用动物产品	0.05	0.05	0.06	0.06	0.05	1.13	1.13	1.02	1.02	1.04
HS07	食用蔬菜	1.02	0.99	0.98	1.13	1.18	0.68	0.94	0.65	0.63	0.66
HS08	食用水果及坚果	0.36	0.33	0.36	0.37	0.34	0.27	0.33	0.45	0.47	0.51
HS09	咖啡及茶	0.43	0.40	0.38	0.46	0.44	0.04	0.04	0.04	0.04	0.04
HS10	谷物	0.04	0.03	0.02	0.03	0.05	3.91	8.95	3.81	3.84	3.87
HS11	制粉类产品	0.27	0.25	0.24	0.24	0.25	1.57	1.61	1.67	1.65	1.69
HS15	动植物油脂	0.05	0.05	0.06	0.05	0.07	0.28	0.24	0.29	0.28	0.29
HS16	水产制品	1.54	1.44	1.30	1.35	1.44	0.13	0.12	0.11	0.11	0.12
HS17	糖及糖食	0.24	0.26	0.28	0.29	0.28	0.25	0.23	0.21	0.18	0.17
HS18	可可及制品	0.08	0.08	0.07	0.07	0.06	0.2	0.17	0.17	0.18	0.17
HS19	谷物制品	0.20	0.19	0.17	0.18	0.18	0.52	0.49	0.51	0.27	0.31
HS20	蔬果制品	1.10	1.00	0.91	0.94	0.96	0.14	0.13	0.12	0.1	0.11
HS21	杂项食品	0.33	0.33	0.34	0.37	0.36	0.88	0.84	0.76	0.72	0.74
HS22	饮料、酒及醋	0.10	0.12	0.14	0.16	0.15	0.88	0.84	0.76	0.72	0.74

资料来源：根据 UNCOMTRATE 和 Trade Map 数据库整理，下同

　　从表 5-3 可以看出，中俄之间农产品贸易中产品的贸易互补性指数整体偏低，只有 HS03、HS07、HS08 的贸易互补性指数在 2013～2017 年均大于 1，说明在较长时间内具有较明显的互补关系。此外，HS16、HS20 除个别年份，贸易互补性指数几乎全部大于 1，说明这三类农产品互补性较强，可予以重视并将其发展为中俄农产品的重点贸易对象。其他类别农产品的互补性较差，或者只有在个别年份呈现出了较强的互补性，说明这些产品在中俄两国农产品贸易中将体现出越来越小的竞争性[8]。

表 5-3　中国与俄罗斯主要食品农产品贸易互补性指数

编码	产品类型	2013 年	2014 年	2015 年	2016 年	2017 年
HS01	活动物	0.22	0.13	0.26	0.17	0.12
HS02	肉及食用杂碎	0.19	0.18	0.18	0.12	0.09
HS03	水产品	1.90	1.90	1.54	1.34	1.20
HS04	食用动物产品	0.11	0.10	0.13	0.19	0.11
HS07	食用蔬菜	2.52	2.87	3.41	2.33	2.63
HS08	食用水果及坚果	1.46	1.25	1.48	1.50	1.51
HS09	咖啡及茶	0.93	0.77	1.14	1.37	1.21
HS10	谷物	0.01	0.01	0.01	0.01	0.02
HS11	制粉类产品	0.13	0.11	0.13	0.15	0.14
HS15	动植物油脂	0.03	0.04	0.07	0.06	0.06
HS16	水产制品	1.39	1.34	1.05	1.17	1.73
HS17	糖及糖食	0.17	0.30	0.44	1.33	0.24
HS18	可可及制品	0.11	0.13	0.14	0.16	0.11
HS19	谷物制品	0.18	0.19	0.16	0.16	0.13
HS20	蔬果制品	1.54	1.62	1.57	1.68	1.47
HS21	杂项食品	0.46	0.47	0.55	0.58	0.52
HS22	饮料、酒及醋	0.12	0.14	0.18	0.19	0.17

4. 小结

　　中俄两国农业双边贸易趋势向好。在规模上，农业双边贸易规模不断扩大；在产品结构上，两国均力争实现初级产品向深加工产品转化[9]。虽然中俄农业双边贸易互补性强，但中俄两国大规模的农业双边贸易规模还未形成。尽管在"一带一路"倡议实施以来，中俄农业双边贸易实现了很大的突破，但这与两国本身的农业规模相比并不相称，应通过完善基础设施等方式逐步将农业双边贸易规模提高到应有的规模[10]。

5.2.2　韩国

1. 农业资源禀赋概览

韩国是"一带一路""新亚欧路桥经济走廊"重要支点国家。韩国农用土地中耕地面积为 182.4 万 hm^2，仅占总国土面积的 18.3%，其中水田占 11.1%、旱田占 7.2%。大米种植面积达到了 97.97 万 hm^2，20 世纪 80 年代以后，基本实现了韩国大米的自给自足。但因土地资源稀缺，韩国农业发展的重点在于提高土地生产力，同时提高农业机械化程度，努力实现对劳动力的替代。韩国有较强的农业科研及技术推广实力，推广经费充足[11]。水资源方面，韩国三面环海，海岸线总长为 5259 km，其中，东海岸的总长为 415 km，海域广阔且深海区域较多，潮差小，水产资源丰富；西海岸总长为 2600 km，曲折蜿蜒，海湾深，潮差大，海面岛屿密布；南海岸总长 2244 km。

2. 农产品生产情况

韩国粮食结构中以稻谷（包括水稻和旱稻）为主，水稻单产为每公顷 6568 kg，处于世界领先地位，且大米从 20 世纪 80 年代开始能够保持自给。韩国经济作物中占比最大的是蔬菜，以大白菜、萝卜、洋葱、辣椒、大蒜为主的蔬菜种植基本上可以满足国内市场的需求。水果以苹果、梨、桃、橘子、葡萄为主，基本上能满足国内市场的需求。苹果、梨和橘子还可供出口，进口水果主要有香蕉等。

畜牧业是韩国的传统农业部门，畜禽饲养比重较大的是鸡、猪和牛，国内市场的肉类供应仍然需要依靠进口填补空缺，未能实现自给自足。

韩国东西南三面环海，有着充裕的水产资源，是世界水产大国之一，也将水产品当成主要食品之一，但由于 1977 年开始的 200 海里水域限制，韩国渔业生产受到较大冲击。目前，除了每年出口一些上等鲜活海鱼如金枪鱼外，还进口部分海鱼进行深加工，然后再出口。在过去的 20 年中，韩国的渔业在发展现代化方面取得了显著的成绩，已经成为赚取外汇的一个重要来源[12]。

韩国农业产值年增长率波动较大，这跟韩国自身农业资源禀赋情况以及国际贸易摩擦有一定的关系；从农业产值占 GDP 比重来看，农业占 GDP 的比重不高，呈现出逐步减少的态势。

3. 韩国与中国的农产品贸易前景分析

1）两国农产品贸易概况

自 2005 年中韩两国正式建交到 2016 年，两国农产品双边贸易保持快速增长，年均增幅达 20.97%。中韩两国之间的贸易占韩国贸易总额 20%以上。两国农产品贸易始终保持中国对韩国的顺差形势，说明韩国对中国农产品存在一定的需求，为中国农产品出口提供了商机。

2）两国农产品贸易竞争性和互补性分析

表 5-4 中韩各类食品农产品显示性比较优势指数（RCA）表明，中国农产品相对于韩国农产品均具有比较优势，说明韩国农产品的国际竞争力比较弱。

表 5-4　中国与韩国主要食品农产品显示性比较优势指数

编码	产品类型	中国农产品出口					韩国农产品出口				
		2014 年	2015 年	2016 年	2017 年	2018 年	2014 年	2015 年	2016 年	2017 年	2018 年
HS01	活动物	0.22	0.19	0.20	0.23	0.20	0.00	0.00	0.00	0.00	0.00
HS02	肉及食用杂碎	0.07	0.07	0.07	0.06	0.06	0.01	0.02	0.01	0.00	0.00
HS03	水产品	1.02	1.01	0.95	0.95	0.86	0.42	0.39	0.42	0.37	0.35
HS04	食用动物产品	0.05	0.05	0.06	0.06	0.05	0.02	0.02	0.02	0.02	0.02
HS07	食用蔬菜	1.02	0.99	0.98	1.13	1.18	0.08	0.08	0.08	0.07	0.06
HS08	食用水果及坚果	0.36	0.33	0.36	0.37	0.34	0.05	0.04	0.05	0.04	0.05
HS09	咖啡及茶	0.43	0.40	0.38	0.46	0.44	0.01	0.01	0.01	0.01	0.01
HS10	谷物	0.04	0.03	0.02	0.03	0.05	0.00	0.00	0.00	0.00	0.00
HS11	制粉类产品	0.27	0.25	0.24	0.24	0.25	0.10	0.10	0.09	0.08	0.06
HS15	动植物油脂	0.05	0.05	0.06	0.05	0.07	0.03	0.03	0.03	0.03	0.06
HS16	水产制品	1.54	1.44	1.30	1.35	1.44	0.15	0.16	0.17	0.15	0.19
HS17	糖及糖食	0.24	0.26	0.28	0.29	0.28	0.31	0.30	0.28	0.24	0.27
HS18	可可及制品	0.08	0.08	0.07	0.07	0.06	0.04	0.04	0.04	0.04	0.05
HS19	谷物制品	0.20	0.19	0.17	0.18	0.18	0.41	0.41	0.45	0.41	0.43
HS20	蔬果制品	1.10	1.00	0.91	0.94	0.96	0.10	0.10	0.13	0.11	0.15
HS21	杂项食品	0.33	0.33	0.34	0.37	0.36	0.52	0.52	0.55	0.55	0.68
HS22	饮料、酒及醋	0.10	0.12	0.14	0.16	0.15	0.22	0.22	0.24	0.21	0.27

根据表 5-5 中韩各类食品农产品贸易互补性指数（TCI）分析，水产品的贸易互补性指数大于 1，说明中韩在水产品贸易上互补性较高。从趋势来看，中韩农产品贸易互补性逐年上升。

表 5-5　中国与韩国主要食品农产品贸易互补性指数

编码	产品类型	2014 年	2015 年	2016 年	2017 年	2018 年
HS01	活动物	0.02	0.02	0.03	0.03	0.03
HS02	肉及食用杂碎	0.07	0.08	0.08	0.08	0.08
HS03	水产品	1.21	1.37	1.39	1.21	1.23

续表

编码	产品类型	2014 年	2015 年	2016 年	2017 年	2018 年
HS04	食用动物产品	0.01	0.02	0.02	0.02	0.02
HS07	食用蔬菜	0.36	0.38	0.45	0.40	0.41
HS08	食用水果及坚果	0.17	0.20	0.20	0.18	0.19
HS09	咖啡及茶	0.19	0.20	0.26	0.24	0.23
HS10	谷物	0.04	0.03	0.04	0.05	0.05
HS11	制粉类产品	0.14	0.15	0.15	0.15	0.15
HS15	动植物油脂	0.02	0.02	0.02	0.03	0.03
HS16	水产制品	0.76	0.83	0.96	1.02	1.01
HS17	糖及糖食	0.24	0.28	0.28	0.27	0.28
HS18	可可及制品	0.02	0.02	0.02	0.02	0.02
HS19	谷物制品	0.06	0.06	0.07	0.07	0.07
HS20	蔬果制品	0.55	0.58	0.64	0.63	0.65
HS21	杂项食品	0.23	0.27	0.33	0.32	0.33
HS22	饮料、酒及醋	0.03	0.04	0.05	0.05	0.05

4. 小结

总体来看，中韩农产品贸易总量呈上升趋势，仅在少数几个时期受国际金融危机和国际经济总体趋势影响有所下降。中国对韩出口贸易中的农产品种类丰富，出口量大的农产品主要集中在初级加工产品上。中国对韩出口贸易中优势较强的农产品为谷物、水产品、蔬菜等，大部分农产品仍需要深入的贸易合作来拓展更大的贸易空间[13]。

5.2.3　希腊

1. 农业资源禀赋概览

希腊气候南北差异显著，南部地区及各岛屿属于地中海型气候，北部和内陆属于大陆性气候。希腊土地总面积 1320 万 hm^2，可耕地 394.5 万 hm^2，其中谷物种植面积 153 万 hm^2，灌溉面积 120 万 hm^2。希腊国土以山区和丘陵为主，农业生产土地细碎化严重，农业耕地资源并不丰富[14]。希腊农业人口较少，占总人口的比重长期低于 14%。

希腊虽然农业机械化程度较高，但大量农业机械依赖进口，农业机械种类较少。希腊拥有一定的农业科研力量，负责农业技术创新和推广的全国农业研究基金会拥有 36 个综合研究所、19 个专业研究所、8 个农业研究站和 2 个地区农业推广站和土壤分析实验室。

2. 农产品生产情况

近年来，希腊主要粮食作物种植面积逐年增加，2016 年总面积达到 14058 万 hm²。希腊的粮食作物主要是水稻、土豆和小麦，其次是油料作物和蔬菜类作物。

畜牧业是希腊重要的传统农业部门，其中鸡、羊、猪、牛的养殖量最高。乳制品产业是希腊重要的产业之一，因此希腊牛、羊的出栏存栏量都很高，而鸭、鹅等其他家禽的出栏存栏量较少。目前，希腊国内市场的肉类供应未能实现自给自足，仍需依靠进口填补空缺。

希腊农业产值年增长率不断波动，而希腊农业产值占 GDP 比重相对稳定，未发生较大变动。

3. 希腊与中国的农产品贸易前景分析

1）两国农产品贸易概况

中国是希腊在欧洲之外最重要的贸易伙伴，2018 年双边农产品贸易总额超过 55 亿美元，其中，中国对希腊出口 50 亿美元，进口 5 亿美元。在两国农产品双边贸易中始终保持中国对希腊的贸易顺差，且有不断扩大的趋势，显示希腊对中国农产品存在一定的需求。

2）两国农产品贸易竞争性和互补性分析

表 5-6 和表 5-7 表明，希腊农产品 RCA 指数总体上呈下降趋势。其中，希腊在 HS03（水产品）、HS04（食用动物产品）等八个农产品类别上具有较高的显示性比较优势，但比较优势指数逐年下降。中国在 HS03（水产品）、HS07（食用蔬菜）等七个农产品类别的显示性比较优势指数较高。中国与希腊的优势产品不尽相同，表明中国和希腊在农产品国际贸易中的竞争性不大。

表 5-6　希腊主要食品农产品显示性比较优势指数

编码	产品类别	2010 年	2011 年	2012 年	2013 年	2014 年	2015 年	2016 年	2017 年	2018 年
HS01	活动物	1.22	0.64	0.39	0.42	0.38	0.43	0.42	0.41	0.40
HS02	肉及食用杂碎	0.34	0.32	0.27	0.27	0.29	0.29	0.34	0.36	0.37
HS03	水产品	4.69	4.72	4.23	3.65	3.43	3.73	3.76	3.42	3.14
HS04	食用动物产品	3.17	2.91	2.94	3.06	3.39	4.69	4.94	4.43	4.26
HS07	食用蔬菜	1.86	1.55	1.70	1.76	1.54	1.37	1.46	1.34	1.22
HS08	食用水果及坚果	6.12	5.65	5.77	5.47	4.95	5.07	4.38	4.12	6.12
HS09	咖啡及茶	0.18	0.22	0.23	0.25	0.20	0.31	0.36	0.25	0.26
HS10	谷物	1.35	1.10	1.00	0.66	1.04	0.68	1.32	0.74	0.68
HS11	制粉类产品	0.77	0.63	0.57	0.63	0.58	0.84	0.81	0.52	0.56

续表

编码	产品类别	2010 年	2011 年	2012 年	2013 年	2014 年	2015 年	2016 年	2017 年	2018 年
HS15	动植物油脂	3.00	2.64	2.72	4.26	2.51	5.60	5.07	3.69	4.46
HS16	水产制品	1.35	0.69	0.38	0.41	0.39	0.37	0.44	0.45	0.44
HS17	糖及糖食	6.37	4.77	4.10	3.10	2.24	2.21	2.67	3.27	2.08
HS18	可可及制品	0.29	0.31	0.36	0.39	0.36	0.45	0.47	0.45	0.41
HS19	谷物制品	2.13	2.00	1.74	1.59	1.64	1.87	2.05	2.05	2.00
HS20	蔬果制品	11.45	10.81	10.36	9.96	10.14	10.33	10.08	9.67	9.31
HS21	杂项食品	2.31	2.08	1.80	1.87	1.90	2.11	2.37	2.38	2.14
HS22	饮料、酒及醋	1.50	1.51	1.36	1.27	1.30	1.36	1.29	1.27	1.14

表 5-7　中国主要食品农产品显示性比较优势指数

编码	产品类别	2007 年	2008 年	2009 年	2010 年	2011 年	2012 年	2013 年	2014 年	2015 年	2016 年	2017 年	2018 年
HS01	活动物	0.26	0.32	0.26	0.23	0.25	0.24	0.22	0.19	0.20	0.23	0.20	0.19
HS02	肉及食用杂碎	0.11	0.09	0.09	0.10	0.09	0.08	0.07	0.07	0.07	0.06	0.06	0.05
HS03	水产品	0.80	0.80	0.99	1.03	1.09	1.06	1.02	1.01	0.95	0.95	0.86	0.83
HS04	食用动物产品	0.09	0.10	0.06	0.06	0.06	0.06	0.05	0.05	0.06	0.06	0.05	0.05
HS07	食用蔬菜	1.02	0.95	1.01	1.27	1.40	1.04	1.02	0.99	0.98	1.13	1.18	1.14
HS08	食用水果及坚果	0.30	0.33	0.36	0.34	0.33	0.37	0.36	0.33	0.36	0.37	0.34	0.33
HS09	咖啡及茶	0.46	0.45	0.47	0.43	0.40	0.36	0.43	0.40	0.38	0.46	0.44	0.51
HS10	谷物	0.31	0.07	0.08	0.06	0.05	0.03	0.04	0.03	0.02	0.03	0.05	0.07
HS11	制粉类产品	0.46	0.37	0.34	0.37	0.30	0.29	0.27	0.25	0.24	0.24	0.25	0.32
HS15	动植物油脂	0.06	0.07	0.05	0.04	0.05	0.05	0.05	0.05	0.06	0.05	0.07	0.09
HS16	水产制品	2.00	1.74	1.35	1.50	1.59	1.71	1.54	1.44	1.30	1.35	1.44	1.50
HS17	糖及糖食	0.21	0.23	0.23	0.23	0.23	0.21	0.24	0.26	0.28	0.29	0.28	0.34
HS18	可可及制品	0.06	0.07	0.04	0.05	0.07	0.07	0.08	0.08	0.07	0.07	0.06	0.06
HS19	谷物制品	0.27	0.24	0.22	0.23	0.22	0.23	0.20	0.19	0.17	0.18	0.18	0.20
HS20	蔬果制品	1.38	1.30	1.08	1.11	1.16	1.18	1.10	1.00	0.91	0.94	0.96	0.96
HS21	杂项食品	0.32	0.31	0.30	0.31	0.34	0.35	0.33	0.33	0.34	0.37	0.36	0.37
HS22	饮料、酒及醋	0.12	0.11	0.11	0.11	0.11	0.12	0.10	0.12	0.14	0.16	0.15	0.15

　　根据表 5-8 与表 5-9 中希各类食品农产品贸易互补性指数（TCI）分析，从产品类别来看，中国和希腊在 HS02（肉及食用杂碎）、HS09（咖啡及茶）、HS11（制粉类产品）、HS16（水产制品）这几类产品上匹配度较高，说明中希两国在该类产品贸易上双向互补。

表 5-8　中国进口与希腊出口农产品贸易互补性指数

编码	产品类别	2010 年	2011 年	2012 年	2013 年	2014 年	2015 年	2016 年	2017 年	2018 年
HS01	活动物	0.13	0.29	0.58	0.43	0.88	0.58	0.46	0.37	0.41
HS02	肉及食用杂碎	0.77	1.01	1.37	1.81	1.57	2.09	2.79	2.15	2.16
HS03	水产品	0.12	0.12	0.13	0.16	0.17	0.17	0.18	0.20	0.27
HS04	食用动物产品	0.10	0.12	0.14	0.18	0.19	0.09	0.10	0.13	0.13
HS07	食用蔬菜	0.16	0.20	0.23	0.20	0.24	0.28	0.18	0.20	0.21
HS08	食用水果及坚果	0.05	0.06	0.07	0.07	0.09	0.10	0.12	0.12	0.10
HS09	咖啡及茶	0.25	0.22	0.28	0.22	0.35	0.26	0.40	0.36	0.45
HS10	谷物	0.13	0.15	0.37	0.57	0.44	1.20	0.43	0.76	0.67
HS11	制粉类产品	0.43	0.47	0.54	0.62	0.81	0.60	0.59	0.93	0.90
HS15	动植物油脂	0.40	0.41	0.44	0.24	0.35	0.15	0.16	0.21	0.18
HS16	水产制品	0.02	0.06	0.11	0.10	0.13	0.15	0.10	0.11	0.17
HS17	糖及糖食	0.04	0.08	0.11	0.14	0.16	0.22	0.12	0.08	0.14
HS18	可可及制品	0.42	0.44	0.42	0.41	0.47	0.41	0.30	0.29	0.35
HS19	谷物制品	0.13	0.14	0.20	0.25	0.25	0.32	0.34	0.38	0.40
HS20	蔬果制品	0.01	0.01	0.01	0.01	0.01	0.01	0.02	0.02	0.02
HS21	杂项食品	0.06	0.08	0.09	0.10	0.11	0.13	0.14	0.14	0.18
HS22	饮料、酒及醋	0.14	0.17	0.22	0.21	0.21	0.30	0.35	0.35	0.41

表 5-9　中国出口与希腊进口农产品贸易互补性指数

编码	产品类别	2010 年	2011 年	2012 年	2013 年	2014 年	2015 年	2016 年	2017 年	2018 年
HS01	活动物	0.19	0.38	0.61	0.51	0.51	0.48	0.55	0.48	0.47
HS02	肉及食用杂碎	0.29	0.27	0.28	0.25	0.25	0.23	0.18	0.16	0.14
HS03	水产品	0.22	0.23	0.25	0.28	0.30	0.26	0.25	0.25	0.26
HS04	食用动物产品	0.02	0.02	0.02	0.02	0.01	0.01	0.01	0.01	0.01
HS07	食用蔬菜	0.68	0.90	0.61	0.58	0.64	0.72	0.78	0.88	0.93
HS08	食用水果及坚果	0.06	0.06	0.06	0.07	0.07	0.07	0.09	0.08	0.05
HS09	咖啡及茶	2.38	1.80	1.56	1.70	1.98	1.22	1.29	1.77	1.96
HS10	谷物	0.05	0.04	0.03	0.05	0.03	0.03	0.03	0.07	0.10
HS11	制粉类产品	0.48	0.48	0.51	0.43	0.43	0.28	0.30	0.47	0.56
HS15	动植物油脂	0.01	0.02	0.02	0.02	0.02	0.01	0.01	0.02	0.02
HS16	水产制品	1.11	2.31	4.49	3.76	3.68	3.53	3.07	3.19	3.40
HS17	糖及糖食	0.04	0.05	0.05	0.08	0.12	0.13	0.11	0.09	0.16

编码	产品类别	2010 年	2011 年	2012 年	2013 年	2014 年	2015 年	2016 年	2017 年	2018 年
HS18	可可及制品	0.18	0.22	0.19	0.19	0.21	0.15	0.15	0.14	0.15
HS19	谷物制品	0.11	0.12	0.13	0.13	0.11	0.09	0.09	0.09	0.10
HS20	蔬果制品	0.10	0.11	0.11	0.11	0.10	0.09	0.09	0.10	0.10
HS21	杂项食品	0.14	0.16	0.19	0.18	0.17	0.16	0.16	0.15	0.17
HS22	饮料、酒及醋	0.07	0.07	0.09	0.08	0.09	0.10	0.12	0.12	0.13

4. 小结

总体来看，希腊农产品在国际市场上具有的一定的竞争力，从贸易互补性指数上来看，中希农产品进出口均表现出较好的产品匹配度，但从贸易强度来看，中希两国目前联系紧密度不高，只有个别产品在近年来才具有贸易强度，其余产品贸易强度较小。

5.2.4　意大利

1. 农业资源禀赋概览

意大利是世界农业大国和农业强国，农业总产值位列欧盟国家第三位。意大利的国土面积为 301333 km^2，农业用地面积为 129450 km^2，其中 60% 为丘陵地带。意大利主要为地中海气候和大陆性气候，三面环海，海岸线长达 7200 km 以上，其地中海气候和丰富的水资源为其发展农业创造了相对优越的自然条件。

意大利的农村人口约占总人口的 30%，但农业就业人员仅占就业人数的 3.75%，其中小于 35 岁的劳动力仅占 2.9%，而大于 55 岁的农业劳动力高达 68%[15]。

意大利是全球农业高度发达的国家之一，其发达的农业机械化保证了其农业产出。意大利的农业推广体系与其余欧盟国家基本一致。一方面，意大利通过金融机构进行技术推广；另一方面，通过发展特色农业，进行新技术的应用和推广。

2. 农产品生产情况

种植业是意大利农业生产中最重要的一环，产值占意大利农业总产值的 60%。意大利的粮食作物以小麦和玉米为主，主要经济作物为葡萄、番茄和油橄榄等。随着意大利对有机农业的发展与重视，意大利的粮食作物的播种面积在不断下降，而关于有机农业方面的蔬菜、水果等经济类作物的播种面积稳步上升[16]。

畜牧业是意大利农业生产的传统产业，2014 年意大利畜牧业产值居欧盟第三位，仅次于法国和德国。意大利主要的牲畜养殖品种为肉鸡、猪和绵羊等，出栏量总体呈上升趋势。

近年来，意大利的渔业总产量提升，年均增长率达到 2.1%。意大利的渔业以海洋渔业为主，内陆的渔业产出仅占总产出的 12.7%，但是淡水鱼产量增长较快，年均增长率达到了 6.23%。

3. 意大利与中国的农产品贸易前景分析

1) 两国农产品贸易概况

意大利是中国在欧盟的第二大贸易伙伴国，中国也是意大利在亚洲最大的贸易合作伙伴。中意食品类农产品双边贸易规模占双方双边贸易总额 1.5%，同时以中国对意大利农产品进口为主，贸易规模呈现上升趋势，而意大利对中国农产品进口总额呈现下降趋势，中意食品类农产品的贸易逆差逐渐扩大。

2) 两国农产品贸易竞争性和互补性分析

表 5-10 表明，意大利大部分农产品相对于中国农产品具有比较优势，其中谷物制品和饮料、酒及醋的显示性比较优势指数均大于 2.5。中国在食用蔬菜、食用水果及坚果、水产制品和蔬果制品这四种食用类农产品上与意大利在国际市场形成了竞争关系。

表 5-10　中国与意大利主要食品农产品显示性比较优势指数

编码	产品类型	中国农产品出口					意大利农产品出口				
		2014 年	2015 年	2016 年	2017 年	2018 年	2014 年	2015 年	2016 年	2017 年	2018 年
HS01	活动物	0.19	0.20	0.23	0.20	0.19	0.11	0.11	0.09	0.08	0.07
HS02	肉及食用杂碎	0.07	0.07	0.06	0.06	0.05	0.69	0.71	0.71	0.69	0.69
HS03	水产品	1.01	0.95	0.95	0.86	0.83	0.16	0.15	0.14	0.14	0.14
HS04	食用动物产品	0.05	0.06	0.06	0.05	0.05	1.23	1.39	1.46	1.42	1.52
HS07	食用蔬菜	0.99	0.98	1.13	1.18	1.14	0.91	0.85	0.83	0.82	0.88
HS08	食用水果及坚果	0.33	0.36	0.37	0.34	0.33	1.38	1.31	1.22	1.20	1.14
HS09	咖啡及茶	0.40	0.38	0.46	0.44	0.51	1.13	1.09	1.14	1.15	1.25
HS10	谷物	0.03	0.02	0.03	0.05	0.07	0.27	0.32	0.28	0.28	0.23
HS11	制粉类产品	0.25	0.24	0.24	0.25	0.32	0.62	0.65	0.66	0.75	0.80
HS15	动植物油脂	0.05	0.06	0.05	0.07	0.09	0.91	0.93	0.94	0.84	0.92
HS16	水产制品	1.44	1.30	1.35	1.44	1.50	0.84	0.85	0.86	0.86	0.88
HS17	糖及糖食	0.26	0.28	0.29	0.28	0.34	0.35	0.34	0.30	0.30	0.34
HS18	可可及制品	0.08	0.07	0.07	0.06	0.06	1.29	1.24	1.25	1.48	1.53
HS19	谷物制品	0.19	0.17	0.18	0.18	0.20	2.79	2.74	2.56	2.56	2.62
HS20	蔬果制品	1.00	0.91	0.94	0.96	0.96	2.30	2.14	2.05	2.05	2.15
HS21	杂项食品	0.33	0.34	0.37	0.36	0.37	1.22	1.17	1.16	1.27	1.33
HS22	饮料、酒及醋	0.12	0.14	0.16	0.15	0.15	2.99	2.91	2.83	2.88	3.05

根据表 5-11 与表 5-12 中意各类食品农产品贸易互补性指数（TCI）分析，从产品类别来看，中意进出口互补性较强的食品农产品有：HS03（水产品）、HS07（食用蔬菜）、HS16（水产制品）、HS19（谷物制品）、HS22（饮料、酒及醋）。中意食用类农产品贸易中，具有比较优势食品类农产品的类别有 12 个，互补性农产品类别有 5 个，竞争性农产品有 4 个，说明中意双方在农产品贸易市场既存在贸易竞争也存在贸易互补。

表 5-11　中国进口与意大利出口农产品贸易互补性指数

编码	产品类型	2014 年	2015 年	2016 年	2017 年	2018 年
HS01	活动物	0.04	0.03	0.02	0.01	0.01
HS02	肉及食用杂碎	0.31	0.43	0.68	0.53	0.55
HS03	水产品	0.09	0.10	0.09	0.10	0.12
HS04	食用动物产品	0.78	0.58	0.69	0.79	0.85
HS07	食用蔬菜	0.33	0.32	0.22	0.21	0.23
HS08	食用水果及坚果	0.61	0.68	0.62	0.59	0.68
HS09	咖啡及茶	0.08	0.09	0.16	0.10	0.15
HS10	谷物	0.13	0.26	0.16	0.16	0.11
HS11	制粉类产品	0.29	0.33	0.32	0.36	0.40
HS15	动植物油脂	0.81	0.80	0.75	0.67	0.75
HS16	水产制品	0.04	0.05	0.04	0.04	0.06
HS17	糖及糖食	0.12	0.17	0.10	0.08	0.10
HS18	可可及制品	0.22	0.23	0.18	0.20	0.22
HS19	谷物制品	1.15	1.63	1.80	1.99	2.12
HS20	蔬果制品	0.29	0.33	0.36	0.36	0.44
HS21	杂项食品	0.25	0.33	0.39	0.43	0.51
HS22	饮料、酒及醋	0.81	1.17	1.27	1.27	1.43

表 5-12　中国出口与意大利进口农产品贸易互补性指数

编码	产品类型	2014 年	2015 年	2016 年	2017 年	2018 年
HS01	活动物	0.60	0.60	0.69	0.61	0.60
HS02	肉及食用杂碎	0.13	0.12	0.10	0.09	0.08
HS03	水产品	1.66	1.61	1.64	1.44	1.41
HS04	食用动物产品	0.10	0.12	0.12	0.10	0.10
HS07	食用蔬菜	1.08	1.00	1.06	1.13	1.10

续表

编码	产品类型	2014 年	2015 年	2016 年	2017 年	2018 年
HS08	食用水果及坚果	0.43	0.48	0.45	0.39	0.38
HS09	咖啡及茶	0.60	0.62	0.70	0.67	0.76
HS10	谷物	0.04	0.03	0.04	0.06	0.08
HS11	制粉类产品	0.16	0.15	0.16	0.18	0.24
HS15	动植物油脂	0.11	0.11	0.09	0.12	0.16
HS16	水产制品	2.10	1.83	1.86	1.93	1.99
HS17	糖及糖食	0.32	0.27	0.28	0.28	0.33
HS18	可可及制品	0.08	0.07	0.07	0.06	0.06
HS19	谷物制品	0.18	0.16	0.16	0.16	0.18
HS20	蔬果制品	0.96	0.82	0.82	0.81	0.80
HS21	杂项食品	0.25	0.26	0.27	0.26	0.25
HS22	饮料、酒及醋	0.08	0.09	0.10	0.10	0.10

4. 小结

总体来看，中意双方贸易自建交以来，贸易总额不断扩大，农产品贸易互补性较强，贸易潜力巨大，但是仍面临一些挑战。首先，中意双方在双边贸易中面临着欧盟贸易保护措施的影响；其次，中意双边贸易不平衡，中国对意大利的贸易逆差不断扩大。中国和意大利应当充分发挥双方在国际市场上的农产品竞争力和互补性，借助"一带一路"政策实现五个畅通，在双边农产品贸易中取得合作共赢的结果[17]。

5.2.5　哈萨克斯坦

1. 农业资源禀赋概览

哈萨克斯坦是传统的农业大国，土地资源丰富。哈萨克斯坦农业用地共计 21699.2 万 hm²，占国土面积的 80.38%，其中可耕地面积为 2939.5 万 hm²，占国土面积的 10.89%，人均耕地面积约为 1.65 hm²，居中亚五国之首。哈萨克斯坦农业人口占总人口比重较为稳定，截至 2018 年，哈萨克斯坦总人口约为 1827.65 万人，农业人口 778.07 万人，占比 42.57%，丰富的劳动力资源有效保障了农业的持续发展[18]。

2. 农产品生产情况

哈萨克斯坦的种植业以粮食、棉花、油料等季节性、土地密集型作物为主，谷物以小麦和大麦为主，小麦产量约占粮食总产量的 80%。哈萨克斯坦生产的经济作物主要有苹果、葡萄、梨、杏、蔬菜、马铃薯、烟草、油菜籽、大豆、籽棉、向日葵籽，其中，马铃薯、棉花和油菜籽等油料作物的种植规模及产量远超其他经济作物。近几年，哈萨克斯坦的蔬菜产量逐年递增，但仍无法满足国内的需求，国内约 40%的蔬菜依赖进口[19]。

畜牧业是哈萨克斯坦农业的主导产业之一，在国民经济中占有重要地位，但近年的发展较为缓慢。从畜牧业产值来看，虽然哈萨克斯坦畜牧业的产值在逐年递增，但是畜牧业占农业总产值的比重呈现逐渐下降的趋势，近几年一直维持在 44%左右。从畜产品产量来看，哈萨克斯坦的骆驼、牛、马、羊等主要牲畜存栏量逐年递增，主要牲畜存栏量还没有恢复到独立以前的水平[20]。

哈萨克斯坦对农业的投入较少，农业基础设施滞后，农业机械化、精细化、产品化水平低，因此哈萨克斯坦农业产值年增长波动幅度较大。

3. 哈萨克斯坦与中国的农产品贸易前景分析

1）两国农产品贸易概况

2013 年，在与哈萨克斯坦接壤的霍尔果斯口岸建立了中国首个跨境边境合作中心，极大促进了中哈之间农产品贸易的发展[21]。近年来中哈贸易总额不断上升，双方贸易关系表现为中国对哈萨克斯坦的贸易顺差[22]。"一带一路"倡议实施后中国对哈萨克斯坦的贸易顺差呈现逐年波动下降的趋势[23]。

2）两国农产品贸易竞争性和互补性分析

表 5-13 表明，哈萨克斯坦食品农产品显示性比较优势指数在 HS10（谷物）、HS11（制粉类产品）均大于 2.5，表示该类农产品在世界贸易中具有极强的竞争优势。中国在国际上具有显示性比较优势的食品农产品分别为 HS03（水产品）、HS07（食用蔬菜）、HS16（水产制品）以及 HS20（蔬果制品），中国与哈萨克斯坦的优势产品不尽相同。

表 5-13　哈萨克斯坦主要食品农产品显示性比较优势指数

编码	产品类别	2009 年	2010 年	2011 年	2012 年	2013 年	2014 年	2015 年	2016 年	2017 年	2018 年
HS01	活动物	0.01	0.01	0.02	0.00	0.01	0.04	0.08	0.08	0.06	0.42
HS02	肉及食用杂碎	0.00	0.01	0.01	0.01	0.01	0.05	0.07	0.07	0.06	0.11
HS03	水产品	0.34	0.30	0.17	0.14	0.16	0.16	0.18	0.20	0.16	0.14
HS04	食用动物产品	0.05	0.01	0.01	0.01	0.04	0.08	0.17	0.13	0.18	0.23
HS07	食用蔬菜	0.18	0.10	0.02	0.05	0.04	0.06	0.11	0.35	0.56	0.54
HS08	食用水果及坚果	0.15	0.02	0.02	0.04	0.04	0.03	0.06	0.04	0.15	0.04
HS09	咖啡及茶	0.05	0.04	0.10	0.20	0.24	0.22	0.35	0.42	0.39	0.54
HS10	谷物	2.46	3.08	1.33	2.80	2.41	2.24	2.86	3.66	2.87	3.65
HS11	制粉类产品	12.04	10.26	6.41	6.68	6.80	6.94	9.96	12.69	9.73	7.37

续表

编码	产品类别	2009年	2010年	2011年	2012年	2013年	2014年	2015年	2016年	2017年	2018年
HS15	动植物油脂	0.15	0.16	0.08	0.12	0.13	0.15	0.22	0.32	0.43	0.47
HS16	水产制品	0.01	0.02	0.01	0.03	0.03	0.05	0.05	0.08	0.06	0.08
HS17	糖及糖食	0.11	0.14	0.12	0.11	0.18	0.18	0.23	0.32	0.47	0.48
HS18	可可及制品	0.07	0.09	0.12	0.15	0.20	0.20	0.21	0.25	0.31	0.26
HS19	谷物制品	0.11	0.14	0.13	0.17	0.19	0.21	0.36	0.26	0.25	0.22
HS20	蔬果制品	0.03	0.01	0.01	0.01	0.01	0.01	0.02	0.04	0.04	0.04
HS21	杂项食品	0.04	0.08	0.11	0.15	0.15	0.14	0.12	0.09	0.12	0.11
HS22	饮料、酒及醋	0.06	0.08	0.07	0.07	0.10	0.11	0.16	0.18	0.13	0.12

根据表 5-14 与表 5-15 中哈各类食品农产品贸易互补性指数（TCI）分析，中哈农产品贸易互补性逐渐增强，在 HS03（水产品）、HS07（食用蔬菜）、HS10（谷物）、HS11（制粉类产品）、HS16（水产制品）食品农产品类别上互补性较高。

表 5-14　中国进口与哈萨克斯坦出口农产品贸易互补性指数

编码	产品类别	2009年	2010年	2011年	2012年	2013年	2014年	2015年	2016年	2017年	2018年
HS01	活动物	0.00	0.00	0.01	0.00	0.00	0.02	0.04	0.05	0.04	0.34
HS02	肉及食用杂碎	0.00	0.00	0.00	0.00	0.01	0.02	0.05	0.07	0.05	0.09
HS03	水产品	0.09	0.07	0.05	0.05	0.06	0.07	0.10	0.11	0.08	0.09
HS04	食用动物产品	0.06	0.01	0.01	0.02	0.05	0.06	0.14	0.09	0.12	0.15
HS07	食用蔬菜	0.03	0.01	0.01	0.01	0.01	0.01	0.01	0.16	0.28	0.28
HS08	食用水果及坚果	0.03	0.00	0.01	0.01	0.01	0.01	0.03	0.02	0.08	0.02
HS09	咖啡及茶	0.01	0.01	0.03	0.12	0.12	0.13	0.41	0.32	0.28	0.31
HS10	谷物	0.68	1.34	0.64	1.55	1.88	2.11	1.47	1.99	2.03	2.41
HS11	制粉类产品	1.63	1.64	0.99	1.15	1.26	1.44	2.77	4.24	3.18	2.89
HS15	动植物油脂	0.04	0.05	0.02	0.05	0.05	0.06	0.09	0.08	0.11	0.12
HS16	水产制品	0.00	0.00	0.01	0.01	0.01	0.01	0.02	0.02	0.01	0.02
HS17	糖及糖食	0.01	0.02	0.02	0.02	0.03	0.03	0.04	0.07	0.10	0.12
HS18	可可及制品	0.01	0.01	0.01	0.02	0.04	0.04	0.04	0.05	0.06	0.06
HS19	谷物制品	0.01	0.01	0.02	0.02	0.03	0.04	0.07	0.04	0.03	0.03
HS20	蔬果制品	0.00	0.00	0.00	0.00	0.00	0.00	0.00	0.01	0.00	0.00
HS21	杂项食品	0.00	0.01	0.02	0.03	0.03	0.05	0.03	0.02	0.02	0.02
HS22	饮料、酒及醋	0.00	0.01	0.01	0.01	0.01	0.01	0.02	0.02	0.02	0.02

表 5-15　中国出口与哈萨克斯坦进口农产品贸易互补性指数

编码	产品类别	2009 年	2010 年	2011 年	2012 年	2013 年	2014 年	2015 年	2016 年	2017 年	2018 年
HS01	活动物	0.20	0.34	0.55	0.50	0.47	0.47	0.43	0.52	0.42	0.43
HS02	肉及食用杂碎	0.09	0.11	0.12	0.10	0.08	0.09	0.11	0.08	0.09	0.07
HS03	水产品	1.12	1.30	1.53	1.34	1.27	1.24	1.12	1.19	1.13	1.10
HS04	食用动物产品	0.06	0.06	0.07	0.07	0.06	0.06	0.06	0.06	0.06	0.06
HS07	食用蔬菜	1.36	3.03	2.30	1.18	1.03	1.19	1.17	1.89	1.87	1.49
HS08	食用水果及坚果	0.69	0.64	0.53	0.53	0.56	0.63	0.52	0.61	0.57	0.52
HS09	咖啡及茶	0.37	0.64	0.59	0.61	0.55	0.47	0.52	0.63	0.63	0.71
HS10	谷物	0.12	0.10	0.10	0.05	0.07	0.05	0.03	0.05	0.09	0.11
HS11	制粉类产品	0.42	0.64	0.50	0.46	0.41	0.43	0.40	0.37	0.41	0.52
HS15	动植物油脂	0.08	0.06	0.08	0.06	0.05	0.06	0.09	0.08	0.11	0.15
HS16	水产制品	0.50	1.90	2.96	2.22	2.71	2.78	2.81	1.87	2.46	2.37
HS17	糖及糖食	0.30	0.45	0.31	0.32	0.34	0.34	0.40	0.47	0.48	0.54
HS18	可可及制品	0.05	0.04	0.08	0.08	0.10	0.10	0.07	0.07	0.06	0.07
HS19	谷物制品	0.11	0.15	0.13	0.12	0.10	0.10	0.11	0.14	0.14	0.17
HS20	蔬果制品	0.20	0.34	0.70	0.72	0.54	0.55	0.31	0.25	0.30	0.71
HS21	杂项食品	0.39	0.16	0.37	0.23	0.15	0.18	0.33	0.13	0.16	0.27
HS22	饮料、酒及醋	0.09	0.05	0.12	0.07	0.06	0.08	0.11	0.11	0.11	0.10

4. 小结

“一带一路”倡议实施以来，中国对哈萨克斯坦农产品贸易顺差不断减少，双边农产品贸易趋向均衡发展。中哈两国的农产品贸易结构比较单一，贸易种类过于集中，但具有较强的互补性，合作空间巨大。从长远来看，中国与哈萨克斯坦区位优势明显，连云港作为哈萨克斯坦向东的出海口，两国的传统互补型农产品贸易将在新亚欧大陆桥作用下发挥更大的潜力[24]。

5.2.6　土耳其

1. 农业资源禀赋概览

土耳其是“一带一路”中西亚经济走廊重要国家之一。土耳其的国土面积为78.36 万 km²，农业用地 38.247 万 km²，森林 21.056 万 km²。截至 2016 年，土耳其可耕地面积约占总国土面积的 53.18%，农业部门吸纳了全国约 25%的劳动力[25]。中西亚地区气候干旱，降雨量较低，属于缺水型农业区域，土耳其对雨养农业的依赖直接导致了农业产量的不稳定[26]。

2. 农产品生产情况

土耳其农业种植品种丰富，主要种植小麦、大麦、玉米、水稻、向日葵、樱桃、香蕉、杏、苹果以及各种豆类、蔬菜等，种植产量居世界前列[27]。粮食作物中小麦、大麦和玉米的种植面积最大，其种植面积约占耕地面积 60%，经济作物如豆类、棉花、烟草、花生、向日葵、鹰嘴豆和糖类，种植面积约占耕地面积的 40%[28]。

畜牧业是土耳其的传统农业产业，安纳托利亚东部是土耳其畜牧业最主要的发展区域，主要饲养本土的牛、羊、鸡等，其中最具代表性的就是安卡拉羊，进口牲畜品种的养殖量较少[29]。

3. 土耳其与中国的农产品贸易前景分析

1）两国农产品贸易概况

自 2005 年以来，中国和土耳其的农产品贸易规模迅速扩大，特别是 2015 年签署的《关于"一带一路"倡议和"中间走廊"倡议相对接的谅解备忘录》，加速了两国农产品双边贸易的发展，双方贸易关系表现出土耳其对中国的贸易逆差，且自 2005 年以来逐渐扩大[30]。

2）两国农产品贸易竞争性和互补性分析

表 5-16 中土各类食品农产品显示性比较优势指数（RCA）表明，土耳其的谷物类、糖类、杂项食品、烟草、果蔬类食品农产品在国际市场上比较优势强于中国，中国的活动物、水产类、动植物原料这几类食品农产品在国际市场上比较优势强于土耳其。

表 5-16　中国与土耳其主要食品农产品显示性比较优势指数

产品类型	中国食品农产品出口					土耳其食品农产品出口				
	2014 年	2015 年	2016 年	2017 年	2018 年	2014 年	2015 年	2016 年	2017 年	2018 年
活动物	0.75	0.66	0.73	0.70	0.70	0.14	0.04	0.03	0.04	0.06
水产类	2.18	2.76	2.79	3.03	2.98	0.43	0.36	0.40	0.41	0.45
谷物类	0.43	0.39	0.36	0.33	0.32	1.18	1.35	1.25	1.28	1.36
果蔬类	2.19	2.33	2.45	2.31	2.26	3.15	3.26	3.16	2.98	2.73
糖类	0.85	0.82	0.82	0.83	0.94	0.82	0.84	0.86	0.91	1.10
杂项食品	0.75	0.75	0.8	0.85	0.82	1.17	1.17	1.31	1.18	1.08
烟草	0.00	0.00	0.01	0.01	0.01	2.12	1.95	1.65	2.00	2.00
动植物原料	2.30	2.30	2.58	2.48	2.86	0.33	0.38	0.43	0.38	0.38

根据表 5-17，中土各类食品农产品贸易互补性指数（TCI）分析，中土进出口中存在较强互补性的食品农产品有果蔬类、油籽类、植物油脂、动植物原料、动物油脂，且在油籽类食品农产品的进出口上，中土两国存在着双向互补。同时，中国出口与土耳其

进口的匹配程度较高，而土耳其出口与中国进口的匹配程度较低，表明在双边贸易中两国的农产品贸易结构不合理。

表 5-17　中国与土耳其主要食品农产品贸易互补性指数

产品类型	中国出口对土耳其进口					土耳其出口对中国进口				
	2014 年	2015 年	2016 年	2017 年	2018 年	2014 年	2015 年	2016 年	2017 年	2018 年
果蔬类	1.15	1.08	1.09	1.06	0.96	1.23	1.26	1.31	1.32	1.19
油籽类	1.15	0.98	0.76	0.77	0.59	1.60	1.62	1.57	1.34	1.40
动植物原料	1.03	1.10	1.22	1.09	1.50	0.13	0.17	0.18	0.12	0.15
动物油脂	1.94	1.92	1.52	2.25	2.11	0.09	0.33	0.14	0.06	0.09
植物油脂	0.24	0.10	0.12	0.16	0.18	1.17	0.64	0.87	1.10	1.55

4. 小结

总体来看，中国与土耳其的国民经济都处于发展中阶段，在农业生产上两国的要素投入相似，根据要素禀赋理论，双方农产品结构较为相近，互补性不足。其次，我国在劳动密集型和资源密集型农产品方面均具有较强比较优势，决定了土耳其对我国农产品贸易处于逆差地位。中土两国农产品双边贸易规模与总体双边贸易规模不相协调，未来可借助"一带一路"倡议，加快签署自由贸易协定，强化中土农产品贸易往来。

5.2.7 泰国

1. 农业资源禀赋概览

泰国是传统的农业大国，农业用地面积 22.11 万 km²，以平原为主，占总国土面积的43.3%，其中耕地面积 16.81 万 km²；林地面积 16.43 万 km²，永久草地面积 0.8 万 km²。可用水资源总量 4100 亿 m³，农业用水量 828 亿 m³[31]。

泰国拥有丰裕的农业劳动力资源从而保证了农业的生产，截至 2018 年，泰国农村人口仍然占到总人口 50%以上，农业就业人口占泰国总就业人口 30%。但泰国的农业机械化水平相对较低，一定程度上制约了泰国农业的发展。

2. 农产品生产情况

泰国农业种植品种丰富，粮食作物主要以水稻和玉米为主，其中稻田占全国耕地面积 52.0%，从事水稻生产的农户占总农户的 77.5%。在经济作物的种植中，泰国主要生产甘蔗、木薯和橡胶等，其中木薯与橡胶是泰国的重要出口产品。从总体上看，泰国种植的经济作物多为劳动密集型的作物，如橡胶、水果与蔬菜类作物的种植面积和产量始终占据较大比重。

泰国的养殖业产值占泰国农业的总产值约为 23%，畜牧业占 11%，其中主要牲畜品种有鸡、猪、牛、水牛、羊等。泰国是亚洲第三大渔业国，渔业占 12%，泰国的渔业不仅拥有得天独厚的自然资源禀赋，而且还具有比较完善的渔业市场。目前虾是泰国渔业产业中最主要的产品，泰国已经成为世界第一大产虾大国，每年出口的冻虾数量约占全球总产量的 32%，成为世界第一冻虾出口大国[32]。

3. 泰国与中国的农产品贸易前景分析

1）两国农产品贸易概况

自 2004 年中国与泰国签订零关税计划，以及 2010 年中国-东盟自由贸易区的全面建成，中泰双边贸易额特别是农产品贸易快速增长。近年来，中泰农产品双边贸易活动以中国对泰国农产品进口为主，表现出巨大的贸易逆差，且呈现上升趋势[33]。

2）两国农产品贸易竞争性和互补性分析

从表 5-18 可知，泰国的 RCA 指数在 HS03（水产品）、HS07（食用蔬菜）、HS10（谷物）、HS11（制粉类产品）、HS16（水产制品）、HS19（谷物制品）、HS20（蔬果制品）、HS21（杂项食品）这八大类食品农产品上均大于 1，即为具有竞争优势产品。自从我国与东盟签订协议以来，泰国的 HS08（食用水果及坚果）的显示性比较优势指数总体呈现上升趋势，从比较劣势农产品变成了具有较强竞争优势的农产品。中国和泰国均在劳动密集型产品具有比较优势，但是泰国凭借资源优势和相对廉价的劳动力在食品农产品上比中国更具有竞争优势。

表 5-18　泰国主要食品农产品显示性比较优势指数

编码	产品类别	2007 年	2008 年	2009 年	2010 年	2011 年	2012 年	2013 年	2014 年	2015 年	2016 年	2017 年	2018 年
HS01	活动物	0.08	0.42	0.71	0.54	0.65	0.60	0.65	0.63	0.81	0.74	0.55	1.00
HS02	肉及食用杂碎	0.07	0.08	0.09	0.07	0.16	0.32	0.46	0.55	0.63	0.47	0.48	0.63
HS03	水产品	3.26	3.45	3.13	3.60	3.37	3.29	2.59	2.04	1.70	1.37	1.33	1.22
HS04	食用动物产品	0.34	0.26	0.29	0.23	0.29	0.29	0.41	0.29	0.36	0.26	0.25	0.28
HS07	食用蔬菜	1.89	1.48	1.80	1.98	2.28	2.30	3.03	2.46	2.68	1.46	1.40	1.32
HS08	食用水果及坚果	0.66	0.66	0.78	0.75	1.14	1.49	1.34	1.33	1.35	1.08	1.44	1.71
HS09	咖啡及茶	0.25	0.17	0.18	0.14	0.14	0.13	0.18	0.15	0.14	0.10	0.22	0.22
HS10	谷物	6.44	7.75	6.59	4.69	5.46	4.88	5.46	5.25	4.38	3.52	3.83	3.94
HS11	制粉类产品	5.70	4.04	4.96	5.00	6.53	6.85	8.76	7.85	8.29	5.50	4.96	6.24
HS15	动植物油脂	0.80	0.94	0.43	0.34	0.77	0.83	1.16	0.53	0.34	0.26	0.42	0.47
HS16	水产制品	15.12	15.28	17.02	13.81	18.31	17.50	19.63	13.48	14.02	9.89	9.59	9.59
HS17	糖及糖食	4.55	4.87	6.38	6.57	10.54	10.05	8.66	5.23	5.51	4.22	4.40	5.31

续表

编码	产品类别	2007 年	2008 年	2009 年	2010 年	2011 年	2012 年	2013 年	2014 年	2015 年	2016 年	2017 年	2018 年
HS18	可可及制品	0.21	0.21	0.24	0.23	0.23	0.19	0.18	0.18	0.23	0.07	0.05	0.08
HS19	谷物制品	1.50	1.45	1.68	1.50	1.86	1.83	2.39	1.87	2.15	1.37	1.36	1.43
HS20	蔬果制品	3.83	3.36	3.50	3.15	3.89	3.39	4.15	3.40	3.95	2.99	2.74	2.52
HS21	杂项食品	2.19	2.28	2.71	2.63	3.16	3.12	3.79	3.36	3.28	2.29	2.37	2.29
HS22	饮料、酒及醋	0.41	0.46	0.53	0.60	0.88	1.22	1.45	1.21	1.39	1.06	1.05	1.14

根据表 5-19 与表 5-20 中泰各类食品农产品贸易互补性指数（TCI）分析，从产品类别来看，泰国出口与中国进口存在较强互补性的食品农产品有：HS03（水产品）、HS07（食用蔬菜）、HS11（制粉类产品）；中国出口与泰国进口存在较强互补性的食品农产品为 HS03（水产品）。在水产品食品农产品的进出口上，中泰两国存在着双向互补。就农产品贸易结构而言，中国进口与泰国出口的匹配程度较高，表明中国对泰国的食品类农产品有较大的需求。

表 5-19　中国进口与泰国出口农产品贸易互补性指数

编码	产品类别	2007 年	2008 年	2009 年	2010 年	2011 年	2012 年	2013 年	2014 年	2015 年	2016 年	2017 年	2018 年
HS01	活动物	0.01	0.04	0.07	0.08	0.12	0.14	0.12	0.21	0.20	0.14	0.08	0.16
HS02	肉及食用杂碎	0.02	0.03	0.02	0.02	0.05	0.12	0.22	0.25	0.38	0.44	0.37	0.50
HS03	水产品	2.15	2.21	1.85	2.02	1.97	1.88	1.47	1.19	1.08	0.90	0.90	1.03
HS04	食用动物产品	0.06	0.05	0.06	0.07	0.10	0.12	0.22	0.18	0.15	0.12	0.14	0.15
HS07	食用蔬菜	0.47	0.24	0.47	0.57	0.70	0.91	1.09	0.89	1.02	0.39	0.37	0.34
HS08	食用水果及坚果	0.13	0.15	0.22	0.21	0.29	0.59	0.50	0.59	0.70	0.55	0.70	1.01
HS09	咖啡及茶	0.01	0.01	0.01	0.01	0.01	0.01	0.01	0.01	0.01	0.01	0.02	0.03
HS10	谷物	0.60	0.66	0.85	0.85	0.92	1.83	2.06	2.43	3.57	1.99	2.17	1.79
HS11	制粉类产品	1.43	0.80	1.23	1.65	1.92	2.09	3.41	3.71	4.19	2.64	2.41	3.16
HS15	动植物油脂	1.47	1.64	0.61	0.41	0.83	0.99	1.18	0.47	0.29	0.21	0.33	0.38
HS16	水产制品	0.48	0.48	0.33	0.43	0.81	0.73	0.81	0.69	0.78	0.44	0.49	0.71
HS17	糖及糖食	1.01	0.86	1.07	1.65	4.08	4.73	3.77	1.85	2.71	1.35	1.19	1.59
HS18	可可及制品	0.02	0.03	0.02	0.03	0.03	0.03	0.03	0.03	0.04	0.01	0.01	0.01
HS19	谷物制品	0.25	0.32	0.48	0.43	0.54	0.63	0.95	0.77	1.28	0.96	1.06	1.15

续表

编码	产品类别	2007年	2008年	2009年	2010年	2011年	2012年	2013年	2014年	2015年	2016年	2017年	2018年
HS20	蔬果制品	0.35	0.29	0.32	0.34	0.44	0.39	0.45	0.42	0.61	0.52	0.48	0.51
HS21	杂项食品	0.29	0.32	0.35	0.39	0.50	0.51	0.68	0.69	0.91	0.77	0.79	0.88
HS22	饮料、酒及醋	0.06	0.08	0.09	0.12	0.23	0.36	0.38	0.33	0.56	0.48	0.46	0.53

表 5-20　中国出口与泰国进口农产品贸易互补性指数

编码	产品类别	2007年	2008年	2009年	2010年	2011年	2012年	2013年	2014年	2015年	2016年	2017年	2018年
HS01	活动物	0.03	0.04	0.03	0.03	0.04	0.03	0.05	0.07	0.07	0.08	0.07	0.07
HS02	肉及食用杂碎	0.00	0.00	0.00	0.00	0.01	0.01	0.01	0.01	0.01	0.01	0.00	0.00
HS03	水产品	1.67	2.03	2.28	2.05	2.22	2.33	2.23	1.95	1.83	2.01	1.91	1.80
HS04	食用动物产品	0.07	0.07	0.03	0.04	0.04	0.04	0.03	0.04	0.04	0.04	0.03	0.03
HS07	食用蔬菜	0.24	0.24	0.35	0.41	0.53	0.46	0.45	0.50	0.70	0.94	1.03	1.07
HS08	食用水果及坚果	0.09	0.11	0.13	0.12	0.14	0.17	0.17	0.16	0.21	0.24	0.21	0.17
HS09	咖啡及茶	0.07	0.09	0.08	0.09	0.11	0.08	0.12	0.15	0.17	0.26	0.27	0.30
HS10	谷物	0.11	0.02	0.03	0.03	0.02	0.02	0.01	0.01	0.02	0.03	0.02	0.03
HS11	制粉类产品	0.70	0.55	0.48	0.48	0.39	0.39	0.33	0.31	0.30	0.28	0.28	0.32
HS15	动植物油脂	0.01	0.02	0.01	0.01	0.01	0.01	0.01	0.02	0.02	0.02	0.02	0.02
HS16	水产制品	0.29	0.42	0.27	0.27	0.44	0.59	0.53	0.50	0.48	0.67	0.59	0.69
HS17	糖及糖食	0.05	0.05	0.05	0.06	0.05	0.04	0.06	0.05	0.09	0.08	0.09	0.12
HS18	可可及制品	0.02	0.02	0.01	0.02	0.02	0.03	0.03	0.03	0.02	0.02	0.02	0.02
HS19	谷物制品	0.17	0.17	0.16	0.17	0.17	0.19	0.15	0.14	0.12	0.11	0.12	0.12
HS20	蔬果制品	0.47	0.40	0.35	0.40	0.39	0.46	0.42	0.37	0.37	0.43	0.36	0.36
HS21	杂项食品	0.22	0.20	0.21	0.21	0.26	0.31	0.38	0.30	0.33	0.37	0.35	0.33
HS22	饮料、酒及醋	0.03	0.03	0.03	0.03	0.03	0.03	0.03	0.04	0.04	0.04	0.04	0.04

4. 小结

总体来看，中泰双边农产品贸易相对稳定，也存在着一定竞争。首先，中泰双方农产品虽然以互补性为主，但是由于农产品结构相似，如水产品和蔬菜等劳动密集型农产品，中泰在世界市场上处于竞争关系。其次，根据贸易强度指数可知，中泰双方存在较大的潜力去开拓农产品市场。中泰双边经贸合作的"零关税"的优惠政策历经十余年，政策红利逐渐下降，贸易增速放缓，双边贸易合作潜能有待进一步发挥[34]。因此，可以借助"一带一路"政策，实现五个畅通，进一步加强泰国与中国的贸易，实现共赢发展。

5.2.8　马来西亚

1. 农业资源禀赋概览

马来西亚属于东盟十国之一，是"一带一路""中国—中南半岛经济走廊"的重要节点国家。马来西亚耕地面积约 485 万 km²，总人口约 3000 万人，其中农业人口占比为 23.65%。

马来西亚的农业机械化水平较低，但在东盟十国中属于中上水平。同时，马来西亚坚持在农业发展过程中实施农业技术推广制度，提高农业技术生产率[35]。

2. 农产品生产情况

马来西亚农业产值年增长率逐年减少，农业产值占 GDP 的比重也逐年降低。马来西亚的主要粮食作物为水稻，主要经济作物包括棕油、橡胶、可可以及热带水果等。马来西亚是世界上最主要的棕油及相关制品的生产国和出口国，产量和出口量占全球总量的45%左右。中国是马来西亚棕油第一大进口国[36]。

马来西亚的灌溉草场有丰裕的水草，适宜发展牛养殖产业。同时马来西亚水产资源丰富，水产业由渔业捕捞和水产养殖组成，以渔业捕捞为主。海水养殖种类主要包括鱼类、虾类、贝类和藻类养殖。马来西亚是仅次于新加坡的世界第二大观赏鱼出口国，该国的观赏鱼养殖以出口为导向，产品 95%供出口[37]。

3. 马来西亚与中国的农产品贸易前景分析

1）两国农产品贸易概况

中国是马来西亚第二大出口贸易伙伴，第一大进口来源地，同时马来西亚是中国在东盟国家中最大的贸易伙伴。中马钦州产业园区与马中关丹产业园是首个中国政府支持的以姊妹工业园形式开展双边经贸合作的项目，"两国双园"模式的全面启动将进一步推动双边各领域全领域全方位合作。在农产品贸易领域，中马两国交流频繁，两国农产品双边贸易保持快速增长，但中国对马来西亚农产品贸易一直处于逆差状态[38]。

2）两国农产品贸易竞争性和互补性分析

表 5-21 表明，两国农产品显示性比较优势指数在不同种类上的差异较大。马来西亚的 RCA 指数在 HS15（动植物油脂）、HS18（可可及制品）、HS19（谷物制品）和HS21（杂项食品）均大于 1，这几项农产品的国际竞争力较强；其中动植物油脂的RCA 指数大于 10，说明其国际竞争优势显著。

表 5-21　中国与马来西亚主要食品农产品显示性比较优势指数

编码	产品类型	中国农产品出口					马来西亚农产品出口				
		2014 年	2015 年	2016 年	2017 年	2018 年	2014 年	2015 年	2016 年	2017 年	2018 年
HS01	活动物	0.19	0.20	0.23	0.20	0.19	0.70	0.69	0.73	0.66	0.69
HS02	肉及食用杂碎	0.07	0.07	0.06	0.06	0.05	0.03	0.04	0.04	0.03	0.02
HS03	水产品	1.01	0.95	0.95	0.86	0.83	0.50	0.42	0.41	0.36	0.34
HS04	食用动物产品	0.05	0.06	0.06	0.05	0.05	0.46	0.53	0.50	0.44	0.47
HS07	食用蔬菜	0.99	0.98	1.13	1.18	1.14	0.21	0.24	0.32	0.30	0.28
HS08	食用水果及坚果	0.33	0.36	0.37	0.34	0.33	0.11	0.11	0.12	0.11	0.13
HS09	咖啡及茶	0.40	0.38	0.46	0.44	0.51	0.29	0.31	0.31	0.20	0.19
HS10	谷物	0.03	0.02	0.03	0.05	0.07	0.01	0.03	0.03	0.01	0.01
HS11	制粉类产品	0.25	0.24	0.24	0.25	0.32	0.36	0.38	0.42	0.40	0.36
HS15	动植物油脂	0.05	0.06	0.05	0.07	0.09	12.90	11.56	11.96	10.95	9.82
HS16	水产制品	1.44	1.30	1.35	1.44	1.50	0.40	0.44	0.50	0.50	0.48
HS17	糖及糖食	0.26	0.28	0.29	0.28	0.34	0.42	0.46	0.44	0.38	0.35
HS18	可可及制品	0.08	0.07	0.07	0.06	0.06	2.41	2.30	2.41	2.19	2.19
HS19	谷物制品	0.19	0.17	0.18	0.18	0.20	1.73	1.62	1.65	1.59	1.52
HS20	蔬果制品	1.00	0.91	0.94	0.96	0.96	0.21	0.24	0.24	0.22	0.20
HS21	杂项食品	0.33	0.34	0.37	0.36	0.37	1.62	1.67	1.70	1.59	1.44
HS22	饮料、酒及醋	0.12	0.14	0.16	0.15	0.15	0.63	0.64	0.64	0.55	0.47

　　根据表 5-22 中马各类食品农产品贸易互补性指数（TCI）分析，中马农产品贸易互补指数相对较高的产品是 HS03（水产品）以及 HS16（水产制品），说明中马两国在水产品领域有较高的贸易互补性。

表 5-22　中国与马来西亚主要食品农产品贸易互补性指数

编码	产品类型	2014 年	2015 年	2016 年	2017 年	2018 年
HS01	活动物	0.35	0.31	0.38	0.37	0.36
HS02	肉及食用杂碎	0.00	0.01	0.01	0.00	0.00
HS03	水产品	1.17	1.10	0.88	0.75	0.71
HS04	食用动物产品	0.05	0.06	0.07	0.06	0.07
HS07	食用蔬菜	0.47	0.56	0.84	0.76	0.73
HS08	食用水果及坚果	0.09	0.09	0.10	0.10	0.11
HS09	咖啡及茶	0.28	0.32	0.34	0.23	0.24

续表

编码	产品类型	2014 年	2015 年	2016 年	2017 年	2018 年
HS10	谷物	0.00	0.00	0.00	0.00	0.00
HS11	制粉类产品	0.22	0.23	0.25	0.23	0.20
HS15	动植物油脂	1.42	1.39	1.32	1.20	1.08
HS16	水产制品	1.77	1.49	0.87	1.69	1.58
HS17	糖及糖食	0.23	0.29	0.27	0.25	0.22
HS18	可可及制品	0.41	0.44	0.41	0.39	0.42
HS19	谷物制品	0.76	0.68	0.66	0.64	0.61
HS20	蔬果制品	0.49	0.53	0.28	0.48	0.42
HS21	杂项食品	0.36	0.43	0.51	0.53	0.46
HS22	饮料、酒及醋	0.14	0.17	0.19	0.18	0.10

4. 小结

长期以来马来西亚国内农业经济发展滞缓，各类优势资源流向农业领域趋于减弱，导致农业在国民经济中占比与地位日渐下降。自 2012 年以来马来西亚农产品总体贸易逆势下降，农产品国际竞争力减弱。其次，国际与地区合作竞争格局日趋激烈，参与双边和多边农产品自贸谈判，助推本国农产品"畅通"国际市场，给马来西亚提高农产品出口带来了巨大压力及严峻挑战[39]。

5.2.9　巴基斯坦

1. 农业资源禀赋概览

巴基斯坦是典型的农业主导型国家，可用耕地面积 5768 万 hm^2，实际投入使用的耕地面积 2168 万 hm^2，占国土总面积的 24.63%。巴基斯坦农业生产受气候变化的影响很大，致使巴基斯坦农业产值波动性较强。

巴基斯坦人口数量排名全球第六，超过 1.9 亿，其中约 60% 的人口生活在农村，农业从业人口占就业劳动力的比重为 43%，农业劳动力资源极为丰富[40]。

巴基斯坦的农业高度依赖灌溉系统，巴基斯坦政府投资修建庞杂的灌溉系统，为农业生产和发展创造了有利的水利条件。然而，巴基斯坦农业机械化处于水平较低的初级阶段，传统农业生产方式仍在生产中占据主导地位。

2. 农产品生产情况

种植业在巴基斯坦农业体系中占有重要地位。近年来，巴基斯坦农业发展水平提高，实现了粮食自给自足，并逐步开始出口粮食。巴基斯坦的粮食作物主要有小麦、水稻和玉米等，这三种作物产量占据粮食总产量的 80%以上，其中产量最大的是小麦，小麦产值对巴基斯坦 GDP 的贡献达到了 1.9%[41]。优越的自然气候、丰富的耕地和劳动力资源使得巴基斯坦盛产各类经济作物，其中棉花、甘蔗和鹰嘴豆是其种植面积最大的三类经济作物，新鲜果蔬如杧果、柑橘、洋葱和马铃薯的产量也超过了百万吨[42]。

巴基斯坦畜牧业基础较好，人均占有大牲畜比例在亚洲国家中名列前茅，畜牧业产值增长尤为迅速，在农业产值中占比接近 40%，对 GDP 的贡献约为 10%，超过了种植业部门。同时畜牧业是巴基斯坦重要的外汇收入部门，每年出口创汇约占总外汇收入的 16%左右。在渔业养殖方面，巴基斯坦南濒阿拉伯海，拥有 1046 km 的海岸线，内有印度河流域穿过，发展渔业的自然条件优越，每年渔业总产值约占全国 GDP 的 0.41%，是巴基斯坦的重要出口换汇产业[43]。

3. 巴基斯坦与中国的农产品贸易前景分析

1）两国农产品双边贸易概况

中巴作为两个传统的农业大国，农产品贸易在双边贸易中占有重要地位，中国已经是巴基斯坦第一大进口国和第二大出口国。长期以来，巴基斯坦对中国主要出口农产品等劳动密集型初级产品，从中国进口的则是加工产品。近年来，巴基斯坦从中国的农产品进口额仍在不断增加，但出口额呈现下降趋势，致使巴基斯坦对中国的农产品贸易顺差不断缩小，至 2017 年巴基斯坦对中国的农产品贸易呈现逆差的局势[44]。

2）两国农产品贸易竞争性和互补性分析

表 5-23 表明，2013～2017 年间，巴基斯坦在 HS03（水产品）、HS07（食用蔬菜）、HS10（谷物）、HS11（制粉类产品）、HS17（糖及糖食）这几类农产品上的 RCA 指数均大于 2.5，说明这几项农产品的国际竞争优势显著；HS22（饮料、酒及醋）、HS02（肉及食用杂碎）RCA 指数大于 0.8，巴基斯坦出口到中国的农产品多为劳动密集型农产品。

表 5-23　2013～2017 年巴基斯坦主要食品农产品显示性比较优势指数

编码	产品类型	2013 年	2014 年	2015 年	2016 年	2017 年
HS01	活动物	0.87	0.67	0.58	0.12	0.12
HS02	肉及食用杂碎	1.12	1.34	1.24	1.30	1.80
HS03	水产品	2.15	2.36	2.40	2.59	2.66
HS04	食用动物产品	0.70	0.85	0.84	0.76	0.84
HS07	食用蔬菜	4.80	4.71	3.43	3.15	2.54
HS08	食用水果及坚果	2.80	2.97	3.28	3.30	3.23
HS09	咖啡及茶	0.89	1.13	1.28	1.25	1.34

续表

编码	产品类型	2013 年	2014 年	2015 年	2016 年	2017 年
HS10	谷物	18.77	12.81	12.87	14.65	14.63
HS11	制粉类产品	15.79	10.69	8.60	8.57	14.47
HS15	动植物油脂	1.37	1.55	1.15	0.96	0.58
HS16	水产制品	0.97	0.53	0.19	0.17	0.18
HS17	糖及糖食	0.98	3.66	9.12	7.61	7.12
HS18	可可及制品	0.00	0.01	0.00	0.00	0.00
HS19	谷物制品	0.69	0.62	0.84	0.76	0.66
HS20	蔬果制品	0.77	0.86	0.83	0.76	0.71
HS21	杂项食品	0.27	0.34	0.29	0.29	0.34
HS22	饮料、酒及醋	2.04	1.21	2.36	2.49	2.33

根据表 5-24 中巴各类食品农产品贸易互补性指数（TCI）分析，从产品类别来看，中国和巴基斯坦在 HS07（食用蔬菜）、HS09（咖啡及茶）、HS03（水产品）、HS08（食用水果及坚果）、HS10（谷物）、HS11（制粉类产品）、HS17（糖及糖食）这几类产品上匹配度较高。巴基斯坦发展传统农业，利用本国的自然优势生产多种类初级农产品，两国双边贸易具有较强的互补性。

表 5-24　2013～2017 年中国与巴基斯坦主要食品农产品贸易互补性指数

编码	产品类型	中国出口对巴基斯坦进口					巴基斯坦出口对中国进口				
		2013 年	2014 年	2015 年	2016 年	2017 年	2013 年	2014 年	2015 年	2016 年	2017 年
HS01	活动物	0.10	0.10	0.13	0.05	0.10	0.17	0.16	0.10	0.04	0.03
HS02	肉及食用杂碎	0.00	0.00	0.00	0.00	0.00	0.37	0.51	0.55	0.62	0.93
HS03	水产品	0.02	0.03	0.05	0.06	0.08	1.29	1.37	1.22	1.54	1.42
HS04	食用动物产品	0.04	0.05	0.02	0.03	0.08	0.25	0.36	0.42	0.50	0.31
HS07	食用蔬菜	6.24	5.07	3.29	4.37	4.83	1.06	1.02	0.92	0.79	0.93
HS08	食用水果及坚果	0.23	0.26	0.20	0.27	0.44	0.97	1.21	1.09	1.49	1.41
HS09	咖啡及茶	1.73	1.68	1.66	1.66	2.35	0.04	0.08	0.07	0.09	0.09
HS10	谷物	0.02	0.01	0.03	0.03	0.01	3.40	5.42	4.79	7.72	11.23
HS11	制粉类产品	0.25	0.28	0.13	0.10	0.09	5.29	3.65	3.30	4.46	6.73
HS15	动植物油脂	0.56	0.51	0.47	0.54	0.59	1.56	2.04	1.12	0.93	0.45
HS16	水产制品	0.05	0.06	0.08	0.08	0.08	0.04	0.01	0.01	0.01	0.01
HS17	糖及糖食	0.23	0.01	0.01	0.11	0.14	0.41	1.92	3.82	2.96	3.27
HS18	可可及制品	0.02	0.02	0.02	0.03	0.03	0.00	0.00	0.00	0.00	0.00
HS19	谷物制品	0.20	0.16	0.11	0.13	0.16	0.21	0.22	0.31	0.33	0.34
HS20	蔬果制品	0.34	0.31	0.30	0.34	0.38	0.09	0.10	0.08	0.10	0.09
HS21	杂项食品	0.16	0.13	0.12	0.19	0.17	0.04	0.06	0.05	0.06	0.08
HS22	饮料、酒及醋	0.01	0.01	0.00	0.00	0.00	0.90	0.37	0.57	0.66	0.80

4. 小结

巴基斯坦拥有优越的自然气候、丰富的耕地和劳动力资源，种植业和畜牧业比较发达，但国内农业机械化水平不高，因此出口到中国的农产品具有较强竞争优势的并不多，且多为劳动密集型农产品。中国出口到巴基斯坦的多为加工型农产品，而从巴基斯坦进口的多为初级农产品，故中巴在农产品进出口结构上较为吻合，存在较强的贸易互补性。同时，巴基斯坦国内居民消费水平较低，购买能力较弱，一定程度上制约了中国加工农产品对巴基斯坦的出口。另外，巴基斯坦农业技术较为落后，农产品加工能力弱，致使现阶段的农产品贸易以初级农产品为主，加工类食品较少。未来中巴两国可借助"一带一路""中巴经济走廊"倡议，进一步丰富农产品贸易种类，提高巴基斯坦农产品加工技术与能力，扩大加工类食品农产品贸易[45]。

5.2.10　孟加拉国

1. 农业资源禀赋概览

孟加拉国位于南亚次大陆东北部的三角洲平原上，平原占全国土地面积的 85%；孟加拉国大部分地区属亚热带季风型气候，湿热多雨，水资源充沛，河流和湖泊约占全国面积的 10%。

孟加拉国正处于工业化进程中，随着工业化的进步，从事农林渔业的人口占全国人口的比例呈缓慢下降趋势，至 2018 年比例约为 40.15%。孟加拉国农业机械化水平较低，主要原因是经济落后、农地细碎化和分散的农业生产[46]。

2. 农产品生产情况

孟加拉国是一个农业国家，受到政策和自然条件的影响，粮食产量不能实现自给自足。孟加拉国的主要粮食作物为水稻、土豆和小麦，主要经济作物有黄麻、柑橘、辣椒和槟榔等，产量均超过十万吨，其中黄麻是孟加拉国最重要的出口产品。孟加拉国的畜牧业品种相对单一，以牛、羊和禽类养殖为主，但主要牲畜的存栏量大。畜牧业占农业产量的比重较高，并且在稳步增长。

3. 孟加拉国与中国的农产品贸易前景分析

1）两国农产品贸易概况

近年来，中孟双边贸易额增长迅速。目前，中国是孟加拉国最大的进口来源国，2018 年进口额到达了 119.5 亿，同比增长了 17%。双边贸易中，中国对孟加拉国的出口种类包括纺织品、机械、设备、化工、化肥、种子和消费品等，而中国从孟加拉国的进口种类主要包括黄麻和黄麻产品、原料和加工皮革、虾和冷冻食品等。

2）两国农产品贸易竞争性和互补性分析

表 5-25 表明，孟加拉国的 RCA 指数在 HS01（活动物）、HS02（肉及食用杂碎）、HS04（食用动物产品）等十六大类食品农产品均小于 0.2，食品农产品贸易中高度依赖进口，具有显著劣势，因此该国农产品国际市场竞争力非常弱。

表 5-25　孟加拉国主要食品农产品显示性比较优势指数

编码	产品类别	2010 年	2011 年	2012 年	2013 年	2015 年	2016 年	2017 年	2018 年
HS01	活动物	0.000	0.000	0.000	0.000	0.000	0.000	0.000	0.000
HS02	肉及食用杂碎	0.000	0.001	0.003	0.002	0.002	0.001	0.001	0.002
HS03	水产品	2.580	2.450	1.290	1.950	1.140	1.150	1.110	0.930
HS04	食用动物产品	0.003	0.002	0.004	0.002	0.006	0.004	0.002	0.004
HS07	食用蔬菜	0.370	0.460	0.370	0.660	0.270	0.150	0.140	0.150
HS08	食用水果及坚果	0.150	0.210	0.200	0.190	0.070	0.050	0.070	0.070
HS09	咖啡及茶	0.000	0.000	0.001	0.000	0.001	0.000	0.000	0.001
HS10	谷物	0.009	0.001	0.014	0.012	0.015	0.024	0.016	0.019
HS11	制粉类产品	0.003	0.047	0.015	0.022	0.024	0.012	0.016	0.028
HS15	动植物油脂	0.035	0.024	0.034	0.052	0.053	0.025	0.023	0.051
HS16	水产制品	0.020	0.002	0.036	0.029	0.035	0.052	0.035	0.040
HS17	糖及糖食	0.020	0.010	0.320	0.750	0.140	0.150	0.100	0.080
HS18	可可及制品	0.019	0.002	0.038	0.033	0.033	0.049	0.036	0.043
HS19	谷物制品	0.180	0.190	0.240	0.270	0.350	0.110	0.130	0.150
HS20	蔬果制品	0.140	0.150	0.180	0.330	0.310	0.100	0.100	0.060
HS21	杂项食品	0.002	0.002	0.004	0.001	0.001	0.025	0.016	0.015
HS22	饮料、酒及醋	0.010	0.020	0.030	0.030	0.060	0.030	0.040	0.040

表 5-26 表明，孟加拉国的整体 RCA 水平较低，因此中国进口与孟加拉国出口农产品贸易互补性指数整体较低，仅 HS03（水产品）这一产品的贸易互补性指数较高。

表 5-26　中国进口与孟加拉国出口农产品贸易互补性指数

编码	产品类别	2010 年	2013 年	2015 年	2016 年	2017 年	2018 年
HS01	活动物	0.000	0.000	0.000	0.000	0.000	0.000
HS02	肉及食用杂碎	0.000	0.001	0.000	0.000	0.000	0.000
HS03	水产品	2.657	1.989	1.083	1.093	0.955	0.772
HS04	食用动物产品	0.000	0.000	0.000	0.000	0.000	0.000

编码	产品类别	2010 年	2013 年	2015 年	2016 年	2017 年	2018 年
HS07	食用蔬菜	0.470	0.673	0.265	0.1695	0.165	0.171
HS08	食用水果及坚果	0.051	0.068	0.025	0.019	0.024	0.023
HS09	咖啡及茶	0.000	0.000	0.000	0.000	0.000	0.000
HS10	谷物	0.001	0.001	0.000	0.001	0.001	0.001
HS11	制粉类产品	0.001	0.006	0.006	0.003	0.004	0.009
HS15	动植物油脂	0.001	0.003	0.003	0.001	0.002	0.005
HS16	水产制品	0.030	0.045	0.046	0.070	0.051	0.060
HS17	糖及糖食	0.005	0.180	0.039	0.044	0.028	0.027
HS18	可可及制品	0.001	0.003	0.002	0.003	0.002	0.003
HS19	谷物制品	0.041	0.054	0.060	0.020	0.023	0.030
HS20	蔬果制品	0.155	0.363	0.282	0.094	0.096	0.058
HS21	杂项食品	0.001	0.000	0.000	0.009	0.006	0.006
HS22	饮料、酒及醋	0.001	0.002	0.008	0.005	0.006	0.006

4. 小结

总体来看，孟加拉国人口规模庞大，近年来经济不断增长，人民收入水平不断提高，孟加拉国国内市场需求旺盛，消费潜力巨大。在"一带一路"倡议实施后，中孟两国的贸易合作日益深化，两国之间的贸易总额逐年增加。

5.2.11 新西兰

1. 农业资源禀赋概览

新西兰全境多山，全国面积的一半为山地面积，牧场、林地、河流、山脉、丘陵及湖泊遍布全国，山地和丘陵占总面积的 75%以上，其中天然牧场或农场占国土面积的一半。

新西兰属于经济发达国家，农业人口总量较少，仅占全国总人口的 6%~7%，但农业劳动力的素质较高。

新西兰是全球农业高度发达的国家之一，农业机械化、现代化水平较高，农业生产各环节均已实现机械化，其农业产出长期保持高水平，农业产值占 GDP 的比重较大。

2. 农产品生产情况

新西兰主要种植小麦、大麦、燕麦、新西兰麻、水果等农作物，种植业产值占农业总产值不足 15%。近十多年来，新西兰的蔬菜和水果生产得到了蓬勃的发展，水果的主要品种有苹果、猕猴桃、葡萄等；主要的蔬菜有马铃薯、洋葱和豌豆。近年来，新西兰粮食生产呈下降趋势，粮食进口不断上升，粮食自给率低。

新西兰现代畜牧业发达，在国民经济中占有极其重要的地位。新西兰是国际市场上肉类、羊毛和奶制品的主要出口国之一。在畜牧业中，绵羊和肉牛生产占主要地位，其生产高价值的优质畜产品以出口为导向，增强了新西兰的出口国际竞争力。

新西兰海域辽阔，拥有 200 海里的海洋专属经济区，专属经济区海域面积为 1.3 亿 hm²，渔业资源开发利用资源丰富，是世界四大海洋专属经济区之一。目前专属经济区海域每年鱼类、贝类等海鲜产品产量约为 60 多万吨，鱼的种类达上千种，其中一半以上的海鲜出口国外。总渔获量中的 90%经加工出口到其他国家，主要出口市场是日本、美国、中国和澳大利亚。

3. 新西兰与中国的农产品贸易前景分析

1）两国农产品贸易概况

中国是新西兰的第二大贸易伙伴，至 2013 年已超过百亿美元。新西兰农业（包括牧业）出口在总出口中占据非常重要的地位，自 2000 年至今，新西兰农业出口值超过其总出口值的 50%。

2）两国农产品贸易竞争性和互补性分析

表 5-27 中新农产品显示性比较优势指数表明，新西兰出口的大量农产品种类都具有很强的优势，相比之下，在畜产品和经济类作物的项目上中国的显示性比较指数相对较低，中新农业合作有广阔的前景和必要性。

表 5-27　中国与新西兰主要食品农产品显示性比较优势指数

编码	产品类型	中国农产品出口					新西兰农产品出口				
		2014年	2015年	2016年	2017年	2018年	2014年	2015年	2016年	2017年	2018年
HS01	活动物	0.50	0.45	0.52	0.56	0.53	1.88	2.31	2.09	1.67	1.99
HS02	肉及食用杂碎	0.15	0.16	0.14	0.13	0.12	10.05	8.82	8.69	9.16	10.52
HS03	水产品	2.32	2.59	2.12	2.06	2.07	2.50	2.72	2.17	2.10	2.46
HS04	食用动物产品	0.11	0.11	0.13	0.14	0.14	23.29	25.77	29.25	26.12	30.13
HS07	食用蔬菜	2.26	2.31	2.61	2.58	2.59	1.18	1.13	0.93	0.81	1.11
HS08	食用水果及坚果	0.81	0.79	0.83	0.86	0.88	4.21	4.46	3.58	4.13	4.53
HS09	咖啡及茶	0.97	1.06	1.12	1.16	1.27	0.03	0.03	0.03	0.01	0.02
HS10	谷物	0.08	0.07	0.07	0.07	0.07	0.03	0.05	0.03	0.03	0.03
HS11	制粉类产品	0.60	0.60	0.60	0.57	0.56	0.29	0.22	0.25	0.27	0.28
HS15	动植物油脂	0.11	0.12	0.11	0.11	0.11	0.30	0.34	0.33	0.31	0.31

续表

编码	产品类型	中国农产品出口					新西兰农产品出口				
		2014 年	2015 年	2016 年	2017 年	2018 年	2014 年	2015 年	2016 年	2017 年	2018 年
HS16	水产制品	4.39	3.38	1.76	3.35	3.30	1.08	1.11	1.07	1.13	1.07
HS17	糖及糖食	0.55	0.63	0.63	0.66	0.63	1.68	1.65	1.45	1.42	1.33
HS18	可可及制品	0.17	0.19	0.17	0.18	0.19	0.53	0.54	0.47	0.26	0.25
HS19	谷物制品	0.44	0.42	0.40	0.40	0.40	2.45	3.24	3.38	4.00	4.94
HS20	蔬果制品	2.40	2.25	1.17	2.14	2.11	0.88	0.91	0.81	0.80	0.84
HS21	杂项食品	0.22	0.26	0.30	0.33	0.32	3.11	3.29	2.88	2.80	2.91
HS22	饮料、酒及醋	0.22	0.26	0.30	0.33	0.22	3.02	3.00	2.75	2.70	2.89

根据表 5-28 中国与新西兰各类食品农产品贸易互补性指数（TCI）分析，中国与新西兰在 HS07（食用蔬菜）、HS09（咖啡及茶）、HS16（水产制品）、HS11（制粉类产品）、HS20（蔬果制品）这几类产品的贸易互补性指数大于 1，说明中新两国在多项产品的贸易上互补性较大。

表 5-28　中国与新西兰主要食品农产品贸易互补性指数

编码	产品类型	2014 年	2015 年	2016 年	2017 年	2018 年
HS01	活动物	0.10	0.09	0.11	0.12	0.09
HS02	肉及食用杂碎	0.01	0.01	0.01	0.01	0.00
HS03	水产品	0.40	0.35	0.44	0.41	0.34
HS04	食用动物产品	0.00	0.00	0.00	0.00	0.00
HS07	食用蔬菜	0.84	0.87	1.22	1.45	1.02
HS08	食用水果及坚果	0.08	0.08	0.10	0.08	0.07
HS09	咖啡及茶	13.22	12.61	15.46	14.73	25.42
HS10	谷物	0.99	0.45	1.12	1.67	2.19
HS11	制粉类产品	0.86	1.08	0.97	0.91	1.13
HS15	动植物油脂	0.18	0.16	0.15	0.21	0.29
HS16	水产制品	1.33	1.18	1.26	1.27	1.40
HS17	糖及糖食	0.16	0.17	0.20	0.20	0.25
HS18	可可及制品	0.15	0.12	0.15	0.24	0.25
HS19	谷物制品	0.08	0.05	0.05	0.04	0.04
HS20	蔬果制品	1.13	1.00	1.16	1.20	1.14
HS21	杂项食品	0.11	0.10	0.13	0.13	0.13
HS22	饮料、酒及醋	0.04	0.05	0.06	0.06	0.05

4. 小结

总体来看，中新贸易潜力巨大，在多类农产品上已经有一定的贸易规模。利用"一带一路"的契机，在已有的贸易合作基础上，进一步深化农业合作，能够促进优势互补，实现合作共赢。

5.2.12　埃及

1. 农业资源禀赋概览

埃及是传统的农业国，国土面积为 100.1 万 km^2，可用农业面积为 3.7 万 km^2，仅占其国土面积的 3.7%。埃及的农业生产区为热带地中海气候，水资源匮乏。

埃及农业劳动力资源丰富，农业劳动人口占总人口比例长年较为稳定，2018 年农业劳动人口占总人口比重为 57.30%。

埃及农业机械化水平逐年提高，农业机械总动力年均增长率 9%。农业机械化进程下，埃及基本实现农业灌溉全覆盖，农作物单产得到提升[47]。

2. 农产品生产情况

由于自然资源条件的限制，埃及农业生产区域比较集中，粮食作物与经济作物的品种相对单一。粮食作物主要包括小麦、玉米和水稻等，其中小麦收获面积占粮食作物总播种面积 43%左右，是占比最大的粮食作物。经济作物多为劳动密集型作物，如长绒棉、甜菜、甘蔗等，其中播种面积最大的经济作物为甜菜。埃及长绒棉闻名世界，是棉花高产国之一。埃及的农业产值增长率波动较小，稳定在 3%左右。

埃及的养殖业与种植业发展比较均衡，约占农业总产值 45%。畜牧业占养殖业总产值 79.5%，渔业占 11.5%。从畜产品产出角度看，鸡肉产量一直位居第一，并呈增长趋势[48]。

3. 埃及与中国的农产品贸易前景分析

1) 两国农产品贸易概况

自 2010 年起，中国已经成为埃及第一大贸易伙伴，在两国的双边贸易中埃及一直处于贸易逆差地位，并且有进一步扩大的趋势。从贸易规模来看，近几年中国与埃及的农产品双边贸易额占双边总额的 30%左右。在双方贸易活动中，以中国向埃及出口农产品为主，但是近几年双方的贸易差额波动较大[49]。

2) 两国农产品贸易竞争性和互补性分析

表 5-29 表明，埃及的食品农产品中 HS07（食用蔬菜）、HS08（食用水果及坚果）与 HS17（糖及糖食）的显示性比较优势指数均大于 2.5，在世界贸易中具有极强的竞争优势。其中，埃及的食用蔬菜与中国在国际市场为竞争性产品。

表 5-29　埃及主要食品农产品显示性比较优势指数

编码	产品类别	2009 年	2010 年	2011 年	2012 年	2013 年	2014 年	2015 年	2016 年	2017 年	2018 年
HS01	活动物	0.41	0.47	0.33	0.46	0.52	0.65	0.63	0.59	0.66	0.76
HS02	肉及食用杂碎	0.07	0.05	0.04	0.02	0.01	0.01	0.01	0.04	0.03	0.02
HS03	水产品	0.10	0.11	0.14	0.12	0.15	0.20	0.22	0.27	0.21	0.17
HS04	食用动物产品	4.12	4.20	3.61	3.06	2.89	2.97	3.66	3.15	2.42	2.35
HS07	食用蔬菜	8.32	8.49	9.49	8.45	10.31	13.00	12.75	9.70	9.79	8.35
HS08	食用水果及坚果	7.49	7.22	6.43	6.81	6.64	6.97	8.05	7.60	7.16	7.40
HS09	咖啡及茶	1.36	1.16	0.91	0.69	0.67	0.69	0.68	0.65	0.41	0.52
HS10	谷物	3.25	2.67	0.13	0.48	1.09	0.21	0.60	0.23	0.02	0.05
HS11	制粉类产品	1.69	2.63	2.28	2.23	2.21	2.64	4.74	3.87	4.18	6.26
HS15	动植物油脂	1.33	1.01	0.99	1.71	1.63	1.63	1.38	1.08	1.31	1.12	0.85
HS16	水产制品	0.02	0.02	0.01	0.06	0.08	0.12	0.25	0.04	0.11	0.16
HS17	糖及糖食	3.57	6.24	4.46	2.92	4.34	4.10	5.28	6.53	4.87	4.89
HS18	可可及制品	0.48	0.66	0.83	1.08	1.34	2.11	1.80	1.67	1.44	1.66
HS19	谷物制品	1.02	1.05	1.40	1.38	1.54	1.27	1.79	1.49	1.38	1.47
HS20	蔬果制品	2.09	2.84	2.71	3.43	3.65	4.80	4.65	4.50	4.35	4.28
HS21	杂项食品	1.18	1.98	1.37	1.58	2.23	2.23	2.42	2.14	1.78	1.50
HS22	饮料、酒及醋	0.21	0.46	0.30	0.27	0.20	0.07	0.14	0.09	0.21	0.15

由表 5-30 与表 5-31 可知，中埃农产品贸易互补性较强，双方贸易潜力巨大。埃及出口与中国进口在 HS04（食用动物产品）、HS07（食用蔬菜）及 HS08（食用水果及坚果）这几类产品上贸易互补性较强，且互补性农产品逐年增多；中国出口与埃及进口在 HS03（水产品）、HS07（食用蔬菜）、HS09（咖啡及茶）和 HS16（水产制品）这几类产品上贸易互补性较强，且互补性农产品逐年减少。

表 5-30　中国进口与埃及出口农产品贸易互补性指数

编码	产品类别	2009 年	2010 年	2011 年	2012 年	2013 年	2014 年	2015 年	2016 年	2017 年	2018 年
HS01	活动物	0.04	0.07	0.06	0.10	0.09	0.22	0.16	0.11	0.10	0.12
HS02	肉及食用杂碎	0.02	0.01	0.01	0.01	0.00	0.01	0.01	0.04	0.02	0.02
HS03	水产品	0.06	0.06	0.08	0.07	0.08	0.11	0.14	0.18	0.14	0.15
HS04	食用动物产品	0.91	1.34	1.21	1.24	1.58	1.88	1.52	1.50	1.35	1.32
HS07	食用蔬菜	2.19	2.45	2.91	3.33	3.70	4.71	4.86	2.58	2.56	2.14
HS08	食用水果及坚果	2.10	2.03	2.15	2.69	2.45	3.07	4.19	3.86	3.49	4.38

续表

编码	产品类别	2009 年	2010 年	2011 年	2012 年	2013 年	2014 年	2015 年	2016 年	2017 年	2018 年
HS09	咖啡及茶	0.05	0.05	0.04	0.04	0.04	0.05	0.06	0.09	0.04	0.06
HS10	谷物	0.42	0.48	0.02	0.18	0.41	0.09	0.49	0.13	0.01	0.02
HS11	制粉类产品	0.42	0.87	0.67	0.68	0.86	1.25	2.40	1.86	2.03	3.17
HS15	动植物油脂	1.90	1.20	1.85	1.95	1.66	1.22	0.93	1.05	0.89	0.69
HS16	水产制品	0.00	0.00	0.00	0.00	0.00	0.01	0.01	0.00	0.01	0.01
HS17	糖及糖食	0.60	1.56	1.72	1.38	1.89	1.45	2.60	2.09	1.32	1.46
HS18	可可及制品	0.05	0.08	0.11	0.16	0.21	0.36	0.33	0.24	0.19	0.24
HS19	谷物制品	0.29	0.30	0.40	0.48	0.61	0.52	1.07	1.05	1.07	1.19
HS20	蔬果制品	0.19	0.31	0.30	0.39	0.40	0.60	0.71	0.79	0.77	0.87
HS21	杂项食品	0.15	0.29	0.22	0.26	0.40	0.45	0.67	0.72	0.60	0.58
HS22	饮料、酒及醋	0.04	0.09	0.08	0.08	0.05	0.02	0.05	0.04	0.09	0.07

表 5-31　中国出口与埃及进口农产品贸易互补性指数

编码	产品类别	2009 年	2010 年	2011 年	2012 年	2013 年	2014 年	2015 年	2016 年	2017 年	2018 年
HS01	活动物	0.26	0.68	0.35	0.33	0.21	0.29	0.35	0.46	0.32	0.43
HS02	肉及食用杂碎	0.17	0.31	0.22	0.24	0.20	0.25	0.27	0.22	0.20	0.17
HS03	水产品	1.38	1.34	1.29	1.52	1.23	1.38	1.21	1.04	1.14	1.15
HS04	食用动物产品	0.12	0.11	0.13	0.14	0.12	0.11	0.13	0.13	0.08	0.08
HS07	食用蔬菜	2.22	2.72	3.78	2.34	2.48	2.18	1.74	2.46	1.93	1.79
HS08	食用水果及坚果	0.23	0.24	0.26	0.45	0.38	0.38	0.50	0.45	0.24	0.25
HS09	咖啡及茶	1.56	1.14	1.04	1.08	1.35	1.15	0.89	1.28	1.16	1.39
HS10	谷物	0.65	0.68	0.62	0.36	0.37	0.31	0.19	0.29	0.54	0.62
HS11	制粉类产品	0.18	0.13	0.16	0.18	0.16	0.14	0.12	0.15	0.12	0.12
HS15	动植物油脂	0.19	0.16	0.26	0.19	0.23	0.16	0.10	0.12	0.23	0.29
HS16	水产制品	1.09	1.54	1.56	2.73	1.76	1.57	1.49	1.75	0.89	1.48
HS17	糖及糖食	0.55	0.72	1.09	0.87	0.64	0.82	0.76	0.97	1.24	1.05
HS18	可可及制品	0.02	0.03	0.04	0.05	0.06	0.05	0.04	0.04	0.03	0.04
HS19	谷物制品	0.11	0.15	0.18	0.16	0.17	0.15	0.14	0.10	0.07	0.08
HS20	蔬果制品	0.38	0.46	0.79	0.69	0.62	0.62	0.61	0.57	0.25	0.28
HS21	杂项食品	0.16	0.19	0.22	0.26	0.27	0.33	0.35	0.34	0.31	0.28
HS22	饮料、酒及醋	0.01	0.02	0.02	0.02	0.02	0.02	0.01	0.01	0.01	0.01

4. 小结

埃及食用类农产品在国际市场上具有的一定的竞争力，由于自然条件的限制，埃及对谷物类粮食产品需求也较大。中国与埃及的农产品进出口均表现出比较好的产品匹配度，但当前中埃两国农产品贸易的紧密度不足，应当充分利用"一带一路"的机会，发挥政策优势，促进两国食用类农产品的贸易，促进贸易结构平衡发展[50]。

5.3　发达国家和地区农业资源禀赋、农产品生产与贸易前景分析

5.3.1　美国

1. 农业资源禀赋概览

美国幅员辽阔，以平原为主，平原面积占全国总面积的一半以上，平原中的耕地面积广大，约占世界耕地面积的 10%。美国的国土面积中 17%是农田，29%是永久性草地和牧场，28%为林地。农业用地面积总计 11.8 亿英亩，占土地总面积的 52.5%；放牧面积达 7.98 亿亩，占土地总面积的 35%。美国地处温带和亚热带，降水充足，为农业生产提供了优越的自然条件。

目前，美国农村人口占总人口的 17.74%，农业从业人员仅占总人口的 1.4%。由于美国经济发达，科技水平较高，农业生产率及机械化水平也处于世界领先水平，生产的农产品在满足国内市场的基础上，大量出口[51]。

美国农业机械化水平较高，呈现为机械总量大、农机的生产能力强、专业化的机械多、自动化水平高的特点。另外，美国注重农业化学技术的投入，广泛地应用农业信息技术和农业生物技术，逐步形成高效化、精确化、集约化和信息化的现代农业体系。

2. 农产品生产情况

美国种植业多种多样，几乎囊括世界上所有的农作物，同时农业专业化和规模化程度很高。美国是世界主要谷物生产国，谷物总产量仅次于中国居于世界第二位。美国主要的粮食作物品种为玉米、小麦、水稻、高粱。玉米是美国产值最高的农产品和最重要的饲料谷物，种植面积约占耕地面积的 24%，美国也是世界上最大的玉米生产国。美国小麦播种面积和产量上居世界第三位，仅次于中国、印度[52]。

美国的主要经济作物包括大豆、花生、棉花、甜菜和烟叶等。美国大豆的产量居世界第一，播种面积和总产量都呈现逐渐增长的态势。甜菜是美国重要的经济作物之一，其产值在经济作物中仅次于大豆。美国是世界上第三产棉大国，种植面积基本保持在 300 万 hm^2 以上的规模。美国蔬菜和水果总产量处于中国和印度之后，居于世界第三位，其中，葡萄产值位居世界第三位；柑橘苹果产值均居世界第二位。

美国畜牧业生产规模和产品数量较大，美国禽畜养殖以牛、羊、猪、禽为主，其中肉牛养殖业在美国畜牧业占首位，约占畜牧业产值的 1/4。美国养禽业主要包括肉鸡

和火鸡，从产值看，鸡肉为继牛肉和牛奶之后的第三大畜产品。养猪业是美国畜牧业另一重要部门，生猪的存栏量和产量仅次于中国，居于世界第二，同时是世界第二大猪肉出口国[53]。

美国也是世界上拥有海岸线最长的国家之一，超过 70%的人口居住在濒临海洋和大湖的各州。美国渔业以海洋渔业为主，也有一定的养殖量，总产量比较稳定。美国是世界第四大渔业国。

3. 美国与中国的农产品贸易前景分析

1）两国农产品贸易概况

美国农业部提供的数据显示，2017 年中国是美国农产品第二大出口国和第三大进口国。近十年来，中美农产品贸易发展十分迅速，中美双方的贸易联系日益紧密，贸易额巨大且呈现出增加的态势，双方的贸易依赖程度也在不断提高[54]。

2）两国农产品贸易竞争性和互补性分析

表 5-32 中美农产品主要食品农产品出口显示性比较优势指数表明，在美国出口到中国的农产品中，HS02（肉及食用杂碎）、HS08（食用水果及坚果）、HS10（谷物）、HS20（蔬果制品）的 RCA 指数大于 1，美国出口到中国的农产品竞争性较强，且多为土地密集型农产品和资源密集型农产品。

表 5-32　中国与美国主要食品农产品显示性比较优势指数

编码	产品类型	中国农产品出口 RCA 指数					美国农产品出口 RCA 指数				
		2014 年	2015 年	2016 年	2017 年	2018 年	2014 年	2015 年	2016 年	2017 年	2018 年
HS01	活动物	0.19	0.20	0.23	0.20	0.19	0.45	0.39	0.41	0.52	0.57
HS02	肉及食用杂碎	0.07	0.07	0.06	0.06	0.05	1.56	1.37	1.42	1.50	1.56
HS03	水产品	1.01	0.95	0.95	0.86	0.83	0.55	0.55	0.50	0.51	0.49
HS04	食用动物产品	0.05	0.06	0.06	0.06	0.05	0.73	0.64	0.58	0.59	0.60
HS07	食用蔬菜	0.99	0.98	1.13	1.18	1.14	0.78	0.72	0.73	0.74	0.73
HS08	食用水果及坚果	0.33	0.36	0.37	0.34	0.33	1.63	1.52	1.38	1.41	1.37
HS09	咖啡及茶	0.40	0.38	0.46	0.44	0.51	0.29	0.28	0.27	0.26	0.27
HS10	谷物	0.03	0.02	0.03	0.05	0.07	2.21	1.97	2.15	2.03	2.18
HS11	制粉类产品	0.25	0.24	0.24	0.25	0.32	0.55	0.54	0.54	0.57	0.55
HS15	动植物油脂	0.05	0.06	0.05	0.07	0.09	0.41	0.40	0.40	0.38	0.39
HS16	水产制品	1.44	1.30	1.35	1.44	1.50	0.56	0.57	0.53	0.50	0.48
HS17	糖及糖食	0.26	0.28	0.29	0.28	0.34	0.56	0.53	0.46	0.47	0.56
HS18	可可及制品	0.08	0.07	0.07	0.06	0.06	0.50	0.45	0.47	0.47	0.45

续表

编码	产品类型	中国农产品出口 RCA 指数					美国农产品出口 RCA 指数				
		2014 年	2015 年	2016 年	2017 年	2018 年	2014 年	2015 年	2016 年	2017 年	2018 年
HS19	谷物制品	0.19	0.17	0.18	0.18	0.20	0.72	0.73	0.67	0.65	0.63
HS20	蔬果制品	1.00	0.91	0.94	0.96	0.96	0.98	1.01	0.94	0.91	0.90
HS21	杂项食品	0.33	0.34	0.37	0.36	0.37	1.46	1.44	1.45	1.39	1.34
HS22	饮料、酒及醋	0.12	0.14	0.16	0.15	0.15	0.78	0.79	0.79	0.81	0.81

根据表 5-33 中美各类食品农产品贸易互补性指数（TCI）分析，整体上美国与中国的贸易互补性逐年增强。从产品类别来看，中国出口与美国进口存在较强互补性的食品农产品有 HS03（水产品）、HS07（食用蔬菜）、HS16（水产制品）和 HS20（蔬果制品）。美国出口与中国进口存在较强互补性的食品农产品有 HS02（肉及食用杂碎）和 HS10（谷物）。对比两国 TCI 指数可知，中美双方的食品农产品具有很强的贸易互补性，且匹配度较高。

表 5-33 中国与美国主要食品农产品贸易互补性指数

编码	产品类型	中国出口对美国进口					美国出口对中国进口				
		2014 年	2015 年	2016 年	2017 年	2018 年	2014 年	2015 年	2016 年	2017 年	2018 年
HS01	活动物	0.22	0.23	0.22	0.18	0.17	0.15	0.10	0.08	0.08	0.09
HS02	肉及食用杂碎	0.04	0.04	0.03	0.03	0.03	0.71	0.83	1.34	1.16	1.25
HS03	水产品	1.18	1.04	1.00	0.94	0.91	0.32	0.35	0.33	0.35	0.41
HS04	食用动物产品	0.01	0.01	0.01	0.01	0.01	0.46	0.27	0.28	0.33	0.34
HS07	食用蔬菜	1.03	0.97	1.17	1.20	1.28	0.28	0.27	0.19	0.19	0.19
HS08	食用水果及坚果	0.34	0.38	0.40	0.38	0.37	0.72	0.79	0.70	0.69	0.81
HS09	咖啡及茶	0.49	0.45	0.53	0.54	0.60	0.02	0.04	0.02	0.03	
HS10	谷物	0.01	0.00	0.01	0.01	0.01	1.02	1.61	1.21	1.15	0.99
HS11	制粉类产品	0.16	0.16	0.16	0.17	0.24	0.26	0.27	0.26	0.28	0.28
HS15	动植物油脂	0.03	0.03	0.03	0.03	0.05	0.36	0.35	0.32	0.30	0.32
HS16	水产制品	1.15	1.04	1.03	1.17	1.25	0.03	0.03	0.02	0.03	0.04
HS17	糖及糖食	0.18	0.21	0.19	0.18	0.26	0.20	0.26	0.15	0.13	0.17
HS18	可可及制品	0.06	0.05	0.05	0.05	0.05	0.08	0.08	0.07	0.06	0.07
HS19	谷物制品	0.12	0.12	0.13	0.13	0.16	0.30	0.44	0.47	0.50	0.51
HS20	蔬果制品	0.94	0.86	0.89	0.97	1.01	0.12	0.16	0.16	0.16	0.18
HS21	杂项食品	0.17	0.17	0.18	0.18	0.28	0.30	0.40	0.46	0.46	0.51
HS22	饮料、酒及醋	0.17	0.21	0.24	0.23	0.23	0.21	0.32	0.35	0.36	0.38

4. 小结

中美两国资源禀赋差异较大，农业环境和科技发展水平存在差距，致使两国的农产品贸易具有较强的互补性和匹配度。因此，加强贸易双方的合作能够更好地满足两国的市场需求。从长远的角度来说，双方应加强磋商和政策沟通，充分发挥双方比较优势，制定共赢的贸易计划，以实现双方利益的最大化[55]。

5.3.2　加拿大

1. 农业资源禀赋概览

加拿大是世界农产品出口大国，其出口量居世界第三，是全球农业高度发达的国家之一[56]。加拿大农业用地面积约 58707 hm²，耕地面积约 6800 万 hm²，占国土面积 7.4%，人均耕地面积是 1.8 hm²。加拿大属于大陆性温带针叶林气候，水资源丰富，境内约 89 万 km² 为淡水覆盖，可持续性水资源占世界的 7%。

加拿大的农村人口逐年减少，但总量基本保持稳定，农村人口占总人口的比重为 18.59%，农业就业人口占总人口的比例仅为 1.5%。加拿大农业机械化水平较高，保证了农业的高产出。

2. 农产品生产情况

加拿大的粮食作物主要为小麦、大麦和玉米，其中小麦是加拿大最主要的粮食作物，播种面积占粮食总播种面积的 65%。加拿大的经济作物主要有油菜籽、大豆和葡萄等，其中油菜籽与大豆的种植面积和产量均处于世界前列[57]。

加拿大的畜牧业与种植业发展相对均衡，2015 年畜牧业总产值为 26.18 亿美元，占农业总产值 47%。畜牧业以规模化、标准化、集约化的私营牧场为主，饲养品种主要有肉牛、奶牛和生猪等[58]。加拿大是世界上最大的渔业出口国之一，以海洋渔业为主[59]。

3. 加拿大与中国的农产品贸易前景分析

1）两国农产品贸易概况

随着"一带一路"倡议的实施和推进，中加两国签订了一系列农业战略发展协议。中加双方的农产品贸易额占双边贸易总额的 39.5%，在双方的农产品贸易活动中，以中国从加拿大进口农产品为主，2017 年中国从加拿大进口农产品总额占双边农产品贸易总额的 74.7%[60]。中国在中加贸易中处于贸易逆差地位，贸易差额有进一步扩大的趋势。

2）两国农产品贸易竞争性和互补性分析

表 5-34 表明，加拿大有 11 种食品农产品出口显示性比较指数均大于 0.8，即为具有竞争优势产品。其中，HS01（活动物）、HS07（食用蔬菜）与 HS19（谷物制品）的显示性比较优势指数均大于 2.5，这几项农产品的国际竞争力较强。中国的蔬果制品和食用蔬菜与加拿大在国际市场上具有一定的竞争性[61]。

表 5-34 加拿大主要食品农产品显示性比较优势指数

编码	产品类别	2009 年	2010 年	2011 年	2012 年	2013 年	2014 年	2015 年	2016 年	2017 年	2018 年
HS01	活动物	3.22	3.43	2.60	2.96	3.28	3.99	3.65	3.12	2.70	2.53
HS02	肉及食用杂碎	1.60	1.73	1.64	1.59	1.53	1.59	1.62	1.69	1.69	1.71
HS03	水产品	1.61	1.62	1.55	1.57	1.51	1.41	1.67	1.65	1.67	1.69
HS04	食用动物产品	0.15	0.15	0.14	0.16	0.16	0.15	0.15	0.16	0.21	0.20
HS07	食用蔬菜	2.39	2.33	2.48	2.16	2.67	2.63	2.95	2.79	2.55	2.44
HS08	食用水果及坚果	0.21	0.21	0.24	0.28	0.24	0.22	0.25	0.22	0.21	0.24
HS09	咖啡及茶	0.36	0.41	0.46	0.46	0.48	0.44	0.51	0.55	0.59	0.54
HS10	谷物	3.11	2.57	2.35	2.53	2.70	2.89	2.83	2.37	2.52	2.75
HS11	制粉类产品	2.17	1.82	1.68	1.83	1.83	1.86	2.03	2.08	2.16	2.01
HS15	动植物油脂	1.01	1.21	1.42	1.50	1.41	1.15	1.23	1.35	1.34	1.53
HS16	水产制品	0.55	0.62	0.55	0.64	0.62	0.65	0.76	0.85	0.77	0.73
HS17	糖及糖食	0.81	0.72	0.68	0.72	0.70	0.73	0.79	0.93	0.85	0.81	1.00
HS18	可可及制品	0.80	0.96	0.93	0.98	1.06	0.99	1.19	1.33	1.34	1.30
HS19	谷物制品	1.81	1.91	1.75	1.82	1.74	1.67	1.88	1.96	1.95	2.09
HS20	蔬果制品	1.10	1.01	0.94	1.01	1.01	1.01	1.08	1.12	1.18	1.25
HS21	杂项食品	1.12	1.12	1.06	1.11	1.02	0.93	1.00	0.93	0.98	0.99
HS22	饮料、酒及醋	0.39	0.39	0.36	0.37	0.38	0.32	0.34	0.35	0.34	0.36

根据表 5-35 与表 5-36 中加各类食品农产品贸易互补性指数（TCI）分析，加拿大与中国的农产品贸易互补性逐年增强。加拿大出口与中国进口存在较强互补性的食品农产品有 HS02（肉及食用杂碎）、HS03（水产品）、HS10（谷物）、HS11（制粉类产品）、HS15（动植物油脂）和 HS19（谷物制品）；中国出口与加拿大进口存在较强互补性的食品农产品有 HS07（食用蔬菜）、HS16（水产制品）和 HS20（蔬果制品）。目前，加拿大出口与中国进口的食品类农产品贸易紧密度相对较强，仍存在较大发展空间。

表 5-35 中国进口与加拿大出口农产品贸易互补性指数

编码	产品类别	2009 年	2010 年	2011 年	2012 年	2013 年	2014 年	2015 年	2016 年	2017 年	2018 年
HS01	活动物	0.33	0.53	0.49	0.67	0.59	1.33	0.91	0.60	0.41	0.41
HS02	肉及食用杂碎	0.39	0.45	0.53	0.59	0.75	0.73	0.98	1.60	1.31	1.36
HS03	水产品	0.95	0.91	0.90	0.89	0.86	0.82	1.05	1.09	1.14	1.43
HS04	食用动物产品	0.03	0.05	0.05	0.06	0.09	0.09	0.06	0.08	0.12	0.11
HS07	食用蔬菜	0.63	0.67	0.76	0.85	0.96	0.96	1.12	0.74	0.67	0.63

续表

编码	产品类别	2009年	2010年	2011年	2012年	2013年	2014年	2015年	2016年	2017年	2018年
HS08	食用水果及坚果	0.06	0.06	0.08	0.11	0.09	0.10	0.13	0.11	0.10	0.14
HS09	咖啡及茶	0.01	0.02	0.02	0.03	0.03	0.03	0.04	0.08	0.05	0.06
HS10	谷物	0.40	0.47	0.40	0.95	1.02	1.34	2.30	1.34	1.43	1.25
HS11	制粉类产品	0.54	0.60	0.49	0.56	0.71	0.88	1.03	1.00	1.05	1.02
HS15	动植物油脂	1.44	1.47	1.53	1.80	1.43	1.02	1.06	1.08	1.07	1.25
HS16	水产制品	0.01	0.02	0.02	0.03	0.03	0.03	0.04	0.04	0.04	0.05
HS17	糖及糖食	0.14	0.18	0.26	0.33	0.32	0.28	0.46	0.27	0.22	0.30
HS18	可可及制品	0.08	0.12	0.13	0.15	0.17	0.17	0.22	0.19	0.18	0.19
HS19	谷物制品	0.51	0.55	0.51	0.63	0.69	0.69	1.12	1.38	1.52	1.69
HS20	蔬果制品	0.10	0.11	0.11	0.11	0.11	0.12	0.17	0.20	0.21	0.25
HS21	杂项食品	0.14	0.17	0.17	0.18	0.18	0.19	0.28	0.31	0.33	0.38
HS22	饮料、酒及醋	0.07	0.08	0.09	0.11	0.10	0.09	0.14	0.16	0.15	0.17

表 5-36 中国出口与加拿大进口农产品贸易互补性指数

编码	产品类别	2009年	2010年	2011年	2012年	2013年	2014年	2015年	2016年	2017年	2018年
HS01	活动物	0.08	0.08	0.09	0.08	0.07	0.06	0.07	0.09	0.12	0.13
HS02	肉及食用杂碎	0.06	0.07	0.07	0.07	0.06	0.06	0.05	0.04	0.04	0.03
HS03	水产品	0.73	0.76	0.84	0.82	0.84	0.82	0.76	0.74	0.67	0.62
HS04	食用动物产品	0.02	0.01	0.01	0.01	0.01	0.01	0.02	0.02	0.02	0.02
HS07	食用蔬菜	1.68	2.07	2.38	1.67	1.69	1.68	1.66	1.94	2.05	2.08
HS08	食用水果及坚果	0.57	0.56	0.57	0.65	0.61	0.55	0.56	0.57	0.52	0.50
HS09	咖啡及茶	0.64	0.58	0.56	0.52	0.59	0.56	0.49	0.60	0.59	0.69
HS10	谷物	0.03	0.02	0.01	0.01	0.01	0.01	0.01	0.01	0.01	0.02
HS11	制粉类产品	0.17	0.18	0.15	0.18	0.17	0.16	0.15	0.16	0.16	0.18
HS15	动植物油脂	0.03	0.02	0.02	0.02	0.02	0.02	0.02	0.02	0.03	0.04
HS16	水产制品	1.49	1.72	1.85	2.09	2.03	1.99	1.76	1.81	1.86	1.88
HS17	糖及糖食	0.22	0.21	0.22	0.19	0.21	0.25	0.26	0.28	0.26	0.36
HS18	可可及制品	0.05	0.06	0.08	0.08	0.10	0.09	0.09	0.09	0.08	0.08
HS19	谷物制品	0.42	0.44	0.43	0.44	0.37	0.34	0.32	0.32	0.31	0.34
HS20	蔬果制品	1.52	1.62	1.74	1.87	1.73	1.61	1.50	1.47	1.52	1.51
HS21	杂项食品	0.43	0.46	0.47	0.53	0.51	0.51	0.54	0.60	0.59	0.58
HS22	饮料、酒及醋	0.18	0.20	0.19	0.22	0.19	0.22	0.25	0.27	0.26	0.25

4. 小结

中加之间农产品贸易面临着机遇与挑战。首先，中加农产品贸易存在较大逆差，并具有进一步扩大的趋势；其次，相对于两国经济总量而言，中加农产品贸易规模相对较小；最后，中加农产品贸易的贸易结构不尽合理，贸易强度有待进一步提高[62]。在中加不断深入推进全面合作战略伙伴关系的新背景下，把握"一带一路"所带来的更加开放、自由的贸易机遇，中加双边农产品贸易合作将有更好的发展前景[63]。

5.3.3 荷兰

1. 农业资源禀赋概览

荷兰国土总面积 41543 km²，陆地面积为 33730 km²，其中，农业用地面积18948 km²，约占总的陆地面积的 56.2%；耕地面积为 10780 km²，占总陆地面积的32%，仅为中国的 1%；森林面积为 3650 km²，约占总陆地面积的 10.8%；其他土地约占总陆地面积的 33%。荷兰属于温带海洋性气候地区，全国历年月平均气温在 2～20℃之间波动，全年温差较小，且湿润多雨，平均降水量在 750～800 mm，很适宜蔬菜、牧草等作物的生长。但荷兰地处高纬度区，光照不足，不利于大田作物生长。此外，荷兰境内河流纵横交错，主要包括莱茵河、马斯河、斯海尔德河以及众多的运河，荷兰河流的主要用途是运输、排水和农业灌溉，农田因为有运河的保障免去了旱涝之灾。荷兰农业人口占总人口的比重逐年降低，2018 年为 8.51%。荷兰的农业机械化水平国际领先，通过将节能温室、机器人、计算机信息技术和生物技术等高新技术植入到农业产业领域，从而建立了现代化的农业生产经营方式，构建了"从农田到餐桌"的高效、完整的产业链。荷兰农业研究成果的转化率以及农业基础技术的覆盖面较高，促进荷兰的农业生产实现了高产、优质、高效，使其土地产出率、劳动生产率均名列前茅，成为人多地少国家发展现代农业的典范[64]。

2. 农产品生产情况

由于气候条件和耕地数量受限，荷兰并没有大量种植大田作物，其主要的大田作物有马铃薯、小麦等，其中马铃薯产量最大。花卉是荷兰最重要的经济作物，花卉产业的产值在园艺业总产值中占比超过 60%。荷兰还种植苹果、卷心菜、甜菜、梨、胡萝卜等经济作物。另外，荷兰具备发达的农产品加工服务业，形成了一套完整的农业产业生产体系，主要包括农产品加工业、食品与饮料批发业、食品与饮料零售业等[65]。

得益于地区优势和资源禀赋条件，荷兰因地制宜，大力发展畜牧业，逐渐成为世界畜牧业强国。荷兰畜牧业总产值约为 100 亿欧元，占农业总产值的 40%左右。养牛业是荷兰最重要的生产部门之一，各生产环节已全部实现机械化。

荷兰渔业资源颇为丰富，有 12 个渔港。荷兰渔业可以分为两大类：一类是捕捞业，主要是近海、深海捕捞；一类是水产养殖业，有室内工厂化养鳗、鲶鱼，沿海还有牡蛎、扇贝等养殖业[66]。

3. 荷兰与中国的农产品贸易前景分析

1）两国农产品贸易概况

荷兰目前是全球第二大农产品出口国和第六大农产品进口国，农产品贸易在中荷两国贸易占有重要地位。中荷农产品双边贸易，逐步从中国对荷兰的贸易顺差转变为贸易逆差，且贸易差额呈现逐年扩大趋势，中荷两国在农产品贸易领域还会有更多交流合作的机会[67]。

2）两国农产品贸易竞争性和互补性分析

表 5-37 表明，荷兰的食品农产品除 HS03（水产品）、HS09（咖啡及茶）和 HS10（谷物）之外，均具有较强的比较优势，而中国这几类农产品比较优势指数相对较弱。

表 5-37　中国与荷兰主要食品农产品显示性比较优势指数

编码	产品类型	中国农产品出口					荷兰农产品出口				
		2014 年	2015 年	2016 年	2017 年	2018 年	2014 年	2015 年	2016 年	2017 年	2018 年
HS01	活动物	0.19	0.20	0.23	0.20	0.19	3.60	3.76	3.92	4.05	3.43
HS02	肉及食用杂碎	0.07	0.07	0.06	0.06	0.05	2.59	2.78	2.74	2.60	2.44
HS03	水产品	1.01	0.95	0.95	0.86	0.83	0.92	0.97	0.95	0.95	0.92
HS04	食用动物产品	0.05	0.06	0.06	0.05	0.05	3.06	3.91	3.95	3.99	3.68
HS07	食用蔬菜	0.99	0.98	1.13	1.18	1.14	3.75	3.96	3.69	3.55	3.61
HS08	食用水果及坚果	0.33	0.36	0.37	0.34	0.33	1.76	1.72	1.79	1.81	1.87
HS09	咖啡及茶	0.40	0.38	0.46	0.44	0.51	0.71	0.75	0.78	0.82	0.85
HS10	谷物	0.03	0.02	0.03	0.05	0.07	0.21	0.19	0.19	0.19	0.21
HS11	制粉类产品	0.25	0.24	0.24	0.25	0.32	1.49	0.94	0.84	0.97	1.46
HS15	动植物油脂	0.05	0.04	0.05	0.07	0.09	1.75	1.80	1.85	1.82	1.76
HS16	水产制品	1.44	1.30	1.35	1.44	1.50	1.24	1.41	1.43	1.34	1.22
HS17	糖及糖食	0.26	0.28	0.29	0.28	0.34	1.28	1.12	1.07	1.07	1.49
HS18	可可及制品	0.08	0.07	0.07	0.06	0.06	3.71	3.97	3.93	3.95	3.47
HS19	谷物制品	0.19	0.17	0.18	0.18	0.20	2.55	2.66	2.60	2.38	2.43
HS20	蔬果制品	1.00	0.91	0.94	0.96	0.96	2.78	2.97	3.12	3.13	3.03
HS21	杂项食品	0.33	0.34	0.37	0.36	0.37	2.55	2.79	2.65	2.39	2.25
HS22	饮料、酒及醋	0.12	0.14	0.16	0.15	0.15	1.65	1.87	1.76	1.73	1.63

根据表 5-38 中荷各类食品农产品贸易互补性指数（TCI）分析可知，中荷两国贸易互补性指数大于 1 的农产品较多，其中水产制品的贸易互补性系数平均达到 4.99，其次是食用蔬菜及蔬果制品，说明中荷两国在这些农产品贸易上有较强的互补性。

表 5-38　中国与荷兰主要食品农产品贸易互补性指数

编码	产品类型	2014 年	2015 年	2016 年	2017 年	2018 年
HS01	活动物	0.97	1.06	1.30	1.45	1.19
HS02	肉及食用杂碎	0.21	0.25	0.21	0.19	0.17
HS03	水产品	1.94	2.17	1.76	1.71	1.57
HS04	食用动物产品	0.19	0.23	0.27	0.29	0.28
HS07	食用蔬菜	3.22	3.36	3.80	3.87	3.79
HS08	食用水果及坚果	1.68	1.58	1.71	1.77	1.80
HS09	咖啡及茶	1.26	1.41	1.45	1.58	1.71
HS10	谷物	0.07	0.07	0.07	0.07	0.07
HS11	制粉类产品	0.98	1.07	1.04	1.06	0.89
HS15	动植物油脂	0.24	0.26	0.24	0.25	0.24
HS16	水产制品	6.62	5.50	2.84	5.38	4.60
HS17	糖及糖食	0.51	0.62	0.56	0.53	0.59
HS18	可可及制品	0.54	0.73	0.66	0.69	0.70
HS19	谷物制品	0.53	0.57	0.53	0.56	0.56
HS20	蔬果制品	4.88	4.99	2.52	4.35	4.15
HS21	杂项食品	0.29	0.38	0.43	0.47	0.43
HS22	饮料、酒及醋	0.30	0.40	0.46	0.47	0.29

4. 小结

荷兰通过政府推动与资金技术支持，因地制宜，发展适合本国的花卉与畜牧产业，其土地产出率、劳动生产率均位于世界前列，成为人多地少国家发展现代农业的典范[68]。同时，荷兰通过大量进口谷物饲料以发展畜牧业、乳品加工业，发展对土地依赖程度较低的花卉业，逐步形成以出口畜产品、乳制品、花卉为主的农业发展模式，成为仅次于美国的全球第二大农产品出口国。除了享誉全球的鲜花和观赏植物等产品外，其乳制品、马铃薯、蔬菜等产品出口量均居世界前列[69]。

5.3.4　德国

1. 农业资源禀赋概览

德国总体属于温带气候，温度分布较为均匀，雨量充沛。德国境内河流湖泊众多水域面积宽广，占国土面积的 1.8%，人均水资源占有量居世界前列。德国农业用地面积约为 1900 万 hm^2，超过国土面积的 1/2，土壤肥沃，适宜耕种[70]。

德国第一、二、三产业从业人口占总就业人数的比例大约为 2%、30%、68%，从事农业的人口比例较低。德国的农业以家庭农场为经营单位，农业机械化水平及农业生产效率较高[71]。

2. 农产品生产情况

德国是世界主要的谷物生产大国，占世界谷物总产量的比重约为 2%，其次为薯类作物、水果、蔬菜和油料作物。由于德国农业生产率较高，德国的谷物、薯类作物、油料作物和蔬菜的单产均高于世界平均水平[72]。

畜牧业在德国农业中占有重要地位，畜牧业是大多数家庭农场的主要收入来源，2015 年德国养殖业产值占农业生产总值的比重接近 69%，是世界上主要的肉类和奶类生产国[73]。

3. 德国与中国的农产品贸易前景分析

1）两国农产品贸易概况

中国是德国在亚洲的第一大农产品贸易伙伴，德国也是中国在欧盟重要的农产品出口市场之一。近年来，中德双边贸易，逐步从中国对德国的贸易顺差转变为贸易逆差，且贸易差额呈现逐年扩大趋势。德国高效率的农业生产方式使得其高质量的农产品在中国市场上的竞争力越来越大，两国比较优势差异使得中德双边农产品贸易存在进一步合作的空间[74]。

2）两国农产品贸易竞争性和互补性分析

表 5-39 表明，德国出口到中国具有比较优势的食品农产品包括 HS01（活动物）、HS02（肉及食用杂碎）、HS04（食用动物产品）、HS09（咖啡及茶）以及 HS21（杂项食品），另外，HS20（蔬果制品）和 HS22（饮料、酒及醋）的出口比较优势上升较快。

表 5-39　中德两国食品农产品显示性比较优势指数

编码	产品类型	中国出口对德国进口				德国出口对中国进口			
		2014 年	2015 年	2016 年	2017 年	2014 年	2015 年	2016 年	2017 年
HS01	活动物	0.19	0.20	0.23	0.20	0.68	0.8	0.87	1.08
HS02	肉及食用杂碎	0.07	0.07	0.06	0.06	1	1.09	1.09	1.19
HS03	水产品	1.01	0.95	0.95	0.86	0.25	0.25	0.24	0.29
HS04	食用动物产品	0.05	0.06	0.06	0.06	0.85	1.03	1.04	1.11
HS07	食用蔬菜	0.99	0.98	1.13	1.18	0.41	0.37	0.35	0.41
HS08	食用水果及坚果	0.33	0.36	0.37	0.34	0.09	0.07	0.07	0.08
HS09	咖啡及茶	0.40	0.38	0.46	0.44	1.06	1.06	1.11	1.32
HS10	谷物	0.03	0.02	0.03	0.05	0.65	0.71	0.72	0.69

续表

编码	产品类型	中国出口对德国进口				德国出口对中国进口			
		2014 年	2015 年	2016 年	2017 年	2014 年	2015 年	2016 年	2017 年
HS11	制粉类产品	0.25	0.24	0.24	0.25	0.71	0.71	0.71	0.75
HS15	动植物油脂	0.05	0.06	0.05	0.07	0.26	0.24	0.23	0.27
HS16	水产制品	1.44	1.30	1.35	1.44	0.09	0.19	0.2	0.23
HS17	糖及糖食	0.26	0.28	0.29	0.28	0.67	0.65	0.55	0.59
HS18	可可及制品	0.08	0.07	0.07	0.06	0.38	0.38	0.36	0.43
HS19	谷物制品	0.19	0.17	0.18	0.18	0.8	0.59	0.49	0.49
HS20	蔬果制品	1.00	0.91	0.94	0.96	0.81	0.77	0.83	0.89
HS21	杂项食品	0.33	0.34	0.37	0.36	1.01	1.01	1	1.08
HS22	饮料、酒及醋	0.12	0.14	0.16	0.15	0.74	0.78	0.81	0.88

　　根据表 5-40 中德各类食品农产品贸易互补性指数（TCI）分析，可以看出，德国与中国存在较强互补性的农产品包括 HS04（食用动物产品）、HS17（糖及糖食）、HS18（可可及制品）、HS19（谷物制品），表明德国出口的这几类农产品与中国进口所需的产品匹配度较高。

表 5-40　德国出口对中国进口食品农产品贸易互补性指数

编码	产品类型	2014 年	2015 年	2016 年	2017 年
HS01	活动物	0.06	0.08	0.15	0.23
HS02	肉及食用杂碎	0.29	0.23	0.25	0.34
HS03	水产品	0.15	0.13	0.12	0.17
HS04	食用动物产品	0.57	0.44	0.52	0.79
HS07	食用蔬菜	0.08	0.09	0.09	0.14
HS08	食用水果及坚果	0.6	0.36	0.39	0.39
HS09	咖啡及茶	0.1	0.07	0.1	0.14
HS10	谷物	0.05	0.08	0.11	0.11
HS11	制粉类产品	0.35	0.31	0.44	0.39
HS15	动植物油脂	0.51	0.42	0.32	0.35
HS16	水产制品	0.13	0.11	0.14	0.26
HS17	糖及糖食	1.1	0.87	0.76	0.86
HS18	可可及制品	1.64	1.66	1.27	1.79
HS19	谷物制品	2.65	1.72	1.59	1.78
HS20	蔬果制品	0.23	0.22	0.27	0.27
HS21	杂项食品	0.33	0.33	0.33	0.43
HS22	饮料、酒及醋	0.14	0.15	0.18	0.28

4. 小结

德国通过大量的农业机械、农业信贷等支持，以高效完善的农业科研与推广体系为支撑，推动了国内农业生产率的提高，使得德国能够摆脱自然资源禀赋的约束，成为农业出口大国[75]。近年来，中国对德国农产品贸易由顺差转变为逆差，两国农产品比较优势差异显著，相较于中国出口到德国的劳动密集型农产品，德国出口到中国的资本密集型和技术密集型的高质量农产品的竞争力越来越大[76]。同时，中国对德国在水果和坚果、蔬菜以及水产品方面具有很强的出口优势，德国对这些农产品进口需求较大且稳定。因此，中国应当抓住德国相应产品进口增长的机遇，借助"一带一路"倡议的实施，进一步开发德国其他种类的农产品市场，深化与德国及欧盟的农业交流合作。

5.3.5　日本

1. 农业资源禀赋概览

日本是一个由东北向西南延伸的弧形岛国，日本属于温带海洋性季风气候，终年温和湿润，适合发展种植业，但稀缺的土地资源制约了日本农业的发展。日本国土总面积为 37.8 万 km^2，其中 68% 是山地，农业用地面积仅 4.47 万 km^2，占国土总面积的 11.83%。此外，日本三面环海，渔业资源丰富。

日本农业人口占总人口的比重呈现逐年下降的趋势，由 2007 年的 11.85% 下降至 2018 年的 8.38%。虽然农业人口占比逐年降低，但日本通过提高机械化水平，使得日本农业生产值实现逐年增加[76,77]。

2. 农产品生产情况

日本的粮食结构中以大米为主，其余的粮食作物如小麦、大豆等在日本的种植面积和总产量较低。日本的经济作物主要有甜菜、燕麦、橘子、茶、苹果、卷心菜、洋葱、柿子和甘蔗等，作物亩产较高。

畜牧业方面，日本主要饲养的畜禽为鸡、牛与猪。平原地形集中的北海道有着日本最大的奶牛与肉牛养殖。日本渔业发达，北海道渔场等丰富的自然资源提供了日本捕捞渔业的基础，同时水产养殖在渔业中的占比越来越高。

3. 日本与中国的农产品贸易前景分析

1）两国农产品贸易概况

近年来，中日两国在东亚的经济和政治形势的变动下，联系愈加紧密，中日两国之间已经成为彼此紧密的贸易伙伴。中日农产品双边贸易合作呈现出稳定发展的趋势，贸易总额逐年上升，中国始终保持贸易顺差地位，且贸易差额保持稳定。

2）两国农产品贸易竞争性和互补性分析

表 5-41 中日农产品显示性比较优势指数表明，日本的农产品的国际竞争力比较弱。与日本相比，中国在食用蔬菜、水产制品、蔬果制品上具有比较优势。

表 5-41　中国与日本主要食品农产品显示性比较优势指数

编码	产品类型	中国农产品出口 RCA 指数					日本农产品出口 RCA 指数				
		2014 年	2015 年	2016 年	2017 年	2018 年	2014 年	2015 年	2016 年	2017 年	2018 年
HS01	活动物	0.19	0.20	0.23	0.20	0.19	0.02	0.04	0.03	0.02	0.04
HS02	肉及食用杂碎	0.07	0.07	0.06	0.06	0.05	0.02	0.03	0.02	0.03	0.05
HS03	水产品	1.01	0.95	0.95	0.86	0.83	0.32	0.35	0.30	0.30	0.34
HS04	食用动物产品	0.05	0.06	0.06	0.05	0.05	0.01	0.01	0.01	0.01	0.01
HS07	食用蔬菜	0.99	0.98	1.13	1.18	1.14	0.02	0.02	0.02	0.02	0.02
HS08	食用水果及坚果	0.33	0.36	0.37	0.34	0.33	0.03	0.04	0.04	0.04	0.05
HS09	咖啡及茶	0.40	0.38	0.46	0.44	0.51	0.05	0.06	0.06	0.07	0.10
HS10	谷物	0.03	0.02	0.03	0.05	0.07	0.01	0.01	0.01	0.01	0.01
HS11	制粉类产品	0.25	0.24	0.24	0.25	0.32	0.10	0.10	0.10	0.10	0.10
HS15	动植物油脂	0.05	0.06	0.06	0.07	0.09	0.05	0.04	0.04	0.04	0.06
HS16	水产制品	1.44	1.30	1.35	1.44	1.50	0.31	0.32	0.30	0.32	0.33
HS17	糖及糖食	0.26	0.28	0.29	0.28	0.34	0.05	0.06	0.05	0.07	0.10
HS18	可可及制品	0.08	0.07	0.07	0.06	0.06	0.04	0.04	0.04	0.05	0.05
HS19	谷物制品	0.19	0.17	0.18	0.18	0.20	0.18	0.22	0.19	0.23	0.23
HS20	蔬果制品	1.00	0.91	0.94	0.96	0.96	0.03	0.04	0.03	0.04	0.04
HS21	杂项食品	0.33	0.34	0.37	0.36	0.37	0.32	0.36	0.32	0.35	0.45
HS22	饮料、酒及醋	0.12	0.14	0.16	0.15	0.15	0.11	0.13	0.12	0.13	0.18

根据表 5-42 中日各类食品农产品贸易互补性指数（TCI）分析，中日在水产品以及蔬菜方面的贸易互补性较好。

表 5-42　中国与日本主要食品农产品贸易互补性指数

编码	产品类型	中国出口与日本进口					中国进口和日本出口				
		2014 年	2015 年	2016 年	2017 年	2018 年	2014 年	2015 年	2016 年	2017 年	2018 年
HS01	活动物	0.04	0.05	0.05	0.05	0.06	0.01	0.01	0.01	0.00	0.01
HS02	肉及食用杂碎	0.12	0.13	0.13	0.12	0.11	0.01	0.02	0.02	0.02	0.04
HS03	水产品	2.40	2.54	2.43	2.21	2.03	0.18	0.22	0.20	0.20	0.28

续表

编码	产品类型	中国出口与日本进口					中国进口和日本出口				
		2014 年	2015 年	2016 年	2017 年	2018 年	2014 年	2015 年	2016 年	2017 年	2018 年
HS04	食用动物产品	0.02	0.03	0.03	0.03	0.03	0.00	0.00	0.00	0.01	0.01
HS07	食用蔬菜	0.84	0.91	1.04	1.04	1.06	0.01	0.01	0.00	0.01	0.00
HS08	食用水果及坚果	0.21	0.27	0.28	0.24	0.23	0.01	0.02	0.02	0.02	0.03
HS09	咖啡及茶	0.37	0.44	0.48	0.44	0.47	0.00	0.00	0.01	0.01	0.01
HS10	谷物	0.04	0.03	0.05	0.07	0.09	0.00	0.01	0.01	0.00	0.00
HS11	制粉类产品	0.16	0.18	0.18	0.18	0.21	0.05	0.05	0.05	0.05	0.05
HS15	动植物油脂	0.02	0.03	0.02	0.03	0.04	0.04	0.04	0.03	0.03	0.05
HS16	水产制品	4.05	4.36	4.47	4.75	4.80	0.02	0.02	0.01	0.02	0.02
HS17	糖及糖食	0.12	0.13	0.14	0.13	0.15	0.02	0.03	0.02	0.02	0.02
HS18	可可及制品	0.04	0.04	0.04	0.03	0.03	0.01	0.01	0.01	0.01	0.01
HS19	谷物制品	0.08	0.08	0.08	0.08	0.08	0.07	0.13	0.14	0.18	0.19
HS20	蔬果制品	1.31	1.32	1.31	1.34	1.34	0.00	0.01	0.01	0.01	0.01
HS21	杂项食品	0.20	0.23	0.24	0.23	0.21	0.06	0.11	0.12	0.17	0.17
HS22	饮料、酒及醋	0.09	0.11	0.13	0.11	0.11	0.03	0.05	0.05	0.06	0.08

4. 小结

总体来看，中日两国之间的贸易潜力巨大，在蔬菜、水产制品、蔬果制品等多类农产品上都有相互合作的空间。另外，近年来优质的日本大米、牛肉等也进军中国市场，为中日农产品贸易带来新的机会。

5.3.6 澳大利亚

1. 农业资源禀赋概览

澳大利亚是全球第六大国，国土总面积 769 万 km^2，农业用地约 4.1 亿 hm^2，占国土总面积的 53.3%。澳大利亚气候高温干旱，地形以沙漠和半沙漠为主，适合发展畜牧业。澳大利亚的农用地按用途划分，84%用于放牧，8.9%用于种植农作物，3.4%用于休耕，3.3%用于植树。

近年来，澳大利亚人口在稳步增长，但农业人口数以及农业人口占总人口的比重在逐年降低，2018 年澳大利亚农业人口仅占全社会总劳动力的 2.57%。澳大利亚依靠农业机械化提高了劳动生产率和土地产出率，通过草场改良增加载畜量，并在畜牧业各个生产环节也基本实现了机械化。

2. 农产品生产情况

澳大利亚的主要农作物有小麦、大麦、燕麦、棉花、鹰嘴豆、油菜籽、甘蔗、羽扇豆和樱桃。其谷物、蔗糖、棉花等在国际贸易中占有重要的地位。澳大利亚的畜牧业在国民经济中占据重要的地位，其畜牧业主要以肉牛、绵羊和奶牛养殖为主，其羊肉、牛肉、羊毛、牛奶的出口贸易在国际市场举足轻重。澳大利亚为世界上第三大渔业区，渔业年产值约为 20 多亿澳元，渔业生产集中在价值非常高的龙虾、金枪鱼、三文鱼和鲍鱼等品种上。

3. 澳大利亚与中国的农产品贸易前景分析

1）两国农产品贸易概况

目前，中澳两国是重要的贸易伙伴，两国近年来保持着百亿美金以上的贸易额，且逐年增加。中澳双边贸易中，中国大量从澳大利亚进口价值很高的各类产品，致使中国对澳大利亚出口有着显著的贸易逆差。

2）两国农产品贸易竞争性和互补性分析

表 5-43 中澳各类食品农产品显示性比较优势指数（RCA）表明，中澳农产品在不同种类上的比较优势差异较大，显示了中澳农业合作的必要性及可能性。澳大利亚的肉类、奶类、谷物、酒类等都具有较大的比较优势。

表 5-43 中国与澳大利亚主要食品农产品显示性比较优势指数

编码	产品类型	中国农产品出口 RCA 指数					澳大利亚农产品出口 RCA 指数				
		2014年	2015年	2016年	2017年	2018年	2014年	2015年	2016年	2017年	2018年
HS01	活动物	0.19	0.20	0.23	0.20	0.19	2.30	2.80	2.90	2.15	2.31
HS02	肉及食用杂碎	0.07	0.07	0.06	0.06	0.05	2.99	3.76	3.07	2.81	3.03
HS03	水产品	1.01	0.95	0.95	0.86	0.83	0.36	0.44	0.38	0.34	0.33
HS04	食用动物产品	0.05	0.06	0.06	0.05	0.05	0.89	0.79	0.65	0.59	0.58
HS07	食用蔬菜	0.99	0.98	1.13	1.18	1.14	0.54	0.96	1.03	1.23	0.50
HS08	食用水果及坚果	0.33	0.36	0.37	0.34	0.33	0.39	0.58	0.53	0.47	0.48
HS09	咖啡及茶	0.40	0.38	0.46	0.44	0.51	0.04	0.04	0.04	0.04	0.04
HS10	谷物	0.03	0.02	0.03	0.05	0.07	2.33	2.69	2.21	2.40	1.65
HS11	制粉类产品	0.25	0.24	0.24	0.25	0.32	1.38	1.38	1.38	1.38	1.38
HS15	动植物油脂	0.05	0.06	0.05	0.07	0.09	0.26	0.26	0.26	0.26	0.26
HS16	水产制品	1.44	1.30	1.35	1.44	1.50	0.09	0.12	0.12	0.10	0.10
HS17	糖及糖食	0.26	0.28	0.29	0.28	0.34	0.37	0.43	0.50	0.47	0.36

续表

编码	产品类型	中国农产品出口 RCA 指数					澳大利亚农产品出口 RCA 指数				
		2014 年	2015 年	2016 年	2017 年	2018 年	2014 年	2015 年	2016 年	2017 年	2018 年
HS18	可可及制品	0.08	0.07	0.07	0.06	0.06	0.15	0.16	0.17	0.15	0.15
HS19	谷物制品	0.19	0.17	0.18	0.18	0.20	0.32	0.40	0.52	0.52	0.57
HS20	蔬果制品	1.00	0.91	0.94	0.96	0.96	0.09	0.09	0.09	0.09	0.09
HS21	杂项食品	0.33	0.34	0.37	0.36	0.37	0.35	0.65	0.80	0.86	0.65
HS22	饮料、酒及醋	0.12	0.14	0.16	0.15	0.15	0.63	0.78	0.79	0.79	0.77

　　根据表 5-44 中澳各类食品农产品贸易互补性指数（TCI）分析，中澳两国在 HS03（水产品）、HS07（食用蔬菜）、HS09（咖啡及茶）、HS16（水产制品）和 HS20（蔬果制品）的贸易互补性指数大于 1。其中 HS09（咖啡及茶）、HS16（水产制品）和 HS20（蔬果制品）的贸易互补指数极高，说明中澳两国在这些项目的贸易上互补性较高。

表 5-44　中国与澳大利亚主要食品农产品贸易互补性指数

编码	产品类型	2014 年	2015 年	2016 年	2017 年	2018 年
HS01	活动物	0.08	0.07	0.08	0.09	0.08
HS02	肉及食用杂碎	0.02	0.02	0.02	0.02	0.02
HS03	水产品	2.81	2.17	2.49	2.53	2.50
HS04	食用动物产品	0.05	0.07	0.09	0.09	0.09
HS07	食用蔬菜	1.83	1.02	1.10	0.96	2.27
HS08	食用水果及坚果	0.84	0.62	0.71	0.73	0.69
HS09	咖啡及茶	13.22	9.45	11.59	11.05	12.71
HS10	谷物	0.01	0.01	0.02	0.02	0.04
HS11	制粉类产品	0.18	0.17	0.18	0.18	0.23
HS15	动植物油脂	0.21	0.22	0.19	0.25	0.35
HS16	水产制品	15.95	10.87	11.27	14.36	14.98
HS17	糖及糖食	0.71	0.65	0.57	0.60	0.94
HS18	可可及制品	0.52	0.42	0.40	0.41	0.42
HS19	谷物制品	0.58	0.43	0.35	0.34	0.35
HS20	蔬果制品	11.09	10.14	10.44	10.67	10.62
HS21	杂项食品	0.94	0.53	0.46	0.42	0.57
HS22	饮料、酒及醋	0.19	0.18	0.20	0.19	0.19

4. 小结

目前，澳大利亚是仅次于欧盟、美国、加拿大、巴西和中国的世界第六大农产品出口国，在农产品生产和出口方面，澳大利亚对国际市场的影响举足轻重。澳大利亚每年有 75%左右的初级农产品和 25%的加工类农产品都要依赖国际市场销售，出口依存度很高。同时中国也是澳大利亚第二大的贸易合作伙伴，中澳贸易潜力巨大，在多类农产品上都有可以相互合作的空间，可以利用"一带一路"的契机进一步加大农业合作，实现互惠共赢。

参 考 文 献

[1] 中国"一带一路"网. 已同中国签订共建"一带一路"合作文件的国家一览[EB/OL]. (2019-06-18)[2022-04-12]. https://www.yidaiyilu.gov.cn/gbjg/gbgk/77073.htm.

[2] 李根丽, 魏凤. 中国与俄罗斯、哈萨克斯坦农产品贸易特征分析[J]. 世界农业, 2017(11): 138-145.

[3] 佟光霁, 石磊. 基于产业内的中俄农产品贸易实证分析[J]. 农业经济问题, 2017, 38(6): 89-100.

[4] 佟光霁, 石磊. 中俄农产品贸易的现实状态: 1996～2015 年[J]. 改革, 2016(11): 118-129.

[5] 孙红雨, 佟光霁. 俄罗斯绿色贸易壁垒对中俄农产品贸易的影响[J]. 江西社会科学, 2019, 39(3): 77-85.

[6] 白雪冰, 许昭, 周应恒. 中俄农产品贸易特征及合作前景分析[J]. 俄罗斯研究, 2021(4): 176-196.

[7] 佟光霁, 石磊. 中俄农产品贸易及其比较优势、互补性演变趋势[J]. 华南农业大学学报(社会科学版), 2016, 15(5): 110-122.

[8] 孙育新. "一带一路"背景下中俄农产品产业内贸易增长潜力分析——基于 2001—2013 年的 UN Comtrade 数据[J]. 中国农学通报, 2016, 32(26): 181-187.

[9] 刘晓亮, 赵凌云. 双重背景下的中俄农产品贸易机遇空间及选择途径[J]. 对外经贸实务, 2015(8): 41-44.

[10] 尚静. 中俄农产品贸易发展动态与互补性研究[J]. 世界农业, 2015(3): 76-80.

[11] 杨桂华, 刘伟. 欧美对俄罗斯经济制裁背景下中俄农产品贸易特点与对策[J]. 世界农业, 2015(1): 94-96.

[12] 朴英爱, 黄冠群. 中韩 FTA 关税减让对我国向韩农产品出口的影响及应对措施[J]. 韩国研究论丛, 2017(1): 250-263.

[13] 王伶. 中日韩建立 FTA 的农产品贸易效应——基于 GTAP 模型的研究[J]. 世界农业, 2017(4): 48-55.

[14] 吴云苓. 白俄罗斯产业竞争力分析[M]//张其仔, 等. "一带一路"国家产业竞争力分析(上、下册). 北京: 社会、科学文献出版社, 2017.

[15] 毕会成. "希腊农业特征"辨析——与黄洋同志商榷[J]. 辽宁师范大学学报, 2000(1): 104-109.

[16] 孙成永, 卓力格图, 姚良军. 意大利农业创新体系和科技推广情况[J]. 全球科技经济瞭望, 2006(9).

[17] 张曼婕. 意大利农业发展状况及其主要措施分析[J]. 世界农业, 2014(7): 162-165.

[18] 贾利, 任照. "一带一路"视角下中意林木产品经贸合作的机遇与挑战[J]. 对外经贸实务, 2019(8).

[19] 贾惠婷. 哈萨克斯坦独立以来农业发展状况及其前景[J]. 世界农业, 2018(6): 163-169.

[20] 张驰. 哈萨克斯坦农业及农业机械化[J]. 湖南农机, 2013(10): 34-35.

[21] 郭辉. 哈萨克斯坦农业产业结构与区域竞争力差异及中国的合作建议[J]. 农业展望, 2019, 15(10):

118-126.

[22] 王冕. 中国(新疆)与哈萨克斯坦农业合作研究[D]. 乌鲁木齐: 新疆财经大学, 2015.

[23] 原帼力, 麦迪娜·依布拉音. 新疆与哈萨克斯坦农业合作模式的对策及思考[J]. 对外经贸实务, 2019(7): 74-78.

[24] 王晨, 姬亚岚, 张玫. "一带一路"战略下中国与哈萨克斯坦主要农产品贸易竞争性与互补性分析[J]. 湖北经济学院学报(人文社会科学版), 2018, 15(9): 37-40.

[25] 于敏, 柏娜, 茹蕾. 哈萨克斯坦农业发展及中哈农业合作前景分析[J]. 世界农业, 2018(1): 60-64, 99.

[26] Miyata S, Tomoki Fujii. Examining the socioeconomic impacts of irrigation in the southeast anatolia region of Turkey[J]. Agricultural Water Management, 2007, 88(1): 247-252.

[27] 郭长刚, 刘义. 土耳其发展报告(2014)[M]. 北京: 社会科学文献出版社, 2014.

[28] 张其仔, 等. "一带一路"国家产业竞争力分析[M]. 北京: 社会科学文献出版社, 2017.

[29] 张其仔, 李蕾, 等. 中国产业竞争力报告(2016)[M]. 北京: 社会科学文献出版社, 2017.

[30] 丁世豪, 布娟鹣·阿布拉 丝绸之路经济带背景下中国与土耳其的农产品贸易优化之路[J]. 对外经贸实务, 2015(1): 47-50.

[31] 粟若杨, 郭静利, 等. 中国和沙特阿拉伯农业重点合作领域前景分析[J]. 农业展望, 2016(8).

[32] 冯阳. 中国与东盟农产品贸易竞争性与互补性研究[J]. 农业现代化研究, 2013, 34(5): 559-587.

[33] 郑国富. "一带一路"倡议下中国与东盟农产品贸易合作发展的路径与前景[J]. 对外经贸实务, 2017(10): 30-33.

[34] 王禹, 李干琼, 李哲敏, 等. "一带一路"背景下中国和泰国农业合作研究[J]. 农业展望, 2017(1).

[35] 武俊英. 越南农业发展对经济增长的影响研究[D]. 南京: 南京师范大学, 2018.

[36] 黄慧德. 马来西亚农业概况[J]. 世界热带农业信息, 2017(7): 35-39.

[37] Syahrin Suhaimee, Illani Zuraihah Ibrahim, Mohd Amirul Mukmin Abd Wahab, 李耀辉. 马来西亚有机农业发展的路径、问题与挑战[J]. 世界农业, 2016(7): 183-187.

[38] 韦红. 马来西亚农业发展的困境及政府对策[J]. 社会主义研究, 2005(5): 79-81.

[39] 郑国富. 马来西亚农产品贸易发展现状与前景[J]. 农业展望, 2018, 14(9): 86-89.

[40] 李春艳, 韩福光, 郑锦荣. 菲律宾农作物资源状况调研报告[J]. 广东农业科学, 2011(S1): 33-37.

[41] 徐丽君, 姚立健, 杨自栋. 巴基斯坦农机供求平衡与发展分析[J]. 农机市场, 2017(8): 59-60.

[42] Rehman A, Luan J, Chandio A A, et al. Livestock production and population census in Pakistan: determining their relationship with agricultural GDP using econometric analysis[J]. Information Processing in Agriculture, 2017, 4(2).

[43] 吴园, 雷洋. 巴基斯坦农业发展现状及前景评估[J]. 世界农业, 2018(1): 166-174.

[44] 程云洁, 武杰. 中国与巴基斯坦农产品贸易发展研究——基于竞争性与互补性的实证分析[J]. 新疆财经, 2017(4): 11-19.

[45] 范敏. 中国与巴基斯坦农产品贸易互补性和竞争性实证研究[J]. 广西财经学院学报, 2018, 31(3): 72-80.

[46] 胡晓雨, 祁春节, 向云. 中国与巴基斯坦农产品贸易的竞争性与互补性研究[J]. 世界农业, 2017(8): 58-66.

[47] 谢福苓. 孟加拉国发展农业争取粮食自给的政策措施[J]. 南亚研究, 1981(2): 36-44.

[48] 王钊英, 张佳喜. 埃及农业机械化发展现状分析及合作建议[J]. 世界农业, 2010(9): 61-63.

[49] 张帅. 埃及粮食安全: 困境与归因[J]. 西亚非洲, 2018, 260(3): 115-141.

[50] 方松, 赵红萍. 埃及渔业现状、问题及建议[J]. 中国渔业经济, 2010(3).

[51] 张海凤, 郭玮. 中国和南非农产品贸易的互补空间及策略优化[J]. 对外经贸实务, 2015(8): 37-40.

[52] 唐珂. 发展中的世界农业: 美国[M]. 北京: 中国农业出版社, 2018.

[53] 王波, 翟璐, 韩立民. 美国、加拿大和日本"蓝色粮仓"发展概况与经验启示[J]. 世界农业, 2018(2): 28-34.

[54] 戴翔, 张二震, 王原雪. 特朗普贸易战的基本逻辑、本质及其应对[J]. 南京社会科学, 2018(4): 11-17, 29.

[55] 李天祥, 臧星月, 朱晶. 加征关税对中美两国农产品贸易及农民收入的影响——基于中美两国相关研究的回顾与启示[J]. 世界农业, 2019(3): 25-31.

[56] 邝奕轩, 沈海滨. 加拿大水资源可持续利用与农业发展[J]. 世界环境, 2015(2): 32-34.

[57] 孔韬. 中国与加拿大农业生产效率比较研究[J]. 世界农业, 2018(5): 42-48.

[58] 常晓莲. 加拿大农业机械化发展概况[J]. 当代农机, 2014(9): 47-48.

[59] 杨红先. 加拿大畜牧业的概况及特点[J]. 中国畜牧业, 2016(22): 50-52.

[60] 余梅. "一带一路"背景下的中国与加拿大农产品贸易合作研究[J]. 世界农业, 2018(3): 154-160.

[61] 袁祥州, 程国强, 朱满德. 中加农产品贸易: 结构特征、竞争优势及其互补性[J]. 对外经济贸易大学学报, 2015(2): 5-16.

[62] 周曙东, 卢祥. 中国与加拿大建立自由贸易区对两国农产品影响分析[J]. 世界农业, 2018(5): 103-111.

[63] 李莎莎, 李先德. 荷兰农业生态包容性治理经验及启示[J]. 世界农业, 2018(12): 53-58.

[64] 谭寒冰. 荷兰现代化农业生产环境及人才队伍建设的经验与启示[J]. 世界农业, 2018(11): 212-216.

[65] 赵霞, 姜利娜. 荷兰发展现代化农业对促进中国农村一二三产业融合的启示[J]. 世界农业, 2016(11): 21-24.

[66] 陈三林. 荷兰农业产业化的发展回顾与未来展望[J]. 世界农业, 2017(7): 151-155.

[67] 陈三林. 荷兰农产品出口国际竞争力的形成与展望[J]. 价格月刊, 2017(5): 59-62.

[68] 杨逢珉, 杨思慧. 扩大中国农产品对荷兰出口的研究——基于二元边际的实证分析[J]. 世界农业, 2017(4): 151-157, 226-227.

[69] 李婷, 张成玉, 肖海峰. 德国农业[M]. 北京: 中国农业出版社, 2014.

[70] 程宇航. 高品质的德国农业[J]. 老区建设, 2013(7): 56-59.

[71] 方文熙. 德国农业机械化装备与发展趋势[J]. 福建农机, 2016(3): 47-52.

[72] 宫少俊. 德国发展农业机械化的启示[J]. 当代农机, 2013(1): 54-55.

[73] 刘英杰, 李雪. 德国农业科技创新政策特点及其启示[J]. 世界农业, 2014(12): 1-3, 6.

[74] 李建平, 等. 二十国集团(G20)国家创新竞争力发展报告(2016、2017、2018)[M]. 北京: 社会科学文献出版社, 2018.

[75] 罗江月, 唐丽霞. 中德农产品贸易竞争性与互补性分析[J]. 世界农业, 2013(10): 21-26, 35.

[76] 陈旭, 杨印生. 日本农业机械化发展对中国的启示[J]. 中国农机化学报, 2019, 40(4): 202-209.

[77] 刘星. 日本农业推广体系的建立与历史演变——评《日本农业推广体系的演变与现状》[J]. 中国食用菌, 2019, 38(8): 30-31.

第6章 国际食品微生物安全科学大数据战略研究

病原微生物污染是食品安全最重要的威胁，我国进出口食品安全中普遍存在致病微生物污染等问题，我国食品安全工作面临沉重的压力和严峻的挑战。因此，开展国际食品微生物安全科学大数据战略研究，通过战略分析制定方案措施，有利于整合多个数据库的相关数据及服务资源，为我国食源性致病微生物的快速检测、有效溯源及危害控制提供新的契机。

6.1 食品微生物安全科学大数据挖掘现状

6.1.1 食源性致病微生物菌种资源大数据

在微生物资源领域，欧美等发达国家和地区凭借其技术和制定规则上的优势，已经建成了技术管理体系十分成熟的微生物资源服务机构，如美国菌种保藏中心[1]（American Type Culture Collection，ATCC）和 NRRL（Agricultural Research Service Culture Collection）、德国微生物菌种保藏中心[2]（Deutsche Sammlung von Mikroorganismen und Zellkulturen，DSMZ）、日本微生物菌种保藏中心（Japan Collection of Microorganisms，JCM）和北孟加拉大学细菌资源库（NITE Biological Resource Center，NBRC）、荷兰微生物菌种保藏中心（National Collection of Type Cultures，CBS）、韩国菌种保藏中心（Korean Collection for Type Cultures，KCTC）、比利时菌种保藏中心（Belgian Co-ordinated Collections of Micro-organisms，BCCM）等。这些机构吸纳着来自世界各国越来越多的生物资源，包括各种食源性致病微生物。我国微生物资源的发掘、共享和利用工作起步相对晚于欧美等发达国家和地区。21 世纪以来，在国家科技部微生物资源平台等项目的大力扶持下，我国的微生物资源发掘和保护取得了长足进步，已建成略具规模的微生物保藏机构多达 48 家，资源总保藏量 38 万多株，占全球微生物资源保藏量的 11.8%。

1. 美国菌种保藏中心（ATCC）

美国菌种保藏中心是全球领先的生物材料资源和标准组织，致力于标准参考微生物、细胞系和其他材料的获取、认证、生产、保存、开发和分配。ATCC 在保留传统收集材料的同时，开发了高质量的产品，制定了严格的标准并提供完善的服务，以支持科学研究和突破性成果，从而改善全球人类的健康状况。

ATCC 为美国和全球研究人员提供表征细胞系、细菌、病毒、真菌和原生动物等产品服务，开发和评估用于验证研究资源的分析方法和技术，并将生物材料保存分发给企业以及科学界和政府机构。

ATCC 的微生物学开发工作集中在天然和合成生物，以及用于质量控制和其他应用于定量基因组和合成 DNA、RNA 的分子工具。其细胞生物学开发工作着眼于提供相关的体外模型和研究工具，例如已鉴定和表征的原代细胞以及干细胞和连续细胞系、具有基因组数据的疾病和特定细胞途径的细胞系。

ATCC 生物学标准对于确保研究结果的可靠性、实验的可重复性以及科学方法的一致性至关重要，还可以帮助各行各业研究人员和科学家确保其产品的安全性和质量。其参考材料被美国食品药品管理局和美国农业部等联邦机构以及临床实验室标准协会、美国药典、欧洲药典、日本药典和世界卫生组织采用。ATCC 参考材料用于全球人口生活相关的许多应用中，包括开发治疗和诊断产品、测试食物、水的质量和环境样品，同时进行准确的医学诊断并获取合理的取证信息[1]。

ATCC 作为世界上最大的生物资源中心，拥有 750 多个属的 18000 多种菌，其中包括 3600 多种模式菌株。在食源性致病微生物菌种资源方面，ATCC 拥有常见的食源性致病菌标准菌株共 2500 多株，其中数量最多的是沙门氏菌（*Salmonella*）和金黄色葡萄球菌（*Staphylococcus aureus*），两者占食源性致病菌总数的 61.2%。

2. 德国微生物菌种保藏中心（DSMZ）

德国微生物菌种保藏中心成立于 1969 年，是德国的国家菌种保藏中心，也是全球最全面的生物资源中心。目前拥有 73700 多种产品，包括约 31900 种不同的细菌和 6600 种真菌菌株，840 种人和动物细胞系，1500 种植物病毒和抗血清，700 种噬菌体和 19000 种不同类型的细菌基因组 DNA。DSMZ 不仅是欧洲最全面的生物资源中心，而且还是最先进的研究机构，主要集中在微生物多样性及其潜在的进化机制、微生物功能适应性、多样性和生物相互作用（共生、疾病、癌症的机制，以及交叉研究课题的分子机制病理生物学）等领域。在应用方面，涉及生物多样性研究和非原生环境保存方法的开发[2]。

DSMZ 拥有特定的专业知识，并提供相关领域的咨询服务、微生物分类、系统发育、物种描述、生物资源的标准化、质量保证和生物安全。在食源性致病微生物菌种资源方面，DSMZ 拥有常见的食源性致病菌标准菌株 360 多株，其中数量最多的是金黄色葡萄球菌（*Staphylococcus aureus*）和空肠弯曲菌（*Campylobacter jejuni*），两者占食源性致病菌总数的 48.8%。

3. 中国普通微生物菌种保藏管理中心（CGMCC）

中国普通微生物菌种保藏管理中心（China General Microbiological Culture Collection Center，CGMCC）隶属于中国科学院微生物研究所，成立于 1979 年，是我国最主要的微生物资源保藏和共享利用机构之一。自 1985 年起，作为国家知识产权局指定的保藏中心，CGMCC 承担用于专利程序的生物材料的保藏管理工作。经世界知识产权组织批准，CGMCC 于 1995 年 7 月获得布达佩斯条约国际保藏单位的资格。2010 年，成为我国首个通过 ISO 9001 质量管理体系认证的保藏中心。

作为公益性的国家微生物资源保藏机构，围绕我国生命科学研究、生物技术创新和产业发展的重大需求，CGMCC 致力于微生物资源的保护、共享和持续利用，在保证生物安全和保护知识产权的前提下，探索、发现、收集国内外微生物资源，妥善长期保存管理，为工农业生产、卫生健康、环境保护、科研教育提供微生物物种资源、信息资源、基因资源和专业技术服务。

CGMCC 参与了中国科学技术部的国家基础设施项目，被作为普通微生物的核心机构提供科学技术支持。CGMCC 目前保存各类微生物资源超过 5000 种 46000 余株，用于专利程序的生物材料 7100 余株，微生物元基因文库约 75 万个克隆。CGMCC 保藏的主要食源性致病菌标准菌株是大肠杆菌（*Escherichia coli*）和蜡样芽孢杆菌（*Bacillus cereus*），两者占食源性致病菌总数的 94.1%，与 ATCC 和 DSMZ 的保藏种类差异较大。

4. 中国工业微生物菌种保藏管理中心（CICC®）

中国工业微生物菌种保藏管理中心（China Center of Industrial Culture Collection，CICC®）始建于 1953 年，隶属于中国食品发酵工业研究院有限公司，国家微生物资源平台核心单位，国际微生物菌种保藏联合会（WFCC）和中国微生物菌种保藏管理委员会以及国家微生物资源平台的核心机构，负责全国工业微生物资源的收集、保藏、鉴定、质控、评价、供应、进出口、技术开发、科学普及与交流培训，中心现已通过 ISO 9001:2015 质量管理体系、ISO 17025:2005 检测和校准实验室能力认可、ISO 17034:2016 标准样品生产者能力认可以及 CMA 检验检测机构资质认定。

CICC 拥有各类菌株 10612 株和 30 万份拷贝，包括 4445 株细菌、3222 株酵母菌、2220 株霉菌、266 株各种大型真菌菌株，具有生物清洁功能实验室、分子生物学实验室、基因工程实验室、生理生化实验室、代谢产物分析实验室等。其中主要食源性致病菌标准菌株有 500 多株，保藏量最大的是蜡样芽孢杆菌（*Bacillus cereus*），占总数的 66.2%。

CICC®与美国、德国、英国、日本、荷兰、韩国等十余个国家和地区的知名微生物保藏中心建立长期交流合作关系，开展资源互换、进口代理和学术研讨；与法国生物梅里埃、美国赛默飞世尔科技、美国 Microbiologics 公司建立战略合作关系，成为其质控微生物产品在中国区域的代理经销商；并面向全球开展菌种出口和公开寄存业务。

5. 中国典型培养物保藏中心（CCTCC）

中国典型培养物保藏中心（China Center for Type Culture Collection，CCTCC）位于武汉大学主校区，是由中国国家知识产权局划定并由教育部资助用于存放与专利相关的生物材料的主要机构之一。CCTCC 自 1987 年以来一直是国际微生物菌种保藏联合会（WFCC）的成员，并且自 1995 年以来一直是布达佩斯条约国际确认的微生物保藏单位。

目前 CCTCC 的保藏样本包括来自 22 个国家或地区的 30000 多种物品，包括细菌、古细菌、真菌、单细胞藻类、噬菌体和动植物病毒、人和动物细胞系、基因修饰的细胞系、植物组织培养物和植物种子、克隆载体、基因和 DNA 文库。其中有 4000 多种专利培养物和 1000 多种微生物菌株。

迄今，CCTCC 保藏有来自 22 个国家或地区的各类培养物 19000 株；其中专利培养物 3800 多株，非专利培养物 15000 多株；微生物模式菌株 1000 多株，动物细胞系 1000 多株，动植物病毒 300 多株。其中主要食源性致病菌标准菌株有 600 多株，主要包括大肠杆菌（*Escherichia coli*）、蜡样芽孢杆菌（*Bacillus cereus*）、金黄色葡萄球菌（*Staphylococcus aureus*）和沙门氏菌（*Salmonella*）。

6. 丹麦综合抗药性监测和研究计划（DANMAP）

丹麦综合抗药性监测和研究计划（The Danish Integrated Antimicrobial Resistance Monitoring and Research Programme，DANMAP）由丹麦食品、农业和渔业部以及卫生部于 1995 年共同建立，用于监控食用动物和人类抗菌剂的消费水平，监测食用动物、动物源食物和人体分离的细菌中抗生素耐药性的发生情况，研究抗菌药物消耗与抗生素耐药性间的关联，并确定传播途径和下一步研究方向。DANMAP 报告不同动物种群、兽医和人类的抗菌药物使用情况，并在规定的动物日剂量下说明抗菌剂数量、效力、剂型和给药途径。

细菌在人类、动物和食物中普遍存在，会因选择性压力更容易产生耐药性。抗生素耐药性监测人及动物病原体、人畜共患病细菌和指示菌等三类细菌。人畜共患病细菌在动物中产生耐药性，引起的人类感染将影响治疗效果。

6.1.2　食源性致病微生物风险识别大数据

近年来，食源性致病微生物引起的食品安全问题已成为世界各国面临的重大公共卫生问题。国际组织以及欧盟、美国等发达国家和地区已纷纷针对食源性致病微生物展开了系统、科学的风险评估，并建立了快速信息共享、紧急预防、快速反应的风险识别体系。我国在食源性致病微生物风险预警方面引入了微生物预测模型，并在此基础上开展了多种食源性致病微生物风险评估研究。但目前我国食品微生物安全风险缺乏系统性研究，导致制定的标准没有全面准确真实反映国内食品微生物安全状况。同时，国内缺乏实时监测食源性致病微生物污染水平的风险识别大数据库[3]。

1. 全球微生物组数据存储和标准化分析平台（gcMeta）

全球微生物组数据存储和标准化分析平台（Global Catalogue of Metagenomics Platform，gcMeta）是"中国科学院微生物组计划（Chinese Academy of Sciences-China Microbiome Initiative，CAS-CMI）"的一部分，聚焦人体健康和环境微生物组，通过研

究其结构与功能、群体间的竞争与合作、微生物组与人体等宿主环境相互作用、微生物与宿主的寄生共生健康发育等关系，发现微生物与人类和环境共同演化的科学规律，并建立样品保存库，收集数据促进国际协作[4]。

gcMeta 的数据库管理系统，存储数千个来自人类和环境微生物样本的海量数据集，以标准化的方式存档和发布数据。基于 Docker 工作流平台使用 90 多种网络数据分析工具开展数据分析。在整合 CAS-CMI 和其他在研项目的扩增子序列、全基因组序列等信息基础上，gcMeta 平台迅速扩展，目前已整合 NCBI、欧洲生物信息研究所（European Bioinformatics Institute，EBI）、MG-RAST（Metagenomic for Rapid Annotations using Subsystems Technology，MG-RAST）等国际相关平台及 HMP、Tara 等重要项目的样本数据超过 12 万份，其中我国样本数据超过 2000 余个，总数据量超过 120 TB。

2. 食源性疾病主动监测网络数据库（FoodNet）

1995 年 7 月，食源性疾病主动监测网络数据库（Foodborne Diseases Active Surveillance Network，FoodNet）由美国农业部食品安全和检疫局（Food Safety and Inspection Service，FSIS）、美国食品药品管理局（Food and Drug Administration，FDA）、美国疾病控制与预防中心（Centers for Disease Control and Prevention，CDC）以及各区卫生行政部门联合建立，监测弯曲杆菌、环孢菌、李斯特菌、沙门氏菌、产志贺氏毒素的大肠杆菌（O157）和非 O157、志贺氏菌、弧菌和耶尔森氏菌感染情况，并获取康涅狄格州、格鲁吉亚、马里兰、明尼苏达、新墨西哥州外部、俄勒冈、田纳西和加利福尼亚、科罗拉多州和纽约等地区居民的诊断感染报告。

1）沙门氏菌

CDC 估计，美国每年由沙门氏菌引起约 135 万例感染病例，26500 例住院治疗和 420 例死亡病例，其中食物中毒是主要原因。

2）诺如病毒

CDC 估计，在全球范围内约 20%导致腹泻和呕吐的急性肠胃炎由诺如病毒引起。每年由诺如病毒引起的 6.85 亿例急性肠胃炎，使其成为全球急性肠胃炎最常见的病因。5 岁以下儿童中约有 2 亿例病例，导致每年 50000 例儿童死亡，其中大部分出现在发展中国家。由于医疗保健费用和人力资源损耗，诺如病毒每年造成全球 600 亿美元的损失。

3. 全国细菌耐药监测网（CARSS）

全国细菌耐药监测网（China Antimicrobial Resistance Surveillance System，CARSS）由我国卫生健康委员会合理用药专家委员会负责日常运行和管理。2005 年 8 月，《关于建立抗菌药物临床应用和细菌耐药监测网的通知》（卫办医发〔2005〕176 号）由我国原卫生部、国家中医药管理局和总后勤部卫生部联合印发，并建立全国"抗菌药物临床应用监测网"和"细菌耐药监测网",为政府部门提供及时全面的全国抗菌药物临床应用和细菌耐药现状分析,并为相关抗菌药物临床应用管理政策的研究制定提供科学依据。2012 年,《关于加强抗菌药物临床应用和细菌耐药监测工作的通知》(卫办医政发〔2012〕72 号)由原卫生部、国家中医药管理局和总后勤部卫生部联合印发。

至今,CARSS 成员单位已发展至 1412 所医疗机构,覆盖全国 31 个省、自治区和直辖市。监测方式主要为被动监测、不定期开展主动监测和目标监测。在细菌耐药监测信息系统中按季度定期将医疗机构常规微生物药敏实验数据上报给主管部门,经计算机运算和人工分析处理,统计年度数据并编写细菌耐药监测报告,持续监测细菌耐药性变迁情况。全国细菌耐药监测网在我国卫生健康委员会合理用药专家委员会设办公室,负责日常管理工作。目前已建立可查询 97%以上 CARSS 用户使用情况的自动化药敏系统。自动化药敏系统生产厂家药敏卡数据统计见表 6-1。

表 6-1　自动化药敏系统生产厂家药敏卡数据统计

公司名称	药敏卡数量
生物梅里埃	14
碧迪	5
珠海迪尔	8
贝克曼库尔特	4
天地人	7
珠海美华	4
山东鑫科	4
赛默飞	4
温州康泰	7
上海复星佰珞	3
安图生物	4

数据来源:全国细菌耐药监测网(http://www.carss.cn/)

4. 美国国家抗生素耐药性监测网(NARMS)

美国国家抗生素耐药性监测系统(National Antimicrobial Resistance Monitoring System,NARMS)成立于 1996 年,由美国各州和地方公共卫生部门以及大学、美国食品药品管理局(FDA)、疾病控制与预防中心(CDC)和美国农业部(USDA)合作建成[5]。FDA 和 CDC 在食品中发现人体肠道细菌的易感性。为帮助促进和保护公众健康,NARMS 提供新出现细菌耐药性、耐药感染与易感染的鉴别方法及限制耐药性传播的干预措施,FDA 利用 NARMS 数据制定监管决策,以保护抗生素对人和动物的治疗作用。

抗菌药物已广泛用于人类和兽医学,具有巨大的益处。但由于在人类和动物中广泛使用抗菌药物导致耐药性增加，曾经很容易用抗生素治疗的疾病变得越来越难以治愈，而且治疗费用也更高。1996～2020 年 NARMS 沙门菌耐药数据统计见表 6-2，志贺氏菌和大肠杆菌 O157 耐药数据统计见表 6-3。

表 6-2　1996～2020 年 NARMS 沙门菌耐药数据统计　　　　单位：株

抗生素	伤寒沙门氏菌 （耐药株/测试株）	鼠伤寒沙门氏菌 （耐药株/测试株）	非伤寒沙门氏菌 （耐药株/测试株）
阿米卡星	0/3 632	0/5 258	2/26 018
阿莫西林-克拉维酸	3/6 656	400/7 872	1 378/46 337
氨苄西林	886/6 656	2 456/7 872	5 342/46 337
阿奇霉素	1/3 024	2/2 305	54/18 996
头孢西丁	6/6 491	295/6 493	1 193/40 775
头孢噻呋	0/5 294	278/7 024	1 097/38 576
头孢曲松	49/6 656	334/7 872	1 341/46 337
头孢菌素	9/1 067	121/2 809	464/12 185
氯霉素	856/6 656	1 849/7 872	2 937/46 337
环丙沙星	370/6 656	15/7 872	121/46 337
庆大霉素	0/6 656	174/7 872	802/46 337
卡那霉素	2/4 620	494/6 511	1 066/34 087
美罗培南	0/1 362	0/848	0/7 761
萘啶酸	3 937/6 656	106/7 872	1 296/46 337
链霉素	910/6 656	2 492/7 872	5 751/46 337
磺胺二甲嘧啶钠	933/6 656	2 699/7 872	5 644/46 337
四环素	379/6 656	2 560/7 872	6 442/46 337
复方新诺明	900/6 656	211/7 872	834/46 337

数据来源：https://www.cdc.gov/narms/about/partners.html

表 6-3　1996～2020 年 NARMS 志贺氏菌和大肠杆菌 O157 耐药数据统计　　　　单位：株

抗生素	志贺氏菌（耐药株/测试株）	大肠杆菌 O157（耐药株/测试株）
阿米卡星	0/5 306	0/3 314
阿莫西林-克拉维酸	214/8 844	21/4 921
氨苄西林	4 964/8 844	135/4 921
阿奇霉素	435/3 538	3/1 406
头孢西丁	74/8 475	22/3 950

续表

抗生素	志贺氏菌（耐药株/测试株）	大肠杆菌 O157（耐药株/测试株）
头孢噻呋	28/7 394	18/4 356
头孢曲松	53/8 844	20/4 921
头孢菌素	166/2 277	28/2 212
氯霉素	212/8 844	107/4 921
环丙沙星	370/8 844	10/4 921
庆大霉素	35/8 844	19/4 921
卡那霉素	27/6 294	17/4 020
美罗培南	0/1 450	0/565
萘啶酸	442/8 844	79/4 921
链霉素	6 853/8 844	228/4 921
磺胺二甲嘧啶钠	3 567/8 844	318/4 921
四环素	3 404/8 844	322/4 921
复方新诺明	3 933/8 844	85/4 921

数据来源：https://www.cdc.gov/narms/about/partners.html

5. 日本兽用抗菌药监控系统（JVARM）

日本兽用抗菌药监控系统（Japanese Veterinary Antimicrobial Resistance Monitoring System，JVARM）由日本农林水产省动物医药品检查所于 1999 年建立，获取日本动物源细菌耐药数据，监测食用动物细菌中抗生素耐药性的发生以及动物用抗生素的使用量，以确定抗生素在食品动物中的功效，促进对动物用抗生素的谨慎使用以避免公共卫生问题。JVARM 由三个部分组成：监视动物中抗生素的使用量，监测健康动物中分离的人畜共患病菌和指示菌的耐药性以及患病动物中分离病原体的耐药性。

6. 加拿大抗微生物药耐药性监测综合计划（CIPARS）

加拿大抗微生物药耐药性监测综合计划（Canadian Integrated Program for Antimicrobial Resistance Surveillance，CIPARS）由加拿大公共卫生局建立，监测加拿大各地区人、动物和食物来源的指定细菌有机体中抗菌药物使用和抗生素耐药性的趋势。CIPARS 检查食用动物和人使用的抗菌剂与健康间的关系，并建立有依据的政策措施控制医院、社区和农业环境中抗菌药物使用从而延长药物有效性，并采用适当措施遏制动物、食物和人之间出现和扩散的耐药性细菌。据估计耐药性至少会使细菌感染的治疗费用增加 1 倍，加拿大每年间接和直接医疗费用将会增加 40 万～5200 万加元。

7. 加拿大综合抗生素耐药性数据库（CARD）

加拿大综合抗生素耐药性数据库（The Comprehensive Antibiotic Resistance Database，CARD）由加拿大创新基金会、加拿大健康研究院、加拿大自然科学与工程研究委员会、医学研究委员会（英国）和安大略省研究基金资助建设，提供有关抗菌药物耐药性分子基础的数据、模型和算法[6]。抗生素耐药性本体（Antibiotic Resistance Ontology，ARO）是 CARD 数据库的核心，包含抗生素抗性基因、抗性机制、抗生素等信息。2017 年更新了数据库的相关功能，其中也提到了其他本体，如用于描述抗生素抗性基因预测模块和参数的 MO，定义不同 term 之间关系类型的 RO，以及 CARD 中物种和菌株的 NCBITaxon。加拿大综合抗生素耐药性数据库生物数据统计见表 6-4。

表 6-4　加拿大综合抗生素耐药性数据库生物数据统计

菌株生物数据类别	数量
本体术语	6 657
参考序列	5 031
单核苷酸	1 931
Publications	3 013
抗微生物耐药性检测模型	5 078
病原体	377
染色体	21 079
Genomic 基因组岛	2 662
质粒	41 828
WGS 组件	155 606
等位基因	322 710

数据来源：https://card.mcmaster.ca

8. 韩国国家细菌耐药性监测网（KONSAR）

韩国国家细菌耐药性监测网（Korean Nationwide Surveillance of Antimicrobial Resistance，KONSAR）持续监测韩国抗生素耐药性状况，检测并发现细菌的新型耐药性，有利于选择最合适的抗菌剂，并追溯耐药菌流行原因以改善预防指南中新出现的耐药细菌感染，同时建立检测方法识别新的耐药细菌、测定现有抗微生物剂的体外体内活性以开发新型抗微生物剂。其研究领域包括监测耐药菌的趋势并追溯耐药菌产生的原因、识别新的耐药机制并为开发新型抗菌剂提供必要的信息、评估韩国及国外开发的新型抗菌剂、研究耐多药细菌的流行病学等。研究内容包括分析新的抗药性细菌并确定产生耐药性的原因、院内感染的耐药机制及分子流行病学研究、新的抗菌药物、耐药菌检测方法及家用试剂的研制。

6.1.3　食源性致病微生物特征性代谢产物大数据

食源性致病菌特征性代谢产物作为常见食源性致病菌快速、准确检测和鉴定的潜在生物标志物，在食品药品安全检验、临床鉴定及环境监测等方面具有广泛的应用前景。以研究食源性致病微生物代谢小分子物质生成的规律性和特征性为目标，建立微生物代谢产物大数据库，将食源性致病微生物特征性代谢产物作为食品致病菌鉴别的替代方法，建立科学、全面、快速、精准的食源性致病微生物检测体系，对于预防、控制食源性致病菌感染事故发生，保障食品安全具有重要意义[7]。

1. 京都基因与基因组百科全书（KEGG）

京都基因与基因组百科全书（Kyoto Encyclopedia of Genes and Genomes，KEGG）是由日本京都大学生物信息学中心建立的数据库资源，从基因组和分子水平信息解析生物系统的功能和应用。KEGG 作为生物系统的计算机信息表达，由基因、蛋白质和化学物质的分子模块组成，其分子接线图集成了模块的相互作用、反应和关系网络。KEGG 还包含由系统信息、基因组信息、化学信息和健康信息等 16 个数据库集成的干扰生物系统的疾病和药物信息[8]。KEGG 数据库中食源性致病微生物生物数据见表 6-5。

表 6-5　KEGG 数据库中食源性致病微生物生物数据统计

类别	途径	基因	基因组	宏基因组	酶	网络
沙门氏菌	3	28 062	269	88	2	28
单增李斯特菌	1	5	37	0	0	0
金黄色葡萄球菌	3	45	53	1	2	0
大肠杆菌 O157	1	825	7	6	0	0
空肠弯曲菌	0	4	23	0	0	0
小肠结肠炎耶尔森菌	1	43	8	1	0	0
蜡样芽孢杆菌	0	20	15	2	0	0
志贺氏菌	3	8 135	64	2	0	26
副溶血性弧菌	0	2	5	0	0	0
诺如病毒	1	77	14	0	1	0

数据来源：https://www.genome.jp/kegg/disease/

1995 年，KEGG 首先引入了作图的概念，使用 EC 号将基因组与代谢途径联系起来。将 EC 号分配给基因组中的酶基因，通过与 KEGG 中代谢途径的酶网络相匹配，自动生成生物体特异性途径。

基于不同生物间基因和基因组的保存和变异而开发的 KEGG 数据库，根据功能直系同源物（KO）开发了 KEGG 路径图、BRITE 层次结构和 KEGG 模块的参考数据集。为解析人类基因和基因组疾病关联的变异，开发 KEGG NETKERK 捕获由物种内的基因和基因组变异引起的酶代谢通路变异，以及由病毒和其他因素引起的疾病的生物信息工具。

2. 铜绿假单胞菌代谢物数据库

铜绿假单胞菌代谢物数据库（*Pseudomonas aeruginosa* Metabolome Database，PAMDB）是由马里兰大学药学学院质谱中心沃特斯卓越中心支持建设。PAMDB 隶属于代谢组学创新中心（Metabonomics Innovation Center，TMIC）。TMIC 是由美国国立卫生研究院资助建立用于前沿代谢组学研究的核心设施。

PAMDB 可检索和注释铜绿假单胞菌代谢物数据库。铜绿假单胞菌是一种重要土壤病原微生物，通过多种能量代谢网络适应环境，具有独特的途径和代谢产物，是用于研究生物膜形成、群体感应和生物修复过程的模式生物。PAMDB 以大肠杆菌（ECMDB）、酵母（YMDB）和人（HMDB）代谢组数据库为模型，从实验室中获得电子数据库、期刊文章和质谱（MS）代谢组学数据，包含超过 4370 种代谢产物和 938 条途径。铜绿假单胞菌代谢物数据库生物数据统计见表 6-6，这些途径与 1260 多种基因和蛋白质相关。每种代谢物提供详细的化合物描述、名称和同义词、结构和物理化学信息、核磁共振和质谱光谱、酶和途径信息以及基因和蛋白质序列。PAMDB 可通过化学名称、结构和分子量以及基因、蛋白质和途径关系进行广泛检索，为生物学家、天然产物化学家和临床医生提供有价值的资源，用于鉴定活性化合物、潜在生物标志物和临床诊断方法[9]。

表 6-6　铜绿假单胞菌代谢物数据库生物数据统计

铜绿假单胞菌代谢物数据类别	数量
化合物	4 373
蛋白质	5 695
分级	7 790
途径	938

数据来源：http://pseudomonas.umaryland.edu

3. EcoCyc

EcoCyc 由美国国立卫生研究院（National Institutes of Health，NIH）国家普通医学科学研究所资助建设，是大肠杆菌 K-12 MG1655 细菌的科学数据库，该数据库包括大肠杆菌的基因、代谢产物、生化反应、操纵子、代谢途径以及适于或抑制大肠杆菌生长的营养条件。大肠杆菌生物信息学数据库中生物信息数据统计见表 6-7。EcoCyc 采用稳态代谢流模型，可预测不同基因敲除和营养条件下的代谢通量率、营养物吸收率和生长率。

表 6-7　大肠杆菌生物信息学数据库生物信息数据统计

大肠杆菌生物信息数据类别	数量
基因	4 373
多肽	4 332
蛋白质复合物	1 098
类核糖核酸	208
化合物	3 029
类反应	2 965
类途径	439

数据来源：https://ecocyc.org/

6.1.4　食源性致病微生物危害因子大数据

食源性致病微生物危害因子包含毒力因子、抗生素抗性基因、病原体与宿主相互作用因子等。毒力因子是指病原微生物表达或分泌的与致病性相关的物质；抗生素抗性基因的表达导致细菌对氨苄青霉素、氯霉素等抗生素产生抗性；病原体和宿主蛋白质等相互作用因子的物理结合操纵宿主细胞的关键生物过程。搜集食源性致病微生物有害因子信息，建立食源性致病微生物危害因子大数据库，可为食品安全中危害因子识别提供数据支撑。

1. VRprofile

VRprofile 由上海交通大学微生物代谢国家重点实验室微生物生物信息学中心组建，可快速调查毒力和抗生素抗性基因，并在新测序的致病细菌基因组中扩展这些性状转移相关的遗传背景。其后端数据库 MobilomeDB 建立在已知的Ⅲ/Ⅳ/Ⅵ/Ⅶ型细菌分泌系统基因簇位点和移动遗传元件上，包括整合和接合元件、预变性、Ⅰ类整合子、IS 元件和致病性/抗生素抵抗岛屿。在整合同源基因簇搜索模块与序列组成的基础上，VRprofile 表现出更好的岛状区域预测性能，可将识别的基因簇与 MobilomeDB 归档的基因簇或各种细菌基因组进行对齐和可视化，有利于满足对细菌可变区重新注释的日益增加的需求并实时定义感兴趣的致病菌中疾病相关基因簇。内置的 MobilomeDB 数据库可使用同源搜索加上命中搭配方法检测与 T3SS/T4SS/T6SS/T7SS、ICE 和 Prophage 相关的基因簇。VRprofile 结合了同源搜索模块和序列组成模块以提高基因岛的预测性能。

VRprofile 可鉴定和定位新测序的细菌基因组中毒力或抗生素抗性基因以及扩展的移动组相关基因簇，由 CDSeasy、快速注释新测序的染色体、CGCfinder 检测基因簇、COGviewer 定位和聚类用户提供 COGs，并利用 MobilomeDB 数据库收集整理单基因和基因簇的毒力因子和抗生素抗性因子的数据。结合同源性搜索方法和序列组成方法，

VRprofile 可根据病原菌基因组序列预测毒力和抗生素抗性相关的基因簇以及参与毒力因子基因和抗生素抗性基因水平转移的基因岛[10]。

根据蛋白质序列相似性和基因顺序，VRprofile 在 MobilomeDB 数据库快速同源性搜索。作为一种集成序列合成方法，有助于快速检测细菌类病原菌动态基因组中的各种毒力和耐药性相关基因簇。

2. 毒力因子数据库（VFDB）

毒力因子（virulence factor，VF）指使微生物能够在特定物种的宿主之上或之中建立自身并增强其致病潜力的特性（即基因产物）。毒性因子包括细菌毒素，介导细菌附着的细胞表面蛋白，保护细菌的细胞表面碳水化合物和蛋白，以及可能有助于细菌致病性的水解酶。

毒力因子数据库（Virulence Factors of Pathogenci Bacteria，VFDB）由美国国家卫生委员会病原体系统生物学重点实验室、中国医学院病原生物学研究所和中国医学科学院合作建设与维护，收集整理了 24 个属 100 多种重要医学病原菌已知毒力因子的组成、结构、功能、致病机理、毒力岛、序列和基因组信息等内容，被广泛应用于毒力因子基因鉴定。毒力因子数据库中生物数据统计见表 6-8。

表 6-8　毒力因子数据库生物数据统计

属	物种数	菌株数量	VF 数量	基因数
芽孢杆菌	8	161	24	418
弯曲杆菌	6	10	14	696
衣原体	6	12	3	394
梭菌	16	50	28	243
脱硫弧菌	1	1	1	17
双歧杆菌	1	1	1	29
埃希氏菌属	1	1	1	20
肠杆菌	1	1	1	2
肠球菌	2	13	16	113
大肠埃希氏菌	2	134	167	2 681
幽门螺杆菌	9	16	20	699
克雷伯菌	3	11	16	1 043
乳杆菌	1	1	1	1
钩端螺旋体	1	1	7	7
李斯特菌	5	36	49	745
分枝杆菌	17	55	94	6 128

续表

属	物种数	菌株数量	VF 数量	基因数
支原体	15	18	27	241
奈瑟菌	3	17	29	1 099
芽孢杆菌	3	5	6	6
变形菌	1	1	12	52
假单胞菌	7	22	40	2 932
立克次体	18	40	13	704
沙门氏菌	1	18	38	2 017
志贺氏菌	4	13	18	494
葡萄球菌	8	38	40	728
链球菌	20	56	85	976
弧菌	8	12	37	880
耶尔森氏菌	4	20	34	1 112

数据来源：http://www.mgc.ac.cn/VFs/main.htm

　　近年来，基于第三代测序技术的快速发展，研究人员可以轻松获取细菌病原体的完整/草案基因组，可有效地从大量基因组数据中定义和提取生物学相关信息。然而，对于生物信息学技能有限的微生物学家或医师而言，如何有效地从大量基因组数据中定义和提取生物学相关信息仍然是一个挑战。VFDB 开发了一个自动全面的平台用于准确的细菌 VF 识别，称为 VFanalyzer。VFanalyzer 使用 VFDB 构建查询基因组和预先分析的参考基因组内的直系同源群，而不是使用简单的 BLAST 搜索，以避免由于旁系同源物引起的潜在假阳性。然后，它在 VFDB 的分层预构建数据集中进行迭代和穷举序列相似性搜索，以准确识别潜在的非典型/特定于应变的 VF。最后，通过对基因簇编码的 VF 进行基于上下文的数据优化过程，VFanalyzer 无须手动操作即可实现相对较高的特异性和敏感性[11]。

3. 病原体与宿主相互作用数据库（PHI-base）

　　病原体与宿主相互作用数据库（Pathogen Host Interactions，PHI-base）由英国生物技术和生物科学研究委员会（Biotechnology and Biological Sciences Research Council，BBSRC）、生物信息学与生物资源基金（Bioinformatics and Biological Resources Fund，BBR）资助建立，共收录了 4775 个基因、8610 项相互作用因子、264 种致病菌、173 种宿主、428 种疾病、2330 份参考文献，可对真菌、卵菌和细菌病原体的致病性、毒力和效应基因进行分类。

　　2012 年，BBSRC 将 PHI-base 授予"国家能力"殊荣，以帮助英国开展全球领先的环境研究。2013 年，BBSRC 为 PhytoPath 项目提供了后续资金（PhytoPath 是用于数百种植物病原体基因组的基础设施，BB/K020056/1）。

6.1.5　食源性致病微生物分子溯源大数据

建立食源性致病微生物分子分型技术，同源性分析获得指纹图谱，可以揭示不同地区、不同国家、不同食品病原菌分子特征以及相互间的相似性[12]。建立食源性致病微生物分子溯源大数据库，能够为追溯进出口食品的病原微生物并明确污染责任，解决国际贸易争端提供有力数据支撑[13]。

1. 分子分型和微生物基因组多样性公共数据库（PubMLST）

分子分型和微生物基因组多样性公共数据库（Public Databases for Molecular Typin and Microbial Genome Diversity，PubMLST）由牛津大学联合伦敦帝国理工学院等开发和管理，由惠康慈善基金会资助建设，集成了一组开放访问的精选数据库，整合了100 多种微生物种属的种群序列数据以及表型信息。

PubMLST 网站作为 1998 年开发的第一个多位点序列键入（MLST）计划的一部分，因其使用了细菌分离基因组序列数据库，PubMLST 可以包含从单个基因序列到完整基因组的所有级别的序列数据。基于微生物基因组的逐个基因分析，该系统对每个沉积序列进行注释和整理，以鉴定存在的基因并系统地对其变异进行分类。最初旨在通过分型表征菌株的方法，包括序列合成以及具有来源信息和表型数据的遗传变异，解决抗生素耐药性的预测、与疫苗抗原可能的交叉反应以及导致关键表型的不同变异基因的功能活性。

2. 细菌全基因组序列分型数据库（BacWGSTdb）

全基因组测序已成为分子流行病学实践中的常规方法之一，细菌全基因组序列分型数据库（BacWGSTdb）由浙江大学转化医学研究院开发，旨在为流行病学爆发分析提供一站式解决方案，并引领全基因组测序从概念验证到临床微生物学实验室常规应用的发展[14]。该数据库借用多位点序列类型（MLST）方案的种群结构，并采用分层数据结构：物种、克隆复合体和分离株。当用户将预组装的基因组序列上传到BacWGSTdb 时，它提供了传统 MLST 和全基因组水平的细菌基因分型功能，可在公共数据库系统上查询与分离株接近的临床信息，包括菌株来源、疾病、采集时间和地理位置等。

BacWGSTdb 包含"浏览"、"工具"和"提交"三个主要部分，采用分级基础结构：物种、克隆复合体和分离株。SNP 数据是数据库的关键组成部分，它将三个部分连接在一起。BacWGSTdb 目前涵盖 9 种具有医用属性的细菌，即不动杆菌属、芽孢杆菌、大肠杆菌、克雷伯菌肺炎、结核分枝杆菌、沙门氏菌、葡萄球菌、金黄色葡萄球菌、链球菌和由耶尔森氏菌组成的细菌。

单基因组分析工具提供了单核苷酸多态性（SNP）和基因组 MLST 方法，用于研究基因组序列与 BacWGSTdb 中存储序列之间的系统发育关系。多基因组分析工具用于SNP 和基因组 MLST 方法确定用户上传的多个基因组序列间的系统发育相关性。

3. Institut Pasteur MLST

多基因座序列分型（MLST）是巴斯德研究所开发的基于全基因组分型的数据库，用于细菌分离株的基因分型，提供了微生物菌株的参考术语，主要用于具有公共卫生特性的病原体的分子流行病学、毒力和抗生素耐药基因的检测以及人群生物学研究[15]，由 BIGSdb 软件提供支持。以单增李斯特菌为例，截至 2020 年 9 月 29 日网站共拥有 410996 条序列，2319 个 MLST，20581 个 cgMLST1748，153 个 PCR-serogroup。通过网站进行多位点分型分析，将更加全面直观地展示单增李斯特菌的遗传多样性，系统地揭示单增李斯特菌的进化关系。

4. 国家食源性致病微生物全基因组数据库及溯源网络平台

基于全基因测序的分子分型技术已经成为国际上食源性疾病暴发溯源的金标准，2015 年国家食品安全风险评估中心启动了"国家食源性致病微生物全基因组测序数据库"的构建工作，以应用于病因食品的快速准确识别，确保技术在国际上的话语权。国家食源性致病微生物全基因组数据库及溯源网络平台对国家污染物监测网络上报的菌株进行选择性的质量控制，筛选出具有代表性表型特征，如具有耐药性或致病性的菌株、持留株或具有生物膜形成能力的菌株进行全基因组测序，并将原始数据、基因组序列数据及注释信息储存在本地数据库中。截至目前，数据库已收入 1400 余株食源性致病菌的全基因组序列数据。

全基因组测序数据分析平台整合了包括原始数据处理、菌株鉴定、基因型特征分析和分子溯源功能的 4 个不同功能模块：①全基因组拼接注释本地化分析系统，能够对原始数据进行质量控制、短序列拼接、组装、基因注释和基因组比对，得到基因组序列数据和基因功能注释信息。②基于比较基因组学的菌株鉴定工具，通过对基因组序列数据进行公共数据库远程比对，得到分离株菌种、血清型等鉴定信息。③基因型特征分析系统，基于本地化病原微生物特征数据库的耐药性、毒性、质粒携带等微生物学特征进行表型预测和基因型分析。④分子溯源系统，基于本地化 MLST 和 SNP 数据库进行菌株分子溯源，构建系统发育树，并对菌株间进化关系进行分析。目前，分析平台已经能够实现从菌种鉴定到基因型信息到表型特征再到分子溯源的完整数据分析流程的信息化和高通量化，为食源性病原微生物大数据分析提供了基础。

在全基因组测序分析平台基础上，针对菌群分析的需要，进一步开发了扩增子及宏基因组分析平台。平台包括基于细菌 16S rRNA 基因、真菌 18S rRNA 基因测序的菌群物种识别和丰度分析，基于鸟枪法宏基因组测序的物种识别和丰度分析，宏基因组主成分分析，宏基因组信号通路富集分析以及宏基因组的环境因子相关性分析。该平台可以对肠道菌群、粪便菌群和食品生产加工环境菌群进行综合全面的分析评估，从而分析食品对肠道菌群影响或确定食源性微生物污染来源。该网站代表性细菌的国际菌株数目和项目数据见表 6-9。超过一万株的主要是沙门氏菌、大肠杆菌和金黄色葡萄球菌。

表 6-9　网站细菌数据统计　　　　　　　　　　　　　　单位：株

细菌种类	国际数据	项目数据
沙门氏菌	15 315	685
李斯特菌	2 918	462
埃希菌属	17 107	313
弯曲杆菌	2 806	55
金黄色葡萄球菌	10 404	441
弧菌	1 275	401
耶尔森假单胞菌	47	12
梭菌	164	7
克罗诺杆菌	469	212

数据来源：http://food.nmdc.cn/foodmicrobedb/Jsp/dataStatistics.jsp

6.1.6　食源性致病微生物基因大数据

随着基因测序技术的发展，食源性致病微生物基因序列数量迅速增长，基因、蛋白、基因组等各种类型的数据库被开发并应用到功能分析中。通过基因大数据对微生物菌株进行测序和分析，为研究者快速筛选分析方法，揭示数据背后的生物意义提供参考。

1. NCBI 数据库

美国生物技术信息中心（National Central for Biotechnology Information，NCBI）是美国的国家分子生物学信息资源库，隶属于美国国立卫生研究院（National Institute of Health，NIH），是国家医学图书馆（National Library of Medicine，NLM）的一个分支机构。NCBI 位于马里兰州的贝塞斯达，建立于 1988 年。

作为国家分子生物学信息的资源，NCBI 负责创建自动化系统，用于存储和分析有关分子生物学、生物化学和遗传学的数据信息以便于科学家和医学界使用数据库和软件收集生物技术信息，研究计算机信息处理的先进方法以分析生物重要分子的结构和功能。NCBI 数据库中食源性致病微生物生物数据统计见表 6-10。NCBI 保管 GenBank 的基因测序数据和 Medline 的生物医学研究论文，所有数据库都可以通过 Entrez 搜索引擎（https://www.ncbi.nlm.nih.gov/）在线访问。

表 6-10　NCBI 数据库中食源性致病微生物生物数据统计

序号	菌株名称	完整基因组	基因	核苷酸	蛋白	蛋白结构	组装序列
1	沙门氏菌	1375	45 531	4 034 482	65 276 900	1 810	428 968
2	李斯特菌	279	7 187	384 729	9 710 343	421	49 734
3	金黄色葡萄球菌	888	18 622	2 450 913	36 265 208	3 066	30 495

续表

序号	菌株名称	完整基因组	基因	核苷酸	蛋白	蛋白结构	组装序列
4	大肠杆菌 O157	2376	14 046	580 337	3 572 060	310	1 204
5	空肠弯曲杆菌	265	2 966	330 885	2 352 222	433	53 584
6	小肠结肠炎耶尔森菌	22	10 262	93 928	2 684 438	115	442
7	克罗诺杆菌	26	22 282	132 570	1 629 676	15	1 082
8	蜡状芽孢杆菌	119	81 365	506 072	8 146 639	558	1 280
9	志贺氏菌	182	28 233	1 896 787	9 416 416	370	25 286
10	副溶血性弧菌	76	7 157	818 358	6 583 358	117	85 538
11	诺如病毒	25	120	92 418	84 299	278	28
12	非洲猪瘟病毒	149	2 196	23 948	44 181	61	176
13	禽流感病毒	0	39	112 724	53 386	117	0

数据来源：https://www.ncbi.nlm.nih.gov/

NCBI 建立一个由计算机科学家、分子生物学家、数学家、生物化学家、研究医师和结构生物学家组成的多学科研究小组，开展计算分子生物学的基础研究和应用研究。这些研究人员不仅为基础科学做出了重要贡献，而且还为应用研究活动提供了新方法。目前研究项目包括基因组织的检测和分析，重复序列模式，蛋白质结构域和结构元件，人类基因组图谱的创建，HIV 感染动力学的数学建模，数据库搜索的测序错误影响分析，数据库搜索和多序列比对新算法的开发，非冗余序列数据库的构建，用于估算序列相似性的统计显著性数学模型和用于文本检索的矢量模型。

NCBI 于 1992 年 10 月承担了 GenBank DNA 序列数据库。经过分子生物学高级培训的 NCBI 工作人员可以利用各个实验室提交的序列与国际核苷酸序列数据库和欧洲分子生物学实验室（EMBL）进行数据交换来建立数据库。日本 DNA 数据库（DDBJ）通过美国专利商标局的许可，可以纳入专利序列数据。

除 GenBank 外，NCBI 还支持和分发用于医学和科学界的各种数据库。这些工具包括与人类合作在线的孟德尔遗传（OMIM），3D 蛋白质结构分子模型数据库（MMDB），人类基因组的基因图，分类学浏览器以及癌症基因组解剖计划（CGAP）。

BLAST 是由 NCBI 开发的用于序列相似性检索的程序，可识别基因和遗传特征。BLAST 可在 15 秒内对整个 DNA 数据库执行序列搜索。NCBI 提供的其他软件工具包括：开放阅读框查找器（ORF Finder），电子 PCR 和序列提交工具 Sequin 和 BankIt。

2. EMBL 数据库

欧洲分子生物学实验室（European Molecular Biology Laboratory，EMBL）于1974 年由欧洲 14 个国家和以色列共同建立，促进欧洲国家之间的合作来发展分子生物学的基础研究，改进仪器设备、教育工作等。EMBL 提供欧洲生物信息学研究所建立和托管的生物学数据库服务，全球每年有数百万用户在使用 EMBL 数据库。EMBL

汉堡和格勒诺布尔两个站点提供世界领先的 X 射线和中子辐射源，辅助研究者开展结构生物学研究。EMBL 海德堡大学的核心设施为科学家提供了光学显微镜、电子显微镜、化学生物学、流式细胞仪、基因组学、代谢组学、蛋白质表达和纯化以及蛋白质组学等研究的仪器及方法体系。罗马 EMBL 拥有流式细胞仪、基因编辑和胚胎学、基因和病毒工程以及显微镜学等方面的设施。巴塞罗那 EMBL 的介观成像设施可对样品进行 3D 成像，使科学家能够研究组织和器官规模的生物系统。EMBL 数据库中食源性致病微生物生物数据统计见表 6-11。

表 6-11　EMBL 数据库中食源性致病微生物生物数据统计

序号	菌株名称	基因组和宏基因组	蛋白序列	核苷酸序列	基因表达
1	沙门氏菌	1 848 118	4 487 253	943 862 444	13 303
2	李斯特菌	50 410	425 757	102 831 113	4 039
3	金黄色葡萄球菌	418 449	1 012 335	51 858 443	22 556
4	大肠杆菌 O157	34 194	93 213	7 916 268	205
5	空肠弯曲杆菌	142 386	498 497	62 147 995	198
6	小肠结肠炎耶尔森菌	47 840	198 226	863 287	24
7	克罗诺杆菌	74 749	420 258	1 681 348	6
8	蜡状芽孢杆菌	1 451 641	3 162 52	15 541 837	161
9	志贺氏菌	299 832	481 663	59 395 003	1 895
10	副溶血性弧菌	81 777	1 008 670	10 626 775	37
11	诺如病毒	595	84 550	216 607	60

数据来源: https://www.embl.org/

3. CGE 数据库

基因组流行病学中心（Center for Genomic Epidemiology，CGE）于 2010 年在丹麦成立，实现基于 WGS 的传染病监测，以表征病原和共生细菌分离株[16]，并提供生物信息学分析途径，使所有国家、机构和个人都可以使用新颖的测序技术，以促进全世界数据开放共享。

中心开发全基因组 DNA 序列快速分析算法、提取序列数据信息工具以及 Web 界面（http://www.genomicepidemiology.org/），进行耐药基因和毒力基因分析。中心服务类型包括：

（1）表型（Phenotyping）：鉴定抗生素抗性基因和功能性宏基因组抗生素耐药性决定因素，包括导致利奈唑胺抗性的基因和突变、使用 Kmers 鉴定获得的抗生素抗性基因、细菌对人类宿主的致病性预测、获得性毒力基因的鉴定、确定限制性修饰位点，开发 SPIFinder 识别沙门氏菌致病岛，ToxFinder 识别与霉菌毒素合成有关的基因。

（2）分型（Typing）：来自组装的基因组或一组多基因座序列分型（MLST），一组多段的核心基因组多基因座序列分型（cgMLST）。开发 PlasmidFinder 识别细菌的全部或部分测序分离物中的质粒，使用快速 K-mer 算法预测细菌种类，流动遗传元件的鉴定及其与抗菌素耐药基因和毒力因子的关系；使用 16S 核糖体 DNA 序列预测细菌种类；SeqSero 可预测预装配或原始序列数据的沙门氏菌血清型；spaTyper 预测金黄色葡萄球菌的 spa 类型；FimTyper 预测大肠杆菌 Fim 类型；CHTyper 预测大肠杆菌的 FimH 类型和 FumC 类型；PAst 可预测铜绿假单胞菌的血清型；SCCmecFinder 可识别测序的金黄色葡萄球菌分离物中的 SCCmec 元素。

4. GOLD 数据库

基因组在线数据库（Genomes OnLine Database，GOLD）创建于 1997 年，自 2000 年 4 月以来已获得 Integrated Genomics 的许可。GOLD 是为所有公共可用的基因组项目提供信息的一个网络资源。在成立之初，GOLD 持有有关 6 个完整基因组和少数正在进行的基因组计划信息。如今，GOLD 提供有关 197 个基因组测序中心和 74 个资助机构的信息，涵盖 350 个基因组项目。GOLD 还报告了 176 个原核和 126 个真核基因组计划。此外，数据库提供了 3200 多个超文本链[17]。

GOLD 是一个可全面访问世界各地基因组和元基因组测序项目及其相关元数据信息的开放在线资源。目前整合了 45798 个研究，101901 个生物样本，387971 个有机体，357218 个测序项目和 284643 个分析项目的信息。数据库中 11 种主要食源性致病菌生物数据统计见表 6-12。其中沙门氏菌研究最多，测序项目和分析项目分别达到一万多个，表明在食源性致病菌中沙门氏菌是研究最热门的门类。

表 6-12　基因组在线数据库中食源性致病微生物生物数据统计

序号	菌株名称	研究	生物体	测序项目	分析项目
1	沙门氏菌	1 635	14 373	12 400	10 254
2	李斯特菌	194	6 964	5 139	3 515
3	金黄色葡萄球菌	601	12 295	9 977	9 815
4	大肠杆菌 O157	64	469	477	469
5	空肠弯曲杆菌	141	3 092	2 250	1 407
6	小肠结肠炎耶尔森菌	31	484	161	159
7	蜡状芽孢杆菌	120	1 481	991	978
8	志贺氏菌	146	3 066	2 154	2 039
9	副溶血性弧菌	110	1 228	833	818
10	诺如病毒	7	7	7	7
11	非洲猪瘟病毒	4	3	4	4

数据来源：https://gold.jgi.doe.gov/

5. FDA-ARGOS 数据库

不少传染病具有相似症状而很难确定致病因素。采用多种临床样本测试方法有助于揭示导致传染病的微生物类型。2014 年 5 月，美国食品药品管理局（Food and Drug Administration，FDA）与美国国防部、马里兰大学基因组科学研究所和美国国家生物技术信息中心（NCBI）合作建立了一个数据库，称为 FDA 监管级别微生物序列数据库（FDA-ARGOS）。FDA-ARGOS 是一个用于诊断标准控制的微生物参考基因组的诊断监控科学数据库，为研究者提供有关信息，促进 ID-NGS 技术发展[18]。

FDA-ARGOS 团队最初收集整理包括生物威胁微生物、常见临床病原体和密切相关的微生物物种 2000 种。其微生物基因组目前分三个阶段，包括第 1 阶段收集先前鉴定的微生物并进行核酸提取；第 2 阶段，对微生物核酸进行测序和重新组装；第 3 阶段，审查组装好的基因组并将数据存储在 NCBI 数据库中。

FDA-ARGOS 参考基因组已经重新组装，具有较高的碱基覆盖深度，并放置在预先建立的系统发育树中。数据库中的每个微生物分离物至少覆盖 20 倍，超过了组装核心基因组的 95%。此外，还提供了样本特定的元数据、原始读取、程序集、注释和生物信息学管道等详细信息。

6. Ensembl Bacteria

为实现基因组自动注释，1999 年启动了 Ensembl 项目，将该注释与其他生物学数据整合在一起并提供网站信息。自 2000 年 7 月以来，Ensembl 可用数据也扩展到包括比较基因组学、变异和调控数据等范围。

Ensembl Bacteria 整合了来自 EBI 的欧洲核苷酸档案库、NCBI 的 GenBank 和日本的 DNA 数据库的细菌和古细菌基因组数据。数据可以通过 Ensembl 基因组浏览器可视化，Perl 和 RESTful API 编程访问以及公共 MySQL 数据库和 FTP 站点访问数据。表 6-13 显示了食源性致病菌基因组数目，可以看出该网站的基因和基因组数目都非常丰富，尤其是沙门氏菌，基因数目接近 2000 万条，为后续科学研究提供了良好的数据参考。

表 6-13　Ensembl Bacteria 数据库中食源性致病微生物基因数据统计

序号	菌株名称	基因组	基因	序列区
1	沙门氏菌	366	1 823 634	96 317
2	李斯特菌	16	49 562	542
3	金黄色葡萄球菌	141	414 3101	18 302
4	大肠杆菌 O157	6	34 190	338
5	空肠弯曲杆菌	72	142 353	11 707
6	小肠结肠炎耶尔森菌	11	47 840	1 050
7	克罗诺杆菌	16	74 749	5 182
8	蜡状芽孢杆菌	489	1 451 628	97 358
9	志贺氏菌	57	296 535	267 172
10	副溶血性弧菌	16	81 774	45 204

数据来源：https://bacteria.ensembl.org/index.html

7. 集成微生物基因组和微生物组数据管理系统（IMG/M）

集成微生物基因组和微生物组数据管理系统（Integrated Microbial Genomes & Microbiomes Data Management System，IMG/M）是用于微生物群落基因组（代谢组）数据管理和分析系统，由美国能源部联合基因组研究所（DOE JGI）管理。IMG/M 由来自集成微生物基因组（IMG）系统的分离微生物基因组集成元基因组数据构成。IMG/M 提供了 IMG 的比较数据分析工具，并扩展了其处理元基因组数据的能力，同时还提供了元基因组的特定分析工具，其目的是在微生物基因组和通过各种测序技术平台以及数据处理方法生成的元基因组数据的集成环境中为比较元基因组分析提供数据管理系统[19]。

IMG/M 包括古细菌、真核生物、质粒、病毒、基因组片段以及通过单细胞扩增基因组（SAG）和元基因组组装的基因组（MAG），元基因组和元转录组数据集代表未培养生物的基因组。除了 JGI 产生的序列外，GenBank 还作为 IMG 的主要来源，是可培养和未培养生物的基因组序列数据库。首先将相关的元数据合并到 Genomes 在线数据库中，从 GenBank 检索到的基因组序列数据通过 IMG 提交系统（https://img.jgi.doe.gov/submit/），通过 IMG 注释管道进行处理，然后再进行整合，进入 IMG 数据库。IMG/M v.5.0 当前版本（截至 2018 年 7 月）包含 77821 个古细菌、细菌和真核基因组以及 28799 个元基因组数据集，超过 540 亿个蛋白质编码基因。

8. 国家基因库

中国国家基因库（CNGB）依托深圳华大生命科学研究院（原深圳华大基因研究院）组建，是我国批准和资助的深圳重要的科学基础设施之一。CNGB 致力于通过有效的生物资源保护、数字化利用来支持公益、生命科学研究、创新和产业孵化。CNGB 是一个公共、非营利、开放支持和领先的平台。"三库两平台"结构整合了"存储、读取和写入"大量生物资源的能力。该平台促进了先进基因组学的研发，技术方向包括精密医学、农业、海洋科学和微生物等工业应用。样本资源总量 478285 个，物种数量 1912 个，疾病种类 75 个，组学数据 3762 个，样本库总量 23 个。

9. 国家微生物种业战略创新联盟菌种基因银行总行

国家微生物种业战略创新联盟菌种基因银行总行依托广东省科学院微生物研究所，是为科研和生产提供微生物菌种资源和基因数据共享服务的专业技术平台，通过重大科学问题和高技术产业的带动，将建成国内一流水平的微生物种质资源发掘技术平台和战略微生物种质资源库、功能基因库。其整合了食源性致病微生物科学大数据库，数据库包括风险识别数据库、菌种资源数据库、全基因组数据库以及微生物靶标数据库共四个二级数据库，以及致病微生物溯源系统、微生物智能鉴定系统两个功能应用模块。风险识别数据库主要收录 10 种重要食源性致病菌的风险调查大数据，涵盖了我国 33 个省（自治区、直辖市）及港澳特别行政区不同食品类型共 4.5 万余份样本。菌种资源数据库主要收录这些食品样本中分离的重要食源性致病菌菌株及保藏信息，以及具有自主知识产权的标准菌种资源信息。食源性致病微生物基因组数据库[20]收录重要的食源性致病菌全基因组序列数达 11329 条，提供 BLAST 检索、cgMLST/CRISPR 分型等功能。食源性致病微生物科学大数据库数据统计见表 6-14。靶标数据库提供具有自主知识产权的微生物检测新靶标超过 400 个，并提供对应的检测引物。

表 6-14　食源性致病微生物科学大数据库数据统计

序号	菌株名称	基因组组装	基因	蛋白质	*cgmlst* 等位基因
1	副溶血性弧菌	268	875 203	896 570	672
2	李斯特氏菌	5 222	2 957 075	3 020 306	530
3	银白色葡萄球菌	119	332 932	340 945	882
4	空肠弯杆菌	146	164 324	167 534	420
5	沙门氏菌	139	641 251	652 641	3 009
6	克罗诺杆菌	400	857 983	874 445	586
7	大肠杆菌	1 758	2 527 395	2 573 391	983
8	小肠结肠炎耶尔森菌	193	850 997	865 592	878
9	蜡状芽孢杆菌	2 556	9 638 100	9 827 383	1 349

6.2　食品微生物安全科学大数据库架构

6.2.1　食品微生物安全科学大数据库架构分类及建设意义

随着世界各国对食品安全的日益重视和相关科学大数据的积累，国际上已建立了众多食品微生物安全相关的科学大数据库，以收集、分析、整理和发放各种食品微生物安全相关的信息。一般而言，这些科学大数据库可以分为一级数据库和二级数据库。一级数据库经过简单的归类整理和注释，获得数据；二级数据库是针对特定的目标，对多个一级数据库中的数据进一步进行理论分析或实验验证而形成的。国际上信息量最大、使用者最多的基因组一级数据库分别是 NCBI 的 GenBank 数据库、EMBL 维护的 EBI 和 DDJB 的核酸数据库。包括 SWISS-PORT、PIR 等的蛋白质一级数据库不仅存有大量微生物序列信息数据，同时提供其他种类的各类信息数据库和检索系统以及相关分析软件等以便于有效利用这些信息。例如，NCBI 建立的数据库就包括芯片数据库、物种分类数据库、分子数据库、GenBank 数据库、蛋白质数据库、科技文献数据库、基因组学数据库和相关查询、分析软件等；GenBank 数据库收集了全球最全的微生物及各类其他生物核酸序列信息。在这些数据库中，除了少数一级数据库外，其他大多数为二级数据库，都是具有特定的服务目的，针对特定目标而开发的，提供更齐全细致的服务。

数据库开发是大数据研究的一个核心问题，包括如何搜集、储存、管理与共享微生物大数据信息。作为生物信息学的主要内容，数据库涵盖了食品微生物等生命科学各领域，来自实验的原始数据被数据库整理注释后，开发了一套系统提供数据查询和分析服务给用户。虽然有利于用户对数据的精细处理，但需要用户在多个网站间切换以寻找目的数据和服务，同时需要学习适应各种系统使用方法。因此可以从食品微生物安全角度整合多个一级数据库相关的数据及服务资源，提供给用户综合的查询平台。我国食品微生物安全科学大数据库构建起步较晚，集中在整合食品微生物相关数据库及服务资源方面，但国内的进展相对较慢。为了改变我国在这方面的滞后状况，开发自己的食品微生物安全科学大数据库具有很重要的意义。

6.2.2　典型食品微生物安全科学大数据库架构

1. NCBI-Genbank

GenBank 是美国国立卫生研究院开发和维护的基因序列数据库，包含所有可公开的 DNA 序列。同时也是国际核苷酸序列数据库合作组织的一部分，该合作组织包括日本 DNA 数据库（DDBJ）、欧洲核苷酸档案馆（ENA）和 NCBI 的 GenBank。到 2005 年 8 月，Genbank 中收集的序列数量达到 46947388 条，516.7 亿个碱基，而且数据增长的速度还在不断加快。

GenBank 通过一系列数据库提供 DNA、RNA 和蛋白质序列，其中一些经过精心设计，旨在提供高质量数据（例如 RefSeq），其他则集中在探索性数据的广泛整合上。dbSNP 数据库包含有关已知 SNP 的信息。NCBI 的数据库检索查询系统是 Entrez，Entrez 可提供核苷酸和蛋白质的序列数据，满足以基因为中心和基因组作图的信息、3D 结构数据、PubMed MEDLINE 等的集成访问。该系统由国家生物技术信息中心（NCBI）生产。该系统的一个独特功能是对每个记录使用预先计算的相似性检索，以创建指向"邻居"或其他 Entrez 数据库中相关记录的链接。

GenBank 和 EMBL 这些大的基因组信息库和其他序列信息具有相对简单的平面文件结构。将各类微生物例如病毒的基因组序列提交至这些数据库时，必须为序列数据添加详细的描述信息，包括编码 DNA 序列（CDS）的位置。提交不同格式的文件旨在捕获微生物序列数据和相关知识，包括 GenBank 和 XML 格式。GenBank 是一种平面文件格式，它具有提供易读的显著优势，并且可以使用标准文本编辑器或字处理程序处理这些文件。而它的一个缺点是，对 GenBank 文件格式的微小更改，如果它们没有被编程来处理这些差异，可能就会导致读取这些文件的软件工具（解析器）失败。为了更严格地管理信息的格式，同时提供使用各种数据类型的灵活性，一些工具使用可扩展标记语言（XML）。XML 格式显示定义数据之间的关系，数据字段相互嵌入以定义它们的关系。通过定义数据的分级信息，GenBank 可衍生出不同层级的子数据集。另外，GenBank 数据库中的序列数据可被其他微生物数据库在构建过程中直接或间接调用。例如，图 6-1 总结了抗生素耐药基因序列数据库（SDARG）的构建过程[21]。主要包括五个步骤：

（1）种子序列采集：大多数 ARG 类型的种子序列是从 ARDB 收集的（http://ardb.cbcb.umd.edu/），共从 ARDB 收集了 22381 个 ARG 类型的蛋白质序列，而只有 6453 个非冗余蛋白质序列保留为种子序列。同时数据库通过从 GenBank 数据库和已发表论文中选择具有精确注释的高度保守蛋白质序列。

（2）隐马尔可夫模型（HMM）的建立：通过 HMMER3.0 中的 HMMER Build 函数构建隐马尔可夫模型。以 GenBank 蛋白质数据库为源数据库，结合所有蛋白质保守区模型，通过 HMMER Search 函数检索源数据库。在这一步之后，从 GenBank 蛋白质数据库中检索出包含 HMM 保守区的所有可用的蛋白质序列，以便进一步筛选。

（3）SDARG 的序列筛选与鉴定：根据 HMMER Search 的结果，进一步分离出高同源性和不合标准的蛋白质序列。基于全序列 E 值和 HMMER Search 结果的序列注释，将蛋白质序列分为高可信、中可信和低可信三个层次。

（4）ARG 引物的收集：为了评估目前 silico 中 ARG 引物的质量，向用户推荐具有更高覆盖率和特异性的引物对，数据库从以前发表的论文中手工检索了 ARG 引物序列。特别是集中收集了环境中广泛分布和研究的针对抗生素耐药群体的引物，如磺胺类和四环素类耐药群体。

（5）评估 ARG 引物和注释 ARG 序列的功能工具：为了从基因组或元基因组数据中识别可能的 ARG 核苷酸和蛋白质序列，BLASTn 程序和 HMMER 软件被集成到管道中，以帮助注释 ARG 相关序列。选择整个 SDARG 核苷酸数据库作为 BLASTn 工具的后台数据库，输入的核苷酸序列可以立即在数据库中进行检索，并输出相似性检索结果。利用 ARGA 流水线提供的 HMM 数据库和 HMMER Search 函数，可以快速、准确地从大数据集中检索、预测和注释与 ARG 相关的蛋白质序列。

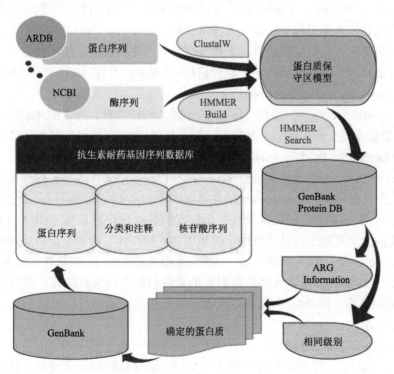

图 6-1　基于 NCBI GenBank 的 ARG 序列数据库（SDARG）构建流程图[18]

2. EMBL 数据库

EMBL 核苷酸序列数据库（http://www.ebi.ac.uk/embl/）由 EBI、DDBJ 和 NCBI 的 GenBank 组成，每天协作数据库之间交换数据。EMBL 数据库的主要贡献者是个人作者和基因组项目组。Webin 是个人提交者首选的基于 Web 的提交系统，而自动程序允许合并来自大规模基因组测序中心和欧洲专利局（EPO）的序列数据，每季度发布一次数据库。网络服务允许通过 ftp、电子邮件和万维网接口免费访问最新收集的数据。EBI 的序列检索系统（SRS）是一个用于分子生物学数据库的网络浏览器，它集成并链接了主要的核苷酸和蛋白质数据库以及许多专门的数据库。为了进行序列相似性搜索，平台提供了多种工具（如 Blitz、Fasta、BLAST），允许外部用户将自己的序列与 EMBL 核苷酸序列数据库和 SWISS-PROT 中的最新数据进行比较[20]。

EMBL 数据库的对象模型被组织为五个主要软件包，其中每个软件包都包含一组具有共同目的紧密相关的类。这些软件包包括：序列信息、代表生物序列的类、有关这些序列的一般信息以及与数据库条目相关的管理数据，其中 Feature Info 代表详细序列注释的类（称为序列特征），参考信息代表书目参考的类，包含有关序列的信息，分类学信息代表从中获得序列的生物分类学的类，而位置信息则代表序列上位置的类。每个软件包都包含整个对象模型的相对隔离的部分，并且是在其他数据库的模型中重用的明确候选对象[22]。

图 6-2 提供了进出 EMBL 数据库的数据流的完整概述。主要模块包括：

（1）Webin：Webin 是 EMBL 的交互式网络系统，用于向数据库提交核苷酸序列。Webin 旨在允许快速提交单个、多个或非常大数量的序列。Webin 收集创建数据库条目所需的所有信息包括：提交者信息、发布日期信息、序列数据、描述和源信息、参考引文信息、特征信息（例如编码区域、监管信号）。Webin 可在 http://www.ebi.ac.uk/embl/submission/webin.html 获取更多详细信息。

（2）Sequin：Sequin 是 NCBI 开发的一个独立软件工具，用于向 GenBank、EMBL 或 DDBJ 数据库提交和更新核苷酸序列。Sequin 包含许多增强质量保证的内置验证功能，可在 Macintosh、PC/Windows 和 UNIX 计算机上运行。

（3）Accession numbers：登录号是唯一的标识符，永久性地标识数据库中的序列。在收到提交的文件后两个工作日内分配并通知作者。大多数生物期刊在接受稿件之前都需要这些登录号。EMBL 的数据是在一个稳定的数据库管理系统（ORACLE）中管理的，其使用的方案有助于与其他数据库的集成和互操作性，特别是蛋白质序列。相关数据每季度发布一次，每天更新一次，用于远程站点的分发和安装。数据库条目以 EMBL 平面文件格式分布，大多数序列分析软件包都支持这种格式，并且还提供了一种易于阅读的结构。EMBL 平面文件包含一系列严格控制的行以表格形式呈现，由四个主要数据块组成：

①描述和标识符：条目名称、分子类型、分类学分类和总序列长度（在 ID 行中找到），登录号（AC），序列标识符和版本（SV），创建日期和上次更新（DT），序列的简要描述（DE），关键词（KW），分类法分类（OS、OC）和相关数据库条目的链接

（DR）。②引用：相关出版物的引文详情（RX、RA、RT 和 RL）以及原始提交者的姓名（RA）和联系方式（RL）。③特征：详细的来源信息，包括特征位置的生物特征、特征限定符等。④顺序：总序列长度、碱基组成（SQ）和序列。

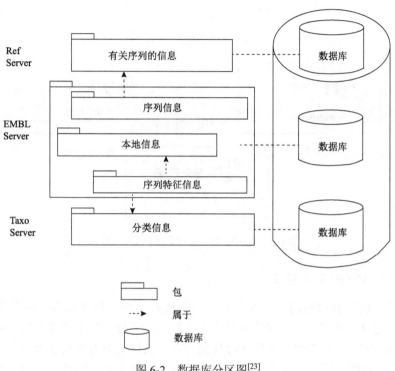

图 6-2　数据库分区图[23]

3. KEGG 数据库

KEGG（https://www.kegg.jp/）是由京都大学化学研究所金久实验室（Kanehisa Laboratories）开发和维护的一套数据库和相关软件，用于从基因组信息中了解和模拟细胞或生物的高阶功能行为。第一，KEGG 将负责各种细胞过程的蛋白质相互作用网络（PATHWAY 数据库）和化学反应（LIGAND 数据库）的数据和知识计算机化。第二，KEGG 尝试为所有已完全测序的生物基因组重建蛋白质相互作用网络（GENES 和 SSDB 数据库）。第三，KEGG 可以用作功能基因组学（EXPRESSION 数据库）和蛋白质组学（BRITE 数据库）实验的参考。KEGG 数据库项目于 1995 年在京都大学化学研究所开始，旨在寻找基因组信息与细胞、生物体和生态系统的高级系统功能之间的联系，图 6-3 表示了 KEGG 数据库中集成信息的概述。

KEGG 由四个主要数据库组成，它们被分类为 5 个基因组空间（基因数据库）和化学空间（配体数据库）中的构建块、网络空间中的布线图（通路数据库）和通路重建的本体论（BRITE 数据库）。BRITE 多年来一直是一个独立的数据库，但它在 34 版（2005 年 4 月）中正式收录在 KEGG 中，为 KEGG 项目高阶函数的推理建立了一个逻辑基础。KEGG API 服务已成为一种日益流行的访问方式，它是 KEGG 的 SOAP/WSDL 接口，允许用户编写自己的程序来访问、定制和使用 KEGG。

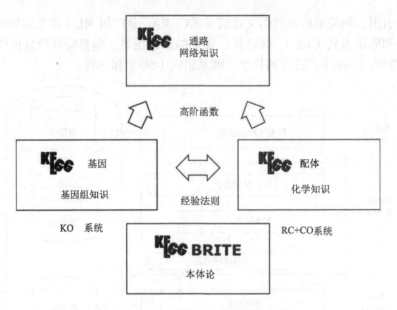

图 6-3　KEGG 数据库中集成信息的概述

4. FDA-ARGOS 数据库

　　许多传染病具有相似的体征和症状，使得医疗保健提供者很难确定其致病因素。临床中通常通过多种测试方法对临床样本进行测试，以帮助揭示导致传染病的特定微生物。这些测试方法的结果可以帮助医疗保健专业人员确定患者的最佳治疗方法。如今，高通量测序（HTS）或下一代测序（NGS）技术具有作为单个测试的能力，可以完成过去可能需要进行的几种不同测试。

　　NGS 技术可以无须事先了解疾病原因即可诊断出感染，可以潜在地揭示患者样品中所有微生物。使用传染病 NGS（ID-NGS）技术，可以通过其独特的基因组指纹来识别每种微生物病原体。ID-NGS 技术通过提供诊断信息来进一步改善对患者的护理，通过这些诊断信息可帮助快速、准确地识别患者样品中的微生物成分。在此基础上美国食品药品管理局建立了公共微生物参考数据库（FDA-ARGOS），它包含质量控制和精心挑选的基因组序列数据，以支持研究和监管决策。这个不断发展的数据库可以用作计算机内（计算机仿真）性能验证的工具，通过使用 FDA-ARGOS 基因组进行硅内数据分析可以潜在地减轻 ID-NGS 设备在工业上的测试负担。并且，提出了用于 ID-NGS 诊断的复合参考方法（C-RM）。图 6-4 展示了 C-RM 的数据流图。在这里，平台用电子靶序列与 FDA-ARGOS 参考基因组进行比较，结合具有代表性的临床试验，以了解 ID-NGS 诊断试验的性能。使用 ID-NGS 诊断测试设备的原始序列数据，在电子版中，通过分析内部数据库获得的结果与使用 FDA-ARGOS 时的结果进行比较，将评估设备生物信息分析管道和报告生成，同时消除使用金标准比较器（当前 FDA 基准）进行额外样本测试的需要。总的来说，平台预计基于临床样本和/或微生物参考物质（MRM）的特定分析子集的 C-RM 用于临床验证，并结合 FDA-ARGOS 进行硅靶序列比较，以产生科学有效的证据和了解 ID-NGS 诊断测试的性能[24]。

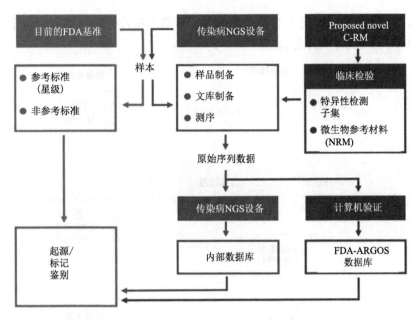

图 6-4　用于 ID-NGS 诊断的复合参考方法（C-RM）流程图[21]

5. PHI-base 数据库

PHI-base 由英国洛桑试验站开发建立，是第一个致力于识别和呈现真菌和卵菌致病基因及其宿主相互作用的数据库。因此，PHI 碱基是一种有价值的资源，可用于发现医学和农学上重要的真菌和卵菌病原体的候选靶点，用以干预合成化学和天然产物。PHI-base 中的每个条目都是由该领域专家策划的，并由强有力的实验证据（基因/转录中断实验）以及描述实验的参考文献支持。PHI-base 中的每个基因都有其核苷酸和推导的氨基酸序列，详细描述了在宿主感染过程中预测的蛋白质的功能[25]。

PHI-base 最初是由 Rothastd Research 的植物-病原体相互作用小组的研究人员汇编的关于病原体与宿主相互作用的数据。相关论文通过检索和文本挖掘从 MEDLINE 和 Web of Science（WOS）中识别出来，领域专家管理数据，然后将这些数据传输到 PHI-base 的后台，而用户可以通过其前端查询 PHI-base。

PHI-base 的更新由解析器创建，解析器将数据从当前保存的电子表格传输到 PHI-base 的关系数据库后端。这个解析器还将来自其他外部数据源的进一步信息集成到电子表格中。核苷酸和蛋白质序列从 EMBL 序列数据库和基因本体（GO）注释中提取。解析器还生成指向外部资源的超链接，如 NCBI 分类数据库、Pubmed 链接和 GO 术语。此外，解析器在将信息合并到 PHI-base 之前检查并强制执行电子表格中数据的语法正确性。

PHI-base 是利用数据库管理系统 PostgreSQL 开发的一个关系数据库，可以通过服务器端脚本语言 PHP 生成的 Web 界面从任何 Web 浏览器访问。目前，尽管它可以安装在任何支持 PostgreSQL 和 PHP 的平台上（即 LINUX、UNIX 和 Windows），其还是安装在 LINUX 上并使用 Apache web 服务器。用户通过 HTML 表单使用前端提交数据库查询。然后由 PHP（中间层）对关系数据库（后端）进行处理。然后，每个查询的结果都会在 Web 浏览器中显示给用户（图 6-5）。

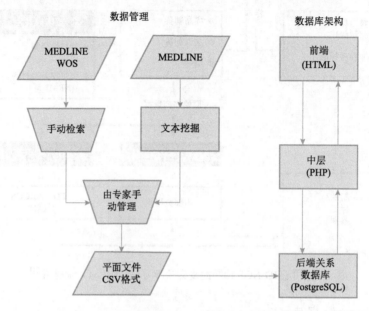

图 6-5　PHI-base 数据管理和体系结构图[22]

基因敲除实验是 PHI-base 的实验基础，它确定了哪些基因对宿主感染和疾病的形成是必需的或起作用的。PHI-base 的数据库结构反映了这种逻辑（参见图 6-6 中的实体关系图）。PHI-base 主要由表基因、相互作用、物种、病害和纸张组成。PHI-base 中的每一个基因都被分配了一个稳定的唯一的登录号，在不同的版本之间永远不会改变，因此作为 PHI-base 的中心参考点。此外，每个基因都有许多属性，如名称、核苷酸序列和功能。PHI 碱基中的每一个基因都在一个或多个与宿主的相互作用中被检测。

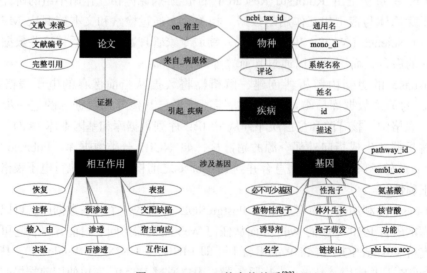

图 6-6　PHI-base 的实体关系[22]

6. BacWGST 数据库

BacWGST（http://bacdb.org/BacWGSTdb）[12]是为临床医生、临床微生物学家和医院流行病学家设计的细菌全基因组序列分型数据库。该数据库借鉴了目前多基因座序列分型（MLST）的群体结构，采用了物种、克隆复合体和分离株的层次数据结构。用户将预先组装好的基因组序列上传到 BacWGST，数据库为用户提供了传统 MLST 和全基因组水平的细菌基因分型功能。用户可以被告知公共数据库中哪些分离株在系统进化上与查询的分离株相近，以及其临床信息，如宿主、分离源、疾病、采集时间和地理位置。通过这种方式，BacWGST 为全球用户提供了一个快速、方便的平台，可以解决各种临床微生物问题，如细菌病原体的来源追踪。

BacWGST 已在 Red Hat 上使用 MySQL 5.6（http://www.mysql.org）、PHP 5.5（http://www.php.net）和 Apache 2.4（http://www.apache.org）实现。企业 Linux Server 6.0 接口组件由在 Linux 环境中以 HTML/CSS 设计和实现的网页组成，它已经在 Google Chrome、Mozilla Firefox、Apple Safari、Internet Explorer 和 Microsoft Edge 网络浏览器中进行了测试。BacWGST 包含三个主要部分，即浏览、工具和提交。它们都采用一个层次结构：物种、克隆复合体（由参考基因组表示）和分离物。SNP 数据是数据库的关键组成部分，它将三个部分连接在一起。

BacWGSTdb 目前包括 9 种重要的医学细菌，即鲍曼不动杆菌、炭疽杆菌、大肠杆菌、肺炎克雷伯菌、结核分枝杆菌、肠炎沙门氏菌、金黄色葡萄球菌、肺炎链球菌和鼠疫耶尔森菌，所有这些都可以用克隆种群结构来描述。现阶段，来自 GenBank 和 PATRIC 数据库的基因组序列已被用于准备 BacWGSTdb。SRA 和 ENA 数据库中的基因组序列以及详细的菌株信息也已被纳入。当基因组组装不可用时，原始序列读取被重新组装到基因组草案中，并进一步映射到参考基因组，所得 SNP 数据保存在 BacWGSTdb 中。数据库将定期更新，新物种可以很容易添加。

7. VRprofile 数据库

VRprofile 旨在识别和定位新测序细菌基因组中的毒力或抗生素抗性基因以及扩展的与运动相关的基因簇。通过使用 CDSeasy 快速注释新测序的染色体，使用 CGCfinder 检测基因簇，使用 COGviewer 定位和聚类用户提供的 COG 以及通过 MobilomeDB 数据库收集和组织有关毒力因子和抗生素抗性决定因素的已知数据，VRprofile 得以辅助单基因和基因簇规模。

VRprofile 将同源性检索方法与序列组成方法相结合，以预测致病细菌查询基因组序列中与毒力和抗生素抗性相关的基因簇和基因组岛状区域。这些岛状区域经常参与毒力因子基因和抗生素抗性决定基因的水平转移，通过将同源基因簇检索模块与序列组成模块集成在一起，VRprofile 在岛状区域预测方面表现出良好的性能。此外，它还提供了一个集成接口，用于与 MobilomeDB 存档的基因簇或各种细菌基因组进行比对和可视化已鉴定的基因簇。然后，在线工具 VRprofile 基于蛋白质序列相似性和基因顺序对

MobilomeDB 进行查询基因组序列的快速同源性检索。VRprofile 还集成了序列组成方法，作为孤岛检测的补充。VRprofile 输出一个简单的列表，不仅生成单个毒力或抗生素抗性基因的图形概述，而且还生成扩展的与传输相关的功能基因簇的图形概述。该服务器有助于快速检测细菌病原体动态基因组区域中与毒力和抗生素抗性相关的各种基因簇，以及存在一些编码毒力因子和抗生素抗性决定因素的细菌辅助基因，例如铁载体和抗生素灭活酶。然而，大多数由移动遗传元件（MGE）携带的辅助基因通常被组织成功能簇，该功能簇编码或构成实体，例如纤维附件、原噬菌体、致病岛、抵抗岛和Ⅲ/Ⅳ/Ⅵ型分泌系统。在这项研究中，VRprofile Web 服务器被设计为在新测序的细菌基因组中快速识别和定位毒力或抗生素抗性基因以及扩展的 MGE 相关基因簇[26]。数据库构建体系框架如图 6-7 所示。

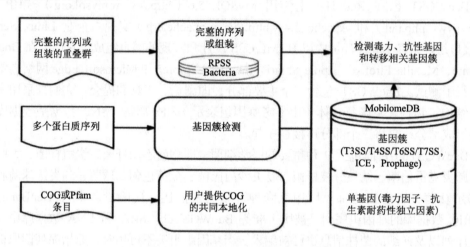

图 6-7　VRprofile 数据库构建体系框架
数据来源：https://db-mml. sjtu. edu. cn/STEP/index.php

8. WDCM 数据库

WFCC-MIRCEN 世界微生物数据中心（WDCM）成立于 1960 年，是世界培养物收集联合会（WFCC）的数据中心。WDCM 现在是 WFCC 和 MIRCEN（微生物资源中心网络）的数据中心[27]。

WDCM 为数据管理引入了 XML 技术，例如，WDCM 网页中的链接被描述为 XML 文档。这使得从 hit 直接访问数据源到 WDCM 网页成为可能，并且按数据项排序和从检索结果显示中选择数据项也很容易。

在 WDCM 中，XML 也用于关系数据库的事务处理。在基于 Cocoon 的 XML 应用服务器中，当对关系数据库（RDB）进行查询时，可扩展服务器页面（XSP）在计算机内存中创建一个 XML 文件。可扩展样式表语言转换（XSLT）将 XML 文件转换为任何 Web 浏览器都可以显示的 HTML 文件。例如，XLS-FO 开发一个用于打印的 PDF 文件或用于显示统计数据的图形。这样，WDCM 能够以各种形式传播数据，而无须多次编写转换程序。

为了使微生物资源中心联网，WDCM 于 2002 年开发了 CCINFO 和菌株数据库的在线登记和更新系统。一个新加入 CCINFO 数据库的中心应该点击"Add"按钮，开始在一系列网页中输入他们的数据。中心将获得一组唯一的用户名字和密码，以便在更新数据库中的数据或删除注册时使用。WDCM 计划在不久的将来实现 SOAP 服务器和 Web 服务描述语言（WSDL）。

9. FPBGD 数据库

广东省科学院微生物研究所在其国家微生物种业战略创新联盟菌种基因银行总行中整合开发了 FPBGD 数据库。FPBGD 是一个专注于食源性致病性菌的专业化基因组数据库。其中，对测序原始数据和序列的管理属于一级数据库范畴，主要强调数据的保管和处理，实现数据的安全和全面化管理。另外，使用序列进行专业化建库，面向相关应用的部分属于二级数据库范畴。

整个数据库的硬件服务器分为四个区，数据保密的安全性级别为："原始数据存储区＞内部分析服务区以及公开库数据存储区＞公开库对外登录区"。各区功能包括：

（1）原始数据存储区：搭建一个测序数据存储系统，安全存储的同时，考虑数据的存储高效性和持有成本的降低。

（2）内部分析服务区：完成原始测序数据到序列生成所需的一系列处理和统计分析工作，包括去宿主、组装、注释和差异分析等，是整个硬件服务器最大的部分，使用高性能计算机承载，强调数据分析的高效性，目标是形成生物信息超算中心。

（3）公开库数据存储区：序列数据面向外部提供服务的密级存储区，实现了外部服务数据跟内部数据的安全隔离。

（4）公开库对外登录区：直接面向外网实现对外服务的链接，根据业务应用向存储区请求相关数据，数据不直接对外提供，实现服务与数据的分离，确保数据安全。

该数据库的整体开发符合国标"计算机软件产品开发文件编制指南（GB 8567—88）"。在开发过程中的数据与服务分离及敏感信息加密传输方案，符合行标"数据库安全加固产品安全技术要求（GA/T 1574—2019）"。另外，数据库存储和索引建立符合行标"基于文档型非关系型数据库的档案数据存储规范（DA/T 82—2019）"。

6.2.3　食品微生物安全科学大数据库架构特点

1. 数据库的架构选择自由度大

一般说来，一级数据库的数据量大、更新快、用户面广，通常需要更高性能的计算机硬件、更大容量的磁盘存储空间和专门的数据库系统支撑。例如，数据库软件 Oracle 被欧洲生物信息学研究所用来管理、维护核酸数据库 EMBL。而基于 Sybase 数据库系统管理、运行基因组数据库 GDB。Oracle 和 Sybase 均为主流的数据库管理商业软件。二级数据库的容量小，更新速度比一级数据库慢，也无须大型商业数据库软件支撑。

基于 Web 浏览器开发二级数据库，使用 Html 和 Java 等超文本语言程序编写图形界面。二级数据库的优点是操作方便，特别适用于计算机经验不丰富的生物学家。

2. 一级数据库有格式统一和逐步整合的趋势

DNA 序列构建了一级数据库的主体部分。目前国际上三个重要的 DNA 序列数据库：位于英国剑桥的 EMBL、NCBI 的 GenBank 和日本的 DDBJ。1982 年这三个大型数据库达成协议组成合作联合体，它们形成数据库 DNA 序列的统一标准并每天交换信息，收集来自不同地域的数据（EMBL 收集欧洲，GenBank 收集美洲，DDBJ 收集亚洲等），然后汇总各地的所有信息，三个数据库共享并开放给全球，故又被称为公共序列数据库（Public Sequence Database）。所以从理论上说，三个数据库拥有的 DNA 序列数据是相同的。

3. 二级数据库的种类向专业化发展

二级数据库种类很多，例如基因调控转录因子数据库 TransFac，克隆载体数据库 Vector，密码子使用表数据库 CUTG，真核生物启动子数据库 EPD 等二级数据库是以核酸数据库为基础构建的。蛋白质功能位点数据库 Prosite，蛋白质功能位点序列片段数据库 Prints，同源蛋白家族数据库 Pfam，同源蛋白结构域数据库 Blocks 等二级数据库以蛋白质序列数据库为基础构建。免疫球蛋白数据库 Kabat，蛋白激酶数据库 PKinase 等二级数据库以具有特殊功能的蛋白为基础构建。如蛋白质二级结构构象参数数据库 DSSP，已知空间结构的蛋白质家族数据库 FSSP，已知空间结构的蛋白质及其同源蛋白数据库 HSSP 等数据库以三维结构原子坐标为基础构建，提供了有效的工具给结构分子生物学研究。蛋白质回环分类数据库则是用于蛋白质结构、功能和分子设计研究的专门数据库。

4. 按应用范围而不是按功能提供服务

生物信息学数据库覆盖面广，分布分散且格式不统一，因此一些生物计算中心整合多个数据库提供服务，形成数据库的一体化和集成环境。EBI 的 SRS 整合了核酸序列库、基因组、蛋白质序列库、三维结构库等三十多个数据库及 FASTA、CLUSTALW、PROSITESEARCH 等强有力的检索工具，用户可以开展多个数据库查询。

目前生物信息数据库的开发和维护单位开发不同系统为用户提供数据查询和分析服务，虽然有利于用户处理数据，但仍需要在各个网站切换，寻找目的数据、服务以及学习和适应各个系统使用方法。针对特定的研究内容，许多二级数据库整合成如蛋白质结构家族分类或人类基因组图谱等一级数据库。因此从生物学意义角度选择更综合的多个一级数据库，整合数据及服务资源，为用户提供统一的查询平台，而将这些异构的、分布的数据库间实现数据集成与共享是有效利用生物信息资源的关键技术问题。

6.3 对食品微生物安全科学大数据挖掘战略的建议

6.3.1 关于加快构建"中国食品微生物安全科学大数据库"的建议

食品工业是我国第一大制造业，2021 年总产值达到 9.2 万亿。随着人民物质生活水平的不断提高，食品安全问题已成为全人类关注的焦点。在影响食品安全的各类要素中，微生物是最主要因素。在发达国家（地区），估计每年有 1/3 人群感染食源性疾病。美国疾病控制与预防中心（CDC）食源性疾病监测年度报告显示，2009~2016 年间 80%食源性中毒事件由食源性致病微生物引起。根据我国卫生健康委员会数据统计，2008~2017 年我国共发生食源性疾病暴发事件 2114 起，累计发病 71034 人，死亡 1282 人，其中微生物和生物毒素引起的食源性疾病报告起数和患者数分别占 41.6%、62.1%。据 WHO 估计，目前全球食源性疾病的漏报率在 90%以上，全世界每年因食品污染而致病者达数亿之多。由此可见，食源性致病微生物污染是全球食品安全的主要威胁。

1. 我国食品微生物安全存在的主要问题

1）我国食品中致病微生物污染率高风险大

2017 年国家食源性疾病监测网数据表明，在食物中毒事件中，微生物性病原占 64.9%，其中沙门氏菌、副溶血性弧菌、金黄色葡萄球菌、蜡样芽孢杆菌等是主要致病因素。通过对食品安全危害因子与食物中毒的关联分析，不难发现食品中食源性致病微生物污染与食源性疾病密切相关。

2）食源性致病微生物危害形成机制亟待明确

目前我国食源性致病微生物系统风险不清晰，季节、地区和产业链的分布规律不明确，无法全面掌握我国食源性致病微生物危害形成规律和风险水平。调查发现，致病微生物变异水平高，由致病性副溶血性弧菌引起的食物中毒临床菌株不携带已知的 tdh/trh 毒力因子，因此 60%不携带 tdh/trh 毒力因子的食品分离株不能明确其致病性；乳制品中重要的食源性致病菌克罗诺杆菌属（原阪崎肠杆菌）包含 7 个种，均有致病性，但毒力因子尚不明确；经常引起我国南方群体性食物中毒事件的诸如病毒，近年来不断通过变异出现新的流行株，但其分子进化机制不清楚，防控十分困难。另外，同种致病菌不同血清型/基因型传播途径和致病力也存在显著差异。因此，不但许多具有潜在危害的新毒力因子有待挖掘，而且新的致病机制有待探索。

3）食源性致病微生物耐药性问题突出

WHO 已将细菌耐药性问题列为 21 世纪威胁人类健康的最重要因素之一。英国相关研究报告指出，目前全球每年死于耐药菌感染的人数为 70 万，如果抗生素耐药性得不到有效控制，至 2050 年全球每年由耐药菌感染致死的人数可达 1000 万，远远超出癌症所导致的死亡数，由此造成的经济损失高达 100 万亿美元。目前我国食源性致病菌的耐药问题十分严峻，在不同类型食品中均有检出耐甲氧西林金黄色葡萄球菌（MRSA）、携带新德里金属 β-内酰胺酶基因（NDM-1）的大肠杆菌、携带质粒介导多黏菌素耐药基因（MCR-1）的沙门氏菌等超级细菌。

近年来，许多研究表明食品中的耐药菌/耐药基因可以通过食物链传播到人，从而对食品安全和人类健康造成严重危害。在耐药性传播过程中，由基因组岛、原噬菌体、整合子、转座子、插入序列和质粒等组成的可移动基因组（mobilome）发挥了至关重要的作用。因此，在我国开展食源性致病菌耐药性的风险评估、产生机制、传播机制和防控技术研究势在必行。

4）基于组学的食源性致病微生物数据库亟待构建

近年来我国食品安全水平取得了长足的进步，但不断提升的食品安全水平需要系统的数据支撑，食源性致病微生物科学大数据是建立高效的食品安全风险识别、预警、溯源和控制技术及体系的基础，可以大幅度提升我国食品安全研究水平。目前我国尚未建立起采用现代组学技术、覆盖全国范围和开放的食源性致病微生物风险识别数据库、菌种资源库、全基因组（WGS）数据库、分子溯源数据库和代谢组学数据库等全国统一的大数据库，难以全面掌握我国食源性致病微生物危害形成规律和风险水平，以致风险评估难以开展；同时，具有自主知识产权的检测新靶标难以挖掘，阻碍了我国分子检测新技术及新产品的研发与应用，目前使用的食源性致病微生物的检测和控制新技术主要控制在欧美大型跨国公司手中。因此，亟待构建基于组学的食源性致病微生物数据库，为研发高效的食品安全风险识别、预警、溯源和控制技术及体系提供重要的支撑保障。

2. 对策与建议

1）全面系统开展食品微生物安全风险识别、重点追踪和定点监测研究

系统布局全国县级以上城市，科学采集市售食品进行食源性致病微生物污染调查和风险识别；确定存在微生物安全隐患较大的重点食品行业，进行全产业链追踪调查，确定污染的主要来源，为消除食品安全风险提供数据支持；在此基础上，在全国存在食品安全问题较多的城市、产业和医院设立经常性的监测点，进行常态化的定点监测，以实时掌握我国食品微生物安全的发展态势。同时，构建起覆盖全国的食品微生物安全风险识别数据库和菌种资源库，为搭建我国食品安全科学大数据库提供数据和菌种的支持。

2）创新运用国际前沿生物技术，开展食源性致病微生物组学研究

基于二代三代测序、高分辨质谱技术、基因编辑技术、生物大分子模拟技术，开展食源性致病微生物的基因组、转录组、蛋白质组、代谢组等研究，构建起基因组—转

录组—蛋白质组—代谢组网络系统，分析食源性致病微生物危害特征表型与组学信息相关的内在规律，明确我国食品微生物安全的主要风险因子和优势基因型，为构建我国食品微生物安全科学大数据库提供数据支撑。

3）搭建高水平创新平台，支撑大数据库构建

基于菌种资源库和多组学基础数据，构建大规模数据存储系统、高性能计算系统和集成化数据系统等生物信息分析超算平台，优化多组学数据分析、质量控制的算法和标准分析流程，支撑食源性致病微生物全基因组学、转录组学、蛋白质学和代谢组学等科学大数据库的建设。

4）建成具有国际前沿水平的中国食品微生物安全科学大数据库

全面系统分析国际相关领域数据库，搭建共建、共享兼顾科学研究和食品安全保障的具有自主知识产权的数据库框架。构建食源性致病微生物风险识别数据库、菌种资源库、全基因组数据库、转录组数据库、蛋白质组数据库和代谢组数据库等一级数据库，在此基础上，进一步开发耐药动态数据库、分子溯源数据库和特征性代谢产物库等系列专业数据库。

6.3.2　关于"加强食品微生物安全科学大数据库软硬件平台建设"的建议

随着生物信息技术在食品安全领域的深度发展，食品微生物安全科学大数据库呈现爆发增长、海量集聚的特点，对经济发展、社会进步、国家治理、人民生活都产生了重大影响。近年来，基于全基因组信息的判断分析已成为欧美发达国家（地区）食源性疾病暴发病原鉴定与溯源新的金标准，各国纷纷开展微生物安全科学大数据的建设工作，抢占微生物安全科技发展的新高地。2008 年美国启动了国家微生物全基因组计划，2012 年美国 FDA、CDC 宣布启动 "10 万株基因组计划"，旨在合作创建一个包含10 万株食源性致病菌基因组的公共数据库，以加速食源性疾病暴发的细菌鉴定。

高性能计算软硬件平台已成为世界各国竞相争夺的战略制高点，在食品安全科学研究和产业领域具有广泛的应用和重要地位。软硬件平台是保障食品微生物安全科学大数据库高性能计算的基础，可为解决食品安全领域挑战性问题提供超强计算能力，促进经济发展、科技创新、国家安全等方面一系列问题的解决。

因此，加强食品微生物安全科学大数据库软硬件平台建设，对标美国旧金山湾区劳伦斯利弗莫尔国家实验室的先进高性能计算集群，部署高性能计算系统、大规模数据存储系统及高速网络带宽，开展应用软件研究与开发，对于促进我国食品产业健康发展、实施健康中国战略和保障国家食品安全具有重大意义。

1. 存在的问题

（1）我国微生物数据总体表现为数据零散分布、难以有效整合分析、生物大数据

价值挖掘困难，因此对于微生物大数据技术和基础设施有着迫切需求。搭建新型生物大数据基础硬件设施，引入集成式硬件技术，在底层数据结构上以整合为导向，支持数据结构动态调整，以满足海量数据的结构、数量快速增长以及数据结构不断变化的管理需求。

（2）生物数据复杂性的特点使得其对软件的要求越来越高，特别是生物信息学软件的编程语言和开发工具等，虽然我国在努力赶超国外成熟的技术，但自主研发并引领世界技术前沿的基础技术很少，造成我国生物信息学软件缺乏自主研发成果，核心的软件技术掌握在欧美等发达国家和地区的手里，对我国微生物安全大数据应用创新造成巨大威胁，因此迫切需要开展生物信息学软件的自主创新开发与应用。

（3）缺乏共建共享共赢机制，我国微生物数据未实现有效集成和充分利用。目前建有国家微生物种业战略创新联盟菌种基因银行总行、全球微生物资源数据共享平台等科学大数据库，但往往只局限于行业部门、科研单位独自使用，数据孤岛现象严重，数据汇交不足，只有纵向的数据整合，缺少横向的数据共享。

2. 对策建议

以建成多软/硬件支撑、多运行环境、用户管理统一、支持生命科学与交叉学科应用软件运行的高性能计算平台为目标，提供针对核酸序列比对、蛋白质结构预测、分子动力学模拟、基因组可视化等研究领域的高性能科研计算服务，基本满足食品微生物安全领域对于大规模数据处理和大规模科学计算的需求。

1）部署科学大数据超算硬件平台

部署高性能计算系统、大规模数据存储系统及高速网络带宽，建设能保障超算平台运行服务的机房环境（包括场地、供电、网络、空调、安全、消防等），构建最终计算聚合能力达 450Tflops 以上的超算硬件资源平台，满足食品微生物安全科学大数据存储和高性能运算服务需求。

2）建设生物信息超算软件资源平台

开展可满足大规模核酸序列比对、蛋白质功能分析、代谢通路预测、基因组可视化、组学数据-表型关联分析、人工智能等应用领域发展需求的应用软件研究与开发，开展多学科交叉研究，建立各学科有机联动、相互促进的循环关系，进行软件集成创新，构建完善的生物信息超算软件资源平台。

3）开展基于超算平台的"AI+微生物"研究

构建起微生物快速鉴定、分类、溯源、生长变化评估体系；建立 AI+微生物活性物质结构智能化快速鉴定、生物活性预测和成药性预测体系；AI 驱动构建微生物生命信息系统，实现对微生物分布等的预测预警，以及在生物安全、人体营养、疾病防治等领域的精准调控与应用。

4）搭建共建共享共赢的机制

建立共建共享共赢的管理规范体系和机构技术支撑体系，进一步完善科学数据共建共享法律政策，落实分级共享和保障各方权益。开展国际组织协作、政策驱动、项目合作、地域协作等多种模式，整合全球微生物数据资源，推进数据从碎片化到网络化共享。建立共享共赢的评价、监督和反馈机制，挖掘和利用数据孤岛，提高微生物数据资源的产业化利用，引领大数据库科技创新。

通过加强食品微生物安全科学大数据库软硬件平台建设，突破基于计算机和生物学交叉学科研究的硬件架构、算法研究、软件开发等关键技术，融合大数据、云计算和 AI 等前沿信息技术，有效贯通学科链、创新链与产业链，推动创新过程全方位融入国家发展需求，为国家微生物菌种基因与生物安全提供重要支撑。

参 考 文 献

[1] Clark W A, Geary D H. The story of the American Type Culture Collection—Its history and development(1899–1973)[J]. Advances in Applied Microbiology, 1974, 17: 295-309.

[2] Parte A C, Carbasse J S, Meier-Kolthoff J P, et al. List of Prokaryotic names with Standing in Nomenclature (LPSN) moves to the DSMZ[J]. International Journal of Systematic and Evolutionary Microbiology, 2020, 70(11): 5607-5612.

[3] 吴清平, 张菊梅, 丁郁, 等. 中国食品微生物安全科学大数据库构建及其创新应用[Z]. 国家科技成果.

[4] Shi W, Qi H, Sun Q, et al. gcMeta: a global catalogue of metagenomics platform to support the archiving, standardization and analysis of microbiome data[J]. Nucleic Acids Research, 2019, 47: 637-648.

[5] The National Antimicrobial Resistance Monitoring System[R]. Strategic Plan, 2021–2025.

[6] Alcock B P, Raphenya A R. CARD 2020: Antibiotic resistome surveillance with the comprehensive antibiotic resistance database[J]. Nucleic Acids Research, 2020(48): 517-525.

[7] 陈敏玲, 韦献虎, 张菊梅, 等. 基于代谢组学的抗生素与细菌间作用研究进展[J]. 微生物学报, 2022, 62(2): 403-413.

[8] Kanehisa M, Furumichi M, Sato Y, et al. KEGG: Integrating viruses and cellular organisms[J]. Nucleic Acids Research, 2021, 49(D1): D545-D551.

[9] Huang W, Brewer L K, Jones J W, et al. PAMDB: A comprehensive *Pseudomonas aeruginosa* metabolome database[J]. Nucleic Acids Research, 2018(46): 575-580.

[10] Li J, Tai C, Deng Z, et al. VRprofile: Gene-cluster-detection-based profiling of virulence and antibiotic resistance traits encoded within genome sequences of pathogenic bacteria[J]. Briefings in Bioinformatics, 2018(19): 566-574.

[11] Liu B, Zheng D, Jin Q, et al. VFDB 2019: A comparative pathogenomic platform with an interactive web interface[J]. Nucleic Acids Research, 2019(47): 687-692.

[12] 张惠媛, 张昕, 汪琦, 等. 进出境食物源性病原菌分子分型数据平台的建立[Z]. 国家科技成果.

[13] 许龙岩, 袁慕云, 黄华军, 等. 食品中常见病原微生物监测与溯源技术研究[Z]. 国家科技成果.

[14] Jolley K A, Bray J E, Maiden M C. Open-access bacterial population genomics: BIGSdb software, the PubMLST. org website and their applications[J]. Wellcome Open Research, 2018, 3: 124.

[15] Feng Y, Zou S, Chen H, et al. BacWGSTdb 2. 0: A one-stop repository for bacterial whole-genome sequence typing and source tracking[J]. Nucleic Acids Research, 2021, 49(D1): D644-D650.

[16] Deng X, den Bakker H C, Hendriksen R S. Genomic epidemiology: Whole-genome-sequencing-powered surveillance and outbreak investigation of foodborne bacterial pathogens[J]. Annual Review of Food Science and Technology, 2016, 7(1): 353-374.

[17] Supratim Mukherjee, Dimitri Stamatis, Jon Bertsch, et al. Genomes OnLinedatabase (GOLD) v. 7: Updates and new features[J]. Nucleic Acids Research, 2019, 47: 649-659.

[18] FDA-ARGOS. Database for Reference Grade Microbial Sequences[Z]. 2014.

[19] Markowitz V M, Ivanova N N , Ernest Szeto, et al. IMG/M: A data management and analysis system for metagenomes[J]. Nucleic Acids Research, 2008, 36: 534-538.

[20] Pang R, Li Y, Chen M, et al. A database for risk assessment and comparative genomic analysis of foodborne Vibrio parahaemolyticus in China[J]. Scientific Data, 2020, 7: 321.

[21] Wei Z, Wu Y, Feng K, et al. ARGA, a pipeline for primer evaluation on antibiotic resistance genes[J]. Environment International, 2019, 128: 137-145.

[22] Madeira F, Pearce M, Tivey A R N, et al. Search and sequence analysis tools services from EMBL-EBI in 2022[J]. Nucleic Acids Research, 2022, 50: 276-279.

[23] Cantelli G, Bateman A, Brooksbank C, et al. The European Bioinformatics Institute (EMBL-EBI) in 2021[J]. Nucleic Acids Research, 2021, 50: 11-19.

[24] Sichtig H, Minogue T, Yan Y, et al. FDA-ARGOS is a database with public quality-controlled reference genomes for diagnostic use and regulatory science[J]. Nature Communications, 2019, 10(1): 1-13.

[25] Urban M, Cuzick A, Seager J, et al. PHI-base: The pathogen-host interactions database[J]. Nucleic Acids Research, 2020, 48(D1): D613-D620.

[26] Jun L, Cui T, Deng Z, et al. VRprofile: Gene-cluster-detection-based profiling of virulence and antibiotic resistance traits encoded within genome sequences of pathogenic bacteria[J]. Briefings in Bioinformatics, 2017(4): 4.

[27] Ma J, Wu L, Zhang J. International Cooperation Program for Major Microbial Data Resources: Global Catalogue of Microorganisms (GCM)[M]. China's e-Science Blue Book, 2020, 2021: 191-200.

第7章 国际食品微生物安全检测战略研究

7.1 微生物检测技术

7.1.1 概述

随着我国经济状况的日益发展，食品工业的产业升级，人们对食品安全问题的关注度也在不断提高。在人们生活质量不断提高的时代背景下，如何确保生产的食品是安全的已成为食品生产行业研究的重点[1]。根据以往的调查，我国大多数食品安全问题均由病原性微生物引起，因此，微生物检测已成为食品安全检测的重要组成部分。总体而言，在实际的检测工作中，如不能及时有效地判断和分析食品中是否含有对人体有害的成分，就有可能引发严重的食品安全事故。

食源性病原微生物是食源性疾病发生的主要病因，在食品的生产、加工、保藏、运输等过程等多个环节均有可能被病原微生物污染。食品中的常见食源性病原微生物包括沙门氏菌[2]、志贺氏菌[3]、金黄色葡萄球菌[4]、单增李斯特氏菌[5]、克罗诺杆菌[6]、致病性大肠杆菌[7]以及小肠结肠炎耶尔森氏菌[8]等。传统的检测方法包括增菌培养筛选及后续计数检测、生化反应鉴定或血清学鉴定等环节，这些传统方法技术成熟、准确性高、所需设备简单，仍然是目前食品卫生监管机构的主流检测方法[9]。然而随着国家标准的重新制定，产业结构的整体改革，对于食品中的食源性病原微生物的检验要求与检验规模也随之提升，传统检测方法的缺点也由此暴露，如实验的准备和收尾工作繁重、操作烦琐、检测周期长、试剂耗材多、特异性与灵敏度低等。且在实际检测过程中，绝大部分食品样品其病原微生物的检测结果均为阴性，对所用样品均采用耗时长的传统培养检测方法是不切实际的，而使用一种简单、灵敏、准确、能够现场应用的快速检测方法先行对大量样本进行筛查，除去其中的绝大部分阴性结果，进而对剩余的少许疑似阳性样品再用传统的培养鉴定方法进行确认将成为未来快速检测的主要流程及重要目标。

国内现有的食源性病原微生物快速检测主要是围绕传统微生物培养基础上的改良和现代分子生物学基于抗体、核酸等快速检测技术。微生物检测技术作为一种新型的食品安全检测技术，具有较高的准确度和灵敏度，因此在食品安全检测中得到了广泛的应用[10]。与传统的微生物检测方法相比，食品中致病微生物的快检新技术具有高效、灵敏、方便、经济等优点，可以在节约检测成本、降低检测周期时长的同时有效提高工作效率和准确度[11]。针对不同的食品样品、不同的目标微生物及不同的检测目标，选择合适的检测方法，有助于最大限度上地提高工作效率，及时发现食品中出现的问题，保障人们的饮食安全。因此，对食品微生物检测技术的应用和研究具有重要的现实意义。

目前，食品微生物检测相关标准体系主要包括我国国家标准（GB 4789）和检验检疫行业标准（SN）[12]、国际标准化组织（ISO）方法、美国食品药品管理局（FDA）、美国农业部（USDA）、美国官方分析化学师协会（AOAC）、加拿大健康保护部（MFLP）、欧盟食品安全局（EFSA）等检测体系。食品中单增李斯特菌的传统检测方法主要包括增菌、分离和鉴定 3 个环节。目前，分离环节常会采用显色培养基，使其菌落颜色不同于其他干扰菌，实现快速分离。鉴定常采用生化反应和血清学反应。目前，生化反应的鉴定技术多采用数值分类鉴定和自动化检测技术。该技术主要包括：①APIListeria 生化鉴定试纸条；②全自动微生物分析系统，如 VITEK 系统、MIDI 系统及 BIOLOG 系统等。虽然该方法所得的结果互认程度高，但操作强度大、检验周期长，需 6～7 天，无法满足现场的快速检测目标。ISO、USDA、FDA、中国国家标准等检测体系见表7-1。

表 7-1　单增李斯特菌不同检测体系介绍

检测标准	一次增菌	二次增菌	分离	鉴定	快速方法
GB/T 4789.30–2010	LB1（30℃±1℃，24h）	LB2（30℃±1℃，18～24h）	PALCAM（36℃±1℃，2448h）	动力试验；染色镜检（革兰氏染色、典型运动）；生化特性（MR-VP、糖发酵）；溶血试验；协同溶血；或生化鉴定试剂盒或全自动微生物生化鉴定系统	无
FDA	BLEB+Phy（30℃，4h）	BLEB+Phy+三种抑菌剂（30℃，20/44h）	OXA/PALCAM/MOX/LPM+七叶灵+Fe³⁺推荐BCM/ALOA/RapidL'mono/CHROMagarListeria	蓝色菌落；典型运动或动力试验；过氧化氢酶；革兰氏染色；溶血试验；硝酸盐还原；糖发酵；协同溶血；血清学检验；小鼠毒力试验	筛选、鉴定都可以使用快速方法
ISO11290-1（E）	半量Fraser肉汤（30℃，24h±2h）	Fraser肉汤（35℃或37℃，48h±2h）	OXA和PALCAM（30℃、35℃或37℃，24～48h）PALCAM平板微需氧或好氧条件培养	蓝色菌落；过氧化氢酶；革兰氏染色；动力试验或典型运动；溶血试验；糖发酵试验；协同溶血；送参考实验室（血清或噬菌体分型）	无

7.1.2　传统微生物检测法的改进

1. 显色培养基法

不同致病菌在代谢过程中可以产生特异性的酶，在显色培养基中加入对应特定致病菌所产生酶的底物和指示剂，从而使细菌在显色培养基上生长呈现出特定颜色的菌落，进而可以直接观察菌落颜色来判断食品样品中是否含有目标菌株。总体而言，显色培养基将致病菌的分离与生化反应鉴定两者有机地结合为一体，其检测结果十分直观，大多数可通过肉眼直接可见，因此显色培养基技术已成为微生物快速检测的主流技术[13,14]。用于显色培养基检测的酶主要包括糖苷酶、酯酶、DNA 酶、蛋白酶和磷酸酶。另外，通过改良培养基的组成并抑制其他非靶标细菌，可以使靶标细菌在最佳生长条件下生长，从而可以缩短相应的增菌时间，大幅度缩短样品的检测时间。此外，在显色培养方法的基础上进一步发展出了干片法，这一方法使用无毒的高分子聚合材料作为介质载体，将特定的介质和显色物质附着于其上，并与微生物反应通过生长特性和显色反应进行检测[15]，其过程相比显色培养法更为快捷，同时更加便于携带，已经成为快速检测方法中的典型方法。

2. 自动化微生物快速培养与鉴定系统

近年来，基于传统微生物检测方法中的微生物培养法和常规生化鉴定法的实验原理，微生物检测与鉴定技术已逐步从人工检测逐项检测筛选转向集成与自动化一体检测，结合配套的检测器和软件分析后，力求实现简单、快速、准确、灵敏的检测目的。目前，常用的自动化微生物快速培养与鉴定系统有法国生物梅里埃的 VitekAMS 自动微生物检测系统和美国 BD 公司的 PhoenixTM-100 全自动细菌鉴定/药敏检测系统。它们的检测程序主要有三个过程：增菌培养、生化鉴定和药敏分析。其对微生物的鉴定原理主要基于细菌成分或代谢特征来进行分析，这就要求所使用的微生物需要是新鲜培养的微生物，否则可能由于培养时间过长出现休眠现象而出现错误的检测结果。总体而言，这类微生物检测鉴定系统操作简单，由于高度集成化的多种生化反应自动检测，可以在保证检测结果可信度的同时极大地节省工作量。但是自动化微生物快速培养与鉴定系统往往局限于其内部数据库，需要及时更新数据库才能确保结果的准确性[16]。

3. 基于检测微生物代谢产物的生物传感器检测

生物传感器是一种将特定的生物特征转换为可测量信号的分析设备。典型的传感器具有三个相关部分，即由能特异性识别的生物探针组装而成的传感器平台，以及将目标对象的分析捕获转换为可测量信号的转换平台，放大和处理要分析捕获的信号的量化放大器。生物传感器的基本原理是将要检测的物质扩散进入固定好的生物敏感膜层中，进行分子识别并完成生物反应，从而产生可后续识别处理的电、热、光、声音、质量等信息，然后被相应的换能器转变成可定量处理的电信号，再经信号处理，最后显示被测物质的浓度[17]。目前，应用于食品微生物检测的传感器技术主要有基因传感器和生物传感器。基因传感器主要将 DNA 分子固定在传感器上，利用 DNA 序列的特异性及唯一性来识别鉴定微生物，并可通过杂交等方法确定食品中微生物的含量和分布；而生物传感器主要检测被测样品中的分子与生物受体上的敏感物质之间的化学反应，确定相应的指标并进行数据分析以获得检测结果。生物传感器由于方法操作复杂，在日常检测工作中并不常用，通常用于特殊食品检测。该技术灵敏度高，效率高，操作相对简单。将生物受体复合物（例如核酸、抗体和多糖化合物）与物理和化学传感器连接以实现对生物事件的实时观察是在食品安全检测中使用生物传感器技术的主要方法。生物传感器可以检测复杂的样品，可以正确区分食品样品中的微生物类型，并检测微生物的抗性。总体而言，生物传感器检测法具备灵敏度高、特异性好、检测准确、检测时间短、成本低廉、操作简单、能现场使用的优点，商业应用前景广阔[18]。

7.1.3　现代快速检测技术

1. 免疫分析法

免疫学快速检测技术以免疫荧光检测技术、酶联免疫吸附技术与酶联荧光免疫吸附技术为代表。免疫荧光检测技术使用的荧光色素是不影响抗原抗体活性的，其检测原理是将荧光色素标记到抗体或抗原上，让带有荧光色素的抗原或抗体同与其相匹配的抗体或抗原特异性结合，最终可在显微镜下观察到抗原抗体反应的荧光[19]。这一技术在葡萄菌毒素、沙门氏菌以及单核细胞李斯特氏菌的检测上具有较高的特异性和敏感性，但缺点是技术程序复杂，对仪器设备要求高，需要昂贵的荧光显微镜。酶联免疫吸附技术的原理是将抗原或抗体吸附在固相载体上，使酶标记的抗原抗体反应在固相表面进行，用洗涤法将液相中的游离成分洗除，从而在滴加底物溶液后，可使底物在酶作用下呈现颜色反应，再通过对有色产物进行相关的定量分析即可确定待测物质的含量，该技术具有应用范围广、检测速度快、检测成本低及可定量检测等优点，目前被广泛应用于过敏原的检测与致病菌的检测，市面上也有较多的成品试剂盒。酶联荧光免疫吸附技术是将荧光免疫与酶相结合，以荧光底物代替生色底物，使检测范围在酶联免疫吸附技术的基础上进一步提高。

2. 核酸探针检测技术

核酸探针是指带有标记的特异 DNA 片段。根据碱基互补原则，核酸探针能特异性地与目的 DNA 杂交，最后用特定的方法测定标记物。探针标记方式包括放射性标记、非放射性标记，具有直观、准确等特点[20]。核酸探针技术可应用于检测核苷酸的已知序列，当探针与靶基因结合后，产生的杂交信号可被应用于定位特定的基因。由于核酸探针本身具有极高的特异性，因此可以快速地检测食品中的病原微生物，其核心优势是在检测时无须考虑食品样品中获取的核酸纯度，在简化了常规检测技术的烦琐步骤的同时提高检测效率。然而，这一技术的设备要求高，操作事项多，对实验人员的技术具有较高的要求，且实验设备难以移动，通常不能进行现场检测。同时由于核酸探针的强特异性，这一技术不能被广泛应用于所有的致病菌；此外，这一技术中如使用的探针为同位素探针，则不能忽略其可能带来的放射性污染风险及人体危害。

3. DNA 微阵列技术

微阵列技术又称生物芯片检测技术。其具体的检测原理如下：首先，对核酸片段进行标记，然后设置相应的条件，使载体上的核酸分子与其互补核酸片段杂交，并借助芯片读取器实时检测杂交信号。这一技术在食品安全检测中具有明显的优势，其检测速度快，特异性强，灵敏度高，同时便于携带，操作简便，在使用时只需简单的操作过程即可检测到食品中多种病原细菌，可以解决传统杂交技术存在的成本高、效率低及操作复杂的问题。目前，最常用于微生物检测的生物芯片利用了核酸探针杂交的基因芯片技术，该技术将多种待测微生物的特定 16S rRNA 基因序列固定在芯片上，并通过前增菌和 PCR 扩增制备待测微生物的特异 DNA 序列，将扩增完毕的特点 DNA 与生物芯片上的探针序列杂交，最后通过荧光或其他信号方法进行检测和确认。总体而言，生物芯片是 PCR 技术和 DNA 探针技术的集成技术，虽然其灵敏度与 PCR 检测相当，但在高通量、多参数、高精度和快速分析上具有绝对优势。

4. 聚合酶链式反应技术

聚合酶链式反应技术是生物医学领域病原体确认的常用检测技术，这一技术可以很好地解决核酸探针技术中靶标 DNA 的含量低造成的假阴性问题，通过扩增目标 DNA 或待测样品中的特定核苷酸片段来实现食品安全检测的目标。其反应原理是通过加热使双链 DNA 裂解形成两个独立的单链 DNA，裂解的单链 DNA 可用作 DNA 聚合酶反应的模板。随后将温度降低到退火温度，再提升至延伸温度，即完成一个循环，每一个循环的完成都对目前 DNA 进行了一次指数扩增。通常情况下，退火温度与反应的特异性成正比，退火温度越高，扩增特异性越好。聚合酶链式反应技术作为一种全新的食品安全检测技术，该技术具有特异性强、灵敏度高、检测效率高等优点，特别是在细菌诊断方面具有较大的应用价值。

5. 多重 PCR 技术

多重 PCR 技术与常规 PCR 技术原理相同，区别只在于实验过程，多重 PCR 技术在反应体系中加入的为多对引物。将有互补关系的引物加入到混合物当中，同时对不同的 DNA 片段进行扩增，这样既保持了常规 PCR 的优点又能更高效地完成检测，多重 PCR 技术在食品微生物检测中有着重要作用[21]。

7.1.4　流式细胞术

流式细胞术也是食品微生物检测的一种方法。其不仅可以对食品中微生物的物理化学性质进行测量，还可以进行快速定量分析。该技术集现代物理电子技术、激光技术和计算机技术于一体，具有检测速度快、检测指标多、数据质量高、分析结果全面分选灵活且纯度高等特点[9]。目前，在食品微生物领域的应用主要是细菌计数、微生物活性检测、致病菌检测和益生菌检测等方面[22]。

7.1.5　代谢学技术

代谢学技术是对微生物新陈代谢过程中发生的物理化学变化进行检测，主要包括 ATP 生物发光法、电阻抗法等。

1. ATP 生物发光法

ATP 全称为腺嘌呤核苷三磷酸，是生物活体中一种常见的不稳定高能化合物，是生物体内最直接的能量来源。食品样品中的致病菌即为 ATP 的来源，这一技术的原理是通过对样品中 ATP 浓度的检测计算出活菌的数量，ATP 生物发光法即通过光度计检测食品中微生物的荧光度来检测食品微生物的方法。此方法操作简便、仪器需求低且耗时短，便于应用在现场检测中[23]。

2. 电阻抗法

应用于电化学技术的电阻抗法是通过电板连续性对培养基的电阻抗法进行测量，以便确定某种细菌在特定培养基中的生长与繁殖情况。特别是将其用于检测食品中细菌总数、大肠菌群、沙门氏菌等，与平板计数法相比，电阻抗法最大的优点快速、灵敏、简便[24]。电阻抗法可以细化为放射测量法和微热量技法。其中，放射测量法是通过检测微生物生长过程中所形成的放射性二氧化碳来测定微生物数量，微热量技法则是通过检测微生物生长过程中的热量变化规律实现对微生物的鉴别。这两种方法测定菌含量都比较准确和高效，多用于乳酸菌、大肠杆菌和酵母菌等的检测[25]。

7.1.6 质谱技术

质谱法是通过对于电离分子质荷比进行分析从而对于分子进行定性定量分析的一种方法，其优势在于能够通过特征图谱对于样品分子组成进行确定的同时，直接分析其可电离生物分子[26]。质谱技术在食品微生物检测中逐渐成为后基因组阶段的新技术方法，其最常用于检测海产品腐败菌和革兰氏阳性菌等。这一技术的原理是在实现细菌有效分离的情况下，利用质谱技术鉴定细菌物种，构建相应光谱图，其作为生物标记的种特异性与属特异性峰质量数还可应用于快速鉴定细菌。在食品微生物的快速检测方面，总体上最常用的技术是液相色谱分离技术与电子喷雾三重四极杆质谱联用技术。而具体应用于蔬菜水果及肉类食品中的微生物污染检测中，则多使用的技术为气相色谱-质谱联用仪和超高效液相色谱等。此外，随着质谱技术本身的发展，近年来基质辅助激光解吸电离飞行时间质谱（MALDI-TOF-MS）已成为新发展的鉴定微生物的方法，这一技术不同于传统的培养法观察所分离的细菌的生化反应来鉴定细菌，也无须像分子生物学方法先行提取核酸再完成后续的检测任务，而是利用微生物中高表达的核糖体蛋白的质谱数据与系统中的标准数据库进行比对来完成微生物的鉴定。总体而言，质谱技术具有检测速度快、准确度高、灵敏度高与成本低廉等优势，目前在发酵型食品的微生物检测中有着较大作用[27]。

7.1.7 光谱技术

光谱技术是利用光谱学原理确定物质结构和化学组成的检测方法。该方法高效，操作简便，可同时测定多个样品且不会对样品造成损伤。因其适用于复杂物质的定性定量检测，在食品微生物检测领域获得广泛应用，主要有近红外光谱技术、高光谱图像技术和拉曼光谱技术。

1. 近红外光谱技术

近年来，近红外光谱技术发展得十分迅速，在光谱技术中居于领先地位。这一技术的检测原理是利用细菌细胞的近红外光谱来反映细胞中核酸、蛋白质和生物膜等的含量和结构等特征，利用这一技术可以检测食品中微生物的污染情况及食品中由于微生物代谢引起的蛋白水解情况。

2. 高光谱图像技术

光谱分辨率在 $10^{-2}\lambda$ 数量级范围内的光谱图像称为高光谱图像，这一技术实质是将影像资料和光谱信息结合形成的遥感技术。利用高光谱图像技术可以得到多且窄的光谱波段，测量范围广，光谱分辨率高，在食品微生物检测以及食品营养成分的测定中均有良好应用。

3. 拉曼光谱技术

拉曼光谱是散射光谱的一种，拉曼光谱分析法是基于印度科学家 C. V. 拉曼（Raman）所发现的拉曼散射效应，对与入射光频率不同的散射光谱进行分析以得到分子振动、转动方面信息，并应用于分子结构研究的一种分析方法。通过对拉曼光谱的分析，可对实现食品的无损检测，即在检测食品微生物的同时不会损伤样品。近年来在面粉和果糖的微生物检测中有一定应用[28]。

7.1.8　李斯特菌快速筛查技术

单增李斯特菌广泛存在于土壤、动物和水产品中，其中涉及最多的食物有优质干酪、生菜食物、熟菜店的食物，以及冷冻的即食食品[29]，单增李斯特菌可以引起人体出现败血症、脑膜炎和单核细胞增多等症状，因此针对食品中单增李斯特细菌的检测一直是食品微生物检测中的重点项目。目前，针对单增李斯特菌的检测方法主要分为传统培养法和快速筛查法，其中传统方法检测耗时长、耗材多，操作烦琐，已逐步被新型快速筛查方法所替代。目前，常用的快速筛查技术包含即用培养技术、免疫学检测和分子生物学检测三大类。

1. 即用培养技术

即用培养技术无须前期的实验准备工作及消耗大量的材料前增菌，这一技术可以直接检测样品，从而节约了大量人力成本。目前，成熟的商业化的固定培养基技术主要分为纸片法和即用平皿法。纸片法是指将显色培养基固定于纸片上，上方再盖一层带有方格的透明薄膜，以方便计数。即用平皿法是指用已倒有培养基的平皿，接种操作与传统涂板、划线法一样。

2. 免疫学检测法

该技术以抗原抗体免疫为基础，制备特异性克隆抗体检测细菌。目前国内外李斯特菌快速检测的免疫学方法主要包括：酶联荧光分析法（ELFA）、金标免疫层析技术、流式细胞技术等。ELFA 灵敏度比 ELISA 高，并省去了 ELISA 中的颜色反应，缩短反应时间；但缺点是成本较高，目前主要应用在自动酶联荧光免疫检测系统（VIDAS）上。金标免疫层析技术是将高度特异性抗单增李斯特菌抗原的抗体束缚在色原载体上，且可与固相支撑基质相分离。当检测样品中存在李斯特菌时，测试单元的试剂将会被展开，产生肉眼可见的确定性反应。而流式细胞术是一种在功能水平上对单细胞或其他生物粒子进行定量分析和分选的检测手段可以高速分析上万个细胞，它可以高速分析上万个细胞，并能同时从一个细胞中测得多个参数。

3. 分子生物学检测方法

分子生物学检测方法主要包括核酸探针杂交技术、PCR 检测技术等。DNA 探针法是将两条碱基互补的 DNA 链在适当的条件下杂交，通过检测样品与标记性 DNA 探针之间形成的杂交分子来检测样品中的单增李斯特菌，测定放射性或荧光强度即可得出样品中单增李斯特菌的个数。PCR 是近年来广泛应用的分子生物学检测方法，在单增李斯特菌的检测中以其遗传物质高度保守的核酸序列（常用的靶序列包括 hly、actA、prfA 等）设计引物进行扩增。该方法特异性好，但灵敏度低，对样品进行前处理后再进行扩增，可以提高检出率和检测灵敏度。PCR 技术还可对单增李斯特菌进行定量检测。目前国内外主要应用于单增李斯特菌的分子学检测方法为：多重 PCR 技术、实时荧光 PCR（Real-time PCR）、等温扩增技术、RT-PCR 方法与 IMS-PCR 检测技术等。

7.1.9　克罗诺杆菌快速筛查技术

目前，对于克罗诺杆菌的快速检测方法主要以分子生物学方法为代表的多种方法。鉴于 PCR 技术的局限性，近年来，等温核酸扩增技术快速发展，相比常规的 PCR 技术，这一技术对仪器的要求更低，更适用于现场检测。例如滚环等温扩增（rolling circle amplification，RCA）、重组酶聚合酶等温扩增（recombinase polymerase amplification，RPA）以及环介导等温扩增（loop-meditated isother malam plification，LAMP）等。RPA是由多种酶参与、在恒定温度下实现核酸指数扩增的新技术。与其他等温扩增技术相比，RPA 优势在于灵敏度高、特异性强、所需温度低、扩增时间短，因此更适合于现场检测。扩增产物的检测通常可用电泳方法，但是电泳操作复杂、时间长、需要设备多，仅适合实验室内使用。而免疫层析试纸条（lateral flowstrip，LF）分析只需 5 min即可完成目标物的分析，且无须任何特殊设备，通过肉眼就可以观察结果，是一种高效的核酸扩增产物检测方法。粒子是应用最广泛的标记材料，有信号强、稳定性高、便于制备等优势。还有的研究将 RPA 技术和 LF 技术相结合，建立阪崎克罗诺杆菌快速检测方法（RPA-LF）。等温扩增与产物检测步骤可以在 20 min 内完成，且具有较高的灵敏度和特异性，可用于阪崎克罗诺杆菌的快速检测。

1. 免疫标记检测

免疫标记技术是将标记技术与抗原抗体反应结合用于检测抗原或抗体的方法。根据标记物的不同，将免疫标记技术分为酶联免疫法、免疫荧光法和化学发光免疫法以及放射免疫技术等。由于抗原和抗体可以特异性识别和反应，酶联免疫分析技术的原理就是将酶催化的特异性和高效性与抗原和抗体特异性反应这一特征相结合。具体的实验环节是将抗原或抗体与某种酶连接形成酶标记的抗原或抗体，这种酶标记的抗原或抗体保留了其免疫活性和酶活性。将这种经过酶标的抗原或抗体吸附在固相载体上，使酶标记的抗原抗体反应在固相表面进行，用洗涤法将液相中的游离成分洗除，从而在滴加底物溶液后，可使底物在酶作用下呈现颜色反应，再通过对有色产物进行相关的定量分析即可确定待测物质的含量。ELISA 法分为直接法、间接法、竞争法和双抗体夹心法。其中，双抗体夹心法适用于检测大分子抗原，是最常用的抗原检测方法。但 ELISA 法操作步骤复杂，无法达到快速检测的效果。而免疫荧光法则使用了不影响抗原抗体活性的荧光色素，其检测原理是将荧光色素标记到抗体或抗原上，让带有荧光色素的抗原或抗体同与其相匹配的抗体或抗原特异性结合，最终可在显微镜下观察到抗原抗体反应的荧光，这一方法可以有效检测阪崎氏支原体的菌株。但是，免疫荧光法的操作较为复杂，并且需要昂贵的荧光显微镜及经验丰富的专业人员，不适用于现场快速检测。而化学发光法是将高灵敏度化学发光测量技术与高特异性免疫反应有机结合，可用于各种抗原、半抗原、抗体、激素、酶等的检测和分析。由于其灵敏度高，特异性强，已被应用于医学领域、食品分析与检测领域，并将逐步取代酶联免疫分析技术。

2. 环介导等温扩增技术

环介导的等温扩增（LAMP）是近年来在等温条件下扩增 DNA 的检测技术。与传统的 PCR 技术相比，LAMP 需要为目标特异性基因的 6 个区域设计 4 种特异性引物，以及两个可以提高扩增速度的环引物。在一种特殊的 DNA 聚合酶（Bst DNA 聚合酶）存在的条件下，在 60~68℃的恒定温度下完成链置换的反应。在此条件下，反应 30~60 分钟即可完成扩增。这一技术具有高特异性及能够在恒温下快速扩增的特点。Kim 等设计了以 ompA 基因为靶基因的 LAMP 引物，以完成阪崎克罗诺杆菌的检测。结果表明，该方法可在 1 小时内快速检测食品样品中的阪崎克罗诺杆菌，检出限低至 1 CFU/mL。与常规 PCR 和实时荧光定量 PCR 进行比较，发现其检出限分别是 PCR 和 qPCR 的 10000 倍和 100 倍。由此可见，LAMP 检测可以快速有效地检测出阪崎克罗诺杆菌，并有望可以扩展到其他领域的应用。然而，LAMP 技术的引物设计难度大，并不适用于所有的 DNA 片段，部分细菌难以利用这一技术完成检测。

3. 滚环等温扩增技术

滚环扩增（RCA）是用于体外等温核酸扩增的一种最新开发出来的方法。其原理是使用环状 DNA 作为模板，通过可以与环状模板的一部分互补短的 DNA 引物，在聚合酶的作用下完成扩增反应，扩增产物为许多重复的模板互补片段的单链 DNA。由于 RCA 使用的是锁式探针，因此 RCA 技术的反应特异性很高，并且可以实现原位扩增。但是，滚换扩增实验过程中引入了锁定探针，这种探针容易产生背景干扰信号，反应时间一般需要 4 小时以上，因此这一技术如想实际应用还需要进一步研究[30]。

7.1.10 链置换扩增反应

链置换等温扩增（SDA）是一种基于聚合酶的等温扩增方法，它使用四个探针（B1,B2,S1 和 S2），探针 B1 和 S1（或 B2 和 S2）连接到相同的 DNA 链上。引物、S1 和 S2 含有 HincII 识别序列，并且使用 dNTP 通过 DNA 聚合酶同时延伸四种引物。B1 的延伸取代了 S1 引物延伸的产物，同样，B2 取代了 S2 延伸的产物。探针 S1 和 S2 在模板上的延伸和置换反应产生两种类型的片段：一个在每个末端具有半硫代磷酸酯 HincII 位点，另一个在一端具有半硫代磷酸酯 HincII 位点。SDA 产物可通过多种方法检测，包括使用分子信标和嵌入染料，其荧光在与核酸结合后得到增强[31]。

7.1.11 食品安全微生物检测技术的发展方向

微生物检测技术在食品安全保障工作中占有重要地位，因此针对食品中致病微生物的检测技术研发、推广及应用在保障食品安全工作中至关重要。微生物食品安全检测是指食品制造商使用检测设备筛查食品中可能存在的致病微生物成分或微生物产生的毒素蛋白成分。目前，社会各界对我国食品安全现状的关注度很高，食品药品监督管理局制定了相应的检测标准与判定政策，各级食品生产加工企业也纷纷作出了积极反应，但食品安全事故仍时有发生。除了屡禁不止的零食小作坊外，大多数食品安全事故都发生在校园，可以看出，受食品安全事件影响最大的群体就是青少年群体，因此要保障国民食品安全，就需要加大力度，研究及应用食品安全检测技术。在这一时代背景下，食品微生物检测相关技术凭借自身优势性在食品安全检测中得到广泛应用。微生物检测技术的应用可以更直观地判断食物中所含的微生物，准确判断食物的加工和生产环境可能给食品带来的风险，为后续监管部门的监督与执法工作提供可靠依据。考虑到食品在加工过程中各个环节均易受微生物污染，因此食品微生物检测技术应贯穿到食品从生产到销售的各个环节，以加强食品安全监控，确保食品安全，并通过技术为食品安全检测提供有力的支持。

近年来，我国食品安全问题不断涌现，国家有关部门不断加大食品安全检测技术的引进和研发。同时，微生物检测技术已得到逐步推广和使用，这一举措使检验人员可以充分利用微生物检测技术的优势及检测方法精确与灵敏，使广大消费者充分体会食品微生物安全得到保障，使微生物检测在我国检测领域得到认可。以目前的研究情况，微生物检测技术的重点在于检测仪器。随着科学水平的提高，我国使用的检测仪器更加准确、高效和标准化，为保障食品质量提供了技术支持。但目前我国的食品微生物检测体系也同样存在问题，其问题主要在于尽管检测技术多种多样，但实际应用于食品检测中技术却少之又少，多种被开发出的新技术尚未被推广及应用。因此，未来的发展方向是加大科研投入，优先解决技术难题，加大自主研发力度，努力降低微生物检测技术的成本，提升检测方法的效率和准确性，为食品安全提供坚实的保证。

综上所述，食品安全已成为关系到国计民生的重大问题，一直被社会各界重点关注。而食品中的致病微生物是影响食品安全的重要因素，因此研发并推广应用新型的高效、精准的食品微生物检测技术，有助于预防由致病微生物引起的食源性疾病。同时，根据不同的检测要对应选择合适的食品检测技术，以结果精准为首要，以效率提升为追求，再寻求经济效益最大化，不断加大检测技术引入、研究投入，确保高质高效的食品检测，为国民食品安全提供保障[32]。

7.2 食品微生物检验方法标准体系

7.2.1 概述

食源性病原微生物是食源性疾病发生的主要病因，食品加工的全产业链均有可能被病原微生物污染，进而对产品质量与消费者健康造成不利影响，因此世界多个国家与组织均制定了食品微生物检验方法与标准体系。但由于发展水平、食品种类、宗教、文化、地理、政策、职能等方面的差别，各区域、各国、各部门和各组织关于食品微生物的技术法规和检验标准不尽相同。在食品微生物检验领域中，检验规程规范化和分析方法标准化是检验结果可信性的重要保证。准确、可靠的检验结果与客观、公正的检验方法标准体系是正确评价和保证食品安全性的先决条件，也是国际贸易上公平交易的有力科学依据。

7.2.2 美国食品微生物检验方法标准

美国 FDA 制定和发布的《细菌学分析手册》包括取样和均匀性食品样品的制备、食品镜检以及显微镜的维护与使用、需氧菌平板计数，以及大肠杆菌和大肠菌群计数、致泻性大肠埃希氏菌检测、沙门氏菌、志贺氏杆菌、弯曲杆菌、小肠结肠炎耶尔森氏菌、弧菌、单核细胞增多性李斯特氏菌、金黄色葡萄球菌、蜡样芽孢杆菌、克罗诺杆菌、产气荚膜梭菌、肉毒梭状芽孢杆菌、霉菌和酵母及真菌毒素。检测方法包括新鲜食品中环孢子虫和隐孢子虫的检测方法——聚合酶链反应（PCR）及镜检分离鉴定法、牛奶中的违禁物质、快速高效液相色谱法测定牛奶中的磺胺甲嘧啶、罐头食品的检查、顶部空间气体分析法（使用 SP4270 积分器）、金属容器的完整性检测、玻璃容器的完整性检测、软性和半刚性食物容器完整性检查、容器完整性的检查、化妆品微生物检验、基因探针检测食品中的病原菌、食源性疾病相关食品的研究、贝类甲肝病毒的定量聚合酶链反应（PCR）检测、甲肝病毒的检测、奶酪中磷酸酶的筛选方法、聚合酶链式反应（PCR）检测食物中肠毒素霍乱弧菌等。

美国农业部食品安全和检疫局（U.S. Department of Agriculture Food Safety and Inspection Service，USDAFSIS）是美国农业部内设负责食品安全的机构，依照美联邦肉类、禽肉、蛋制品检验法授权，负责监督管理美国产和进口的肉、禽肉和蛋制品的安全卫生。USDAFSIS 制定和发布的《微生物实验室指南》主要包括肉、禽和巴氏杀菌蛋制品的样品制备，肉及家禽产品的体格检查，作为卫生指标的食品中细菌的定量分析，从肉、家禽、巴氏杀菌鸡蛋、水飞蓟形目（鱼）产品和环境海绵中分离和鉴定沙门氏菌，可通过分子检测报告沙门氏菌血清型，肉制品、畜体和环境海绵中七种产志贺毒素大肠杆菌（STEC）的检测、分离和鉴定，在改良彩虹琼脂上生长的六株非 O157 产志贺毒素大肠杆菌（STEC）代表菌株的形态，非 O157 产志贺毒素大肠杆菌（STEC）实时 PCR 分析的 PCR 平台说明、数据分析和控制结果解释，非 O157 产志贺毒素大肠杆菌（STEC）实时 PCR 检测的引物和探针序列及试剂浓度，实时 PCR 检测大肠杆菌 O157:H7 中志贺毒素基因和 H7 基因的 PCR 平台说明，肉和家禽产品中气单胞菌的分离和鉴定，从红肉、家禽、即食水蛭（鱼）、蛋制品和环境样品中分离和鉴定单核细胞李斯特菌，肉禽肉制品中致病性小肠结肠炎耶尔森菌的分离鉴定、热处理、密封（罐装）肉和家禽产品的检验，肉及肉制品中酶的测定，蜡样芽孢杆菌肉和家禽产品检验，肉和家禽产品中产气荚膜梭菌的检验，肉禽肉制品中肉毒梭菌毒素检测方法，生肌组织物种测定用琼脂糖薄层等电聚焦法（TLIEF），肉和家禽产品中动物种类的鉴定，物种鉴定现场试验（SIFT），氯霉素检测与定量竞争酶联免疫分析法，肉和家禽组织中抗菌残留检测，鉴定和定量的生物测定，金黄色葡萄球菌肠毒素的 FSIS 调节产品的初步和验证性试验，用实时逆转录酶聚合酶链反应检测鸡心禽流感，家禽冲洗液、海绵和生产品样品中空肠弯曲杆菌/大肠杆菌/落叶松的分离和鉴定，用聚合酶链反应（PCR）法在家禽清洗、海绵和生产样品中筛选空肠弯曲杆菌/大肠杆菌/落叶松的 FSIS 程序等[33]。

7.2.3　加拿大食品微生物检验方法标准

加拿大卫生部保健产品和食品处制定和发布食品微生物检测方法标准。指南类标准主要包括食品微生物定量方法评价指南、间接定性食品微生物方法的相关验证指南、在常规检测中验证标准食品微生物方法的指南、用于检测食品生产环境中致病微生物的环境表面样品的定性微生物方法的相关验证指南、快速测试方法的平台升级验证、菌落鉴定方法验证指南等。检验技术类包括 BMH 指南关于使用 PCR 技术检测食源性致病菌、冰淇淋及冰奶的微生物检验、乳制品中磷酸酶活性的测定、白软干酪的微生物检验、番茄汁及蔬菜汁的霉菌丝检验、蛋制品及液体蛋的微生物检验、牛奶的微生物检验、牛奶中沉积物的测定、矿泉水的微生物检验、蛙腿的微生物检验、可可和巧克力的微生物检验、奶粉的微生物检验、奶酪的微生物检验、对密封容器中的水（不包括矿泉水和矿泉水）和预先包装的冰进行微生物检验等。

有关微生物镜检及菌落计数的标准主要包括测定罐头食品的商业无菌性和活菌的存在、直接用显微镜检查密封容器中食品的方法、测定食品（包括密封容器中的食品）的 pH 值、食品中大肠菌群的计数、食品中需氧菌数的测定、粪便大肠杆菌的计数等。食品中外来物质的分析方法包括消化糊制品中杂质的测定、可可豆中杂质的测定、绿咖啡豆和烤全咖啡豆中杂质的测定、全枣中外来物质的测定、全无花果中杂质等的测定。

7.2.4　欧盟食品微生物检验方法标准

欧盟的食品微生物控制相关基本法规包括《食品基本法》和与之配套的食品卫生法规。《食品基本法》规定了食品安全的通用要求和一般原则，比如预防为主的原则，从"农场到餐桌"的食物链原则。具体如 2002/178/EC 制定了食品安全的一般要求，依照此规章，食品若不安全就不能投放市场；万一投放，食品经营者有收回的义务。为保护公众健康和防止误解，有必要对食品的可接受性制订统一的安全标准，尤其是针对食品中存在的某些致病菌。依据这一食品安全大原则，欧盟针对食品微生物检测标准进一步细分，欧盟绝大多数国家执行国际标准化组织（ISO）所制定和发布的食品微生物检验方法标准。微生物学标准也给食品的可接受性以及其生产、处理、销售过程确立了框架。在食品微生物检测方法的标准上，其微生物学标准的应用不仅为食品质量安全提供检测方法及判别方式，还给食品的可接受性以及其生产、处理、销售过程确立了框架，同时作为执行 HACCP 程序和其他卫生管理措施完整部分中的重要参考依据。如 ISO 4833.1 与 ISO 4833.2 等明确了适用于不同食品基质的指示菌及对应食品基质的前处理方法，同时对因食品基质而造成菌种组成，ISO 标准则对培养条件有所调整。总体而言，欧盟执行的 ISO 微生物检测标准要求检验工作者科学地对食品信息进行分类，目前发达国家和地区的食品信息分类体系已经实现了标准化，而这一方向也是我国微生物检测方法标准开发亟待完善的方向之一。

欧盟各国除执行 ISO 相关法则之外，EC 对食品经营者在提出微生物标准的同时还明确执行方式、测试手段及纠偏方法，同时提供采样抽样位点以供经营者实际生产作为参考。如依照 852/2004/EC 第 4 条，食品经营者应遵守食品微生物学标准。这包括符合食品法及有关当局规定的测试、分析和纠偏等工作，也因此制定了有关分析方法的措施，此措施包括应用的地方、不确定度、抽样方法、微生物限定值、和限定值相一致的分析单元的数量等。此外，应制定执行措施以确保食品及食物链的监控点符合标准，当没有达到食品安全标准时采取的措施。食品经营者采取措施确保标准中所定义的过程的可接受性，这些措施包括原材料、卫生、温度以及产品保存期的控制。明确的微生物检测流程及责任划分是欧盟保证食品免受微生物造成质量安全风险的关键。

此外，欧盟内部的公众健康兽医监测科学委员会（SCVPH）在食品微生物检验方法标准制定上也有所建树。SCVPH 在 1999 年 9 月 23 日提出应对人类消费的动物源性食品中的微生物进行评估。这个观点突出了建立在风险分析和国际上认可的法规基础上的微生物标准的适用性。SCVPH 主张将微生物标准同消费者的健康保护有效地联系起来，并提议在正式的风险评估方法出台以前，修订后的标准可以作为暂定标准。目前，在 SCVPH 的执行过程中，已针对食品中单增李斯特氏菌、创伤弧菌和副溶血弧菌及诺瓦克样病毒的检测及标准制定了相应检测方法及标准规定。

7.2.5　澳大利亚食品微生物检验方法标准

澳大利亚标准协会（Standards Australia）是该国非政府、非营利的最高标准组织。作为国际标准化组织（ISO）和国际电工委员会（IEC）的代表，还是澳大利亚制定和采用国际统一标准的专家，主要为来自各行各业的利益相关者提供一系列途径来制定或修订标准；参与制定和采用广泛的国际标准；评估和批准其他组织制定澳大利亚标准。

澳大利亚标准协会制定和发布的食品微生物检验方法标准主要包括：食品微生物试验方法等效性测定指南-定性试验、食品微生物试验方法等效性测定指南-定量试验、食品微生物试验方法等效性测定指南-确认试验、食品微生物学-食品和动物饲料的微生物学-沙门氏菌属检测的水平方法、食品微生物学-食品和动物饲料微生物学-检测沙门氏菌属的水平方法、食品微生物学-食品和动物饲料的微生物学-沙门氏菌属检测的水平方法等。

7.2.6　日本食品微生物检验方法标准

日本食品微生物检测方法标准的制定机构为日本厚生劳动省，日本厚生劳动省所制定和发布《食品检查指针——微生物篇》的内容主要包括检样和抽样的注意事项（批次和试样、不同食品不同检验项目抽样方法、国家行政检查、指导标准用抽样方法）。细菌的培养及检测方法，包括细菌分类、器具、器材、洗涤净化、染色、镜检、灭菌和消毒、培养基、试剂盒菌株保存、血清学检验、试料调制、膜过滤法、螺旋平板法、ATP 法、DNA 法、PCR 法、敏感性试验、动物试验法、实验动物、生物安全。

卫生指标菌包括菌落总数、大肠菌群、粪大肠菌群、大肠杆菌、肠球菌、绿脓杆菌/铜绿假单胞菌、芽孢菌（好氧芽孢菌、兼性厌氧芽孢菌）、致病性大肠杆菌（致泻性大肠杆菌）、沙门氏菌属、耶尔森氏菌属、副溶血性弧菌及其类似菌（如霍乱弧菌、创伤弧菌、溶藻弧菌等）、弯曲菌属、金黄色葡萄球菌、李斯特氏菌、蜡样芽孢杆菌、肉毒梭菌、产气荚膜梭菌、经口感染致病菌、人畜共患致病菌、低温细菌、乳酸菌等。真菌包括接合菌类、子囊菌类、不完全菌类、曲霉属、青霉属、镰孢霉属（赤霉菌）、酵母菌类等。寄生虫包括原虫纲、吸虫纲、绦虫纲、线虫纲等。在这些指标菌的检测方法及相应标准中，日本食品卫生检查指针微生物片公定试验法、标准试剂详解全面阐述了检测流程及所配套的标准试剂耗材，标准化的检测流程为日本食品微生物的执行部门提供了清晰明确的流程依据。

7.3　食品微生物耐药性

7.3.1　概述

自人类历史发展以来，疫病就和饥荒、战争一起并称为悬挂在人类头顶的达摩克利斯之剑，严重威胁着人类的生存[34]。17 世纪列文虎克首次对微生物进行显微镜观察，成为抗生素研究历史上的第一个里程碑。1929 年英国科学家弗莱明发现青霉素[35]，掀起了人们寻找抗生素的热潮，经过近一个世纪的努力，相关学者已经发现了成千上万种抗生素，抗生素的发展也因此进入了黄金时代[36]。抗生素能有效治愈各类感染性疾病，显著降低其发病率和病死率。正当人们对抗生素的广泛应用充满期待时，人们发现随着抗生素广泛使用，病原微生物对抗生素耐药性不断增加。2013 年美国多种院内耐药菌感染较 2008 年翻了 2～4 倍[37]。具有"多重抗药性"的顽固分子，被人们冠以"超级细菌"的名号。传统的超级细菌包括耐甲氧西林金黄色葡萄球菌（MRSA）和抗万古霉素肠球菌（VRE）等[38]。最近发现的产新德里金属蛋白酶-1（NDM-1）耐药细菌则具有"泛耐药性"，让绝大多数抗生素都束手无策[39]。耐药性几乎都是逐步积累突变、逐步提升的，细菌不仅能自行产生抗生素耐药性，还有能力通过各种不同的机制将抗生素耐药性基因传递给其他细菌[40]，严重危害人类生存。世界卫生组织 WHO 明确指出，如果目前的抗生素耐药问题得不到改善，以后面对耐药菌感染，人类将"无药可医"[41]。实施抗生素耐药性治理迫在眉睫。而食品是人们的生活必需品，每个人都要接触和食用食品，因此加强对食品微生物的耐药性机制研究及相关监测，是实施抗生素耐药性治理的重要环节，对制定遏制微生物耐药性问题的全球发展战略具有重要意义。

7.3.2　食品微生物耐药性现状

抗生素的大量使用导致多重耐药细菌比例正呈现逐年上升态势，新型细菌耐药机制正在"动物、食品、环境和人群"这一全链条内不断涌现，严重危害了人类的生命健康安全[42]。但食品原料生长的环境、食品的加工工艺及储存环境等不同，导致了不同的食品中的耐药病原菌也有所差异。目前水产品中常报道的耐药致病微生物主要是厌氧或兼性厌氧的杆菌，包括气单胞菌（*Aeromonas*）、弧菌（*Vibrio*）、单增李斯特菌（*Listeria monocytogenes*）和沙门氏菌（*Salmonella* spp.）等[43]。Liu 等在中国南方猪的肠杆菌科细菌中检测出超级耐药基因 *mcr-1*[44]，Aarestrup 等在家禽和猪中检测到了阿维拉霉素、阿伏霉素、杆菌肽、泰乐菌素和维吉尼亚霉素等 ARB[45]。

传统抗生素研究自 20 世纪 60 年代以来已进入瓶颈期，新型抗菌药物的研发进度已经逐渐落后，人类正被迫走向"后抗生素时代"[46]。以气单胞菌为例，1995 年在叉尾鲴中分离出的气单胞菌，主要对金霉素、土霉素、四环素、甲氧/磺胺甲噁唑、新霉素和氯霉素等抗生素菌敏感[47]。而于 2002 年在印度南部市售鱼类中分离到的气单胞菌，对杆菌肽和新霉素产生部分抗性，但所有分离株均对氯霉素敏感[48]。到 2010 年，印度鱼类中的气单胞菌分离株，对氨苄青霉素和杆菌肽均有抗性，对复方新诺明和土霉素的耐药率分别为 66.2%和 50%，但仍对环丙沙星、氯霉素、庆大霉素、呋喃妥因、萘啶酸等抗生素敏感[49]。

　　动物体内的一些抗药菌可以通过肉类和其他动物来源的食物传播给人类，或通过直接接触动物传播造成耐药抗药。随着抗生素抗性基因在环境以及生物体内的传播和扩散，进而会造成群体耐药，当抗生素药物研发速度追赶不上耐药菌株的生长速度时，最终可能导致无药可用[50,51]。此外，还发现微生物的耐药表型在相同的动物源性食品中呈现出一定的聚集性，在不同的动物源性食品中，又往往有所差异。例如，在中国、韩国、巴西、伊朗等国家的鸡鸭肉中分离的空肠弯曲杆菌大都对环丙沙星和氧氟沙星这类喹诺酮类药物有很高抗性，耐药率高达 70.0%～88.5%，对红霉素和四环素也有较高的耐药率[52]。在伊朗的水产品中分离出的单增李斯特菌对青霉素、氨苄青霉素、四环素和万古霉素具有较高的抗性[52]。在墨西哥的水产品中也分离到了对氨苄青霉素和青霉素有抗性的单增李斯特菌[53]。然而，目前还未在畜禽类食品中分离出对青霉素和万古霉素有抗性的单增李斯特菌，在禽畜肉中分离的单增李斯特菌则对呋喃妥因、四环素、氯霉素、环丙沙星的耐药率较高[54]。这个差异可能是不同的饲养环境所使用的抗生素不同造成的。

7.3.3　抗生素作用及微生物耐药机制的研究

　　由食品微生物耐药现状可以更清晰明确地预见抗生素耐药性的存在广泛及可怕之处，了解抗生素的作用机理及微生物的耐药机理、耐药传播将有助于更好地实施抗生素耐药性治理。

1. 抑制细菌细胞壁的合成

　　抑制细胞壁的合成会导致细菌细胞破裂死亡，哺乳动物的细胞没有细胞壁，不受这些药物的影响。以这种方式作用的抗菌药物包括青霉素类和头孢菌素类。

2. 与细胞膜相互作用

　　一些抗生素与细胞的细胞膜相互作用而影响膜的渗透性，这对细胞具有致命的作用。这类抗生素有多黏菌素和短杆菌素。

3. 干扰蛋白质的合成

　　干扰蛋白质的合成意味着细胞存活所必需的酶不能被合成。干扰蛋白质合成的抗生素包括福霉素类、氨基糖苷类、四环素类和氯霉素[55,56]。

7.3.4　抗生素耐药性

抗菌药物的广泛使用导致细菌耐药性日益严重。微生物耐药性是指微生物在抗生素存在时存活和繁殖的能力[57]，细菌生物体为了能在抗生素存在下存活，必须破坏抗生素有效作用所需的一个或多个必要步骤。细菌主要有以下四种耐药机制：

1. 产生灭活酶或钝化酶

细菌产生一种或多种水解酶或钝化酶来水解或修饰进入细胞内的抗菌药物，使之到达靶位之前失去活性。细菌产生的灭活酶主要有：β-内酰胺酶、氨基苷类钝化酶、氯霉素乙酰转移酶等[58]。

（1）β-内酰胺酶：由染色体或质粒介导，使 β-内酰胺环裂解而使 β-内酰胺类抗生素丧失抗菌作用。β-内酰胺酶的类型随着新抗生素在临床的应用迅速增长。

（2）氨基苷类钝化酶：细菌在接触到氨基苷类抗生素后产生钝化酶使后者失去抗菌作用，常见的氨基苷类钝化酶有乙酰化酶、腺苷化酶和磷酸化酶，这些酶的基因经质粒介导，可以将乙酰基、腺苷酰基和磷酰基连接到氨基苷类的氨基或羟基上，使氨基苷类的结构改变而失去抗菌活性。

（3）其他酶类：细菌可产生氯霉素乙酰转移酶灭活氯霉素；产生酯酶灭活大环内酯类抗生素；金黄色葡糖球菌产生核苷转移酶灭活林可霉素。

2. 改变抗菌药物作用靶位

由于细胞内膜上抗生素结合部位的靶蛋白改变，降低了与抗生素的亲和力，使抗生素不能与其结合，导致抗菌治疗的失败[59]。

（1）肺炎链球菌对青霉素的高度耐药就是通过此机制产生的。细菌与抗生素接触之后产生一种新的原来敏感菌没有的靶蛋白，使抗生素不能与新的靶蛋白结合，产生高度耐药。

（2）耐甲氧西林金黄色葡萄球菌（MRSA）与敏感的金黄色葡萄球菌的青霉素结合蛋白组成多个青霉素结合蛋白 2a（PBP2a），靶蛋白数量的增加，即使药物存在时仍有足够量的靶蛋白可以维持细菌的正常功能和形态，导致细菌继续生长、繁殖，从而对抗菌药物产生耐药。

（3）肠球菌对 β-内酰胺类的耐药性是既产生 β-内酰胺酶又增加青霉素结合蛋白的量，同时降低抗生素的亲和力，形成多重耐药机制。

3. 改变细菌外膜通透性

很多广谱抗菌药都对铜绿假单胞菌无效或作用很弱，主要是抗菌药物不能进入铜绿假单胞菌菌体内，故产生天然耐药。细菌接触抗菌药物后，可以通过改变通道蛋白（porin）性质和数量来降低细菌的膜通透性而产生获得性耐药[60]。正常情况下细菌外膜的通道蛋白以 OmpF 和 OmpC 组成非特异性跨膜通道，允许抗生素等药物分子进入菌体，当细菌多次接触抗生素后，菌株发生突变，产生 OmpF 蛋白的结构基因失活而发生障碍，引起 OmpF 通道蛋白丢失，导致 β-内酰胺类、喹诺酮类等药物进入菌体内减少[61]。

4. 影响主动外排系统

某些细菌能将进入菌体的药物泵出体外，这种泵因需能量，故称主动外排系统（active efflux system）[62]。由于这种主动流出系统底物的广泛性，使大肠埃希菌、金黄色葡萄球菌、表皮葡萄球菌、铜绿假单胞菌、空肠弯曲杆菌对四环素、氟喹诺酮类、大环内酯类、氯霉素、β-内酰胺类产生多重耐药。

通常细菌会通过几种不同的耐药机制来共同对抗单一抗生素。

7.3.5 固有耐药性

固有耐药性（intrinsic resistance）是指细菌对某种抗菌药物的天然耐药性。是由细菌染色体基因决定、代代相传、不会改变的，如链球菌对氨基糖苷类抗生素天然耐药，肠道 G-杆菌对青霉素天然耐药，铜绿假单胞菌对多数抗生素均不敏感[63]。固有耐药由固有耐药基因决定，而固有耐药基因是指存在于某类细菌（种、属或属以上水平）染色体上位置较保守的与耐药相关的一类基因。近年来，对固有耐药基因的研究已经越来越受到重视。固有耐药基因的发现不仅可以为新药研制提供药物作用靶标，而且通过阻断病原菌固有耐药基因还可使以往对该类菌不起作用的抗生素药物重新焕发抗菌活性。此外，已有研究表明固有耐药基因能够被移动元件捕获进而可水平转移至其他细菌，例如，金黄色葡萄球菌对甲氧西林的耐药是通过获得 mecA 基因，其存在于"葡萄球菌染色体盒"（SCCmec）的可移动遗传元件上，编码对 β-内酰胺抑制不敏感的青霉素结合蛋白（PBP）[64]。许多病原细菌对磺胺类的耐药是由外来 folP 基因或其部分的水平转移介导的。屎肠球菌和粪肠球菌通过获得两个相关基因簇 VanA 和 VanB 之一的万古霉素耐药基因降低对万古霉素的亲和力，其编码修饰肽聚糖前体的酶[65]。因此通过监测固有耐药基因可以预测耐药菌的出现。

7.3.6 细菌耐药性产生与传播的分子机制

1. 基因突变

大多数抗生素以高亲和力特异性结合到其作用靶点从而阻断该靶点的正常活动。细菌通过改变靶点结构来阻止抗生素结合，但该靶点仍能行使其正常功能，由此产生了耐药性[32]。例如利奈唑胺可以与革兰氏阳性菌 23SrRNA 核糖体亚基上的靶位点结合，临床上常用它治疗肺炎链球菌引起的感染，当肺炎链球菌编码 23rRNA 核糖体的基因发生 G2576T 突变后，敏感菌株就能获得对利奈唑胺的抗性[66]。另一个靶点改变的例子是获得与原靶点相似的基因，例如在耐甲氧西林金黄色葡萄球菌（MR-SA）中，通过获

取葡萄球菌染色体 mec 基因盒（SC-Cmec）元件可获得甲氧西林的耐药性。其携带了
*mec*A 基因，可编码 β-内酰胺钝化酶 PBP2a。该蛋白使得细胞壁生物合成在原生 PBP 被
抗生素抑制的情况下还能够发生[67,68]。此外，在抗性大小和突变位点强度的定量研究
中，还发现当两个基因座均进行最佳突变时，细菌获得的耐药性最大，并且随着突变位
点的增加，抗性增益将逐渐降低，而有效突变产生了比无效突变更大的抗性增益。

2. 耐药基因水平转移

水平基因转移（HGT）是获得细菌耐药性的重要机制（除了自发突变外）。HGT 是
DNA 片段（移动遗传元件，MGE）可以在细菌之间转移的过程。细菌中发现的任何辅
助遗传元素本质上都能够获得抗性基因并促进其传播。MGE 的类型随病原体的种类而
变化。革兰氏阳性菌和革兰氏阴性菌之间存在相似之处，但也存在显著差异。

在实验室以及在接近环境条件的微观环境中，已经有许多关于接头转移的研究，
并且这些关于接头转移效率的结果通常存在显著差异。实验表明，自然中的接头转移效
率可能比实验室条件下高几个数量级。此外，顺序累积获得不同的耐药性会导致出现多
种耐药性病原体。

涉及细菌进化和适应的 MGE 的分类正在不断更新。但是，最广泛接受的分类是整
合和共轭元件（ICE）包括转座子、整合子、质粒、基因组岛和其他未分类的元素（整
合在染色体中的元件）。质粒和 ICE 是毒力和抗性基因传递和选择的主要遗传机制，它
们通过剪接、转化和转导三个主要途径进行转移和繁殖。

3. 质粒

质粒是染色体外的自我复制元件，对细菌来说不是必需的，但通常携带和传递细
菌的某些特征因子，如抗药性、毒力、代谢稀有物质的能力和在极端条件下的保留。特
别是，共轭质粒在致病性细菌的进化中发挥着重要作用，因为它们非常容易通过水平转
移在细菌种类之间和内部转移。有一些有趣的研究分析了在所谓的抗生素时代之前质粒
的特性。研究表明，当前分离的大多数质粒与 1917~1954 年间分离的肠道菌群的质粒
基本相同。通过对 84 个没有耐药性决定因素的不同质粒的分析，发现其中 65 个属于目
前的质粒组。可见，由于抗生素的使用，质粒通过添加新的基因获得抗生素抗性具有重
要的临床意义。

参与耐药性和毒力基因转移的主要质粒类型是 Inc 型质粒。IncF 质粒的传播可以导
致高毒力菌株和多重耐药性克隆的出现或爆发，如大肠杆菌 T131 的广泛传播。尽管大
肠杆菌 T131 的传播机制尚未阐明，但通常携带 blaCTX-M-15 的 IncFII 质粒（如
pEK499）似乎可能参与了克隆的传播。这些质粒携带多个细菌家族的耐药性和毒力基
因，如 pEK499 质粒携带两个拷贝的 vagC-vagD 系统（该系统涉及细胞分裂，是维持肺
炎支原体毒力的必要条件）。这些质粒中有多种维持系统，如 Hok-Mok 解离致死系统、
pemI-pemK 和 ccdA-ccdB 毒素/抗毒素（TA）系统。这些系统确保了质粒的维持和稳定
传播，而没有任何抗生素的选择压力。

4. 整合和共轭元件

整合和共轭元件（ICE）是一种自我传播的移动遗传元件，它有助于复制性染色体和质粒基因的横向扩散。随着元基因组学和大规模平行测序技术等新方法的引入，大量新的整合和共轭元件被发现，表明 ICE 在 HGT 中甚至可能比质粒具有更重要的作用。例如，人类共生病原体瑞士链球菌，通过对其全基因组测序，发现了含有多个 MGE 复合结构的 89 kb 的毒力岛（ICESsuSC84）。该毒力岛编码多种耐药性，如对氨基糖苷和四环素的耐药性和抗生素排泄系统，以及表面锚定蛋白 LPXTG（一种促进细菌与真核细胞结合的毒力因子，也存在于乳链球菌中）。鲍曼不动杆菌菌株 ATCC17978 的基因组测序发现了多达 28 个假想的外来岛（通过捕获其他物种的基因形成的岛屿），包括总开放阅读框（open reading frame，ORF）的 17%。这表明该物种已经获得了大量的外来 DNA，并显示了该物种的遗传可塑性。该岛包含 16 个参与毒力的假想基因，如Ⅳ型分泌系统。根据测序，可以知道不同的假想外来岛也可能含有编码抗药性蛋白的基因。

5. 噬菌体介导的转导

在转导过程中，细菌 DNA 片段被包含在病毒 DNA 片段中，当病毒感染其他细菌细胞时，DNA 在宿主细菌细胞中整合并复制。具有不同抗药性和毒力基因的噬菌体在大肠杆菌中很常见。这些噬菌体可以将毒力因子传播给其他可能含有抗药性的细菌。例如，最近在德国爆发了产志贺毒素的大肠杆菌（STEC），其血清型为 O104:H4，它携带由质粒编码的 *blaTEM-1* 和 *blaCTX-M-15* 基因。该菌株具有与肠道聚集性大肠杆菌病原体相同的毒力特征，表明志贺毒素可能从其他肠道出血性大肠杆菌菌株中转出。最近证实，动物环境中存在携带不同耐药基因的噬菌体，如 *blaTEM*，*blcCTX-M* 和 *mecA*，表明噬菌体在环境中能够作为毒力和耐药性载体。

7.3.7　细菌耐药"网络"

近年来，随着组学技术的兴起，在对耐药机制的进一步研究中，人们逐渐认识到，细菌是一个完整的生命。仅仅依靠自然耐药性和获得性耐药性的靶向耐药机制，不足以进一步解释细菌耐药性的产生和传播。研究人员开始更多地从"代谢网络"和"基因网络"的层面进行探索。目前，大多数研究都集中在 SOS 介导的基因网络对细菌耐药性的调控上。例如，喹诺酮类抗生素能与 DNA 回旋酶和 DNA 拓扑异构酶结合，使 DNA 的后代 DNA 在复制过程中不能形成双链结构，这时 RecA 蛋白会被激活，促进 LexA 蛋白的自我清除，引发一系列 SOS 反应，修复受损 DNA，解除抗生素对细菌的威胁。Baharoglu 等发现，在氨基糖苷类抗生素的压力下，霍乱弧菌的碱基切除修复系统可以表达大量的 MutY 蛋白，激活 SOS 反应，翻译 RpoS 蛋白，防止氨基糖苷类抗生素产生的活性氧对细菌 DNA 的进一步破坏。其他研究表明，抗生素诱导的 SOS 反应不仅可以使细菌自我修复损伤，对抗生素产生一定的耐受性，还可以促进整合酶基因的表达，介导耐药基因的水平转移。当环境中存在抗生素胁迫并导致 DNA 损伤时，转录抑制因子 LexA 会促进整合酶基因的表达，引导耐药基因的转录翻译，使宿主细菌获得对环境中抗生素的耐药性。

此外，随着生物信息学的进一步发展，基因聚类分析、功能富集分析、基因交互网络构建等分析方法也将逐步应用于细菌耐药性的分析。研究人员通过基因网络对参与金黄色葡萄球菌抗药性的重要蛋白进行聚类，并分析其相互作用。这些方法可以帮助研究人员从宏观上更好地理解细菌的耐药模型和相应的分子机制，找到更有价值的探索方向。

7.3.8　病原菌耐药检测技术研究

病原菌耐药性问题一直是全球所面临的"同一个世界，同一个健康"的焦点问题，自 2015 年以来，WHO 将每年 11 月的第三周确定为"世界提高抗生素认识周（World Antibiotic Awareness Week，WAAW）"。虽然抗菌药物的耐药性是自然发生的，但是抗菌药物的误用和过度使用加速了这一过程。要解决耐药性问题，不仅需要开发新的抗生素，还需要发展耐药性检测技术，构建耐药性监测体系，提高现有抗生素使用的针对性和有效性，从而延缓和遏制耐药性的蔓延。快速准确的病原菌耐药性检测技术是指导合理使用抗菌药物和建设耐药性监测网络的关键。

病原菌的耐药检测技术及产品按原理可分为两大类：一类是基于表型检测的常规药敏试验及其改良方法，包括稀释法、纸片扩散法（K-B 法）、自动化药敏测定系统和显色培养基法等。药敏试验方法是病原菌药物敏感性和耐药性检测的金标准。有国际化的判定标准指导操作流程和商品化的成套试剂盒，不需要额外的仪器，便于推广与使用。除了可以区分敏感、中介和耐药外，还可定量测试抗菌药物对病原菌的体外活性，获得菌株的 MIC 值。缺点是离不开菌株的分离培养，耗费时间长，且许多生长缓慢或不易培养的病原体无法进行药敏试验，无法揭示耐药性的机制。另一类是基于核酸、多肽、代谢产物等快速检测技术，包括 PCR、核酸探针、生物芯片和组学技术等；主要是对耐药基因以及可移动遗传元件和外排泵基因进行检测。除了用于检测已知的耐药基因及其突变情况、耐药表型预测、多重耐药分析外，还可发现新的潜在的耐药基因。跟传统表型检测相比，对于那些生长缓慢或无法培养的细菌，基因检测的方法更加快速，同时也降低了致病菌的生物危害风险，但鉴于部分病原菌的耐药机制尚不完全清楚，耐药表型与基因型之间没有一一对应关系，无法判断含有耐药基因的菌株是否处于耐药状态，容易造成过度治疗，也无法提供 MIC 值，无法指导临床用药。因此，在检测细菌耐药基因时，还需与常规药敏试验相结合，以提高耐药性诊断结果的可信度。但是，随着新一代测序技术的发展，大数据思潮的深入和检测技术的提高，测序技术有望在细菌耐药机制研究和风险控制方面取得重大进展。为制定耐药控制策略和新药、新技术的研发提供科学数据。

　　每一种耐药检测技术都有其优点和缺点，目前还没有一种独立的耐药检测技术能完成所有的耐药检测工作。其未来的发展趋势是多技术联用的病原菌耐药性快速、定量、高通量检测。因此，要针对不同技术的优劣势设计科学的检测策略，满足不同程度的耐药监测需求。

7.3.9　常规药敏试验及其改良

1. 药敏试验

　　目前，药敏试验是各实验室检测细菌耐药性的常规方法，也是全国细菌耐药监测网（CARSS）和全国动物细菌耐药监测网唯一采用的耐药性检测方法。采用琼脂稀释法和肉汤稀释法稀释抗菌药物的浓度，以能抑制受试菌肉眼可见生长的最低浓度为最低抑制浓度（MIC）。抗菌剂对致病菌的体外活性可以得到定量检测。此外，还有相应的商业盘式扩散法和 E-test 法进行药敏试验，如英国 OXOID、美国 BD 药敏纸和法国生物梅里埃 E-TEST 药敏纸等。在盘式扩散法中，将含有定量抗菌剂的滤纸粘贴在接种有试验菌的琼脂表面，纸上的药物在琼脂中扩散。随着扩散距离的增加，抗菌剂的浓度呈对数下降，因此在滤纸周围形成了一个浓度梯度。同时，在纸片周围抑菌浓度范围内的菌株不能生长，而抑菌范围外的菌株可以生长。因此，在纸的周围形成了一个透明的抑菌圈，抑菌圈的大小反映了被测细菌对药物的敏感性。无论是圆盘法得到的抑菌区直径，还是稀释法、浓度梯度法得到的 MIC 值，都需要转化为更直观的结果，如敏感性或耐药性，以指导临床药物的选择。在国际上，金标准是由美国临床和实验室标准协会（CLSI）或欧盟药物敏感性委员会（EUCAST）制定的药物敏感性测定标准。我国的临床微生物实验室和食源性微生物实验室主要参照 CLSI 的标准进行药敏试验和结果解释。

　　2013 年美国 CLSI 首次发布独立的兽医药物敏感性试验标准——《动物源细菌抗菌药物敏感性试验纸片法与稀释法执行标准》（VET01）。我国的动物源细菌耐药判定系统参照了丹麦的 DANMAP、美国的 NARMS 等国际动物源性耐药性监测系统，根据动物临床用药实践、药物选择性原则、药敏判定标准和专家建议，中国兽医药品监察所设计了中国动物细菌耐药性检测板。确定了耐药性检测的药物种类和药物浓度范围。

　　除了常见的细菌耐药检测以外，支原体耐药检测、真菌耐药检测以及寄生虫耐药检测同样应引起重视。同细菌耐药检测一致，真菌和支原体的耐药检测同样使用稀释法、纸片扩散法等常规耐药检测方法，其中支原体耐药检测则只有针对人体支原体的药敏试验方法 CLSI-M43AE，人源真菌耐药检测可参照 CLSI-M60，而对于畜禽源真菌以及支原体的耐药检测，国际和国内尚未有相应的耐药判定标准进行指导。而传统的寄生虫耐药检测主要包括体内粪便虫卵计数检测和体外虫卵孵化分析、幼虫/成虫发育试验等。

2. 自动化药敏检测仪器

在传统的微生物培养、生化鉴定和药敏试验原理的基础上，病原菌的药敏检测和鉴定技术已逐渐从人工检测转向综合自动检测。主要包括增菌培养，生化鉴定和药敏分析三个部分。实验步骤通常先将待测菌的纯培养物制成相应浓度的菌悬液，再针对不同菌属使用相应药敏试板来检测相应菌种的耐药性，这些全自动微生物鉴定及药敏分析系统操作简单，极大地节省了工作时间及工作量。但是往往局限于其内部数据库，需要及时更新数据库才能确保结果的准确性。主要品牌包括法国生物梅里埃的 Vitek 系统、美国 BD 公司的 Phoenix 系统、美国贝克曼库尔特的 MicroScan WalkAway 系统和 Thermo Scientific 的 ARIS 2X 等；国产品牌有 MA-120 微生物鉴定/药敏分析系统、DL-96 细菌测定/药敏分析系统和 XK 型自动细菌鉴定/药敏分析仪。与国际品牌相比，国产仪器差距较大。具体体现在菌种鉴定种类少，自动化程度低。国外仪器采用动态监测方法，即每隔一段时间进行监测并与数据库曲线对比，通常在 2～6 小时得到大部分结果；国产仪器采用终点培养法，需要经过 24 小时或 48 小时培养后才能上机读取结果。国外品牌占据国内大部分市场份额，国产自动化药敏检测仪器并未规模使用。

3. 耐药显色培养基

耐药菌的发色培养基方法是根据不同病原体在代谢过程中可产生的特定酶。通过在培养基中加入相应的底物、指示剂和抗生素，使敏感细菌不能生长，而相应的耐药病原体可以生长。不同的酶底物在耐药病原体的作用下，释放出不同的发色团或荧光分子，产生不同的颜色。直接观察菌落颜色可以检测出目标耐药菌的存在，从而可以同时实现对耐药病原体的分离和鉴定。该技术将传统的病原菌分离、生化反应鉴定和药敏分析有机地结合起来，检测结果直观。用于耐甲氧西林金黄色葡萄球菌的 MRSA 显色培养基、用于耐万古霉素肠球菌的 VER 显色培养基、用于耐青霉素肺炎链球菌和耐碳青霉烯菌的 PRP 显色培养基已被商业化应用于耐药菌的筛选。主要品牌有法国科玛嘉的 CHROMagar™ 和印度 HiMedia 的 HiCrome™ 生色培养基。中国检验检疫科学研究院也开发了用于耐喹诺酮的沙门氏菌的色原培养基。但目前国内还没有耐药性变色培养基的商业产品。

7.3.10　现代耐药检测技术

近年来，PCR、基因芯片等技术在快速检测耐药性方面迅速发展。随着后基因组时代的到来，基因组学、代谢组学等组学技术相继出现，为耐药检测提供了新的手段和思路。

1. PCR 技术

体外核酸扩增的 PCR 技术在耐药基因的检测中发挥了重要作用，包括普通 PCR 技术、多重 PCR 技术、荧光定量 PCR 技术、LAMP 等。包括耐甲氧西林的金黄色葡萄球菌、耐利福平的结核分枝杆菌、超级细菌等的检测。在临床上，利用 PCR 技术检测耐药性基因片段的商业检测系统已经产生，如 BD 公司的 GeneOhm 系统和 Cepheid 公司的 GeneXpert 系统，可以在几小时内完成样本的检测。而且由于基因检测方法的稳定性和可重复性，是目前国内外学者使用最广泛的非培养物耐药性检测方法。基于 PCR 技术，中国检验检疫科学研究院先后建立了大肠菌群、沙门氏菌、金黄色葡萄球菌、蜡样芽孢杆菌、克隆杆菌、单核细胞增生李斯特菌等的耐药性检测方法。

2. 基因芯片技术

基因芯片技术是一种整合了 PCR 技术和 DNA 探针技术的高通量自动检测技术。其基本原理是将一组已知序列的核酸探针固定在底物上，与未知序列进行杂交，最后通过荧光或其他信号方法进行检测和确认。尽管其灵敏度与 PCR 相似，但它具有绝对的优势，如高通量、多参数、高精度和快速分析。例如，Cepheid 公司的 UnyveroTMP50 试剂盒可以在 4 小时内同时检测包括 β-内酰胺和氟喹诺酮在内的 22 种耐药基因。北京博奥生物有限公司生产的结核分枝杆菌多药耐药基因芯片检测试剂盒可同时检测利福平和异烟肼耐药性，大大缩短了检测时间。

3. 基于组学技术的耐药检测

随着组合技术的发展、大数据思潮的深入和检测技术的提高，组合技术有望在细菌耐药机制和风险控制的研究中取得重大进展。为耐药控制策略的制定和新药技术的研发提供科学数据。近年来，研究发现，病原菌的耐药机制不仅与特定的"靶基因"理论有关，还与细菌蛋白网络的变化有关。细菌暴露在抗菌剂中会引起自身基因的随机突变，进而导致基因转录和蛋白质表达的一系列变化。借助于基因组学、蛋白质组学、代谢组学等技术，从而为耐药性的检测提供一个新的方向，主要包括全基因组测序、飞行时间质谱和拉曼组技术。

1）全基因组测序

随着全基因组测序技术的发展，全基因组测序也已经深入到各个研究领域，包括细菌耐药性的研究。全基因组测序可以提供测试样本的完整序列，通过数据库分析可以发现大量的信息。除了用于检测已知的耐药基因及其突变、耐药表型预测和多重耐药分析外，还可以发现新的潜在耐药基因，具有其他技术无法比拟的优势。此外，全基因组测序在多药耐药菌株的爆发中发挥了重要作用。例如，在美国许多医院爆发 MRSA 的过程中，通过全基因组测序比较了金黄色葡萄球菌敏感菌株和耐药菌株的差异，充分研究了病原体的耐药机制。中国检验检疫科学研究院基于新一代测序技术，建立了相关食品中细菌多样性的分析方法，研究了动物源性食品、乳及乳制品等食品中主要病原菌的耐药现状，分析了细菌耐药性产生和传播的分子机制。主要的高通量测序平台包括美国 Illumina 公司的 HiSeq（二代测序）和英国 Oxford Nanopore 公司的 GridION X5（三代测序）等。

2）飞行时间质谱

基质辅助激光解吸电离飞行时间质谱法（MALDI-TOF-MS）是一种新型的软电离生物质谱法。其原理是生物大分子被电离，离子在电场作用下加速通过飞行管，根据到达检测器的不同飞行时间形成蛋白质指纹图谱，然后通过软件与数据库中的标准指纹进行比对，即可确定所检测的微生物类型，具有灵敏度高、准确度高、速度快等优点。MALDI-TOF-MS 技术主要用于细菌的鉴定，然后逐步应用于耐药性的检测和耐药机制的研究。主要是通过检测抗菌剂的修饰和水解来检测细菌耐药性相关酶的存在。或通过比较耐药菌株和敏感菌株的指纹来判断耐药菌株和敏感菌株，从而达到检测细菌耐药性的目的。其主要的生产厂家包括法国生物梅里埃、德国布鲁克和日本岛津 3 家公司，而国内品牌在 2017 年井喷式发展，目前主要包括毅新博创、江苏天瑞（厦门质谱）和融智生物等 11 家公司推出产品，但市场上仍是法国生物梅里埃和德国布鲁克为主，国产仪器稳定性还需市场进一步验证。

3）拉曼组技术

基于拉曼组的耐药性检测技术是由中国科学院青岛能源研究所单细胞中心于2016 年提出。拉曼群是一个细菌细胞群在特定条件和时间点下的单细胞拉曼光谱的集合。每个单细胞拉曼光谱由数千个对应于一类化学键的拉曼峰组成，反映了特定细胞中化学成分和含量的多维信息，其测量不需要破坏细胞或进行标记。通常只需要几秒钟甚至几毫秒。因此，对于任何细菌群体来说，其代谢物的测量和监测的变化可以直接反映和描述其对特定抗菌剂的敏感性和耐受性。不同的抑菌机制会引起细胞内代谢物的不同变化，因此拉曼组的变化也有可能区分甚至识别各种药物应激机制。通过高通量的单细胞拉曼成像，我们可以在无须培养的情况下，快速、定性、定量地识别细菌的药物应激，并区分其应激机制。通过重水标记单细胞拉曼耐药性快检技术与单细胞拉曼药物应激条形码的原理，引入了最小代谢活性抑制浓度（MIC-MA）的概念。于 2018 年发布了自主研发的国内外首台临床单细胞拉曼耐药性快检仪 CAMR-R 的样机。但由于还处于研发阶段，并无成熟菌株鉴定或耐药数据库，商品化应用还需进一步研究验证。

7.3.11　食品微生物治理策略

细菌耐药性是全球性问题，全世界因感染而造成的死亡中，由耐药菌引起的急性呼吸道感染、腹泻、麻疹、艾滋病、疟疾和结核占 85%以上。食品是这些耐药菌的一大主要来源，世界范围内对食品微生物的耐药机制及传播的研究也一直有所进展。目前，世界各国根据对食品微生物的耐药机制及传播研究制定了相关的抗生素耐药性问题的治理策略，参考欧美等发达国家和地区对抗生素耐药性问题的治理策略有助于我国从中获得启发，为中国参与全球卫生治理，充分发挥大国责任，为《遏制细菌耐药性国家行动计划（2016—2020）》的顺利实施提供决策依据。

1. 美国对食品微生物的治理策略

20 世纪 90 年代，世界卫生组织（WHO）呼吁全球关注 AMR 问题。面对抗生素耐药菌如此严重的威胁，美国也开始开展反对滥用抗生素的运动，逐步建立了严格的抗生素使用管理制度，并出台了一系列政策鼓励新型抗生素的研究和开发。涉及食品微生物的管理策略主要包括以下几点。①国家抗生素耐药性监测系统（NARMS），是由美国农业部和美国疾病控制与预防中心（CDC）合作建立的。主要负责监测抗生素对人类和动物肠道细菌的敏感性，并向公众提供 NARMS 年度总结报告和定期报告监测结果，为其他 AMR 研究交流提供一个平台。该系统是与 FDA 的兽药中心（FDA/CVM）、美国农业部（USDA）和 CDC 合作建立的。起初，任务是监测 10 多种抗生素对人类和动物肠道细菌的敏感性。随着治疗的进展，监测的种类和数量也在增加。NARMS 项目由两部分组成：人类组和牲畜组。人类组的样本由 17 个州和地方卫生部门提供，由（NCID）和 CDC 在亚特兰大的佐治亚州国家传染病中心进行检测。②动物肠道分离物的敏感性由美国农业部、农业研究局（ARS）和佐治亚州的 Russell 研究中心检测。相关工作应以总结报告的形式提交给 NARMS，并定期召开会议汇报检测结果；其次，美国 50 个州都设立了州级项目，监测当地重要的多重耐药生物，FDA 应与 USDA 合作，杜绝食用动物使用高级抗生素来促进生长。美国 FDA、USDA 和环保部应在食品动物抗生素使用的监测和耐药性模型、种间遗传病和研发成果等共同领域加强合作。杜绝将重要的医用抗生素作为家禽和牲畜的生长促进剂使用。③美国食品和药物管理局规定，新批准的抗生素不能作为动物饲料的添加剂，只能作为动物的处方药使用。近年来，美国对兽用抗生素的管理逐步趋于严格。自 2010 年起，医用抗生素和兽用抗生素被分开，具有重要医疗用途的抗生素逐渐被禁止在水产养殖业中使用。从 2014 年起，将禁止在动物饲料中添加预防性抗生素，并实施严格的监测计划。

2. 英国对食品微生物的治理策略

2000 年以来，英国开始重视 AMR 问题，建立了几种耐药菌的临床感染监测系统，随后积极修订《抗生素临床使用指南》，加强合理使用抗生素的教育和培训，在国家层面成立了 AMR 专家咨询委员会，从立法角度为合理使用抗生素提供规范性意见。在欧盟宣布实施全面应对抗生素耐药性的五年行动计划后，英国于 2013 年发布了应对抗生素耐药性的五年国家战略（UK Five Year Antimicrobial Resistance Strategy 2013 to 2018）。从国家综合治理的角度出发，构建了一个涉及公共卫生、动物卫生、环境卫生等政府部门和团体的综合性 AMR 治理体系，旨在提高公众和专业人士对 AMR 的认识。保持现有抗生素的有效性，促进新抗生素和快速诊断方法的开发，从而控制耐药菌的出现和传播，减少 AMR 造成的健康后果和疾病经济负担。涉及食品微生物的管理策略主要包括以下内容：①为了减少动物感染细菌性疾病的可能性，环境、食品和农村事务部制定了一系列措施：要求养殖场建立良好的消毒程序，安排专业人员对环境进行消毒；房屋设计符合相关规范，注意通风设置；定期检测传染病，必要时为牲畜注射疫苗。同时，环境、食品和农村事务部负责制定动物抗生素处方应用指南，尽量减少预防性抗生素的使用，尽量减少动物使用抗生素的需要。②开展生命科学战略等项目，支持基础科学的发展，为药物和技术的创新提供支持，为抗生素的开发投资提供政策支持，并采取激励措施，鼓励企业研发新抗生素，创新临床试验程序，优先考虑新抗生素的上市审评。开放抗生素研究课题，为生命科学研究企业和学者搭建合作平台，推出"经度奖"，向国际发出联合开发新抗生素的邀请，支持新的快速诊断方法研究，将基因组测序技术引入耐药性细菌爆发流行病学研究，帮助快速识别细菌、病毒和真菌病原体及其耐药基因。

3. 我国对食品微生物的治理策略

1）兽用抗生素的合理使用

尽管有大量证据表明，在畜牧业和水产养殖业中使用抗生素会导致耐药菌的产生和传播，对人体健康造成威胁。但是，抗生素在减少动物的疾病和痛苦，减少农业和畜牧业中不必要的损失过程中起着至关重要的作用。在我国并不盲目禁止在农牧业中使用抗生素，但需要合理控制，减少其对人类健康的威胁。

根据兽用抗生素的安全性、药残和抑制机制，分为治疗用和饲料用抗生素。我国制定了《兽药管理条例》《兽药生产质量管理规范》《兽药经营质量管理规范》等文件，规范兽用抗生素的生产、销售和使用，并将逐步采取措施，防止抗生素耐药性在食物链中的出现和蔓延。2016 年 8 月，我国颁布了《遏制细菌耐药性国家行动计划（2016—2020 年）》，提出要加强兽用抗菌药的监督管理，实行分类管理制度，加强兽用饲料添加剂管理，减少预防性用药，禁止在养殖业中使用重要医用抗菌药。制定医兽用抗生素分类表，对人畜共用或易产生交叉耐药性的抗生素逐步退出使用，有效控制动物源性主要耐药菌的生长。

2）兽用抗生素的风险评估

抗生素的合理使用可以降低肉类中耐药菌的发生率，保证食品安全。这不仅需要相关法律的限制，还需要提供相关的风险评估作为依据。评估目前使用的兽用抗生素以及新开发的抗生素的抗药性风险。目前，主要的评估方法是检测最低预防浓度下的连续通过细菌的突变率。然而，这种方法不足以为新药的开发和使用提供令人信服的数据支持，新的评价方法还有待开发和改进。例如，确定各种耐药基因是否已经存在于各种宏基因组中，以及这些耐药基因是否可以稳定地转移到相关病原体上或继续转移。此外，研究基因突变增强耐药菌对抗生素耐药性的机制和相关系数也是非常重要的。通过这些数据结合养殖环境和细菌在动物宿主中的分布等信息，我们可以更好地预测微生物对抗生素的耐药性，开发和使用更具针对性的药物。

3）耐药菌和基因的检测与监控

掌握肉类食品中耐药菌的产生和传播，并对其进行有效阻断，对肉类食品中耐药菌和基因的监测是非常必要的。完整的耐药菌监测体系应涉及肉类食品及其加工过程。

根据实际情况，各国对肉类食品中的耐药菌进行了重点监测。美国主要检测零售猪、牛、鸡肉中的耐药沙门氏菌、弯曲杆菌和耐药肠球菌；欧洲主要监测猪、牛、禽肉中的大肠杆菌、葡萄球菌、肠球菌和沙门氏菌的耐药性。目前，我国肉类食品中耐药菌的监测体系还不完善，但从 2016 年到 2020 年，将在现有机构的基础上逐步建立健全全国兽用抗菌药应用和动物源细菌耐药性监测网络。监测区域将涵盖养殖场和肉类流通市场。在获得动物源细菌耐药性流行病学数据的同时，建立细菌耐药性参考实验室和标本数据库，提高检测技术水平。目前，耐药菌的检测主要采用微生物分离鉴定和 PCR 检测技术。然而，随着耐药菌的迅速蔓延和多重耐药菌株的层出不穷，传统的微生物学研究方法和技术已处于劣势，需要开发和应用新的技术和方法。剑桥大学的 U. Claudio 和英国临床微生物学实验室的 Matthew J. Ellington 指出，基因组测序技术（NGS）有望在细菌耐药性的研究和控制方面取得重大进展。NGS 的优势之一是它能够以前所未有的分辨率"洞察"抗生素耐药性的出现和传播。Bryant 等通过 NGS 证明了耐药性基因在多重耐药的脓肿分枝杆菌中的转移机制。研究发现，脓肿分枝杆菌的耐药基因不仅可以在患者之间转移，还可以转移到其他病原体，如铜绿假单胞菌[69,70]。此外，NGS 在人类和肉类食品之间的耐药性基因传播方面也显示出其独特的优势。在比较了从苏格兰本地动物中分离出的鼠伤寒沙门氏菌的耐药基因后，得出的结论是：耐药基因与以往的研究不同，即耐药基因不是由本地动物传播的，而是来自进口肉类。虽然，目前 NGS 在肉类食品耐药菌监测中的成本过高，但随着大数据思潮的深入和检测技术的提高，NGS 有望在耐药性的检测和控制中得到广泛应用[71]。此外，随着对耐药性机制的深入研究和新药的开发与验证，测序技术在细菌耐药性研究和风险控制方面的优势将越来越明显。

参 考 文 献

[1] 邱清华, 邓绍云. 我国食品检测技术发展现状与展望[J]. 江苏科技信息, 2014, (21): 47-48.

[2] Shang Y, Ye Q, Cai S, et al. Loop-mediated isothermal amplification (LAMP) for rapid detection of Salmonella in foods based on new molecular targets[J]. LWT—Food Science and Technology, 2021, 142(11): 110999.

[3] Baker K S, Campos J, Pichel M, et al. Whole genome sequencing of Shigella sonnei through PulseNet Latin America and Caribbean: Advancing global surveillance of foodborne illnesses[J]. Clinical Microbiology & Infection, 2017, 23: 845-853.

[4] Milton A, Momin K M, Ghatak S, et al. Development of a novel polymerase spiral reaction (PSR) assay for rapid and visual detection of *Staphylococcus aureus* in meat[J]. LWT—Food Science and Technology, 2020: 110507.

[5] Li F, Ye Q, Chen M, et al. An ultrasensitive CRISPR/Cas12a based electrochemical biosensor for Listeria monocytogenes detection[J]. Biosensors & Bioelectronics, 2021: 113073.

[6] Carvalho G G, Calarga A P, Teodoro J R, et al. Isolation, comparison of identification methods and antibiotic resistance of *Cronobacter* spp. in infant foods[J]. Food Research International, 2020, 137: 109643.

[7] Wang S, Fan Y, Feng Z, et al. Rapid nucleic acid detection of *Escherichia coli* O157: H7 based on

CRISPR/Cas12a System[J]. Food Control, 2021.

[8] Btfm A, Ecda A, Rsy A, et al. Persistence of *Yersinia enterocolitica* bio-serotype 4/O: 3 in a pork production chain in Minas Gerais, Brazil[J]. Food Microbiology, 2020, 94: 103660.

[9] 马莉. 微生物检测新技术在食品安全检测中的应用[J]. 食品安全导刊, 2020, 271(12): 164-165.

[10] 李勤. 微生物检测技术及其在食品安全中的应用[J]. 食品研究与开发, 2012, 33(9): 217-220; 陈阳. 浅析微生物检测技术在食品安全检测中的应用[J]. 科技资讯, 2015(7): 82.

[11] 田静, 刘秀梅, 任雪琼, 等. 食品微生物学检验方法标准体系跟踪评价[J]. 中国食品卫生杂志, 2017, 29(3): 351-355.

[12] Teramura H, Sekiguchi J, Inoue K. A novel chromogenic screening medium for isolation of enterohemorrhagic Escherichia coli [J]. Biocontrol Sci, 2013, 18(2): 111-115.

[13] Webb K, Ritter V. CHROMagar Salmonella Detection Test Kit. Performance Tested Method 020502 [J]. J AOAC Int, 2009, 92(6): 1906-1909.

[14] 陈爱亮. 食源性病原微生物快速检测技术应用现状与发展趋势[J]. 食品安全质量检测学报, 2014(1): 173-186.

[15] Hou H M, Zhang G L, Sun L M. Preliminary analysis of bacterial flora in turbot *Scophthalmus maximus* Cultured in Deep Well Seawater[J]. Advanced Materials Research, 2013, 781-784: 1677-1680.

[16] 马妍. 论新技术在食品微生物检验检测中的应用[J]. 食品科技, 2020, 6(18): 137.

[17] 孙树兵. 微生物检测技术在食品安全检测中的应用[J]. 化工管理, 2020(28): 161-162.

[18] 何宏艳. 核酸杂交技术在食品微生物检验中的应用[J]. 中国卫生检验杂志, 2005, 15(6): 767-768.

[19] 冯秋芳, 崔虹, 吴芳媛, 等. 新技术在食品微生物检验检测中的应用[J]. 食品安全导刊, 2017(32): 20.

[20] 夏天爽. 流式细胞术在食品微生物检测领域的研究进展[J]. 食品安全导刊, 2019, (34): 62-64.

[21] Ishimaru Masako. Comparative study of rapid ATP bioluminescence assay and conventional plate count method for development of rapid disinfecting activity test[J]. Luminescence, 2021, 36(3): 826-833.

[22] 王少林. 电阻抗法检测食品细菌总数[J]. 吉林粮食高等专科学校学报, 2002(3): 13-18.

[23] 苏万春, 陈彩虹, 董理. 食品检验中微生物检测技术的应用分析[J]. 工业, 2020, 1(4): 378.

[24] 张进生, 乔政, 刘宁, 等. 生物反馈电刺激联合托特罗定治疗膀胱过度活动症合并轻度认知障碍: 前瞻性随机对照研究[J]. 中国微创外科杂志, 2019, 19(8): 673-676, 683.

[25] 龚艳清, 陈信忠, 郭书林, 等. MALDI-TOF-MS 方法检测、鉴定副溶血性弧菌[J]. 食品安全质量检测学报, 2013, 4(2): 521-527.

[26] 木奇日. 新技术在食品微生物检验检测中的应用[J]. 现代食品, 2019, (4): 159-162.

[27] 窦颖, 孙晓荣, 刘翠玲, 等. 基于拉曼光谱技术的面粉品质快速检测[J]. 食品科学, 2014, 35(22): 185-189.

[28] 张丽萍, 高涛, 张克俭, 等. 食品中单增李斯特菌检验方法的应用研究[J]. 中国卫生检验杂志, 2014, 24(3): 366-367, 371.

[29] 何艳, 蒋涛. 基于链置换反应的 DNA 等温扩增技术应用进展[J]. 医学综述, 2010(1): 24-27.

[30] 魏建萍. 微生物检测技术在食品安全检测中的运用与发展研究[J]. 口岸卫生控制, 2020, 25(4): 39-40, 43.

[31] 魏启文, 崔野韩, 王艳. 我国采用国际食品法典标准的对策研究[J]. 农业质量标准, 2005(6): 10-14.

[32] 宋雯. 标准之路 ISO 简史[J]. 中国标准导报, 2013(6): 78-79.

[33] 徐彩娟. 美国分析化学家协会(AOAC)简介[J]. 香料香精化妆品, 1991(2): 88-89.

[34] Haghighifar Elham, Dolatabadi Razie Kamali, Norouzi Fatemeh. Prevalence of blaVEB and blaTEM genes, antimicrobial resistance pattern and biofilm formation in clinical isolates of *Pseudomonas*

aeruginosa from burn patients in Isfahan, Iran[J]. Gene Reports, 2021: 23.

[35] Fihn Conrad A, Carlson Erin E. Targeting a highly conserved domain in bacterial histidine kinases to generate inhibitors with broad spectrum activity[J]. Current Opinion in Microbiology, 2021: 61.

[36] Maganha de Almeida Kumlien Ana Carolina, Borrego Carles M, Balcázar José Luis. Antimicrobial resistance and bacteriophages: An overlooked intersection in water disinfection[J]. Trends in Microbiology, 2021, 29(6).

[37] Li Yu, Yang Xiaojuan, Zhang Jumei, et al. Molecular characterisation of antimicrobial resistance determinants and class 1 integrons of Salmonella enterica subsp. enterica serotype Enteritidis strains from retail food in China[J]. Food Control, 2021: 128.

[38] Al-Shamiri Mona Mohamed, Zhang Sirui, Mi Peng, et al. Phenotypic and genotypic characteristics of Acinetobacter baumannii enrolled in the relationship among antibiotic resistance, biofilm formation and motility[J]. Microbial Pathogenesis, 2021: 155.

[39] Yang Yiwen, Chen Ningxue, Sun Lan, et al. Short-term cold stress can reduce the abundance of antibiotic resistance genes in the cecum and feces in a pig model[J]. Journal of Hazardous Materials, 2021: 416.

[40] Li Zheng-Hao, Yuan Li, Geng Yi-Kun, et al. Evaluating the effect of gradient applied voltages on antibiotic resistance genes proliferation and biogas production in anaerobic electrochemical membrane bioreactor[J]. Journal of Hazardous Materials, 2021: 416.

[41] Fan Limin, Li Fajun, Chen Xi, et al. Metagenomics analysis reveals the distribution and communication of antibiotic resistance genes within two different red swamp crayfish Procambarus clarkii cultivation ecosystems[J]. Environmental Pollution, 2021: 285.

[42] Chen Jia, Wang Tingting, Zhang Ke, et al. The fate of antibiotic resistance genes (ARGs) and mobile genetic elements (MGEs) from livestock wastewater (dominated by quinolone antibiotics) treated by microbial fuel cell (MFC)[J]. Ecotoxicology and Environmental Safety, 2021: 218.

[43] Wang Duo, Gong Chunguang, Gu Hanjie, et al. Bicistronic operon YhaO-YhaM contributes to antibiotic resistance and virulence of pathogen Edwardsiella piscicida[J]. Aquaculture, 2021, 541.

[44] Liu Y Y, Wang Y, Walsh T R, et al. Emergence of plasmid-mediated colistin resistance mechanism MCR-1 in animals and human beings in China: A microbiological and molecular biological study[J]. Lancet Infectious Diseases, 2016.

[45] Aarestrup F. Get pigs off antibiotics[J]. Nature, 2012, 486: 465-466.

[46] LozanoMuñoz Ivonne, Wacyk Jurij, Kretschmer Cristina, et al. Antimicrobial resistance in Chilean marine-farmed salmon: Improving food safety through One Health[J]. One health (Amsterdam, Netherlands), 2021: 12.

[47] Moghnia Ola H, Rotimi Vincent O, Al Sweih Noura A. Monitoring antibiotic resistance profiles of fecal isolates of enterobacteriaceae and the prevalence of carbapenem-resistant enterobacteriaceae among food handlers in Kuwait[J]. Journal of Global Antimicrobial Resistance, 2021.

[48] Gladstone Rebecca A, McNally Alan, Pöntinen Anna K, et al. Emergence and dissemination of antimicrobial resistance in *Escherichia coli* causing bloodstream infections in Norway in 2002–17: A nationwide, longitudinal, microbial population genomic study[J]. The Lancet Microbe, 2021.

[49] Borelli Tiago Cabral, Lovate Gabriel Lencioni, Scaranello Ana Flavia Tonelli, et al. Combining functional genomics and whole-genome sequencing to detect antibiotic resistance genes in bacterial strains co-occurring simultaneously in a Brazilian hospital[J]. Antibiotics, 2021, 10(4).

[50] Kakoullis Loukas, Papachristodoulou Eleni, Chra Paraskevi, et al. Mechanisms of antibiotic resistance in important gram-positive and gram-negative pathogens and novel antibiotic solutions[J]. Antibiotics,

2021, 10(4).

[51] 周勇, 和鹏, 侯水平, 等. 重症监护病房耐亚胺培南铜绿假单胞菌耐药机制和分子分型的研究[J]. 实用预防医学, 2021, 28(4): 446-449.

[52] Kyriakidis Ioannis, Vasileiou Eleni, Pana Zoi Dorothea, et al. Acinetobacter baumannii Antibiotic Resistance Mechanisms[J]. Pathogens (Basel, Switzerland), 2021, 10(3).

[53] Tanveer M A. 食源性、动物源和人源单核细胞增生李斯特菌遗传多样性与基因组特征[D]. 杭州: 浙江大学, 2022.

[54] 徐淼, 刘明宇, 黄竹, 等. 饲料酸化剂替代抗生素的作用机制及应用研究进展[J]. 畜牧与饲料科学, 2021, 42(1): 51-55.

[55] 蓝素桂, 李治蓉, 苏爱秋, 等. 金黄色葡萄球菌抗生素耐药研究进展[J/OL]. 食品与发酵工业: 1-10[2021-05-19].

[56] Aertker Kristina M J, Chan H T, Lohans C T, et al. Analysis of β-lactone formation by clinically observed carbapenemases informs on a novel antibiotic resistance mechanism[J]. Journal of Biological Chemistry, 2020, 295(49).

[57] 李昕, 曾洁, 王岱, 等. 细菌耐药耐受性机制的最新研究进展[J]. 中国抗生素杂志, 2020, 45(2): 113-121.

[58] Bello-López Elena, Rocha-Gracia Rosa del Carmen, Castro-Jaimes Semiramis, et al. Antibiotic resistance mechanisms in *Acinetobacter* spp. strains isolated from patients in a paediatric hospital in Mexico[J]. Journal of Global Antimicrobial Resistance, 2020: 23.

[59] 陈炳龙, 杜红心, 周政, 等. 23S rRNA 突变和 *ermB* 基因与解脲脲原体对大环内酯类抗生素耐药的关系研究[J]. 当代医学, 2020, 26(33): 13-16.

[60] 李恒山. 副猪嗜血杆菌耐药性研究[J]. 当代畜禽养殖业, 2020(11): 19-20.

[61] Bakhta Bouharkat, Aicha Tir Touil, Catherine Mullié, et al. Bacterial ecology and antibiotic resistance mechanisms of isolated resistant strains from diabetic foot infections in the north west of Algeria[J]. Journal of Diabetes & Metabolic Disorders, 2020.

[62] 张雪颖. 食品体系中的抗生素耐药性研究[J]. 检验检疫学刊, 2020, 30(1): 104-105, 126.

[63] 农芳丽, 刘海泉, 赵勇. 食品中抗生素耐药性研究进展[C] //中国食品科学技术学会. 中国食品科学技术学会第十六届年会暨第十届中美食品业高层论坛论文摘要集. 2019: 2.

[64] 陆继爽, 李波, 单春乔, 等. 抗生素耐药性研究进展[J]. 中国兽医学报, 2019, 39(10): 2088-2095.

[65] 如何对抗"超级细菌"[J]. 百科知识, 2019(14): 1.

[66] 陈红英, 王月颖, 傅思武. 抗生素在养殖业中的应用现状[J]. 现代畜牧科技, 2019(5): 1-3.

[67] 贾征. 抗生素耐药性防治措施[J]. 国外医药(抗生素分册), 2019, 40(1): 5-8.

[68] 全球抗生素耐药性处于非常高的水平[J]. 世界最新医学信息文摘, 2018, 18(97): 14.

[69] Grogono D, Bryant J, Rodriguez-Rincon D, et al. Whole-Genome Sequencing Reveals Global Spread of Mycobacterium abscessus Clones Amongst Patients with Cystic Fibrosis. C25. Non-tuberculous Mycobacteria: From Bench to Clinic[M]. American Thoracic Society, 2017: A7650-A7650.

[70] Baharoglu Z, Mazel D. SOS, the formidable strategy of bacteria against aggressions[J]. FEMS Microbiology Reviews, 2014, 38(6): 1126-1145.

[71] Ellington M J, Ekelund O, Aarestrup F M, et al. The role of whole genome sequencing in antimicrobial susceptibility testing of bacteria: Report from the EUCAST Subcommittee[J]. Clinical Microbiology and Infection, 2017, 23(1): 2-22.

第8章 中国进出口食品生物安全战略研究

8.1 概 述

《中华人民共和国生物安全法》指出，"所称生物安全，是指国家有效防范和应对危险生物因子及相关因素威胁，生物技术能够稳定健康发展，人民生命健康和生态系统相对处于没有危险和不受威胁的状态，生物领域具备维护国家安全和持续发展的能力。"其中列举了适用于该法的八大类活动，其中"防控重大新发突发传染病"与食品特别是进出口食品有着密切联系[1]。《中华人民共和国生物安全法》第六条规定"国家加强生物安全领域的国际合作，履行中华人民共和国缔结或者参加的国际条约规定的义务，支持参与生物科技交流合作与生物安全事件国际救援，积极参与生物安全国际规则的研究与制定，推动完善全球生物安全治理"。因此，在开展"中国进出口食品安全国际共治发展战略"研究时，考虑与中国进出口食品安全密切相关的生物安全战略，梳理国际条约、国际标准等信息，以及全世界一起努力共同防范因食品国际贸易可能造成的生物安全风险十分必要。

现在卫生领域正在兴起"One Health"（"健康一体化"，又称"全健康"）方法，意指多学科共同合作为人类健康、动物健康、环境健康三者共同成为一个健康整体而进行的工作和努力。在该框架下，食品安全是处于中心位置的重要环节，许多重要的人畜共患病控制（可以在动物和人类之间传播的疾病，如流感、狂犬病和裂谷热）与食品生产链中的动植物及其产品存在一定的关联，同时对抗抗药性（当细菌暴露于抗生素后变得更难以治疗时）方面也同食品安全有一定的相关性[2]。这更进一步说明食品安全与生物安全的现实联系以及可以在"One Health"框架下的共同防控。

作为食品安全的重要组成部分，进出口食品的生物安全首先要遵循相关法律法规的规定。以中国为例，与进出口食品生物安全相关的法律法规有《中华人民共和国生物安全法》、《中华人民共和国食品安全法》、《中华人民共和国进口食品安全管理办法》、《中华人民共和国进出口商品检验法》及其实施条例、《中华人民共和国进出境动植物检疫法》及其实施条例和《国务院关于加强食品等产品安全监督管理的特别规定》等。《中华人民共和国食品安全法》第九十二条规定："进口的食品、食品添加剂、食品相关产品应当符合我国食品安全国家标准。进口的食品、食品添加剂应当经出入境检验检疫机构依照进出口商品检验相关法律、行政法规的规定检验合格。进口的食品、食品添加剂应当按照国家出入境检验检疫部门的要求随附合格证明材料"[3]。

"跨境"就离不开国际条约、国际组织和国际标准（技术指南）。与进出口食品生物安全相关的国际条约包括《实施卫生与植物卫生措施协定》(Agreement on the Application of Sanitary and Phytosanitary Measures，SPS 协定)、《国际植物保护公约》(International Plant Protection Convention，IPPC) 等。我国加入与进出口食品生物安全相关的重要国际组织包括世界卫生组织 (World Health Organization，WHO，1972 年 5 月 10 日恢复我国合法席位)、世界贸易组织 (World Trade Organization，WTO，2001 年 11 月 10 日通过了中国加入世界贸易组织的法律文件)、世界动物卫生组织 (International Office of Epizootics，OIE，2007 年 5 月 29 日确认中国作为主权国家加入 OIE)。

　　根据 SPS 第 3 条协调一致 (harmonization)，各缔约方的卫生与植物卫生措施应该以国际标准、指南、建议为依据 (SPS 协定第 3 条中另有规定者除外)。其附件 A 中第 3 条第 2，3 款特别指出在动物健康及人畜共患病和植物健康参照的国际标准、指南和建议主要就是出自 OIE 和 IPPC[4]。卫生与植物卫生信息管理系统 (Sanitary and Phytosanitary Information Management System) 是 WTO 建立的数据库，允许用户搜索所有通报的卫生和植物卫生措施以及卫生和植物卫生措施委员会提出的具体贸易问题。用户还可以浏览有关卫生和植物卫生国家通报机构和咨询点信息，以及在世贸组织分发的与卫生和植物卫生有关的其他文件。为了履行 WTO 透明的义务，我国设立了 SPS 咨询点，并将 WTO/SPS 国家通报咨询中心设在海关总署。

1. 植物卫生国际标准

　　WTO/SPS 协议规定《国际植物保护公约》秘书处与该公约框架下运行的区域合作组织是植物卫生国际标准 (国际植物卫生措施标准，International Standards for Phytosanitary Measures，ISPMs) 等的制定机构。所制定的标准涉及有害生物风险分析、监测、口岸查验、有害生物诊断规程、木质包装检疫处理方法等各个方面，是各成员对植物和植物产品开展检疫工作的标准和指南，迄今已经制定标准 46 项，附件 75 项 (其中鉴定方法标准附件 31 项，检疫处理标准附件 44 项)。在标准体系架构上，国际标准涉及面广，内容要求全面，且考虑到各国家或地区管理、技术水平不一，为保障植物检疫工作的最低限度要求。具体到国家或地区的业务指导，则还需根据国家管理部门及技术实力开展国际到国家标准的转化。而国家标准的研制，基于进出境、农、林某一具体植物检疫业务，涉及的工作环节多，整体上标准数量也多，内容较为具体，但是同时也产生了重复、体系不够清晰等问题。根据标准内容，我国国家标准都可以分为基础类、管理类、规程类、方法类 (技术指标类) 以及规程+方法类五大类，而 ISPMs 总体上则由基础通用类、综合管理类、有害生物风险分析、监测与有害生物区域化管理、检疫抽样、查验与鉴定、检疫处理和具体业务管理七大类组成。此外，与国际标准不同，我国国家标准除植物检疫相关的标准外，还包含物种资源、转基因等几个相关内容的标准。

　　欧洲及地中海植物保护组织 (European and Mediterranean Plant Protection Organization，EPPO) 发布的植物卫生措施标准有两大类：植物卫生措施 (Phytosanitary Measures，PM) 标准 (包括法规措施、风险分析、诊断、认证和生物防治的安全使用) 和植物保护产品标准 (Plant Protection，PP)。EPPO 标准体系与我国植物检疫标准体系相比，涵盖内容更为全面，有害生物防治使用类、种植用健康植物生产类和植物保护产品类标准，从植物保护、生态环境保护等多个方面设置，基本囊括了整个植物保护环节。而我国植物检疫标准体系，更注重官方管控政策支持下的植物卫生措施，部门间兼容性不够，难以有效衔接。结构上，EPPO 标准体系各大类别均有一项基础通用类标准，用以解释该类别标准应用范围、使用方法、注意事项等一些共性内容。

北美植物保护组织（North American Plant Protection Organization，NAPPO）为植物卫生措施制定了科学的区域标准，旨在保护农业、林业和其他植物资源免受管制的植物有害生物的侵害，进一步促进国家和地区间的安全贸易。目前，NAPPO 已发布 41 项地区植物卫生措施标准（Regional Standards on Phytosanitary Measures，RSPM）。部分标准被国际标准 ISPMs 所替代，如 RSPM 01 无有害生物发生区为 ISPM 4 无有害生物发生区建立要求所代替。此外，也缺乏有害生物鉴定规程、检疫处理、防治、监测、检验等大类，仅有针对重要有害生物和贸易商品的植物卫生措施标准等。

2. 动物卫生国际标准

世界动物卫生组织（Office International des Epizoooties，World Organization for Animal Health，OIE）是负责改善全世界动物卫生的国际性政府间组织。至 2017 年，共有成员 181 个，总部设在法国巴黎，其下设的四家专家委员会，负责研制、修订动物疾病流行和防控方面的卫生国际标准。分别为成立于 1960 年的陆生动物卫生标准委员会（简称陆生法典委员会）（Terrestrial Animal Health Standards Commission，Terrestrial Code Commission），负责《陆生动物卫生法典》的制修订及实施评价等，动物疫病科学委员会（简称科学委员会）（Scientific Commission for Animal Diseases，Scientific Commission）负责《陆生动物诊断试验和疫苗手册》编撰的生物标准委员会（简称实验室委员会）（Biological Standards Commission，Laboratories Commission）和制定《水生动物卫生法典》《水生动物诊断试验手册》的水生动物卫生标准委员（简称水生动物委员会）（Aquatic Animal Health Standards Commission，Aquatic Animals Commission）。

3. 公共卫生技术指南

世界卫生组织是联合国系统内卫生问题的指导和协调机构，负责拟定全球卫生研究议程，制定规范和标准，向各国提供技术支持。《国际卫生条例（2005）》（International Health Regulations，IHR）指出"IHR 的目的和范围是以针对公共卫生风险，同时又采取避免对国际交通和贸易造成不必要干扰的适当方式，预防、抵御和控制疾病的国际传播，并提供公共卫生应对措施。"[5]

世界卫生组织还出版了一系列出版物和文件，例如有关紧急情况和危机管理的就有《感染预防控制指南概要：埃博拉病毒病防控指南工具包》《旅游和运输风险评估》《针对公共卫生当局和运输部门的临时指南》《埃博拉疫情应对路线图》《紧急状况下的婴幼儿喂养》《紧急状态下传染病控制现场手册》《突发事件与灾害中的卫生对策》等。更多技术指南可在 WHO 官网（https://www.who.int/hac/techguidance/guidelines/en/）查询。

2020 年 12 月，WHO 发布了第 4 版实验室生物安全手册（Laboratory Biosafety Manual，4th edition），包括《核心文件》（LBM4 core document）、《针对特定专题编写的专著》（Subject-specific monographs）、《风险评估》（Risk assessment）、《实验室设计与维护》（Laboratory design and maintenance）、《生物安全柜和其他主要安全装置》（Biological safety cabinets and other primary containment devices）、《个人防护设备》（Personal protective equipment）、《去污处理和废物管理》（Decontamination and waste management）、《生物安全方案管理》（Biosafety programme management）、《爆发准备和弹性》（Outbreak preparedness and resilience）[6]。第 4 版相较于第 3 版作了较大改动，编写组 2018 年在 Science 撰文"Risk-based reboot for global lab biosafety"详细介绍了新修订的主要思路[7]。

8.2　代表性进出口食品相关生物安全事件

2018 年以来，中国陆续发生了草地贪夜蛾、非洲猪瘟等生物安全事件。这些生物因子均与进出口食品有所联系，因而有必要将这些生物因子作为植物检疫、动物检疫以及卫生检疫领域的典型事件案例开展分析，而系统开展"One Quarantine"（检疫一体化）将有助于防控进出口食品相关生物安全[8]。

8.2.1　草地贪夜蛾

草地贪夜蛾（*Spodoptera frugiperda*）又称秋黏虫，鳞翅目夜蛾科（图 8-1）。根据动植物检疫信息资源共享服务平台，2016 年以来口岸红葡萄酒、鲜玉米、高粱等货物上相继发现草地贪夜蛾[8]。2020 年农业农村部将草地贪夜蛾列入《一类农作物病虫害名录》[9]。

草地贪夜蛾起源于美洲热带、亚热带地区，较强的适生性、迁飞性、杂食性使得其目前已成为一种重大的跨国界跨洲的农业害虫。迁飞是草地贪夜蛾在美洲季节性发生的原因，也是其在非洲各国快速扩散并由非洲侵入亚洲以及在亚洲国家间蔓延的重要因素。2018 年联合国粮农组织发布全球预警，标识该虫为重大迁飞性害虫，可危害包括玉米、水稻、甘蔗、棉花和蔬菜等 80 多种作物[10]。2019 年 1 月我国云南省江城县发现草地贪夜蛾侵入，1~3 月份在云南多地蔓延为害，4 月份相继侵入广西、广东、贵州、湖南、海南五省区，5 月份快速扩散至福建、湖北、浙江、四川、江西、重庆、河南等地，已经对我国粮食生产构成严重威胁[10,11]。

草地贪夜蛾具有以下突出特点：一是食性杂，可以取食包括玉米、水稻、棉花、花生等 76 科 353 种植物，寄主范围较为广泛。二是繁殖能力强，雌虫，一生可产卵900~1000 粒，最高可达 2000 粒，并可多次交配产卵。三是迁飞扩散快，其迁飞的距离可达到每晚 150 km，在自然条件下随气流变化其迁飞距离可达到 1500 km。四是为害严重，草地贪夜蛾幼虫可取食幼茎、叶片、雄穗、果穗等多个部位，综合危害程度和结果都比较严重。以玉米为例，如该虫在苗期危害，减产一般可达到 10%～25%，在部分严重危害地区可造成毁种绝收。五是防控难度大，该虫适生温度范围比较广泛，在 11～30℃之间均可生存，3 龄以上幼虫对多种化学农药和部分转基因玉米均有抗性。入侵我国的草地贪夜蛾已被确认属于玉米型。根据分析预测草地贪夜蛾将在春季和夏季形成迁飞虫源，通过气流迁飞至我国黄淮海和西北地区，预计在夏秋季进一步迁飞至我国华北和东北玉米主产区，受威胁玉米面积 2 亿亩以上，防控任务非常艰巨[10]。

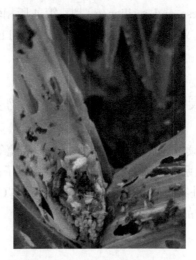

图 8-1　草地贪夜蛾幼虫取食玉米
数据来源：中国热带农业科学院环境与植物保护研究所吕宝乾研究员供图

　　草地贪夜蛾的发源地为美国，我国大部地区与之处于同一纬度，具有类似的作物生长条件，且玉米在我国广泛种植分布，因此草地贪夜蛾将对我国玉米生产造成直接威胁。2012 年我国的玉米无论是产量还是种植面积都超过水稻和小麦等其他粮食作物，其总产量达到 2.08 亿吨，种植面积达 3494 万 hm^2。虽然近几年产量增长较快，但增速依然低于国内需求增长。2010 年我国由玉米净出口国转变为玉米净进口国，并且进口量呈逐年增加趋势。如何促进和保护国内玉米生产，已经成为政府和社会各界高度关注的问题[12]。

　　作为一种危险性的跨境害虫，草地贪夜蛾的防控工作需要开展国家间的联防联控，为应对其进一步扩散和危害筑起一道坚固的防线。FAO 建立了草地贪夜蛾监测与预警系统（FAW Monitoring and Early Warning System）。我国应积极参与 FAO 和国际应用生物科学中心（CABI）等国际组织实施的国际草地贪夜蛾防控行动。在 FAO 框架下，加强与老挝、越南、泰国、缅甸等国家的合作，通过落实草地贪夜蛾监测及预警系统、开发草地贪夜蛾风险地图等行动实现联合监测、信息共享，推动国家间、地区间的信息交流和联防联控，提高防控能力和效果。同时，我国专家应积极与国际专家进行交流合作，结合非洲国家有关草地贪夜蛾可持续治理的方法和经验，为草地贪夜蛾的防治提供管理技术和政策建议。

8.2.2　非洲猪瘟

我国是世界猪肉生产和消费大国。2018 年中国、欧盟、美国猪肉产量分别占全球总产量的 49%、22% 和 11%，合计 82%，猪肉消费量分别占全球的 49%、19% 和 9%，合计 77%。随着生猪养殖产业技术的不断提高，加上政府对生猪产业的大力支持，我国生猪养殖规模和效率逐年递增。据美国农业部数据：截至 2019 年，我国猪肉产量 4255.31 万吨[13]。

非洲猪瘟（African swine fever，ASF）是由非洲猪瘟病毒（ASFV）引起的一种传染率和死亡率均较高的动物传染病，该病毒主要以家猪、野猪为宿主，属于我国一类动物疫病。其具有排毒方式广、传播途径多、在环境中非常稳定等特点，从而形成了难防、难控、难清除的特性。寄主一旦染病，可在种群迅速传染扩散，较易发病，致死率也高。康复寄主可长时间携带该病毒，同时抗体的免疫性保持时间较短。该病首次发现于肯尼亚（1921 年），并在非洲大陆流行；1957 年从非洲传到欧洲，1971 年从欧洲传入拉丁美洲。2007 年从东非传入欧亚接壤的格鲁吉亚，且在俄罗斯南部地区迅速扩散。截至目前已在非洲、欧洲和美洲等数十个国家流行，而且有不断蔓延的趋势[14]。

ASFV 主要是通过接触或取食受 ASFV 污染的物品而经口传染或通过昆虫吸血而传染。通过空气可发生短距离传播，污染的饲料、栏舍、器具、运输工具和衣物等均可间接传播该病。ASFV 传入无病国家或地区常与发病国家机场和港口、未经煮过的感染猪制品或残羹不能安全处理有关。在欧洲，该病的发生主要是由进口携带 ASFV 的猪肉或脏器等制品而引起。目前，尚未发现反刍动物、犬、猫和禽类动物感染 ASFV 的报道[15]。当病毒量足够高时，也可以通过空气传播。《陆生动物卫生法典》明确 ASFV 潜伏期为 15 天。ASFV 在冷鲜肉中可存活 15 周，在冷冻猪肉中可存活 15 年，在未煮熟的香肠、肉片和干火腿中 3～6 个月后仍具有感染性。在机场、海港等地旅客携带的猪肉制品、未经煮过的猪肉制品或残羹，都能成为 ASF 传入的污染源[16]。

随着改革开放不断深入，中国与国外的往来愈加频繁，ASF 感染国家被污染的猪肉或猪肉制品可能会在不知不觉中进入国内。污染食物作为外来动物疫病传染源在一些国家已是屡见不鲜，机场、海港以及其他地方都可能成为未经煮过的感染猪制品或残羹的传入渠道。ASF 从西班牙传播到葡萄牙被认为是在国际机场因用未经煮过的感染猪制品或残羹饲喂空运的猪引起。马耳他和萨丁尼亚也报道过因饲喂残羹爆发了 ASF。迄今为止，尚未发现治疗 ASF 的有效药物，也无有效的疫苗。灭活疫苗无效，弱毒疫苗不安全，从而导致 ASF 慢性流行。在无 ASF 国家，通常采用综合防治措施，包括禁止从 ASF 国家进口活猪及其产品，对来自 ASF 国家的车船、飞机做无害化处理，严格封存车船、飞机食品仓中的猪肉制品等。在流行 ASF 的国家，一旦出现病例，几乎都采取封锁、扑杀和销毁的措施。

2018 年 8 月，ASF 首次传入我国后，呈现多点散发态势。ASF 具有较高的致死率或导致猪群严重疾病，最终会导致猪肉生产能力下降，降低产品供应能力。ASF 发生以来对我国猪及其产品的生产造成了巨大危害，同时为及时应对猪肉产品的价格上涨造成的市场影响保障群众生活所需，国家为控制和根除 ASF 投入了巨大的人力、物力和财力。除了疾病控制带来的损失外，出口市场的损失也会更加严重。一旦 ASF 疫情发生，输入国将停止进口发病国家的猪及其相关产品。另外，疫情扑灭后，动物产品出口的疫情无病认证过程常需要漫长的时间，而在认证过程中不能对外出口任何猪及其相关产品。2019 年 1 月 15 日，农业农村部新闻发言通报："自从 2018 年 8 月份大陆发生非洲猪瘟疫情，截至 2019 年 1 月 14 日，曾有 24 个省份发生过家猪和野猪疫情，累计扑杀生猪 91.6 万头。"2019 年 2 月 3 日农业农村部印发了《非洲猪瘟疫情应急实施方案（2019 版）》。辽宁、河南、江苏、浙江、安徽、黑龙江、内蒙古、吉林等省、自治区相继出现非洲猪瘟后，政府相关部门启动应急响应机制，对疫区的生猪采取封锁、扑杀、无害化处理、消毒等处置措施，禁止非洲猪瘟疫区或高风险区内的生猪（包括种猪、野猪等）和未经高温处理的生猪产品调出。严禁任何个人或单位从疫区引进生猪和未经高温处理的生猪产品，对发生疫情的县（市、省/自治区），关闭省/自治区内所有生猪交易市场，与发生非洲猪瘟疫情省/自治区及相邻省/自治区暂停生猪跨省/自治区调运，并暂时关闭省/自治区内所有生猪交易市场。

2019 年 12 月 30 日，中国检验检疫科学研究院主持研制的"非洲猪瘟病毒荧光 PCR 检测试剂盒"获得农业农村部颁发的"新兽药注册证书"。自 2007 年以来，在原质检总局主管司局的支持下，中国检验检疫科学研究院动物检验与检疫研究所科研团队开展了非洲猪瘟国际疫情跟踪、风险研判、国际技术交流、检疫技术开发及口岸应急演练等系列工作，为口岸非洲猪瘟疫情防控提供了强有力的技术支撑。2018 年我国非洲猪瘟疫情发生以来，中国检验检疫科学研究院参与研发的非洲猪瘟病毒荧光 PCR 检测试剂盒、环介导等温扩增（LAMP）检测试剂盒均成功入围农业农村部"非洲猪瘟现场快速检测试剂"。相关检测试剂盒的推广应用，为我国非洲猪瘟疫情防控起到了重要作用。

针对目前形势和状态，非洲猪瘟防控阻击战已经取得了阶段性成果。非洲猪瘟由于疫情防控具有复杂性、长期性的特点，因此应该采取常态化防控，确保疫情不会反弹。农业农村部提出了针对非洲猪瘟防控强化措施的指引。目前病毒已在我国定殖，并形成较大的污染面，疫情发生风险依旧比较高。在落实好现行有效的防控措施基础上，着力解决疫情瞒报、调运监管不力等突出问题，全面提高生猪全产业链管理水平，农业农村部重点强化了 12 项工作措施：组织开展重点区域和场点入场采样检测，建立疫情分片包村包厂排查机制，完善疫情报告奖惩机制，规范自检阳性处置，健全疫情有奖举报制度，建立黑名单制度，加强养殖户风险警示，严格生猪出栏检疫，强化运输车辆备案和收购贩运管理，强化屠宰环节风险管控，加强病死猪无害化处理风险管控，继续推进分区防控[17]。

在非洲猪瘟疫情发生发展的过程中，通过全球共治，充分发挥动物疫病防控国际组织和相关机构的作用，紧密联系并学习国外成功经验，也是我国在控制非洲猪瘟疫情的过程中应注意的，如西班牙等国家应对和根除非洲猪瘟的成功经验值得我国学习和借鉴[18]。1960 年 ASF 于传入西班牙，开始仅采取扑杀阳性猪群和进行消毒处理等措施但未能有效控制疫情，后使用更全面的非洲猪瘟根除计划，经过 10 年努力成功根除了该病。俄罗斯自 2007 年爆发非洲猪瘟持续到现在，实际上 1977 年苏联就曾爆发非洲猪瘟，但被成功扑灭。由此可见，只要采用包括国际合作在内的切实有效的风险管理措施，非洲猪瘟也是可以被根除的。

应对非洲猪瘟，我们面对诸多难点，国际贸易频繁加大了防控难度，非洲猪瘟从初感染到确诊存在潜在传播风险、可追溯体系的建设问题，还有野猪等其他寄主活动无法限制等都加大了 ASF 的疫病控制难度。为此我国出台和实施了一系列动物卫生防疫法规，加大了对动物疫情的风险分析、监测检测与应急处理。我们还需要培养防范重大卫生事件的意识和加强相关宣传，同时保护好养殖户的利益，加快产业链的融合和延伸，不断提升动植物检疫、防疫的执法力度和防控观念。同时在全球跨境动物疫病逐步控制全球框架下（Global Framework for the Progressive Control of Transboundary Animal Diseases）与 FAO 和 OIE 合作开展非洲猪瘟全球控制。

8.3 进出口食品生物安全风险管控

8.3.1 我国现有的风险管理措施和技术手段

食品安全风险管理是对进出口贸易食品的安全所实施的有效监管手段，我国"十三五"期间明确提出要进一步严格进行进出口食品的安全监管[20]。进出口食品风险管理主要内容包括风险识别、风险评价、风险处置和风险监督等环节。通过分析进出口食品可能存在的风险因素，进行科学有效的监管，并加大重点部门的监管力度，将是有效管理和防范进出口食品生物安全事件发生的重要手段。

8.3.2 开展生物安全风险管控的关键环节/流程/体系

可根据进出口食品的相关规定以及监管依据进行信息采集：①根据进口食品的各类检测结果以及执法部门的评估结果等获取相关信息，并对信息进行分析；②收集包括国内外发布的各类预警通报在内的风险预警信息；③通过网络、媒体、杂志等途径获取有关进口食品的相关信息；④通过查询进口食品的退换货信息、不合格产品的查处情况、在生产场地查处的批发企业等情况进行信息采集。

针对进口食品的特性来开展生物安全风险的管控，如肉蛋奶制品等制定相关特定的标准，转基因食品、畜产食品，农产食品、冷冻食品等尤其需要特定的标准。让食品从业者承担起食品安全的责任，从食品的源头贯穿整个产业链，保证从农田到餐桌的进出口食品安全，建立科学的风险评估系统和严格的风险监管体系。从原料的采购、运输、储藏、生产、加工、返工、再加工、包装、交货、运输等整个过程都要进行风险分析与安全监管。以全过程可追溯为核心，加强进出口食品安全法律体系的建设与完善，使法律所涵盖的范围更广。涵盖农产品从种植到消费的整个过程，立法公开透明，民众参与度高，可操作性强，法律定义明晰，责任明确，与国际接轨；确保生物安全风险管控的关键环节、流程和体系重点突出、科学合理、面向世界；借鉴欧美的食品监管体系，在制定和完善的过程中注重国际接轨与统一，发展更加可靠、快速、便携、精准的生物安全风险管控体系。

8.3.3　应急管理

1. 面临形势

随着我国对进口食品的需求逐渐增加，进口食品安全已经成为我国生物安全的重要组成部分。《2016 年中国进口食品质量安全状况白皮书》指出："2016 年全年共检出进口食品中不符合我国法律法规和标准、未准入境食品 3042 批、3.5 万吨、5654.2 万美元"[21]。这些未准入境食品"涉及 15 类不合格项目，其中按批次排列前 10 位的分别为：食品添加剂超范围或超限量使用、微生物污染、品质不合格、标签不合格、证书不合格、货证不符、包装不合格、污染物、未获检验检疫准入和转基因成分，占未准入境食品总批次的 98.2%"[21]。2017 年，海关总署进一步完善进口食品安全监管体系，共从 94 个国家（地区）检出不符我国法律法规和标准、未准入境食品 6631 批、4.9 万吨、6953.7 万美元。为建立健全快速、高效、有序应对进出口食品安全突发事件应急处置工作机制，提高预防和处置突发事件的能力，最大限度地控制、减轻和消除突发事件带来的危害或损失，保护公众、动植物健康和生态环境安全和维护进出口贸易秩序，应加强对进出口食品生物安全的应急管理。

目前来看，我国进出口食品生物安全状况总体平稳可控，没有发生过行业性、区域性、系统性的进出口食品生物安全问题。随着跨境网购的兴起，进出口食品的安全性在交易过程中更加难以管控和监测，进出口食品的生物安全隐患仍然突出，监管薄弱的现状短期内难以根本改变，防控难度不断加大，新发突发食品生物安全问题的隐蔽性、复杂性和耦合性进一步增加。同时进口食品的生物安全问题还容易引发一系列次生、衍生的威胁生态环境和人类健康的灾害，全球化、信息化、网络化的快速发展也将使得进出口食品的生物安全影响的深度和广度持续增加。

2. 建设目标

应该首先对国际上的食品生物安全事件建立健全追踪制度，做好国际国内食品生物安全形势动态分析；及时发现和识别潜在进出口食品生物安全隐患，构建相关风险分析方法和标准体系；在已有的应急管理文件系统基础上，大力发展管理体系和能力建设，形成专常兼备、反应灵敏、权责一致的国家进出口食品生物安全应急能力体系。将进出口食品的生物安全综合保障能力、法治管理水平和科技信息化水平大幅提升作为长期目标，加大公众科学科普宣传力度，构建全社会防范体系。在推动进出口食品经济贸易的基础上，关注其涉及的突发新发生物安全问题，提高应急防范意识，与其他生物安全问题联动防控，实现经济利益和安全保障一致化应急管理格局。

8.3.4　国际合作

1. 国际合作的必要性

近几年来，全球性的公共卫生事件频发，这就更加显示出国际合作的必要性，需要国际社会共同努力加强全球健康治理。公共卫生治理体系不仅是国家治理体系的组成部分，更应该和世界公共卫生治理体系相衔接。

处理重大生物安全事件时，要深化全球合作，支持各国科学家共同开展多方面的研究，推动药物疫苗等的联合研发，加强全球公共卫生治理合作理念，共建人类卫生健康共同体。有必要加强推动国际公共卫生合作顶层设计的能力，同时以教育科研以及人才培养为基础，加强生物安全外交与国际合作。一个国家无论多强大或技术先进，经济发达，都无法单独应对所有的公共卫生威胁。因此需要对全球进行正确的科学评估，需要高效的国际合作与协调。

在口岸检验检疫阶段，我国的食品安全检验也存在明显的问题，例如标准落后、方法单一等。另外，我国进出口贸易中经常会遇到出口产品遭拒、产品不符合出口国相关规定的现象。虽然近年来已经有了长足发展，但是新发突发跨境食品安全事件防不胜防，尤其凸显了国际合作的重要性。

2. 国际合作的可行性

一系列的生物安全危机，促进了卫生与外交的深度融合，加强全球建设治理需要国际社会的共同努力[22]。在公共卫生方面加强国际合作，构建国际健康共同体势在必行。这就要求我们在该领域的监管体系与检验检疫的标准紧跟国际主流，符合国际标准，接轨国际要求，各个国家既要统筹统一又要因地制宜，这将给各个国家、各国人民都带来便利。公共卫生事件不仅是一个国家的问题，而是典型的全球性的问题，应对生物安全危机需要加强国际合作。

当前形势，我国的政策也越来越主张对外合作开放。我国 2020 年农业国际合作工作要点，更加注重农业对外合作能力，更加注重国际视野，着力推动更高水平农业对外开放，以服务国家外交和经贸大局，主张深化多边农业合作，完善农业国际合作工作制度，发展农产品多元化进口渠道，扩大优势农产品出口，支持走出去企业融入全球农产品供应链[23]。2020 年课题组成员就参与了 IPPC 关于全球气候变化对植物影响的报告撰写。

3. 合作建议

世界大多数国家的食品安全相关法律法规都是以保障国民身体健康作为立法的基本目。我国是食品消费和贸易大国。近年来，贸易的发展伴随进出口食品数量的增长，越来越多国家注重进出口产品的安全、卫生、健康。为保护人类与动植物生命健康，因此对检验检疫工作的要求和挑战越来越大，食品安全问题和食品安全技术性标准成为新型技术性贸易壁垒。为了从根本上解决我国进出口食品检验检疫问题，减少我国出口产品遭拒等现象，则应该考虑进出口食品国际共治的必要性。我国应该参照国际惯例和国际标准，建立切实可行的进口食品监管体系，加快进出口食品安全监管业务的现代化、国际化建设进程。

借鉴欧美的食品监管体系，我们可以看出他们对于进出口食品的追溯，从农田到餐桌的整个"食物链"过程，以及在源头精准详细地把控预防。另外，严格完善的立法、各国家之间的统筹和协调统一以及因地制宜，都对我国的进出口食品监管提供了一定的借鉴。针对目前我国进出口检验检疫和食品监管体系，应该在制定和完善的过程中更注重国际的接轨与统一，注重涉及农产品全过程、发展更加可靠、快速、便携、精确的食品检测技术，完善监督机制，强调共同体的思想，体现各国家之间的统一和共治。这种国际合作不仅促进各经济体之间的发展，也会使世界在食品管理防控的标准逐渐趋近统一，协调各国之间的差异，避免国际贸易冲突和经济损失。

8.4　我国生物安全保障能力的全面提升

近年来生物安全事件具有如下特点：新发突发事件频繁，来源复杂不清，跨国传播通路多、传播快，灾害范围广，引发国家系统性或全球性安全风险，是对世界各国生物安全保障能力进行全面的检验和挑战。

党和政府高度重视生物安全，习近平在 2020 年 2 月 14 日主持召开中央全面深化改革委员会会议上强调，要从保护人民健康、保障国家安全、维护国家长治久安的高度，把生物安全纳入国家安全体系，系统规划国家生物安全风险防控和治理体系建设，全面提高国家生物安全治理能力。

8.4.1　对现阶段中国生物安全保障能力粗浅判断

1. 优势

通过近年来我国发生的一系列生物安全事件，与世界其他国家相比，体现出一系列的优势：

（1）国家体制优势和领导决策英明。国家层面决策正确、决心大、政策力度强、举国行动协调一致、反应快、行动迅速、执行力强，是国家应对生物恐怖或生物战的一次预演，也是对敌对势力的一次警醒。

（2）新的发展机遇。会加速国家生物安全体制机制创新，尽快完善生物安全风险防控和治理体系，加快生物安全产业发展，对全国各阶层人民进行了一次生物安全重要性事实教育，提升了国家信誉和人民自信等。

2. 不足

通过前期调研和分析，当前生物安全体系存在以下问题：

（1）总体防控代价太大，以物理隔离和捕杀为主的现有防控模式不能持续。

（2）生物安全战略定位有欠缺、防控体系有漏洞。对生物安全问题的严重性、复杂性认识不到位，其在国家安全中的定位欠缺，防控体系全链条各环节都有漏洞，应急储备和预案效用不大。

（3）缺乏重大生物安全事件监测预警能力，疫苗和特效治疗药物研发滞后，缺乏国家级统一调度、全国开放共享的应急研发平台，缺乏系统全面的战略规划研究。

8.4.2 相关建议

在经济全球化的背景下，生物安全问题更加突出，如何全面提升生物安全保障能力，是我们当前面临的一项重大任务。

（1）加强生物安全防控体系顶层设计，完善安全防控体系。组建国家级生物安全智库，对我国生物安全防控体系进行全面评估。全面梳理生物灾害因子发生传播危害规律，经济社会损失动态变化趋势，包括应急预案、物资贮备、监测预警、快速检测、风险处置、安全防护、疫病治疗、指挥协调等防控体系全链条各环节的漏洞，并出台整改措施。

（2）加强科技支撑能力建设，大幅降低防控成本。国家安全需求是国家最大需求，将生物安全科技列为国家科技中长期优先发展领域。重点解决：组建国家生物安全实验室，统筹规划人、动物、植物高等级生物安全实验室（BSL3/BSL4）、大数据平台、高风险菌（毒）种库、监测预警体系等建设；加快对可能引发重大生物安全风险、无有效防控手段的人、动植物重大病原的疫苗、药物、新品种等的研发贮备；对可用于生物恐怖、生物战的生物因子，加快开展应对措施研究，形成应急储备预案。

参 考 文 献

[1] 中华人民共和国生物安全法 [EB/OL]. (2020-10-17). http://www.moj.gov. cn/Department/content/2020-10/17/592_3258323.html.

[2] World Health Organization. One Health [EB/OL]. (2017-09-21). https://www.who.int/news-room/q-a-detail/one-health.

[3] 中华人民共和国食品安全法[EB/OL]. (2022-2-11). http://www.gov.cn/zhengce/2015-04/25/content_2853643.htm.

[4] World Trade Organization. The WTO Agreement on the Application of Sanitary and P-hytosanitary Measures (SPS Agreement) [EB/OL]. (1995-01-01)[2022-04-12]. https://www.wto.org/english/tratop_e/sps_e/spsagr_e.htm.

[5] 世界卫生组织. 《国际卫生条例(2005)》 [EB/OL]. (2005-05-23)[2022-04-12]. https://apps.who.int/iris/bitstream/handle/10665/43883/9789245580416_chi. pdf;jsessionid=BC9B64D7D68F33B4B4DE16AB52B4BEF9?sequence=3.

[6] World Health Organization. Laboratory biosafety manual, 4th edition [EB/OL]. (2020-12-21). https://www. who.int/publications/i/item/9789240011311?sequence=1&isAllowed=y.

[7] Kojima K, Booth C M, Summermatter K, et al. Risk-based reboot for global lab biosafety[J]. Science, 2018, 360(6386): 260-262.

[8] 潘绪斌. 有害生物风险分析[M]. 北京: 科学出版社, 2020.

[9] 全国农业技术推广服务中心. 中华人民共和国农业农村部公告第 333 号(《一类农作物病虫害名录》)[EB/OL]. (2020-09-22). https: //www. natesc. org. cn.

[10] 杨普云, 朱晓明, 郭井菲, 等. 我国草地贪夜蛾的防控对策与建议[J]. 植物保护, 2019, 45(4): 1-6.

[11] 姜玉英, 刘杰, 谢茂昌, 等. 2019 年我国草地贪夜蛾扩散为害规律观测[J]. 植物保护, 2019, 45(6): 10-19.

[12] 仇焕广, 张世煌, 杨军, 等. 中国玉米产业的发展趋势、面临的挑战与政策建议[J]. 中国农业科技

导报, 2013, 15(1): 20-24.

[13] 王佩. 中国生猪及猪肉产品产业内贸易研究[D]. 雅安: 四川农业大学, 2014.

[14] 常华, 花群义, 段纲, 等. 非洲猪瘟的研究进展[J]. 中国畜牧兽医, 2007(1): 116-118.

[15] 王君玮, 张玲, 王志亮, 等. 非洲猪瘟传入我国危害风险分析[J]. 中国动物检疫, 2009, 26(3): 63-66.

[16] 马清霞, 刘倩, 江强世, 等. 山东省青岛市非洲猪瘟传入风险评估[J]. 中国动物检疫, 2020, 37(2): 19-23.

[17] 中华人民共和国农业农村部. 非洲猪瘟防控强化措施指引 [EB/OL]. (2020-05-21)[2022-04-12]. http://www.moa.gov.cn/govpublic/xmsyj/202005/t20200521_6344888.htm.

[18] 任红雨. 阻击非洲猪瘟 国外有哪些经验教训[J]. 科学大观园, 2018, 17(18): 38-39.

[19] 武汉大学公共卫生治理研究课题组. 防疫常态化下公共卫生治理的思考与建议[J]. 学习与探索, 2020, (6): 1-7.

[20] 国务院. 国务院关于印发"十三五"国家食品安全规划和"十三五"国家药品安全规划的通知[EB/OL]. (2017-02-21)[2018-04-27]. http://www.gov.cn/zhengce/content/2017-02/21/content_5169755.htm.

[21] 海关总署. 2016 年中国进口食品质量安全状况白皮书[EB/OL]. (2017-02-21)[2018-04-27]. http://www.gov.cn/xinwen/2017-07/15/content_5210705.htm.

[22] 赵磊. 全球突发公共卫生事件与国际合作[J]. 中共中央党校(国家行政学院)学报, 2020, 24(3): 14-21.

[23] 中华人民共和国农业农村部. 2020 年农业国际合作工作要点[EB/OL]. (2020-03-03). http://www.gjs.moa.gov.cn/tzgg/202003/t20200303_6338091.htm.

第9章 食品真实性与溯源技术国际联盟构建战略研究

9.1 食品真实性形势分析

9.1.1 食品真实性发展现状与趋势

1. 食品安全与食品真实性

食品安全一直是社会高度、持续关注的热点问题，我国在十九大报告中对食品安全也提出了更高的期望，要求"实施食品安全战略，让人民吃得放心"，这为食品安全科学监管提出了新的命题和挑战，但也带来了新的机遇。中国特色社会主义进入新时代之际，随着经济发展和消费水平的提高，我国社会主要矛盾已经转化为人民日益增长的美好生活需要和不平衡、不充分的发展之间的矛盾，解决食品短缺问题和假冒伪劣问题保证食品物资供应和货真价实也成为科学界和消费者近年来关注的热点。

食品欺诈自古有之，随着经济全球化，食品欺诈问题也成为全球共治的问题。鉴于全球食品供应链的复杂性，食品欺诈行为激增，每年给全球食品行业带来了大约490亿美元的成本损失，而间接损失无以估计。近年来，以美国为代表的发达国家（地区）和全球食品安全倡议（Global Food Safety Initiative，GFSI）为代表的行业组织，针对食品掺假问题专门制定了一些的法规和指导手册，以指导食品企业在生产经营过程中在容易受到掺假的环节加强防范，此外，还建立了经济利益驱动型掺假（economically motivated adulteration，EMA）事件数据库，并深入分析了各事件的主要特征，以期通过风险管理的方法和构建数据模型对 EMA 行为进行预警。我国提出了食品掺假黑名单制度，以此对食品掺假行为进行监管，但缺乏对食品生产过程中食品掺假的防控措施，也缺少专门针对食品掺假事件的数据库，同时相对于 EMA 数据库，我国对食品事件的特征研究和预警研究也较少。另一方面，在监管食品欺诈的同时，发达国家和地区也同时注重对食品真实性的保障与管理，比如美国分析化学家协会（AOAC）、欧洲果蔬汁行业协会（AIJN）、国际葡萄与葡萄酒组织（International Organization of Vine and Wine，OIV）等分别制定了蜂蜜、果汁、葡萄酒的真实性标准和掺假检测手段。

2. 食品真实性定义

食品欺诈是指以经济利益为动机的食品造假，通过故意和有意改变和/或歪曲食品或食品成分的完整性、真实性、来源和/或制造工艺，或者利用虚假或误导性的陈述达到欺骗消费方以使犯罪者获得经济利益的目的，此过程或对消费方造成损失和/或伤害；而食品真实性，指食品在符合安全和质量要求的基础上，其原料及成分的来源、年份和制造工艺的属性与标签相比是真实的和无可争议的。然而，通过对国际上食品欺诈和食品真实性的标准法规梳理可知，我国与发达国家和地区均制定了适合本国（地区）的打击食品欺诈的法律法规，但在食品真实性方面尚缺乏全球共识，相关标准物质匮乏，技术方法未统一，各行业的数据库也未协调、无法共享，上述这些问题对食品欺诈全球应对方案、名优产品全球化发展战略以及消费者需求升级和自由选择均造成困扰。现阶段，该领域正面临着从 0 到 1 的突破，国际食品法典委员会（Codex Alimentarius Commission，CODEX）已开始组织制定食品真实性的相关定义和标准，其他国际组织如国际生命科学学会（ILSI）也关注食品真实性相关定义和标准。

食品欺诈和食品真实性问题在 20 世纪末成为研究界和食品工业的研究对象，在 2007 年中国三聚氰胺丑闻和 2013 年霍尔斯盖特事件等高度危机之后，食品欺诈和食品真实性的概念受到了越来越多的关注，而前者对弱势消费者产生了不利影响。这些事件导致利益相关者要求对食品欺诈作出明确定义，包括确定不同类型的欺诈行为，以此作为打击这些行为的第一步，比如美国食品杂货制造商协会[1]、密歇根州立大学[2]和美国药典公约（USP）[3]开展了一些早期工作，马肉丑闻之后，一些国家卫生当局也发表了一系列高级别报告[4-6]，都强调了食品欺诈相关术语标准化的重要性。

2012 年，GFSI 成立了一个"食品欺诈智囊团"来探讨食品欺诈问题，并发表了关于防范食品欺诈的文件，其中提供了不同类型欺诈的一些定义[7]。在欧盟科技委员会资助的研究项目 Authent Net[8]中，科研人员在"CEN/CENELEC 研讨会协议"（CWA）框架内发起了一项标准化倡议，以建立第一个基于共识的真实性和食品欺诈术语[9]。该工作组已经得到了科学家、行业组织和相关项目组的积极反馈，该工作将有助于将与食品欺诈有关的术语和概念变得更加明确和准确，从而丰富全球食品安全指数的定义。预计这项工作将为未来的国际标准化定义奠定基础。

食品法典委员会也设立了一个电子工作组，其任务包括澄清食品完整性、食品真实性的定义，与食品法典委员会食品进出口检验和认证体系（CCFICS）文本相关的食品欺诈和 EMA。他们发表了一份立场文件[10]，其中确定了这些概念背后的关键要素，并制定了定义。这份立场文件将作为在这一领域开展新工作的基础，以便就如何通过尽量减少欺诈的可能性和减轻食品欺诈的后果来确保食品的真实性提供指导。

在整个食品供应链中可能面临的大量问题中，GFSI 食品欺诈智囊团考虑了与食品完整性相关的四个类别，而区分这些类别时需要把自己放在问题源头人的位置上进行考虑。这种行为是故意的还是无意的？如果是无意的，那就是食品安全问题，当消费者健康受到损害时，或者干脆就是食品质量问题。但如果行为是故意的，那么这种行为就可以被视为犯罪。根据 GFSI 食品欺诈智囊团的说法，当犯罪动机是伤害他人时，这种行为属于"食品防卫"领域。如果这一行动的目的是严重扰乱公共秩序，甚至可以被定性为恐怖主义。

一般来说，食品的真实性问题是与产品标准密切相关的，产品真实属性特征应该与标签标识相符，不相符的产品则大概率存在真实性问题。例如，酱油与食醋都要求在标签上标明是"酿造"还是"配制"的，食油要标明是"压榨法"还是"浸出法"生产的，酸牛乳、灭菌乳中加入了"复原乳"时，必须在标签上标示，转基因食品也必须在标签上加以提示，但是虚假的、带欺骗性的、使消费者误解的、误导消费者的等不能真实地反映食品属性的食品标签依然广泛存在。而存在此类标签不符的原因则在于缺少配套的检测技术或判定标准对产品标准的正确实施进行保障，尤其是当前采用配方式造假手段，假冒伪劣产品可以以具有与真实产品具有相同的质量安全和感官特征。因此，我们需首先厘清各类食品的法律法规及产品标准，当前比较容易出现的影响食品真实性的问题，以及目前能够解决此类问题的标准方法与技术手段。

9.1.2　食品真实性法律法规体系现状

1. 牛奶

牛奶是一种营养丰富的食物，在新生儿、儿童、老人和孕妇等特定人群的饮食中起着重要作用。除此之外，世界上还有很多人以牛奶或乳制品的形式进行消费。联合国粮食及农业组织（Food and Agriculture Organization of the United Nations，FAO）的最新数据显示，世界上牛奶产量从 2010 年的 7.24 亿吨增加到 2018 年的 7.98 亿吨。亚洲是世界上最主要的奶源产地，主要是因为亚洲除奶牛外，水牛奶产量也很高。然而，奶牛奶仍然是世界上消耗最多的产品，占 2016 年鲜奶总产量的 82.6%，而欧洲是这种牛奶的主要生产地（占 2016 年的全球奶产量的 32.7%）。

而根据食品法典，牛奶是哺乳动物正常的乳腺分泌物，无须经过添加或提取，作为液态牛乳销售或进一步加工，因此牛奶制品是指产品经任何加工过或者含有食品添加剂等其他功能性辅料的乳制品。

食品法典委员会已经制定了一些针对牛奶和奶制品的特定标准，包括牛奶、奶粉、炼乳、奶油、黄油和各种各样的奶酪的食品标准。它还包括有关牛奶和奶制品的其他通用文本，例如，通用乳制品术语使用标准（CODEX STAN 206—1999），牛奶和奶制品卫生规范（CAC/RCP 57—2004），使用过氧化物酶系统保存生牛奶的指南（CAC/GL 13—1991）和牛奶与奶制品型号出口证书（CAC/GL 67—2008）。

食品法典委员会还制定了有关食品标签、分析和取样方法的标准，以及食品进出口和认证系统并应用于所有食品（包括牛奶和奶制品），如食品和饲料中污染物和毒素的通用标准、食品添加剂通用标准、设计和实施与在食品生产动物中使用兽药有关的国家食品安全监管计划的则、食品中兽药残留的最大残留限量（MRL）和风险管理建议（RMR）、农药的最大残留限量。

欧洲食品安全局规定了有关食品安全的相关规定和制定程序（178/2002 EC），852/2004 EC 制定了食品业经营者关于食品卫生的一般规则。动物食品源头的特殊卫生规定符合 853/2004 EC 法规，其中有一部分是专门针对原料牛奶和奶制品。1664/2006 EC 涉及针对供人类食用的某些动物来源产品的措施，特别是生乳和热处理乳的测试。

欧洲议会和理事会 2013 年 12 月 17 日的规例 1308/2013 EC 考虑了有关牛奶和饮用

牛奶的奶类产品市场共同组织的规则（1153/2007 EC）；2018 年 1 月 30 日发布了实施条例 2018/150 EU 进行乳制品和乳制品进行分析和质量评估。更具体地，委员会根据欧盟指令 2015/2203 发布了有关供人食用的酪蛋白和酪蛋白酸盐的新规定。而关于牛奶和乳制品食品微生物标准的欧盟法规 1441/2007 EC 和关于食品微生物标准的欧盟法规 365/2010 EU 已对巴氏灭菌牛奶和其他巴氏灭菌法液态乳制品中的肠杆菌科，还有食品级盐中的单核细胞增生性李斯特菌等微生物标准的要求进行了修订。并且对某些产品中几种农药的最大残留量水平做出了规定（2018/686 EU 和 2018 年 5 月 4 日的 2018/687 EU）。最近则颁布了实施条例 2018/555 EU 以确保符合最大残留量标准，并评估消费者对动植物食品中和食品中农药残留的暴露程度和起源[6]。

欧洲乳品协会（European Dairy Association，EDA）是欧洲乳品加工商面向全欧洲的各类乳品公司、合作社和私营企业以及世界乳品行业的领导者和企业的交流平台。最近，EDA 发布了其部门性准则，以自愿表明乳制品的来源，以作为执行欧盟委员会食品自愿性产地标签实施条例中规定的新规则的行业参考。EDA 还于 2018 年 6 月编辑了《乳制品保护条款的原则和执行指南》，这发生在欧洲法院对"豆腐镇"作出判决的一年后，在该判决中，欧盟法院裁定不能使用"牛奶"、"奶油"、"黄油"、"奶酪"或"酸奶"等字样。新的乳制品行业指南旨在解决在欧洲单一市场内使用和滥用受保护的牛奶和奶制品定义、名称和销售说明的问题，并将其作为促进国家一级执行的工具。

隶属国际标准化组织（International Organization for Standardization，ISO）的技术委员会（ISO/TC 34）负责制定与食品和饲料相关主题的国际标准。其源自于 1970 年的 ISO/TC34/ SC 5 主要负责牛奶和奶制品标准的制定。目前已发布了 184 个 ISO 标准，其范围是分析和采样方法的标准化，且涵盖了从初级生产到消费的乳制品链。关于 2008 年的三聚氰胺危机，ISO 和国际乳业联合会（IDF）共同制定了 ISO/TS 15495：2010，为定量测定牛奶中的三聚氰胺和氰尿酸含量提供了指导，通过电喷雾电离液相色谱串联质谱法（LC-MS/MS）检测牛奶、奶粉和婴儿配方产品。2013 年，ISO/TC 34 发布了在奶和液态奶产品应用红外光谱法的指南（ISO 9622：2013）。

美国农业部（USDA）和食品药品管理局（Food and Drug Administration，FDA）对牛奶生产进行监管的指导方针是工业化世界中最为严格的。FDA 制定了指导文件和法规信息，其中包含由牛奶安全分局、州际牛奶运输公司和乳制品 HACCP 发行的编码备忘录。FDA 的《巴氏杀菌牛奶条例》是全国州际牛奶运输（NCIMS）会议会员（50 个州和波多黎各）的基本牛奶卫生标准（PMO）。2015 年修订的《巴氏杀菌牛奶条例》介绍了"A 级"牛奶和奶制品的最新牛奶卫生技术发展，而这需要农民、加工商和政府机构的共同努力。

2. 鸡蛋

鸡蛋行业是全世界最重要的农业产业之一，因为不受天气影响，它适用于所有不同的气候区域。主要生产国家（地区）是欧盟（EU），由于带壳蛋和液态蛋制品易于腐坏，因此这些商品在不同国家之间的贸易流通受到限制，大部分生产完全专用于内部市场。如果发生重大问题（例如禽流感在中国暴发），情况可能会有所不同。

蛋制品的概念与蛋的所有呈现形式有关：蛋黄、蛋白或两者的混合物。术语"蛋制品"是指通过加工带壳蛋获得的加工或方便形式的蛋，蛋制品包括全蛋、蛋清和蛋黄，其形式为冷冻、巴氏灭菌和冷藏的液体以及多种形式的干燥形式的蛋黄。尤其是食品工业对以液态形式制成的高质量蛋制品感兴趣，这种蛋制品是在 4 天内脱壳的鸡蛋中经过均质化和巴氏灭菌处理后得到的，主要用作鸡蛋面食和面包产品的制备。

用于食品工业的蛋制品生产中的鸡蛋来自通常"密集"饲养母鸡的农场，电池笼的概念来自同一笼子的行和列的排列，这些笼子以电池为单位连接在一起。尽管该术语通常用于家禽养殖，但其他动物也使用类似的笼式系统。电池笼是全世界产蛋鸡的主要生活形式，但在动物权利倡导者和工业生产者之间引起了争议。这些住房系统减少了母鸡的侵略和自相残杀。另一方面，它们限制了母鸡的运动，阻止了母鸡的自然活动行为，并导致了较高的骨质疏松症的发生率。出于动物福利原因，从 2012 年 1 月起，欧盟理事会指令 1999/74/ EC 禁止在欧盟使用常规电池笼。

在欧盟，这种产蛋鸡主要包括谷仓和自由放养，有机的（在英国，有机的即指自由放养的）和鸟笼饲养系统。非笼养系统可以是单层或多层（最多四层），有或没有室外通道。在自由放养系统中，母鸡的饲养标准与谷仓或鸟舍相似。此外，它们白天经常出入植被。每只母鸡必须至少有 4 m^2 的空间。欧洲联盟理事会指令 1999/74/EC 规定，非笼养系统必须提供以下内容：

● "可用"空间的最大放养密度为 9 只母鸡/m^2。使用水准仪时，水准仪之间必须有至少 45 cm 的高度。

● 每七只母鸡至少有一个巢，如果使用群体巢，必须至少有 1 m^3 的巢空间，最多可容纳 120 只母鸡。

● 垫料（例如木屑）至少覆盖地面的三分之一，每只母鸡至少提供 250 cm^2 垫料面积。

● 每只母鸡至少 15 cm 的栖息空间。除这些要求外，自由放养系统还必须提供以下内容：每 2500 只母鸡有 1 hm^2 的室外活动范围（相当于每只母鸡 4 m^2；如果要进行室外范围的活动，则每只母鸡至少必须有 2.5 m^2 的空间）。

● 白天可以连续进入这个露天范围，必须"主要被植被覆盖"。

产蛋后，根据法律定义的特征（A 类，B 类）对损坏、脏污或破碎的鸡蛋进行分类（根据尺寸的大小）。就新鲜度而言，是根据从产蛋到转化为蛋制品或运输到零售市场的时间分类。按照这种分类，"特级"鸡蛋或"新鲜"鸡蛋与"常规"鸡蛋有明显区别。

工业用鸡蛋，进入液态蛋制品的转化过程注定要由食品转化工厂管理，在那里它们从带壳蛋变成巴氏杀菌冷藏蛋制品。通常将来自此过程的液态蛋制品交付给冷藏箱中的食品公司，其质量和食品安全特性（相关技术规格中包括的化学、物理参数）在生产商释放之前以及在接收和使用前由客户严格把控。

但我国目前蛋制品原料-鸡蛋的相关术语、定义及标准比较笼统，但市场上普遍存在"土鸡蛋""散养鸡蛋""有机鸡蛋"等类型的高价产品，也缺乏相应的鉴别标准和方法体系，容易存在虚假标注的问题。

3. 蜂蜜

蜂蜜是一种可以在全世界范围内贸易与消费的纯天然产品[11]，数千年来，蜜蜂均以同种方式产蜜。蜂蜜的功效多种多样，很久之前就被我们的祖先使用，它不仅可以用作甜食，还有药用价值，可以做高价的美容护理产品和效果显著的防腐剂，甚至曾是一种支付方式。

如今，蜂蜜主要以纯蜂蜜或其他食品中配料的形式被人们消费，例如，充当果汁或谷类食品的甜味剂。市场上供应的纯蜂蜜品种丰富，有颜色味道相一致的混合蜜，也有不同植株、地理位置或拓扑源的特有蜂蜜。此外，蜂蜜也是美容产品中常用的添加剂。

中国是世界上最大的蜂蜜出口国，2016 年总出口量为 128330 吨。其次是阿根廷（81183 吨）、乌克兰（54442 吨）、越南（42224 吨）、印度（35793 吨）、墨西哥（29098 吨）、西班牙（26874 吨）、德国（25325 吨）、巴西（24203 吨）和比利时（20816 吨）[12]。

美国是蜂蜜的主要进口国（2016 年进口 166477 吨），其次是德国（81959 吨）、日本（48445 吨）、英国（41135 吨）、法国（35433 吨）和西班牙（27988 吨）。实际上从整体看，欧盟（EU）进口的蜂蜜比美国多（总计 283299 吨），欧盟是主要的净进口国[13]。

除了蜂蜜出口国的多样性，养蜂业本身也受到威胁，这主要是因为原蜜往往来自供应透明度很低或根本没有透明度的偏远地区。在过去几十年中，集约化农业和杀虫剂的使用导致可供蜜蜂觅食的区域受到污染，并大幅减少，新型蜜蜂疾病也陆续出现，导致传统养蜂活动减少。市场上廉价的掺假产品也导致国内蜂蜜价格下降，造成传统养蜂活动持续减少。

2013 年，蜂蜜在美国受到特别关注，当时美国移民海关执法部门和国土安全部门调查指控涉及两家蜂蜜加工公司和五人倾销从中国进口的蜂蜜，其中一些蜂蜜还掺杂了未经授权的抗生素残留物。这起事件仅是蜂蜜欺诈案的"冰山一角"[14]。同年，在欧洲马肉丑闻发生后，欧盟将蜂蜜列入十种最易遭受食品欺诈的产品名单中。然而，在此之前，蜂蜜工业部门已经充分意识到经济利益驱动蜂蜜掺假的问题，特别是添加糖浆或用更便宜的蜂蜜品种稀释优质蜂蜜等问题。因此，国际养蜂人协会联合会（Apimondia）、国际蜂蜜委员会（IHC）和国际蜂蜜出口商组织（IHEO）之类的各种贸易机构作出很多努力，以防范市场上的欺诈产品。

蜜蜂起着为全球大部分食物授粉的重要作用，蜜蜂数量的下降对食品供应链构成严重威胁。据估计，在欧盟，包括蜜蜂、大黄蜂和野生蜜蜂在内的授粉昆虫每年为欧洲农业产业贡献至少 220 亿欧元[15]。

《欧盟蜂蜜指令》给出了蜂蜜的定义：蜂蜜是蜜蜂采食的天然甜味物质，由蜜蜂采集的植物花蜜或植物活体分泌物或植物吸食昆虫的排泄物中获得的，并结合蜜蜂自身的特殊物质进行转化、沉淀、脱水，并贮存在蜂巢中至成熟的天然甜物质。根据来源进行分类，蜂蜜可以分为花蜜（来自于植物花蜜的蜂蜜）和甘露蜜（主要来源于活体植物的分泌物或吸吮活体植物的昆虫的排泄物的蜂蜜）。根据生产方式或呈现方式进行分类，蜂蜜可以分为巢蜜、块蜜或切割巢蜜、引流蜜、离心蜜、压榨蜂蜜和过滤蜂蜜。这些定义适用于直接投放入市场的蜂蜜。如果蜂蜜有特殊味道、有异味、已开始发酵、正在发酵、已过热，那么这些蜂蜜只适用于工业用途或作为其他食品的配料（称为烘烤蜂蜜）。

　　欧盟蜂蜜指令中的条款对蜂蜜加工进行限制，仅允许在受控温度下进行过滤和均质，当蜂蜜被投放市场或用于供人类消费的产品时，蜂蜜必须符合相关成分标准；根据 2011/163/EU[16] 和理事会 96/23/EC 指令第 29 条[17]，希望向欧盟成员国出口蜂蜜的非欧盟国家必须被列入第三国名单；2000/13/EC 指令[18] 规定的一般食品标签规则也适用于蜂蜜，但受某些条件的限制，尤其是标签上应注明蜂蜜的原产国。此外，大宗商品市场上的每一笔交易都必须贴上过滤蜂蜜和烘烤蜂蜜的标签。

　　FDA 的食品安全和应用营养中心最近发布的关于"蜂蜜和蜂蜜产品适当标签"的非约束性建议作为行业指南[19]，涉及蜂蜜的标签，无论是作为单一成分食品出售还是作为和其他成分（如甜味剂或调味品）的混合物销售均应符合该文件要求。该文件还强调了 FDA 对掺假的定义，FD&C 法案（联邦食品、药品、化妆品法案）规定，"以下情况的食品被判定为掺假：①食品中有价值的成分被全部或部分去除；②有物质被全部或部分替代；③用任何方式掩盖了食品缺陷或劣质食品；④向食品中添加某种物质，以增加其体积或重量，降低食物质量，或使其看起来比实际更有价值。"

　　法典标准 12-1981 于 1981 年通过，于 1987 年和 2001 年修订[20]。食品法典的定义与蜂蜜指令的措辞虽不相同，但其含义几乎没有区别。此外，它还将花蜜定义为来自于植物花蜜的蜂蜜；而将甘露蜜定义为主要来自于活体植物的分泌物或吸吮活体植物的昆虫的排泄物的蜂蜜。根据其对基本成分和质量因素的要求，食品法典标准还规定，出售的蜂蜜不应添加任何食品成分，包括食品添加剂，也不应开始发酵或起泡。除非去除外来无机物或有机物时不可避免地会去除，否则不得去除花粉或蜂蜜特有的成分。不允许使用化学或生化手段处理蜂蜜，影响蜂蜜结晶。食品法典标准还提供了水分、糖和水不溶性固体含量的可接受范围。它为取样、分析及标签提供指南，并对蜂蜜的命名方式提出了明确的建议。

　　ISO 标准 12824: 2016 对蜂王浆进行了定义，规定了蜂王浆的生产和卫生要求，并建立了一系列感官和化学测试方法来控制蜂王浆的质量[21]。该标准适用于蜂王浆的生产（采集、初加工、包装）和贸易流通，但不适用于混合添加有其他食品的蜂王浆产品。

　　我国与欧盟的法律法规体系存在诸多不同，欧盟制定实施了动物流行病防控法规，主要针对重要的动物流行病实施防控，包括猪、牛、禽、马等动物的疫病，典型的有口蹄疫、禽流感等。对于蜜蜂疫病没有制定专门的监测要求，但曾经对蜜蜂疫病在欧盟层面上开展了普查工作，参与的成员国均采取了主动监测的方式，取样检测并向欧盟委员会通报检测结果。欧盟各成员国按照 OIE（世界动物卫生组织）的要求，对大蜂螨、小蜂螨、武氏盾螨（气管螨）、蜂房小甲虫、美洲幼虫腐臭病和欧洲幼虫腐臭病 6 种蜂病进行防控和通报。采取的监测方式也是根据 OIE 的规定采取了不同的方式，如主动监测或被动监测等。我国的疫病监测计划同样主要针对重要的动物流行病，对于蜂病并未制定专门的监测计划。根据 37/2010/EC 法规，欧盟规定了蜜蜂可以使用的 2 种不需要制定限量的药物如啤酒花提取液；2 种需要制定限量的药物，包括双甲脒（amitraz）200 ppb、蝇毒磷（coumafos）100 ppb；另外也规定了所有动物均不可使用的 9 种禁用兽药，包括马兜铃属（aristolochia）、氯霉素（chloramphenicol）、氯丙嗪（chlorpromazine）、秋水仙碱（colchicine）、氨苯砜（dapsone）、地美硝唑（dimetridazole）、甲硝唑（metronidazole）、硝基呋喃（nitrofuran）和洛硝哒唑（ronidazole）；96/22/EC 规定了不能使用具有激素性质和甲状腺拮抗作用的药物等；根据 96/23/EC 规定，欧盟要求对蜂蜜在兽药残留监控时重点监测磺胺类药物、喹诺酮类、氨基甲酸酯类、拟除虫菊酯类、有机氯（包括多氯联苯）、有机磷和化学元素。根据 369/2005/EC 法规，有 818 种农药成分没有获得欧盟的批准，在蜂蜜中规定了 388 种的农药残留限量。我国农业农村部 193 号公告规定了禁用药名单，关注的禁用药基本包括了欧盟规定的禁用药物，同时比欧盟的规定更广泛。在 235 号公告中规定了蜜蜂可以使用的兽药包括双甲脒（200 ppb）、蝇毒磷（100 ppb）、氟胺氰菊酯（50 ppb）和氟氯苯氰菊酯（不需要制定限量）。根据从农场到餐桌的管理理念，欧盟根据 852/2004/EC 要求对养蜂场按照初级生产的管理要求实施备案管理。欧盟对于食品生产企业采取备案和注册两种模式，根据 853/2004/EC 要求，动物源性食品一般采取注册的模式，即在注册前除实施文件审核外，还需实施现场审核，但是蜂蜜生产企业一般仅实施备案模式，即备案前只需提交文件材料而不需实施现场审核。根据 882/2004/EC 要求，主管部门根据风险分析的结果，确定对企业的监管频率，拉脱维亚兽医局确定的频率为每年监管一次。监管的内容除 852/2004/EC 规定的食品生产企业卫生要求外，同时要求蜂蜜在生产加工过程中加热的温度不得影响蜂蜜中天然酶的活性。我国对于出口蜂蜜生产企业的管理模式同样采取了备案制度，不但对养蜂场采取备案，对加工厂也采取备案管理，主管部门根据风险分析确定监管频率，监管内容主要是食品生产企业卫生要求。我国规定了蜂蜜中环境污染物铅的最高残留限量为 1 ppm，而欧盟没有规定蜂蜜中环境污染物的残留限量。欧盟微生物法规 2073/2005/EC 没有规定蜂蜜应符合的微生物要求，而我国蜂蜜食品安全国家标准中规定了蜂蜜必须符合的微生物要求，包括菌落总数、致病菌和嗜渗酵母菌等的要求。产品标准和标签方面，欧盟制定了 2001/110/EC 法规，我国制定了 GB 14963。食品安全国家标准，双方标准的关注点各有侧重。中欧对于蜂蜜的分类基本相同，在法规中欧盟根据蜜源分为花蜜蜂蜜和蜜露蜂蜜；根据生产方式分为分离蜜、巢蜜和巢蜜蜂蜜混合蜜。分离蜜根据工艺不同又分为离心采蜜（摇蜜）、自然流蜜（从蜂巢中自然排出蜂蜜）和压榨蜜（压榨蜂巢挤出蜂蜜）等。虽然欧盟明确规定不能过滤花粉，但是在需要过滤其他有机物质或无机物质时可采取过滤的方式，同时在标签中注明相关信息。在蜂蜜的成分要求中，中欧标准规定虽然不尽相同，但均规定了蜂蜜中果糖、葡萄糖和蔗糖的含量。我国食品安全标准中规定了不能采集的有毒蜜源植物，包括雷公藤、博落回和狼毒等，欧盟法规中规定了蜂蜜中水分、水溶性物质、导电率、自由酸、淀粉酶活性和羟甲基糠醛等限量要求。标签强制要求的内容除生产日期和保质期外，其他部分基本相同。欧盟要求蜂农根据要求自行确定蜂蜜的保质期，并在标签上注明，一般蜂农将保质期设定在 2~3 年。除保质期外，我国标签法要求标注生产日期[22]。

4. 肉与肉制品

由于人口增长、收入增加和城市化，对动物性食品的需求不断增长。在过去几十年里，禽肉呈现出最快的趋势，并在 2016 年成为全球消费量最高的肉类（图 9-1）。全球范围内的三种主要肉类是：禽肉类（36.5%）、猪肉类（35.8%）和牛肉类（21.1%）。在过去的 45 年里，禽肉的年平均增长率为 2.3%，而牛肉和猪肉的年平均增长率仅为 0.7%和 1.8%[23]。

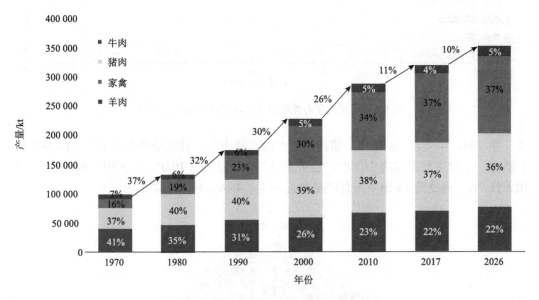

图 9-1　1970~2016 年间全球肉类产量变化
数据来源：Faostat

在过去的几年里，世界上的牛肉产量一直在以温和的速度增长。美国是世界上主要的牛肉生产国，其产量为 1100 万吨（图 9-2）。第二大生产国是巴西，产量为 900 万吨，尽管国内需求有所下降，但国际贸易促进了畜牧业的扩张。欧盟是第三大牛肉生产国（将近 800 万吨），其次是中国、印度和阿根廷。2016 年，中国生产了约 5500 万吨猪肉，占世界总产量的 47%。欧盟是世界上第二大猪肉生产国，近 2400 万吨，其次是越南、巴西和俄罗斯联邦。最大的禽肉生产国是美国，每年近 2100 万吨，其次是中国，每年 1900 万吨，欧盟和巴西约 1400 万吨。

2026 年，全球肉类产量预计将比基准期（2014~2016）高出 13%。相比之下，过去 10 年的增长率几乎为 20%（图 9-1）。基于发展中国家肉类生产过程中饲料使用增加的考虑，预计发展中国家将占全部增长的绝大多数。与红肉相比，家禽肉类是肉类总产量增长的主要推动力，以应对全球对这种更廉价的动物蛋白不断扩大的需求。较低的生产成本和较低的产品价格促使家禽成为发展中国家生产者和消费者的首选肉类。对于牛肉来说，几个主要产区的牛群正在重建，但因此导致的牛屠宰量的降低预计将被较高的牛屠宰重量所抵消。受中国生猪数量缓慢增长的推动，2017 年后猪肉产量也将增加。

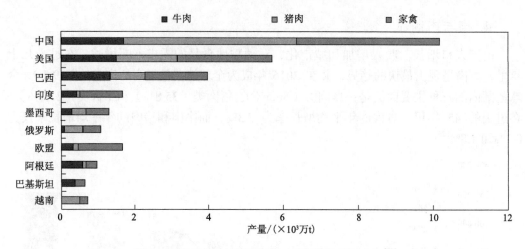

图 9-2　不同国家肉类增产量（以肉的种类区分）[23]

在 2016 年欧盟 28 国中，猪肉是生产的主要肉类，其次是鸡肉和牛肉（图 9-3）。在欧盟，牛肉主要通过肉牛生产，也可来自奶牛。法国（19.0%）、德国（14.7%）和英国（11.7%）占欧盟 28 国牛肉总产量的近一半（45.4%）（图 9-4）。

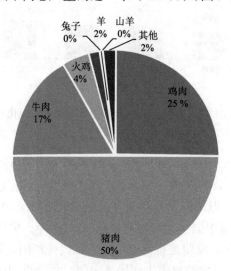

图 9-3　2016 年欧盟主要肉类生产份额
数据来源：Eurostat

2016 年，德国的猪肉产量约占到欧盟 28 国产量的 1/4（23.9%），西班牙产量为 2300 万吨，约占 1/6（17.9%）。波兰、法国、英国、西班牙和德国在欧盟 28 国的禽肉产量中占 10%～15%（图 9-4）。

到 2026 年，全球人均肉类表观消费量预计将停滞在 34.6 kg，与基准期相比增长不到 500 g（图 9-5）。牛肉消费量将在未来十年逐步增加。到 2026 年，相对于基准期，发达国家和地区的预期消费量将增加近 6%，而发展中国家将预计增加约 17%。与发达国家和地区相比，发展中国家的人均牛肉消费量仍然较低，约为发达国家和地区的三分之一。

亚洲庞大的人口数量仍是亚洲肉类增长的主要推动力，再加上中国买家认为牛和羊肉更健康、无疾病，其结果是，未来十年亚洲牛肉消费量预计将增长 44%[23]。

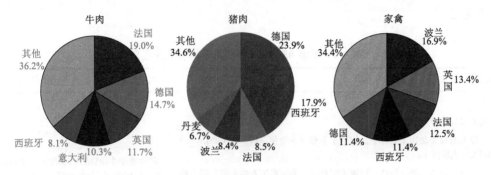

图 9-4　2016 年肉类生产份额最大的欧盟国家
数据来源：Eurostat

人均猪肉消费量在展望期内略有下降，多数发达国家和地区的消费量已达到饱和水平（图 9-5）。在发展中国家之间，人均猪肉消费量存在明显的地区差异。尽管总体上比过去十年要慢，阿根廷、巴西、墨西哥和乌拉圭的消费量仍在增长。过去几年，拉丁美洲的猪肉消费迅速增长，原因是国内产量的增加、质量的提高以及有利的相对价格，使猪肉与家禽一样，成为受欢迎的肉类之一。相反，许多经济条件有利、肉类消费不断扩大的国家，猪肉消费水平相对于其他肉类并不高，导致区域水平上猪肉的人均消费停滞甚至下降。人口的增长仍是这些地区猪肉消费总量增长的决定性因素[23]。

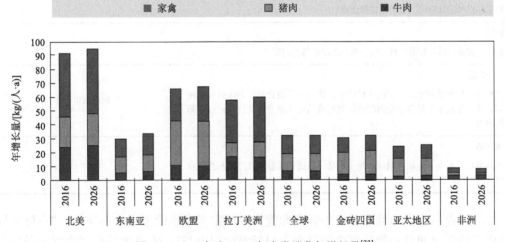

图 9-5　2016 年和 2026 年肉类消费年增长量[23]

无论地区或收入水平如何，禽肉消费量都在增加。即使在发达地区，人均消费量也将增长，不过发展中地区的增长率仍会略高一些。在全球范围内，禽类快速增长，并在 2016 年超过猪肉成为首选动物蛋白。在未来十年，这一情况将继续存在，并且在未来十年的所有新增肉类消费中，家禽预计将占 45%（图 9-5）。

按照食品信息管理规定（EU）1169/2011（FIC），在整个欧盟范围内实施了统一的标签规定，包括鲜肉和肉制品（表 9-1）。2000 年疯牛病暴发后，出台了牛肉和牛肉产品原产地的具体规定。最近，欧盟颁布了有关绵羊、猪、山羊和家禽肉类的原产地信息的新规定。

表 9-1　欧盟 853/2004 条例关于肉制品的定义

肉的基本定义	明确排除在定义之外的动物胴体部分
肉类 动物的可食用部分（包括血液）： ——家养有蹄类动物（家养牛，包括水牛和野牛物种、猪、绵羊和山羊动物以及家禽脂肪）； ——家禽（养殖禽类，包括不被视为家禽但作为家畜饲养的禽类，但走鸡类除外）； ——兔类动物（兔子、野兔和啮齿动物）； ——野生动物（野生有蹄类动物、兔类动物和鸟类，以及其他被捕食供人类食用的陆地哺乳动物）； ——农场游戏：农场鸡和其他农场哺乳动物。 如果肉没有经过冷藏、冷冻或速冻以外的任何保存过程，包括真空包装或包裹在受控气氛中的肉，则可以定义为"新鲜肉"	雌性或雄性动物的生殖器官、睾丸除外；泌尿器官、肾脏和膀胱除外；喉、气管和小叶外支气管的软骨；眼睛和眼皮；外耳道；角组织；家禽头部（除鸡冠和耳朵外）；鸡冠和甲虫（除食管、作物、肠道和生殖器官外）
胴体 经过屠宰和敷料的动物的身体。欧盟 1165/2008 条例给出了牛、猪、绵羊、山羊和家禽的"胴体"的定义	
碎肉 除胴体以外的新鲜肉，包括内脏和血液	
内脏 胸腔、腹腔和骨盆腔的器官、气管和食道以及鸟类的器官	
肉类制剂 新鲜肉，包括已切成碎片的肉（碎肉），添加了其他食品、调味料或添加剂，或者经过了不足以改变肉的内部肌纤维结构从而消除其特征的过程新鲜的肉	肉和肉末也一样
肉制品 由肉类加工或进一步加工制成的加工产品，因此切面显示该产品不再具有鲜肉的特性	肉也一样

　　国际食品法典标准中关于午餐肉和腌肉肠的定义中也给出了肉的定义："在屠宰场被屠宰的任何哺乳动物的可食用部分，包括可食用内脏"；家禽肉是指"在屠宰场屠宰的任何家禽的可食用部分，包括鸡、火鸡、鹅、珍珠鸡或鸽子"；可食用的内脏是指"经证实适合人类食用的内脏，但不包括肺、耳、头皮、鼻黏膜（包括嘴唇和动物的鼻口）、蹄筋、生殖系统、乳房、肠道和膀胱。可食用内脏不包括家禽皮"。这些定义用于包含这些产品的原材料。

　　然而，不同国家和组织如欧盟、美国、巴西和中国对肉类产品中使用的"肉"的解释存在许多差异。因此，确定真实性的方法需要考虑各国具体的法律要求。

目前，我国肉与肉制品标准体系主要由强制性标准体系和推荐性标准体系两部分构成。强制性标准体系又包括基础标准、原料及产品标准、卫生要求标准和检验方法标准 4 个子体系，在整个标准体系中处于核心地位，保障了肉与肉制品的安全。推荐性标准体系包括过程控制标准、产品标准和检验方法标准 3 个子体系，在整个标准体系中占主体地位，保障了肉与肉制品的质量。随着经济的发展和社会的进步，我国经过多年的努力，已初步建立了涵盖肉类养殖、屠宰、加工和流通等环节的法规体系和标准体系，但仍存在不少亟待解决的问题，主要表现在体系不很健全，对各环节覆盖性还不够，体系的科学性、配套性和实用性还有待进一步提高等。以法律法规为依据，根据标准化的基本原理，建立与我国法律法规体系相衔接，与国际相接轨的农产品质量安全标准体系是十分必要和重要的。因此，我国亟须建立一个指导和规范肉类养殖、肉类屠宰、肉制品生产加工、肉类流通，满足国内外消费需要、能与国际很好接轨的科学、完善、实用的肉类标准体系[24]。

5. 谷类和谷类食品

根据 FAO 的定义，"谷物"一词仅指作为干谷物收割的作物。为饲料、青贮饲料或放牧而收获的绿色作物被归为饲料作物。谷物产品的定义是通过机械或化学过程加工，或通过面粉、膳食或淀粉加工而得到的产物。FAO 的定义总共包括 17 种初级谷物，主要是小麦、大麦、玉米、黑麦、燕麦和水稻。2014 年，在欧洲（EU-28），所有这些谷物（不包括大米）分别在食品、饲料、工业（包括燃料）和种子部门占 24%、61%、11% 和 4%。

谷类一般来自禾本科，碳水化合物占其总质量的 65%～75%，谷物和以谷物为基础的产品是大多数人的主要能源来源，因此是重要的主食。不同的谷物品种有不同的用途，通常与特定的品种有关。在最终消费产品中，这些感知到的质量差异可能导致价格上的实质性差异，从而有可能用更便宜的品种冒充更贵的品种。

谷物的真实性问题也比较严重，通常涉及的产品是小麦和以小麦为基础的产品以及大米。

1）小麦

欧洲各国中，适用于谷物的法规取决于这些谷物产品的管理部门。2010 年 8 月 17 日第 742/2010 号条例[25]规定了用于公共干预的谷物必须满足的资格标准，以及为确定这种资格而进行实验所使用的方法。在饲料界，2009 年 7 月 13 日欧洲共同体第 767/2009 号规例[26]就是共同体内将饲料投放市场和用于食用及非食用动物的规则，包括标签、包装和展示的规定。2003 年 9 月 22 日欧洲共同体第 1829/2003 号规例[27]，订明共同体批准和监管基因改造食物及饲料的程序，以及有关标签的规定。

对谷物制品也有具体规定，特别是针对婴儿食用的谷物制品。委员会关于加工谷物食品和婴幼儿婴儿食品的指示 2006/125/EC[28]，订明这些产品的成分，包括谷类、蛋白质、碳水化合物、矿物质和维生素含量的规定。《欧盟特定类别食品条例》就关于加工谷物食品的进一步成分和标签规则进行了规定[29]。

国家一级规章、指示、建议在每个欧洲国家都适用。它们涉及谷物、磨粉产品、面包和意大利面的生产和销售。其中一些专门用于身份验证，可以在 FARNHub 工具[30]的规则部分找到。例如，在意大利的条例中，2001 年 2 月 9 日颁布的第 187 号总统令规定，硬粒小麦研磨产品最多可含有 3%的软面粉[31]。国家一级的一般性法规也可在 EU-N-Lex 网站上找到[32]。

有关种子的上游谷物部门也通过规定新品种生产、注册和品种纯度的法规进行了立法。1966 年 6 月 14 日关于谷类种子销售的理事会第 66/402/EEC 号指令规定了生产、包装、抽样、密封和标记等方面的规则，以确保认证种子的身份[33]。该指令已经被多次修订，特别是 2009 年 6 月 26 日的委员会指令 2009/74/EC 针对指令 66/402/EEC 的某些附件，根据有关种子纯度的科学和技术知识的发展进行了修订[34]。

从普通大众的角度来看，消费者对用斯佩耳特小麦、二聚体小麦、单角玉米等谷物生产的不同质量的面包表现出越来越大的兴趣。为了保护来自特定地理区域的高质量食品，并保护消费者免受假冒和虚假信息的侵害，欧盟委员会通过法规确定了几种具有质量属性的标签，其中包括受原产地保护标识（Protected Designation of Origin，PDO）和受地理标志保护（Protected Geographical Indication，PGI）[35]。产品如意大利翁布里亚（PDO）生产的法罗迪蒙特莱翁迪斯波莱托小麦，意大利托斯卡纳（PGI）生产的法罗·德拉·加尔法格纳小麦和法国（PGI）生产的佩蒂特·德·豪特·普罗旺斯小麦受这些欧洲标识的保护。其他谷物产品，如比利时阿登生产的小麦（斯佩耳特小麦），根据斯佩耳特小麦部门规定的规格，受到区域标识的保护[36]。

FDA 卫生和公众服务部在《联邦法规法典》第 21 篇第 137 部分公布了对特定标准化谷物粉和相关产品的要求。这些条例规定了各种谷物衍生面粉的定义和鉴别标准。

食品法典发布了一份全面的文件，其中包括 2007 年 CA 委员会通过的关于谷物、豆类和植物蛋白的所有文本[37]。这些标准为每一种谷物或谷物产品提供了公认的定义，包括某些质量属性，如水分含量，这是谷物贸易中使用的重要参数。有关标准的摘要载于表 9-2。

表 9-2　食品法典谷物和谷类产品标准

谷类/谷类产品	CODEX STAN	定义	水分含量
蒸粗麦粉	202—1995	产品从硬小麦准备	<13.5%
硬粒小麦粗粒粉和硬粒小麦面粉	178—1991	用硬粒小麦磨制的产品	<14.5%
玉米	153—1985	玉米的谷粒	<15.5%
燕麦	201—1995	大豆和拜占庭大豆的谷物	<14.0%
小麦和硬质小麦	199—1995	小麦是从小麦品种中提取	小麦< 14.5% m/m
		硬粒小麦是从硬粒小麦品种中提取的	硬质小麦< 14.5% m/m
小麦面粉	152—1985	供人类消费的产品，由普通小麦或棒状小麦、紧凑型小麦或混合物通过研磨或磨制过程	<15.5% m/m

2）大米

在国际贸易中，水稻品种的分类主要是根据其粒度和形状来进行的。最简单的方法是根据籽粒的长度和/或宽度分为三组：长粒、中粒和短粒。消费者可能会遇到的其他大米描述包括糙米，即没有去除麸皮层和胚芽的大米。它可以适用于所有的谷物，无论是短的、中的或长的。

大米的主要副产品是稻草、稻壳和米糠。其中一些被用作动物饲料和发电站的燃料。米糠由糙米的外层制成，由于其富含维生素 B_6、铁和其他矿物质，被用于维生素混合物和谷类食品中。米糠油也正在成为一种受欢迎的食用油。

除了直接消费，大米还可以进一步碾成米粉，既有棕色的，也有白色的，用于许多亚洲菜肴和制作米粉。其他成分如淀粉和蛋白质也可以从大米中提取。大米淀粉具有独特的淀粉粒径[38]，并越来越多地被用作包括婴儿和婴儿食品在内的许多食品中的天然"无麸质"成分。大米蛋白或浓缩蛋白是通过将大米中的蛋白质部分与淀粉部分分离得到的，并用于许多宠物食品的配方中。米饭"牛奶"被认为是牛奶的替代品。

根据 ISO 标准 7301[39]，以下定义适用：

稻谷/糙米：新收获的大米。首先将大米从约 20%的含水量干燥至约 14%，然后清除杂质。

稻谷：只除去稻壳的稻谷。也叫糙米，可以原样食用或碾成白米食用。

碾米：碾米后所得的米，包括从糙米中除去全部或部分麸皮和胚芽。

蒸饭米：将糙米或稻谷浸泡于水中，经过热处理和干燥过程，使米中的淀粉完全糊化的大米。

糯米：一种特殊的稻米品种，其籽粒呈白色不透明。糯米的淀粉几乎全部由支链淀粉组成。烹调后有粘在一起的倾向。

ISO 标准还规定了物理和化学特性的规范，包括可接受的含水量以及稻壳和碾米中外来物质、缺陷谷粒和其他类型大米的最大含量。

食品法典委员会标准 198—1995 适用于直接供人类食用的糙米、精米和微煮米，其定义与上述 ISO 标准 7301 中的定义类似[40]。它还提供关于一般质量因素、污染物、标签和包装的指导。特别是，食品法典委员会标准 198 提供了长粒、中粒和短粒稻米的规格，这取决于分类时使用的是粒长还是粒长/宽比[41]。

欧盟委员会第 1272/2009 号法规规定了公共干预下农产品买卖的一般详细规则[42]。但是，只有在大米符合某些合格标准（质量规范）时，才接受干预，这些标准涉及水分、碾磨产量、谷物缺陷、其他大米品种的谷物。关于与第三国的贸易，委员会第1342/2003 号条例规定了谷物和大米进出口许可证制度的具体规则[43]。根据 WTO 或双边谈判达成的国际协议，各种关税配额（TRQs）允许大米以低关税甚至零关税进口。欧盟委员会第 1273/2011 号法规对此进行了详细说明，该条例于每年 1 月 1 日重新开放，专门适用于进口大米的原产国[44]。此外，对于用于生产婴儿食品的碎米，可通过第 480/2012 号委员会法规（EU）获得 1000 吨零关税的具体关税配额[45]。

关于大米、小米和大黄米，国内外都制定了相关法规或标准，设定了不同的安全指标，以保证这些产品的安全性和可靠性。但研究发现，国内外大米、小米、大黄米相关法规/标准中的安全指标差异较大，还存在相关术语、产品范围、分级分类等差别。比如，CAC、欧盟、日本对大米的分类非常精细，CAC 规定了糙米、精米和蒸谷米的安全指标，但我国给出的是稻谷、糙米和大米的安全指标，无蒸谷米的相关安全指标。因此，应在国内外大米、小米、大黄米等食品的分级分类一致的基础上，参考 CAC 和欧盟等地区的相关法规/标准，以我国实际调研数据为主，尽量与国际接轨，科学制定符合消费者安全限量阈值的安全指标[46-49]。

6. 葡萄酒与葡萄汁

由于葡萄酒具有令人陶醉和兴奋的特性，很快它就不仅仅作为普通饮料，而更多地作为宗教祭祀、皇室祭奠或对神的祭品。后来随着希腊文明和罗马帝国文明的发展，酒神狄俄尼索斯（或罗马酒神巴克斯）和葡萄种植文化在地中海沿岸地区传播开来。在凯尔特人和罗马的影响下，欧洲大陆的温带地区，特别是法国和德国引入葡萄栽培技术。罗马文明衰落后，欧洲遭受大规模移民和入侵，分散在各地的修道院内的葡萄被栽培和繁殖，这成为现代酿酒史的雏形。

现如今，欧洲成为世界上最大的葡萄酒生产国和消费国，占据了全球生产总量的 70%和消费总量的 60%，其 27 个成员国均有自己的葡萄酒语言、贸易和分类。2017 年葡萄酒全球产量达 246.7 mhl[*]（OIV 报告），其中意大利、法国、西班牙占据领先位置。

根据欧洲委员会农业和农村发展总局（DG AGRI）数据显示，由于葡萄受气候环境和卫生环境的影响，欧洲葡萄酒生产量每年都有上下 20%的浮动。葡萄酒价格取决于产量和标签，因此产量的波动影响了葡萄酒价格和掺假葡萄酒的数量、类型。

葡萄酒出口量逐年增加，2017 年的出口量占据了生产量的 25%以上，进口量保持平稳。5 个主要进口葡萄酒地区（美国、瑞士、日本、加拿大、中国）进口额占据欧盟出口总量的 70%以上。除了欧洲，葡萄酒的主要生产区还包括美国、澳大利亚、中国。中国葡萄酒生产量逐渐增加，从 2005 年的名不见经传到 2016 年一跃成为世界第六大生产国。

OIV 作为葡萄及葡萄酒领域的标准化组织，对葡萄汁和葡萄酒进行了规定：葡萄汁是由新鲜葡萄经过自发或如破碎、除梗、压榨等物理过程获得的液体；保存葡萄汁是在葡萄汁发酵过程中加入硫酸、二氧化碳或山梨酸阻止发酵，酒精度大于 1%（体积分数）的液体；浓缩葡萄汁是葡萄汁部分干化，密度高于 1.24 g/mL；焦糖化葡萄汁是通过加热使葡萄汁部分干化，密度大于 1.3 g/L；葡萄酒是用破碎或未破碎的新鲜葡萄果实或葡萄汁，经乙醇发酵（完全发酵或部分发酵）后获得的饮料，其酒精度不得低于8.5%（体积分数）。然而，考虑到气候和葡萄品种的影响，特别是葡萄园的自身因素和传统因素，在某些地区中的法律规定，酒精度不得低于 7%（体积分数）。

葡萄酒依据含糖量分为干、半干、半甜、甜四类，依据二氧化碳含量分为平静葡

---

* mhl，million hundred liter，百万百升，国际葡萄与葡萄酒组织（OZV）通用的葡萄酒产量单位

萄酒和低泡葡萄酒。

葡萄酒标签，欧洲依据葡萄酒质量为两类：QWPSR 级（特定产区葡萄酒）和餐酒，并于 2011 年采用 PDO 和 PGI 代替 QWPSR 和餐酒。PDO 葡萄酒是在给定的地理范围内，进行规范地生产、加工和准备的产品，其质量和品质受到环境（包括自然环境和人文环境）的显著或完全影响。每个欧洲国家都有与 PDO 品质类似的分类，比较著名的包括法国 AOC，意大利 DOC 和 DOGG，西班牙 DO 和 DOCa。PGI 葡萄酒是葡萄酒生产、加工或准备过程与地理区域有关联，并具有该地区的特有品质。

2011 年，PGI 葡萄酒代替餐酒和地理标志餐酒，此举是为了去除低质量意义的 "Table" 这一单词。目前 Vin de Table（法国）、Vino da Tavola（意大利）、Vino de Mesa（西班牙）、Vinho de Mesa（葡萄牙）和 Tafelwein（德国和奥地利）均已过时。

OIV 成立于 1924 年，从 8 个成员国发展到 46 个成员国。OIV 工作重点是发布酿酒实验室采用的分析和质量保障方法，用来确定葡萄酒、葡萄汁、烈性葡萄酒、葡萄醋中的化学成分。第一部分析方法标准《国际葡萄酒分析方法汇编》于 1962 年发布，自 2000 年起每年进行修订。为了促进国际贸易，许多成员国已将 OIV 中的定义和方法纳入各自的条例。欧盟（第 479/2008 号条例）采纳了 OIV 的所有方法，其成员国的检测方法达到统一。第 606/2009 号法规（EC）规定，这些分析方法的清单和说明也必须在 Community lever（欧盟官方期刊 C 辑）公布。

我国有关葡萄酒等级认定中，中国国家认证认可监督管理委员会发布 CNCA-N-003:2005 食品质量认证实施规则——酒类。此规则对酒类生产企业的良好生产规范（GMP）、良好卫生规范（GHP）、危害分析与关键控制点（HACCP）原理的应用，以及产品卫生、理化、感官等方面提出了要求，通过一次认证活动对酒类生产质量保证能力及产品安全卫生质量水平做出全面评价[50]。但以产品的卫生质量和安全生产保证程度设等级，等级反映了葡萄酒安全状况，不能全面反映葡萄酒质量的真实属性，难以被企业和市场认可，酒类质量认证在低速推进。

自 20 世纪 90 年代以来，随着我国经济的快速增长、国民生活水平的日益提高，人们对兼保健、美容养颜等功效于一身的葡萄酒需求量增大，同时对其品质要求也越来越高。为此，我国葡萄酒行业努力与国际接轨，国家各部门相继出台了产业发展规制政策、法律、规章及标准，努力提高产品质量及产品安全，促进我国葡萄酒产业快速、持续发展，但我国国家各部以葡萄酒产品安全为监督对象，没有对葡萄与葡萄酒全过程进行监管，没有官方统一的质量等级，行业规范、标准跟不上发展需要等，与国际葡萄酒发展大国差距很大。我国 1994 年将地理标志纳入商标法律体系予以保护。2001 年修改的《商标法》和 2002 年制定的《商标法实施条例》对地理标志的商标法保护作出了更明确的规定。而以 TRIPS 协议通行的地理标志保护模式在我国仅停留在国家部门规章层面，一是国家质量监督检验检疫总局发布《地理标志产品保护规定》；二是农业部发布《农产品地理标志产品管理办法》。从法律效力来看，我国地理标志资源丰富，弱化地理标志保护力度，与国际通行模式不一[51]。

相较于法国专门的地理标志保护模式，我国并未对地理标志产品采取专门法的保护模式，而是将对地理标志的保护渗透现有的商标法法律框架内并辅以针对地理标志保护的部门规章，随着 2001 年《商标法》、2002 年《商标法实施条例》以及 2003 年《集体商标、证明商标注册和管理办法》的相继修订及实施，这三部法律中均对地理标志问题作出了规定，国家工商局成为负责地理标志商标注册的主管机关，并且有了明确的法律依据。2005 年 6 月 7 日国家质量监督检验检疫总局公布同年 7 月 15 日起施行《地理标志产品保护规定》，故我国实行的地理标志保护类型主要为商标与质量监督的双轨模式，但中法两国立法以及保护模式却存在较大异同。为维护消费者的权益、引导消费，促进中国酒类质量安全水平的提高。中国国家认证认可监督管理委员会发布 CNCA-N-03：2005 食品质量认证实施规则——酒类。该规则规定了从事酒类质量认证的认证机构的认证受理、检查和评定的程序及管理的基本要求。同时此规则适用于蒸馏酒、发酵酒、配制酒等饮料酒及食用酒精的质量安全等级认证。产品标签及内容是国际非技术堡垒之一，直接关系到国际贸易问题。各葡萄酒生产大国为保护本国葡萄酒行业健康发展，也相继制定了一系列规范葡萄酒进口管理制度的法律法规。中国方面，进入中国的外国葡萄酒应符合《食品安全法》、《中华人民共和国进出口商品检验法》、《进出口食品安全管理办法》、《预包装食品标签通则》（GB 7718—2011）、《发酵酒及其配制酒》（GB 2758—2012）和《葡萄酒》（GB 15037—2006），出口到中国必须按此标注。不同于中国的酒类质量认证实施规则，法国葡萄酒以专门认证模式为指导，原产地认定与管理为依托，地理条件和理化指标相结合，对葡萄酒质量检验与品评来综合评定葡萄酒质量等级，而中国以《食品质量认证实施规则——酒类》作为酒类质量认证的主要依据。虽然强化产品的感官、理化检验和企业产品质量保证能力，但等级只能判定葡萄酒质量是否合格，而不能真实反映产品品质高低，其质量的真实属性也难以得到全面体现，难以被企业和市场认可[52]。

7. 烈性酒

无论是从经济、法律还是文化方面考虑，烈性酒都是一种重要的食品。从经济上讲，烈性酒是农业生产的重要出口，通过消费税和其他税收为国库带来可观的收入。它们在文化和经济上的重要性不仅体现在欧盟食品法的发展过程中大量主要针对烈酒的重要裁决中，还体现在其地理标志在贸易法中享有独特的保护。

烈性酒的经济意义可以从许多指标中看出。烈性酒是欧盟最大的农业食品出口，几乎占据了该行业出口产品的三分之二，为约 90 亿欧元的贸易顺差做出了贡献。烈性酒行业每年还为欧盟贡献了约 230 亿欧元的消费税和增值税，其产品的生产和销售可创造约 100 万个就业机会。

与特定地理区域有关的食品具有极大的经济重要性，因此引入了可以保护地理标志（GIs）的系统。许多烈性酒的文化意义都体现在该行业注册的大量相关地理标志上。在国际层面，《与贸易有关的知识产权协定》（TRIPs）可以说是为地理标志提供保护的最重要国际条约。TRIPs 作为烈性酒（和葡萄酒）在国家重要性的基础，与其他农产品相比，明显为烈性酒（和葡萄酒）的地理信息系统提供了先进的保护。

为了保持烈性酒在全球贸易中的重要性，烈酒行业需要保持消费者对其产品的信心。支持这一立场的关键领域之一是保证全球市场销售的烈性酒是真实的。烈性酒是一种可赋税的食品，通常会被贴上高价值标签，这大大增加了它们对造假者的吸引力。在大多数国家，酒类产品都要征收消费税，而烈性酒的税率往往高于其他酒精饮料。在英国，据估计，财政部每年因酒类欺诈损失 13 亿英镑。

解决假冒烈酒饮料生产和销售的有效法律框架需要两个要素。第一个要素是对烈性酒类别的一套明确、可执行的定义，包括其生产过程以及特定的分析和感官特征。第二个要素是一系列适当的分析方法，根据法律规定的定义，这些方法将有助于确认可疑的酒精饮料产品是否符合其标签要求。本节的其余部分将探讨这两个要素，以及对旨在解决此类系统的普通烈性酒欺诈行为的概述。

烈性酒可以简单地定义为从发酵的农业原料中蒸馏出来的酒精饮料。准确的术语和定义会因司法管辖区而异，但这些关键要素以及馏出物用于人类消费（饮用）的要求，对于大多数市场来说都是共通的。

在欧盟，《烈性酒条例》110/2008 包含关于烈性酒的定义、描述、介绍、标签和地理标志保护。该法规将烈性酒定义为酒精饮料，即：①供人类食用；②具有特殊感官特性；③最低酒精浓度为 15%（体积分数）；④含有天然发酵农产品的馏出物。烈性酒中所含酒精均不得来自合成酒精或非农业酒精。

《烈性酒条例》定义了三种馏出物。第一种是如上所述，符合烈性酒定义的饮料。第二种是农业用乙醇（EAAO），一种高度精馏的馏出物，符合特定的技术要求[53]，包括最低酒精浓度为 96.0%（体积分数）。同时，馏出物中也产生了一种除乙醇和水以外的低含量化合物，因此其风味呈中性。最后一类馏出物是"农业来源的馏出物"。这涵盖了任何不符合烈性酒或农业用乙醇标准的农业馏分。烈性酒可以直接从天然发酵产物的蒸馏中产生，也可以通过对 EAAO，农业来源的馏出物或其他烈性酒进行适当处理而制得[53]。在《烈性酒条例》中，有 46 种明确的烈性酒类别[53]。其中前 14 条对其生产有一定的限制[53]，包括仅使用类别定义中所包含的原料生产酒精、禁止使用 EAAO 和调味剂，以及对着色和甜味的限制，如朗姆酒、威士忌和白兰地。除非其类别定义中另有说明，其余 32 个类别可使用任何农业原料作为酒精、EAAO 以及任何准许的调味剂、色素和甜味剂的来源。任何符合 46 种烈性酒定义之一的酒精饮料，必须"在其描述、展示和标签上注明指定的销售名称"。对于任何一种不属于 46 种分类的烈性酒，应在其描述中注明，展示并标记销售名称"烈性酒"[53]。

值得注意的是，欧洲关于烈性酒定义的立法通常是过程定义。尽管所有烈性酒类别都规定了最低酒精浓度，但在法规中几乎没有设置其他分析参数来判断是否符合规定。

《烈性酒条例》规定，可以对本地生产的烈性酒使用更严格的定义[53]。该条例通常适用于地理标志产品的生产，例如，英国立法对苏格兰生产的威士忌制定了更严格的生产规范。上述销售面额可以用地理标志代替或补充[53]。考虑到地理标志的经济重要性，其使用经常受到欺诈，在确定可疑产品是否与地理标志销售面额一致时，应考虑任何其他生产规范。《烈性酒条例》规定，地理标志的生产应符合相关技术文件中包含的规范，并由相关机构进行验证[50]。《烈性酒条例》和相关规例详述了烈性酒联盟参考方法，为欧盟认证烈性酒提供了基础。然而，地理标志也被用于保护该行业。例如，苏格兰威士忌验证方案包括三个连锁要素，为该威士忌地理标志提供额外保护。首先，该方案根据规定的要求，通过文件和实物检查对所有生产设备进行了审核，包括散装苏格兰威士忌进口商（每两年一次）[54]。其次，要求生产设备在任何位置都不能将产品传递给另一个地方，除非经过了验证，这保证了一条严格的真实性链。最后，在英国税务海关网站上提供了列出所有经过验证的生产设备和进口商的注册簿，以及在经核实的地点生产的所有品牌的登记册。这种方案既能防止欺诈，又能提供保证真实性的市场机会，并且其他欧盟烈酒生产商也在研究这一方案，比如瑞典的伏特加和荷兰的杜松子酒。

欧盟范围内烈酒定义的统一（1989 年首次引入）和地理标志的引入可被视为对农村社区和重要农产品行业的必要支持措施。这就产生了一套详细的条例，其中对类别和地理标志作了具体的程序定义。其他司法管辖区的烈性酒种类通常较少，对生产方法的限制也较少。不足为奇的是，不同文化对某些烈性酒类别所具有的特征的期望会造成一系列冲突。这一点可以从适用于烈性酒的国家立法的一些关键条文中，威士忌的分类定义来体现。

根据欧盟的定义[53]：

（1）威士忌是一种烈性酒：①由麦芽谷物制成的麦芽糖浆馏出物，无论是否含有其他谷物，它一直是：经其中所含麦芽的淀粉酶糖化，无论含或不含其他天然酶，通过酵母的作用发酵；②一种或多种体积分数小于 94.8% 的馏出物，使蒸馏物具有从所用原料中提取的香气和味道；③最后馏出物在容量不超过 700 L 的木桶内熟化至少三年。最终馏出物仅可添加水和纯焦糖（用于着色），保留其从第①、②和③项所述生产过程中获得的颜色、香气和味道。

（2）威士忌的最小酒精浓度应为 40%。

（3）不得添加法规中定义的无论是否稀释的酒精。

（4）威士忌不得加糖或调味剂，也不得含有除用于着色的普通焦糖外的任何添加剂。

《加拿大食品和药品法案》界定了 8 种不同的烈性酒类别（威士忌、朗姆酒、杜松子酒、白兰地、利口酒和烈性甜酒、伏特加、龙舌兰酒和麦加酒），但也规定了对一些地理标志的保护，如苏格兰威士忌、波本威士忌、干邑白兰地、阿马尼亚克酒（法国白兰地）和格拉巴酒。加拿大对威士忌的定义与欧盟定义十分接近。例如，在加拿大，威士忌的定义为："一种可以饮用的酒精馏出物或一种可以饮的用酒精馏出物的混合物，从谷类或谷类产品的混合物中提取，经麦芽糖化酶或其他酶糖化，在酵母或酵母和其他微生物混合物的作用下发酵，可能含有焦糖和调味品"[55]以及"任何人不得在加拿大出售未经至少三年陈酿的小木威士忌供消费"[55]。小木桶是指木桶或容量不超过 700 L 的桶[55]。然而，尽管许多规定相似，但也存在显著差异：加拿大威士忌的定义中没有规定最大蒸馏强度，因此允许包含类似 EAAO 的高度精馏酒精；没有最低酒精浓度（尽管加拿大威士忌本身和其他地理标志，比如苏格兰威士忌，所有的最低限度都是 40%）；麦芽不是糖化过程中必不可少的组成部分；威士忌的风味也有限。这些差异将改变定义所涵盖的风味和分析特征的范围。

在美国，烈酒的定义在管理食品和药品的《联邦法规法典》第 27 篇第 5.22 部分内。同欧盟和加拿大一样，烈性酒的类别是由它们的生产方式确定的。这些酒包括中性烈酒（美国的 EAAO，包括伏特加）、威士忌、杜松子酒、白兰地、苹果白兰地、朗姆酒、龙舌兰酒、烈性甜酒和利口酒，加味烈酒（白兰地、杜松子酒、朗姆酒、伏特加和威士忌）。在这些类别中有许多具体的地理标识（如苏格兰威士忌、加拿大威士忌、皮斯科酒和巴西朗姆酒），以及一些对美国市场具有文化意义的身份标准（如混合苹果威士忌和玉米威士忌）。

与加拿大的定义一样，美国对威士忌的定义与欧洲的定义非常相似。它指出："'威士忌'是一种含酒精的蒸馏物，从发酵的谷物泥中提取，在低于 190℃下生产，蒸馏物具有通常属于威士忌的味道、香气和特性，储存在橡木容器中（玉米威士忌不需要如此储存），并在不低于 80℃下装瓶，还包括未规定具体特性标准的此类蒸馏物混合物。"在这种情况下，最小酒精浓度相当于体积分数为 40%的酒精，最大酒精浓度相当于体积分数为 95%的酒精（仅比欧盟限制值高 0.2%）。在用于熟化的木制容器中它也稍显特殊，尽管世界范围内使用橡木以外的木材进行熟化是可以忽略的。然而，与欧盟相比，该定义的其他领域有更大的自由度。一般没有规定威士忌的最短成熟时间，虽然美国纯威士忌需要在橡木容器中至少保存 2 年，但少于欧洲威士忌的 3 年。玉米威士忌根本不需要成熟。另外也规定了合格的无害着色剂、香料或混合材料，如焦糖、糖和酒，比欧盟唯一允许的普通焦糖酒精添加剂范围广泛得多。

其他司法管辖区的定义比上述定义宽松得多。澳大利亚就是一个例子，在澳大利亚，澳大利亚新西兰食品标准法典中对生产或进口到澳大利亚的烈性酒进行了规定。基本上，标准 2.7.5[56]对白兰地、利口酒和一般的烈性酒进行了定义。所有的定义都未涉及生产细节，尤其是对烈性酒的定义，在同一立法中仅明确提及两类。烈性酒是指酒精饮料，包括：一种可饮用的酒精馏出物，包括威士忌、白兰地、朗姆酒、杜松子酒、伏特加酒和龙舌兰酒，通过蒸馏来自食物的发酵液而制得，从而具有通常可归因于该特定烈性酒的味道、香气和其他特征；或在生产过程中添加以下物质：①水，②糖，③蜂蜜，④香料。此外，所有烈性酒的最低酒精浓度为 37%（体积分数）。可以看出，这样的定义对于威士忌来说，几乎没有提供任何烈性酒生产方法的细节，只要主观感官评估表明符合其标准，并且最低酒精浓度低于欧洲。此外，该定义允许使用一些添加剂，如糖、蜂蜜和香料，这与欧洲有关威士忌的法规相违背。在 1901 年《消费税法》[57]和 1901 年《海关法》[58]中可以找到一些额外的加工信息。然而，与欧洲的定义相比，这些定义在细节上同样轻描淡写。这两项立法都规定了白兰地、朗姆酒和威士忌的最低熟化要求。但是，这些规定仅限于这些烈性酒在木桶中储存至少 2 年。它们还规定了生产白兰地（葡萄酒）、朗姆酒（从甘蔗产品中提取的发酵酒）和威士忌（由谷类谷物制成的发酵酒）的原料。

然而，澳大利亚新西兰食品标准法典确实对烈性酒地理标志进行了明确保护，其中包括一项具体要求，即按照地理标志生产但在其他地方装运和装瓶的产品必须符合与地理位置相关的法律规定的最低酒精浓度指示。

根据将于 2019 年 4 月开始实施的规定，印度已经定义了一些烈性酒类别，包括白兰地、杜松子酒、朗姆酒、伏特加、利口酒/甜酒/开胃酒和威士忌。与其他司法管辖区一样，还包括一些具有文化意义的定义：乡村酒、芬尼酒和罐蒸馏酒。从威士忌的定义可以看出不同文化对烈性酒的认知冲突[58]。在强调谷物是威士忌生产的原料的同时，很明显，威士忌也可以用酒精制成，酒精可以由水果、蔬菜、糖蜜或任何其他农业来源的碳水化合物以及谷物制成，酒精浓度最低为 96%（体积分数）[59]。这显然与威士忌的大多数其他定义相矛盾，后者要求有谷类基质、最大蒸馏强度（以保持原料的适当程度的感官特征）或两者兼而有之。印度也是一个对其定义的烈性酒精饮料实施了一些分析限制的国家[59]，为每一类烈性酒量身定做。对其中一些化合物的限制显然是为应对公共卫生问题而制定的，例如重金属含量，尽管尚不清楚为什么按照良好蒸馏操作规范生产的烈性酒会有超出此类限制的风险，因此也不清楚为什么需要此类基于类别的限值。

根据烈性酒类别（如总酯和高级醇）的其他不同限值，通常更为典型的是基于质量的规范，但与欧洲法规对特定产品类别的某些特性，如利口酒的高糖含量或茴香酒（如法国茴香酒 Pastis）的特殊调味要求的限制不同，这些规定分别适用于每一类产品。因此，这些限制实际上是试图为产品分类提供一种分析定义。虽然这些限制看似为真实产品适当的分析范围提供了一些指导，但仍需谨慎对待，它们通常涵盖了一个类别的很大一部分，但并不总是包括酒精饮料类别定义中所有的风格和变化。因此，它们可以作为对真实数据库范围的误导性指南，可能限制真实产品的贸易。

中国白酒拥有几千年酿酒史，秉承着世界上最为繁复的酿酒工艺，但在国际烈性酒市场上影响力却很有限，销售市场主要限于国内，特别在烈性酒消耗量非常大的欧盟国家，白酒出口额度更低。相较于世界上其他几种蒸馏酒（伏特加、白兰地等），中国白酒的一个显著特点是发酵工艺非常复杂，尤其是采用固态发酵，原料种类多，发酵周期长。这些特点决定了其产物种类繁多，形成了独树一帜的风味风格。目前，中国大多数白酒企业总体上基本建立了较为完善的管理体系，对原辅料的控制也较为严格，可能只是具体操作上不够严谨，也缺少相关法规、制度来保障其操作的规范性。在企业今后的发展中，应该加大与国际接轨力度，积极引进推广国外优秀技术、管理规章和法规。当然，也必须要强调中国白酒的独特性，取长补短，在保证中国白酒自身优势、维护主体独特性的基础上引入国外更好的管理技术、规章制度。国内绝大多数白酒企业能够严格按照国标进行生产，但是，仍有少数企业存在食品添加剂尤其是甜味剂非法添加及滥用等问题，特别是个别中小白酒企业。标签法规是整个食品法规体系中的重要一环。食品标签法规的准确性和透明性要求生产企业如实列出生产过程中添加的相关物质，给予消费者全面详细的产品信息。食品标签法规与其他法规特别是食品添加剂法规相辅相成，共同保障食品安全[60]。对于白酒企业而言，生产过程中，若是添加了国标及对方国法律中允许使用的添加剂就应该在标签标识中注明添加剂种类及用量，以免对方检测出相关物质而产生对该企业的不信任，导致经济损失，但实际情况是部分企业针对当前监管漏洞，并未如实标注，由此产生很多白酒的真实性问题，比如添加食用酒精、香精香料，滥用年份标签等。

欧盟法规中的葡萄酒法规表明，其官方科研机构对葡萄酒中成分的安全性研究一直非常重视，通过验证某些成分对人体可能造成的影响，一旦发现某些成分可能有损于人类健康，会通过更新修订条例来保护欧盟消费者健康。中国白酒的某些科研工作也应该借鉴国外科研经验，特别是在与人类健康有密切联系的领域加大科研力度。

8. 橄榄油

橄榄油具有潜在的健康益处、良好的滋气味，在烹饪和营养价值方面也比起其他食用油具有更多的优势，因此其消费者喜爱度日益高涨。几十年前只进口橄榄油的一些国家如今也开始自己生产橄榄油，橄榄油也自然地成为其国内消费者经常购买的主要食用油之一。

橄榄油仅占全球油脂产量的 2%左右[61,62]，但深受地中海国家消费者的喜爱，同时也是这些地区农民的主要经济来源。因此，西班牙约 20%的农场都用于种植橄榄，希腊和意大利则分别为 25%和 19%。这三个国家的总产量约占到全世界橄榄油产量的70%，其中西班牙和意大利是主要的生产国（表 9-3）。

表 9-3　2015/2016 年度各国（地区）橄榄油生产量与消费量

国家或地区	产量/kt	全球产量占比/%	消费量/kt	全球消费量占比/%
西班牙	1403.3	44.18	494.5	16.60
意大利	474.6	14.94	598.1	20.07
希腊	320.0	10.07	140.0	4.70
葡萄牙	109.1	3.44	70.0	2.35
法国	5.4	0.17	113.4	3.81
欧盟	2324.0	73.16	1660.4	55.73
土耳其	150.0	4.72	116.0	3.89
突尼斯	140.0	4.41	35.0	1.18
叙利亚	110.0	3.46	104.0	3.49
摩洛哥	130.0	4.09	120.0	4.03
澳大利亚	20.0	0.63	42.0	1.41
美国	14.0	0.44	321.0	10.77
智利	17.5	0.55	5.5	0.19
阿根廷	24.0	0.76	7.5	0.25
中国	17.5	0.56	39.0	1.31
总计	3176.5		2979.5	

来源：www.internationaloliveoil.org

国际橄榄油理事会（International Olive Council，IOC）已经对不同类别的橄榄油和橄榄果渣油进行了明确的定义[63]，最受欢迎的品种是初榨橄榄油。初榨橄榄油是指在严格控制温度变化等条件下，将橄榄树上的鲜果利用机械等物理方法压榨出的橄榄油。

压榨过程中除了清洗、倾析、离心分离和过滤外，不做其他任何加工处理，橄榄油的品质不会产生变化。压榨时，将橄榄果清洗后研磨形成糊状，是为了促进油和水的分离。之后稍微加热糊浆，加速油滴融合汇集。研究表明，该过程中温度越低，橄榄油的感官品质越好，但是其产率也越少[64]。各国的橄榄油加工厂普遍采用离心分离法，将上述处理过的糊浆离心后，会分离成湿橄榄饼和油，油在装瓶前会被输送到立式离心机或滗析器中做进一步处理。

橄榄作为一种水果，它的化学成分不仅与生化途径中酶的作用有关，还与提取过程和气候环境等外部因素有关。不同种类的橄榄油在其化学成分和价格上都有着显著差异。特级初榨橄榄油因其感官条件良好、市场需求量大和生产成本高等因素，在油脂市场上卖到很高的价格，同时也是造假者进行伪造制假的重点对象。过去掺假现象非常普遍，非法添加精炼食用油等掺假手法很容易就能被检测出来。如今的掺假手法变得更加复杂多样，掺加温和脱臭处理过的初榨橄榄油或含有特定成分的油都可以满足相关规定的限制，从而难以被检出。因此，掺假物不再是市场上便宜的食用油，而是更加便宜的食用油配方，根据现有的标准方法难以辨别真伪。这种做法对新兴的初榨橄榄油市场十分有害，消费者购买橄榄油是因其具有潜在的营养价值，但如果他们买到的是没有任何价值的掺假油，则会对橄榄油市场持失望怀疑态度。

要有效地抵制橄榄油掺假现象，需要出口国加强管制，明确界定橄榄油产品类型，并制定统一的标签规则。从分析化学的角度说，最好结合多学科制定解决方案，利用化学和感官等方面的仪器设备进行分析研究，或建立数学模型等。

橄榄油是从橄榄树鲜果中直接压榨提取的油，既不是经过溶剂或再酯化处理得到的油，也不是掺杂了其他品种食用油的混合油[64]，但橄榄油根据生产工艺类型被分为三类：橄榄果渣油、精炼橄榄油和初榨橄榄油。

初榨橄榄油是指在控制其成分不发生改变的一定条件下，仅利用机械等物理手段从橄榄树果实中提取到的油。其主要成分是甘油酯类混合物，即甘油和脂肪酸形成的酯。此外，其还含有许多微量化合物（表 9-4），可以用于特性描述和真实性鉴别[65, 66]。初榨橄榄油一般分为以下四种类型：低级初榨橄榄油、普通初榨橄榄油、特级初榨橄榄油和优级初榨橄榄油，然而并非所有监管机构都认可普通初榨橄榄油这种类型属于初榨橄榄油（例如欧盟）。

表 9-4　初榨橄榄油中不同化学成分的含量[67]

成分	含量	成分	含量
脂肪酸		甘油三酯	
肉豆蔻酸	未检出	POP	2.16%～5.73%
棕榈酸	6.3%～16.9%	PXO-PLP	0.13%～2.66%
棕榈油酸	0.3%～1.6%	POS	0.39%～2.30%
十七烷酸	0.002%～0.3%	POO	19.54%～30.57%
十七碳一烯酸	0.02%～0.4%	PLO-XOO	2.76%～12.31%

续表

成分	含量	成分	含量
硬脂酸	1.02%~3.9%	PLL	tr~2.43%
油酸	65.4%~86.6%	SOS	tr~1.04%
亚油酸	2.7%~18.3%	SOO	3.17%~8.39%
亚麻酸	0.2%~1.1%	OOO	27.75%~53.34%
花生酸	0.15%~0.7%	OLO	4.24%~17.46%
二十碳烯酸	0.09%~0.6%	OLL	tr~4.43%
山嵛酸	0.01%~0.2%	AOO	0.25%~1.09%
脂肪醇和二醇		GOO	tr~1.06%
二十二醇	0.77~56.27	碳氢化合物	
二十四醇	17.79~60.63	α-古巴烯	0.12~4.77
二十六醇	26.88~93.81	白菖烯	tr~0.26
二十八醇	10.53~44.94	依兰烯	tr~1.51
叶绿醇	35.97~364.58	荒漠木烯	tr~2.63
高根二醇+熊果醇	8.07~112.51	十七碳烯	tr~0.45
4,4'-二甲基甾醇类		二十一烷	tr~0.72
蒲公英赛醇	4.14~12.94	二十三烷	0.65~16.35
达玛二烯醇	5.14~34.94	二十四烷	0.47~14.93
β-香树脂醇	10.78~121.17	二十五烷	2.51~28.8
丁酰鲸鱼醇	17.7~80.91	二十六烷	0.74~3.26
24-亚甲基羊毛甾-8-烯-3β-醇	6.33~20.46	二十七烷	3.61~13.69
环木菠萝烯醇	83.49~652.84	二十八烷	0.81~2.28
24-亚甲基环木菠萝烷醇	144.67~1464.06	二十九烷	3.07~9.93
4-脱甲基甾醇类		三十烷	0.46~1.95
菜油甾醇	31.11~108.37	三十一烷	1.89~8.83
Δ⁵-燕麦甾醇	52.43~575.04	三十二烷	0.16~1.09
β-谷甾醇	681.41~2872.06	三十三烷	0.70~5.52
豆甾醇	4.24~41.32	三十五烷	0.12~1.33
胆甾醇	0.79~18.02	α-金合欢烯	tr~32.59
24-亚甲基胆甾醇	0.63~7.01	角鲨烯	0.125%~0.7%
菜油甾烷醇	0.79~7.96	α-生育酚	125~200
Δ⁷-菜油甾醇	0.15~8.09	β-胡萝卜素	0.11~16.27
赤桐甾醇	1.99~32.44	叶黄素	1.20~4.49
谷甾烷醇	4.63~60.14	紫黄素	10^{-3}~0.77

成分	含量	成分	含量
$\Delta^{5,24}$-豆甾二烯醇	3.04~30.61	新黄质	tr~0.79
Δ^7-豆甾烯醇	1.38~15.71	花药黄质	nd~0.64
Δ^7-燕麦甾醇	2.81~26.93	β-隐黄质	nd~0.62
4-甲基甾醇类		黄体黄质	90~3~0.80
钝叶醇	8.29~29.29	玉米黄质	30~3~0.11
禾本甾醇	6.54~20.71	叶绿素 a	nd~1.55
环桉烯醇	9.43~68.43	叶绿素 b	nd~0.80
24-乙基苯酚	6.04~18.86	脱镁叶绿素 a	0.98~25.04
柠檬甾二烯醇	50.27~228.19	脱镁叶绿素 b	nd~2.92
齐墩果醛	3.17~17.36	脱镁叶绿酸 a	nd~0.57

注：脂肪酸、甘油三酯和角鲨烯以百分比表示，其余以 mg/kg 表示。tr，痕量；nd，未检出；此表格数值仅适用于西班牙和意大利的一些主要品种

根据国际橄榄油理事会的行业标准，游离酸度（以油酸计）和感官特性是区分橄榄油类别的主要参数[64]。特级初榨橄榄油因其美味而备受赞誉，符合最严格的质量参数要求，名列所有橄榄油类别之首。

精炼橄榄油是在不改变甘油酯结构的情况下由初榨橄榄油精炼而成。普通橄榄油是由可食用的初榨橄榄油和精炼橄榄油混合而成。橄榄果渣油是机械压榨制取初榨橄榄油后的橄榄残渣用溶剂萃取的方法进行精炼处理后得到的油脂。橄榄果渣油有以下三种：精炼橄榄果渣油、橄榄果渣油和橄榄果渣油原油。第一种是精炼橄榄果渣油和初榨橄榄油的混合物；第二种是没有进行过任何其他工艺处理的油橄榄果渣油；第三种是用油脂精炼方法处理橄榄果渣油原油，并且不改变油中甘油酯结构[64]。

表 9-5 是欧盟对不同类型橄榄油进行分类与命名的限制参数，目前不是所有机构都认同此分类标准，还存在明显的分歧[68]。澳大利亚和南非在棕榈酸、油酸和亚麻酸的限制值上提出了与 IOC 和欧盟不同的值，在亚油酸和鳕油酸的限制值上提出了与食品法典不同的值。IOC 与其他机构在 4-脱甲基甾醇（即菜油甾醇和豆甾醇）的限制值上也存在差异，因为这些化合物的浓度受到橄榄园所在纬度和海拔的影响[69]。因此来自新兴产区（主要位于南半球）的橄榄油不能与其他产区的橄榄油一样，通过甾醇的定量来实现掺假控制和真伪鉴别。IOC 制定了橄榄油分类决策树，限制油菜甾醇的含量在 4.0%~4.5%之间。虽然目前决策树还没有明确的数值规定，但它致力于实现不同类型的橄榄油正确归类，以打击橄榄油欺诈行为。此外，澳大利亚和南非等国家甚至规定了油菜甾醇的含量高于 4.5%，但没有规定固醇总量、高根二醇与熊果醇总量的限值。为了统一判定标准，IOC、欧盟和食品法典委员会之间的协调工作仍在进行中。

表 9-5　不同类型橄榄油中各项化学成分的限制范围（可用于鉴别初榨橄榄油掺假情况）[70]

类型	(1)	(2)	(3)	(4)	(5)	(6c)	(7)	(8)	(9d)	(10d)
特级初榨橄榄油	≤0.05	≤0.05	≥1000	≤4.5	≤150	≤0.05	≤|0.2|	B	≤2.50	≤0.22
初榨橄榄油	≤0.05	≤0.05	≥1000	≤4.5	≤150	≤0.05	≤|0.2|	B	≤2.60	≤0.25
低级初榨橄榄油	≤0.10	≤0.10	≥1000	≤4.5a	≤300a	≤0.50	≤|0.3|	C	—	—
精炼橄榄油	≤0.20	≤0.30	≥1000	≤4.5	≤350	—	≤|0.3|	C	—	≤1.25
普通橄榄油	≤0.20	≤0.30	≥1000	≤4.5	≤350	—	≤|0.3|	B	—	≤1.15
橄榄果渣油原油	≤0.20	≤0.10	≥2500	>4.5b	>350b	—	≤|0.6|	≤1.4%	—	—
精炼橄榄果渣油	≤0.40	≤0.35	≥1800	>4.5	>350	—	≤|0.5|	≤1.4%	—	≤2.00
橄榄果渣油	≤0.40	≤0.35	≥1600	>4.5	>350	—	≤|0.5|	≤1.2%	—	≤1.70

类型	(11d)	(12)	(13)	(14)	(15)	(16)	(17)	(18e)	(19)	(20d)
特级初榨橄榄油	≤0.01	≤0.8	≤20	≤0.5	≤0.5	≤0.1	≤4.0	<Camp	≥93.0	M_f>0
初榨橄榄油	≤0.01	≤2.0	≤20	≤0.5	≤0.5	≤0.1	≤4.0	<Camp	≥93.0	M_f>0
低级初榨橄榄油	—	>2.0	>20	≤0.5	≤0.5	≤0.1	≤4.0	—	≥93.0	
精炼橄榄油	≤0.16	≤0.3	≤5	≤0.5	≤0.5	≤0.1	≤4.0	<Camp	≥93.0	
普通橄榄油	≤0.15	≤1.0	≤15	≤0.5	≤0.5	≤0.1	≤4.0	<Camp	≥93.0	
橄榄果渣油原油	—	无限制	无限制	≤0.5	≤0.5	≤0.2	≤4.0	—	≥93.0	
精炼橄榄果渣油	≤0.20	≤0.3	≤5	≤0.5	≤0.5	≤0.2	≤4.0	<Camp	≥93.0	
橄榄果渣油	≤0.18	≤1.0	≤15	≤0.5	≤0.5	≤0.2	≤4.0	<Camp	≥93.0	

类型	(21d)	(22d)	(23)	(24)	(25)	(26)	(27)	(28)	(29)
特级初榨橄榄油	M_d=0	≤35	≤0.03	≤1.0	≤0.6	≤0.5	≤0.2	≤0.2	(2)
初榨橄榄油	0<M_d≤3.5	—	≤0.03	≤1.0	≤0.6	≤0.5	≤0.2	≤0.2	(2)
低级初榨橄榄油	M_d>3.5 (f)		≤0.03	≤1.0	≤0.6	≤0.5	≤0.2	≤0.2	(2)
精炼橄榄油			≤0.03	≤1.0	≤0.6	≤0.5	≤0.2	≤0.2	(2)
普通橄榄油			≤0.03	≤1.0	≤0.6	≤0.5	≤0.2	≤0.2	(2)
橄榄果渣油原油	—		≤0.03	≤1.0	≤0.6	≤0.5	≤0.3	≤0.2	(2)
精炼橄榄果渣油	—		≤0.03	≤1.0	≤0.6	≤0.5	≤0.3	≤0.2	(2)
橄榄果渣油	—		≤0.03	≤1.0	≤0.6	≤0.5	≤0.3	≤0.2	(2)

注：（1）反式油酸（%）；（2）反式亚油酸和亚麻酸之和（%）；（3）总甾醇含量（mg/kg）；（4）高根二醇和熊果醇含量（甾醇总量%）；（5）蜡含量：特级初榨橄榄油和初榨橄榄油蜡含量按 C_{42}+C_{44}+C_{46} 计，其余类型橄榄油蜡含量按 C_{40}+C_{42}+C_{44}+C_{46} 计（mg/kg）；（6）豆甾二烯含量（mg/kg）；（7）ECN42 三酰基甘油实际与理论含量差异；（8）2-棕榈酸单甘油酯含量（2P）；B，若总 C16:0≤14.0 %，则 2P≤0.9；若 C16:0>14.0 %，则 2P≤1.0；C，若 C16:0≤14.0%，则 2P≤0.9；若 C16:0 >14.0%，则 2P≤1.1；（9）K_{232} 紫外线吸光度；（10）使用环己烷时，K_{270} 紫外线吸光度；使用异辛烷时，K_{268} 紫外线吸光度；（11）紫外线吸光度（ΔK）；（12）游离酸度（%m/m，以油酸计）；（13）过氧化值（单位:milleq，每千克油中的活性氧含量）；（14）Δ^7-豆甾烯醇（%）；（15）胆固醇（%）；（16）菜籽甾醇（%）；（17）菜油甾醇（%）；（18）豆甾醇（%）；（19）β-谷甾醇的值：

$\Delta^{5,24}$-豆甾二烯醇+赤桐甾醇+β-谷甾醇+谷甾烷醇+Δ^5-燕麦甾醇+$\Delta^{5,24}$-豆甾二烯醇；（20）感官评价:果香属性中位数；（21）感官评估：缺陷中位数（M_d）；（22）脂肪酸乙酯（FAEEs）；（23）肉豆蔻酸（% m/m 甲酯）；（24）亚麻酸（% m/m 甲酯）；（25）花生酸（% m/m 甲酯）；（26）二十烯酸（% m/m 甲酯）；（27）山嵛酸（% m/m 甲酯）；（28）二十四烷酸（% m/m 甲酯）；（29）其他脂肪酸（% m/m 甲酯）

a. 当油的蜡含量在 300~350 mg/kg，总脂肪醇含量≤350 mg/kg 或高根二醇与熊果醇含量之和≤3.5%，则为低级橄榄油

b. 当油的蜡含量在 300~350 mg/kg，总脂肪醇含量>350 mg/kg，并且高根二醇与熊果醇含量之和>3.5%，则为橄榄果渣油原油

c. 毛细管柱能（或不能）分离的总异构体

d. 品质特性

e. Camp，菜油甾醇含量（%）

f. 缺陷中位数小于或等于 3.5 且果香中位数等于 0

棕榈酸：7.5~20.0；棕榈油酸：0.3~3.5；十七烷酸≤0.4；十七烯酸≤0.6；硬脂酸：0.5~5.0；油酸：55.0~83.0；亚油酸：2.5~21.0

蜡含量也是 IOC/EU 和其他机构之间的一个分歧点。IOC 和欧盟根据橄榄油的等级（特级、优级、普通、低级等）对蜡含量进行了不同的限制，而食品法典委员会和来自美国、加利福尼亚、澳大利亚和南非等国家的相关机构则不论橄榄油等级，只给出了一个蜡含量的固定值（≤量的固定值是不同的）。IOC/EU 和其他机构之间还有一个分歧，则是豆甾二烯醇的最大含量是否可以用于确定初榨橄榄油中精炼食用油的存在。近年来，由于现代分析仪器灵敏度和精度值的显著提高，IOC 和欧盟已将该限值从 0.10 mg/kg 降低到 0.05 mg/kg，食品法典委员会和美国标准的规定值则仍是 0.15 mg/kg。

通过对 2-棕榈酸单甘油酯的定量可以判断橄榄油中是否存在再酯化油，最大允许检出量取决于橄榄油的类型，IOC/EU 规定的限值比食品法典委员会、加利福尼亚、澳大利亚和南非标准中的限值低。加利福尼亚州对于橄榄油中游离酸含量和过氧化值规定得比其他机构更为严格。IOC 有一整套完善的初榨橄榄油感官评估办法，其他机构均采用 IOC 的办法，但是在特级初榨橄榄油和初榨橄榄油的缺陷中位数和果香特性方面存在差异。其一，IOC/EU 考虑到初榨、普通和低级橄榄油的分类界限模糊，已将初榨橄榄油的缺陷中位数值提高至 3.5，其他机构则未改变。其二，加利福尼亚、澳大利亚和南非的标准还考虑到了橄榄果渣和精炼油的缺陷中位数和果香属性。

国际监管机构参考各地区不同组织提供的信息制定了相关的规定，其中大部分橄榄油分类参数和真实性限制范围是由 IOC 最初提出。气候条件会对化学和生化途径产生影响，造成橄榄油中各组分的含量变化，现在地中海盆地的果园越来越少，限制参数差异也成为国际监管机构之间产生意见分歧的核心原因。

国际机构之间的沟通协调是当前的首要任务[68]。监管机构之间应该加强合作，就目前争论的一些具体参数达成一致意见。另外，采取适当减少标准参数和方法等措施，也将有利于促进国际贸易开展。尽管当前其他机构（AOCS、ISO、IUPAC、FOSFA 等）也提出了一些替代方法，但大部分检验方法还是由 IOC 提出的。

9. 咖啡

咖啡树是一种热带常绿灌木，归入咖啡属，是茜草科植物的一部分。尽管咖啡属存在

100 多种[71]，但其中只有两种对饮料咖啡的生产具有实际的经济重要性：*C. arabica*，又名阿拉比卡咖啡，除咖啡原产国埃塞俄比亚外，生产地区主要是南美和中美洲；*C. Canephora*，又名罗布斯塔咖啡，世界上大部分的罗布斯塔生长在非洲中西部、东南亚部分地区和巴西。其他种类的 *C. liberica*（利比里亚咖啡，或高种咖啡）的交易范围非常有限。阿拉比卡的份额从 20 世纪 60 年代占世界总产量的 80%下降到 20 世纪 10 年代的 60%左右，最初是因为巴西和非洲部分地区的罗布斯塔产量强劲增长，但最近是因为亚洲成为世界主要的罗布斯塔产区。在世界市场上，阿拉比卡咖啡价格最高。阿拉比卡树的种植成本很高，因为理想的地形往往很陡，很难进入。此外，由于其树木比罗布斯塔更容易生病，它们需要额外的护理和注意。罗布斯塔主要用于混合和速溶咖啡。罗布斯塔树的优势在于能够抵御较温暖的气候，这使得它能够在远低于阿拉比卡的高度生长。与阿拉比卡咖啡相比，罗布斯塔咖啡豆生产的咖啡具有独特的口味和更多的咖啡因。

　　全球约有 70 个咖啡生产国种植咖啡。2016/2017 年度，咖啡产量为 1.591 亿袋（即950 万吨，每袋含 60 kg 生咖啡），其中阿拉伯咖啡 98.8 袋，罗布斯塔咖啡 60.4 袋。巴西是最大的咖啡生产国，占世界咖啡总产量的 35.2%。越南是世界第二大咖啡生产国，占全球咖啡产量的 16.8%。它是罗布斯塔的主要生产商。哥伦比亚是仅次于巴西的第二大阿拉比卡咖啡供应国，分别占全球咖啡产量的 15%和 46%。印尼是世界第二大罗布斯塔出口国。埃塞俄比亚是非洲最大的咖啡生产国。欧盟是主要市场，占世界咖啡豆进口的 40%，其次是美国，占 24%。

　　现在可以购买各种各样的咖啡产品。国际咖啡贸易几乎完全是在纯咖啡中进行的。然而，现在消费者可以买到烘焙咖啡豆、烘焙咖啡粉以及液体和干咖啡提取物（可溶性咖啡）。此外，咖啡可以与咖啡替代品混合，也可以作为烘焙和研磨混合物或干浸膏出售。全豆烘焙咖啡也可以用液体调味料浸泡，制成有香味的咖啡。最后，市场上还存在已经含有牛奶固体的干咖啡提取物（caféau lait、cappuccino）。这些咖啡产品中的每一种都有不含咖啡因的形式。

　　咖啡豆的不同种类和种植咖啡的不同地区可能会产生不同品质的产品，或多或少受到消费者的欢迎。这反过来又会导致市场上的价格差异，不诚实的交易者可能进行掺假或虚假陈述。咖啡是西方饮食中很受欢迎的组成部分，也是国际贸易中的一种重要商品，许多国家的经济尤其依赖咖啡。2010 年，国际咖啡组织（International Coffee Organization，ICO）估计，在 52 个生产国，咖啡产业的总就业人数约为 2600 万人。因此，咖啡业本身投入了大量的时间和精力来确保其产品的质量和真实性，并为此开发适当的分析技术。

　　在过去 30 年中，咖啡市场出现了越来越多与公平贸易和可持续性有关的举措。这些标签通常在咖啡包装上贴上标签，通过改善小农户的贸易条件（例如更公平和更稳定的价格），证明咖啡生产的可持续性和对他们的尊重。在咖啡市场上，大多数扩展项目都获得了 UTZ 鉴别。根据公平贸易国际（Fair Trade International）的数据，公平贸易咖啡农 2015 年的咖啡产量估计为 560900 吨（约占全球产量的 6%）。

　　ICO 于 1962 年在联合国主持下成立。它是一个政府间机构，由 51 个咖啡进出口国组成，旨在通过咖啡贸易方面的国际合作，实现咖啡生产国的经济多样化和发展，增加咖啡消费，稳定价格，改善咖啡出口国和进口国之间的经济关系。国际咖啡协会因其统计服务和作为讨论影响世界咖啡市场的所有问题的国际论坛的作用而广受好评。它还协调了一些项目（其中大部分涉及市场营销、病虫害/质量问题或可持续性），并就咖啡生产的环境问题和期货市场的使用等问题举办研讨会。

《2007 年国际咖啡协定》是一项法律协定，规定了如何实现这些目标。该文件界定了不同的咖啡产品，以协调生产国和进口国之间的数据收集、统计和贸易。另外，ISO发布了"咖啡和咖啡产品-词汇"（ISO 3509: 2005）标准，也用于设定咖啡产品的定义。同样的术语，如"烘焙咖啡"或"无咖啡因咖啡"可以在两个文件中找到，但定义基本一致。大体上，ICO 的定义更注重统计，而 ISO 则更注重质量和过程（表9-6）。

表 9-6　ICO 和 ISO 对咖啡和咖啡产品定义的比较

产品	ICO 定义	ISO 3509:2005 定义
咖啡	咖啡属植物的果实（樱桃）和种子（豆）的总称，以及这些果实和种子在不同加工阶段的产物，如干樱桃、羊皮纸、生咖啡、烘焙咖啡、咖啡粉、无咖啡因咖啡、液体咖啡和可溶性咖啡	—
生咖啡	所有的咖啡在烘焙前都在裸豆里	咖啡植物干种子的商业术语
烘焙咖啡	烘焙至任何程度的生咖啡，包括咖啡粉	烘焙生咖啡得到的咖啡
咖啡粉	—	通过研磨烘焙咖啡获得的产品
咖啡提取物	—	通过物理方法从烘焙咖啡中获得的产品，使用水作为唯一的载体，而不是从咖啡中提取的
可溶性咖啡	从烘焙咖啡中提取的水溶性干固体	—
速溶咖啡干咖啡提取物	—	干燥的水溶性产品，仅通过物理方法从烘焙咖啡中获得，使用水作为唯一的载体，而不是从咖啡中提取
喷雾干燥速溶咖啡	—	速溶咖啡通过将液态的咖啡提取物喷入热空气中并通过水的蒸发形成干燥颗粒的过程而获得的速溶咖啡
凝聚速溶咖啡	—	速溶咖啡通过将速溶咖啡的干燥颗粒融合在一起形成较大颗粒的过程而获得的速溶咖啡
冻干咖啡 冻干咖啡提取物 冻干速溶咖啡 冻干可溶性咖啡	—	速溶咖啡通过液体状态下的产品被冷冻并通过升华除去冰的过程获得的速溶咖啡
无咖啡因咖啡	从中提取生咖啡、烘焙咖啡或可溶性咖啡	从中提取咖啡因的咖啡

1980 年，ISO 在其食品技术委员会（TC 34/SC 15）内成立了咖啡小组委员会。其工作范围是咖啡和咖啡产品领域的标准化，涵盖从生咖啡到消费的咖啡链。标准化包括

术语、取样、试验方法和分析、产品规范和包装、储存和运输要求。大约有 30 个标准已经被编写并在 ISO 网站（www.iso.org）上发布。

在这些标准中，有两个标准特别适用于速溶咖啡的真实性。标准"速溶咖啡-真实性标准"（ISO 24114: 2011）规定了可溶性（速溶）咖啡的真实性标准[72]。其目的是鉴别掺假的可溶性咖啡，定义为"通过共同提取或单独提取烘焙咖啡豆和咖啡豆以外的原材料或烘焙材料制备的产品，如果产品作为纯可溶咖啡出售，并且标签上未声明添加了非咖啡豆材料"。其目的是避免错误的声明，即含有廉价咖啡替代品的掺假产品是 100% 纯可溶性咖啡。本标准关注两个不同的参数：总葡萄糖和总木糖，其值不得超过速溶咖啡样品被宣布为真实的某些限值（分别为 2.46% 和 0.45%）。

对于烘焙咖啡，德国标准方法"咖啡和咖啡产品分析-烘焙咖啡中 16-邻甲基咖啡醇含量的测定-高效液相色谱法"（DIN10779: 2011）也可用于鉴别目的。它最初用于量化烘焙豆中 16-O-甲基咖啡醇（16-OMC）的含量，即使文献中也描述了其在生咖啡豆和咖啡酿造中的应用。根据观察，16-OMC 仅存在于罗布斯塔中。

除了食品的一般法规，如《一般食品法》（EC 178/2002 号法规），欧盟还制定了若干有关咖啡产品的法规。欧盟关于向消费者提供食品信息的第 1169/2011 号[73]一般条例将两项指令合并为一项立法 2000/13/EC 食品标签、展示和广告以及 90/496/496/EEC 食品营养标签。除其他主题外，它还涉及原产地标记问题。咖啡没有制定具体规则，适用"信息不得误导"的一般原则。可根据产品声明（如"100%巴西咖啡"）制作自愿性原产地标签（即生咖啡种植地点）。本条例还规定了一份食品清单，包括下列咖啡产品，这些产品不受强制性营养声明的要求：1999 年 2 月 22 日欧洲议会和理事会关于咖啡提取物和菊苣提取物的第 1999/4/EC 号指令所涵盖的产品；整粒或磨碎的咖啡豆和整粒或磨碎的无咖啡因咖啡豆。关于咖啡提取物和菊苣提取物的第 1999/4/EC[74]号指令确定了在这些产品的生产过程中可以添加哪些物质，规定了关于这些提取物的包装和标签的共同规则，并规定了某些产品可以使用特定名称的条件。它简化了先前由指令 77/436/EEC 规定的立法。它将咖啡提取物定义为"仅使用水作为提取介质从烘焙咖啡豆中提取的浓缩产品，不包括任何涉及添加酸或碱的水解过程"。它特别规定，"咖啡提取物必须只含有咖啡的可溶和芳香成分"，除了那些在技术上不可能去除的不溶物质和从咖啡中提取的不溶油。它控制三种咖啡提取物的成分，这三种提取物的咖啡基干物质含量不同：干咖啡提取物按质量计不低于 95%；咖啡提取物膏：按质量计从 70% 到 85%；液体咖啡提取物：按质量计从 15% 到 55%。如果最终产品中的含糖量不超过 12%（按质量计），则液体咖啡提取物特别允许含有食用糖。该指令不允许在固体或糊状物中的咖啡提取物含有从其提取物中提取的物质以外的任何物质。该指令还规定，"无咖啡因"一词仅适用于无水咖啡因含量不超过其咖啡基干物质含量重量 0.3%的咖啡提取物。该指令不包括烘焙咖啡粉。

在欧盟范围内，根据指令 2009/32/EC[75]，溶剂可用于咖啡的脱咖啡因。萃取溶剂如乙酸甲酯（咖啡中 20 mg/kg）、二氯甲烷（烘焙咖啡中 2 mg/kg）和乙基甲酮（咖啡中 20 mg/kg）有最大残留限制。在美国，根据 FDA 的说法，二氯甲烷可能存在于咖啡中，作为其作为溶剂使用的残留物，在无咖啡因烘焙咖啡和无咖啡因可溶咖啡提取物

（速溶咖啡）中的含量不超过百万分之十。

关于含有奎宁和咖啡因的食品标签的第 2002/67/EC 号指令制定了保护消费者和向消费者提供有关这些化合物存在的明确信息的具体规则。

如果一种饮料在未经改性的情况下，或在浓缩或干燥产品重组后，含有咖啡因（无论来自何处）的比例超过 150 mg/L，以下信息必须出现在标签上，与销售产品的名称在同一视野内："高咖啡因含量"。此信息后面应紧跟以 mg/100 mL 表示的咖啡因含量。

但是，此义务不适用于以咖啡、茶或咖啡或茶提取物为基础的饮料，其中出售产品的名称包括术语"咖啡"或"茶"。

欧盟授予了一个受保护的原产地名称和一个受保护的地理标志：Café de Colombia（哥伦比亚咖啡馆，PGI）在 2007 年 9 月 12 日第 1050/2007 号法规中；Café de Valdesia（瓦尔德西亚咖啡馆，PDO）在 2016 年 6 月 15 日第 2016/1043 号法规中。

2004 年，ICO 根据第 420[76]号决议为阿拉比卡和罗布斯塔制定了最低质量出口标准的自愿目标。定义了缺陷阈值（阿拉比卡样品每 300 g 不超过 86 个缺陷，罗布斯塔样品每 300 g 不超过 150 个缺陷）和水分阈值（在 8% 和 12.5% 之间）。该决议旨在减少劣质大豆的出口。建议 ICO 出口成员国的咖啡出口商密切遵守本决议，但特殊咖啡的出口除外，只要原产地证书中明确提到这一点，就可以免除某些目标。

不同的生产国有不同的质量控制体系，对质量的某些方面有不同的重视。生产国的咖啡当局也提供信息。一些有具体规定的国家也生产一些特定的咖啡产品，如西班牙和葡萄牙的"torrefacto 咖啡"，这是一种加糖烘焙咖啡豆的特殊工艺。

咖啡质量研究所是一个独立的组织，最初是在美国特种咖啡协会（SCAA）的范围内成立的，它开发了 Q 咖啡质量控制系统。这是一项引进咖啡质量国际标准的倡议。它基于供应链中经过培训和鉴别的人员（Q 级人员），他们主要从嗅觉和感官角度根据美国特种咖啡协会协议测试咖啡样本。每个样本都由三个当地的 Q 级人员进行测试。符合绿色、烘焙质量和成品装杯质量标准的咖啡将颁发 Q 证书。希望推广和销售 Q 咖啡的公司可以在其产品包装上使用 Q 鉴别标志。

在中国，咖啡已发展成为继茶之后的第二大饮品，消费量以每年 20% 以上的速度增长，远高于发达国家（地区）年均 3% 左右的增长速度，中国将成为世界咖啡消费大国之一。然而目前，我国咖啡产业仍处于原料出口为主导的初级阶段，标准化水平仍处于较低水平，无法满足产业迅猛发展的需求。与欧洲国家将"强制性标准"融入法律法规的做法不同，我国法律法规与强制性标准往往分开颁布，法规侧重管理，标准侧重技术指标。在咖啡产品相关法规标准方面同样如此。目前咖啡产品相关法律法规主要有：《中华人民共和国食品安全法》及其实施条例、《中华人民共和国农产品质量安全法》、《中华人民共和国产品质量法》等。在标准方面，我国颁布实施的咖啡相关主要标准有 14 项。我国针对咖啡产品的标准涉及基础标准、产品标准、安全标准、检验方法标准及咖啡制品标准等，范围较广，但我国的标准仅对咖啡饮料的咖啡固形物含量进行规定，并未对其他咖啡产品的咖啡固形物进行严格规定。建议可以参考欧盟法规，对咖啡产品的咖啡固形物含量进行规定，同时规定不应含有其他非源自咖啡提取物的物质，从而提高对咖啡的品质的要求[77]。

10. 醋

醋是世界上最古老的发酵产品之一，其生产可以追溯到公元前 2000 年左右，由于其酸性特征具有抗菌能力（在认识硫酸之前，醋是已知最强的酸），而成为一种防腐剂。如今，醋被广泛用作防腐剂、调味剂，甚至在一些国家被当作一种健康饮料。醋的消费主要在食品和饮料行业，但它也可以应用于医疗保健和清洁行业。2017 年，全球醋市场价值约 12.6 亿美元，其中 2010~2017 年以 2.1%的速度增长[78]。

就发酵食品和饮料而言，醋的食用是一种文化特征。在地中海国家，大多数醋是直接食用的，或者添加到沙拉、生的或熟的蔬菜中，这种食用方法可直接感受到醋的感官特点。因此，醋的"质量"与消费模式密切相关。在其他国家，大多数醋用于腌渍或作为酱汁的一部分，其感官品质尽管可能与最终产品相关，相比之下，显得没有那么明显[79]。

根据食醋的种类和主要产醋区域，划分全球食醋市场。食醋的主要种类有意大利香醋、葡萄醋、苹果醋、麦芽醋和米醋。从地域上讲，欧洲是最大的醋市场（超过全球市场份额的一半），其次是北美和亚太地区。2016 年，意大利香醋占据了明显的市场主导地位。醋在不同菜系的使用越来越多，导致了需求的增加。人口增长、可支配收入增加、消费者健康意识增强以及食品和饮料行业的增长是食醋市场发展的主要驱动因素。预计未来几年中，全球食醋市场将迎来收入和销量的双增长，增长动力来自消费者生活方式和偏好的改变。许多消费者对美食和民族食品烹饪兴趣的增加，促进了各种调味料的销售，而醋是其中主要佐料之一。

优质醋在全球范围内得到了商业推广，其中一个典型的例子是摩德纳香醋贸易和消费的增加。事实上，意大利是最大的食醋出口国，其出口量是其他主要食醋出口国（德国、西班牙和法国）的两倍。此外，就收入而言，意大利食醋的出口价远远高于西班牙和德国。德国的情况则不同，德国的食醋大部分出售到腌渍或酱料行业，而西班牙的出口食醋中也包括一些优质醋，如雪利醋。

雪利醋被纳入欧盟 PDO 框架，其源于雪利酒，且必须在木桶中陈酿至少 6 个月。陈酿过程可以通过动态系统（通过装有不同年份或不同陈酿时间的醋桶）或静态系统来完成。意大利香醋是一个更为复杂的例子，比如传统意大利香醋（Aceto Balsamico Tradizionale，ABT），由两个不同的 PDO 标签管理（ABT di Modena 或 ABT di Reggio Emilia），摩德纳香醋则是地理标志保护（PGI）产品。这种深色、浓缩、厚实的产品每瓶 100 mL，市场价值很容易就能到 100 欧元[80,81]。与此相反，摩德纳香醋（Aceto Balsamico di Modena，ABM）是具备 PGI，作为沙拉酱的原料而享誉全球[82]。摩德纳香醋成分的地理来源没有说明。一些摩德纳香醋经过 3 年以上的陈酿，被标记为"Invecchiato"（陈酿）。总的来说，摩德纳香醋是一种已经在世界各地普及的 ABT 的廉价版。

一些亚洲醋，如中国的黑醋（black vinegars）或日本的黑醋（kurosu），其原料为稻米和其他谷物（包括高粱、小麦等），在陈酿中，浓缩和增稠过程与 ABT 类似。

一般来说，食品法规认为醋是糖基质进行双重发酵（酒精和醋酸）的结果，通常指植物来源的农业原料，不包括乳清或蜂蜜原料。

在欧盟，对食醋中的酸度和乙醇残留量进行了严格的规定，葡萄醋的酸度（仅指葡萄酒的醋化作用）至少为 6%（质量分数），乙醇残留量最大为 1.5%（体积分数）[81]。用于食醋生产的原料很重要，其范围从副产品、农业剩余产品，到生产最独特、最珍贵的雪利酒（西班牙）和 ABT（意大利）所用的高质量原料。目前已有以葡萄酒、水果、苹果酒、酒精、谷物、麦芽、麦芽馏出物、蜂蜜和乳清等原料生产的十多种醋。尽管近几年的美食趋势使可供选择的食醋品种大量增加，但葡萄醋仍是地中海国家的主流产品。而当前世界上生产的醋大多是"白"醋，即直接以稀释的酒精为原料生产的醋[80]。

食醋有不同的标准，不同国家对食醋的定义也有所不同[80]。欧洲食醋区域标准可追溯至 1987 年[83]，该标准表明，食醋是一种适合人类食用的液体，其生产以含有淀粉和/或糖的物质为原料，经过酒精和醋的双重发酵。考虑到贸易形式和明显的地区差异等原因，虽然经过几次尝试，但将区域标准转变为世界标准，至今还没有落实。该标准描述了不同种类的醋、基本成分和质量标准以及可选成分、污染物、卫生、重量和计量以及分析方法。由于有两个国家的"食醋"一词适用于通过稀释合成醋酸得到的产品，因此该地区标准并没有被成员国的所有国家立法所采纳。

在美国，FDA 要求醋产品必须含有至少 4%的酸。FDA 没有关于醋的认证标准，然而"执行政策指引"建立了苹果酒、葡萄酒、麦芽、糖、糖和醋混合物的标签要求。

在欧盟，目前 Regulation（EC）1493/1999[84]已经确定了酸度和残余酒精的阈值，因此醋代表酸度最低 5%（质量分数）、残留乙醇最高 0.5%（体积分数）的一类产品，以葡萄酒为原料进一步得到的葡萄醋，其酸度至少 6%（质量分数），残留乙醇最高为 1.5%（体积分数）。最近，欧洲委员会公布了 2016/263/EU[85]，对欧洲议会 1333/2008/EC[86]的食品类别醋的名称进行了修订。现在食品分类中醋的标题为：醋和稀释醋酸（按体积用水稀释 4%～30%）。这一分类重命名的原因是：在一些成员国，只有通过农产品发酵获得的醋才被称为"醋"。然而，在其他成员国，通过用水稀释醋酸而获得的醋和通过发酵农产品而获得的醋都被称为"醋"。

目前，中国食醋年产量约有 500 万吨，而国内生产食醋的企业总计 6000 多家，年产量 10 万吨以上的企业仅有 4 家。食醋生产的资金和技术门槛较低，一些小作坊式的厂家生产的质量不合格的食醋在市场上泛滥，更有甚者如 2011 年山西"勾兑门"事件，不法厂家用工业冰醋酸勾兑成食醋，冒充山西老陈醋，严重扰乱了市场秩序，侵犯了消费者权益。食醋质量不合格的原因除了违法添加有毒物质，如采用工业醋酸进行勾兑，还存在着过量使用食品添加剂、微生物超标等问题。食醋在发酵过程中会产生少量生物胺，少量的生物胺可以增加食醋的风味，但如果生产、加工、储存环节操作不当，食醋容易受到微生物污染，导致生物胺及一些有害物的含量增高，误食变质的食醋会出现心悸、痉挛等中毒症状[87]。2019 年 12 月 21 日，我国食醋行业新版标准《食品安全国家标准　食醋》正式执行，新标准为保障食醋行业产品质量和政府监管提供了可靠依据。但是，颁布新标准缺乏配套的监管技术，诸如食醋中添加冰醋酸或完全用冰醋酸

"生产"食醋的问题在现有技术体系下得不到有效检测。值得欣喜的是，国家市场监督管理总局正就食醋行业的真实性监管问题开展食品补充方法研究。

9.2　食品真实性问题现状

9.2.1　食品真实性常见问题

1. 掺假

掺假是最常见的欺诈行为："一种食品欺诈，包括故意添加外来或劣质的物质或元素；尤其是为了准备销售，用价值较低或不具活性的成分代替更有价值的成分。"这种做法有时被称为 EMA。这一术语在食品法典委员会立场文件中有定义，被认为是"食品欺诈的一部分"。

2. 替代

替代是指"用另一种营养素、成分或食物的一部分（通常是价值较低的一种）替换一种营养素、一种食物的成分或一部分的过程"。替代的例子是在销售加工产品（鱼片、鱼馅饼等）时，用低价值的鱼种代替价值不高的鱼种，用水解皮革蛋白代替牛奶蛋白或部分用矿物油代替葵花籽油。

3. 稀释

稀释是"高值液体成分（溶质）与低值液体混合的过程"。如向非浓缩果汁或牛奶中添加水就是一个例子。

4. 未经批准的强化

未经批准的强化是指"在食品中添加未知和未申报的化合物，以提高其质量属性的过程"。牛奶中的三聚氰胺属于这一类，因为在乳制品中掺入三聚氰胺旨在提高已稀释牛奶中的氮含量。使用未经授权的添加剂，例如香料中的苏丹红染料，是另一个未经授权的强化的例子。

5. 隐瞒

隐瞒是指"隐瞒食品原料或产品质量低劣的过程"。向家禽注射激素以掩盖疾病就是一个例子，同样的例子是用一氧化碳处理过的肉。

6. 假冒

假冒是指侵犯知识产权的案件。这可能包括完全复制的其他产品或包装的任何或所有方面，例如为了经济利益而复制品牌名称、包装概念或加工方法的过程。一个典型的例子是，用一个流行品牌的假标签来仿制葡萄酒和烈酒。

然而，当前国际社会关于食品真实性的定义还未完全取得共识，有且仅有 CEN 的相关标准即将颁布，而与之配套的检测方法标准、真实性鉴别与产品判定标准模型等内容均处于发展初期。

9.2.2　食品行业存在的真实性问题

1. 牛奶

牛奶被认为是最容易受到经济刺激的七种食物之一。由于对牛奶的需求量升高以及某些乳制品的商业价值，乳品行业的欺诈行为已成为一个普遍存在的问题，因为掺假总是会降低产品质量并可能危害健康，这便使消费者和当局对此问题更加关注。在过去的几十年中，人们越来越关注牛奶和奶制品的质量评估和认证，以确保消费者受到保护，避免生产者之间的不公平竞争并提高对该行业的总体信心。

掺假的做法会降低牛奶的质量，并可能将有害物质引入到乳制品供应链中，威胁消费者的健康。牛奶掺假通常涉及稀释和/或添加廉价、低质量、危险的辅料，以增加产量，掩盖劣质产品或替换牛奶中的天然物质以获取经济利益。

掺水是牛奶中掺假最常见也是最简单的情况。加水不仅降低了牛奶的营养价值，而且会对消费者构成健康风险。但这在乳制品公司购买牛奶时将受到严格监控。此外，由于许多乳品公司根据牛奶的成分质量来购买牛奶，所以任何掺水都会在某种程度上都会自负盈亏。

由于近年来一些食品安全问题，牛乳中富氮掺假的问题也受到了广泛的关注。这种添加含氮化合物以增加表观蛋白质含量掺假现象非常普遍，非蛋白质氮无法通过常用于确定乳制品总蛋白质含量的凯氏法和杜马斯方法来区分，因此三聚氰胺、尿素和乳清由于其高氮含量以及低成本而成为用于此目的的主要掺假物。三聚氰胺（2,4,6-三氨基-1,3,5-三嗪）是一种富含氮的有机化合物，通常用于增加液体和粉状牛奶的表观蛋白质含量，从而提高其经济价值。乳清/乳清蛋白是奶酪生产中非常便宜的副产品，在某种程度上类似于脱脂牛奶，因为它保留了一些乳状外观和风味，并添加到液态牛奶中不仅增加了体积，而且增加了蛋白质含量。由于低廉的价格，尿素也被广泛用于欺诈。将尿素添加到牛奶中以提供白度，增加牛奶的稠度并使固体非脂肪含量标准化为天然牛奶的预期值。大豆也是富含氮的掺假品的常见来源。低级大豆粉是一种常见的植物蛋白，因为其价格较低且在市场上容易获得，可用于提高掺假牛奶的蛋白质含量。大豆蛋白具有良好的保水性和结合能力，因此可以改善产品的质地（例如奶酪）。豆奶也被添加到牛奶中，或者作为液态奶出售，或者用于制备脱脂奶粉（SMP）和奶酪，以实现收入最大化。这是因为它的性质与牛奶相似。

脂肪是牛奶的主要成分之一，通常占牛奶的 3%～5%（质量分数）。三酰甘油占牛奶中脂肪的 97%～98%，它是提供特征性风味和质地的重要成分。主要掺假品有植物油（例如大豆油、向日葵油、花生、椰子油、棕榈油和花生油）和动物脂肪（例如牛脂和猪油）。由于植物油的化学成分变化，通常很难检测出掺假植物油。用动物脂肪检测掺假也很困难，因为其化学成分类似于乳脂。此外，必须考虑到脂质的组成会根据不同的季节和喂养方式而变化。另一方面，特征性脂质分布可以与特定产品相关联，该特定产品在特定时期和地理区域内以特定的喂养方式生产。从这个意义上讲，仿冒者可能会模仿这种特定成分，使检测更有挑战性，如果可疑样品可以与乳制品行业中保留的特定样品相匹配，则可以方便发现欺诈行为。

包含植物油、尿素和乳化剂的合成乳是天然乳的极佳仿制品，它在脂肪、氮含量和泡沫度方面与天然乳比例相当。当与天然牛奶以不同比例混合时，它会产生相同的乳状香气。据报道，合成牛奶被用于掺假牛奶，含量为 5%～10%。婴儿配方奶粉中洗涤剂的存在有时可以通过颜色和气味来检测。长期食用会导致严重的有害健康影响，例如导致心脏和消化系统疾病。新鲜牛奶与含有廉价粉牛奶的重构牛奶掺假也是常见的不当行为。

牛奶中掺假还涉及添加物质以减少微生物的生长，从而延长产品的保质期。这些物质包括氧化氢、甲醛、次氯酸盐、水杨酸，甚至重铬酸钾等对人类有毒害的物质，需要对其进行监测以控制质量。

在牛奶和奶制品的几种可能的掺假中，最常见的一种是用原产地物种，即用价格更便宜的牛奶替代高价值的牛奶（例如绵羊、山羊或水牛），以降低生产成本并增加利润。这可以通过季节波动和绵羊、山羊和羚羊（或其他外来物种，例如骆驼或驴）的较低产量来解释，这提高了这类牛奶及其产品的经济价值。传统上生产的奶酪被认为是特产，通常可达到较高的市场价格，因此更容易发生掺假。此外，近来在一些国家中，由于羊奶优越的营养特性和其他方面，例如，其有吸引力的气味和味道以及与牛奶相比优越的消化率，使山羊奶的市场正在增长。此外，山羊奶不易引起过敏，因此可能是牛奶的替代品。在这种情况下，未进行标识说明的牛奶可能对过敏性消费者构成健康隐患。然而由于蛋白质的相似性，对牛奶蛋白过敏的人们可能会受到任何种类牛奶的影响，这表明正确标识的重要性。

为了了解和支持某些有潜力的食品，欧盟于 1992 年创建了不同的标识，包括 PDO 和 PGI，以促进被滥用名称和仿制的优质食品的保护。PDO 标识涵盖了使用公认的专业知识在特定地理区域内生产、加工和制备的农产品或食品，因此可以确保与该地区的紧密联系。PGI 标识同样有特定链接，但它只要求生产、加工或准备的至少一个阶段属于该地区，允许生产中使用的成分来自其他地区。2010 年，带有地理标志（GI）的产品（即 PDO 或 PGI）的批发额估计为 543 亿欧元，其中农产品和食品占这一数额的 29%（158 亿欧元）。在 PDO 产品中，奶酪占总营业额的三分之一。目前，在欧盟原产地和注册数据库（DOOR）中注册的 189 种 PDO 奶酪来自 14 个欧盟国家。PDO 标识还用于其他乳制品，例如黄油（例如 Beurre d'Isigny 和 Beurre deBresse（法国），Mantequilla de Soria（西班牙），Beurre rose（卢森堡），Beurre d'Ardenne（比利时））和奶油（例如 rde（法国））。当前，消费者对本地传统和高质量产品越来越感兴趣，这反过来又鼓励农业生产者使用地理标志来区分和利用其产品价值，从而提高产品价值，因此优质食品经常面临与欺诈性产品的竞争，这会打击生产者并使消费者失望，严重影响了农业食品行业和市场。实际上，PDO 奶酪的高市场价值及其在世界范围内的声誉使这些产品很容易掺假。奶酪被认为是第三地理标识食品，其侵权率更高（10.6%），对应的损失估计为 6.447 亿欧元。因此，避免由于与地理来源相关的错误标识/欺诈而造成的经济损失是乳制品认证背后的推动力。

在奶酪生产过程中，牛奶通常通过酶促凝结过程（使用动物、植物或微生物凝结剂）转化为奶酪凝乳。在这些动物当中，动物凝乳酶通常所指的是未断奶反刍动物（小牛、羔羊或小孩）第四胃分泌的酶（主要是凝乳酶和胃蛋白酶）。凝乳酶通常在奶酪生产成型中起重要的作用，因为它也含有脂解酶，该酶在成熟过程中会释放出游离脂肪酸，从而影响产品的最终特性。根据几种增值奶酪的规格，特别是来自南欧国家的各种有 PDO 标识的奶酪，应使用特定的动物或植物凝乳酶。通常，对于某些绵羊或山羊 PDO 奶酪，例如西班牙的 Roncalcheese，意大利的 Pecorino Romano 和 Fiore Sardo 奶酪以及希腊的 Feta 奶酪，最好使用羊羔或小山羊奶酪。对于意大利的 PDO 奶酪 Pecorino Romano，规格中提到，除了专门使用羊肉凝乳糊之外，用于生产这种凝乳酶的第四胃也应来自 PDO 地理区域内饲养的动物。另一方面，其他 PDO 奶酪，例如葡萄牙的 Azeitão，Serpa 和 Évora 奶酪，则更适合使用如 Cynara cardunculus 凝乳酶特定的植物凝乳酶。与相同品种的其他奶酪相比，葡萄牙羊奶 PDO 奶酪通常呈现出奶油状的半软质感和精致的风味，这些特性归功于所使用的植物凝结剂，其具有很高的蛋白水解性。因此，当 PDO 奶酪的规格规定了用于生产的凝乳酶的来源时，由于特定凝乳酶的使用和奶酪的特殊特性导致最终产品的特性可能会有所不同，假如使用另一种凝乳酶（例如来自微生物的凝乳酶）就会构成掺假。

热处理在乳制品行业中经常使用，因为它为生乳的微生物安全性提供了保证，并增强了其稳定性。当前使用的工艺过程有用较温和的温度（例如巴氏灭菌法）和高温热处理（例如超高温加工乳）。根据所应用的温度或热处理技术，天然牛奶成分（例如维生素）可能会降解或形成新物质。牛奶和奶制品在加工和存储过程中发生的化学变化的程度取决于对牛奶进行热处理的强度。因此美拉德化合物的浓度比法律上预期的要高，可能是由于过度或反复热处理，或使用了奶粉掺假而导致牛奶的微生物质量较差。对于传统上由生乳制得的奶酪，除了牛奶的新鲜度的检测，牛奶热处理的检测也是重要的一步，因为牛奶的巴氏灭菌法会改变牛奶的固有菌群，影响产品的最终感官特性。优质的牛奶产品，例如必须由新鲜牛奶生产的某些 PDO 奶酪。马苏里拉奶酪（Mozzarella di Bufala Campanacheese）就是其中一种，它在生产中禁止使用冷冻材料，但是由于水牛牛奶生产的季节性（冬季达到高峰，而夏季的马苏里拉奶酪消费量更高）以及产品质量的迅速下降，使用冷冻凝乳或冷冻牛奶会导致掺假。

奶酪的另一个重要方面是成熟期，在此期间会发生一些生化过程。其中蛋白水解是影响风味和质地的最重要过程之一。为了保证某些奶酪的感官特性，需要确定最短的成熟期，例如用羊奶生产的西班牙 Manchego PDO 奶酪需要至少两个月的成熟期，另外越珍贵的奶酪所需成熟的时间便越长。因此加快奶酪的成熟期或对成熟期进行错误标记也是要考虑的真实性问题。

国外乳制品产业发达的国家和地区为确保牛奶等畜产品的质量安全，实施的是全方位系统工程。从养牛的自然环境，到奶牛的产奶和生活环境等都建立起了绿色健康、人性化的标准。而长期坚持不懈的标准化管理和理念灌输，赢得了世界人民对其乳品质量安全的信任。因此，依据中国现有的国情，政府要以科学发展观来解决奶业发展的新问题，如出台切实可行的政策，建立健全法律法规；要处理好奶牛饲养和乳制品加工之间的利益关系；应试点第三方检测，原料奶最低保护价等机制，促进奶牛养殖业与乳品加工业健康、可持续发展。通过建设全方位系统化的乳制品质量安全控制体系，提高国内乳制品的安全质量，重新建立消费者对国内乳制品安全质量的信心。原料乳的生产是乳品企业的第一车间，而原料乳的质量则是保证乳制品质量的基础。因此，奶源质量监督显得尤为重要。国内乳制品业要生存，行业要发展，必须及早与国际接轨，学习和借鉴国外先进的质量管理经验。奶牛养殖要自强，乳品行业要自律，质检部门要加强检验，政府、媒体要监督，要把牛奶纳入良心、道德、法律范畴，要对乳制品进行风险分析，实现过程控制和以预防为主，并建立起行业的质量控制体系[88]。

2. 鸡蛋

市场对谷仓母鸡和无笼饲养系统生产的鸡蛋的需求越来越大。但现有的设施需要进行改造，所有的数量能否满足动物福利的要求，显然仍有许多不确定因素。目前，还没有可用的分析方法能够对不同的农业方法进行分类（鸡笼养殖或免笼养殖系统），这一事实增加了造假的机会。此外，在农场层面、运输过程和转化过程中，可能存在鸡蛋的混合。鸡蛋可以在 28 天内保质为新鲜鸡蛋。但是仍然发现市场上有过 28 天的保质期的鸡蛋被当作是"新鲜的"，构成更高的虚假价格。

蛋白和蛋黄含有酶，如果鸡蛋没有在足够低的温度下保存，蛋白质会发生变性。正确存放鸡蛋的最佳温度通常约为 6～8℃。蛋白的酶促变化会改变其黏度，可用于识别蛋白鸡蛋的新鲜度：实际上当鸡蛋不新鲜时蛋白发生液化，蛋黄变黄且容易损坏。在产卵期过后，整个蛋壳的内容物几乎都是无菌的，只有蛋壳破了，才会受到环境微生物的污染。

在过去的几年中，A 类鸡蛋的质量参数符合现行法规的要求，但缺少符合养殖要求的农村，出现了供不应求的现象。由于 B 类鸡蛋比 A 类鸡蛋便宜。在农场级别、运输过程中和转换设施中，类别的混杂是可能的。

进入到孵化过程的鸡蛋应当被送去销毁或用作动物饲料。不可能将其用于人类消费。这些鸡蛋的价格很低，在某些时期可能会导致非法使用（当市场上的鸡蛋报价很低或孵化器的可用性很高）。通过法律规定具体的参数，以避免这些鸡蛋用于人类食用。允许使用人造色素，但一些供应链声称不含人造色素，另外鸡蛋可能会在农场、饲料厂和转换设施中发生混杂。

3. 蜂蜜

一般来说，蜂蜜需要满足既定的定义和规格。其真实性验证问题包括两个方面：第一，向"纯"蜂蜜中添加糖、糖浆或水；第二，如果蜂蜜产品有更详细的描述，说明其独特的植物来源、地理来源或拓扑起源，即使该产品是纯蜂蜜，其描述也可能是错误的。此外，可能还有一些不正确的描述信息，如健康声明，"有机的"，具有"抗菌活性"等描述，很难评估这些描述的正确性。

1) 故意添加廉价糖和糖浆

蜂蜜真实性的主要关注点是在经济利益的驱动下，通过在蜂蜜中添加外源性的糖进行掺假。由于蜂蜜比糖和工业糖浆等甜味物质价格更高，因此在蜂蜜加工过程中的某个阶段添加上述物质，是一种常见的十分吸引人的掺假途径。现有的蜂蜜糖谱分析规范可以证明蜂蜜在糖分的定性和定量上都符合其要求。然而，当需要鉴别不同植物来源的不同类型糖浆的加糖量时，这些方法受到限制。大多数散装甜味剂是由蔗糖、甜菜糖或淀粉水解而成。淀粉通常是从玉米中提取的，但现在市场上通常用大米代替。一些大米糖浆甚至经过生物化学改造后，更难被检测出来。

2) 在花蜜流期间喂蜂巢

正常的养蜂方法是确保糖浆不会像蜂蜜一样放在蜂窝里。在蜂蜜流的同时提供糖浆是在生产的早期阶段容易掺假的一种手段。

3) 蜂蜜含水量

成熟蜂蜜通常含有 13%～23% 的水分。如果超过 18%，就有发酵的风险。食品法典委员会将所有蜂蜜的可接受水分含量设定为不超过 20%，但石南蜂蜜（Calluna）除外，其设定为不超过 23%。在最终装瓶到零售包装之前，在加工过程中会损失一定量的水，这些水通常会被更换。

4) 未成熟蜂蜜的收获

在一些国家，如中国，养蜂人在蜂巢盖上之前就提早收割蜂蜜，结果产品的含水量在 30%～40% 左右。然后使用真空激活蜂蜜烘干机对产品进行除湿，以达到可接受的含水量。目前仍在讨论这种"水蜂蜜"是否可以被视为纯蜂蜜，它的成分特征与成熟蜂蜜不同。

5) 非法使用树脂技术

一些蜂蜜生产商使用树脂技术去除与某些花卉来源有关的不愉快的味道和香味。这个过程包括将蜂蜜的水分含量提高到 40%，然后将其降低到 18%～19%。虽然经常将树脂技术用于一些食品产品中，以去除污染物，但它能否在蜂蜜生产中进行应用还有待商议。特别是树脂技术这个过程可以去除花粉，从而掩盖蜂蜜的原产国或花源。此外，它还可以去除蜂蜜的某些颜色成分，将深色蜂蜜转化为更浅、更容易接受的蜂蜜产品。

美国食品药品管理局目前在树脂技术应用方面的立场是，"经树脂技术处理的蜂蜜产品应在标签上充分描述其特性，以区别于未经树脂技术处理的蜂蜜。"目前正在进行大量的科学研究，建立规范使用方法和全球数据库，从而更好地分析和评估这项技术。

6）植物源标注错误

蜜蜂从某一种持续来源的植物中采食，但蜂蜜，即使来自同一个单一的梳子，往往也不完全来自单一来源。因此，必须对一种特定的蜂蜜作物作出判断，看它是否可以被合理地称为均一作物，从而获得溢价。

7）花蜜和甘露蜜的描述有误

花蜜是从植物花蜜中提取出来的。甘露蜜是从非花植物分泌物中提取的。由于一种作物不太可能只有一个来源，有必要根据蜂蜜的物理、化学和显微特征来判断该蜂蜜的名称。甘露蜜往往具有较高的花粉数、导电性和灰分，颜色较深，含有烟灰和霉菌孢子。

8）花源描述不正确

一些植物，如橙花蜜和洋槐蜜（刺槐）的价格较高。如果样品中含有太多来自其他花卉的蜂蜜，那么这样的描述是不合理的。真伪和质量问题无法分开，例如洋槐蜜。这可能与油菜种植和收集有关。洋槐蜜的特点是，由于它含有较高的高果糖/葡萄糖比，洋槐蜜在很长一段时间内会保持液态。结晶速率（导致不愉快的沙砾味）和果糖/葡萄糖比之间的关系还不清楚，蜂蜜结晶的研究正在进行中。油菜蜜很容易结晶，如果花粉中含有 20% 或超过 20% 的洋槐花粉，则认为洋槐树是"纯洋槐树"。如果另外 80% 的花粉有多种来源，则蜂蜜也可能会保持液态，并呈现出洋槐蜜的品质。此外，如果另外 80% 的花粉是菜籽花粉，蜂蜜会很快结晶，说明质量不合格。因此，其真实性和质量问题不能完全分开。

9）地理来源标注错误

与散装蜂蜜相比，来自特定地理位置的蜂蜜可能售价更高。例如，希腊海美特斯蜂蜜和某些"森林"蜂蜜价格更高。欧盟质量标识（PDO 和 PGI）已经确认了许多特定的蜂蜜来源，以保证产品来自特定地区，并遵循特定的传统生产工艺。这些特殊的标签得到消费者的认可，价格很高。

麦卢卡蜂蜜因其特殊的防腐性能而被认为对人体健康特别有益。麦卢卡（*Leptospermum scoparium*）是一种灌木树，只生长在新西兰和澳大利亚的一些地区。它的花蜜含有一种特殊的分子，二羟丙酮（DHA）在蜂蜜成熟和老化过程中转化为丙酮醛（MGO）。后者是蜂蜜抗菌活性强的主要原因。为了应对日益增加的欺诈风险，新西兰初级产业部最近公布了单花和多花麦卢卡蜂蜜的科学定义。鉴定单花和多花麦卢卡蜂蜜需五种属性（4 种化学物质和 1 种来自麦卢卡花粉的 DNA 标记）的组合。这些属性可以通过 2 个实验室测试来识别。用液相色谱法测定 4 个标记分子 3-苯基乳酸、2'-甲氧基苯乙酮、2-甲氧基苯甲酸和 4-羟基苯乳酸，并用定量或实时 PCR（聚合酶链反应）对麦卢卡树进行 DNA 检测。

我国蜂产品生产管理属于粗放型，生产、储运、收购、加工、销售与出口自成体系，相互脱节而又缺乏统一的标准控制。各环节主管部门（农业、市场、海关等）在信息共享、政策协调、联防联动等方面还有很大的提升空间。熟悉蜂产品生产的监管人员数量不足，基层监管力量和技术手段跟不上，一些地方对蜂产品食品安全工作重视不够，责任落实不到位，安全与发展的矛盾依然突出。虽然自 2002 年建立食品生产许可制度以来，经过十余年不断探索，我国初步建立起较为完整的蜂产品生产监管法规体系，由法律、法规、规章、规范性文件、技术标准及规范构成，包括食品生产监管通用性法律法规、技术规范以及针对蜂产品生产专门制定的规定。部分技术标准及规范并不强制执行，但作为生产监管的重要参考与技术支撑。其中，通用性食品监管法规较多，而针对蜂产品监管的特殊法规及规范性文件较少，相关配套文件，如《蜂产品生产许可证审查细则（2006 版）》、《蜂花粉及蜂产品制品生产许可证审查细则（2006 版）》等，年代较久急需修订。标准体系多为产品标准，鉴别、品质评价、生产规范类标准较少，食品安全国家标准往往缺乏特征及质量指标，标准及法规体系的针对性和可操作性有待加强。各级技术支撑机构检验及科研能力普遍不足，特别是在原料及产品鉴伪、品质鉴定方面，缺少准确、高效、便捷的检验方法。虽然相关研究和检验方法很多，如碳稳定同位素分析法、色谱法、检测酶活性法、差热分析法、指纹图谱技术等，但由于蜂蜜成分复杂、内部组分含量变化范围大，掺假技术多样，每一种品质检测技术都存在缺点和一定适用范围；很多检验方法设备昂贵，技术复杂，不易普及。基于天然蜂蜜与掺假蜂蜜的差异，开发新的蜂蜜掺假检测技术，如基于天然蜂蜜内源性成分研究的综合评价技术，基于蜂蜜风味物质的品质鉴别技术等，及时补充配套检验方法，支持监督执法。加强关键技术及共性问题研究，如批次的合理界定，原料半成品保存期限与成品保质期标识问题，蜂蜜真空浓缩、过滤关键技术参数，蜂花粉干燥、储运过程要求等，以技术文件的形式使之规范化、法治化。创新监管技术与应用，重点运用大数据、云计算、人工智能技术，建立生产监管信息化系统与协作平台，加强蜂产品生产过程风险信息的抓取、研判与预警，发挥"智慧监管"作用，提高监管效能[89]。

4. 肉与肉制品

一般来说，牛肉是主要的附加值肉制品，也是最广泛交易的肉制品，因此易引起真实性问题发生。然而，其他肉类也会涉及一些真实性问题，如家禽或羊肉。在相关的地方会提到这些。

食品欺诈是一个全球性问题，它损害了公司的声誉，扰乱了市场，侵蚀了消费者的信心。在某些供应链中，食品欺诈更加频繁地浮出水面，肉类欺诈也一直存在。在牛肉这类高价值食品中掺入低价成分的现象，与经济问题关系密切，因此研究这类掺假问题显得尤为重要。然而，肉类行业还可能出现其他欺诈行为，例如：①肉类的来源和动物饲养制度（例如，经认证的家禽和羊肉区域产品）；②用其他动物种类、组织、脂肪或蛋白质代替肉类成分；③肉制品加工方法的改变；④添加非肉类成分，如水或添加剂。

1）物种替代

正确描述肉类和肉制品的原产地是世界各地报告的一个常见问题。利用低价肉类生产高价值肉类产品，这类食品欺诈是一种典型的以经济利益为目的故意行为。其结果不仅有经济等问题，而且还会对健康产生影响：添加的假冒成分可能是有毒的，也包括一些未知的成分（如大豆、小麦、乳制品）会引起食物过敏或不耐受，造成健康风险。肉或肉类制品最重要的真实性问题依次为肉的种类、肉的部位、动物品种、地理来源。许多肉在外观和质地上只有细微的差别，仅凭肉眼观察很难鉴别不同类别的肉。然而，一旦肉类被粉碎并加入到其他增值产品中，基于外观和其他感官参数的识别几乎是不可能的。许多国家通过立法来规范这种行为。欧盟《肉馅卫生指令》要求列出肉馅中用到的肉中每一种动物。同样《欧盟肉制品卫生指令》要求对肉制品进行物种命名。《欧盟标签指令》要求产品成分表中明确标明中使用的每一种肉类。然而，发生的几起肉类掺假丑闻在世界范围内产生了巨大影响，比如欧盟的马肉丑闻。

2）蛋白替代

在大多数国家，蛋白质可以在规定的限制范围内添加到肉制品中，但允许添加的蛋白种类和量却有很大的不同。廉价的动物蛋白可能被欺骗性地用来替代更昂贵的动物蛋白。酪蛋白是迄今为止最常用的牛奶蛋白，有时与过量的水和多聚磷酸盐结合使用。乳清蛋白也用于此目的。植物蛋白，如廉价且易得的大豆可能是最常用的蛋白质之一，比如近年来，将大豆蛋白代替红肉，作为一种原材料添加到汉堡包中的做法越来越多，汉堡包的功能特点（如水和脂肪的结合能力），感官特性，如外观（光滑的质地，可切性）、营养价值得到了改进，同时也降低了价格。同样的原因，植物蛋白的添加也可能以欺骗的方式进行，同时其致敏特性导致了潜在的安全隐患。另一个特殊的卫生问题是谷蛋白的使用会引起一些人的不良反应。微生物蛋白已被开发用于食品，但未广泛用于肉制品。最后，在肉制品中添加三聚氰胺和尿素是增加表观蛋白质含量的一种非法方法。

3）油脂替代

用便宜的蔬菜代替动物脂肪可能会发生；然而，植物油脂的加入会导致显著的氧化不稳定性，从而引起产品质量下降，特别是在肉制品中。替代品也可以用来提高肉制品的营养质量，以满足消费者对天然和健康食品的需求。事实上，替代物能降低饱和脂肪酸的含量，提高不饱和脂肪酸的含量，二者对于心脏疾病的预防来说都是必需的。尽管如此，在肉研磨过程中氧气的存在导致的不饱和脂肪酸的氧化和生产过程中的加盐操作会对产品产生负面影响，误导不知情的消费者。

4）组织替代

内脏代表牛肉、小牛肉、羊肉和猪肉的各种非肌肉部分，可直接作为食物食用或用于其他食物的生产。在一些国家，由于检测的难度，在一定经济动机下，动物的内脏可以被划归为肉类产品。机械回收肉（mechanically recovered meat，MRM）或机械回收禽肉（mechanically recovered poultry meat，MRPM）是指人工去骨后的骨头上残留的肉。MRM 是一种廉价的产品，具有良好的营养和技术特性，这促使大多数肉类加工者在多种类的肉类和家禽中使用 MRM 部分或全部代替肉类。根据在产品中所使用的 MRM 原材料（颈、背、骨架和皮肤）不同，所含有的营养价值和化学成分均有差异。骨头的挤压和随后的机械分离会导致肉类的化学、物理、感官和功能特性发生改变，包括酸败的发展、脂质和色素氧化而导致的特征红色的褪色、肌肉纤维结构的改变或丧失、储存期间稳定性降低，还有其功能和加工能力的变化。而且，消费者保护组织还关心机械分离过程会导致一些骨颗粒（$\phi < 0.5$ mm）仍残留在肉团中，导致机械回收肉中包含骨头片段。机械回收的肉比生肉便宜，因此被加入到许多肉的衍生产品中，但如果不在标签上注明就不容易检测到。欧盟法规将机械回收的肉类排除在肉类的定义之外，当它用于肉类产品时，应在配料表中单独标识。

5）品种替换

对高质量肉类的不断增长的需求以及对柔嫩度和低脂含量等理想品质的追求，使虚假标注品种成为一种常见的做法。最受欢迎的品种中，Charolais，Jersey、Aberdeen Angus、Piemontese 是最容易被误标的品种。同样，年幼公牛的肉可能会被认为比老牛的肉更好。

6）性别替换

生产者为了满足消费者的需要，有时会在产品标签上标注动物的性别，即使法律没有要求这样做。如今，很多消费者意识到肉类质量的差异，对肉类有较高的感官特征要求，如嫩度、味道和外观。影响牛肉感官品质的因素很多，如品种、年龄、饲喂等生产因素以及屠宰条件、陈化时间和烹饪过程等技术因素。性别同样影响肉的品质，如 pH、烹饪损失、持水能力（water holding capacity，WHC）和剪切力（shear force，SF）。另外，肉和脂肪的颜色、感官质地和整体的接受属性也和性别有关。

7）添加添加剂

法规 1333/2008 及其修订件的目的是协调食物中特定防腐剂的使用，并且列出了某些食品（包括一些传统肉制品）中批准添加和禁止添加的添加剂。一般情况下，色素、抗氧化剂、防腐剂和风味物质是禁止在新鲜的未加工的肉类添加的，因为这些物质会掩盖腐败的现象。许多肉类产品限制了这些添加剂的使用。

8）注水肉

水是肉和肉类产品最廉价的添加剂，肉蛋白的持水能力有助于水的结合。随着 19 世纪 70 年代"增强""注射""肿胀"现象的出现，特别是在鸡肉行业，近年来，这已成为人们关注的话题。虽然许多人认为向肉中注入盐水有助于增加产品的多汁性，但这种做法也存在风险。除了增加产品重量之外，盐水或受污染的水都是一种安全风险。当成品中水的含量超过 5%时，欧盟法规要求在成分表中注明水。尽管在腌肉中添加的水的数量可能会有很大的不同，但很少有国家要求对添加的水进行定量声明。然而，争论继续让消费者意识到可能存在欺诈添加。

9）新鲜肉和解冻肉

鲜肉在屠宰场、肉类加工厂和消费者之间的长期存储和运输中，无法维持原有的感官和要求的微生物含量。冷冻是延长肉类贮藏寿命和便于运输的极好方法。然而，冷冻或解冻肉的零售价格一般低于新鲜肉的价格。在解冻过程中，肉失去了水分，而水分所包含的成分有助于肉的特色风味和营养价值。冰晶的形成也影响了肉的质地，冰晶破坏了肉的肌肉结构，增加了肉表面的水的活性。因此，消费者购买价格高的鲜肉。此外，就家禽肉类而言，欧洲委员会对新鲜家禽肉的定义：未经任何冷冻变硬过程、在-2～4℃保存的家禽肉，并禁止将预先冷冻的家禽肉作为新鲜禽肉销售。在冷冻前使用浸入式冷却时，还存在添加水的问题。在许多情况下，冷冻产品和冷藏产品之间存在着巨大的价格差异，导致欺骗消费者现象的发生。欧盟标签指令要求对食品的加工过程或处理过程进行声明，如果不这样做会产生误导。因此，在大多数情况下要求表明肉是否曾经被冷冻。

10）屠宰方法

EC 1099/2009 关于"对屠宰动物的保护"中规定，一般来说，"动物在宰杀和相关操作过程中，应避免任何可避免的疼痛、痛苦或折磨"。

11）地理来源

对消费者来说，动物来源的食品，如肉制品，可能具有与地理来源或生产系统相关的特殊价值，如 PDO 和 PGI。地方和传统肉类食品的认证是一个重大挑战，需要使用相当先进的分析技术。这些产品生产过程相似，但味道和香味不同。引起这种现象的原因可能是使用特殊品种的动物、适当的喂养制度的应用以及地方和气候的影响，明显的例子有帕尔马火腿或塞拉诺火腿。地理原产地真实性的确认，与其他原产地问题一样，是通过产品买方进行的检查和审计跟踪来实现的。

12）有机肉和普通肉

就动物源性食品而言，特别是肉类，不仅地理来源很重要，"生物"或"有机"肉类和肉制品的认证，以及那些饲养和畜牧方法不那么集约的食品也很重要。在这种情况下，关注动物的饮食背景问题，由于饮食可能是某些生产系统的一个明显特征，例如"有机"或"食草"，不仅对肉的成分和质量有深远的影响（营养和感官），而且也会影响动物衍生食品生产的可持续性。在这种情况下，不应该用生长激素治疗动物或鸟类，这在许多国家是非法的，也不应该预防性地使用抗生素和其他兽医用化合物来提高生长速度。此外，一些消费者只购买特定的生产链的产品。这导致生产商宣称"无抗生素"，来表示饲养动物时没有使用抗生素，或者宣传动物自由放养、低密度饲养，以及在运输和屠宰动物时坚持在法律没要求的情况下，更加人性化地处理。在某些情况下，兽药残留可能表明标签错误，但通常真实性只能通过审计跟踪来检查。

2013 年，许多欧洲国家（爱尔兰、英国、法国、挪威、奥地利、瑞士、瑞典和德国）发现了含有马肉的错误标签肉制品，这一事件使得欧盟成员国加强了监督。当时，引起消费者担忧的是一些马肉样本中存在的一种抗炎分子苯丁氨酮，即任何商业欺诈实际上都可能隐藏着卫生欺诈。迄今为止，可能对人类健康构成风险的其他常见欺诈例子有：未申报的添加剂，如在鲜肉加工中出现的亚硫酸盐，会引起敏感人群的过敏反应；添加违禁物质，如三聚氰胺，造成幼童神经缺陷、肾功能衰竭和死亡；谎报肉类或肉制品的产地，以掩盖可能存在卫生风险的来源（如污染物、激素治疗和传染病）。

5. 谷类与谷类食品

1）物种替代

谷物和谷类产品的主要真实性问题之一是故意用更便宜的品种或种类来替代。不同的品种或种类有不同的用途，有些品种比其他品种更适合某些类型的食品工业加工或动物饲料，这可能导致食品和饲料市场价格的显著差异。根据产品组成对谷物进行有效的品种/种类鉴别对食品加工业的需求越来越重要。

2）硬质小麦中的普通小麦

意大利、法国和西班牙市场特别关注硬质小麦粉与普通面包小麦粉的掺假程度，因为粗面粉是意大利面唯一允许的成分，而北欧国家则允许硬质小麦粉与普通面包小麦粉掺杂。在硬质小麦中使用普通小麦被认为是欺诈，根据意大利现行立法，在农业生产过程中可能发生的交叉污染中，允许使用最多 3%的普通小麦。因此，必须建立有效的检测方法来解决硬质小麦中故意掺入普通小麦的问题。

3）普通小麦的情况

人们对高营养价值和健康益处的食品越来越感兴趣，鼓励育种家开发满足消费者期望的新谷物品种。去壳小麦的谷粒（斯佩尔特小麦、两粒小麦、单粒小麦）及其产物符合功能食品的要求。为了增加遗传育种的价值，并保证从这些新的谷物品种中获得不同品质的面包，需要基于成分的有效方法来评估质量。

4）地理产地

大多数国家都有适合本国环境条件和农艺实践的特定粮食品种。当来自特定地区的谷物价格较高时，能够核实谷物的地理来源以确保从食物到生产地点的完全可追溯性就很重要，或者确保谷物不是来自已知受到污染的地区。

5）有机产品

现如今，随着人民消费水平的提高，消费者越来越关心食品的质量和安全问题，越来越多的人开始购买有机产品。一种以谷物为原料的产品若要被贴上有机标签，生产者必须遵守国际条例中的相关规定。这将不可避免地导致生产有机产品的成本高于传统产品，随之而来的是市场价格的上涨。当廉价的非有机产品冒充有机产品时，真实性问题就会出现。

6）冒充无谷蛋白产品

腹腔疾病是由免疫系统对麸质（小麦、大麦、黑麦和燕麦中的一种蛋白质）的反应引起的。如果没有得到诊断，它可能成为一种严重的疾病，只能通过终生无谷蛋白饮食来治疗。标签为"无谷蛋白"的食品通常是用天然不含谷蛋白的谷物制成的，如大米、玉米、苋菜。然而，有意和无意的污染都可能发生，导致这类产品的真实性问题。

6. 葡萄酒与葡萄汁

葡萄酒和葡萄汁的真实性问题可分为以下几类：①不符合现有的标准或立法；②通过加入廉价但相似的成分或其他成分，对高附加值的产品进行掺假；③对地理、植物、物种起源等进行错误描述或标识。

对于葡萄酒/葡萄汁，第一类真实性问题指产品的化学-物理成分不符合参考标准、欧盟法规、OIV、法典、PDO 或 PGI 特殊法规等规定。第二类真实性问题涉及通过非法添加外源糖、外源水来提高产品的酒精度和产量，通过非法添加外源物质如香料、甘油、着色剂、酒石酸和二氧化碳来掩饰产品低劣的质量。在这种情况下，可通过产品成分（葡萄、外源物质或合成成分）溯源对产品真实性进行判断。目前已构建了以真实样品为基础的数据库。

描述或标识真实性问题主要集中在原产地、品种、年份和葡萄酒类别等的错误宣称上，通过造假来获得非法收益。此外针对这些造假已构建真实样品的数据库，来确定特定产区、年份或品种的特征值区间。20 世纪 80 年代中期，葡萄酒造假主要是添加二甘醇和甲醇。1985 年发现奥地利葡萄酒中大规模添加二甘醇（防冻剂）来模仿高质量产品的甜味和口感。急性二甘醇中毒可导致肾毒性反应。1986 年报道，消费者在服用含有高浓度甲醇的意大利葡萄酒后发生几起死亡和中毒事件。与乙醇相比，甲醇价格便宜且税费较低，添加甲醇可以使低劣原料酿造的餐酒达到法规要求的最低酒精度。

欧盟法规对过敏原明确提出要求，依据葡萄酒类型的不同设置了不同的二氧化硫限量，若葡萄酒中含有亚硫酸盐，在生产过程中使用蛋白或谷物，也必须在标签中注明。

7. 烈性酒

1）品牌和仿制品

酒精饮料欺诈有多种形式。一些欺诈行为可能是简单的产品替代品，即用更便宜、质量较差的替代品重新灌装真实烈性酒精饮料瓶。其他的造假操作可能非常复杂，包括故意制造产品以避免被分析调查员发现。然而，当考虑烈性酒欺诈时，有两大类假冒产品，即品牌假冒产品和仿制假冒产品。

假冒品牌欺诈性地利用某一特定品牌的烈性酒的声誉进行交易。这可能涉及直接复制品牌包装，并用非真实液体填充。或者品牌假冒包括收集真实的二手包装，用假冒产品重新灌装以及使用新的封口。

产品造假欺诈性地以与某一特定类别的烈性酒（如苏格兰威士忌、白兰地或伏特加）相关的优质产品进行交易。虽然它并不声称自己是一个在市场上享有公认声誉的品牌，但它会模仿有名的烈性酒标签上的某些内容，以获得其无权获得的附加值。由于这些烈性酒的相关声誉，地理标志往往是仿冒仿制品的目标。此类欺诈行为可在标签上使用地区名称（如法国白兰地酒、苏格兰威士忌）明确表示，或使用与该地区相关的品牌名称或形象暗示。

例如图 9-6 所示的两罐仿冒威士忌声称是苏格兰威士忌，利用与该地理标志相关的商誉进行交易。这些产品在奥地利罐装，在中东销售。它们是由工业酒精和香料制成的。据估计，在短短几年内，这些酒罐总共售出 1500 万罐，这也就说明了这些烈性酒造假规模之大。

图 9-6　假冒苏格兰威士忌示例

对假冒品牌和产品造假，瓶内液体通常是真实产品的延伸（稀释）或替换为：①水；②本地生产的较便宜的酒精；③中性酒精（一种高度校正的无香味酒精，用作生产许多真实酒的基料）；④替代酒精。这些产品还可能含有添加的甜味剂或调味料，以掩盖假酒的劣质风味或模仿真酒的香味。

2）掺入廉价的品牌或掺水

在餐馆和酒吧，特别是在出售非常便宜的酒的场所，已经发现了品牌欺诈。在这种情况下，酒吧经营者可以用同样类型的廉价品牌烈性酒（在德国，通常是从所谓的折扣店购买）来补充品牌白酒。此外，品牌烈性酒或便宜的烈性酒可能会掺水稀释。烈性酒产品因其稀有性或年代久远而获得显著的附加价值。假酒的生产可能是为了利用稀有烈酒拍卖中的高价。可以通过对包装和液体进行分析，以确定其年份是否与任何标签声明一致。

3）掺入其他形式的酒精

烈性酒的非法生产通常是简单地用酒精替代或稀释真实的酒精饮料，用水调整到适当的浓度，或用含有这种酒精的色素和/或调味品的混合物。在这一过程中可使用不同类型的酒精：农业用蒸馏物，包括高度精馏的产品，如中性酒精或农业用乙醇；合成醇；一些替代酒精，如甲醇；或工业酒精。

烈性酒中的酒精由植物来源的物质制成，如朗姆酒由甘蔗副产品或甘蔗汁制成。因此对烈性酒中的酒精来源进行识别可以找出掺假的产品。利用稳定同位素技术提取酒样品中的乙醇和水来测定它们的稳定同位素比，可以判断样品是否掺入了其他形式的酒精和水。目前该方法在检测酒的欺诈方面已经进行了大量工作。

由于使用从农业原料中添加到饮用乙醇中的替代酒精不需要缴纳消费税，因此对酒精饮料造假者特别有吸引力。合成酒精被用来生产假酒。例如，已经鉴定出用合成酒精（可能来自石油）制成的龙舌兰酒和用合成酒精伪造伏特加酒。

4）添加剂的问题

假冒产品还可能含有添加的甜味剂或调味料，以掩盖假冒烈性酒的劣质风味或模仿真实烈性酒的香味。根据与酒精类别相关的法规，这些添加剂不允许在真实产品中使用。例如，在威士忌中非法添加糖。

对于国内白酒产业而言，从法规角度来看，绝大多数国家制订监管法规时，比如制订食品添加剂法规时会参照美国 FDA、FAO/WHO 食品添加剂等法规，如制订烈性酒定义等法规时会参照"欧洲议会与理事会 2008 年 1 月 15 日关于烈性酒地理标志的定义、描述、说明、标签和保护的第 110/2008 号法规"，这反映了欧盟、美国在酒类法规制订方面的技术优势；从分析方法角度来看，多数国家在制订食品安全分析方法时会直接整体采用 AOAC 标准等国际通用标准，部分国家会在食品安全等法规中列出检测方法或者在单独的分析方法法规中列出检测方法。对于国外烈性酒产品进口而言，从监管角度来看，像威士忌、白兰地、伏特加、朗姆酒、杜松子酒、朗姆酒等国际主流烈性酒的进口监管，应借鉴欧美等国家对于上述烈性酒的定义、标签、质量安全等法规，实时关注国外在上述酒类产品中关于食品添加剂及污染物等法规标准的更新，针对性地及时更新相关监管措施；像三蒸酒、拉克酒等"一带一路"区域特色烈性酒的进口监管，相关部门在制订三蒸酒、拉克酒等烈性酒质量安全标准时，需分别了解马来西亚、土耳其等该类别产品质量安全标准，及时应用至我国酒类饮料进口监管体系中。对于国内白酒产品出口而言，从企业角度来看：①应注重企业日常质量安全管理，特别是白酒行业领军企业，要树立大局意识，积极与高校、科研院所等科研机构共同加强酒精饮料质量安全方面的探索性研究，即加大白酒产品安全卫生方面的研究；②应注重质量安全突发事件应急管理，特别是白酒产品质量安全方面的危机管控能力，如白酒塑化剂事件，尽管属于食品安全事件，但其实际危害性远未达到某些媒体所报道的危害程度，因此应重视与媒体保持良好的合作关系，同时加强白酒质量安全方面特别是一些基本常识的科普宣传，预防极个别媒体的恶意炒作，进而伤害到整个白酒行业。从政府机构角度来看：①应加大推动"一带一路"区域食品质量安全认证力度，大多数国家关于某些化学物质、食品添加剂、污染物等法规标准多是结合国际主要烈性酒类别以及该国传统烈性酒中相关物质予以制订，在此情况下，对于白酒产品出口而言，易产生出口目的地国无对应法规标准或者相关法规标准不符合白酒产品实际等问题。因此，通过推动区域食品安全质量认证等方式，可有效保障烈性酒等食品类产品在"一带一路"共建国家出口的畅通性；②应加大力度申请中国白酒国际贸易中独立的 HS 编码、ICS 编码等，从国际贸易角度出发，提升我国白酒产品的国际地位，扩大白酒产品的国际影响力，积极推动我国白酒国际化[90]。

8. 橄榄油

事实证明，各种各样的造假已经成为商业贸易中的一部分，过去橄榄油造假十分常见，如今在食品真实性领域，更是一种极易被伪造的产品。食品欺诈行为不仅侵害了消费者的权益，也给橄榄油市场的农民、卖家等参与者带来了毁灭性的影响。事实上，大众媒体通常不能有效区分非法经营活动和偶发性的质量控制失误之间的区别。因此，当大众媒体公布有关橄榄油造假的新闻时，整个食品市场的真实性问题就会遭到质疑。带来的真正危害是，即使潜在的造假行为不会对公众健康构成威胁，消费者也可能决定不再购买橄榄油。尽管目前有严格的控制手段来保障橄榄油的质量，但仍会给消费者对该产品的看法带来负面影响。

真实性包括很多方面，从产品掺假、标签造假，到受保护的原产地名称识别等。表 9-7 涵盖了在过去 20 年里橄榄油行业主要的真实性问题。人们一直很重视保护初榨橄榄油品种的多样性，对特级初榨橄榄油中是否存在软脱臭的初榨橄榄油，以及特级初榨橄榄油的溯源性研究方面有很大兴趣。特级初榨橄榄油的真实性仍依靠感官评定（"固定组测试"）来进行识别和分类[7]，该方法受到了一些橄榄油行业参与者的质疑。因此，人们正在开发挥发物质的定量方法，以求对当前的感官评估方法进行替代或补充。过去几年里，消费者对特级初榨橄榄油（EVOO）可靠性地理声明的兴趣有所增加，但没有达到预期的百分比。表 9-7 结果可以看出"典型性"（特色产品）的重要性。PDO 产品与其他地区 PDO 产品或非 PDO 产品相比，未能明显地表现出其差异性。

表 9-7　真实性问题重要性的百分比

主问题	子问题	FAIM 1996	FoodIntegrity 2016
真实性问题	橄榄油的等级分类问题	91	95
	VOO中掺加ROO的问题	78	28
	VOO/ROO中掺加榛果油的问题	83	67
	EVOO中掺加温和脱臭VOO的问题	—	96
	VOO/ROO中掺加转基因油的问题	87	63
	ROO中掺加脱甾醇油的问题	64	47
	ROO中掺加精炼种籽油的问题	93	53
	ROO中掺加果渣油的问题	37	48
	橄榄油中掺加酯化食用油的问题	58	49

续表

主问题	子问题	FAIM 1996	FoodIntegrity 2016
标签问题	VOO中掺加其他植物油的问题	26	11
	混合物的声明问题（橄榄油中掺加种籽油）[a]	15	—
特性描述问题	橄榄油品种的问题	62	58
	不同原产地、国家等的命名问题	69	77
其他问题	不同橄榄油品种的感官品质表征问题	66	68
	ROO中香味和色泽的添加问题	8	36
	有机初榨橄榄油的认证问题	11	43
	提取系统的问题	21	—

注：VOO，初榨橄榄油；EVOO，特级初榨橄榄油；ROO，精炼橄榄油

a. 生产国内部禁止该问题出现，但是在荷兰、德国等非生产国，该问题正在不断滋长

数据来源：欧盟在1996年资助的FAIM项目和2016年资助的FoodIntegrity项目对橄榄油从业者发起的问卷调查

9. 咖啡

如前所述，有商业价值的两种咖啡是阿拉比卡咖啡和罗布斯塔咖啡。生产国和咖啡贸易商的主要兴趣是能够识别咖啡的原产国，而食品加工商和监管机构则偏向检查商业混合物中申报成分的合规性，以及通过添加替代品或其他成分来检测掺假。

1）添加替代品掺假

如果允许添加咖啡替代品，并在标签上声明，那么它们可以添加到烘焙咖啡粉中。然而，如果这些替代品没有正确的标签或根本没有申报，那么消费者就被误导了。对于烘焙咖啡粉，用显微镜检查可能有助于确定是否存在非咖啡物质。在咖啡粉或咖啡提取物中可能发现的成分包括菊苣、麦芽、无花果、谷物（如玉米和大麦）、焦糖、淀粉、麦芽糊精或葡萄糖糖浆以及烘焙或甚至未烘焙的咖啡壳/羊皮纸。这一问题在可溶性咖啡提取物中更为重要，因为在冷冻干燥等几个步骤之前，工业过程会将阿拉比卡豆和罗布斯塔豆合并在一起。因此，通过目视检查、显微镜检查或其他物理手段来检测掺假已不再可行，传统上，这些手段用于识别生咖啡豆、烘焙豆或咖啡粉中可能存在的杂质或"缺陷"。

2）地理产地

咖啡饮料的味道和香气受原产国的影响，甚至在某一地理区域或"风土"内，由于特定的农业气候条件，也会出现一些差异。某些国家或地区的一些细腻的阿拉比卡咖啡在全球市场上价格昂贵，从而增加了用更便宜的产地或标签错误替代咖啡的可能性。中档烘焙咖啡的地理产地声明已经开始出现在超市的货架上。地理身份验证获得人们的关注。在大多数咖啡生产国以及咖啡贸易商中，都有品尝师能够识别他们所经营咖啡的原产国，但他们不能可靠地识别大量咖啡的原产国。此外，这些品尝师的意见是主观的，在仲裁案件中，当事人指定的品尝师之间经常发生分歧。分析技术减少了对地理来源的主观评估。

3）种间的品种替代和掺混比例

阿拉比卡咖啡比罗布斯塔咖啡贵，阿拉比卡咖啡通常被认为比罗布斯塔咖啡的质量更高，而且经常被消费者独家追捧。在这种情况下，在阿拉比卡咖啡中添加罗布斯塔咖啡，可能会给无良经销商带来商业利益，并代表欺诈。生咖啡豆和烘焙咖啡豆通常可以通过目测识别为阿拉比卡或罗布斯塔咖啡豆，特别是由于其特殊的感官特征，但是一些洗过的罗布斯塔咖啡接近阿拉比卡咖啡的口感质量。因此，仍有利用其替代的空间。另一方面，重要的是要确认阿拉比卡和罗布斯塔在混合物中的比例是否与消费者支付的价格相符。咖啡育种仍然主要局限于世界咖啡生产的两种咖啡，即小粒咖啡和大叶咖啡。20 世纪初的流行病摧毁了亚洲和非洲的阿拉伯梭梭种植园。咖啡浆果病（Colletotrichum coffeanum Noack sensu Hindorf）对东非和中非高原阿拉比卡咖啡造成了严重威胁，从而在 20 世纪 80 年代早期在肯尼亚和埃塞俄比亚等国促使了一些全新的育种计划。

除了防治疾病之外，咖啡生产现在还受到气候变化的威胁。阿拉比卡咖啡对高温、干旱、虫害和疾病非常敏感。据预测，气候变化的后果包括降雨模式的变化、更频繁的干旱期和气温升高，以及咖啡种植地区的地理变化，这将在未来几年造成环境、经济和社会威胁。自 20 世纪下半叶以来，世界各地（巴西、哥伦比亚、肯尼亚、埃塞俄比亚、哥斯达黎加、洪都拉斯、坦桑尼亚、印度等）实施的大多数育种计划都通过导入携带抗性基因 C. canephora 染色体片段，转移了对主要疾病的抗性。通过种间"帝汶杂交"（C. canephora x C. Arabica 之间的自然杂交）衍生出的阿拉比卡品种占世界各地种植的阿拉比卡 30%～40%。另一方面，通过帝汶杂交种不仅导入抗性基因，而且还可以携带其他不受欢迎的基因，这些基因使品种质量的大幅下降。因此，为了消除这些不良的感官特性，同时保持植物对病害的抗性，人们进行了复杂而长期的遗传选择。

受帝汶杂交衍生的品种品质的负面影响，咖啡购买者越来越关注他们所购买产品的品种。由于某些特定的性质，一些入侵的品种更受青睐，咖啡购买者希望检查购买的咖啡批次是否真的来自预期的品种。最后，已经证明，从一次收获到下一次收获，品种特性并不稳定。因此，采购质量和稳定性可能会受到及时关注。

4）假冒知名品牌咖啡

一些咖啡因其稀有性和整体风味而享有特殊的声誉。牙买加的蓝山咖啡和坦桑尼亚咖啡就是显著的例子。因此，他们要求溢价。其他的例子还有麝香猫咖啡，尤其是印尼的猫屎咖啡。猫屎咖啡是由进入本地棕榈麝香猫消化道的咖啡豆加工制成，并收获。微生物和酶的作用使这种咖啡具有特殊的口感，受到消费者的高度重视。据估计，2004 年猫屎咖啡的年产量低于 250 kg，价格约为 200 美元/磅（约超过 500 欧元/kg）。一个重要的有关猫屎咖啡和普通咖啡之间的价格差距问题是，越来越多的欺诈企图将便宜的咖啡非法混入高档的猫屎咖啡。在这种情况下，这极有可能被认为是伪造的。

众所周知，咖啡对健康既有益又有害。因此，咖啡掺假可能会对健康造成有害影响。如果用真正的咖啡代替不含咖啡因的咖啡，患有咖啡因依赖症（咖啡癖）的人和想避免咖啡因的人可能会被误导。孕妇和哺乳期妇女也是如此，建议她们在怀孕期间限制喝咖啡，因为过量摄入咖啡因与胎儿发育迟缓有关。从所有来源摄取的咖啡因，每天最高摄入 200 mg，被认为是没有安全问题的。

10. 葡萄醋产品

由于各国关于醋的法律不同，很明显，如果一个国家生产的醋在另一个国家进行贸易活动，但两国对于食醋的定义不同，如果没有明确声明原产地，会给消费者带来问题和风险，可能会成为一个真实性问题。比如在欧洲，对醋的描述为"由植物来源的底物经双重发酵（乙醇发酵和乙酸发酵）得到的产品"，在美国，"经水稀释的合成乙酸"也可被标为醋。因此，如果后者在西班牙进行销售，可能涉及欺骗消费者。德国和欧洲也发生过同样的案例。德国法规中，经过乙酸发酵的天然乙醇、加水稀释的乙酸、发酵醋和合成乙酸的混合物以及合成醋，均为葡萄醋。然而欧盟的规定中要求葡萄醋只能由新鲜葡萄发酵为葡萄酒，再经乙酸发酵形成。因此若将通过不同乙醇来源生产的德国真实葡萄醋在欧盟销售，可能会对欧盟的消费者产生误导。

1）原材料

食醋产业中最主要的问题之一在于难以区分原材料质量高低、醋中富含物质的是单一材料的提取物还是其混合物，以及高价值、高质量的陈年香醋与从其他原材料中获得的更便宜的替代品的区别，如麦芽或酒精和/或醋掺入稀释过的合成酸。

2）添加化学醋酸

食醋行业最早的欺诈行为之一是违反食醋行业规定，在不同种类的食醋中添加化学或非生物醋酸，这一现象存在了 80 多年。通过化学醋酸制得的醋称为木醋或醋精，它不能作为发酵醋出售，因为每千克纯醋酸中含有的重金属超过了规定允许的含量（纯醋酸中重金属最高含量为 5 mg/kg），这给消费者带来了风险。从这个意义上说，欧洲立法规定真正的葡萄醋不能含有石油衍生或木材裂解得到的醋酸（合成醋酸）。这些掺假产品对消费者构成欺诈，对其他食醋生产商也不公平。虽然在酒醋中检测合成醋酸、相关产品中食醋的掺假检测或合成醋酸的检测仍然存在困难，但对甲酸（木材热解过程产生甲酸）的检测可以作为化学醋酸掺假的间接指示剂。

3）在干葡萄或浓缩葡萄汁中加水

在葡萄醋产业中，干葡萄中加水发酵得到醋是一种不公平的做法。这种所谓的"葡萄干醋"常常产自一些地中海国家，其做法为干葡萄加水后发酵，但这种醋不能被视为葡萄醋或贴上"葡萄醋"标签。由于这种方法降低了生产价格，在一些欧洲国家可以认为是一种欺诈行为。值得注意的是，一些用上述加水法生产的希腊食醋被作为"葡萄酒醋"进口到意大利。

4）非葡萄来源的乙醇或糖

将非葡萄为原料生产的醋，作为葡萄醋销售，是醋业最常见的欺诈活动之一。这种欺诈行为旨在降低制造成本，但同时对消费者构成了欺诈。另一个目前不公平的做法是在葡萄醋样品中加入不同比例的酒精醋，这使得产品更便宜，对该行业构成了重大威胁。这些掺假很难检测，因为在发酵过程开始之前添加到基酒中的酒精并没有明确的植物来源。添加到醋中的酒精应该来自葡萄皮的发酵，但有时它的来源是相当多样化的：糖蜜、甜菜或甘蔗。因此，检测醋酸和葡萄糖是源自葡萄（酒）乙醇或葡萄汁，还是来自一些其他便宜的农产品发酵制成的合成乙酸，成为一个真实性问题。对于意大利香醋 Aceto Balsamico di Modena IGP 来说，在煮熟的和/或浓缩的葡萄汁中添加外源糖也是不公平的做法。

5）不同类型醋的混合

在醋的制作和贸易过程中，另一种常见的欺诈做法是将不同比例的葡萄醋和酒精醋混合。这种情况下的真实性问题是将混合醋以葡萄酒醋的名义出售。一般来说，区分混合醋的可靠的方法是鉴别特定的果酸，但这种方法很容易通过添加特定的水果酸和氨基酸来掩盖造假行为。

6）地理标志认证

在南欧，食醋的原产地保护标识或质量标签非常普遍，这为产品提供了更大的保障，但同时也鼓励了不公平生产者的冒险行为。获得这种保护的产品的基本要求是，它必须与特定的地理区域和传统的生产程序密切相关，而传统的生产程序决定了醋的特定质量和特性，因此，他们的价格更高。根据 PDO 的规定，这些醋的某些特性是强制性的，例如总酸度、总干提取物或总灰分。尽管这些 PDO 严格控制这些参数——所有参数都由检查机构定期控制——一些掺假或欺诈现象还是发生了。然而，它们往往得到了主要制造商的宽容，主要是因为额外利润的争论。相关案例包括众所周知的 Traditional Balsamic Vinegar of Modena（PDO）和 Balsamic Vinegar of Modena（PGI）。前者采用传统的、耗时的、昂贵的生产方法，对原料来源和生产方法都有非常严格的要求，保证了产品的高品质。第二种是工业生产的，是一种更加便宜的产品，以煮熟的葡萄汁、浓缩的葡萄汁为原料，通过一个复杂的过程制成。由于价格不同，欺诈和贴错标签的现象屡见不鲜，而市面上许多知名品牌的醋其实只是一种添加了食用色素的甜味红酒醋。

另一个值得注意的是西班牙 PDO 醋的区别。利用不同的分析方法，对这些 PDO 醋进行了表征和分类，取得了良好的结果，但仍有很长的路要走。很明显，需要开发方法来区分有这种认可标签的醋与非正宗产品，欺诈产品不仅欺骗消费者，而且使他们对 PDO/IGP 标签失去信心。

7）生产工艺和陈酿

与生产过程有关的掺假主要发生在传统制醋系统生产的醋中，如雪利酒醋或摩德纳、雷吉欧-埃米莉亚的传统香醋。对传统方法和快速生产方法所生产的醋的区分研究越来越多，因为传统方法所酿造的醋的质量高，但花费时间更长、生产成本更高。就像雪利醋或摩德纳的传统香醋一样，后者只有在体积依次减小的一系列木桶中陈酿至少12 年后才能出售。陈酿过程中醋的感官特性的变化使成品极具吸引力。然而，过高的生产时间和成本，使贸易的利润变得有限。因此，醋产业的目标之一就是以最经济、最快速的方式生产具有与陈酿后的醋相同的感官特征的醋。基于这些原因，如果在不产生劣质产品或不误导消费者的情况下加速陈酿，是食醋产业感兴趣的一个问题。在这种情况下，对木屑的使用进行研究。此外，为了保护消费者和避免不公平竞争，越来越有必要开发一种简单的方法来检测醋中的特定代谢物，作为陈酿过程和传统生产过程的可能指标。

8）葡萄汁焦糖掺假

醋的颜色是一个重要的质量参数，例如，它可以表明醋在木桶中经历了陈酿的过程。随着时间的推移，多酚、单宁和花青素的含量以及氧化过程，使得葡萄醋的颜色从琥珀色变成红褐色。尽管当前立法允许添加葡萄汁焦糖的来修正和统一不同的批次食醋的最终颜色，但将葡萄焦糖用来模拟陈酿时间更久的效果，则是一种不公平的做法。

9.3　食品真实性与溯源技术国际联盟构建面临的困难分析

9.3.1　全球食品真实性共识未达成

我国很早就有针对食品造假、食品掺假的法律规定。

1. 食品安全法[91]

1）第三十四条

禁止生产经营下列食品、食品添加剂、食品相关产品：①用非食品原料生产的食品或者添加食品添加剂以外的化学物质和其他可能危害人体健康物质的食品，或者用回收食品作为原料生产的食品；②用超过保质期的食品原料、食品添加剂生产的食品、食品添加剂；③超范围、超限量使用食品添加剂的食品；④腐败变质、油脂酸败、霉变生虫、污秽不洁、混有异物、掺假掺杂或者感官性状异常的食品、食品添加剂；⑤标注虚假生产日期、保质期或者超过保质期的食品、食品添加剂。

2）第七十一条

食品和食品添加剂的标签、说明书，不得含有虚假内容，不得涉及疾病预防、治疗功能。生产经营者对其提供的标签、说明书的内容负责。食品和食品添加剂的标签、说明书应当清楚、明显，生产日期、保质期等事项应当显著标注，容易辨识。食品和食品添加剂与其标签、说明书的内容不符的，不得上市销售。

3）第七十三条

食品广告的内容应当真实合法，不得含有虚假内容，不得涉及疾病预防、治疗功能。食品生产经营者对食品广告内容的真实性、合法性负责。

2. GB 7718 食品安全国家标准　预包装食品标签通则[92]

1）第 3.4 款

应真实、准确，不得以虚假、夸大、使消费者误解或欺骗性的文字、图形等方式介绍食品，也不得利用字号大小或色差误导消费者。

2）第 4.1.2.1 款

应在食品标签的醒目位置，清晰地标示反映食品真实属性的专有名称。

3）第 4.1.2.3 款

为不使消费者误解或混淆食品的真实属性、物理状态或制作方法，可以在食品名称前或食品名称后附加相应的词或短语。如干燥的、浓缩的、复原的、熏制的、油炸的、粉末的、粒装等。

3. GB 28050 食品安全国家标准　预包装食品营养标签通则[93]

第 3.1 款规定预包装食品营养标签标示的任何营养信息，应真实、客观、不得标示虚假信息，不得夸大产品的营养作用或其他作用。

然而，上述法律法规是在食品安全和食品标签范畴下的规定，在食品真实性方面尚无明确定义和具体的法规标准。

在经济全球化的今天，各国之间的食品贸易如火如荼，2020 年 9 月，我国与欧盟正式签署了《中欧地理标志协定》。但是，与我国在食品真实性定义方面的进展相似，世界各国与国际组织对"食品欺诈""食品掺假"方面虽有定义，在"食品真实性"方面尚未达成共识，衍生的技术标准和解决方案亦无法形成统一。目前，有关国际组织或政府机构正积极推动食品真实性定义的规范和共识，欧盟范围内的 CEN CWA17369《饲料和食品链中的可靠性和欺诈——概念、术语和定义》则是仅有的一部已颁布实施的标准。

9.3.2　实验室工作网络未完成构建

食品真实性问题的解决需全球共治共建共享，而食品真实性技术、指标的统一需建立在分析能力一致的基础之上，尤其是当前系列分析技术均研究原子水平的信息，更需要保证数据具有可比性。然而，食品掺假检测、真实性保障和溯源分析领域的分析技术，如高分辨质谱技术、稳定同位素技术、核磁共振技术、基因测序技术等，目前还没有公认的能力验证计划，缺乏参比实验室工作网络和技术互认体系。很明显的问题是一些实验室的分析能力参差不齐，比如应对经济利益驱动造假全球合作与中国引领战略研究专项项目组所在团队曾在 2019 年组织国内稳定同位素分析技术的实验室比对工作，以小麦粉的 $\delta^{13}C$ 指标为例，这是稳定同位素分析领域比较基本的一个参数，而所用到的仪器 Flash EA-IRMS 也比较容易操作，但依然有两个实验室（lab24 与 lab4）的结果存在较大偏离（图 9-7）。

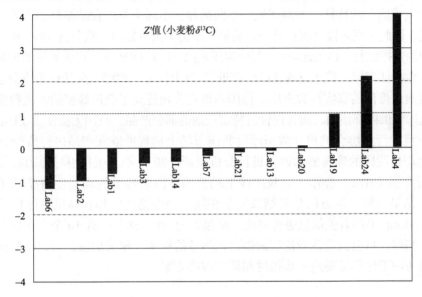

图 9-7　国内实验室比对结果示例

项目组也曾参加欧盟联合研究中心 JRC 组织的方法比对工作，由图 9-8 可知，尽管该指标有 OIV 和 CEN 方法标准作为参考，但参与实验室并不多，而且 3 个数据有问题。

食品真实性与溯源领域已经有 20 余项国际/国家/行业方法标准，也有很多未形成标准的技术方法，但由于缺少实验室工作网络，在方法培训、比对和能力验证方面还需要更多的工作。

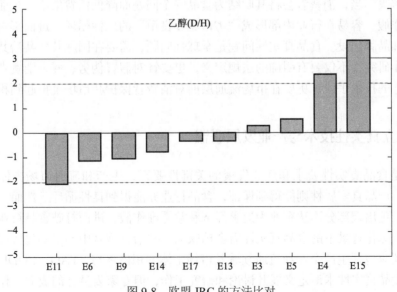

图 9-8　欧盟 JRC 的方法比对

9.3.3　全球食品真实性与溯源信息、知识模型和分享体系暂无成功案例

不同于食品安全和食品质量的可设定单一"限值"的监管策略，食品真实属性呈现的是"千人千面"的特征，不同产地、不同品种、不同季节的食品原料和产品均具有不同的特点，因此，现阶段真实食品产品的数据库是至关重要的。欧盟自 1991 年开始筹建欧洲葡萄酒数据银行 EU-databank，每年组织境内 17 个 OIV 成员国收集酿酒葡萄样品并分析真实性特征指标，截止到现在已经有近 3 万个样品；欧洲果蔬汁行业协会建立了欧洲和南美地区橙汁的真实性数据库，德国布鲁克公司建立了全球蜂蜜的特征数据库。但上述数据库仅供内部使用，而且仅针对特定产地的部分产品，我国无法使用 EU-databank 或欧洲果蔬汁行业协会的橙汁数据库对我国市场上销售的欧洲产品进行监管，欧盟也无法对原产自我国的葡萄酒和橙汁进行分析验证。2019 年，项目组与德国联邦食品风险评估研究所（BfR）合作，对我国线上销售的欧洲葡萄酒的真实性情况开展联合调查研究，结果表明，双方的分析结果完全相同，经由德国联邦食品风险评估研究所调取 EU-databank 中的有关信息进行对比，结果发现 50 个样品中有 10 个存在掺水或掺糖的可能。当然，目前只是在理论层面探讨该体系的框架，相关信息、知识模型和分享体系的构建协调工作还需要进一步探讨和研究解决方案。

9.4　食品真实性与溯源技术国际联盟建设建议

不同于食品安全和食品质量，食品真实性与溯源领域的问题不会影响消费者生命健康和营养能量需求，主要是影响消费者的经济利益和行业公平竞争秩序，但由于传统的监管方式难以有效地查处此类违法违规行为，针对此类问题的报道近年来越来越多，尤其是欧洲马肉风波事件之后，消费者、政府和行业企业都对该问题展现出了很高的关注。倘若解决不当，消费者会将其归结为食品安全问题而降低消费信心，企业为缩减成本而弄虚作假，容易在行业内部形成"劣币驱逐良币"的恶性循环，进而影响市场主体的创造性和品牌建设。食品真实性问题是全球性问题，需要在国际共建共治共享的原则下开展合作研究，不仅要有明确的法规定义，也要针对假冒伪劣、侵害消费者权益等问题开发具体的技术手段，更要在市场流通层面对消费者保护和市场维护起到积极作用。

9.4.1　建立真实性技术与产业发展联盟

诚信是食品真实性要求和产业发展的关键性要素，生产和流通市场主体若能坚守诚信经营，产品真实属性则能得到保证，食品行业亦能得到良性循环。然而，市场经济活动下，难免出现部分不法企业为追求经济利益弄虚作假，进而打破食品行业的良性循环。贸易全球化背景下的食品真实性需全球联动、共治，这其中不仅要包含监管部门和科学界，还应包括生产企业和流通领域各市场主体的积极参与。FAO、CODEX 等国际组织正就食品真实性术语定义展开讨论和研究工作，但专家委员会的成立工作暂无时间

表。2019 年 10 月，项目组在《食品真实性技术与产业发展国际论坛》上倡议组建"国际食品真实性技术与产业创新联盟"，吸纳科研院所、食品企业和第三方机构，集合全球食品真实性技术领域的科技资源，发挥产学研销一体化技术创新和成果转化的联盟优势。一方面，通过组织科研立项推动食品真实性关键共性技术的攻关研究，解决行业急需的技术难题，促进食品行业稳步健康发展；另一方面，依托联盟平台，同步开展食品真实性前沿技术的标准化、规则制定、国际互认等成果转化研究，助力规范全球食品竞争环境，推动贸易国际化。

9.4.2 加强食品真实性问题的脆弱性评估和关键技术研究

首先从监管实际出发，建立针对经济利益驱动蓄意掺假[94]的信息库，借鉴国际应对措施，研发食物链脆弱性评估关键技术和方法，针对肉、奶、粮油等大宗食品，依据我国食品供应特性，在风险控制点的剖析和识别方面进行检测和评价，形成相关脆弱性评估的数据监测基础；从健康危害和经济利益两个方面开展脆弱性评估，为食品供应链中存在的食品造假和食品防御提供可量化和可防控的风险信息。通过建立食品脆弱性评估和潜在风险控制分析模式，在技术方面对真实性研究涵盖的其他内容进行辐射，支撑食品真实性预警平台建设，为食品真实性数据网络形成和科学监管提供较好的基础[95]。

开展食品溯源技术研究对比国内外真实性分析的重点关注点，针对肉、蛋、奶、酒、蔬菜水果等原料及制成品发展同位素溯源和表征技术，开发相应食品组成的产地、特性和反欺诈综合技术集成，建立反食品欺诈基础知识库，加强食品质量、造假和防御可行的技术手段，揭示大宗、高值食品安全监管的趋势和安全走向。具体通过对基本食品原料组成、产地溯源、风险物质筛查分析、环境风险影响及系统性生产的正常及非正常干预等进行系统分析，获取相关食品的特性数据，建立具备我国食品行业特性的，可供质量、安全及反欺诈监管参考的基础信息体系。

围绕当前食品安全检测和抽检中的食品造假和欺诈品种，集中对废弃食用油脂、畜禽肉、酒类、蜂蜜、阿胶、食用明胶、果汁等品种进行整体性检测和鉴定指标研究，研究其中危害物质的图像拓扑学、图形指标成像技术等，利用高光谱和质谱等检测装置，开展风险组分整体性、定向性识别方法研究，通过前沿性技术的引入和应用，加强相关食品质量、安全和造假的技术鉴定的准确性，提升监管应急的技术效能。针对混合源性食品，以分子多态性识别和交互关系鉴别为主的内外源指标侦测技术，建立鉴别方法和指标数据库，重点发展单一来源食品原料之外的食品组成识别和鉴别技术手段和方法，消减食品混合组成带来潜在危害的风险，提高监管检测的针对性。

9.4.3 建立食品真实性国际标准体系

食品标准和法规是食品行业内一切行为的准则，包括生产、营销和贮存以及食品资源开发与利用，这是食品工业发展的根本保障。但目前食品真实性相关标准极度缺乏，更不必谈真实性标准体系建设，有且仅有部分食品（如蜂蜜、葡萄酒、醋和果汁）

的分析方法标准，无法进行实际应用。建议加快共性标准的研制工作，即使短时间内真实性判定标准无法出台，也要从术语-方法-识别/判定-召回等各方面搭建体系框架。

9.4.4　加强食品真实性认证工作推广活动

由于食品真实性特征属于千人千面，无法确定统一的"阈值"或"限值"，因此建议建设真实样品的数据库，包括重点推进内源性特征数据库研究：针对特色高值动植物源性食品，选择相应的典型代表性食品，应用基因鉴别和同位素检测等技术，建立以内源性特征为主的鉴别方法，构建溯源数据分析集和信息库，强化动植物源性食品质量、安全和防御的保守性特征，降低源头及内源风险造成的潜在危害。建立相应的鉴别技术和整体解决方案，构建相关食品的内源性特征数据库，为保证食品质量，防止食品造假和相关食品防御提供技术支撑。

但是，数据库的建设、完善和使用需要推进很多工作，在此阶段，建议结合当前的认证体系规划食品真实性认证内容和保障技术体系，并在此基础上以各国产品认证体系为基础嵌入真实性保障技术方案，在现阶段规范食品行业的企业主体活动；并且建议支持成立一个第三方机构对真实性认证和后续监管情况进行跟踪评价，对企业信用进行评级，在线披露各市场参与主体的信用记录和违法失信信息，对各类风险进行提前预警。

9.4.5　加强食品真实性与溯源人才培养

要加强食品及农产品领域技术人才培养，提高生产流通领域从业人员的基础知识，提高科技和监管人员的专业技能，培养科研、成果转化和应用推广相结合的复合型人才。2018 年，国家自然科学基金食品科学学科在二级学科"食品安全与质量检测"下单列了"真实性与溯源"三级学科，这标志着食品真实性与溯源在科学层面已得到重视。但长久以来，我们一直关注食品安全和食品质量，高校课程也只有安全、质量与营养，而缺少了对食品真实性的关注。我国高校应建立系统有效的真实性与溯源人才培养模式，引导学生了解行业需求，关注行业最新动态，掌握最前沿的专业知识。另外也要意识到，在全球共建共治共享食品真实性问题的大背景下，我们在该领域的国际化人才也相对缺乏，需要未雨绸缪制定相应的对策培养创新人才，参与国际标准和国际认证体系的制定与推广工作。

参 考 文 献

[1] Adulteration, counterfeiting of food, CPG products costs industry billions: study [EB/OL]. [2010-01-18]. https://progressivegrocer.com/adulteration.

[2] Spink J, Moyer D C. Defining the public health threat of food fraud[J]. Journal of Food Science, 2011, 76(9): 157-163.

[3] Moore J C, Spink J, Lipp M. Development and application of a database of food ingredient fraud and economically motivated adulteration from 1980 to 2010[J]. Journal of Food Science, 2012, 77(4-6): 118-126.

[4] European Parliament. Report on the food crisis, fraud in the food chain and the control thereof (2013/2091(INI))[EB/OL]. [2021-01-08]. https://www.europarl.europa.eu/doceo/document/A-7-2013-0434_EN.html?redirect.

[5] Elliott C. Elliott Review into the integrity and assurance of food supply networks-final report. A national food crime prevention framework[EB/OL]. [2021-01-11]. http://www.gov.uk/government/publications.

[6] 云振宇, 刘文, 蔡晓湛, 等. 欧盟乳制品质量安全监管机构及法规标准体系概述[J]. 中国乳品工业, 2010, 38(3): 41-44.

[7] Global Food Safety Initiative (GFSI). My GFSI-Food fraud mitigation[EB/OL]. [2021-01-11]. https://www.mygfsi.com/files/Information_Kit.

[8] Authent-Net project. H2020 coordination and support action. Grant agreement n° 696371 [EB/OL]. [2021-01-11]. http://www.authent-net.eu.

[9] CEN WS/86. Authenticity in the feed and food chain-General principles and basic requirements[EB/OL]. [2021-01-11]. https://www.cen.eu/work/areas/food/Pages/default.aspx.

[10] Codex Alimentarius. Discussion paper on food integrity and food authenticity-Joint FAO/WHO food standards programme. Codex committee on food import and export inspection and certification systems. Twenty Fourth Session. Brisbane, Australia, 22-26 October 2018. CX/FICS 18/24/7[EB/OL]. [2021-01-11]. http://www.fao.org/faowho-codexalimentarius/sh.

[11] 钟艳萍, 钟振声, 陈兰珍, 等. 近红外光谱技术定性鉴别蜂蜜品种及真伪的研究[J]. 现代食品科技, 2010, 26(11): 1280-1282+1233.

[12] García N L. Honey quality and the international honey market. Abu Dhabi[EB/OL]. [2021-01-11]. http://innovationsinagriculture.com/exhibition.

[13] European Comission. Honey Market Presentation[EB/OL]. [2021-01-11]. https://ec.europa.eu/info/sites/default/files/food-farming-fisheries/animals_and_animal_products/documents/market-presentation-honey_autumn2020_en. Pdf.

[14] "Honeygate" Sting leads to charges for iIllegal Chinese honey importation. Food Safety News [EB/OL]. [2021-01-11]. https://www.foodsafetynews.com/2013/02.

[15] Honey bees-Food Safety-European Commission. [EB/OL]. [2021-01-11]. https://ec.europa.eu/food/animals/live_animals_en.

[16] 2011/163/EU: Commission Decision of 16 March 2011 on the approval of plans submitted by third countries in accordance with Article 29 of Council Directive 96/23/EC (2011)[R]. Official Journal of the European Union, L70, R40-R46.

[17] Council Directive 96/23/EC of 29 April 1996 on measures to monitor certain substances and residues thereof in live animals and animal products and repealing Directives 85/358/EEC and 86/469/EEC and Decisions 89/187/EEC and 91/664/EEC (1996)[R]. Official Journal of the European Union, L125, R10-R32.

[18] European Commission. Directive 2000/13/EC of the European Parliament and of the Council of 20 March 2000 on the approximation of the laws of the Member States relating to the labelling, presentation and advertising of foodstuffs[R]. The European Journal of Communication, R29-R42.

[19] Guidance for Industry: Proper Labeling of Honey and Honey Products[EB/OL]. [2021-01-11]. https://www.fda.gov/food/guidanceregulation/guidancedocumentsregulatoryinformation/labelingnutrition.

[20] Codex Alimentarius Commission. Revised Codex Standard for Honey Codex Stan 12-1981, Rev. 1 (1987),

Rev. 2 (2001). pp 1-7.

[21] OCDE, OECD & FAO. OECD-FAO Agricultural Outlook (Edition 2018)[R]. https://doi.org/https://doi.org/10.1787/d4bae583-en.

[22] 杨林, 冯冠, 曹彦忠, 等. 中欧蜂产品法律法规及标准对比研究[J]. 中国蜂业, 2018, 69(1): 53-56.

[23] European Union-Directorate General for Agriculture and Rural development. European Union-Directorate-General for Agriculture and Rural development (2014). Agriculture in the European Union: markets statistical information[R]. Report. 194.

[24] 胡娣珍, 邓瑾, 李欢. 我国肉与肉制品标准体系初步研究[C]//第十六届中国标准化论坛论文集, 2019: 576-579.

[25] Commission Regulation (EU) No 742/2010 of 17 August 2010 amending Regulation (EU) No 1272/2009 laying down common detailed rules for the implementation of Council Regulation (EC) No 1234/2007 as regards buying-in and selling of agricultural products under public intervention (2010)[R]. Official Journal of the European Union, L217, R4-R11.

[26] Regulation (EC) No 767/2009 of the European Parliament and of the Council of 13 July 2009 on the placing on the market and use of feed, amending European Parliament and Council Regulation (EC) No 1831/2003 and repealing Council Directive 79/373/EEC, Commission Directive 80/511/EEC, Council Directives 82/471/EEC, 83/228/EEC, 93/74/EEC, 93/113/EC and 96/25/EC and Commission Decision 2004/217/EC (2009)[R]. Official Journal of the European Union, L229, R1-R28.

[27] Regulation (EC) No 1829/2003 of the European Parliament and of the Council of 22 September 2003 on genetically modified food and feed (2003)[R]. Official Journal of the European Union, L268, R1-R23.

[28] Commission Directive 2006/125/EC of 5 December 2006 on processed cereal-based foods and baby foods for infants and young children (2006)[R]. Official Journal of the European Union, L339, R16-R35.

[29] Regulation (EU) No 609/2013 of the European Parliament and of the Council of 12 June 2013 on food intended for infants and young children, food for special medical purposes, and total diet replacement for weight control and repealing Council Directive 92/52/EEC, Commission Directives 96/8/EC, 1999/21/EC, 2006/125/EC and 2006/141/EC, Directive 2009/39/EC of the European Parliament and of the Council and Commission Regulations (EC) No 41/2009 and (EC) No 953/2009 (2013)[R]. Official Journal of the European Union, L181, R35-R56.

[30] Authent-Net. Food Authenticity Research Network hub. Database in free access[EB/OL]. [2021-01-11]. http://farnhub.authent.cra.wallonie.be.

[31] Italian Regulation. Presidential decree N 187, dated 9 February 2001: Regulation for the revision of laws concerning the production and sale of milling products and pasta, pursuant to Article 50 of Law N° 146, dated 22 February 1994[EB/OL]. Gazzetta Ufficiale della Repubblica Italiana, 117, 2001. https://www.itjfs. com/index.php/ijfs/article/view/1163.

[32] European Commission. N-Lex: a common gateway to National law[EB/OL]. [2021-01-11]. http://eur-lex.europa.eu/n-lex/index_en.

[33] Council Directive 66/402/EEC of 14 June 1966 on the marketing of cereal seed (1966)[R]. Official Journal of the European Union, L125, R2309-R2319.

[34] Commission Directive 2009/74/EC of 26 June 2009 amending Council Directives 66/401/EEC, 66/402/EEC, 2002/55/EC and 2002/57/EC as regards the botanical names of plants, the scientific names of other organisms and certain Annexes to Directives 66/401/EEC, 66/402/EEC and 2002/57/EC in the light of developments of scientific and technical knowledge (2009)[R]. Official Journal of the European Union, L166, R40-R70.

[35] European Union-Directorate General for Agriculture and Rural development. EU quality policy: legislation on PDO, PGI and TSG (agriculture products and foodstuff)[EB/OL]. [2021-01-11]. https://ec.europa.eu/info/food-farming-fishers.

[36] CFR Code of Federal Regulations Title 21 Available at: https://www.accessdata.fda.gov/scripts/cdrh/cfdocs/cfcfr/CFRSearch.cfm?CFRPart=137&showFR=1.

[37] Joint FAO/WHO Codex Alimentarius Commission, World Health Organization, Food and Agriculture Organization of the United Nations & Joint FAO/WHO Food Standards Programme, eds. Codex alimentarius: cereals, pulses, legumes and vegetable proteins. 1st ed, World Health Organization: Food and Agriculture Organization of the United Nations, Rome[EB/OL]. [2021-01-11]. http://www.fao.org/3/a-a1392e.pdf.

[38] Bael K. Rice starch as a unique, natural and invaluable food source. New Food Magazine[EB/OL]. [2021-01-11]. https://www.newfoodmagazine.com/article/33430/beneo-rice-starch/.

[39] ISO Standard. Rice Specification[R]. ISO 7301: 2011, 19.

[40] Joint FAO/WHO Codex Alimentarius Commission-Codex Standard for rice[R]. Codex STAN 198-1995.

[41] Regulation (EU) No 1308/2013 of the European Parliament and of the Council of 17 December 2013 establishing a common organisation of the markets in agricultural products (2013)[R]. Official Journal of the European Union, L347, R671-R854.

[42] Regulation (EU) No 1272/2009 of 11 December 2009 laying down common detailed rules for the implementation of Council Regulation (EC) No 1234/2007 as regards buying-in and selling of agricultural products under public intervention (2009)[R]. Official Journal of the European Union, L349, R1-R68.

[43] Regulation (EC) No 1342/2003 of 28 July 2003 laying down special detailed rules for the application of the system of import and export licences for cereals and rice (2003)[R]. Official Journal of the European Union, L189, R12-R29.

[44] Commission Implementing Regulation (EU) No 1273/2011 of 7 December 2011 opening and providing for the administration of certain tariff quotas for imports of rice and broken rice (2011)[R]. Official Journal of the European Union, L325, R6-R23.

[45] Commission Implementing Regulation (EU) No 480/2012 of 7 June 2012 opening and providing for the management of a tariff quota for broken rice of CN code 10064000 for production of food preparations of CN code 19011000 (2013). Eur. Comm. , L148[EB/OL]. [2021-01-11]. http://data.europa.eu/eli/reg_impl/2012/480/2013-07-01.

[46] Regulation (EU) No 1169/2011 of the European parliament and of The Council of 25 October 2011 on the provision of food information to consumers (2011)[R]. Official Journal of the European Union, L304, R18-R63.

[47] Commission Implementing Regulation (EU) No 706/2014 of 25 June 2014 amending Regulation (EC) No 972/2006 as regards the import duty applicable to Basmati rice (2014)[R]. Official Journal of the European Union, L186, R54-R55.

[48] APEDA Agricultural and Processed Food Products Export Development Authority, India. Notified varieties of Basmati rice[EB/OL]. [2021-01-11]. http://www.apeda.gov.in/apedawebsite/SubHead_Products/Basmati_Rice.htm.

[49] 张明, 汪滨, 邱庆丰, 等. 大米、小米、大黄米国内外法规/标准中安全指标比对分析[J]. 标准科学, 2021(1): 6-11.

[50] 中华人民共和国国家认证认可监督管理委员会《关于修订食品质量认证酒类产品认证目录的公

告》[J]. 中国食品, 2013(8).

[51] 杨和财, 李华, 李甲贵, 等. 中国葡萄酒法规体系不适用项分析与调适建议[J]. 食品与发酵工业, 2015, 41(10): 226-229+234.

[52] 李雪, 杨和财, 李换梅. 中法葡萄酒地理标志、质量等级、标签比较研究[J]. 中国酿造, 2017, 36(11): 185-188.

[53] European Parliament and Council. Regulation (EC) No 110/2008 of the European Parliament and of the Council of 15 January 2008 on the definition, description, presentation, labelling and the protection of geographical indications of spirits drinks and repealing Council Regulation (EEC) No 1576/89. Official Journal of the European Union[EB/OL]. [2019-05-11]. https://eur-lex.europa.eu/legal-content/EN/TXT/?uri= CELEX%3A32019R0787&qid=1610350664026.

[54] Her Majesty's Revenue & Customs. Spirit Drinks Verification Scheme-technical guidance: Scotch Whisky verification[EB/OL]. [2021-01-11]. https://assets.publishing.service.gov. uk/government/uploads/system/ uploads/attachment_data/file/380284/techin cal-guidance. pdf.

[55] Government of Canada. Food and Drug Regulations (C.R. C., c.870) last amended[EB/OL]. [2018-06-13]. https://lawslois.justice.gc.ca/.

[56] Australian Government. Australia New Zealand Food Standards Code-Standard 2. 7. 5-Spirits[EB/OL]. [2019-12-05]. https://www.legislation.gov.au/Details/F2020C00028.

[57] Australian Government. Excise Act 1901 No. 9-Compilation No. 57[EB/OL]. [2016-11-17]. https://www. legislation.gov.au/Details/C2016C01101.

[58] Australian Government. Customs Act 1901 No. 6 - Compilation No. 149 (Volume 1)[EB/OL]. [2018-05-11]. https://www.legislation.gov.au/Details/C2018C00186.

[59] Food Safety and Standards Authority of India. Food Safety and Standards (Alcoholic Beverages) Regulations[EB/OL]. [2021-01-11]. https://www.usp.org/news/usp-fssai.

[60] 程铁辕, 刘彬, 李明春, 等. 欧盟烈性酒法律法规对我国白酒产业的启示[J]. 食品科学, 2012, 33(9): 271-276.

[61] Gunstone F D. Production and trade of vegetable oils[M]//(Gunstone F D, ed). Vegetable Oils in Food Technology Composition, Properties and Uses, Second Edition. Chichester, UK: Wiley- Blackwell Publishing, 2011: R1-R24.

[62] United States Department of Agriculture (USDA). Oils Seeds: World Markets and Trade (PSD Publication)[M]. March, 2018.

[63] International Olive Council (IOC). COI/T. 15/NC No. 3/Rev. 11. Trade standard applying to olive oils and olive-pomace oils[R]. Madrid, Spain, 2016.

[64] Di Giovacchino L. Technological aspects[C]//(Aparicio R, Harwood J, eds.)Handbook of Olive Oil. Analysis and Properties, second ed. New York: Springer, 2013: R57-R96.

[65] Aparicio R. , Conte L S, Fiebig H-J. Olive Oil Authentication[A]//(Aparicio R, Harwood J, eds.)Handbook of Olive Oil. Analysis and Properties, second ed. New York: Springer, 2013: R57-R96.

[66] Tena N, Wang S C, Aparicio-Ruiz R, et al. In-depth assessment of analytical methods for olive oil purity, safety, and quality characterization[J]. Journal of Agricultural and Food Chemistry, 2015, 63(18): 4509-4526.

[67] García-González D L, Infante-Domínguez C, Aparicio R. Tables of olive oil chemical data[C]//(Aparicio R, Harwood J, eds.)Handbook of Olive Oil. Analysis and Properties, second ed. New York: Springer, 2013: R739-R768.

[68] García-González D L, Tena N, Romero I, et al. A study of the differences between trade standards inside

and outside Europe[J]. Grasas Aceites, 2017, 68: 1-22.

[69] Aparicio R, Alonso V, Morales M T. Detailed and exhaustive study of the Authentication of European Virgin Olive Oils by SEXIA Expert System[J]. Grasas Aceites 45, 1994: 241-252.

[70] European Union (EU). Commission Delegated Regulation (EU) 2016/2095 of 26 September 2016 amending Regulation (EEC) No 2568/91 on the characteristics of olive oil and olive-residue oil and on the relevant methods of analysis[R]. Official Journal of the European Union, 2016. 12. 1: L 326/1-L326/6.

[71] Davis A P, Govaerts R, Bridson D M, et al. An annotated taxonomic conspectus of the genus Coffea (Rubiaceae)[J]. Botanical Journal of the Linnean Society, 2006, 152(4): 465-512.

[72] ISO Standard. Instant coffee-Criteria for authenticity. ISO 24114: 2011[EB/OL]. [2021-01-11]. https://www.iso.org/obp/ui/#iso:std:iso:20481:ed-1:v2:en.

[73] Regulation (EU) No 1169/2011 of the European parliament and of The Council of 25 October 2011 on the provision of food information to consumers[R]. Official Journal of the European Union, 2011, L304: R18-R63.

[74] Directive 1999/4/EC of the European parliament and the Council of 22 February 1999 relating to coffee extracts and chicory extracts[R]. Official Journal of the European Union, 1999, L066: R26-R29.

[75] Regulation (EU) No 1379/2013 of the European Parliament and of the Council of 11 December 2013 on the common organisation of the markets in fishery and aquaculture products, amending Council Regulations (EC) No 1184/2006 and (EC) No 1224/2009 and repealing Council Regulation (EC) No 104/2000 (2013)[R]. Official Journal of the European Union, 2013, L354: R1-R21.

[76] International Coffee Organisation. Coffee Quality Improvement Programme-Modifications-Resolution 420[EB/OL]. [2011-01-11]. http://www.ico.org/documents/iccres420e.

[77] 钟薇, 李娟, 邱琳. 浅析欧盟和我国咖啡法规标准体系[J]. 中国标准化, 2021(21): 161-165.

[78] Vinegar Market: Global Industry Trends, Share, Size, Growth, Opportunity and Forecast 2018-2023[EB/OL]. [2021-01-11]. https://www.prnewswire.com/news-releases/vinegar-market-global-industry-trends-share-size-growth-opportunity-and-forecast-2017-2022-300417625. html.

[79] Mas A, Troncoso A M, García-Parrilla M C, et al. Vinegar[M]. Encyclopedia of Food and Health, 2016: 418-423.

[80] Solieri L, Giudici P. Vinegars of the World[M]. Italia: Springer-Verlag, 2009.

[81] Mas A, Torija M J, García-parrilla M C, et al. Acetic acid bacteria and the production and quality of wine vinegar[J]. The Scientific World Journal, 2014, 2014: 1-6.

[82] Commision Regulation. Commision Regulation (EC) No 583/2009 of 3 July 2009 entering a name in the register of protected designations of origin and protected geographical indications Aceto Balsamico di Modena (PGI)[R]. Official Journal of the European Union, 2009: L 175/7-11.

[83] Organización Mundial de la Salud (OMS) y la Organización de las Naciones Unidas para la Alimentación y la Agricultura (FAO) Norma Codex para el Vinagre[J]. 1987, 1: 3-6.

[84] Council Regulation. Council Regulation (EC) No 1493/1999 of 17 May 1999 on the common organisation of the market in wine. Official Journal of the European Communities[R]. 1999: L 179/1 -83.

[85] Commission Regulation. Commission Regulation (EU) 2016/263 of 25 February 2016 amending Annex II to Regulation (EC) No 1333/2008 of the European Parliament and of the Council as regards the title of the food category 12. 3 Vinegars[R]. Official Journal of the European Union, 2016: L50/25.

[86] Regulation EC. Regulation (EC) No 1333/2008 of the European Parliament and of the Council of 16 December 2008 on food additives[J]. Official Journal of the European Union, 2008, L 354/16 -33.

[87] 王冀宁, 洪培华, 王雯熠. 食醋的食品安全风险分析及对策研究[J]. 中国调味品, 2021, 46(5): 171-174.

[88] 朱雨薇. 新西兰乳制品质量安全监管体系及相关标准法规综述[J]. 中国乳品工业, 2014, 42(10): 28-31, 54.

[89] 赵洪静, 李恒, 蒋慧, 等. 我国蜂产品生产监管现状、问题及建议[J]. 食品安全质量检测学报, 2019, 10(20):

[90] 程铁辕. "一带一路"沿线部分国家烈性酒法规标准分析[J]. 食品工业, 2020, 41(6): 278-282. 7048-7056.

[91] 中华人民共和国食品安全法(2018 修正). http://scjg.shangluo.gov.cn/post/5df9c05f2fa5e8505bd95155/5de77b5ba345d24b10381f24.

[92] 中华人民共和国国家治理监督检验检疫总局/中国国家标准化管理委员会, 中华人民共和国国家标准: GB 7718－2011 食品安全国家标准 预包装食品标签通则[S/OL]. 北京: 中国标准出版社, 2004.

[93] 中华人民共和国卫生部, 中华人民共和国国家标准: GB 28050 食品安全国家标准预包装食品营养标签通则[S/OL]. 北京: 中国标准出版社, 2011.

[94] 李丹, 王守伟, 臧明伍, 等. 国内外经济利益驱动型食品掺假防控体系研究进展[J]. 食品科学, 2018, (1): 320-325.

[95] 黄传峰, 曹进, 张庆合, 等. 食品真实性关键技术在监管科学领域的研究建议[J]. 食品安全质量检测学报, 2018, 9(14): 3864-3869.

第10章　跨境电商食品安全保障与监管措施战略研究

10.1　跨境电商食品发展与安全监管现状

10.1.1　跨境电商食品发展现状与趋势

1. 跨境电商食品定义

电子信息技术与互联网的结合、发展，深刻影响着全球的传统贸易模式和消费方式。跨境电商食品是通过电子商务平台进行甄选、达成交易、进行支付结算，并通过跨境物流送达、完成交易以及后期服务的食品，跨境电商食品分属不同国家和地区。跨境电商食品比跨境电商其他商品在本体和交易各环节上有更严格的要求，如产品本身的质量要求、物流环境的要求、储藏环境的要求以及全流程的时效性等。跨境电商食品的严格监管与人们身体健康密切相关。

2. 跨境电商食品的发展机遇

1）电子商务发展为跨境电商食品发展提供了良好的基础

从 2011 年，我国电子商务市场不断壮大，电子商务网络零售规模全球最大、行业创新活力世界领先。截至 2018 年 12 月，我国电子商务用户规模达 6.10 亿，较 2017 年 12 月增长 14.4%，占网民整体比例达到 73.6%。手机网络购物用户规模达到 5.92 亿，比 2017 年 12 月增长 17.1%，比例高达 72.5%[1]。在 2018 年全球在线购物人数约为 17.9 亿人，同比增长 7.8%，预计 2019 年全球在线购物人数将突破 19 亿人[2]。同时，全球在线购物渗透率为 61.6%，比上年增长 2.3%，线上购物将在全球进一步普及，见图 10-1。跨境电商作为其中一门重要的分支力量越来越受到社会各阶层的广泛关注，天猫、京东、网易、亚马逊等公司纷纷进入到跨境电商的市场。从母婴市场兴起的这股潮流，已经延伸到零食、空气净化器、化妆品、奢侈品等方方面面。海关总署数据与国家统计局数据显示，2017 年全国电子商务交易额达 29.16 万亿元，同比增长 11.7%；中国海关验收的跨境电商零售进出口额为 902.4 亿元，同比增长 80.6%，其中出口为 336.5 亿元，进口为 565.9 亿元；2018 年，通过海关跨境电子商务管理平台零售进出口商品总额 1347 亿元，增长 50%，其中出口 561.2 亿元，增长 67%，进口 785.8 亿元，增长 39.8%[3]。2019 年我国跨境电商零售进出口额 1862.1 亿元，同比增长 38.3%。其中零售进口金额 918.1 亿元，同比增长 16.9%[4]。

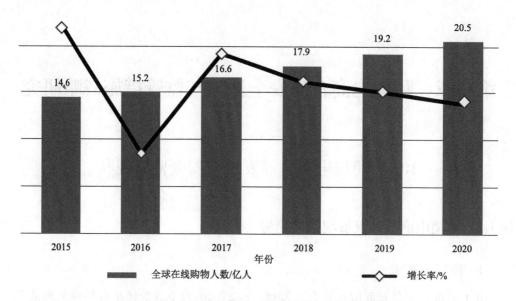

图 10-1　2015～2020 年全球在线购物人数及其增长率

2019 年中国进出口跨境电商整体交易规模已达到 10.8 万亿元；从 2013 年到 2018 年我国跨境电商交易规模占进出口总值比值平稳增长，见图 10-2。

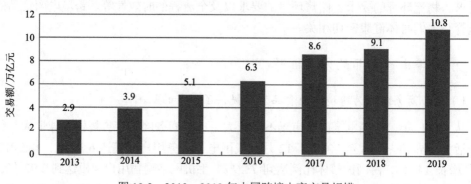

图 10-2　2013～2019 年中国跨境电商交易规模

数据来源：艾媒咨询

2）"一带一路"倡议为跨境电商食品发展提供了良好的机遇

截至 2019 年，我国对外签署的海关检验检疫合作文件共有 198 份，涉及"一带一路"共建国家共有 89 份。我国海关已经与 15 个经济体的 42 个国家（地区）签订了 AEO 互认安排，互认国家（地区）数量居全球首位，其中包括 18 个"一带一路"共建国家，拓展国际贸易"单一窗口"功能和应用场景，与 25 个部委数据共享、系统对接、提供货物申报、税费支付等 16 大类近 600 项企业服务事项，与越南、哈萨克斯坦等国相继开通了 7 条边境口岸农副产品快速通关的"绿色通道"，推动开行"一带一路"中欧运邮班列，与"一带一路"共建国家联合开展病媒生物监测，共同推动健康"丝绸之路"建设[3]。我国与"一带一路"共建国家贸易规模持续扩大，2014 年到 2019 年贸易值累计超过 44 万亿元，年均增长达到 6.1%，我国已经成为沿线 25 个国家最大的贸易伙伴[5, 6]。

"一带一路"共建国家食品工业发展水平分化严重，除新加坡等部分东南亚沿海国家和波兰等部分中东欧国家食品工业基础较好、食品产业相对发达之外，中亚、南亚、东亚、北非食品工业发展水平整体滞后，很大程度上依赖进口，如沙特阿拉伯，全国生产的食品仅能满足 30%的市场需求。截至 2020 年初，沙特食品供应仍高度依赖外部进口，有 75%～80%来自其他国家。"一带一路"共建国家对进口食品的旺盛需求为我国食品工业发展提供了巨大的国际市场[7]。

3. 我国跨境电商食品发展现状

根据海关总署统计数据，2009～2018 年，我国进口食品规模年复合增长率高达 17.7%，到 2018 年进口食品规模已达到 724.7 亿美元，2019 年我国消费品进口增长 19%，其中包括水果、水海产品进口大幅增长，分别达到 39.8%和 37.6%。中国已成为全球最大的进口食品消费国之一，且电商平台逐渐占据市场主导地位[8, 9]。

2016 年，全国电子商务的保税进口商品总额为 256 亿元，近 1/3 是食品，主要包括 20%的保健食品和约 10%的奶粉。2017 年，第一财经商业数据中心（CBNData）发布《2017 年中国线上零食消费趋势报告》，报告显示，中国线上食品行业近三年保持两位数的增长，线上食品行业品类丰富，其中零食品类的销售额占比最大，约占整体食品 30%，并逐年上涨，而且，健康化和进口化逐渐成为线上零食的两大趋势。2018 年来自"一带一路"共建国家（地区）的进口食品金额超 220 亿美元，占进口总金额的 29.91%，同比增长 23.1%，成为新的进口食品增长亮点。其中同比增长最快的来源地是印度（142.1%）、巴基斯坦（90.4%）和俄罗斯（52.3%）[10]。中国与中亚地区的进口食品贸易也有突破性进展。"一带一路"倡议有效促进了中国与共建国家（地区）间贸易的发展。中亚国家的牛羊肉、樱桃等优质食品将通过霍尔果斯、阿拉山口等口岸持续进入中国市场[11]。进口海产品及其制品、肉类及制品、乳品成为最受中国消费者欢迎的食品，这三类食品 2018 年的进口金额分别为 122 亿美元、111 亿美元、107 亿美元，在各大类进口食品中排前 3 位，其进口金额加在一起，占到了进口食品总额的 46.1%（2019 年度中国进口食品行业报告）。2019 年前三季度，跨境电商零售进口额同比增长超过 30%，粮油食品进口额排名第二，占比为 27.6%[4]。

在买入的同时，我国农产品生产者也在进行或考虑把优质的农产品销售到国际市场。2018 年 7 月世界杯期间，湖北农村地区在俄罗斯销售 10 万只小龙虾。2019 年来自 474 个"淘宝村"的产品通过速卖通向海外销售，年销售额合计超过 1 亿美元，其中不少产品属于农产品。

随着电子商务的蓬勃发展以及原有的价值链形态发生了深刻变化，价值链上各个主体之间的协同关系和生产要素流动又呈现出了碎片化的新的特征。碎片化的新的特征有多批次、快速发货、小批量等，与传统外贸企业以集装箱形式的农产品外贸交易相比更得到市场认可。考虑到农产品进出口的时效性等特点因素，特别是在国际物流业迅猛发展的推动下，农产品生产企业及电商平台也愿意将大额采购订单进行分割，以更为小额的采购方式进行农产品采购，缩短了采购周期，但采购频率相应增加，资金链问题也得到了有效缓解[12]。由跨境电商派生出许多第三方专业服务公司如境外物流、保税仓储、报关报险、订单配送、结算结汇等也快速成长。

我国政府积极推动农产品贸易发展。2019 年我国外贸进出口总值 31.54 万亿元人民币，其中，出口 17.23 万亿元，进口 14.31 万亿元。农产品贸易方面，2019 年进出口额 2300.7 亿美元，其中，出口 791.0 亿美元，进口 1509.7 亿美元，贸易逆差 718.7 亿美元。

4. 国际跨境电商食品发展现状

2018 年，我国深入落实金砖国家厦门会晤共识，促成《金砖国家电子商务合作倡议》，并就示范电子口岸、电子商务、服务贸易、知识产权、贸易促进、标准化和中小企业等达成 10 余项务实成果。2018 年 6 月第三次中国-中东欧国家经贸促进部长级会议，通过了《中国-中东欧国家电子商务合作倡议》。截至 2018 年底，与我国签署双边电子商务合作谅解备忘录的国家达到 17 个，合作伙伴覆盖了五大洲。截至 2019 年 4 月 30 日，我国已经与 30 个国际组织和 131 个国家签署了 187 份共建"一带一路"合作文件。近年来，国际上不同国家的跨境电商也得到了快速发展[10]。

1）俄罗斯跨境电商发展情况

在"一带一路"倡议的顺利推进下，"一带一路"共建国家与我国经济交往日益密切，也使各国受益。俄罗斯横跨欧亚大陆，国土辽阔，是中国"一带一路"通往欧洲的重要节点，对"一带一路"西进发展有重大意义。俄罗斯人口有 1.4 亿，其中互联网用户有 7600 万，俄罗斯资源丰富，拥有广阔的市场和发展前景。

俄罗斯电商企业协会（AKIT）相关介绍表明俄罗斯电子商务迅速发展。2016 年，俄罗斯在线销售总额达 9200 亿卢布（约 157 亿美元），2017 年，在线销售总额达 1.04 万亿卢布（166.2 亿美元），2018 年，在线销售总量达到 1.25 万亿卢布（约合 199.8 亿美元）。在俄罗斯最受欢迎十大电商网站中阿里巴巴旗下速卖通（Aliexpress.ru）、电商平台 Ozon.ru 和消费电子电商 Eldorado.ru 分列该国前 3 位。近几年俄罗斯进口跨境电商平均保持 20%以上的发展速度。2017 年进口跨境电商业务销售额达到 3700 亿卢布（59.1 亿美元），2018 年达到 4700 亿卢布（75.1 亿美元）；近几年俄罗斯出口跨境电商业务平均保持 70%以上的增速发展。2017 年出口跨境电商销售额达到 3800 亿卢布（60.7 亿美元），2018 年达到 4500 亿卢布（71.9 亿美元）。

2017 年数据显示，俄罗斯跨境消费者 90%来自中国，3%来自欧盟国家，2%来自美国。中国消费者贡献率为 53%，欧盟 22%、美国 12%[15]。

近 5 年来，中俄电商跨境贸易往来频繁。2017 年中俄跨境电子商务大会探讨了两国跨境贸易与电子商务发展情况与趋势，有效助推了中俄跨境电商的快速发展。目前，中国又在农业领域提出全产业链发展，中俄农业合作正在形成农业生产的种植（养殖）、农机服务、农资贸易、农产品初加工和深加工、仓储运输、农产品贸易的全产业链发展态势。在"互联网+"背景下，研究如何借助跨境电商平台助推中俄农业合作向纵深发展尤为迫切[16, 17]。

2）日本跨境电商发展情况

日本电子商务经过了大约 20 年发展，2017 年日本 B2C 电子商务市场规模大约为 953 亿美元，位居世界第四。2018 年 8 月 22 日，日本的经济产业省发布 2017 年电子商务市场调查报告，日本 B2C 市场规模大约为 16.5 万亿日元，增长率为 9.1%。其中零售业为 8.6 万亿日元。主要商品类有服装纺织、服装杂货、食品、饮料、酒类、生活家电、PC 产品、杂货、家具、室内装饰、书籍、音像制品，占零售总额的 85%。主要的 B2B2C 网络平台（含跨境电商）有乐天，B2C 有亚马逊、日本雅虎、Wowma、友都八喜、软银、三越百货、高岛屋百货；此外还有药妆类、保健品类等多个专门平台[18]。

从日本产业数据显示，日本电商市场规模 2018 年是 18.18 万亿日元，相比 2017 年 16.5 万亿日元，涨幅达到 9%。据日本产业省统计 2018 年日本向中国出口的跨境电商交易额为 1.6 万亿日元，到 2020 将达到 2.4 万亿日元。从统计数据来看目前日本最重要的出口国家就是中国，见表 10-1。

表 10-1　日本跨境电商交易情况　　　　　　　　单位：亿日元

消费国	出口国	2017 年	2018 年	2019 年	2020 年	2021 年
日本	美国	2327	2471	2595	2711	2795
	中国	243	258	271	283	292
	合计	2570	2729	2866	2994	3087
美国	日本	7128	8169	9302	10549	11925
	中国	4942	5664	6449	7314	8268
	合计	12070	13832	15751	17864	20193
中国	日本	12978	16339	20077	24178	28487
	美国	14578	18354	22552	27159	31999
	合计	27556	34693	42629	51337	60485

跨境电子商务呈现巨额顺差，与电商商品性价比高以及政府支持力度、国外跨境电商企业积极开拓海外电商市场有关。日本本国代表性品牌主体纷纷和跨境电商巨头合作，通过在他国型电商平台开设直销店的合作等战略合作方式，开拓海外市场。代表的平台有日本护肤、日用品、制药企业与他国商平台合作开通了全球购、海外购、海购等[19]。

日本电商平台发展面临的问题主要包括：①语言问题。相关数据显示约 48.2%的日本消费者因语言交流问题而不使用跨境电商平台，解决语言障碍问题成为国内外各大电商平台需要解决的主要问题之一。目前日本国内各大电商网站，如乐天等主要平台仍是使用电子邮件进行文字沟通，几乎没有专用即时通信工具，不能同时实现文字、语音、视频及语音转文字、在线翻译等交流，严重制约着电商行业发展。②支付问题。在日本乃至美国信用卡支付仍然占很大比重。信用卡支付、便利店支付、到付比例大；日本国内移动支付技术没有得到广泛应用，使用率低。目前，政府不断出台相关政策支持移动支付市场，银行及企业也投入移动支付发展中来，近年来日本移动支付迅速发展，日本零售业 2017 年通过智能手机的 B2C 市场规模为 3.9 万亿日元。

本土电商与外来电商也出现对弈局面。以日本雅虎、乐天为代表的本土主要电商平台，受到外来跨境电商的极大挑战。日本亚马逊于 2000 年开始在日本拓展书籍网络销售，目前已拥有专门的亚洲平台，现已发展成为一个齐备的大型综合购物商城。阿里巴巴于 2013 年建立独立于阿里巴巴国际站（英文站）的语种网站体系，在阿里国际站设置多语言展示功能。多语言市场功能的正式开放，为供应商开拓了包括日语在内的非英语市场发展空间。

中国与日本农产品电商交易方面，中日为亚洲两大经济体，位置相邻，气候和自然资源的差异致使两国在农产品种类上具有互补性，在农产品贸易上有得天独厚的优势。日本是中国最大的农产品出口市场，而中国则是日本第二大农产品进口来源地，中日农产品贸易对中日双方来说意义都很重大，见图 10-3。

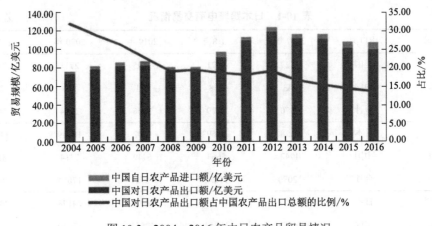

图 10-3　2004～2016 年中日农产品贸易情况
数据来源：联合国统计司

虽然近年来我国对日本农产品出口额有明显增加，但中国对日农产品出口额占中国农产品出口总额的比重却呈下降趋势，这主要是因为在连年逆差的不平衡贸易状况下，日本加大了对本国农产品的保护力度，关税和非关税壁垒给中国农产品出口日本市场带来了不少障碍，妨碍了两国农产品贸易的增长[20]。日本消费者使用网站跨境购买状况调查中，日本消费者在过去 1 年中使用过一次跨境电子商务的国家中，美国占 40%、中国占 24%、英国占 8%。在日本市场销售的产品，通常都是被业界广泛认可、评价较高、质量过硬的商品，目前"中国制造"也越来越多地得到世界认可。据日本海关统计，2017 年日本与中国双边货物进出口额为 2972.8 亿美元，贸易逆差 315.7 亿美元，日本进口排名中，中国位居第一，跨境电商成为中日贸易新路径[18]。

3）非洲跨境电商发展情况

非洲处于经济发展的十字路口，充满了商业机会，非洲大陆拥有庞大的发展空间市场，非洲有 54 个国家，拥有 13.16 亿人口。非洲在铁路系统、能源和电力传输、工业化、电子商务平台搭建、科学技术等基础建设相对落后，在各方面都充满了发展机遇。非洲各种矿产资源非常丰富，拥有全球矿产资源的 30%。黄金、石油都是非洲的主要自然矿产资源。农产品资源也比较丰富，如科特迪瓦和加纳共同供应世界 60%的可可豆及产品[21]。非洲具有丰富的资源，但电子商务市场发展较为落后，根据 2017 年非洲各国电子商务公司发展数量来衡量可将这些国家划分成低（10 家以下）、中（10～30 家）、高（50 家以上）三类。其中尼日利亚、南非电子商务发展程度较高，2017 年，尼日利亚的电子商务公司有 108 家，南非有 51 家，肯尼亚、埃及处于起步阶段，肯尼亚 26 家，埃及 10 家。

　　数据表明，在国家经济相对落后情况下，电商发展程度相对较低。在未解决温饱问题的前提下，电子商务发展就没有那么迫切。教育情况落后、基础建设落后便不具备发展电子商务的条件及需求。与其他大洲地区的电商整体发展相比，非洲的电商发展还较为滞后。如在南非，电商交易仅占消费品市场交易的 1.4%。在移动互联网的普及、经济的增长、基础设施的加速建设、中产阶级的慢慢增加和观念的转变等因素的影响下，电商的发展之路正逐渐变得通畅。非洲电商细分行业覆盖面较广，包括综合电商、时尚类、住房旅游类、食物饮品类、商业服务类、分类广告平台、B2B、汽车交易类、活动类、电子产品类、团购类、家装类等。

　　非洲主要电商平台有 Jumia、Takealot、Kilimall、Konga、Bidobuy.etc。Jumia 是非洲第一大电商，主要业务在非洲和中东的 14 个国家，非洲有尼日利亚、埃及、摩洛哥、肯尼亚、乌干达、喀喀麦隆坦桑尼亚、加纳等 11 个非洲国家。Konga 主要是尼日利亚电商平台。Kilimall 是最典型的中国跨境电商企业，号称"非洲版天猫"。Kilimall 成立于 2014 年，是一家为中国供应商和非洲消费者服务的跨境电商平台，已经成为非洲最大的电商平台之一。在非洲肯尼亚、乌干达、尼日利亚、加纳等都设有办公室，辐射周边十几个国家，已有将近几千名卖家进驻 Kilimall 平台，其中 70%为中国卖家。主要为电子、家居等产品，配送模式是自营+第三方的模式，实现快速送达和货到付款。Kilimall 的一体化、全方位服务形成了自身的比较优势，为中国产品和服务出口非洲打造了优质通道。

　　当前，在非洲地区电子商务企业发展缓慢，区域外的跨境电商企业在非洲的发展参与程度较低，这一现象的产生主要是由于跨境电商平台进入非洲市场时面临以下挑战：安全问题、物流问题、支付问题、语言文化问题和人才问题。①安全问题。安全问题是非洲电子商务尤其是跨境电商发展的主要阻力之一，包括基础设施安全和政治环境安全。两大问题阻碍了非洲各国国内电商发展，同时也令国外电商企业望而却步。②物流问题。跨境电子商务物流包括境内物流、跨境物流、目的地国物流三个主要环节，物流链长且整个运送过程复杂。非洲跨境电商目前多采用邮政小包递送的物流模式，造成了时效长、服务差等问题。如果要在非洲开展业务，物流问题是跨境电商企业首先要解决的问题。在经济发达的国家，基础设施公路、铁路、机场、仓库发达，电商企业直接使用这些基础设施，降低了成本。物流的落后直接影响了跨境电商的发展。③支付问题。跨境支付是跨境电商交易的重要环节之一。在支付环节特点是移动支付主要面临的困难技术、基础硬件和完善的金融体系。在南非等国家，移动支付方式所占比重很低。在非洲移动支付的发展还需要各方努力发展。④语言文化问题。由于非洲地区历史、文化使各个国家、部落、语言和文化都比较复杂。⑤人才问题。跨境电子商务交易平台要求从业人员是复合型人才，要拥有电子商务、国际贸易的相关经验、熟练操作电商平台，要对跨境仓储、物流和支付都有所了解，并且了解消费者所在地区的政治、文化、语言、法律等情况。现阶段的非洲电子商务处于发展阶段，人才培养较为落后，无法为电商企业提供电商人才。跨境电商行业也存在严重的人才缺口，具有综合知识背景的人才更加受到企业的青睐[16, 22, 23]。

5. 跨境电商模式及主要平台

跨境电商作为一种可以打通全球经济一体化的工具，正在逐步发展为贸易全球化的一种重要方式，改变了传统的贸易方式，具有非常重要的战略意义。

在跨境电子商务发展过程中，电商创业者不断摸索、创新。发展中国家从模仿到不断创新，经历了复制、齐头并进、超越三个阶段。

电商已在发展过程中演变成多种模式，主要有 B2B（企业对企业）、B2C（企业对消费者）、M2C（生产厂家对消费者）、C2C（个人对消费者）、跨境保税实体店模式。目前最为常见的模式为 B2C、C2C、B2B，跨境保税实体店模式正在试点过程中，并得到了多数消费者的认可。

在 B2C 模式下，生产企业直接面对消费者，多以销售个人消费品为主，物流快递方面主要采用航空小包、快递、邮寄等方式，报关主体是快递公司或邮政，目前大多并未纳入海关登记。主要通过两种方式：第一，跨境保税模式是指境内消费者通过跨境贸易试点单位电子商务平台购买的进口食品等，入境后暂存于特殊监管区域内，最后以个人自用物品申报进口，以包裹形式通过"跨境贸易电子商务物流中心"，送达境内消费者的贸易行为。第二，跨境直邮模式，是指境内消费者通过跨境贸易试点单位电子商务平台购买的进口食品等，自境外通过邮件、空运快件、海运包裹等方式直接送达境内消费者的贸易行为[1]。

1）主要模式及代表平台

B2C 模式：企业对消费者的贸易模式，保税自营+直采。平台直接参与货源、物流仓储买卖各环节，时效性好，如京东海囤、聚美、蜜芽、速卖通、ebay、Amazon、Wish、天猫国际、淘宝全球购、洋码头。

C2C 模式：个人销售用户对消费者，以海外买手制用户或自主创业加工生产用户为主，如洋码头、淘宝全球购、海外买手（个人代购）。

B2B 模式：企业对企业，为企业与企业之间提供交易平台，如阿里巴巴国际站、敦煌网、中国制造网、环球资源网。

跨境保税实体店模式："保税直购"是指消费者直接从保税区内挑选商品并购买，可见即可得。优越于海外直购，其最大优势是"保真"，绝对是真正的进口商品，商品品质让消费者放心，如"ET"保税直购中心、天竺综合区跨境电商体验中心等。

跨境电商农产品近年来快速发展，逐步形成了四种主流交易模式：农场主或合作社（农户）通过跨境电子商务平台直接向客户提供符合对象地区要求的农产品的模式（F2C）、生产者通过中介公司（大型电商平台或跨境公司）向消费者提供生鲜和农产品的模式（F2I2C）、大规模农业生产通过电子商务平台向大型农产品需求企业提供优质农产品的 F2B 模式、电商平台或跨境公司通过保税店的形式向消费者提供优质生鲜及农产品。这四种模式具有不同的适用范围和消费情景，F2C 模式适用于消费者和农户之间的直接商品交易，F2B 模式主要适用于农场和大型企业之间的大型贸易交易，F2I2C模式适用于小规模的消费者交易，保税店模式让消费者可见即可得。

2）主要跨境电商平台

自 2011 年以来，随着国内电子商务产业的不断壮大，跨境电商作为其中一门重要的分支力量越来越受到社会各阶层的广泛关注。目前国内的跨境电商平台主要有天猫、网易、蜜芽、海蛎子、京东等，在中国有跨境电商业务的国外平台有亚马逊、Wish、Shopee、LAZADA（来赞达），进口跨境电商平台有洋天猫国际、京东海囤、码头、苏宁云商海外购，网易考拉海购、顺丰海淘。

"天猫国际"和"天猫海外（速卖通）"是我国代表性的买进来和卖出去的两大跨境电商平台。天猫国际已成立北美、欧洲、亚太、东南亚、澳新等全球六大采购中心。共引进了 77 个国家和地区，超 4000 个品类、超 20000 个海外品牌进入中国市场，其中八成以上是首次入华。未来 5 年，天猫国际计划覆盖超过 120 个国家和地区。天猫海外（速卖通）目前是中国最大的出口（B2C）电商平台，在俄、美、西、法、巴五大交易国家，占据 2/3 平台交易额；22 个热门日常消费类，占平台 90%交易额。为中国卖家提供了平台、物流、语言、支付、出关等全方位服务。

来赞达（Lazada）于 2012 年 3 月推出，是 B2C 模式跨境电商服务平台，是东南亚网上购物平台。2018 年 3 月 19 日，阿里巴巴集团宣布，向 Lazada 追加 20 亿美元投资，公司在东南亚地区的业务扩张。在印尼、菲律宾、新加坡、马来西亚、泰国以及越南设有分支机构。Lazada 为该地区电子商务的领头公司，目前是东南亚最大电商平台，拥有 6 亿消费者。

顾客可以通过移动装置或电脑网站访问该平台，该平台同时也提供了包括货到付款在内的多种付款方式，提供全面顾客服务和免费退货服务，而且零售商通过一个零售渠道可以简单、直接接触到 6 个国家中约 5.5 亿的顾客。Lazada 平台上拥有大量的产品，产品种类涵盖消费者电子产品、家庭用品以及时装。

Shopee 成立于 2015 年，是一家 B2C 的电商平台，为买家打造一站式的社交购物平台，营造轻松愉快、高效便捷的购物环境，提供性价比高的海量商品，方便买家随时随地浏览、购买商品并进行即时分享。Shopee 在东南亚地区，覆盖新加坡、马来西亚、菲律宾、印度尼西亚、泰国和越南，同时在中国深圳、上海设立办公室。目前员工遍布东南亚与中国达 7000 人，是该地区发展迅猛的电商平台。Shopee 为卖家提供自建物流 SLS、小语种客服和支付保障等解决方案，卖家可以通过平台触达东南亚七大市场。产品符合国家出口要求及当地国家进口要求；有一定跨境电商经验及产品数量达

100 款以上。

6. 跨境电子商务跨境电商综试区发展的趋势

跨境电商综试区从第一、二批试点，到第三、四批向全国复制推广，跨境电商综试区的政策优势已向全国各地普及，跨境电商及相关企业将进行新一轮的区域布局。截至 2019 年年底，中国跨境电商综合试验区达 59 个，已基本覆盖了全国主要城市，各综试区之间的竞争也将加剧。此前，国家批准设立了三批共 35 个跨境电商综试区，其中前两批 13 个试点主要位于东部大中型城市，第三批 22 个跨境电商综试区开始向中西部和东北地区倾斜。第四批综试区对于中西部和东北地区城市开放，能更好地调动内地和沿边资源，引进跨境电商人才，带动相关产业转型。随着跨境电商综试区的持续扩容，综试区之间竞争将加剧，将有新一轮跨境电商企业招商政策竞争，企业也将重新调整区域布局。

10.1.2　跨境电商食品安全监管法律法规体系现状

在我国经济高速发展下，我国人民生活水平逐步提高，为满足更高品质生活的需求，消费者逐渐通过代购等形式购买更多跨境商品，促使了我国各种模式的跨境电子商务平台也在迅速发展。同时，为保障交易正常发展，我国的电子商务相关法规及政策也相继出台。

1. 我国跨境电商法律法规体系现状

近年来，随着跨境电子商务行业的快速发展，发展过程中的诸多问题也逐步呈现，同时相关的法规也逐步完善。从国务院到各个相关部委，也纷纷出台针对跨境电商行业的配套政策措施。

跨境电商行业因涉及国家多个部门的业务范畴，除国务院和海关总署外，质检总局、商务部、外汇管理局等政府主管部门也纷纷出台或参与出台相关跨境电商政策，涉及的国家相关部门包括农业农村部、国家发改委、工业和信息化部、财政部、商务部、国家税务总局、国家质检总局、交通运输部、国家市场监督管理总局、食品药品监督管理总局、国家邮政局、中央网信办、国家外汇管理局、银保监会、中国人民银行、濒管办、密码局等多达 17 个部门[28, 29]。

从 2013 年至今发布的主要电商政策法规有：

2013 年 8 月，国务院对各个部门发布了《关于实施支持跨境电子商务零售出口有关政策意见的通知》。

2013 年 9 月，商务部等八部委《关于实施支持跨境电商零售出口有关政策的意见》，为发展跨境电商提供了方向，对促进跨境电商发展具有重要而深远的意义。

2013 年 12 月，财政部国家税务总局《关于跨境电商零售出口税收政策的通知》，明确了从事跨境电商零售企业退免税的条件，从而大幅度降低了企业成本。

2014 年 2 月，海关总署增列"跨境电商"海关监管方式代码"9610"。

2015 年 6 月 20 日，国务院办公厅发布了《关于促进跨境电子商务健康快速发展的指导意见》。

2016 年 1 月，国务院发布了《国务院关于同意在天津等 12 个城市设立跨境电子商务综合试验区的批复》。

2017 年 4 月 8 日，财政部联合海关总署和国家税务总局共同推出《关于跨境电子商务零售进口税收政策的通知》等，跨境电商政策的密集出台，对行业发展起到积极的推动作用。

2018 年 7 月，国务院下发了《关于同意在北京等 22 个城市设立跨境电子商务综合试验区的批复》，将 15 个进口试点城市进一步扩大到了 37 个。

2018 年 10 月 1 日，财政部、国家税务总局、商务部、海关总署日前联合发文明确，对跨境电子商务综合试验区电商出口企业实行最新免税规则。

2018 年 11 月，商务部等六部委联合发布的《关于完善跨境电子商务零售进口监管有关工作的通知》明确，政府部门、跨境电商企业、跨境电商平台、境内服务商、消费者各负其责的原则和具体要求，并提出跨境电商零售进口商品按个人自用物品监管。

2018 年 12 月，海关总署发布的《关于实时获取跨境电子商务平台企业支付相关原始数据有关事宜的公告》明确，参与跨境电商零售进口业务的跨境电商平台企业应当向海关开放相关原始数据，供海关验核。

2019 年 1 月 1 日，《中华人民共和国电子商务法》开始实施，意味着整个电子商务（含跨境电商）行业进入了有法可依的时代，其中对电子商务第三方平台、电子商务经营者、商品物流、消费者、数据安全都做相关规定。其中，第七十一条，国家促进跨境电子商务发展，建立健全适应跨境电子商务特点的海关、税收、进出境检验检疫、支付结算等管理制度，提高跨境电子商务各环节便利化水平，支持跨境电子商务平台经营者等为跨境电子商务提供仓储物流、报关、报检等服务。国家支持小型微型企业从事跨境电子商务。第七十二条，国家进出口管理部门应当推进跨境电子商务海关申报、纳税、检验检疫等环节的综合服务和监管体系建设，优化监管流程，推动实现信息共享、监管互认、执法互助，提高跨境电子商务服务和监管效率。跨境电子商务经营者可以凭电子单证向国家进出口管理部门办理有关手续。第七十三条，国家推动建立与不同国家、地区之间跨境电子商务的交流合作，参与电子商务国际规则的制定，促进电子签名、电子身份等国际互认。国家推动建立与不同国家、地区之间的跨境电子商务争议解决机制[30]。

2019 年，国务院印发《国务院办公厅关于印发全国深化"放管服"改革优化营商环境电视电话会议重点任务分工方案的通知》《关于强化知识产权保护的意见》等政策文件，部署完善跨境电子商务等新业态促进政策和法规，推动外贸模式创新。主要包括四个方面：第一是对跨境电子商务综合试验地区电商零售出口落实"无票免税"政策，出台更加便利企业的所得税核定征收办法，简化小微跨境电商企业办理有关资金收付手续。逐步实现综合保税区全面适用跨境电商零售进口政策；尽快出台跨境电商零售出口所得税核定征收办法。第二是继续扩大跨境电商综合试验区试点范围。跨境电商综合试验区的数量由 35 个增至 59 个。第三是完善包容审慎监管，严厉打击假冒伪劣，依法保护商家和消费者权益。加强国际交流合作，积极参与跨境电商相关国际规则制定。强调电商平台的知识产权保护，提出研究并建立跨境电子商务知识产权保护法规，制定电商相关的管理标准；推动简易案件和纠纷快速处理。第四是鼓励搭建服务跨境电商发展的平台，建立配套物流、统计等服务体系，支持建设和完善海外仓，扩大覆盖面。支持相关教育机构增设跨境电商专业，促进产教融合，为跨境电商发展强化人才支撑。全力建立完善以信用为基础的新型海关监管机制，根据电子商务企业信用级别实行差别化通关监管措施。

2019 年，为了落实国务院部署，国家相关部门出台了所得税核定征收、知识产权保护等跨境电商相关政策文件。第一是促进跨境寄递服务高质量发展，降低物流成本。2019 年 3 月，国家邮政局、商务部、海关总署出台《关于促进跨境电子商务寄递服务高质量发展的若干意见》，提出加快创新跨境寄递服务模式、加快完善跨境寄递服务体系、加快建立数据交换机制、提升跨境寄递服务、全程通关便利等 12 条意见。旨在建立优质的跨境物流服务体系，增进跨境物流服务数据的交换和共享，实现有效监管，为"三单合一（订单、支付单、物流单）"提供支撑。2019 年 8 月，交通运输部、国家邮政局等 18 个部门联合印发《关于认真落实习近平总书记重要指示推动邮政业高质量发展的实施意见》。在提升跨境寄递服务便利化水平方面，提出支持跨境电子商务综合试验区所在地城市建设国际邮件互换局和快件监管中心。提升进出境邮件数据申报和通关监管信息化水平，以促进便捷通关。支持边贸寄递发展。加快推进中欧班列运输邮（快）件试点并逐步实现常态化。加快推动快递企业"走出去"，支持在境外依法开办快递服务机构并设置快件处理场所、海外仓，完善国际快件航空运输网络规划布局，建设自主航空网络，提高国际竞争力。推动在中国设立国际快递合作组织。第二是强调跨境电商知识产权保护。2019 年 4 月，市场监管总局和海关总署等相关部门印发了《加强网购和进出口领域知识产权执法实施办法》，针对网购和进出口领域侵权行为跨区域、线上线下一体化、链条化等特点，提出六个方面具体工作措施：一是依法加强执法监管，有关行政执法部门与公安机关严格执法，特别是关注互联网领域侵犯知识产权新问题，完善监管措施，充分发挥"双随机、一公开"监管的基础性作用，加大对侵权违法行为的惩处力度。二是拓宽线索来源渠道，发挥有关部门的投诉举报热线和网络监测平台作用，并建立与权利人的沟通联系机制，及时获取侵权违法线索。三是强化执法协调联动，建立健全线索发现、源头追溯、属地查处和线索移交、协查联办机制，铲除侵权商品销售网络和跨境流通链条。四是大力推进行刑衔接，行政执法部门按规定向公安机关移交涉嫌犯罪案件，公安机关及时向行政执法部门通报违法线索，发挥各自优势，提高执法打击效能。五是完善社会共治机制，加强政企协作，发挥权利人在侵权调查、产品鉴定中的作用，加强行业自律，共同防范和打击侵犯知识产权违法犯罪活动。六是建立工作保障制度，加强案情会商、数据统计、专家咨询等制度建设，研判知识产权违法犯罪形势，提升执法办案水平[31]。第三是促进跨境电商外汇业务便利化。2019 年 4 月，国家外汇管理局发布《支付机构外汇业务管理办法》，明确了支付机构开展外汇业务时的多项管理要求。2019 年 10 月，国家外汇管理局发布的《关于进一步促进跨境贸易投资便利化的通知》指出，降低小微跨境电商企业货物贸易收支手续，支付机构或银行办理货物贸易收付汇时，年度货物贸易收汇或付汇累计金额低于 20 万美元的（不含）小微跨境电商企业可免于办理"贸易外汇收支企业名录"登记。国家外汇管理局依法对免于办理名录登记的小微跨境电商企业实施监督检查。2019 年 9 月，国家外汇管理局修订并发布了《通过银行进行国际收支统计申报业务指引（2019 年版）》，自 2019 年 10 月 1 日起实施。在跨境电商方面，主要调整对跨境电商涉及货物贸易的申报要求，并相应更新《涉外收支交易分类与海关统计贸易方式分类对照表》，增加关于跨境线下扫码涉外收付款的申报要求。第四是试行所得税核定征收政策。国家税务总局发布的《关于跨境电子商务综合试验区零售出口企业所得税核定征收有关问题的公告》，规定综试区内核定征收的跨境电商企业应准确核算收入总额，并采用应税所得率方式核定征收企业所得税，税率统一按照 4%确定。第五是扩大跨境电商零售进口商品清单。为落实国务院关于调整扩大跨境电子商务零售进口商品清单的要求，促进跨境电子商务零售进口的健康发展，2019 年 12 月 24 日，财政部、发展改革委、商务部、海关总署等 13 部门联合发布《关于调整扩大跨境电子商务零售进口商品清单的公告》，增加了冷冻水产、酒类、电器等 92 个税目商品。新政自 2020 年 1 月 1 日起正式实施。进口生鲜与洋酒将会通过跨境电商进入中国市场，满足中高收入人群消费升级的需求。2020 年 1 月 17 日，财政部、海关总署、商务部、发展改革委、税务总局、市场监管总局等六部门联合印发《关于扩大跨境电商零售进口试点的通知》，将石家庄等 50 个城市（地区）及海南全岛纳入跨境电商零售进口试点范围，可按照《关于完善跨境电子商务零售进口监管有关工作的通知》的有关要求，开展网购保税进口（海关监管方式代码 1210）业务。2020 年 1 月，海关总署允许跨境电商出口业务量比较大的海关开展 1210 出口、0110 出口以及 9610 出口的三种退货业务，每个海关的试点出口退货模式也不同，已经在十多个海关试点，未来还将在全国范围内开启，使退货难的问题得到进一步解决。随着国内消费者消费观念的改变和监管政策的调整，中国跨境电商将进一步加速发展[32]。

　　跨境电商平台，作为跨境食品经营流通的重要途径之一，随着电商法的实施，一些跨境电商的相关标准法规也开始实施。

　　法规明确了跨境电子从业者为商务平台企业、支付企业、物流企业等参与跨境电子商务零售进口业务的企业。所有从事跨境电商零售进口业务的企业应当向所在地海关办理注册登记，境外跨境电子商务企业也应向该代理人所在地海关办理注册登记。还规定跨境电商企业并且取得其行业内的监管部门颁发的相关许可等；跨境电商平台应建立平台内交易规则、交易安全保障、消费者权益保护、不良信息处理等管理制度。跨境电商企业做好商品召回、处理，并做好报告工作；跨境电子商务进出口商品交易数据情况，应根据海关要求传输相关商品交易电子数据的，按照本公告接受海关监管；参与跨境电子商务零售进出口业务并在海关注册登记的企业，纳入海关信用等级管理，海关根据信用等级实施差异化的通关管理措施；也明确规定，消费者购买的商品仅限个人自用，不得再次销售。

　　海关对跨境电商零售进口商品实施质量安全风险监测，以及实施必要的检疫，并视情发布风险警示。对食品类跨境电商零售进口商品优化完善监管措施，做好质量安全风险防控。

各省、地区根据《电子商法》及自身地域性特点，也发布了"关于跨境电商跨境电子商务综合试验区实施方案"及办法等。其中对跨境电子商务的目标、布局、任务、保障措施都做了详细说明[33]。

2019 年，各地围绕贸易强国建设，不断完善支撑政策体系，结合自身特点，积极探索跨境电子商务发展方向，有序推进跨境电子商务综合试验区建设，优化海外仓布局，不断强化口岸功能，加速产业聚集，通过搭建跨境电子商务综合服务平台，创新监管模式，加强配套服务体系，带动产业聚集，全力推动对外贸易转型升级，促进更多企业通过跨境电商走向国际市场。

天津市围绕推进跨境电子商务综合试验区建设，进一步创新监管服务方式，出台海关特殊监管区域内跨境电商网购保税进口商品开展保税展示业务的相关规范，持续优化提升天津跨境电商综合服务平台功能，实现了天猫溯源系统与当地溯源系统对接，建设跨境电商企业溯源体系，加快打造跨境电商产业集群。

河北省组织 200 家企业参加俄罗斯汽配展、德国科隆国际体育用品、露营设备及园林生活展、印度（新德里）国际瓦楞机械及彩盒展等境外重点展会；组织企业对接MG 集团莫斯科海外仓、佳佳供应链德国及塞尔维亚海外仓、沧州新丝路孟买海外仓及中建材国贸迪拜海外仓等公共海外仓，引导企业利用海外仓积极拓展出口。

吉林省与跨境电商平台开展深度合作，与阿里巴巴签订了《吉林省跨境电子商务信用保障资金合作协议》，建立信用保障资金池，为省内企业开展跨境电商提供信用保障，提高企业获得国际订单的机会；借助跨境电商综试区政策和综合保税区新政策，在长春兴隆综保区和珲春综合保税区建立跨境电商产业园区。

湖南省以长沙跨境电商综试区建设为核心，打造长沙高新区、黄花综保区、金霞保税物流中心等三大重点园区，举办湖南-粤港澳大湾区投资贸易洽谈周、跨境电商合作对接会等重大经贸活动，开通直购进出口、保税备货进口以及跨境电商海外仓等多种业务模式，拓展跨境电商国际物流通道；创新跨境电商"海外仓头程货监管"，9610 报关+邮路出口，邮快件跨境电商业务新模式并开展试点。

黑龙江省加快哈尔滨、绥芬河跨境电商综试区建设，明确哈尔滨跨境电商综合试验区"一区四园"，错位发展布局，健全完善跨境电商服务体系；推进对俄跨境电商物流通道建设，支持"哈尔滨—叶卡捷琳堡"跨境电商航空货运包机发展，推动"哈尔滨—满洲里—莫斯科"公铁联运跨境电商物流通道建设，提升对俄跨境电商物流竞争优势。

广东省不断推进广州、深圳、珠海、东莞、汕头、佛山 6 个跨境电商综试区建设，完善通关一体化和信息共享等配套政策。其中，广州、深圳、东莞、珠海跨境电商综试区均成立由市领导任组长的跨境电商综试区建设领导小组，完善工作机制，并深入开展跨境电商基础性研究，各综试区共领办 7 个国家级课题，以研究成果指导综试区工作创新；目前，海外仓业务基本覆盖发达国家和地区的重要物流节点，正向俄罗斯、土耳其、中东、巴西等"一带一路"共建国家和地区延伸。

北京市加快拓展跨境电商"1210"网购保税进口业务，打造跨境电商"网购保税+

线下自提"模式，开展跨境电商进口医药产品试点工作，实现全国首单跨境电商进口医药产品通关业务；落实跨境电商零售出口无票免税工作，上线配套申报系统；依托北京至莫斯科 K3 国际快速客运列车，开通全国首条利用行李车厢搭载跨境电商零售出口产品的贸易专线，进一步拓展跨境电商出口渠道。

辽宁省将重点推进中俄合作建设的莫斯科别雷拉斯特物流中心作为"辽宁丝路电商"的关键节点项目，支持沈抚新区引进敦煌网东北亚数字贸易总部基地落地，打造包括数字贸易跨境电商运营管理基地、数字贸易跨境电商人才双创基地、数字贸易跨境电商品牌孵化基地、数字贸易跨境电商展览示范基地在内的数字贸易总部基地，形成 O2O 跨境电子商务聚集区和电子商务孵化运营基地。

河南省围绕跨境电商进口药品和医疗器械试点建设，加快构建药品交易网平台、互联网医院平台、药品综合服务平台和药品保税物流中心，升级改造医药需求的仓库、分拣中心等基础设施；以河南保税物流中心为依托，加快贸易核心功能集聚区建设，支持跨境电商 O2O 线下自提模式发展；在特殊监管区允许多类型商品在同一个场所内进行存储和商业处理，实现网购保税进口、直购进口、区域出口、一般出口等 4 种零售进出口模式同区作业，设置跨境电商退货中心仓等，创新跨境电商多模式综合监管；推动以河南保税集团为代表的企业积极"走出去"，以企业层面合作为切入点，推进 1210 模式反向复制。

广西全区所有跨境电商进出口邮件均通过广西邮政跨境电商渠道清关，广西邮政首创国际邮件、国际快件、跨境电商和保税备货业务"四体合一"的新型业务模式，建立了广西经转东盟至纽约、巴黎等多个欧美热点城市互换局出口航空邮路，开发了"邮码头"保税展示交易项目；东盟跨境直通指挥中心项目持续推进，建立了中越跨境电商公路运输通道。

重庆市开展铁路运邮测试，设立铁路口岸国际邮件处理中心，在国际铁路运邮领域实现与国内其他区域融合联动，邮件处理和通关能力达到每日 10 万件；推动敦煌网"中土网上丝绸之路"项目，促进跨境电商在"一带一路"共建线国家的发展合作；探索并测试"邮件 9610"跨境电商通关、机场海关 B2C 跨境出口通关等模式，做好 B2C 跨境出口航空货运新通道开辟前期工作。

陕西省以西安国际港务区为载体，集中打造国家电子商务示范基地、跨境电商综试区和陆港型物流枢纽，推动跨境电子商务快速发展；目前，中欧班列"长安号"从西安向西常态化开行了贯通中亚、欧洲的 10 条干线，覆盖丝路沿线 45 个国家和地区，创造了港口内移，就地办单、多式联运、无缝对接的内陆港模式[32]。

2. 我国跨境电商食品安全监管法律法规体系现状

2015 年 10 月 1 日颁布实施的新《食品安全法》首次将网络食品交易纳入；2016 年 10 月 1 日，颁布实施了《网络食品安全违法行为查处办法》，在一定程度上缓解了电商食品监管法规薄弱的问题；2017 年 3 月 15 日起施行了《网络购买商品七日无理由退货暂行办法》，但对鲜活易腐的商品不适用。2017 年 9 月 5 日经原国家食品药品监督管理总局局务会议审议通过了《网络餐饮服务食品安全监督管理办法》，自 2018 年 1 月 1 日起施行。2018 年 8 月 31 日经中华人民共和国第十三届全国人民代表大会常务委员会第五次会议审议通过了《中华人民共和国电子商务法》，为保障电子商务各方主体的合法权益提供法律依据，自 2019 年 1 月 1 日起施行[34]。

《食品安全法》对跨境电商的相关规定被称为"史上最严"的法律。于 2015 年 10 月 1 日实施，明确将互联网销售食品销售纳入监管范围。跨境电商平台不得经营国家明令禁止经营的食品。跨境电商平台以备货入境模式向国内个人消费者销售食品的，应严格遵守《食品安全法》以及相关法律法规规定。《食品安全法》中规定："进口的食品、食品添加剂、食品相关产品应当符合我国食品安全国家标准"；"进口尚无食品安全国家标准的食品，应首先向国务院卫生行政部门提交所执行的相关国家（地区）标准或者国际标准进行审核"；"向我国境内出口食品的境外出口商或者代理商、进口食品的进口商应当向国家出入境检验检疫部门备案，境外食品生产企业应当经国家出入境检验检疫部门注册"；"进口的预包装食品、食品添加剂应当有中文标签；依法应当有说明书的，还应当有中文说明书"；"首次进口的保健食品应当经国务院食品药品监督管理部门注册或备案"。2013 年 6 月 16 日，《国务院办公厅关于转发食品药品监管总局等部门关于进一步加强婴幼儿配方乳粉质量安全工作意见的通知》中明确规定了，进口婴幼儿配方乳粉的中文标签须在境外直接印制在最小销售包装单位上，不得在我国境内加贴，对无中文标签标识婴幼儿配方乳粉的产品，一律作退货或销毁处理。2015 年 10 月，国家质检总局发布《网购保税模式跨境电子商务进口食品安全监督管理细则（征求意见稿）》，向社会公众征求意见。网购保税进口的协同治理细则依据的上位法是新《食品安全法》，并且只调整网购保税进口，食品通过邮件或国际快递方式进境的不在本细则规定范围内。对于直邮进口排除在本细则之外，一种理解是这是消费者个人自用行为，风险自担。细则第二条第二款对网购保税进口做了定义：无论进境时是否生成消费者订单，货物以跨境电子商务形式申报进口，入境时未按消费者订单形成独立包装，货物整批运至特殊监管区集中存放，跨境电商经营者按消费者订单形成独立包装后发往国内消费者的跨境电子商务进口模式。这个定义传递了一个关键信息就是：通过网购保税电子商务进境的食品按进口对待，即网购保税跨境电商食品属于进口食品。所以困扰了业态很久的跨境电商食品定性问题，至少得到部分解答。也就是说，网购保税电子商务进境的食品，比照《食品安全法》的进口食品定性监管。细则中将《食品安全法》中对进口食品监管的机制架构，嫁接到网购保税电商食品。《食品安全法》对进口食品的监管机制总结为"无标三新"四类食品（这里用的是食品大概念：包括食品、食品添加剂和食品相关产品）特别监管。以下两种情形的入境四类食品基于风险控制的需要，设置了特别的卫健委前置审查审批程序：进口"无标"产品，指尚无食品安全国家标准的食品；进口"三新"产品：利用新的食品原料生产的食品（如芦荟）、食品添加剂新品种、食品相关产品新品种。以前，无论是集货还是保税模式的跨境电商与传统一般贸易相比，都规避了现行法律法规赋予的食药部门、卫健委、检验检疫等监管部门对于进口食品、化妆品的各项前置审查审批，检验检疫和监管要求。所以本细则的到来，也昭示着网购保税进口食品进入政府治理的升级阶段。细则对《食品安全法》涉及"无标三新"四类食品的治理做了品类限缩，食品添加剂新品种及食品相关产品新品种都没有在本细则中出现，这可能与目前跨境食品较少涉及这两种产品有关。虽然"无标三新"只留下了两类，细则又加上了保健食品及转基因食品，所以加起来还是四类。总之，细则将规定保健食品及转基因食品加上"无标三新"前两类，共四类产品需要"通过相关部门的注册、备案和安全性评估"。这些相关部门的注册、备案和安全性评估相当于质检总局除外的其他部门的前置审查审批，所以，作为质检总局的细则在这个问题上也只能做"链接"的规定，而无法展开做更细的规定。这就使得这个问题还存在政府协同治理。从企业运营角度上考量，这四类产品前置审查审批有时间成本，而电商最大的商业亮点就是便捷快速。所以这是一对矛盾体，如何破解，既考验政府协同的效率，更考验企业智慧。比如，企业在具体运作过程中，如何能够既走捷径又不触法也需要企业自身做战略战术上的研究。引入电子中文标签，进口食品中文标签问题一直都困扰着进口食品业态。线下购买的进口食品治理已经相对成熟，目前问题集中区域是跨境电商食品的中文标签问题。细则提到，除食用、保存有特殊要求或含有过敏原的食品需随附纸质中文标签和中文说明书，经营企业可采用电子标签或者纸质标签，两种方式应当供消费者在填写订单时选择。考虑到婴幼儿配方乳粉特殊性，网购保税进口此类产品做了特殊化处理，必须随附中文标签，且中文标签须在入境前直接印制在最小销售包装上，不得在境内加贴。欧盟食品电商是电子标签和纸质标签都要有，我们有选择性地进行二选一，还是符合中国电商的实际情况的。这个既符合业态创新的需要，又达到了《食品安全法》的要求[35,36]。

　　目前跨境电商食品的监管模式主要是平台资格认证和消费者反馈。相比传统线下农产品监管模式少了产地批发市场和销售终端的监管，监管环节比较少。而且对于跨境电商零售食品，由于电商相关法律法规规定按照个人物品管理，其监管存在很大漏洞。农产品天然具有季节性、鲜活性等特征，加上农产品电商准入条例不规范、农产品供应商户入驻要求低、电子商务销售保障不健全等原因，许多电子商务平台销售的农产品缺乏质量保障。农产品电商监管体系不健全、监管制度不完善等原因进一步加深了消费者对跨境电商农产品质量安全的担忧[37]。

3. 国际跨境电商法律法规现状

　　2019 年，全球电子商务持续快速发展，而各国发展水平不尽相同。近年来，东南亚电子商务保持快速发展的态势，已经成为推动全球电子商务发展的重要力量。东亚电子商务发展比较早，有比较完善的电子商务基础环境，东南亚是近年来新兴的电子商务市场，发展速度持续提升。中国、印度、韩国是亚洲电子商务交易额增速排名前三的国家，日本是东亚第二大电子商务市场。欧洲电子商务发展较早，是全球电子商务体系发展最为完备的地区之一。自 2017 年首次出现两位数增长以来，一直保持高速增长态势。欧洲电子商务发展的重心在西欧，其网络零售额约占欧洲的 66，2019 年，西欧网络零售交易额同比增长了 10.2%[32,38]。

国际不同国家或地区在电商发展过程中也出台了相关的法律法规。

1）美国

美国是世界上最早发展电子商务的国家之一，同时也是全球电子商务发展最为成熟的国家。美国在电子商务方面制定了《统一商法典》《统一计算机信息交易法》和《电子签名法》等多部法律。其中，《统一计算机信息交易法》属于模范法的性质，本身并没有直接的法律效力，但在合同法律适用方面，比如格式合同法律适用等，融合了自治原则和最密切联系原则，可以最大限度地保护电子合同相关人的合法权益。美国在电商的个税问题上一直坚持中性的原则、税收公平，给予电商一定的自由发展空间。2013 年 5 月 6 日，美国通过了关于征收电商销售税的法案——《市场公平法案》，此法案以解决不同州之间在电子商务税收领域划分税收管辖权的问题为立足点，对各州的网络零售商征收销售税，以电商作为介质进行代收代缴，最后归集于州政府。美国，目前沿用对无形商品网络交易免征关税的制度，在税负上给予电商更多的发展空间。而对入境美国的包裹关税起征点为 200 美元，其综合关税由关税和清关杂税构成。

总之，美国在电子商务方面的法律法规有《统一商法典》《统一计算机信息交易法》《电子资金划拨法》《金融服务现代化法》《统一货币服务法案》《统一电子交易法》《电子签名法》等；在跨境电子商务方面的法律法规有《全球电子商务政策框架》《互联网商务标准》《网上电子支付安全标准》；在物流行业方面的法律法规有《协议费率法》《汽车承运人现代化法案》《斯泰格斯铁路法》《机场航空通道改善法》《卡车运输行业改革法》等；在信息安全方面的法律法规有《互联网个人隐私法案》《国家网络空间可信身份国家战略》，并同欧盟签订了《隐私权保护安全港协议》；税收相关的法律法规有《互联网免税法案》《市场公平法案》《全球化电子商务的几个税收政策问题》等[38]。

2）欧盟

欧盟政策主张对电子商务减少限制。欧盟在电子商务领域的发展一直处于世界领先水平。在电子商务税收上，欧盟委员会在 1997 年颁布了《欧洲电子商务动议》。1997 年有 20 多个国家在欧洲电信部长级会议上通过了《伯恩部长级会议宣言》。该宣言主要内容，官方应当尽量减少不必要的限制，帮助私营企业自主发展并促进互联网的商业竞争，扩大互联网的商业应用。1998 年，欧盟委员会开始对电子商务征收增值税。1999 年，欧盟委员会公布网上交易的税收准则。2000 年 6 月，欧盟委员会通过法案，规定对通过互联网提供软件、录像、音乐等数字产品的，是提供服务不是销售商品，和服务行业一样征收增值税。在增值税的管辖权方面，欧盟对提供数字化服务实行在消费地征增值税的办法，也就由作为消费者的企业在其所在国登记、申报并缴纳增值税。只有在消费者与供应商处于同一税收管辖权下时，才对供应商征收增值税。有效防止企业在不征增值税的国家和地区设立机构以避免缴税。因个人无须进行增值税登记而无法实行消费地征收增值税，因而只能要求供应商进行登记和缴纳。为此，欧盟要求所有非欧盟国家数字化商品的供应商至少要在一个欧盟国家进行增值税登记，并就其提供给欧盟成员国消费者的服务缴纳增值税。例如，其从 2003 年 7 月 1 日起施行的电子商务增值税新指令将电商纳入增值税征收范畴，包括网站提供、网站代管、软件下载更新以及其他内容的服务。德国对来自欧盟和非欧盟国家的入境邮包、快件执行不同的征税标准。除了药品、武器弹药等限制入境外，对欧盟内部大部分包裹进入德国境内免除进口关税。对来自欧盟以外国家的跨境电商商品，价值在 22 欧元以下的，免征进口增值税；价值在 22 欧元及以上的，一律征收 19% 的进口增值税。商品价值在 150 欧元以下的，免征关税；商品价值在 150 欧元以上的，按照商品在海关关税目录中的税率征收关税。德国网上所购物品的价格已含增值税，一般商品的普通增值税为 19%，但图书的增值税仅为 7%。2002 年 8 月，英国《电子商务法》正式生效，明确规定所有在线销售商品都需缴纳增值税，税率分为 3 等，标准税率（17.5%）、优惠税率（5%）和零税率（0%），根据所售商品种类和销售地不同实行不同税率标准。

　　总之，欧盟在电子商务方面的法律法规有：电子商务基本法律框架《欧洲电子商务行动方案》，后续颁布了《电子商务指令》；英国基于欧盟《电子商务指令》颁发了《电子商务条例》，还有《消费者保护（远程销售）章程》等。德国根据欧盟《电子商务指令》修订了新《民法典》，还有《电信媒体法》《电子商务交易统一法案》等；在跨境电子商务跨境支付与金融监管方面，欧盟实施了《第一银行指令》《第二银行指令》《关于电子货币机构业务开办、经营与审慎监管的指令》《远程销售条例》等；在跨境物流方面，欧盟颁发了《欧洲电子商务发展统一包装配送市场绿皮书》《欧盟邮政指令》《欧盟消费者保护框架》《竞争法》《鹿特丹规则》；在信息安全方面，欧盟法规有《远程销售制定》《数据保护指令》；在知识产权方面，欧盟法规有《版权法》《数字单一市场版权指令》《内部市场中的在线内容服务跨境可携条例》《电视与广播节目转播及广播组织在线播送条例》《马拉喀什条约》《电子通信行业个人数据处理与个人隐私保护指令》《关于协调信息社会版权与相关权指令》。英国颁发了《数据保护法》《信息自由法》《隐私和电子通信条例》。德国颁发了《电信媒体法》《反不正当竞争法》等。税收方面，欧盟内部各成员国反对将跨境电子商务交易作为免税区。欧盟国家接受经合组织跨境电子商务税收若干原则。英国在《电子商务法》中规定，网络商店与实体商店都要征收增值税，网络销售商品实体店一样交纳税款。德国网络销售的商品价格则为含税价，也与实体经济执行统一标准[38]。

　　3）日本

　　1998 年，日本政府公布电子商务活动基本指导性文件：在税收方面强调公平、税收中性及税制简化原则，避免双重征税和逃税。日本执政党已确定 2015 年度税制改革大纲，从 2015 年 10 月起，通过互联网购自海外的电子书服务等将被征收消费税。消费税由消费者承担。

　　日本在 1968 年就颁布了以"维护消费者利益，确保国民消费生活水平"为目的的《消费者权益保护基本法》；通过制约经营者合法行为来保护消费者权益的法规有《电子签名及认证业务法》《电子消费者合同法》《特别商交易》《分期付款销售法》；进行口许可《他法令》等。《他法令》是国外商品进入日本的一道防线，是商品出口到日本的许可证，由进口企业在进口商品时向日本相关部门提出申请，相关部门审批许可后颁发证明文件。涉及经济、治安的物品，如医药、医疗、食物、食器等一些商品需要基于《他法令》的许可。日本的技术法律和标准制定非常细。电子品类法规中包含 11 大项，产品安全法规众多，单独一个产品有可能涉及多项法规，以家用按摩器为例，所涉及法规包含电气安全法、药事法、资源有效利用促进法三大方面[38]。

10.2　跨境电商食品存在的安全问题

由于互联网的广域性和虚拟性，互联网食品在交易过程中更加隐蔽，导致出现食品质量监督不到位、食品安全监管体系落后、网络市场规范化经营管理不细致的问题，同时部分网店食品经营者诚信缺失，道德素质参差不齐，行业自律性差，造成大部分不良商家和企业利用互联网的虚拟性隐匿在网络环境中，攫取利益最大化，不断危害食品安全市场，给原本严峻的食品安全问题提出了更高的挑战[37]。本节简述跨境电商食品存在的主要问题。

10.2.1　假冒伪劣等欺诈行为层出不穷

电子商务的经营模式决定了消费者和食品销售者无法面对面交易，消费者无法对食品的真实性进行鉴别，无论是品牌、厂家还是生产日期、保质期等信息，消费者都只能得到卖家的口头承诺，食品质量无法得到切实保障。另外就是欺诈、售假的情况下比较严重，网络食品经营者通常会利用消费者对商品信息的不了解，在网上发布虚假的食品介绍及宣传广告，有的经营者会销售假冒伪劣、"三无"、有瑕疵、质价不符的食品。

食品掺假造假的辨别难度大，非专业人士的消费者很难通过自身知识与生活阅历来辨别出食品的真假。且电商平台及政府主管部门面对千千万万的入网商家，资质审查难度较大，网店信息的真实性及经营资质核实存在一定困难。无证、套证、假证经营的现象还在个别平台的一定范围内存在。此外，网店没有实体产业及财产供执法执行，且缺乏后续追罚措施，一些不法商家被查处后换个名称、换个平台继续经营，违法所得利益远高于违法成本，造成部分不法商家甘愿冒险造假，以牟取暴利[39]。

据全国消协组织受理投诉情况统计发现，从 2012 年以来，全国消协组织受理消费者投诉案件数量不断增加，2017 年受理的投诉案件数目达到 726840 件，其中含有假冒、虚假宣传问题的产品从 2012 年受理的 18102 件增加到 2017 年受理的 49894 件。网络购物投诉案件从 2014 年的 18581 件增加到 2017 年的 29076 件，见图 10-4 至图 10-6。2018 年上半年中国消费者协会共受理消费者投诉案件 354588 件，其中远程购物 29543 件，相比较 2017 年上半年的 22804 件，同比增长 29.6%。

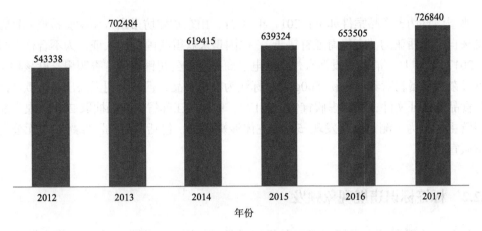

图 10-4　2012～2017 年中国消费者协会受理消费者投诉案件总数

图 10-5　2015～2017 年中国消费者协会受理消费者投诉案件数

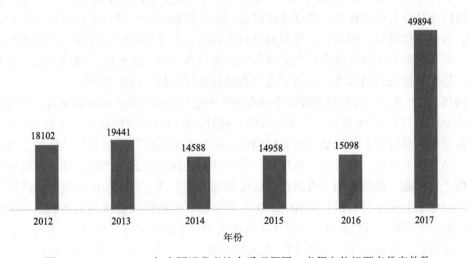

图 10-6　2012～2017 年中国消费者协会受理假冒、虚假宣传问题产品案件数

典型假冒伪劣产品案件如下：2017 年 3 月，山东省潍坊市出入境检验检疫局销毁了一批来自马来西亚的"有机奇亚籽饼干"，原因是未获得我国机构认证，为不合格有机食品。2017 年 8 月，消费者投诉常州烁众电子商务有限公司销售的"香盟黑芝麻核桃黑豆粉五谷杂粮营养代餐粉早餐粉 500g/罐"标注为有机食品，但该公司无法出具该款产品是有机食品的认证文件，涉嫌虚假宣传。2017 年 9 月，江苏省工商局抽取 200 个农产品网络经营主体作为检测对象，发现 57 个主体涉嫌违法，包括"有机""绿色""无公害"等虚假宣传。

10.2.2　标签标识违规现象频发

目前，关于食品中无标识或者是标识异常的情况，主要表现在一些零售散装食品与一些自制食品上。自制食品标签标识不规范的问题由来已久，线下超市自制食品的管理，既没有一个统一的管理规章，也没有一个管理部门统一负责，超市在质量等方面的控制标准也不尽相同，超市自制食品一般没有固定包装，同一种食品的重量也不相同，大多没有标注厂名厂址[40]。《食品安全法》规定"食品经营者销售散装食品，应当在散装食品的容器、外包装上标明食品的名称、生产日期、保质期、生产经营者名称及联系方式等内容"，对于标签上应该标明的事项，在第四十二条中也有具体规定。除此之外，我国也出台了《食品标识管理规定》，以对食品标签做了详细而具体的规定。但电商销售的自制食品也存在标签标识不规范的问题。有消费者网上购买农家自制糯米血肠，但是收到之后却发现已经发霉变质，并且包装、标签不符合规定，生产地址、厂家、联系电话均没有[41]。

除了自制食品存在标签标识不规范的问题外，在现今海外网购的盛行下，部分的进口产品没有标签的或者是大部分没有合格的中文标识是跨境电商食品存在的另一大问题。根据《中华人民共和国产品质量法》第 27 条和《中华人民共和国食品安全法》第 66 条的规定，进口商品应有中文标签，特别是进口食品必须粘贴经检验检疫机构审核备案的中文标签，否则不得进口。因此，一般贸易进口的商品都必须加贴中文标签，否则不得进口销售。但是，部分网络代购跨境食品以行邮的进境方式进入保税区，贸易方式为个人物品的，是无须提供食品标签，规避了进口食品标签标识的管理规定[42]。

2018 年 3 月，宁波鄞州检验检疫局查处首例违规使用有机产品标志案件。产地为日本的 9600 袋"黄金大地素面"在义乌口岸入境时，进口商对原包装上的日文"有机"做了覆盖处理，而包装上的 JAS 有机认证标志和"ORGANIC"字样被继续保留，之后直接将产品在线上销售。经核实，该批产品并未获得任何中国有机产品认证，涉嫌违规使用有机产品标志。根据我国《有机产品认证管理办法》规定，未获得有机产品认证，不得在产品标签上标注"有机""ORGANIC"等字样及可能误导公众的文字表述和图案。而新京报记者发现，有机认证标识甚至可在电商平台上随意定做。2018 年 5 月 12 日，新京报记者以"有机/绿色食品标识"为关键词在一家电商平台检索，发现 3 家制作有机标识的店铺。一卖家称，有机标识制作根据尺寸和数量定价，如 500 张直径 30 mm 有机标签（包邮包覆亮膜）价格为 200 元，平均一张仅 4 毛钱，且不需要提供任何有机认证资料，保证"不会被工商局查"。在该卖家提供给记者的样品上，明显印有"中国有机产品"和"ORGANIC"字样[43]。

10.2.3　储运过程存在安全隐患

在传统的食品经营当中，食品运输常常发生在生产者与销售者之间，普遍都是运用整车大宗运输的模式实现。但是，随着现今食品电商的诞生以及快速发展，运输模式也发生了变化，拥有了更多的电商商家与消费者之间的小额运输，其主要模式是通过快递公司来完成运输工作。但是，大多数的快递企业在获得电商订单之后，并不会特意地对食品类货物使用另外隔离的方式进行储存，而是简单地与其他商品一起进行混装运输，食品的储存环境得不到有效保证，致使食品容易受到污染。

10.2.4　标准化、品牌化产品缺乏，质量难以保障

电商体系最早主要服务工业体系，农产品如果借助工业品电商的通道就应具备类似工业品的标准，需要实现农业标准化生产、商品化处理、品牌化销售、产业化经营。应对整个农业供应链进行重塑再造，这是一个系统工程，需要各产业链各环节统筹推进、各方参与、协调配合[44]。

农产品属于非标品，因其自身的生产特点和产品属性，不同产区出产的同类农产品品质本身就有差异，加上生产过程各产区不同，栽培和大田的管理水平、农户与农户之间都存在很大差异，这些都导致了不同生产主体的产品在生产过程中容易出现产品质量参差不齐的情况。加上缺乏统一的产品分选标准，从而导致在当前阶段我国农产品线上销售的时候，出现产品品质不一致的情况。而且在很多贫困地区，由于受地理环境的影响，农产品达不到规模化。加上地方农产品深加工能力的缺乏，影响农产品的商品化率，同时，对于品牌的培育与推广意识不足，很多传统企业的电商化处于起步阶段，导致农产品上行有诸多瓶颈[45, 46]。

10.2.5　监管及维权困难

相较于书籍、3C 等类型商品，食品品质敏感度高、时效性强、与消费者生命健康密切相关。然而，由于当下网络监管存在一定空白，如《网络购买商品七日无理由退货暂行办法》中鲜活易腐的商品不适用七日无理由退货规定。这使得部分电商为追求短期效益而忽视商品品质，侵害消费者权益，食品内杂有异物、过期变质、破损变形时有发生，食品网购"丑闻"频频爆发。由于网络销售的特点，卖家都分散在全国甚至世界各地，并且网络上的销售者相比实体店更难受到监管和处罚，一旦出现问题逃避法律的处罚也更加容易。食品电商除了存在监管困难外，当出现食品安全问题时，维权也存在诸多障碍。网络食品交易多是通过一些综合性的网络平台或者是手机客户端等手段实现交

易，交易具有虚拟性、隐蔽性、不确定性，并且网店大多数没有实体店，许多没有取得工商、食品等相关部门的许可，网上食品销售无法出具购物发票，一旦发生食品安全事故，消费者因为没有消费凭证很难得到赔偿。同时，网络交易多涉及异地维权，有的甚至涉及境外经营者，消费者所在地监管部门不具有管辖权，异地维权难度加大[47, 48]。

10.3　跨境电商食品存在安全问题原因剖析

10.3.1　跨境电商食品生态圈诚信体系不健全

跨境电商食品安全不仅影响着消费者的健康，也会对食品出口产生负面影响。因此，农产品质量安全问题成为提高市场竞争力的主要手段，也是确保贸易出口额提升的最为主要途径。目前，一些不法商贩受经济利益驱动，违反我国进出口食品安全管理相关政策法规，利用各种不正当手段，避开质检部门管理范围，利用非法途径，致使有些食品会出现微生物污染、以次充好、生物毒素超标、食品添加剂不合格等问题。跨境电商食品由于其交易的虚拟性，以及为满足消费者方便快捷的需求，各国对此新业态保持包容审慎监管的态度，致使跨境电商零售食品中的假冒伪劣产品相比传统的进出口贸易食品比例更高。造成此现象的根本原因是行业的诚信体系、良性自律体系不健全。亟待推进跨境电商食品生态圈的诚信体系建设[49]。

10.3.2　跨境电商食品追溯体系不健全，产品信息不透明不对称

我国农产品出口经营企业对自身情况及其农产品的情况比较了解，但对国外农产品及国外消费者的相关信息了解甚少；同时，国外农产品消费者对自身的需求、喜好等情况相对了解，但对我国农产品出口经营企业及其农产品的信息了解得甚少，形成了基于跨境电子商务的农产品跨国产销之间的信息不对称。相应的解决方法有两个方面：第一方面，我国可以通过逐步建立信用公共服务平台，促进信用信息公开与分享，减少食品跨境交易信息不对称、交易不透明等现象。第二方面，推进跨境电子商务交易主体的实名制认证和信用等级评级制度，对不合格产品和不诚信买卖方及时予以网络公示，对于恶意侵权、经营行为严重违法的跨境电商，可以联合各执法部门对跨境电子商务交易主体进行司法处理。

目前，各国及地区之间并未建立一个完善的跨境电子商务食品安全追溯体系，而且追溯信息内容不规范导致食品从产地到消费者的全过程信息包括进出口国别（地区）、生产商、产地、批次、品牌、进出口商、代理商、收货人、进出口记录、销售记录、检验检疫信息、海关报关信息、产品标签标识都不能统一明确。目前还没有国际化的追溯标准，就更无法追溯食品的原产地信息。现阶段的追溯体系，对追溯信息只能追溯到商品进入保税仓阶段，对于进口食品在国外生产流通情况几乎没有涉及。这样也导致大量的假冒伪劣产品和不法商贩存在[38]。

10.3.3 跨境电商食品质量标准体系、认证体系、监管体系不健全

不同产地、不同品种、不同季节的农产品品质有很大差异。目前，我国市场上农产品品质分等分级标准非常缺乏，特色农产品的特色标志物不明确，理化指标阈值缺乏，特征标识化和身份化基础工作非常薄弱。由于农产品快速无损检测技术缺乏，无法对农产品进行全面检测，导致跨境电商农产品的质量不稳定、质量统一，使得一些流入国际市场，不仅损害了生产者的利益，而且严重毁坏了中国食品的国际形象，不利于我国食品走向国际市场。此外，我国农产品标准体系与国际标准不统一，认证体系不能互认，也导致跨境电商食品的质量安全问题。迫切需要加强跨境电商食品标准体系、品牌认证体系建设，以及与国际标准的互认制度建设。此外，跨境电商食品的监管仍存在漏洞。一方面，跨境电商进出口食品的量非常大，检测监测中难免出现漏检；另一方面，跨境电商食品的 B2C 模式中，电商零售商品按照个人物品管理，未实行严格的进出口食品安全管理制度，目前此部分跨境电商食品的监管不是很明确，存在很大的风险，还需要进一步探讨研究解决方案。

10.3.4 冷链物流基础设施薄弱，冷链物流体系不健全，而且冷链食品包装也存在一定安全隐患

对于保障生鲜类食品质量而言，冷链物流是好的解决方法，相关数据显示，我国每年消费的易腐食品超过 10 亿吨，其中需要冷链运输的食品超过 50%，但目前综合冷链流通率仅占 19%，欧美的冷链流通率可以达到 95% 以上。因此，我国农产品的腐损率相对较高，据有关数据表明，果蔬等生鲜农产品在流通过程中损耗率高达 20%～30%。大多数的生鲜食品经过了反复的解冻和冷冻过程，品质上已经遭受了严重的损害。目前，我国冷库总量少、功能单一、技术落后，以及在冷库建设上存在结构不合理，发展不平衡的问题。冷库是食品全程冷链的不可少的基础设施，忽视了这冷库的建设就无法保证从原产地到消费者对农产品进行有效的温度控制，保障农产品质量[50]，见图 10-7。

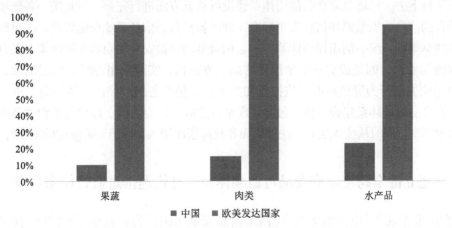

图 10-7 中国与欧美冷链情况对比

2015 年中国与欧美发达国家（地区）冷链流通率对比之外，冷链食品也存在一定的安全隐患，如一些致病菌、微生物在低温环境下将长期存在，一旦温度恢复将引起食品安全隐患。

随着"一带一路"建设的不断推进和跨境生鲜农产品电子商务的迅速发展，促使现代物流的内容更加丰富，也对冷链物流的发展提出了更新、更高的要求。跨境生鲜农产品电子商务与冷链物流的融合发展是未来经济发展的必然趋势和要求，二者是相辅相成、相互促进的。生鲜农产品的跨境物流要经历境内、境外的储存、运输、装卸等流程，为保持生鲜农产品的品质，减少不必要的损耗，必须做到全程冷链运输。因此，保障跨境生鲜农产品冷链运输质量控制，指导企业规范冷链运输各环节操作、提升管理水平和服务能力，达到保障生鲜农产品质量安全、促进跨境生鲜农产品电子商务健康发展的目的[52]。

10.4　跨境电商食品安全保障与监管措施建议

跨境电商食品是一种新模式、新业态，监管过度和监管不当都将会制约跨境电子商务主体的创造性和活力，传统监管形式也难以有效监管新的违法违规行为。需要坚持发展和规范并行的原则，既对新业态、新模式保持适度监管和鼓励发展，还要针对假冒伪劣、侵害消费者权益和健康等问题，明确跨境电商食品平台及农产品产业链各环节生产经营主体的责任，保障跨境电商食品健康、稳定、可持续发展。

10.4.1　建立健全跨境电商食品信用体系建设，营造诚信的营商环境

跨境电商食品目前有两种模式，一种是 B2B 模式，此模式按照一般货物管理，有规范的监管体系；另一种是 B2C 模式，通过零售个人物品购买进入，此种模式跨境电商监管存在很大漏洞，主要依靠食品生产、经营企业诚信保障食品安全。因此，诚信是跨境电商食品发展的关键性要素，如果行业良性自律，跨境零售食品安全才能得到保障，行业才能平稳健康运行下去。跨境电商食品信用体系建设可从五方面进行完善。一是统一各跨境电子商务平台的信息数据编码和信息采集标准，推进各平台的信息系统全面对接；二是设立信用信息共享规则，统一信用评价体系；三是积极推动数据安全和隐私保护政策，尤其是国际数据流动安全；四是成立一个全国性的第三方机构，实现信用评级、信用记录、风险预警和违法失信行为等信息的在线披露和共享；五是以各国产品认证体系为基础，推动跨境电商食品标准体系建设合作。最终实现平台之间、政府之间、政府与平台之间的信息有序合规共享，同时从技术层面、法律层面和政策层面切入，保障数据流动的安全性[53]。

10.4.2　建立健全跨境电商食品可追溯体系，并快速推进监管体系建设

《食品安全法》《电子商务法》《网络食品安全违法行为查处办法》《网络餐饮服务

食品安全监督管理办法》已经对第三方平台主自建的网站，以及进入平台销售商品或者提供服务的生产经营者的基本信息备案、食品追溯、台账记录等均有明确规定。监管部门应严格执法，按照法律法规和管理办法中的要求，严格检查平台每个环节实名登记和备案情况，线上线下监管结合，监督和推进企业、平台利用电商食品得天独厚的网络信息资源、人工智能、大数据、区块链技术等构建"来源可追溯、去向可查证、风险可控制、责任可追究"的全流程追溯体系，创建"以网管网"的监管体系。而且，跨境电商食品追溯体系建立可以促进其诚信体系建立和完善，二者相辅相成[54, 55]。

10.4.3　加强跨境电商食品标准体系建立及标准互认制度

标准化以及品牌化程度低是制约跨境电商食品发展的重要因素之一。加快建立农产品分等分级标准，加快推进农产品品质数字化建设，建立健全快速、无损的农产品品质检验检测技术体系；推进"三品一标"农产品品牌认证体系及防伪保真检测技术体系，提升农产品品牌效应；推进不同国家农产品标准体系、认证体系的互认制度建设。

10.4.4　加强冷链物流体系建设

结合国际物流特点及现状，建立适合食品的物流体系。第一是积极支持中国现有物流企业进一步拓展国际物流服务，加大业务力度，支持其做大做强；第二是形成规模效益，信息化水平高，管理科学，服务水平高的大型物流企业；第三是努力建设更多的海外存储基地，特别是在主要外贸国家，开发更多的第三方存储设施；第四是建立农产品储运基础设施。果蔬类农产品需要保鲜，而且不宜长期保存是制约农产品贸易发展的主要问题。在"一带一路"倡议下，由跨境企业牵头建立跨境农产品仓储基地，提供冷链服务、配送服务。为农产品保鲜提供配套设施，这样可以降低储运带来的农产品质量风险，提高经济效益[56]。

10.4.5　加强跨境电商人才培养

必须大力培养农业领域优秀人才，提高农业服务人员的基础知识和专业技能，提高服务人员的综合素质，培养科研与应用相结合的新型人才，这样才有助于我国农业技术的发展。以人才培养为契机，实现与跨境电商合作[57]。

相关调查显示，大多数企业希望参与高校人才培养过程来直接培养具有竞争优势的行业核心人才，以在行业竞争中占据领先地位。应创新机制深化校企合作，通过校企合作共同创建课程体系，并邀请跨境电商企业中的高层作为客座教授到校讲授课程，使课程的实用性更强，引导学生了解行业需求关注行业最新动态，掌握最前沿的专业知识。

高校也可以外派专业教师深入跨境电商企业实践锻炼，锻炼双师型教师队伍，提高实操技能和专业教学能力，以有效培养跨境电商优秀人才。但是，截至目前我国的高校还未完全建立起系统有效的跨境电商人才培养模式，培养出来的跨境电商人才总体质量参差不齐，无法满足市场对跨境电商人才的巨大需求，造成产业供需错位，需要制定相应的对策改变我国跨境电商人才不足的现状[58]。

参 考 文 献

[1] 产业信息网. 2019 年中国网络购物市场交易规模分析及网络购物用户规模分析[EB/OL]. (2019-12-13)[2022-04-12]. http://www.chyxx.com/industry/201912/817507.html.

[2] 亿邦动力网. 2018 年中国农产品电商发展报告[EB/OL]. (2018-03-20)[2022-04-12]. http://www.ebrun.com.

[3] 雨果网. 海关总署: 2018 跨境电商零售总额达 1347 亿元, 2019 进口将迈出更大步伐[EB/OL]. (2019-01-14)[2022-04-12]. https://www.cifnews.com/article/40660.

[4] 中华人民共和国海关总署. 海关总署 2019 年全年进出口情况新闻发布会[EB/OL]. (2020-01-14)[2022-04-12]. http://fangtan.customs.gov.cn/tabid/970/Default.aspx.

[5] 李梦云. 国务院召开新闻发布会: 2019 年我国对外贸易总体平稳且稳中提质[N]. 中国产经新闻, 2020-01-16(006).

[6] 刘凌, 姜忠杰, 王洁, 等. "一带一路"战略下我国食品工业发展的机遇与挑战[J]. 食品与发酵工业, 2017, 43(2): 1-4.

[7] 中华人民共和国商务部. 沙特加强食品安全管控[EB/OL]. (2020-01-14)[2022-04-12]. http://sa.mofcom.gov.cn/article/ddfg/202002/20200202939473.shtml.

[8] 前瞻产业研究院. 2019 年中国进口食品行业市场现状及发展趋势分析: 电商平台逐渐占据市场主导地位[EB/OL]. (2019-06-12)[2022-04-12]. Https://bg.qianzhan.com/report/detail/459/190612-73089165.html.

[9] 丁晓利. 海关持续发力助中国外贸逆风前行[N]. 中国国门时报, 2020-01-15(001).

[10] 曲晓丽. 进口食品: "吃"成消费新动能[N]. 国际商报, 2019-11-11(008).

[11] 中国进口食品零售额首次突破一万亿元人民币[N]. 经济日报, 2019-11-12. https://baijiahao.baidu.com/s?id=1649553266748553188&wfr=spider&for=pc.

[12] 施薇. 我国农产品跨境电商贸易碎片化形态及其发展进路研究[J]. 农业经济, 2019, 4: 122-124.

[13] 周道. 基于跨境电商的农产品贸易发展路径研究[J]. 新农业, 2020, (19): 82-83.

[14] 杜海涛. 民企首次成外贸第一大主体[N]. 人民日报, 2020-01-15(002).

[15] 俄罗斯电商零售发展情况[EB/OL]. 国家邮政局发展研究, 2018. http://baijiahao.baidu.com/s?id=1603032880120695063&wfr=spider&for=pc.

[16] 张俊宁. 中非跨境电商合作潜力分析[D]. 北京: 外交学院, 2018.

[17] 侯彦明, 刘丽梅. 中俄农业全产业链跨境电商发展及其平台合作模式[J]. 物流技术, 2020, 39(10): 27-30.

[18] 吴佳艳. 日本电子商务市场发展现状、特点与启示[R]. 电子商务, 2018, 90-91.

[19] 允博. 日本对中国的跨境电商出口[R]. 义乌国际电商大会, 2019.

[20] 黄会丹. RCEP 背景下中日农产品贸易现状与潜力分析[J]. 河南工业大学学报, 2019, 3: 9-15.

[21] 费利克-纳塔科. 非洲——巨大财富与机遇的大陆[R]. 义乌国际电商大会, 2019.

[22] 李权. 中非贸易便利化与跨境电商合作新机遇[N]. 第一财经日报, 2018-09-10(A11).

[23] 田祎曼. 中国跨境电商为非洲提供新机遇[N]. 国际商报, 2018-10-08(012).

[24] 艾媒网. 2020Q1 中国跨境电商发展环境、行业热点及疫情影响分析[EB/OL]. (2020-05-20)[2022-04-

12]. https://www.iimedia.cn/c1020/71555.html.

[25] 刘卜菲, 杨宏玲. 新冠疫情下我国跨境电商发展面临的机遇与挑战[J]. 中国商论, 2020, (16): 34-35.

[26] 吕红星, 张丽敏. 疫情对跨境电商影响几何[N]. 中国经济时报, 2020-02-07(001).

[27] 网经社. 疫情对跨境电商带来的影响及应对措施 [EB/OL]. (2020-02-06)[2022-04-12]. https://www.sohu.com/a/370998665_120491808.

[28] 周勃. 中国跨境电商政策的影响效应研究[D]. 北京: 对外经济贸易大学, 2020.

[29] 冯晓鹏. 跨境电子商务的法律与政策研究[D]. 长春: 吉林大学, 2019.

[30] 中华人民共和国电子商务法[N]. 人民日报, 2018-10-24(020).

[31] 市场监管总局. 加强网购和进出口领域知识产权执法实施办法[EB/OL]. (2019-04-19). [2022-04-12]. http://gkml.samr.gov.cn/nsjg/xwxcs/201904/t20190424_293108.html.

[32] 商务部电子商务和信息化司. 中国电子商务报告[R]. 2019.

[33] 张夏恒. 跨境电子商务法律借鉴与风险防范研究[J]. 当代经济管理, 2017, 3: 29-34.

[34] 谢秋慧, 卫碧文, 张琳, 等. 跨境电子商务贸易便利化政策综述[J]. 现代商业, 2016(14): 21-23.

[35] 跨境食品安全相关法律解读[J]. 中国防伪报道, 2017(9): 54-55.

[36] 简立立. 电子商务税收征管法律问题研究[D]. 哈尔滨: 哈尔滨工程大学, 2006.

[37] 肖平辉. 跨境电商进口食品安全监管新规: 平台企业要保证所售食品安全[J]. 质量探索, 2015, 12(11): 4-5.

[38] 何叶. 国内外跨境电商运营模式和法律法规[J]. 通信企业管理, 2015(11): 14-17.

[39] 新浪网. 网络食品安全监管问题探究[EB/OL]. (2012-01-13) [2019-02-24].

[40] 国务院食安办. 关于公布食品中可能违法添加的非食用物质和易滥用的食品添加剂名单(第六批)的公告[EB/OL]. (2011-06-01) [2019-02-24].

[41] 国家市场监督管理总局. 《食品标识管理规定》[EB/OL]. (2007-08-27)[2022-04-12]. http://www.gov.cn/ziliao/flfg/2007-10/18/content_779137.htm.

[42] 何雅洁. 网络自制食品的法律规制研究[J]. 电子商务, 2015(8): 39-40.

[43] 新京报. 有机食品揭底: 虚假标注+认证违规[EB/OL]. (2018-05-17) [2019-02-24]. http://www.foodmate.net/zhiliang/youji/166349.html.

[44] 齐鲁晚报. 占全国近四分之一山东农产品出口总值连续十九年领跑全国[EB/OL]. (2018-06-28) [2019-02-24]. http://www.qlwb.com.cn/2018/0628/1296826.shtml.

[45] 王继祥. 中国电商物流绿色包装发展报告 [EB/OL]. (2017-05-09) [2019-02-24]. http://www.sohu.com/a/139390143_757817.

[46] 山东省电子商务促进会. 中国农村电商上行发展现状及趋势研究报告[EB/OL]. (2018-06-21) [2019-02-24]. https://baijiahao.baidu.com/s?id=1603895184991136054&wfr=spider&for=pc.

[47] 第一财经日报. 农产品电商究竟存在哪些问题? [EB/OL]. (2016-04-14) [2019-02-24]. http://www.ebrun.com/20160414/172298.shtml.

[48] 浙江新闻. 宁波查处有机食品违规使用有机产品认证标志案件[EB/OL]. (2018-03-29) [2019-02-24]. http://nb.sina.com.cn/news/2018-03-29/detail-ifysqfni1487780.shtml.

[49] 吴俊红. "一带一路"背景下我国农产品跨境电商发展的问题与对策[J]. 农业经济, 2017, 7: 115-116.

[50] 中国产业信息网. 2016 年中国冷链物流市场现状分析及发展趋势预测[EB/OL]. (2016-09-09) [2019-02-24]. http://www.chyxx.com/research/201609/447143.html.

[51] 西安报业. 方欣市场厄瓜多尔白虾外包装部分样本新冠病毒检测为阳性. 西安新闻网[N]. 2020. http://www.xiancn.com/content/2020-08/13/content_3618696.htm.

[52] 李振良. 跨境生鲜农产品冷链运输质量控制要求[J]. 标准科学, 2019, (1): 137-140+148.

[53] 李峥. 我国跨境电商发展趋势及建议[R]. 产经扫描—中国国情国力, 2019, 6: 018.

[54] 任璐璐. 我国跨境电商食品诉讼案件实证研究[D]. 合肥: 安徽大学, 2019.

[55] 应伟锋, 焦士凌. 跨境电子商务进口食品追溯体系的完善[J]. 法制与社会, 2017(16): 95-96.

[56] 李菁. "一带一路" 规划下我国对俄农产品出口情况研究[J]. 贸易投资, 2018. 31: 84-85.

[57] 黄金章. "一带一路" 背景下跨境电商人才培养的途径思考[J]. 计算机产品与流通, 2019, (6): 101.

[58] 付传明, 何倩. "互联网+" 时代高校跨境电商人才培养的现状及对策研究[J]. 现代商贸工业, 2020, 41(33): 44-45.

第11章 进出口食品安全质量基础设施战略研究

由于全球化的发展，食品贸易全球化快速增长，摆在世界各国面前的一个共同难题是如何解决好食品安全质量问题。要解决这个问题，首先需要生产、供应食品的机构能够证明其有控制影响食品安全质量因素的能力。在食品生产者、销售者、消费者的期盼中，食品相关机构越发意识到加强食品安全质量基础设施来保障食品安全和质量，提高食品生产效率，降低食品交易成本，促进食品产业化发展。

食品安全质量基础设施是质量基础设施在食品领域的应用，其基本要素与质量基础设施相同，但更强调与食品安全相关的计量、标准、认可、合格评定、质量监督等要素，除此之外，食品安全质量基础设施的质量政策、管理体制及运行与各个国家的管理有关。食品安全质量基础设施是一个国家的管理水平和科技水平的体现，与经济发展水平紧密联系。

对于食品是否符合市场标准和要求，食品安全质量基础设施发挥关键基础作用。食品安全质量基础设施能确保食品产品和服务符合客户、消费者、制造商或管理机构的各项要求，提高市场监管能力，促进世界各国食品市场的贸易。从"农田到餐桌"的所有生产、贸易链条中都可以应用到食品安全质量基础设施。在食品生产过程中，从测量入手，对食品产品和服务进行认证，从而保证食品质量。而食品质量得到了保证，也就意味着同时达到了生产商的规范以及消费者（市场）的要求。这种认证包括了食品生产链的各个环节，必须遵守强制要求（如各种食品安全规范）或客户的附加要求（如生物标准），才能保障食品进入市场符合要求。同时，还需要独立的第三方来进行认可，而这一认可程序就确保了认证的可靠性，进而确保了食品质量。只有当建立起的食品安全质量基础设施是成熟的并能提供各项所需服务时，才能将其视为合格的质量基础设施，才能发挥其重要作用。只有各国或地区的食品安全质量基础设施对食品质量给出一致的结论结果，实现"一个标准、一个校准、一次检测、全球承认"，才能保证食品安全和食品质量的一致性。因而，需要食品贸易国之间食品安全质量基础设施协调一致，在一定程度上实现食品质量的国际共治。

食品安全质量基础设施在食品的进出口贸易中发挥着不可或缺的作用。根据海关总署统计，2019 年，我国进口食品 14513 万吨，贸易额达 6300.4 亿元，同比增长3.19%和19.74%。在过去五年间，进口食品贸易的年均增长率为5.7%。我国进口食品的国家（地区）达 178 个，进口肉类及制品、水产和制品、乳品、植物油等食品已成为国内市场重要的供应来源，进口食品已经非常大量且多种类地出现在我们的日常生活中，可谓吃遍"五大洲"，进口食品贸易环境不断完善，中国农产品进口平均关税从20 年前的23.2%下降到目前的15.2%。

我国食品安全质量基础设施也在不断完善中，进口食品供应商的质量意识不断加强。2021 年，海关总署发布第 249 号令，公布了《中华人民共和国进出口食品安全管理办法》，标志着进口食品高端化、优质化的市场地位得到进一步巩固。对于出口产品，中国出口食品主要有水果类、蔬菜类和加工食品，出口食品生产企业应当保证其出口食品符合进口国家（地区）的标准或者合同要求；中国缔结或者参加的国际条约、协定有特殊要求的，还应当符合国际条约、协定的要求。食品安全质量基础设施给予食品进出口强有力的支撑。但我国的食品安全质量基础设施中的计量、标准、合格评定等要素还存在提升的空间，某些方面还处在劣势地位。

由于涉及食品安全的问题复杂，从"农田到餐桌"的食品链条中环节多、互相依赖，一旦某个环节出现了问题，食品安全就不能得到保障。世界各国高度注重自身的食品安全质量问题，关注如何对贯穿整个食品链条进行分析，抓住影响食品安全质量的关键环节，来保障食品安全质量、降低交易成本、保证食品进出口贸易顺利进行。"到2030 年消除饥饿，确保所有人特别是穷人和弱势群体，全年都享有安全、营养丰富且数量充足的食物"是联合国可持续性发展目标。可见，食品安全保障不仅是某个国家或区域的"家务事"，而是各国都要解决的问题，每个国家都不能独善其身。鉴于食品安全质量基础设施对进出口贸易的不可或缺的重要作用，美欧日发达国家及地区建有较为完善的基础设施来保证食品安全质量，且其食品安全质量基础设施体系已经产生较大影响，强力支撑这些发达国家及地区的食品进出口贸易、保障食品安全。发展中国家的食品安全质量基础设施与发达国家（地区）相比存在一定差距。随着食品贸易不断增大、食品新技术的应用与发展，推动食品安全质量基础设施国际共治对于保障全球食品安全、贸易公平具有重要的意义。

目前，我国与"一带一路"共建国家在进出口食品贸易中存在着对相关国家质量政策认识不足，食品安全的质量基础设施（计量、标准、认可、合格评定等）技术要素协调性不好、不能规范食品质量管理和食品企业生产过程等问题，对国外的食品安全质量基础设施及政府管理实施现状了解不足，导致收到国外正式批评或海关与用户投诉与退货的事件经常发生，不仅影响我国食品企业进出口交易的开展，甚至影响政府的公信力和形象。

2014 年首届中国质量大会上，国家总理李克强发表重要讲话时强调政府要加强质量基础设施建设。2017 年 5 月 14 日召开的"一带一路"国际合作高峰论坛开幕式上，国家主席习近平指出"要促进政策、规则、标准三位一体的联通，为互联互通提供机制保障"，同时在 9 月 15 日中国质量（上海）大会上再次强调，推动质量基础设施互联互通，通过提高质量不断促进经济发展、民生改善，为各国人民实现对美好生活的向往作出贡献。

当下，中国经济面临巨大压力，中美贸易摩擦等事件时有发生。目前进出口食品结构特征将发生变化，农业规模化、产业化程度不断提升，越来越多的大型农业企业将会"走出去"。因而，如何稳定中国经济增长已成为市场关注的问题，如何以科技革命和产业变革为目标，加快建设高质量的食品安全质量基础设施、与"一带一路"共建国家开展食品安全质量基础设施合作与贸易往来，提高我国人民生活质量和"一带一路"

共建国家食品质量是本研究的主要任务。

　　本章从中国进出口食品安全质量基础设施建设的必要性出发，聚焦于研究进出口食品安全的全球质量基础设施的战略问题，分析当前国际共同治理方面存在的主要问题，提出全球共治环境下的计量、标准化、认可、合格评定和市场监督框架为主要内容的质量基础设施建设的路径、方法，特别是各要素之间的有机融合。从食品安全质量基础设施国际共同治理角度找到行之有效的应对策略，对于我国进出口食品安全问题的保障以及国家食品安全治理体系的完善和国家食品安全治理能力现代化均具有重要的理论价值与实践意义。

11.1　全球食品安全质量政策研究

11.1.1　进出口食品安全质量政策

　　质量政策是在国家或地区层面采用的用于发展和维持有效和高效质量基础设施的政策。质量政策与其他国家政策（例如发展政策、贸易政策、工业和出口政策、环境政策、消费者保护政策、科学、研究和创新政策及投资政策）结合起来，为国家或地区具体需求提供专门的解决方案。培育和支持质量意识文化的意义在于，有利于促进贸易，解决国家贸易、人类健康和安全需求，并且是任何质量倡议的重要组成部分。因此，质量政策是一种在国家层面日益被采纳的方法，质量政策体系的完善，可进一步发展、巩固、完善和相应地维持有效和高效的国家或地区质量基础设施体系。

　　食品安全质量政策则是针对国家食品安全质量基础设施体系的发展、完善在国家层面采用的政策。

　　世界贸易组织（WTO）、世界卫生组织（WHO）、联合国粮食及农业组织（FAO）、联合国环境规划署（UNEP）、国际标准化组织（ISO）以及国际质量基础设施网络（INetQI）（前身是发展中国家计量、认可和标准化网络）等主要负责食品安全的相关政策与研究对食品安全进行顶层设计、制定规则。各国政府要应对和保护本国企业面临的问题、提升竞争力，就要证明其产品和服务符合法规、技术和其他要求，比如是否符合 TBT（《非关税技术贸易壁垒协议》）和 SPS（《卫生与植物检疫措施协议》）的要求，这就可能出现利益冲突、效率低下、重复劳动和成本。

　　质量基础设施（quality infrastructure，QI）系统指包含各组织（私营组织和公共组织）、相关法律、法规架构以及支持和改善商品、服务和工艺的质量、安全和环境健康所需的实践体系。QI 在国内市场是必需的，能决定其是否可以进行有效运作，而其国际认可是进入国外市场的关键。国家质量基础设施这一概念最早是由德国联邦物理技术研究院（PTB）在 2002 年首次提出，2005 年，联合国贸易和发展会议（UNCTAD）与 WTO 发布这一概念，提出国家质量基础设施由标准、计量、认可、检测、认证组成，并包括质量管理，在 PTB 2007 年出版物中出版，国内已翻译出版[1]。国家质量基础设施是一个综合体，包括技术、组织、管理等职能，不仅能提供多样化的技术支撑，还展示了组织的服务和管理水平。制造商、监管者对于产品及服务的技术要求以及顾客的真实需求由国家质量基础设施去保障。与交通、水利、通信、教育、文化、医疗卫生等基础设施一样，国家质量基础设施是经济和社会发展的地基。质量基础设施具有社会性、技术性、国际性、系统性。有关质量政策、质量基础设施的研究，在国际上是热点话题，联合国工业发展组织、世界银行、德国联邦物理研究院都有相关研究文章，比如世界银行注重国家质量基础设施与竞争力[2,3]，联合国工发组织则发布了系列质量政策[4-6]及贸易相关的报告[7-9]，同时，国际组织和发达国家（地区）还在发展中国家进行了推广实践[10,11]，以指引各国加强质量基础设施建设、构建质量政策体系，实现更好的全球贸易发展。

　　本章研究的范围是国家层面进出口食品安全质量基础设施的发展和维持的质量政策。这对促进"一带一路"共建国家经济贸易，推动经济发展意义重大。

11.1.2　进出口食品安全质量基础设施

1. 国家质量基础设施

　　国家质量基础设施（National Quality Infrastructure，NQI）的概念最早由联合国贸易和发展组织（UNCTAD）和世界贸易组织（WTO）于 2005 年提出，被誉为"解决全球质量问题的最终答案"。主要解决发展中国家的产品出口质量问题。随后，国际标准化组织、世界银行和联合国工业发展组织发表了一系列研究报告，并在美洲、非洲、亚太等国家和地区推广实施，德国、英国等发达国家以及西班牙等发展中国家在政府层面大力推广实施。发达国家（地区）提供资金和专家，在管理方法、机构建设、技术提高、人员能力等方面给予发展中国家极大的支持。

　　2017 年由 10 个国际组织组成的 DCMAS 网络提出了全球质量基础设施（GQI）的定义。国家质量基础设施这一整体性概念的提出，是国际社会对其作为有机整体促进经济社会发展的新认识。这种改变不仅使国家质量基础设施更好理解，而且体现了国家质量基础设施是一个系统，其建立、运行和发展需要法律保障。联合国工业发展组织（UNIDO）相关文件认为，对国家质量基础设施立法的典型体系主要包括标准法、法制计量法、认可法、计量法、技术法规架构法。标准法规定了如何制定和发布国家标准，如何定义国家标准的法律地位以及如何将国家标准与国家其他立法相结合。计量法规定了如何建立和维护国家计量标准、国家测量机构的责任、活动等内容。法制计量法规定了健康服务、贸易、环境控制和执法等方面的测量设备控制权的归属问题。认可法规定了认可可用于产品和整个社会所需的服务。按照 WTO/TBT 协定，技术法规框架法规定了以商定方式制定和发布所有主管部门及其机构的技术法规；规定高级别监督机构的设立，以确保不同政府部门和国家质量基础设施机构的所有技术监管活动符合规定[12]。

　　国家质量基础设施可以发挥多方面的作用：①确保采用可溯源的校准（比如，通过国家计量机构进行校准）；②确保经国际互认的认可（比如，通过国家认可机构进行认可）；③满足国际要求（ISO 标准、食品法典）；④国家测量标准的可溯源性；⑤参与国际比对；⑥与其他国家相互认可。

国家质量基础设施与测量、标准、认证、测试、质量控制和其他要素有关。为了促进互联互通和国际上对高质量基础设施的认可，理解"一个标准、一个校准、一次测试、一个证书、全球准入"是一项基本要求，提高产品质量对于保持所有国家，特别是发展中国家的竞争力尤为重要。

国家质量基础设施一直是全球通用的质量评价方式和管理方法。国家质量基础设施依据标准要求，通过计量、检测、认证的手段引导企业提升产品和服务质量，提升竞争力，从而有效提高食品安全质量。随着全球经济贸易和谐发展、相互依存，以技术法规、计量、标准和合格评定为核心的国家质量基础设施也已经逐渐取代行政手段和关税政策等国家和地区之间的贸易壁垒。

我国自 2001 年起将国家质量基础的概念引入到相关的文件中。2013 年我国原国家质量监督检验检疫总局正式提出国家质量基础设施 NQI，2016 年科技部将 NQI 设立为国家重点研发计划专项。2017 年 9 月 12 日，中共中央、国务院发布的第一个纲领性质量工作文件《关于开展质量提升行动的指导意见》，强调要加强国家质量基础设施建设，改革完善质量发展政策和制度，切实加强组织领导，全面提出新形势下提高质量的目标、任务和重大举措。

时至今日，NQI 从理论到实践不断丰富和发展，在全球贸易中，质量基础设施不仅是各国质量安全治理的最佳途径，也是解决出口质量问题的战略方法，更成为国际质量安全竞合的重要工具。在食品安全领域，食品质量基础设施证明食品质量符合质量安全要求和贸易规则，各国都利用食品质量安全的国际规则参与全球竞争。因而，食品质量基础设施代表着全球质量安全治理核心能力，应该是我国在"一带一路"进出口国家食品安全领域全球治理、共筑人类命运共同体的一个工具和手段。

"一带一路"作为我国首倡的具有全球意义的区域合作平台，为中国产品提供了更为广阔的国际市场，促使我国发展速度不断加快。我国民族产品出口量不断增加，产品质量不断提高，中国产品和中国品牌受到"一带一路"共建国家消费者的认可和欢迎。

质量基础设施在"一带一路"倡议实践中的作用：第一，有效消除"一带一路"共建国家标准、计量、合格评定程序、技术法规差异带来的障碍。随着全球经济的深入发展以及贸易自由化的推动，各国的贸易措施已得到大幅度削减，但各国标准、计量、合格评定程序、技术法规及相关规则上的差异带来的冲突逐步成为贸易发展的新问题，而 QI 作为国际通用的质量评价手段，通过协调实现国际互认，有效协调、化解相关措施。第二，提高贸易自由化水平。以往进口国不认可出口国机构出具的报告，增加了国际贸易的交易成本。通过国际互认，上述问题可以得到有效解决。产品一经检测认证，所有市场都认可检测认证结果，不仅大大降低了重复检测认证的高成本，而且避免了不同国家在合格评定过程中可能采取的贸易和技术措施，实现了"一标一证、区域准入"的目标。国家间相互承认机制形成后，各自合格评定机构的结果得到相互承认。同时，也降低了商品检测认证过程中可能出现的风险，促进了贸易自由化和便利化。第三，促进了区域经济一体化进程。国际通行的 NQI 是区域经济一体化进程中的润滑剂。互认制度一定程度上开创了区域经济一体化建设的新路径，顺应新形势下全球化的内在要求，也成为区域经济一体化的新动能。"一带一路"共建国家政治、经济、社会及文化差异较大。但国际互认制度正视差异，允许各国保留自己的制度和规则，求同存异，通过互认这一相对弹性较大的贸易机制来最大限度减小彼此间的差异，实现以最小成本取得较大收益的初衷，实现了双赢甚至多赢。

2. 食品安全质量基础设施

食品是人类生存和发展的重要基础。食品安全涉及人类健康、公共安全和国际贸易，已成为一个重要的全球性战略问题。全球经济一体化，尤其是 WTO/TBT 的签订，产品检测结果的互认性就成了推动国际贸易发展、减少技术壁垒、保障食品安全的核心技术问题。质量基础设施是实现"一个标准、一次检测、全球承认"的技术基础，进出口食品安全基础设施则提供了全球范围内各国食品贸易和安全所需要的质量技术支撑。

食品安全质量基础设施的要素有计量、标准、认可、合格评定、质量监督等。食品安全检测具有品种多、检测标志多、指标内容多、检测技术发展迅速、检测设备多、传播广泛等特点，每天有数十万个检测仪发现上百万次，对检测食品的要求非常严格。准确可靠和有效的食品检测数据是保证食品安全的首要任务，否则无效的检测结果将极大地浪费分析和测量资源，虚假结果造成的损失是无法估量的，建立可追溯性是关系到食品安全控制数据准确性的主要因素之一。因此，有必要建立一个具有足够资源的共同的食品安全测量溯源系统。与此同时，各国与国际标准保持一致并使验证体系在国际规模上保持一致，相互承认也是必需的，这就要求产品说明、测试和评估方法、质量控制和其他体系管理标准需要有共同的基础，是相互适应的。一致性评估和标准的验证测量结果溯源到国家（国际）标准。相互承认计量、标准和合格评定的表现即为相互认可。此前，因为每个国家都有不同的质量基础设施制度和互相不通的结果，为了让食品进入全球市场，供应商需要浪费众多的人力物力在各国反复申请认证。现在，如果实现了食品安全质量基础设施在"一带一路"共建国家的互认，则避免了重复、降低了流通成本、提高了贸易自由化程度，"一个标准、一次检测、全球承认"成为各国共同追求的目标。

要实现单位统一、保证准确可靠的测量数据，并与国际标准接轨的目标，计量是一个有效的技术手段。食品安全计量则保障了食品安全领域的量值测量准确可靠，其包括食品营养、各种添加剂、残留的农兽药、微生物、生物毒素、DNA、过敏原等食品安全影响相关量。食品安全性的测量包括基础食品、标准物质、检验/校准食品分析仪器的标准装置/标准物质、基本方法/标准方法和基础/标准装置等。食品安全计量离不开标准物质，标准物质是量值传递和溯源的载体，可以校准设备、评价测量方法或给材料赋值。1999 年，米制公约各成员国签署了"互认协议"（MRA），以国际单位制（SI）的测量与测量不确定度为前提，以测量比对作为技术基础，实现各个计量院对测量结果的互认。目前，米制公约组织下的国际计量局（BIPM）、ISO、国际实验室认可合作组织（ILAC）、WTO 等国际组织已经建立了测试结果互认体系框架，并取得了很大进展。1998 年以来，国际计量局物质量咨询委员会（CCQM）积极组织食品领域的国际比对，涉及大米、小麦、奶粉、红酒、甲壳类动物、蜂蜜、大豆、西红柿、饮用水等基质，包括有机氯农药残留、多氯联苯、三聚氰胺、Pb、As、有机砷、Hg、有机汞、Cd、Ni、Se、Sn、I、Fe、Cu、Zn 等化合物。截至 2021 年 3 月，在国际计量局关键比对数据库（KCDB）数据库中，包括国际公认的校准和测量能力（CMCs）711 项，其中我国荣获相关核心创新能力 191 项。截至 2021 年 3 月，我国有基本的 569 个次级食品相关的参考物质：鱼、食用油、奶粉、肉、饮料和其他食品基质，包括多环芳烃、有机氯农药、维生素、食品添加剂、兽药产品残留、脂肪酸、有害残留物和其他成分。

标准是由公认的机构设定与发行的文件。它为活动及其结果设定了条条框框、指导方针或具体价值观，这些规则、指导方针或价值观可被集体和重复使用，以便在预定义的领域实现最佳实践。"得标准者得天下"，发达国家和地区对食品中农兽药和各种化学污染物残留的限量要求越来越严格，涉的品种也越来越多，西方国家和日本禁止和限制残留的农药品种多达数百种，检测水平达到 10^{-9} 或更低，形成了"壁垒"并阻碍着中国出口食品。

合格评定是全球通用的质量评价方式。认可、合格评定作为市场经济条件下加强质量管理、提高市场效率的基础性制度，是市场监管工作的重要组成部分，在统一市场体系和市场监管体制中发挥着重要的支撑作用。目前所有国民经济门类和社会各领域都已全面推行认证认可制度，形成了涵盖产品、服务、管理体系和人员等各种认证认可类型，能够满足市场主体和监管部门的各方面需求。在前市场的准入和后市场的事中事后监管中，认证认可都是有效的管理方式，能够促进政府部门转变职能，通过第三方实行间接管理，减少对市场的直接干预。WTO《技术贸易壁垒协定》（TBT）将合格评定程序作为各成员方共同使用的技术性贸易措施，要求各方合格评定措施不得对贸易带来不必要障碍，并鼓励采用合格评定程序，可以避免内外监管的不一致性、重复性，提高市场监管的效率、透明度和可预期性，有助于营造国际化的营商环境。

随着全球经济贸易和谐发展、相互依存，以技术法规、计量、标准和合格评定为核心的国家质量基础设施也已经逐渐取代行政手段和关税政策等国家和地区之间的贸易壁垒。

3. 食品生产价值链与食品安全质量基础设施的关系

食品安全质量基础设施是综合、系统、全面的方法，它能确保产品和服务符合消费者、制造商或管理机构的各项要求。《解决全球质量问题的终极答案：国家质量基础设施》[1]一书详细论述了对虾养殖的例子。以对虾从生产到消费者购买的过程为例，通过展示从"农场到餐桌"的过程，说明了食品生产价值链与食品安全质量基础设施各要素的关系，见图 11-1。

在生产过程中，从原材料到获得认证的成品，这个生产链中的所有相关参与者，必须遵守某些强制要求（如各种食品安全规范）或消费者的附加要求（如生物标准），便于产品进入特定市场。

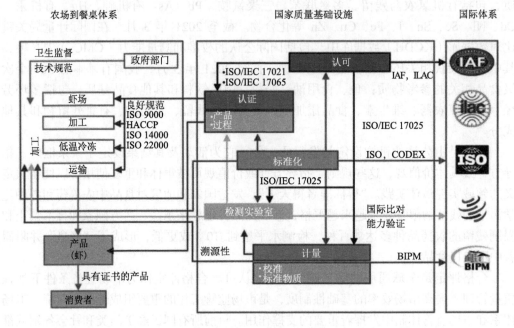

图 11-1　对虾养殖与食品安全质量基础设施各要素的关系[1]

对虾生产时必须考虑对虾生产的行业规范，如消费者健康保护法规、农业部门有关控制食品生产、虾类养殖对环境影响的法规以及相关的技术规范。在对虾的运输过程中也必须遵守进口国的各项要求，如产品标准、卫生与操作要求、证明产品合格的特定分析、标准方法（对产品进行微生物、化学或物理检查所使用的指定方法）以及危害分析和关键控制点（HACCP）要求。同时，还需要进行各种监测，如果虾场没有条件进行这些监测，那么就要依靠外界机构进行，这些监测包括对水质变化控制、饲养密度控制、通风控制、饲料和肥料分析、饲料和肥料的用量控制（肥料是用来刺激自然食物链），将来自幼虾池的后期幼虫移到成年虾池之前，对后期幼虾进行称重、虾池盐度和温度控制、疾病（真菌感染、细菌感染、病毒感染）控制。

在对虾加工期间，还要执行以下方面的标准：①接收、分级、称重、包装和冷冻标准；②在某些情况下，还需执行去头、去背部血管和去壳标准；③加工过程自身可能存在的污染物标准；④当虾类是以预煮食品的形式销售时，与受控温度和压力有关的标准；⑤厂房应符合法规中的各项要求，等等。

虾场应力争获得 ISO 9000（质量体系）和 ISO 14000（环境管理体系）认证，以及获得各种产品标准和技术规范的认证。获得这些认证，对于制造商来说是一种市场优势——可以确保消费者获得高质量的产品。

这个例子展示了质量基础设施（计量、标准、认可、合格评定、质量监督）在对虾生产和加工各个方面发挥的重要作用。如果一个国家缺乏有效的食品安全质量基础设施，将导致额外费用增加或失去市场准入资格[13-15]。

11.1.3　食品安全质量政策及质量基础设施研究现状

针对食品安全质量政策及质量基础设施研究现状进行了文献梳理，主要可分为以下几个研究方向：①质量基础设施对保障食品安全的作用；②进出口食品技术性贸易壁垒的影响与应对研究；③食品安全质量基础设施法律法规研究，包括俄罗斯联邦食品市场准入机制研究、中亚地区食品安全与标准法规研究、进出口食品安全法研究等；④食品认证认可体系介绍和评论研究，包括 HACCP 认证、美国国家标准学会（ANSI）认可、全球食品安全倡议（GFSI）认可等。

1. 质量基础设施对保障食品安全的作用

联合国工业发展组织在 2010 年国际贸易论坛发表了《农业食品出口的挑战：建设高质量的基础设施》报告，介绍食品安全治理体系中，政府治理、质量基础设施以及私营部门的作用，提出食品安全治理体系中质量基础设施需要与食品安全监管框架相协调，加强食品安全质量的基础设施服务，将中小企业整合到全球价值链中，加强全球价值链中食品安全合规管理，提高与贸易标准和国际市场要求的一致性。报告还介绍了联合国工业发展组织（UNIDO）对发展中国家的援助，包括协助巴基斯坦渔业达到欧盟标准，建立埃及农工出口可追溯中心（ETRACE）等，ETRACE 可通过食物链跟踪，最大限度地减少动植物传染病的传播，提高供应链管理和效率[9]。

2. 进出口食品技术性贸易壁垒的影响

非传统贸易壁垒（如管制壁垒）对国际食品贸易的经济影响，认为尽管有诸如关贸总协定、北美自由贸易协定和中欧自由贸易协定等贸易自由化协定，管制壁垒对经济的影响可能更为严重，代价更高，也更为普遍[16]。跨境互惠效应在国家和行业之间存在显著的不对称，贸易政策措施，特别是非关税壁垒（NTBs）、产品的差异化程度和"本土保护"是解释食品贸易中市场准入不对称性的重要因素[17]。巴基斯坦农产品和粮食出口面临众多困难，这些困难与卫生和植物检疫措施协定（SPS 协定）内容以及可获得的巴基斯坦政府或市场提供的质量基础设施资源相关[18]。通过对 1998~2008 年欧盟拒绝的食品进口和海产品贸易批次数据的分析，提出欧盟食品进口拒绝有显著的贸易偏差，食品安全法规等非关税壁垒对贸易的影响明显，技术法规是发达国家和地区贸易保护的主要手段[19]。

3. 食品安全质量基础设施法律法规研究

关于"一带一路"共建国家食品进出口政策法规研究，俄罗斯积极参与"一带一路"倡议，并在食品及农产品市场准入与安全监管相关法律法规及标准方面做了众多改变，并建议中国出口企业应及时关注欧亚经济联盟和俄罗斯联邦在食品和农产品领域法律法规的变化，减少法律法规产生的贸易壁垒[20]。中亚地区的食品安全相关法规与标准，重点研究了乌兹别克斯坦食品安全监管制度和相关法律，提出乌兹别克斯坦检验检疫体系繁杂、过程不透明市场化发展程度不高等因素严重影响产品向乌兹别克斯坦出口[21]。在对我国食品安全质量基础设施法律研究中，应完善我国 SPS 措施风险评估方案的立法，建立和完善国际食品标准系统，完善我国食品安全管理监测体系[22]。

4. 食品认证认可体系介绍和评论研究

HACCP 认证认可体系的核心是预防和消除食品安全风险或将其降低到可接受的水平，同时也需要更多的专业人员负责对食品安全进行多维度、专业化的 HACCP 管理[23]。在全球食品安全的倡议下，第三方认证机构可以进一步促进食品制造商和包装商的合规和标准化发展，有助于创造更好的食品安全环境[24]。目前 GFSI 认证得到国际知名零售商、食品制造商和国外服务提供商的广泛认可，中国企业应加大对 GFSI 食品安全认证方案的了解[25]。

目前，在研究食品进出口质量基础设施的成果中，国内研究成果相对较少，"一带一路"倡议提出后，出现一批对于"一带一路"共建国家的认证、标准等集中研究，但对计量的研究相对缺乏。总体来看，一是目前的研究缺乏系统性，多聚焦于单个国家，对区域性研究或对发达国家和地区的研究还较为欠缺；二是缺乏聚焦于食品进出口质量基础设施整体性的、国际共治方面的研究，现有的研究多聚焦于技术性贸易壁垒影响方面。

11.1.4　国际食品安全质量基础设施现状

针对食品安全质量基础设施相关的国际组织（WTO、ISO、BIPM、ILAC 等）和欧盟、国际标准物质数据库、国际关键比对数据库与国际食品校准和测量能力、国际食品法典以及日本、美国、加拿大等发达国家（地区）和"一带一路"共建国家中的东盟、独联体的食品安全质量基础设施的现状，进行了重点梳理。

1. 国际组织

食品安全问题与国际交易往来紧密联系，各个国家的食品安全会因为国际自由贸易而面临重大的跨国风险，负责监管食品安全问题的主要国际组织、区域组织以及各国在食品贸易、食品安全、食品质量等方面均有相关的政策，国际组织不断出台一些法律法规和技术政策，在贸易协定中采信相互认可的结果。这些主要的国际组织、区域组织包括世界贸易组织（WTO）、世界卫生组织（WHO）、联合国粮食及农业组织（FAO）、食品法典委员会（CAC）、联合国环境规划署（UNEP）、国际计量委员会（CIPM）、国际计量局（BIPM）、国际法制计量组织（OIML）、国际标准化组织（ISO）、国际认可组织（ILAC）以及欧盟、东盟等。因而，这些国际组织与食品安全质量涉及的质量基础设施各要素有着直接的联系。国际贸易中，《技术性贸易壁垒协议》和《动植物卫生检疫措施协议》对防止贸易壁垒起到了重要作用。但技术性贸易措施正在成为新的贸易壁垒，关税等传统贸易壁垒和技术性贸易壁垒目的都是保护本国生产者，WTO 有关食品安全的法律规则主要附在《关税及贸易总协定》（GATT）第 11 条和《SPS 协定》第 2、3、5 条之后，成员应关闭数量限制，限制或禁止进口危险食品，应拟定紧急措施保护这些人、动物和植物的生命健康权。国际贸易中，多数技术壁垒表面看来对国内外标准是一样的，看似平等，但实际上是隐形壁垒，发达国家和地区通过不断提高食品安全标准来形成新的技术贸易壁垒，比如美国食品安全标准复杂、严格，出口到美国的食品必须达到其国家标准。WTO 报告指出，在所讨论的贸易关注中，有30%提及国际标准化组织（ISO），12%提及国际电工委员会（IEC），10%提及国际实验室认可合作组织（ILAC）。因此，适当地运用标准和合格评定，有可能解决这些贸易问题。

保障食品的质量，就涉及国际食品法典委员会（CAC），由世界卫生组织（WHO）和联合国粮食及农业组织（FAO）共同建立的国际食品法典委员会（CAC），目前已有188 个成员。CAC 制定了一系列食品安全标准和一些具体要求，包括药物残留、食品污染、添加剂、卫生标准、标签和认证体系等。食品安全标准的科学性不仅可为食品安全管理提供专业的标准，而且可以为国家食品安全立法提供参考。BIPM、OIML、ILAC 和 ISO 负责全球计量、认可和标准化。2011 年 11 月 9 日，四个国际组织联合签署《BIPM，OIML，ILAC，ISO 对计量溯源性的联合声明》，鼓励各方采用。目的就是通过计量溯源性支撑测量结果在国际上的一致性和可比性。2018 年 11 月 13 日更新并重申。该文支持一个具有强大和国际认可框架的全球测量系统，在这个框架中，用户可以完全信任测量结果的合法性和可接受性。

IAF、ILAC 和世界银行签署了 MOU，世界银行正在支持发展中的经济体和转型的经济体建立质量基础设施，这与 IAF 和 ILAC 战略合作中的关键领域相吻合。因此，IAF 倡议国际认可论坛和国际实验室认可合作组织与世界银行在国家质量基础设施领域开展合作，以共同的目标建立一些新型经济体和转型经济体的国际质量基础设施。

国际上有越来越多的国家建立了标准、计量、认可、合格评定制度，开展高质量的国际合作。这也是国际上食品安全质量基础设施发展的趋势之一。

除此之外，食品安全多边治理中越来越多地由非政府国际组织承担。这些国际组织主要有三种类型：国际标准化机构（如 ISO）、国际消费者权益组织和大型国际公司。前两类分别涉及食品安全标准和消费者保护方面的食品安全管理，第三类注重食品自由贸易的重要性。欧盟、东盟、北美自由贸易区和亚太经合组织等地区性国际组织也负责管理特定地区的食品安全。另外，联合工业发展组织（UNIDO）在质量基础设施研究与发展中也发挥了重要作用。UNIDO 是联合国多边技术援助机构，其职责是推进发展中国家发展，使其更快更好地实现工业化，统筹联合国工业系统的各种活动。通过相关法规与策略帮助提高发展中国家和经济转型国家的综合竞争力，降低发展中国家和经济转型国家的国内就业压力，提升这些国家人民的生活质量。

2. 欧盟

欧盟的标准、计量、认可、认证体系管辖欧盟的产品，也是欧盟产品强制性安全保障。比如，欧盟的"CE"并不意味着质量可行，只是意味着该产品在某些方面是符合 EU 认证条件的。因此，"CE"标志体系是一种欧盟产品准入制度，"CE"指令适用于计量器具、低压设备、玩具、机械、船舶设备、气体装置等。欧盟现有大概 30 多种相关类别，其合格评定程序采用 6 种基本模式，见表 11-1。

表 11-1　合格评定程序所采用的 6 种基本模式

模式	控制方式	内容
模式 A	内部生产控制	涉及内部设计和生产控制，可采取自我声明方式
模式 B	EC 型式检验	涉及设计阶段，依靠指定机构对制造商提供的技术文件和样品进行检验，由指定机构颁发"EC 型式检验证书"
模式 C	型式合格+型式检验	涉及生产阶段，在 EC 型式检验后进行，由制造商保证产品的制造过程与型式检验一致
模式 D	生产质量保证+型式检验	涉及生产阶段，包括生产过程和最终检验，在 EC 型式检验后进行，指定机构参与评定
模式 E	产品质量保证+型式检验	涉及生产阶段，在 EC 型式检验后进行，涉及制造商控制的产品最终检验。指定机构参与评定
模式 F	产品验证+型式检验	涉及生产阶段，在 EC 型式检验后进行，指定机构负责控制按照型式检验颁发的"EC 型式检验证书"中描述的型式，并颁发合格证书

　　对于风险水平较低产品，欧盟指令允许制造商选择以模式 A："内部生产控制（自我声明）"的方式进行"CE"符合性的声明。即：制造商自我符合性声明和技术文件（包括测试报告，对检测实验室无特殊要求，可以是企业自有实验室）。主要涉及的产品类别和指令有：低电压设备（交流电 50～1000 V/直流电 75～1500 V）、（家用类/电子类/灯具/电动工具类/电机类等）、电磁兼容（EMC）、玩具安全、无线电设备和电信终端设备、电子电气设备中禁止使用某些有害物质（ROHS）。未加入欧盟的欧洲国家，如北欧国家和瑞士基本采用相同制度。检测后确定为高风险的产品，由欧盟指定其他认证机构或通过双边共同协议确认为其他外国认证机构。根据不同的合格评定程序，认证机构可以采取不同的方式参与认证过程，如抽查、采样、出厂检验、质量体系年检和认证以及出具相关的试验和认证报告等。

　　欧盟食品安全标准体系主要涉及食品卫生要求、微生物限度、污染物最高限量、食品添加剂、营养添加剂、食品接触材料等，农兽药产品在食品中的残留、新资源和转基因食品的管理要求、产品标准等。欧盟标准以严苛著称，食品安全管理标准要求更高，正因如此，其食品安全标准也一直被国际公认。

　　欧盟还成立了标准物质联合研究中心，即总部设在比利时的标准物质与测量研究院（IRMM），已研制多种纯品和基体标准物质，如猪肉组织中氯霉素成分分析标准物质，猪肝、猪肉、猪肾中氯四环素成分分析标准物质，奶粉中氯四环素成分分析标准物质等多种纯品和基体标准物质。

　　食品行业产品认证是重要的市场准入门槛，食品生产企业不但要通过行业认证，其产品还需要通过客户的认证，如产品标准认证、生产体系认证及终端客户认证等。国际食品标准（IFS）认证和食品安全全球标准（BRC）认证获得了欧洲食品零售商的广泛认可。国际食品标准 IFS，是由德国零售商联盟 HDE 和法国零售商和批发商联盟

FCD 共同制订的食品供应商质量体系审核标准。这套标准包含了对食品供应的品质与安全卫生保证能力的考核要求，得到了欧洲尤其是德国和法国食品零售商的广泛认可。食品安全国际标准（BRC）是由英国零售商协会制定的用来评估食品安全性的食品技术标准，是国际公认的食品规范，代表欧洲食品安全的最高标准，已经成为食品行业最权威、最苛刻的最高国际性标准。BRC 和 IFS 认证均对食品供应的品质与安全卫生保证能力提出了高标准要求，其考核包括 HACCP、质量管理体系、产品控制、加工过程、工厂环境等多方面。

3. 国际标准物质数据库（COMAR）

国际标准物质数据库（COMAR）是国际上唯一的最庞大、最完整的标准物质数据库，提供有证标准物质的信息查询服务，为世界范围内使用和推广有证标准物质提供了可靠的信息。COMAR 数据库的标准物质数量基本反映了标准物质开发领域的现状。

目前，COMAR 数据库中包含 421 种食品标准物质，大部分基质标准物质为奶粉，其次是奶酪、乳霜、液态奶等，标准物质的成分包括农药残留、各种营养素、微量营养素、污染物、维生素、微生物毒素等。

各国管理机构管理食品标准物质，例如，最大残留限量（MRL）是国际贸易中的技术性贸易措施之一。根据不同国家的实际需要，不同国家的研究机构有各自的研究重点。美国国家标准与技术研究院（NIST）主要致力于按照美国分析化学家协会（AOAC）绘制的食品三角图，按照蛋白质、脂肪、糖等组成不同，以及大量食用的食品类型，研发食品基体标准物质，也包括食品补充剂等的研发。欧盟标准物质研究院（IRMM）主要致力于兽药和重金属等有害物质的残留，英国化学家实验室 LGC 主要致力于开发高纯度的有证标准物质，而日本国家计量院（NMIJ）则重点关注农药残留和持久性有机污染物的基体标准物质，包括葱、白菜中的农药残留以及大豆、苹果、黄瓜和鱼油中的氯农药。韩国技术与标准研究院（KRISS）开发了农药残留的基体标准物质，包括动植物油中的 DDE 和六氯环己烷、大白菜和人参中的硫丹和二嗪等，残留物、营养素、生物毒素和其他与食品有关的标准物质近年来也得到了大力发展。

4. 国际关键比对数据库与国际食品校准和测量能力

《方法公约》设立了国际计量委员会（CIPM）和国际计量局（BIPM）等组织，其任务是处理全球计量，特别是满足建立测量范围和标准的需要，以提高精度、扩大规模和增加多样性，以及满足国家规模和标准等效性的需要。仅由 CIPM 控制，CIPM 本身由 CGPM 授权，通过其永久性组织结构，成员国政府可以在与计量单位有关的所有事项上保持一致性。在法国，由《气象公约》成员国资助，其任务是在世界范围内建立统一和一致的计量系统，可追溯到国际单位制（SI）。这些任务包括建立、维护和交付某些测量基础、标准（如质量和时间单位的直接传输）以及国家测量基础和国际标准（如长度、电子）之间的比较，组织和协调辐射和电离辐射。作为国际计量机构之间合作的协调人，BIPM 还有一项进一步的任务，即开展 CIPM 咨询委员会的工作，以协调研究并改进全球的测量基础和标准。

国际计量委员会（CIPM）推行多边互认协议（MRA）实施，激励所有可用的手段使 CIPM MRA 为其他政府间和国际组织带来较优的经济社会影响。同时，邀请成员国及其国家计量机构向其国家立法单位、认证单位和标准化单位展开大力宣传。

2006 年 1 月 23 日，国际实验室认可合作组织（ILAC）、国际法制计量组织（OIML）和国际计量局（BIPM）签署了一项关于各项国际贸易计量协定是否适当的联合声明（通知 100 个政府间组织和国际组织），鉴于各成员国的国家计量机构应将其提交其政府主管当局，世界卫生组织是该国的主管当局。目前，签署国与国家之间的贸易额已达到全球贸易的 90% 以上，其在消除技术性贸易壁垒方面的作用日益得到承认。

BIPM 发布的 KCDB 数据库中，化学领域的检测和校准能力按类别可以细分为 14 个项目（QM1-QM14），依次为：高纯化合物类，无机溶液类，有机溶液类，气体类，水，pH，电导率，金属和合金，高性能材料，生物样品和材料，食品类，燃料类，沉积物、土壤、矿物和颗粒类，其他类。

5. 国际食品法典

国际食品法典委员会（CAC）是由联合国粮食及农业组织（FAO）和世界卫生组织（WHO）共同建立的，自建立以来，已有 188 个法典成员国和 1 个成员组织（欧盟），我国于 1984 年加入。主要任务是负责制定食品国际安全标准与规范，保障消费者权益，保证食品公平贸易。

食品法典介绍并收集全世界统一采用的所有食品，包括加工、半加工或食品原料出售的所有标准。卫生、添加剂、农药残留、污染物、标签等，食品法典还载有加工食品的卫生标准和其他建议措施。

6. 发达国家和地区

1）日本

日本采用政府引导、有计划地与市场相结合的管理模式开展质量基础设施工作。中央各省厅集中管理、日本相关领域的调查会以及民间团体等机构承办具体事务，在中央政府层面设有统一的高层协调机制。

日本产业技术综合研究所计量标准综合中心（NMIJ）是日本计量基准、标准的科研和管理机构，NMIJ 与日本有关科研机构建立了紧密的合作关系，形成了综合性的、强有力的日本计量标准体系。日本中央省厅（如经济产业省、农林产业省等）制定日本的技术法规，通常以省令、通告的形式发布，主要涉及保障环境安全、保护国民的健康与安全等领域。日本工业标准调查会（JISC）是经《工业标准化法》授权的全国性标准化主管机构，主要负责组织制定和维护日本工业标准（JIS），并参与国际标准化活动。农林产品标准调查会（JASC）是日本农林产品标准化管理机构，主要工作是调查并反映与日本农林标准和标准化有直接利益关系的各方面的意见、要求，将其纳入国家标准中。JISC 和 JASC 组织制定并审议相关领域的国家标准，分别由经济产业省和农林产业省批准发布。行业标准化组织，包括各行业组织的协会、学会、工业会等民间团体主要负责制定本行业内需要统一的标准和承担国家标准的研究起草任务。

各相关方围绕标准开展合格评定工作。在认证领域，最主要的经产省管理的认证产品，大概占日本认证产品的 90%左右，使用 JIS 标志（日本工业标志）。在认可领域，日本国家技术与评价研究院（NITE）作为政府性质的认可机构，负责对产品认证机构、检测和校准实验室的认可。而日本合格评定认可理事会（JAB）等财团法人，也可从事认证机构、实验室和检查机构认可，签有国际认可多边互认协议。

日本有专门机构对进口食品进行严格管理，主要依靠厚生劳动省的监督。政府只负责进口食品，不负责出口食品，企业自己负责出口食品。

进口食品如果想进入日本的市场销售，必须经过厚生劳动省下属的食品研究所检疫所的严格审查并获得海关手续。其中，生鲜、谷物、动物需要通过农业和渔业部植物检疫所和动物检疫所的检疫，合格者必须遵守食品检疫局的检查程序。食品检疫局直接管理预加工食品和鱼类。

日本对需要检验的进口食品实行三级检验：独立检验、监督检验和指导检验。其中，"监督检验"是对一般进口食品的日常抽检。厚生劳动省确定监测和检查计划，包括检查项目和抽样率。各地食品检疫机关实行"订单检验"，100%逐批强制检验。口岸食品检疫机关实行的"自主检验"。日本分类监测食品安全，形成了比较完善的食品安全监测系统。现在的食品安全监视测定主要以法典风险分析法为主。

第二次世界大战后，日本质量基础设施逐步建立、发展较快，目前已经比较完善，计量、标准化及合格评定在日本的工业化发展中发挥了重要作用。日本的计量管理机构主要有国家计量机构、地方计量机构和民间计量团体。国家计量机构、地方计量机构主要从事法制计量工作，民间计量团体主要从事非法制计量。在标准管理层面，日本成立了标准化事务战略本部，由首相担任本部部长，主持制定日本国家标准综合战略。在国家一级，成立了由总理亲自领导的高级别协调机构，协调全国标准化工作。经济产业省负责技术法规、标准和合格评定的统一管理。日本重视科技开发、标准研究与市场开发相结合，结合国家知识产权战略和科技发展战略实施标准化战略。日本建立了以政府主导结合业界参与的合格评定管理体系，该体系是由《日本工业标准化法》和《日本农林产品标准化和正确标签法》具体规定。目前，已建立了相关认证制度近 30 部法律法规，涉及食品、农产品、电器、机动车辆等领域。在认证监管方面，经济产业省、农林水产省、国土交通省等多个政府部门共同参与认证管理。

1992 年 6 月，日本工业标准调查研究所向经济、工业和运输部提交了一份关于"日本质量体系审核和记录方法"的提案，提出建立日本质量体系审核登记制度，该制度以 JISZ 9900 标准为基础，等同于 ISO 9000 标准。1993 年 11 月成立了质量体系审核登记认可协会，日本积极参与国际质量体系的互认活动，目前已与多个国家签署了互认备忘录。

经济产业部负责技术法规、标准、合格评定和测量的统一管理。为增强中小企业的国际竞争力，促进创新，壮大中小企业的制造业基础，经济产业部成立了《从用户易于使用的视角重整知识基础》产业结构审议会。

2）美国

美国食品安全质量基础设施各要素相互协调、管理有序、运行有效。法律法规体系较为齐全，范围广，涉及食品生产、加工、贮藏、流通及进出口各个环节。法律的修订及时，法律条款内容具体，操作性强，落实生产商、进口商的责任。法规体系繁杂，为国外食品进口美国设置了一定的准入门槛。

美国食品安全法律通常由国会议员单独或联名提出，或者由联邦政府相关部门提出，经国会批准后，由美国总统签发，法律生效后，集中编纂入《美国联邦法典》的相应章节中。美国食品安全的主要法律由《食品安全现代化法》《有机产品法》《动物产业法》《动物卫生保护法》《联邦食品、药品和化妆品法》《联邦杀虫剂、杀菌剂、灭鼠法》《联邦肉品检验法》《禽肉产品检验法》《蛋产品检验法》《农产品市场营销协议法》《联邦种子法》等100多部法律组成，集中编纂入《美国联邦法典》第21卷《食品和药品卷》。

美国联邦政府相关部门起草制定相关的配套法规，具体执行和落实相关食品安全法律法规的规定，该类行政法规和规章会集中编纂入《美国联邦行政法法典》的相关章节之中。如美国食品安全的相关机构，发布规章和管理规范性以及通知等，发布行政机关的管理措施，相关的法规收录入《美国联邦行政法法典》第21卷中。

美国食品药品管理局（FDA）、农业部及其下属的食品安全和检疫局（FSIS）和环境保护局（EPA）在管理范围内有明确的职能分工：FDA主要管理除禽肉（包括水果和蔬菜）外的所有食品安全，以及所有其他加工食品和罐头食品（包括罐装饮用水）和生鸡蛋。食品安全局主要管理禽肉、蛋清、蛋黄和生鸡蛋分离后的加工产品的食品安全。美国环保局提出了食品和加工产品中农药残留的最高限量，以管理食品和饮用水的安全。FDA是最重要的监管机构，在某种程度上拥有准立法权和准司法权。

州（县）级食品安全管理。一般来说，州（县）相关职能部门不直接开展食品安全（卫生）质量检验，主要发放卫生许可证，包括餐馆、商场、奶牛场、牛奶加工场和食品加工厂。除贯彻执行国家联邦职能部门的部分食品规范（如FDA食品法典）外，也可自行制定食品规范。

美国食品安全总统委员会，是食品安全管理的最高权力机构，其成员由总统任命，隶属于国会，有权管理资源。商务部、环境保护部以及相应的财政和科技部门，为联邦政府在食品安全领域的活动制定了全面计划，并改进了食品安全监测的协调和整合。

美国依据国际通例，对肉类、蔬菜、水果等高检疫风险的进口食品实行基于风险分析的检验检疫市场准入措施，即根据出口国申请和本国的保护水平，开展风险评估，确定允许进口的条件，直至与进口国政府主管部门签署相关产品的检验、检疫议定书。

美国非常重视食品安全标准，食品安全标准分为强制性标准和自愿标准。强制性标准由FDA进行制定并发布具体的规则。FDA负责监督肉类和家禽以外产品的安全；农业部负责肉类和家禽产品的安全监督和动植物病虫害的控制；环境保护部负责制定农药、化学品残留标准。自愿标准是食品行业协会制定的技术标准。大部分的自愿标准都不包含一些约定的行业标准。另外，很多企业制定了自己的企业食品安全标准，并且通过这些标准获得了更大的竞争力。这反映了他们依靠食品安全赢得声誉的竞争战略。

美国国家标准与技术研究院（NIST）隶属于商务部，是促进技术创新的研究机构，该机构的目标是提高产品质量，实现工艺流程现代化，加快新技术、新产品产业化。NIST 与 FDA、AOAC 合作，建立了能代表食品分析所需的蛋白质、糖的系列标准物质以及参考方法，基本满足各类食品分析对测量溯源性的需要。

美国的食品安全认证系统，有着悠久的历史。多年来建立完成了一套完整的认证类型和明确的功能方向和多样的食品认证系统。在确保食品质量和安全性，提高食品竞争力，规范市场行为，引导消费，保护环境，健康生活，推动外贸发挥着重要作用。农产品的制造、加工和流通要经过强制认证。典型的是 HACCP、良好农业规范（GAP）和良好生产规范（GMP）。美国的食品安全认证基于法律建立了多种食品和农产品认证系统，不同的产业和品种有不同的证明方法。目前，美国食品企业生产的食品必须通过 3 个质量证明，即 ISO 9000 证书的管理、HACCP 证书的安全性和健康环境保护 ISO 14000 证书。食物生产是从生产源头控制的，所以确保了进入市场的食物质量满足安全要求。

美国对进出口食品的监管模式相同，食品进出口安全检测体系健全，在进出口安全检测网络、专业人员和仪器配备上相当完备。定位清晰，服务对象是政府和国家，经费均由联邦政府拨款，检测不收取任何费用，官方实验室实力强大，为监管提供技术支持与决策支撑。

3）加拿大

加拿大法律法规体系完善。法律法规体系由法律、规章构成。议会制定、通过法律，法规是在法律的基础上更加详细的立法，议会授权加拿大食品检验局起草具体法，各省也可以制定自己的法规。加拿大食品检验局（CFIA）负责制定适用于全国的法规，而各省的法规适用范围仅限于本辖区。加拿大不断完善食品安全的法律法规，目的是实现食品贸易的稳定发展，确保国内食品的安全。

加拿大构建了以《计量法》为核心的相对完善的计量法律法规体系，实行法制计量与科学计量相对独立的管理。法制计量属于联邦政府的管理职责，科学计量由产业部下属的加拿大国家测量标准研究所（INMS）负责，INMS 建立和保存国家计量标准，推进加拿大精密测量的发展，满足公众对计量标准的要求，其大部分预算来自国家拨款。

加拿大标准委员会是加拿大主要的标准化组织，是国家标准协调机构，是 ISO 和 IEC 的加拿大成员机构，在国际层面上代表加拿大。加拿大标准一般由技术能力和独立、公允的政府级机构制定，标准建立初期并非是强制性的，但被联邦或省的法律法规或规章引用，就具有了强制性。

加拿大进出口食品检测实验室统一由 CFIA 管理、技术实力雄厚、分工协作。进出口食品检测实验室职责分为两类：一是官方实验室，主要是 CFIA 下属的 22 个国家实验室，这些实验室一般不接受企业的委托检验，其出具的报告原则上不能作为执法的依据，主要为食品安全监管工作提供技术支撑；二是民营实验室，承接官方实验室特定业务以外的其他种类的检测任务，如承接 CFIA 委托食品安全检测业务，接受社会委托业务等。

加拿大标准委员会是加拿大进出口食品安全认证管理部门，是独立于政府的政府授权公司，与政府机构密切合作，依据《加拿大标准化委员会法》等法律法规开展认证管理工作。涉及有机食品认证、食品安全管理体系认证、HACCP 体系认证以及食品检测实验室认证等食品领域相关的认证。加拿大认证机构的认可并非强制性的，但所有认证机构必须获得认可。

加拿大《食品检验署法》单独授权食品检验局对食品安全卫生进行执法监管，其监管具有独立性、因而监管效果有效性高，没有部门间的交叉和重复，政府管理工作效率高。

加拿大建立了完善的进出口食品安全监管机制。加拿大针对入境前的准入环节开展监管：一是，重视食品安全风险评估。组建科学、专业和全领域风险评估的专家队伍，使评估结论更加客观、全面和具有实际指导意义；实施预防性风险管理和食品安全事件快速反应机制；重视对新型食品的风险评估。二是"前移"食品标签监管，要求所有的预包装食品都要有标签，在此基础上还特别要求高风险产品的标签必须经过注册才能上市。三是推行有效的操作规范制度，要求在联邦注册的肉类加工和冷藏企业强制实施 HACCP。入境时的查验环节的监管，实施进口食品加工商预警名单制度和食品出口自动化监管系统提高效率。入境后监管，要求食品销售商建立真实可信的进口和销售记录，并通过建立进口商信誉记录达到对入境食品的后续监管，并构建了一整套完整、行之有效的召回制度。

加拿大监督模式具有政策制定与实施分离的特点。在该模式下，加拿大政府各级卫生管理部门相互协作，加拿大政府公共卫生署和加拿大边境服务局（CBSA）提供支持。每个省和市都有当地卫生机构分别负责监督和管理小型食品生产企业。此外，加拿大政府还在内部创建了一种合作监管的制度，通过签署合作备忘录明确双方权限，加强合作。在进口食品管理方面，CFIA 和 CNSA 于 2005 年签署一份谅解备忘录，明确双方在食品管理方面的职责，成立专门委员会或特设小组，协调各方利益并尽可能地减少纠纷。同时成立食品检测执行委员会（GFISIG）以加快综合性食品检测系统的建设。加拿大对出口食品没有特别的规定及相应的监管政策，出口食品与其国内食品监管基本相同。

加拿大政府与行业协会具有较好的合作经历，政府从法律层面赋予行业协会制定法律的协商权利以及对话渠道。加拿大政府联合食品企业启动价值链圆桌会议（VCRT），食品安全局经食品安全计划评估和认证后继续监督。加拿大充分尊重社会组织在食品安全方面的作用，实施政府监督管理。

2016 年食品安全战略和食品监督现代化战略框架中，加拿大与外国政府和组织建立了合作关系。2017～2018 年，加拿大向中国、印度、澳大利亚提供了技术援助，通过组织外国政府、工业代表以及信息研讨会，收集有关食品安全和出口风险的信息。加拿大卫生部和美国食品药品监督管理局签署了加拿大和美国食品安全体系认证协议。定期审查食品安全管理体系及其管理，解决跨境食品安全问题，并开展合作与交流，实现了食品安全的可持续发展。

4）发达国家和地区质量基础设施特点

A. 注重整体规划推进

发达国家和地区通过将国家质量基础内容纳入国家战略，以及由国家相关技术机构负责人出任相关重要职务的方式，明确包括检测评定体系的国家质量基础的战略地位。《2017 年制造业拓展伙伴促进法》（Pub. L. 114—329），修订了《美国国家标准与技术研究院法》的部分条款，依法赋予 NIST 院长新的职权，授权担任总统在国家技术竞争力和创新能力的标准政策方面的首席顾问，并且调整了霍林斯拓展伙伴项目的内容，加大对地区中心的支持，延长了资助和支持的时限。

各国政府为达到最佳食品安全监管效果，采取不同类型的食品安全质量政策，是各国政府为达到最佳食品安全监管效果而采取的制度安排。在确保食品进出口安全方面，各国政府在保证和提升食品安全方面发挥重大作用，综合用标准和认证认可的作用，保证计量的支撑，通过完善法律法规、优化政府监管，为食品安全建立良好的市场环境。各国注重食品安全体系以及与之直接相关的质量基础设施的建设，发布相应的战略规划等形式推进检定体系建设。如加拿大于 2000 年发布首版标准化战略以来，每 3～4 年更新一次。

B. 注重法律法规建设

发达国家和地区专门制定了标准化法、计量法、认可法、食品质量安全法律法规等法律法规，并及时更新，以适应形势发展，将食品安全上升到更高的战略层次。如美国在《美国国家标准与技术研究院法》（美国法典第 15 卷第 7 章）开宗明义，美国经济的未来福祉依靠强大的制造基础，并需要不断改进制造技术、质量控制和工艺，确保产品的可靠性和成本效益，而精确测量、校准和标准，帮助美国工业和制造企业在世界市场激烈竞争中赢得有利地位。该法规定联邦政府应保留国家科学、工程和技术实验室（此处指美国国家标准局，国家标准与技术研究院的前身），该实验室提供测量方法、标准及相关技术，帮助美国企业采用新技术改进产品和制造工艺，通过传播包括自动化制造程序的新的基本技术信息，为工业、商会、国家技术计划、劳工组织、专业协会和教育机构服务。在食品方面，美国颁布了《联邦食品、药品和化妆品法》和《食品质量保证法》。在此基础上，各州县还制定了各自的相关食品和农产品安全标准。这些法律、法规和规范是预防和控制的，涵盖了食品质量安全的方方面面。总之，发达国家和地区的食品安全法律法规比较完备，层次明确，种类繁多；同时，法律法规覆盖面广，注重风险评估、预警和控制。例如，英国的食品和农产品安全法律法规体系由两个层次的法律法规组成：第一，确立基本原则并构成法律体系基础的基本法，如《1990 年食品安全法》和《1999 年食品标准法》；第二，针对特定产品和领域的特殊规定，如饲料卫生条例、食品标签条例等，是对基本法的必要补充。再如日本建立了完善的农产品质量安全法律法规体系。其中，保障食品农产品质量安全的基本法有两部，即《食品卫生法》和《食品安全基本法》。此外，还有其他相关法律法规，如《农药管理法》《化肥管理法》等。

C. 注重多元共治推进

发达国家和地区在国家质量基础设施建设中注重发挥政府、市场和社会的共同作用，通过多元共治提高国家质量基础设施的建设效率，构建全社会参与的食品质量安全监管体系。由于各国处于不同的发展阶段，其食品进出口产业发展的情况各不相同，因此，在确保食品进出口安全方面的政策及措施也有所不同。美国、加拿大市场化程度高，企业的自由度相对更大；而日本则是政府引导、多方参与。因此，国家质量基础设施的制度安排与能力水平，与国情相适应。如有的国家发展历史较长，制度上相对完善，在政府与民间的相互关系上，政府所发挥的作用相对较小，主要由民间发挥主导作用，如美国民间化的色彩很浓，NIST 作为联邦计量部门的代表作为利益相关方出席大会，并提供人员出任重要成员以及提供技术支持；而日本与美国相比，其发展相对时间短，政府所扮演的作用与地位相对更加重要，政府的主导作用更强。

在标准领域，政府可以委托社会组织起草政府标准，政府也可以将社会组织的标准转化为国家标准。例如，美国的标准化体系是以专业的非政府标准化组织为基础的高度市场化体系。在计量领域，发达国家和地区开放校准服务市场，鼓励民间资本进入，充分利用社会资源满足市场的计量需求。在认证认可领域，发达国家和地区的认证机构大多来源于或依赖于标准化组织、技术协会或检验检测机构。这些机构不仅具有较强的专业水平和社会公信力，而且具有较强的资产实力。发达国家和地区加强了政府各部门对食品质量安全的监管，强调相互协调配合，吸引社会各方面力量参与监管，构建政府、行业协会、第三方、公众参与的全社会食品质量安全监管体系。例如，美国加强了对农产品质量安全的政府监管，实行政府多部门一体化联合监管模式，加强联邦政府各部门、州政府、州以下政府间的相互协调、互补和相互依存。在英国，行业协会在农产品质量安全监管方面发挥着重要作用。一方面，它们在行业内形成了自我管理、自我约束、相互监督、共同发展的自律机制。另一方面，他们提供技术研发、质量认证等多样化的优质服务。

D. 注重国际推广成效

发达国家和地区更加重视国家质量基础设施在全球化发展中的作用。国家基础设施建设在注重国内发展的同时，注重推进该领域的区域和全球发展。如德国 PTB 与130 多个国家建立了合作推广项目，英国在不断完善 NQI 技术、组织和管理体系的基础上，全面推进 NQI 全球化，帮助埃及等国建立 NQI。在标准领域，德国、美国、英国、法国、日本等发达国家承担了 67%以上的国际标准组织技术机构秘书处，95%以上的国际标准组织领导了国际标准的制定。在计量领域，根据国际计量局（BIPM）的最新统计，截止到 2022 年 2 月 8 日，"米制公约"已从 17 个成员国发展到 63 个成员国和40 个附属成员国和经济体，有 258 个研究院参加了 CIPM MRA，包括 100 个 NMI，4 个国际组织和 154 个指定机构，CIPM MRA 是国家计量机构证明其测量标准及其颁发的校准和测量证书的国际等效性的框架。全球计量合作的范围将从国际单位制的发展、国家标准的比较等方面扩大，积极推动全球计量体系的形成，逐步实现计量和校准结果的相互认可，以适应贸易和经济全球化的需要。在这一过程中，工业发达国家和地区始终占据主导地位。在认证认可领域，以发达国家和地区为首的区域性和国际性认证认可合作组织相继出现，为促进各类认证成果的相互认可、促进国际贸易发挥了积极作用。这些国际组织包括国际认可论坛（IAF）、国际实验室认可组织（ILAC）、国际审计人员培训和注册协会（IATAC）、太平洋认可合作组织（PAC）、欧洲认可合作组织（EA）和国际认证联盟（IQNet）等。在检验检测领域，发达国家和地区检验检测认证机构的集团化、全球化已成为共同趋势，涌现出 SGS、ITS、TUV 等一批跨国集团。通过大规模并购，上述集团实现了检验认证机构的国际化。

7. "一带一路"共建国家

国家发改委、外交部、贸易部于 2015 年 3 月 28 日联合发布了《推动共建丝绸之路经济带和 21 世纪海上丝绸之路的愿景与行动》，中国"一带一路"将在同周边国家积极发展经济伙伴关系的基础上全面发展。截至 2020 年 1 月底，中国同 138 个国家和三十个国际组织签署两百余份共建"一带一路"合作文件。

中国食品进出口与"一带一路"共建国家、地区联系越来越多，其中以东亚地区所占比重最大。以 2016 年的相关数据进行说明。2016 年，中国向东亚区域国家农产品出口额占中国向"一带一路"共建国家农产品出口总额的 62%，西亚国家占 14%，独联体国家占 11%，而剩下的三大区域 29 个国家总共仅占 13%。

2020 年 1～8 月，中国与东盟贸易总值达到 4165.5 亿美元，同比增长 3.8%，占中国对外贸易总值的 14.6%。东盟已成为中国最大的贸易伙伴，形成了中国与东盟互为最大贸易伙伴的良好格局。

鉴于以上贸易情况，以东盟和独联体为例来分析"一带一路"共建国家的食品安全质量基础设施状况。

1）东盟

东盟是"一带一路"重点地区，东盟共有 10 个成员国，包括马来西亚、印度尼西亚、泰国、新加坡、菲律宾、越南、老挝、文莱、缅甸和柬埔寨。中国是东盟最重要的贸易伙伴之一。中国已连续 10 年成为东盟第一大贸易伙伴，东盟则连续 8 年成为继欧盟和美国之后的中国第三大贸易伙伴。东盟标准和质量咨询委员会（ACCSQ）负责消除非关税壁垒，包括标准、质量检测和技术法规。ACCSQ 的愿景是使东盟拥有国际公认的、以人为本的、可持续的标准，以及技术法规和合格评定程序管理体系，确保货物和服务的自由流动，确保东盟的安全、健康和环境保护。2015 年底，东盟发布《东盟共同体愿景 2025》。ACCSQ 围绕《东盟共同体愿景 2025》带来的新机遇和新挑战，制定了《东盟标准与合格评定战略计划（2016～2025）》。提出其使命是建立技术法规、标准、合格评定程序相关综合性政策，支持质量基础设施建设，以支持高度一体化和具有凝聚力的东盟经济。ACCSQ 与东盟其他相关部门、机构一同建立运行监管机制，通过协调技术法规、标准、合格评定结果互认以及接受等同性技术法规，从而消除技术性贸易壁垒。2015 年，ACCSQ 扩大消除技术性贸易壁垒的范围。优先一体化领域包括了食品领域，含有农基产品（预制食品）、保健品（化妆品、药品、医疗器械、传统药品、保健补品）等。目前在质量基础设施方面所取得的成果包括标准与国际标准的统一、制定合格评定程序互认协议；实施统一的监管计划。

2014 年 9 月，ACCSQ 会议上批准了《东盟标准统一指南》。ACCSQ 负责协调标准统一工作。《东盟标准统一指南》对标准的定义、分类、标准制修订、要求等都有规定，为标准的选择、方法的统一提供了依据。《东盟标准与一致性政策指南》（ASEAN Policy Guideline on Standards and Conformance）则为东盟各国在标准一致性方面提供了指导。东盟统一标准（harmonized standards）将标准分为两种类型：类型 1，东盟互认协定（MRAs）、统一监管计划和其他倡议或文书中引用的用于消除技术性贸易壁垒的标准。通常在成员国的法律法规中被要求强制执行。类型 2，与互认协定或东盟统一监管计划不相关的产品标准。提倡东盟成员国直接采用统一标准作为国家标准，并废除同领域的现有国家标准。

在计量方面，截止到 2020 年 9 月，在国际计量局 BIPM KCDB CMCs 数据库中，东盟只有 3 个国家提供了数据，包括食品营养、污染物及其他食品等类型，占全部国家 11%，其他国家 24 个，占 89%。

东盟各国都积极参加国际标准化活动，泰国的标准与东盟及国际标准一致并持续满足需求，认证体系可靠并得到国际认可，有符合国际标准及满足管理需求的管理系统。越南通过参加国际标准、计量、质量组织，如 ISO、IEC、OIML，提高越南标准体系、国家技术标准与区域、国际标准的协调率。

东盟国家在经济发展上有着巨大的差距，东盟各国质量基础设施现状大致可将其分为两类：一类质量基础设施基础较强，体系比较健全，包括东南亚的五个国家：新加坡、马来西亚、泰国、印尼、菲律宾，另一类质量基础设施比较薄弱，包括越南、老挝、柬埔寨、缅甸、文莱五国，特别是文莱、缅甸在标准化方面几乎是空白。

2）独联体

独联体是独立国家共同体（CIS）的简称，除波罗的海三国外，大部分是由苏联里的共和国，目的是组成一个多边合作的联合体。1991 年 12 月 8 日，独联体成为取代苏联的组织，苏联正式解体。《独联体宪法》规定，独联体建立的基础是所有成员国之间要有平等的主权，但独联体对成员国没有权力。在粮食主产国中，独联体的小麦产量和出口方面增长潜力最大。

独立国家联合体（CIS）的欧亚标准化、计量和认证委员会（EASC）是一个多国标准化委员会，由乌克兰、吉尔吉斯共和国、乌兹别克斯坦共和国等 12 个国家的代表处构成 EASC。EASC 统筹协调、制定技术调节法规、标准化、计量技术和认可评定等领域的政策。作为一个区域标准化组织，其发布和实施的 GOST 标准在独联体国家有着相当重要的作用。据统计，GOST 规范在吉尔吉斯斯坦标准中占总规范的 89%。

EAST 制定的标准是 GOST；GOSTR 标准由俄罗斯联邦国家标准委员会制定。截至 2020 年 1 月，通过哈萨克斯坦贸易和一体化部技术法规和计量委员会的官方网站可以找到 24991 个 GOST 标准标题和 9119 个 GOSTR 标准标题。

欧盟国家早在 1993 年开始使用危害分析与关键控制点（HACCP），成为食品企业对产品质量安全的有效方法，但该方法独联体国家则采用较晚。白俄罗斯在 2002 年 1 月正式启动 HACCP，实施了白俄罗斯国家标准 CTB TOTP 51705.1—2001《基于 HACCP 原则的食品质量管理通用要求》。2001~2002 年，白俄罗斯的一些鱼类加工企业，特别是在国内外具有竞争力和一定知名度企业推广试行了 HACCP。试点对象为真空包装鱼罐头和原材料。北哈萨克斯坦主导产业是传统农业，每年生产 500 万吨粮食，但由于自身缺乏加工能力，只能将许多未加工原材料直接运至其他地区。哈萨克斯坦最希望企业能通过这些新技术，使本国丰富的原材料转化的食品更有竞争力，并投放推广到国际市场。

11.1.5　国际食品安全质量基础设施国际共治发展形势研判

1. 国际一体化、食品安全国际共治的局面正在形成

通过对国际组织、区域组织的质量政策的梳理，可看出食品安全国际共治的局面正在形成。主要特点是以质量基础设施为主线，国际惯例逐步形成，国际组织从单一到联合，新的运行机制形成并实施。

随着 19 世纪中叶工业产品的国际贸易日益增长的趋势，米制公约协议在 1875 年签订，为计量的国际比较以及计量和校准的相互认可提供了基础。19 世纪 40 年代末期，国际电工技术委员会（IEC）和国际标准化组织（ISO）成立，开始了使用统一的国际标准。

WTO 框架下的《技术性贸易壁垒协定》（TBT 协议）和《动植物卫生检疫措施协议》（SPS 协议）的内容相辅相成，均肯定采用国际统一标准的重要性。WTO 各成员以此为依据制定了各自的食品安全标准。为顺应国际贸易组织（WTO）提出的消除技术性贸易壁垒的要求，1999 年，38 个米制公约成员国和来自两个国际组织的代表共同签订了《国家计量基、标准和国家计量院颁发的校准和测量证书互认协议》（MRA），为国际贸易、商业和法律事务中的协议提供计量技术和数据支持。为获得证书互认，BIPM 网站公布新的比对结果以及各国校准测量测量能力。由于机制体制不同，各国形成比对运行的机制也不同。

国家质量基础设施的概念最早由联合国贸易和发展组织（UNCTAD）和世贸组织于 2005 年提出，主要是为了解决发展中国家的出口质量问题。世界银行和联合国工业发展组织（UNIDO）编制了一系列研究报告，并在美国、非洲、亚太等国家和地区推广实施，《支持全球贸易公平友好发展的计量溯源性联合宣言》，全部的参与国与国贸成员都应当普遍遵循这一原则。食品安全治理体系中，政府治理、质量基础设施以及私营部门应与食品安全监管框架保持一致，提升食品安全质量的基础设施服务，中小企业应整合到全球价值链中，全球价值链中食品安全应合规管理，提高与贸易标准和国际市场要求的一致性。

"国家质量基础设施"概念提出，国际组织积极推动在全世界范围内推行食品安全质量基础设施，为食品安全国际共治提供了有效的抓手。只要每个经济体在国家层面上实现了相同的结构，有可相互接受的质量政策、有可沟通的食品安全法律法规、食品安全标准，建立了全球食品安全测量体系，各国的食品安全计量标准等效一致，才会容易

地实现"一个标准，一个校准标准、一次检测，一次认可，全球接受"的目标。最严格的准则就是体系不偏护任何一方，并且不受外界的影响。需要做的事情就是尽可能地避免存在多样化的标准、规范、计量标准、检测以及认证认可。

2. 食品安全质量监管法治建设正在推进

食品安全质量监管法治建设是推进食品安全质量法治化的根本途径。纵观发达国家和地区食品安全质量监管实践，其成功经验之一就是推进食品安全质量监管法治建设，建立健全食品安全相关法律体系，使得法律法规的调节与保障作用得以充分发挥，执法严格，一丝不苟地规范政府对食品安全方面的监督情况，通过落实法规来保证进出口食品安全的质量，保护消费者权益和健康。我国应借鉴发达国家和地区食品安全质量监管法治建设的经验和做法，牢固树立进出口食品安全质量法律监管理念，加强进出口食品安全质量立法，在国家现行食品安全质量法律法规的基础上，结合食品安全质量监管的实际情况，制定下发进出口食品安全质量监管规范性文件，进一步完善基本法，进出口食品安全和质量监督规章制度。同时，要严格控制和监督进出口公司等进出口产品的安全质量，《中华人民共和国农产品质量安全法》等相关法律法规，对于违反有关法律法规的责任单位和责任人应当严厉查处。

3. 进出口食品安全监管/监督的利益相关方参与度逐步增强

政府更好履行政府职能的重要途径之一是鼓励和推动企业、社会团体和大众参与管理社会公共事务，这是实现社会和谐发展、共同获益的根本出路。发达国家和地区食品安全和质量管理的实践表明，发挥不同社会力量在食品安全质量监管/监督中的作用非常重要。通过社会力量参与食品安全质量监管/监督，使企业、行业协会和公民自觉、积极参与食品安全质量监管/监督，形成全社会参与的食品安全质量监管/监督体系。在进出口食品安全质量监管/监督过程中，我国应借鉴发达国家和地区食品安全质量监管/监督社会共治的经验，树立进出口食品质量安全监管/监督社会共治的理念，建立健全企业、社会团体和公众参与出口食品安全质量监管/监督的体制机制和制度，不断创新和拓宽社会力量参与的方式和渠道，让他们充分参与进出口食品安全质量监督的全过程和各个环节，充分发挥社会力量的重要作用，使进出口食品安全质量监督过程顺利实施，逐步形成各种社会力量参与进出口食品安全和质量监督的社会治理格局。

11.2　我国进出口食品安全质量基础设施现状研究

11.2.1　我国进出口食品安全现状

1. 我国进口食品贸易概况

随着人民物质生活水平不断提升和消费层次逐渐升级，我国食品进口量逐年增加。据 WTO 统计，2011 年，中国已成为全球最大的食品和农产品进口市场。据海关总署统计，2019 年，我国进口食品 14513 万吨，6300.4 亿元，同比增长 3.19% 和 19.74%。在过去五年间，进口食品贸易的年均增长率为 5.7%（图 11-2）。2019 年，我国进口食品的国家（地区）达 178 个，其中前 10 位是欧盟、新西兰、澳大利亚、泰国、印度尼西亚、美国、巴西、加拿大、法国和智利，进口总额 4489.3 亿元，占中国食品贸易进口营业额的 71.3%。2019 年，中国进口贸易额前 9 位的食品类别为：肉类、水产品及制品、蔬菜水果、油脂、粮食及制品、乳制品、饮料、咖啡茶、食糖，总额 5563.1 亿元，占中国进口贸易总额的 88.3%。其中，构成我国居民饮食主体的肉类、乳粉、水产、植物油等食品进口量分别为 460.4 万吨、96.5 万吨、388.3 万吨和 673.5 万吨[26]。

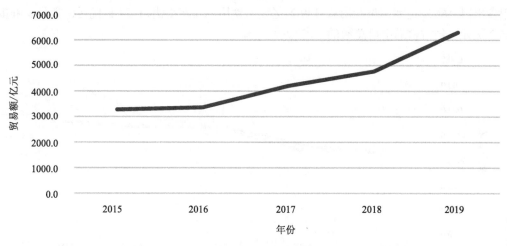

图 11-2　2015～2019 年中国进口食品贸易额
数据来源：国家海关总署统计月报

2018 年，"一带一路"与沿边国家贸易额 760 亿美元，比去年同期增长 12%，高于中国食品和农产品贸易总额增长 4.3 个百分点。相比于总体增速，进出口增速各高出了 1.3 和 5.5 个百分点。"一带一路"倡议下，中国的贸易额以及食品和农产品贸易总额占中国食品和农产品贸易总额的 35.1%，占到总贸易额的 1/3 以上。进口 428.2 亿美元，增长 16.4%，增长 56.3%；出口 331.8 亿美元，增长 6.8%，增长 43.7%；泰国、越南、马来西亚、菲律宾、俄罗斯、印度尼西亚、新加坡占中国出口总额的 90% 以上；印尼、马来西亚、俄罗斯、泰国、越南、乌克兰、菲律宾、新加坡、巴基斯坦和印度是中国食品和农产品进口途中的贸易国。这 10 个国家的进口额占进口总额的 90% 以上，从地理上看，亚洲共建国家的贸易额最高，而欧洲的贸易额较上年增长最快；2018 年粮食和农产品贸易总额为 469.3 亿美元，主要体现在公路和公路倡议上。粮食和农产品贸易总额；与沿途欧洲国家的粮食和农产品贸易额达到 88.3 亿美元，增长 22.9%，年均增长速度最快。

与沿海国家的粮食、农产品贸易额 75.7 亿美元，增长 18.6%；沿线拉美食品和农产品贸易额达 65 亿美元，增长 16.9%；与沿途非洲国家的粮农产品贸易额达到 61.5 亿美元，增长 14.1%；品种方面，2018 年主要有棉花、粮食、食用糖、食用油、蔬菜、水果、畜产品、水产品等[16]。其中果蔬、水产和肉禽出口量占一大半，共建国家中，我国食品出口量占比 21.1%、农产品出口量占比 13.7%。我国的主要进口食品和农产品为肉禽、水产、果蔬以及植物油，热带水果在周边国家进口总额中占比 60%以上，分别占 20.1%、16.4%或 15.6%。从共建国家进口的食品和农产品占总进口量的 12.4%。

2. 我国出口食品贸易概况

据海关总署统计，中国出口食品的数量和种类在加入世贸组织之后日益增多，仅在 2019 年，中国就出口食品 4512.2 亿元人民币，比 2018 年增长 4.4%（图 11-3）。其中水海产品 1401.4 亿元，蔬菜及水果出口 1328.1 亿元，活动物、肉及其肉制品 237.7 亿元，粮食出口 166.2 亿元，茶叶出口 139.2 亿元，食用油及花生出口 74.1 亿元，乳品及鲜蛋 45.2 亿元，约占食品出口总额的 75.2%[27]。

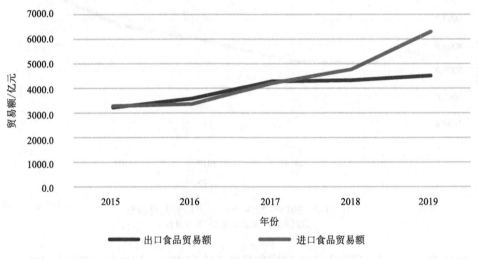

图 11-3　2015～2019 年中国进出口食品贸易额
数据来源：国家海关总署统计月报

近年来，随着全球经济的迅猛发展，各国越来越注重对本国贸易的保护，尤其针对进口产品的相关配额方面，常常设置技术性贸易壁垒来实现对其他国家农产品进入国内的限制，导致了我国农产品类食品的出口难度不断加剧。中国是欧盟食品进口的一个重要来源地，然而欧盟对中国食品的通报数量却一直居高不下。根据全球最大的食品安全信息共享平台之一 RASFF 的数据显示，2018 年欧盟 RASFF 对中国食品通报的总数为 209 例，位列第二，占全部通报总量 3151 例的 6.63%[28]。其中边境拒绝 113 例，占 54.07%，造成了重大经济损失。

仔细查看通报的原因，根据危害类型排序主要有：霉菌毒素超标、农药残留超标、温度等控制不足、某种有害组分或者某些正常成分的含量超标问题出现在食品安全问题中、环境污染物含有或超标、掺假或欺诈、含过敏原或病原微生物或异物、含有转基因食品或新食品、食品添加剂和调味剂含有或超标等。

11.2.2　我国进出口食品安全质量基础设施现状

1. 我国进出口食品安全质量基础设施管理体系

中华人民共和国成立以来，我国建立并完善食品安全管理体制，系列政策措施有力地促进发展了优质的食品安全质量基础设施，技术机构不断壮大，质量基础设施科技水平显著提高。最初我国按照苏联模式成立了中央技术管理局，负责计量和标准工作，1955 年国家计量局的成立标志着中国现代计量的开始[29]，1957 年，技术委员会国家标准化办公室成立，重新成为 IEC 委员会成员。1972 年，国家计量局成为国家标准局的一个分支。1988 年，国家标准局和国家计量局联合成立国家技术监督办公室，初步形成了标准体系、计量体系和质量管理体系。2001 年成立国家质量监督检验检疫局。国家质检总局统一管理许可证委员会和国家标准化委员会。行政主管部门负责本部门和本行业质量基础设施的管理，国家政府质量技术监督部门负责标准的统一管理，本行政区域内的计量、检查和审计。2018 年，国务院调整职能，成立国家市场监管局。查验实行统一管理，海关总署负责进出口安全监督管理。

我国政府历来对食品安全很重视。计划经济时期，食品安全的监管融合在政府各职能部门的日常工作中，进口食品的检验由初期的商品检验部门负责，调整到由卫生部下属的卫生检疫所（进口食品卫生监督检验所）负责。出口食品检验监督管理一开始由商检部门负责，1964 年动植物检疫工作被分离出来，由专门的动植物检疫机构负责。1965 年国务院颁布的《食品卫生管理试行条例》是该时期最高层次的食品卫生管理综合性法规，初步确立了以卫生部门进行主导，同时由食品生产部门和经营主管部门履职的多元食品卫生安全监管格局[30]。

1982 年《中华人民共和国食品卫生法（试行）》，明确规定国家进出口商品检验部门对出口食品采取卫生监督与检验工作[31]。1995 年正式出台了《中华人民共和国食品卫生法》，中国自此正式形成了由卫生部门进行主导的食品安全监管格局。1998 年按照食品的生产、流通、消费环节划分，农业部负责初级农产品生产，质量部门负责食品生产加工，工商部门负责食品周期，卫生部门负责餐饮业和食堂等消费协会，食药监督负责全面监测、统筹管理[20,32]。我国已经形成了以农业部、卫生部、国家工商总局、质检总局等部门为主的食品安全监管体系。2009 年《中华人民共和国食品安全法》实施后，为进一步强化食品安全管理，2010 年成立了国务院食品安全委员会，我国开始步入主体部门统一协调下其他部门负责具体监管阶段。2013 年，自从国家食品药品监督管理局成立以后，生产、流通、消费环节的食品安全问题就有了统一的监督管理，但进出口环节的食品安全监管仍由国家质检总局监管。2018 年，国务院职能调整，海关总署负责进出口食品安全监管工作。在《2019 年中华人民共和国食品安全法实施条例》中，国务院食品安全委员会明确指出，海关总署掌管全国进出口商品检验工作，承担检验检疫工作，依法对进口食品进行监督管理，承担与出口食品有关的工作。

从国家角度来看，明确了质量基础设施的基本要求、发展方向和改革重点，明确了相关法律制度，特别是"十二五"以来，党中央、国务院印发了《关于深化体制机制改革，加快实施创新型发展战略的若干意见》，《国家科技创新"十三五"规划》、《国家中长期科学技术发展规划纲要》、《国家创新型发展战略纲要》和《公路、铁路倡议的愿景和影响》，加快发展优质基础设施。

从区域角度来看，各地制定了质量、计算、发展规范或指导意见，提高标准化建设水平。优质基础设施在促进区域经济升级、改善官方管理能力、促进高水平对外开放等方面的作用越来越受到重视。

2. 中国进出口食品安全质量基础设施法律法规体系

我国质量基础设施的立法主要体现在《计量法》《标准化法》《认证认可条例》系列相关法律法规中。食品安全法规 850 余件，明确了监管部门的职责，完善食品安全立法和相关制度。安全监督管理和法律责任。生产和活动的一部分是对食品的原料、生产、加工、包装和销售的法律监督；安全监测与管理应包括食品安全风险评估与监测、食品标准组成、安全控制、事故检测、食品问题等[33]。法律责任体系包括民事责任、刑事责任和行政责任，是落实食品安全司法制度的重要保障[34]。《食品安全法》是食品安全立法和法规的主体。它借鉴了发达国家和地区的先进立法经验，充分尊重我国的基本国情，建立了风险监控制度，把消极治理转变为可预防的事前主动管理方式。《食品安全法》权威性地界定了有关于食品安全的法律条件，它对以往实践操作中的具体问题，提供了更有针对性的操作指导。另外《食品安全法》就安全标准方面，规定了一套从国家到地方再到商业的垂直标准体系，并鼓励地方与商业标准要在国标基础上做到更加严格，类似于欧盟食品安全局和其他成员国的安全标准体系，让我国食品安全切实得到系统和全面的保障。

为加强食品安全监管，修改后的《中华人民共和国食品安全法实施规定》要求国家和政府建立一致有效的监管体系，加强监管能力和现场监督检查水平，完善举报成本制度，严厉惩罚不合法生产经营和建立不公平待遇共同犯罪机制；修订后的条例旨在进一步细化和落实食品安全立法，解决实际问题，为促进地方各级政府和政府有关部门承担食品安全监管责任提供了有力的保障和依据。我国食品安全与质量基础设施管理法律体系主要由各种法律法规和司法解释组成。

现行各类法律中共有 14 种与进出口食品安全相关，分别是：《中华人民共和国食品安全法（2019 年修订版）》《中华人民共和国进出口商品检验法（2018 年修订版）》《中华人民共和国进出口动植物检疫法（2019 年修订版）》《中华人民共和国国境卫生检疫法（2018 年修订版）》《中华人民共和国农业法（2013 年修订版）》《中华人民共和国计量法（2018 年修订版）》《中华人民共和国消费者权益保护法（2014 年修订版）》《中华人民共和国产品质量法（2018 年修订版）》《中华人民共和国行政处罚法（2018 年修订版）》《中华人民共和国行政许可法（2019 年修订版）》《中华人民共和国农产品安全质量法（2018 年修订版）》《中华人民共和国突发事件应对法（2007 年版）》《中华人民共和国标准化法（2017 年修订版）》《中华人民共和国行政复议法（2017 年修订版）》《中华人民共和国刑法修正案（2017 年版）》[30]。

中国进出口食品安全行政法规随着社会发展以及法制健全，一直在不断更新以及增加中，就国务院指定的行政法规而言，目前现行的有 29 条，涉及面涵盖了目前进出口食品安全的各个方面。既有具体类别产品的行政法规，如乳制品、盐业、地沟油，也有涉及生产环节、社会层面的行政法规，如突发公共卫生事件应急条例等。具有代表性的食品安全行政法规有《食品安全法实施条例》《中华人民共和国进出口商品检验法实施条例》《中华人民共和国进出境动植物检疫法实施条例》《中华人民共和国国境卫生检疫法实施细则》《中华人民共和国进出口货物原产地条例》《中华人民共和国认证认可条例》《农业转基因生物安全管理条例》《农药管理条例》等。各个部委发布的食品安全规章和规范性文件有《新资源食品卫生管理办法》《食品卫生行政处罚办法》《进出口乳品检验检疫监督管理办法》《进出口肉类产品检验检疫监督管理办法》《进出口水产品产品检验检疫监督管理办法》等。

由于整个进出口食品安全涵盖产品种类非常庞大，而其中所需要细分的支路产品又很多。以水产品的法律法规体系为例，与水产品质量安全相关的法律包括《食品安全法》《农产品质量安全法》《产品质量法》《农业法》《渔业法》《进出口商品检验法》《进出境动植物检疫法》《国境卫生检疫法》《动物防疫法》《标准化法》《计量法》《环境保护法》《水污染防治法》《海洋环境保护法》《行政许可法》《商标法》《消费者权益保护法》《野生动物保护法》等近 20 部法律。

行政法规中涉及水产品质量安全的主要有《中华人民共和国食品安全法实施条例》《中华人民共和国进出境动植物检疫法实施条例》《中华人民共和国渔业船舶检验条例》《中华人民共和国进出口商品检验法实施条例》《中华人民共和国标准化法实施条例》《饲料和饲料添加剂管理条例》《中华人民共和国农药管理条例》《中华人民共和国兽药管理条例》《中华人民共和国认证认可条例》《突发公共卫生事件应急条例》等。国家卫计委、农业农村部、市场监管总局、商务部、海关总署、认证认可监督管理委员会、经济贸易委员会、国土资源部所属的海洋局和环境保护部等国务院部门或直属机构都是关系到水产品质量安全问题的，其公布的一些部门规章，也都是与水产品质量安全相关的。

从食品质量和基础设施质量整体效能来看，虽有这些法律法规，但我国食品质量基础设施法律体系还需完善，比如，《计量法》亟须修订，为进出口食品安全提供高效率的法治保障。联合国工业发展组织（UNIDO）的国际示范文件是发达国家和地区质量基础设施立法的经验总结，也是广大发展中国家完善质量基础设施立法的重要参考。我们要全面审查现有质量基础设施立法中的缺失和不足，汲取发达国家和地区先进经验，促进政府与市场之间良好公私合作伙伴关系的法治建设，为质量基础设施体系的现代化和国际化提供法律依据。

3. 中国进出口食品安全标准体系

由国家食品安全委员会联合引领的中国食品安全标准。本部门、本行业的食品标准化工作由卫生计部门和国务院有关行政部门负责，其分工结构合理，整体结构十分完整。主体包括企业、政府、行业协会和消费者。

标准食品安全体系是在体系和标准化规则下，分析食品生产、加工、流通、消费等环节的风险，控制的综合安全评价标准。在"从农场到餐桌"的整个食品过程中，影响食品安全和质量的任何相关因素，建立系统、科学、合理的有机食品安全体系，充分利用相关要素之间的相互关系，提升我国食品安全总体水平，确保食品安全总体水平。

截至 2020 年 10 月，我国食品安全标准共 1311 项，涉及 2 万多项食品安全指标，涵盖日常消费所有食品品种。

中国标准分为国家、行业及地方标准，在实际的食品安全控制中，标准食品体系的约束力可分为限制性标准和推荐性标准。涵盖了四大类食品安全标准：通用标准、产品标准、生产经营标准和验证方法。

（1）通用标准：主要包括《食品安全国家标准　食品添加剂的使用》（GB 2760—2014）、《食品安全国家标准　食品中真菌毒素限量》（GB 2761—2017）、《食品安全国家标准　食品中污染物限量》（GB 2762—2017）、《食品安全国家标准　食品中农药最大残留限量》（GB 2763—2016）、《食品安全国家标准　食品中致病菌限量》（GB 29921—2013）[35]、《食品安全国家标准　食品营养强化剂的使用》（GB 14880—2012）、《食品安全国家标准　预包装食品标签通则》（GB 7718—2011）、《食品安全国家标准　预包装食品营养标签通则》（GB 28050—2011）等，通用标准包括术语标准、图形符号、代码标准、食品分类标准、食品流通标准等。

（2）产品标准：参照食品、食品添加剂及食品相关产品标准，如 GB/T 20712—2006 火腿肠、GB 1886.6—2016 食品安全国家标准《食品添加剂用硫酸钙》、QB/T 2967—2008《饮料用洗瓶机》等。

（3）生产经营标准：可分为控制关键点与分析危害（HACCP）体系、生产食品质量安全管理规范（GMP）、食品生产卫生标准。主要包括食品生产（经营）卫生标准、食品添加剂生产卫生标准、食品相关产品生产卫生标准、餐饮经营卫生标准、危险源控制指南等，如《食品安全国家标准》（GB17404—2016）、《食品生产卫生扩大标准》等，《餐饮烹饪和油炸操作规范》（SB/T 1168—2016）、《肉制品生产中 HACCP 应用规范》（GB/T 20809—2006）等。

（4）检验方法和标准：包含检验微生物方法和标准[36]，如 GB 4789.1 食品安全国家标准《食品微生物检验通则》、《食品理化检验方法和标准》，GB 500 食品安全国家标准《食品中铝的测定》《食品卫生毒理安全评价程序和方法》，GB 15193 食品安全国家标准《食品安全毒理评价程序》[37]、《寄生虫检验方法》，Sn/T 1748《进出口食品寄生虫检验方法》等[38]。

食品安全标准基本能够满足安全控制和管理的目标要求。食品安全标准主要包括以下内容：食品与食品周边中有害物质含量的限制[39]；添加剂使用标准；婴儿群体基础营养以及其他主食与辅食；食品安全要求说明与标签；生产食品的卫生标准；食品质量安全标准[40]；管理食品的方式兼流程：这包括农产品生产区的环境、灌溉水的质量和农业投入的合理使用、动植物检疫规则、良好的农业做法，农药、兽药、食品、食品添加剂和用途等污染物和有害微生物的最高限量[41]、包装食品材料的健康要求、具体营养标准、食品标签标准和食品安全生产过程管理控制标准，以及食品控制方法和标准，包括食品、油、水果和蔬菜及其制品、乳和乳制品、肉、蛋和制品、水性织物、饮料和酒精饮料、香料、婴儿食品和其他食品以及加工食品，包括食品生产和加工的所有环节，从流通到最终消费，比如水生植物的质量有很多相关标准。机械和渔具。由技术委员会组成淡水养殖是国家水产品标准化委员会的一部分，该委员会是国家水产品标准化技术委员会的一部分它涉及负责淡水养殖技术标准化技术工作的国家标准化机构。

农产品质量安全可概括为两层含义：首先是农产品的品种、规格、质量等特性要严格遵守标准或者要求；其次是农产品质量要符合人和环境质量的要求和安全风险水平。如图 11-4 所示。

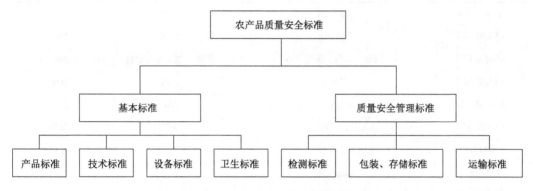

图 11-4　农产品质量安全标准模块

2016 年 1 月以来，农业领域国家和行业标准 9932 项，其中国家标准 4503 项，行业标准 542 项，农药残留国家标准 3650 项，兽药残留 113 项，饲料安全标准 52 项，141 项转基因安全标准和 547 项其他安全标准。重点关注农产品消费安全，重点关注农兽药残留限量和控制方法，制定 284 种食品中 387 种农药限量 3650 个，禁用和限制兽药 135 种，制定限量 1548 个，提出了相应的检测方法和标准；以食品安全为主题，结合农产品优势实现区域布局规划，对主食产品、特色果蔬、畜禽等特别设立了针对性的产品标准；结合安全的生态农业，转基因生物安全检测标准得以制定和外来入侵防控标准也成功建立；通过控制生产过程，制定了一系列环境标准和过程控制技术标准。目前，我国日常食用的动植物性食品的质量安全标准基本均已建立，其中 90.6% 的农药残留达到或超过 CAC 标准。

4. 中国进出口食品安全计量体系

计量学是科学技术的基础，是认识世界的工具，是社会发展的基石。食品安全计量保证了食品测量的计量溯源性，为食品安全检测提供了准确的溯源源头、校准了食品安全测量仪器，保证了食品安全检测的国际等效性和国内测量结果的准确、一致、有效。

1) 食品安全测量的国际比对

为了实现国际上测量结果的一致，基于 1999 年各国计量院院长签署的计量标准互认协议（MRA），各国计量院积极参加国际比对，涉及食品领域的比对不断增加。自"鱼油中 PP DDE"国际计量局物质量委员会（CCQM）和亚太计量合作组织（APMP）组织的食品基质 CCQM-K5 第一次国际比对之后，2011 年中国计量院首次牵头组织了

CCQM-K21 "鱼油中的 DDE 农药"国际计量比对。此后,中国计量科学院先后参加了 9 次来自中国的重点比对,并于 2012 年牵头组织了"CCQM-K103 奶粉中三聚氰胺"关键比对。我国参加食品领域有机物质国际比对情况可见表 11-2。

表 11-2　食品基体国际计量关键比对统计表

比对编号	分析物	食品基体	比对时间（年）
CCQM-K5	p,p′-DDE	鱼油	1999
CCQM-K21	p,p′-DDE	鱼油	2001
CCQM-K62	叶酸、烟酸、维生素 A	婴幼儿/成年配方奶粉	2007
CCQM-K81	氯霉素	猪肉	2009
CCQM-K85	Malachite Green	鱼肉组织	2010
CCQM-K95	β-硫丹、硫丹硫酸盐	茶叶	2012
CCQM-K95.1	苯并[a]蒽、苯并[a]芘	茶叶	2015
CCQM-K103	Melamine	奶粉	2012
CCQM-K138	黄曲霉素	无花果	2016
CCQM-K141	恩诺沙星、磺胺嘧啶	牛肉组织	2016
CCQM-K146	苯并[a]芘	橄榄油	2017
APMP.QM-S6	克伦特罗	猪肉	2013
APMP.QM-S8	苯甲酸、尼泊金甲酯、尼泊金正丁酯	酱油	2015
APMP.QM-S11	α-六六六、林丹	人参	2016

注: 表中数据均来自国际计量局 KCDB 数据库, https://kcdb.bipm.org/

我国参加了几十次食品无机元素国际比较。有统计表明,自 1998 年以来,共组织了 69 次国际食品无机元素比较,存在 26 次对比 K 元素,P 元素比较 43 次。食物基质包括大米、牛肝、麦子、奶粉、红酒、饮用水、鱼类（金枪鱼、鲑鱼等）、甲壳类、蜂蜜、大豆、西红柿等。比较多为组分对,被测元素有 Pb、As、有机砷、Hg、有机汞、Cd、Ni、Se、Sn、I、Fe、Cu、Zn 等。此外,还对红酒中的 Sr（P105）、蜂蜜中的 C（K140）和氨基酸中的 C（P75）同位素组成进行了比较。从食物基质角度看,以饮用水比较最多,共 13 次（含钾 5 次、磷 8 次）,待测元素包括铅、镉、镍、硝酸盐、汞、铬等；其次是红酒,共比较 6 次,待测元素为 Pb（K30,K30.1,P12）、Zn/Cu/Cd（P12.1,P12.2）、Sr 同位素（P105）。一般来说,待测元素主要是有毒有害元素,包括铅、镉、汞、砷等。

我国的测量能力不断增强,截至 2018 年 6 月,国际计量局 KCDB 数据库收录了 622 种食品安全标准物质和基本测量能力（CMC）,中国获得了 139 种基本食品测量能力（K）。其中有 56 种 CMC 有机食品分析元素,目前我国在食品领域已具备基本的有机分析能力,主要包括鱼油、鲑鱼等复杂食品基质中有机农药、多氯联苯和三聚氰胺残留量的测定,浓缩苹果汁、奶粉等兽药、食品添加剂、维生素残留未纳入；在我国无机食品领域获得的 52 种 CMCs 中，奶粉中的 14 种 CMCs 包括 K、Na、Mg、P、Cl、Fe、Cu、Zn、Se、Pb、Cd 等；8 种大豆粉中铁、铜、锌、钙等元素含量均高于其他品种；小麦粉中铅、镉、铬的含量均超过小麦粉；三种玉米粉中 Pb、Cd、Cr 含量均高于对照；8 种牡蛎中 As、Fe、Zn、Ca、Se、Cu、Pb、Cd 的含量均高于其他牡蛎；测定了黑木耳 6 个品种的铁、锌、钙、铜、铅、镉含量。各国的校准测量能力包括食品的校准测量能力均在国际计量局 BIPM 的网站 KCDB 数据库中展示。

2）食品安全标准物质

标准物质是食品检测中建立计量溯源链的主要组成部分。

图 11-5 展示了标准物质在测量中所起的作用。标准物质与参考方法是化学测量系统的重要和主要组成部分，是化学测量保证测量结果准确的基础，是质量控制的重要手段。图中最上面是国际计量单位制（SI），国际单位制应包括使用规则、基本单位和衍生单位。标准物质（reference material，RM）：是一种已经确定了具有一个或多个足够均匀的特性值的物质或材料，是分析测量中的"量具"，具有校准测量仪器和装置、评价测量方法、测量物质或材料特性值和考核人员的作用。标准物质特性量值具有准确性、均匀性、稳定性的特点。标准物质是量值的载体，具有量值传递性，是计量标准，保证了测量溯源性。标准物质的特性值的准确度是划分级别的依据，不同级别的标准物质对其均匀性和稳定性以及用途都有不同的要求。我国的国家标准物质通常分成一级标准物质和二级标准物质。一级标准物质和参考方法（有时也称为基准方法），通常作为国家基准。

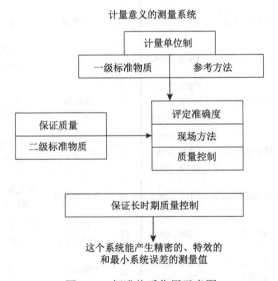

图 11-5　标准物质作用示意图

标准物质按特性分为五大类：①化学成分类：标准物质，纯的化合物或是有代表性的基体样品，天然的或添加（被）分析物的（如用作农药残留分析的添加了杀虫剂的动物脂肪），以一种或多种化学或物理化学特性值表征。②生物和临床特性类：以一种或多种生化或临床特性值表征，如酶活性。③物理特性类：以一种或多种物理特性值表征的标准物质，如熔点、黏性和密度。④工程特性类：以一种或多种工程特性值表征的标准物质，如硬度、拉伸强度和表面特性。⑤其他特性。

食品安全计量体系中的标准物质主要用于仪器设备的校准和校准、计量方法的性能评价和分析结果的可靠性证明。食品检测实验室常用的标准物质包括无机元素（铅、汞、镉、砷、氟、铜等）和有机物质（如多氯联苯、脱氧雪腐镰刀菌烯醇等、非法添加或禁止使用的物质如邻苯二甲酸酯、甲醛硫酸钠、克伦特罗等）。标准物质有纯度标准物质或基体标准物质，比如茶叶、奶粉、肉粉、鳗鱼粉等标准物质。

自 2018 年 6 月以来，我国已有一级和二级食品标准物质。基质标准物质只有 96 种，其中有机标准物质有 24 种（33 种）。食品基质标准物质包括鱼类、食用油、奶粉、肉类、饮料等食品基质，特征成分主要包括多环芳烃、有机氯农药、维生素、食品添加剂等，兽药残留、脂肪酸、有害残留物等，详见表 11-3。

表 11-3　我国食品基体有机物分析用基体标准物质汇总

序号	基体	目标物	标物号	序号	基体	目标物	标物号
1	蛋黄粉	胆固醇	GBW 10030	13	花生油	脂肪酸	GBW（E）100122
2	婴幼儿配方奶粉	烟酰胺（维生素 PP）	GBW 10037	14	葵花籽油	脂肪酸	GBW（E）100123
3	三文鱼	多氯联苯 PCBs	GBW 10040	15	玉米油	脂肪酸	GBW（E）100124
4	金枪鱼	多氯联苯 PCBs	GBW 10041	16	芝麻油	脂肪酸	GBW（E）100125
5	鱼油中	多氯联苯 PCBs	GBW 10042	17	鲅鱼	有机氯农药（8 种 OCPs）	GBW（E）100129
6	奶粉	三聚氰胺	GBW 10059 GBW 10060 GBW 10061	18	海鲈鱼	多环芳烃（6 种 PAHs）	GBW（E）100130
7	蜂蜜	5-羟甲基糠醛	GBW 10080 GBW 10081 GBW 10082	19	鳕鱼	指示性多氯联苯 20 种 PCBs	GBW（E）100131
8	浓缩苹果汁	拟除虫菊酯类农药	GBW 10084	20	多维元素片	烟酰胺、维生素 B1、B2、B6	GBW（E）100228
9	奶粉	氯霉素	GBW 10085	21	婴幼儿配方奶粉	烟酸、维生素 B1、B2、B6	GBW（E）100227
10	橙汁	苯甲酸、安赛蜜、糖精钠	GBW 10110 GBW 10111	22	猪肉粉	克伦特罗	GBW10135
11	大豆油	脂肪酸	GBW（E）100120	23	鱼肉粉	氯霉素	GBW10136
12	菜籽油	脂肪酸	GBW（E）100121	24	苹果醋	安赛蜜、山梨酸、日落黄	GBW10137 GBW（E）100370

数据来源：国家标准物质资源共享平台，http://www.ncrm.org.cn

食品安全与营养受到食品无机元素的影响。铅、镉、铬、汞、锡被大家认可的有毒害元素，而铁、铜、锌、钙、硒等是有益于人体健康的元素。食品中可以实现无机分析的标准物质有标准溶液/纯标准物质与基体标准物质[42]，第一类是食品分析溯源链中最直接的环节，而第二类主要用于食品分析方法质量的确认和控制，以保证食品分析过程后续环节的有效性和连续性，我国无机食品行业分析用的认证标准物质相对较少。在资源的结构和质量上存在一些问题，如标准物质解决方案多、基质标准物质少、基质类标准物质所占范围小等。

目前，国家一、二级食品基质无机成分标准物质包括：《食用盐碘分析用标准物质》（GBW 10006—10008）、《茶叶成分分析用标准物质》（GBW 07605）、《面粉中稀土元素分析标准物质》（GBW 08503a）、GBW 08509a、GBW 8517、GBW（E）100197 和 GBW（E）100198；GBW（E）100199《南瓜粉成分分析标准物质多元素》。

我国食品相关的一级标准物质 183 种，二级标准物质 569 种，食品检测中国的实验室研究和食品研究结果的可靠性和可比性显著提高。但是，由于食品研究的复杂性和可变性，食品安全标准物质和基本测量可能性仍不能满足需要。处于初级阶段，广大食品安全测验人员的主要目标是加快发展食品安全计量工作。

5. 中国进出口食品安全合格评定体系

根据 WTO/TBT 对合格评定的定义："第一方声明、第二方接受、第三方认证和认可"以证明符合有关技术法规或标准的活动。一般来说，合格评定主要包括检验和认证。检验：ISO/IEC 指南 2:1996 将"测试"定义为"一种技术操作，包括确定给定产品 ISO/IEC 指南 2:1996 将"检验"定义为"通过观察与判断，甚至在必要时采用测量和试验进行的合格评定"[43]。本研究所用的"检验与检测"是一个复合词，包括检验与检测，是指"按照有关标准、规程和一定的试验方法对样品进行技术操作"。在检验过程中，产品及产品设计、工艺程序或安装必须符合特定要求。正常来说，管制货物进出口，以确保测试范围从无损检测到破坏性分析都包含到。认可评定代表认可部门交付的产品、服务、过程、组织或个人，经验证和评价后，是否符合标准条件的正式认证。

ISO/IEC 指南 2，将"认证"定义为第三方采用书面证明形式，对产品、过程或者服务符合特定要求的程序。《中华人民共和国认证认可规定》第二条规定："认证"是指认证机构为证明产品、服务和管理体系符合有关技术规范而进行的合格评定活动，其主要任务是为市场或消费者提供符合标准和技术规范要求的生产服务和系统管理信息。

认可是指对认证机构、实验室与检测台机构的能力或资格的正式认可[35]，检验机构和评审员（包括质量体系审核员和检验机构评审员）由权威机构（或官方机构）按程序（ISO/IEC 导则 62）认可，我国认证认可条例中的定义是"认可机构认可从事认可和审核活动的认证机构、检验机构、实验室和人员的能力和职业资格的符合性评定活动"。就狭义层面上看，认证认可是基于规定标准与技术法规的合格性评定活动，区别在于对不同对象开展评定活动。认证的对象是从事认证、测试和检验活动的组织或雇员。认证活动基本上不仅包括对产品或服务的评价，还包括对组织和雇员的评价，认证涉及认证活动，即"认证"，因此认证的广义概念也可以认证。认证认可作为一种国际性、社会性的质量管控手段与促进贸易便利的工具，可以通过共同的"技术语言"，确认产品质量，建立商业伙伴之间的信任，帮助企业融入全球供应链，提升供应链的价值。

我国合格评定国家认可委员会是一个认可机构，由国家认证认可监督管理机构按照《中华人民共和国认证认可规定》设立和批准[36]。推动按照有关标准和标准建立合格评定机构，推动合格评定机构通过公平行为和科学手段，为社会提供准确且有效的服务。

国际认可论坛是一个国际合作组织，由世界范围内的合格评定认可机构和其他相关机构组成，在管理体系、产品、服务方面开展合格评定活动，IAF 承诺在全球范围内建立一个独特的合格评定体系，为了通过确保认可证书的可信度来降低公司及其客户的风险，IAF 认证机构的成员应指定认证机构。认证机构向被认可的组织颁发认证证书，以证明其管理体系、产品或员工符合特定标准（此类活动称为合格评定）。

加入世贸组织后，中国建立了单一的合格评定体系和管理制度，国务院设立了中国认监会，统一管理、监督和协调国家认证认可工作。国家认监委按照"单一管理、共同实施"的原则，建立了认证体系、认可体系、检测机构资质认定体系、进出口食品企业注册登记制度、国境卫生检疫"三检合一"，形成了既符合国际规则又具有中国特色的合格评定体系。目前，我国已有各类检验检测认证机构 3.1 万余家，全行业共有从业人员 94 万多人。共拥有各类仪器设备约 45 万台套，实验室面积 5000 多万平方米，累计颁发各类认证证书 154 万余张、出具检测报告近 8 亿份，检验检测认证产值达 1800 亿元，颁发证书和获证组织数量居世界第一[44]。截至 2018 年，122 个国家建立了认可体系；目前一些欠发达的国家也在逐步建立认可体系，在把实验室认可作为一种保证实验室检测能力的技术手段。分布在 101 个国家的 92 个评价部门签署了国际法协会多边互认协定。实验室检测结果在这些国家和地区得到广泛认可，迄今为止，已签署国际多边互认协议的国家共有 6600 多个认可机构、58000 多个实验室和 9500 多个检验机构。我们国家认可的所有的检验检测机构的总量占到了全球的 1/8，排名第一。

在进出口安全管理方面，国家市场监督管理局下设 35 个直属检验检疫部门、280 个分支机构、170 个核心检验技术中心、300 多个食品检验实验室、2 个科研院所，从事食品检验分析工作的专家 6000 余人，经过多年的建设和发展，我国已形成了一个门类齐全、功能齐全、操作规范、具有一定权威性和影响力的进出口实验室技术支持体系。国家实验室作为中央区域实验室的骨干实验室和常规实验室。

2001 年以来，在国家认证认可监督管理机构的领导下，我国基本形成了具有中国特色的食品安全认证体系，强制认证和自愿认证体系，标准一致的认证体系，建立了检测机构资质管理制度、食品安全市场准入制度（QS 认证）和食品安全认证制度。进口食品生产企业应当进行卫生注册，形成完整的合格评定体系。

目前我国食品农产品认证有生态食品认证、无公害农产品认证、危害分析与关键控制点（HACCP）、体系认证、良好农业规范（GAP）、良好生产规范（GMP）和有机产品认证、食品安全管理体系认证等十大类。

截至 2021 年 3 月 10 日，CNAS 认证的食品检测实验室有 1233 个。中国共颁发了 150 万个有效认证证书、约 10000 个认证证书及对检查和测试机构的 40000 个资格证书。认证证书和认证机构的数量在 10 年以上占据世界第一。中国有 31000 多个检查和认证机构，整个产业有 94 万多名员工。颁发证书和获得认证的组织数量占世界第一。中国有绿色食品认证、无公害农产品认证等 10 种食品及农产品认证[45]。

目前，中国已加入所有与认证相关的国际组织，并在国际认证协会、国际认证论坛、太平洋认证合作组织等国际认可度较高的认证组织的各部门中担任检测管理等职务，在国际检测标准等方面发挥着重要作用。同时，推进建立了国际标准下的国际互认体系的国内运行机制，促进了国际互认成果的相互转化，我国的认证认可行业的国际化水平不断提高。

一次检验的全球认证标准，是国际认证实验室认可合作组织的共同目标——在全球范围内制定统一的实施合格评定的国际标准，推进构建全球合格评定能力的信任平台，从而降低各方参与者的风险。

6. 中国进出口食品安全监督机制

2013 年 3 月，我国逐步开始实施食品安全监管体制改革调整，国家质检部门负责口岸管理。口岸检验合格后再进入中国市场，食品药品监管部门负责监管，进口食品安全监管仍为分段式逐层管理模式。2018 年，中国继续推食品行业安全监管体系改革。中国海关总署负责进口食品安全监管职能替代原国家质量监督检验检疫总局。中国海关总署成为改革后新的国外进口食品安全的监督管理机构。食品通过口岸检验后再进入国内市场后，由国家市场监督管理局负责。食品安全的监管以抽查为主的方式进行，在进口食品监管中起到警示示范的作用。2018 年，国家市场监督管理局正式揭牌成立，其负责全国食品安全的监督管理及协调。对食品生产和流通进行全过程监管，开展食品安全风险监测预警及风险沟通。由此，国内安全监管已经做好了法治建设和治理体系的充足准备，食品安全监管形势逐步完善。

作为 2018 年大部分改革的一部分，我国在农村地区建立了一个多部门监测系统，负责初级农业产品安全、公共采购监督总局、国家粮食安全和卫生委员会，负责监测和风险评估。然而，监管机构之间的协调和利益冲突仍然存在。一方面，虽然三重审查方案强调市场监督总局需要加强与其他部委的协调和联系，但改革期较短导致政府内部采取了更加统一的协调形式，而且缺乏专门机制另一方面，根据各种利益考虑，中央政府在粮食政策协调、宣传和信息协调过程中仍然存在问题，例如中央要求地方当局提供政治咨询意见以及地方当局在宣传过程中持有保留意见，这导致工作效率低下。为此，一方面可以借鉴加拿大的做法，另一方面可以丰富政府内部的协调安排。通过合作备忘录、行政协定等明确协调合作领域的分工，制定更为具体的执行程序，澄清争端解决程序，提高业务和规范的一致性。第二，协调活动需要及时反馈和后续行动。协调活动可通过审计或定期会议加以监测和反馈，并纳入部门业绩评估，以确保其切实执行。根据世界卫生组织的有关协定、有关国际标准以及其实施条例等法律法规，中国建立了全面的出口食品安全监督机制《进出口食品安全管理条例》规定了进出口食品安全管制的系统规则和要求，该条例的实施为某些类别的食品安全建立了特别检查、检疫和管制制度在中国进出口食品安全监管中，规定实行注册备案管理；强调进出口食品经营者的责任和义务；对监管人员的资格进行规定；实施风险管理措施；食品召回的规定；以及进出口食品安全相关各方的法律责任。

关于进口食品，有三个渠道：入境前检查、入境检查和入境后监督。在出口食品方面，已经建立了一个质量和安全管理系统，涵盖从实地生产食品原料、监督工厂加工过程到出口前取样和检查的整个过程。然而，进口食品的质量是不断变化的，进入流通消费等监测链后，安全风险可能继续存在。因此，有必要改进食品和药品质量检查和管制制度之间的协调机制，并在港口检查和流动消费管制之间建立透明的接口，以加强对进口食品消费链的监测。

近年来，检测机构统计发现，中国进口食品不合格的主要原因有质量差、证书不合格、标签不合格、食品添加剂使用超标、微生物污染、包装不合格、检疫不合格等。

1）进口食品监管存在的问题

近年来，我国食品进口量逐年增加，给中国检验检测带来了新的挑战，新物种、未知病毒、新贸易和物流形式的出现，使得进口粮食安全的检测和控制更加困难。中国虽然有全面的粮食安全管理体系，但预警系统中国进口食品监管存在的问题主要表现在三个方面：

进口食品无法做到食品生产全过程监管。从近年来在国外发生的几起重大粮食安全事件来看，粮食安全已成为一个源头控制问题，甚至在饲养或种植植物之前对原材料进行检查也造成了问题，最终影响到粮食本身进口食品只能从检查监督下的成品检查开始，并根据进口食品公司提供的相关工厂证书和卫生检查报告作出全面决定。对于进口食品，不可能监督整个食品生产过程。

进口食品的标准要求低。进口食品的门槛低、项目参数少、要求有限和检测标准不足是主要问题。目前，中国十多年前仍采用食品检验标准和部分检验方法，不适应中国进口食品安全法规的情况。关于农药残留，《中国食品安全法》载有 109 种食品、蔬菜、水果等农药残留 291 项指标。但《国际粮食守则》载有 2439 项农药残留指标，涵盖 176 375 种食品。食品法典安全委员会的检验标准还包括关于原料的质量、产品的储存以及运输条件和产品包装等问题，但其不满足中国的食品检查标准。

进口食品的门槛低、项目参数少、要求有限和检测标准不足是主要问题。中国十多年来仍采用食品检验标准和部分检验方法，不适应中国进口食品安全法规的情况。关于农药残留，《中国食品安全法》载有 109 种食品、蔬菜、水果等农药残留 291 项指标。但《国际粮食守则》载有 2439 项农药残留指标，涵盖 176 375 种食品。食品法典安全委员会的检验标准还包括关于加工原料质量、产品储存标准、产品运输条件和产品包装的具体要求，但不在中国食品检验标准的范围之内。

标准物质数量少、配套性差。对于各种各样的进口食品来说，迫切需要在测试中使用标准物质，但目前标准物质的数量很少，不足以满足需求。

2）出口食品存在的问题

食品检测标准存在差异。食品检验标准存在差异。例如，黄曲霉毒素被世界卫生组织列为严重致癌物，存在于土壤和植物及各种坚果中，尤其是花生大豆等谷物制品中黄曲霉毒素 B1 的检测限值为 20 μg/kg，而欧洲联盟将花生中黄曲霉毒素 B1 的检测限值定为 8 μg/kg，两个中欧国家的检测限值不同。

标准物质技术匹配性亟须提升。食品安全标准物质具有多种特性、基材和干扰因素以及多种特性。因此，标准物质的特有属性必须与常规测量的样品水平，以及标准物质特性数量相关的不确定性水平相一致。

进口国或地区的认证要求与我国要求不同。各国的贸易保护的限制越来越强，当外国客户要求中国出口企业，特别是食品出口企业满足国家法律法规等要求时，认证的复杂性大大增加。中国虽已成为 21 个国际认证和认证组织的成员，但已签署 13 项多边相互认证协定和 110 项双边相互合作协定，相当于 100%达到 35 项国际认证和检查标准。但是，在中国食品进入不同国家市场的国家，许多国家的企业都要求外国机构的认证。目前，国际上比较常见的食品认证分为四类：HACCP，ISO9001 体系认证；以有机食品和非转基因类食品为代表的认证；美国食品和药品管理局代表的国家认证——GOST 认证和日本 JAS 认证；以 halal 证书和犹太证书为代表的宗教认证等。此外，由于顾客的要求，例如沃尔玛要求虾生产商获得美国水产品的自愿认证，一些自愿认证成为强制性的。这也引起了双重认证的问题。

11.3　我国进出口食品安全质量基础设施的未来机遇与挑战

在前期调研的基础上，进一步分析从生产到消费的食品安全过程、关键因素及其相互关系，分析制约因素，并为我国的食品安全质量基础设施提出未来的机遇和挑战。

11.3.1　"一带一路"共建国家进出口食品安全质量

1. 我国与"一带一路"共建国家食品贸易概况

首先是贸易规模。据商务部统计，2017 年我国食品农产品进出口总额 220 亿美元，比上年增长 6.9%，其中 458 亿美元是与"一带一路"共建国家和区域的贸易量，比上年增长 6%，占比 22.9%，远高于中欧农产品贸易和中日农产品贸易的 11.7%和 5.5%。这一比例也远远高于中国与美国这一农业贸易第一合作伙伴之间 15.9%的贸易额。特别说明的是，中国与东盟十国农产品贸易额 298.8 亿美元，占中国与"一带一路"共建国家贸易的 69.8%，中国与印度、乌克兰的贸易也十分重要。关于食品贸易地区产业结构特点，我国与"一带一路"的周边各区域国家 2017 年食品交易额见表 11-4。从表 11-4 中可以看出，2017 年中国与"一带一路"沿线六大地区的农产品贸易额与距离有关，随着地理距离增大，贸易额逐渐减少。2017 年，中国对"一带一路"共建国家的农产品贸易顺差约为 8 亿美元，进口总额为 225.5 亿美元，出口总额约为 235.5 亿美元。进出口总体上比较平衡，这决定了我国与这些共建国家的农产品贸易格局[46]。另外，贸易分布很不均匀。中国与"一带一路"沿线的东盟国家贸易额占比最大,目前已与我国互为最大贸易伙伴。具体到国家来看,我国与马来西亚、印度尼西亚、泰国、越南的农产品贸易额占到了该区域的 80%。从产品结构来看,我国主要出口蔬菜、水果、水产品、食糖、畜牧产品、饮料、油籽等。主要进口植物油、水果、粮食、水产品、红薯、食品、棉花、饮料等。一般来说,这些产品技术含量低,附加值低。比如,大米是柬埔寨出口的重要产品。柬埔寨大米出口单一窗口服务局发布的报告显示,2020 年上半年柬埔寨成品米出口量为 397660 吨,比上年同期增加了 41%。出口前五位的国家是中国、法国、加蓬、马来西亚和荷兰。自 2016 年以来,中国成为柬埔寨大米的头号买家。2020 年上半年柬埔寨向中国出口大米 147949 吨,同比增加 25%。中国市场占到柬埔寨大米出口总量的 37%。中国两个主要的大米供应国泰国和越南占 2019 年中国进口大米的近一半(46.8%)。中国 2019 年度大米进口国家(地区)中,柬埔寨位列第五,占到中国进口总额的 13.7%。尽管中国对缅甸与柬埔寨的大米进口征收的关税税率为 0,但是相对于缅甸,柬埔寨并未将此优势充分发挥,2015~2019 年度,柬埔寨出口中国大米仅增长 26%,相对于缅甸的 111%,尚有较大差距。

表 11-4 2017 年中国与"一带一路"沿线各区域农产品贸易额

区域	进出口总额/万美元	占比/%	出口金额/万美元	进口金额/万美元	贸易差额/万美元
中亚五国	91920.6	2	47255.8	44664.8	2591.0
东北亚两国	452974.2	9.9	206489.3	246484.9	−39995.6
东南亚十一国	3198850.9	69.7	1584433.4	1614417.5	−29984.1
南亚七国	302061.1	6.6	160097.9	140963.2	19134.7
西亚北非二十国	299025.6	6.5	248232.9	50792.7	197440.2
中东欧十九国	246132.0	5.4	88480.7	157651.3	−69170.6
总计	4589964.4		2334990.0	2254974.4	80015.6

我国与"一带一路"共建国家的农产品贸易主要集中在劳动密集型和土地密集型农产品上,小规模贸易则集中在资本和技术密集型农产品上。在经济作物方面,我国与"一带一路"共建国家在蔬菜、水果和植物贸易方面表现出很大的互补性,具有很大的发展潜力。如表 11-5 所示,中国与"一带一路"共建国家之间的农业经济作物贸易相对丰富,主要进出口产品种类也有较大差异。中国主要出口柑橘、苹果等各种大宗商品,进口天然橡胶、棕榈油等园艺产品。"一带一路"地区,经济作物和农业作物运量大,与我国陆地交通便利,农副产品跨境贸易便利,运输时间较短有关。同时,随着我国与周边国家铁路的不断发展,农产品贸易仍有非常广阔的增长空间。畜产品和水产品与经济作物具有相似的特性。在"一带一路"共建国家,中国与俄罗斯、东盟国家的贸易额相对较大,但产品并不丰富,依赖性不强。例如,2017 年,中国向泰国出口了20%以上的海鱼和鱿鱼,从俄罗斯进口了近 60%的冷冻鱼。但大量原木等林产品是从俄罗斯进口的,占比超过 30%。

表 11-5　2017 年中国主要经济作物进出口国家

出口				进口			
产品	总量/吨	主要贸易国	数量/吨	占比/%	产品	总量/吨	主要贸易国	数量/吨	占比/%

出口 产品	总量/吨	主要贸易国	数量/吨	占比/%	进口 产品	总量/吨	主要贸易国	数量/吨	占比/%
大蒜	1918639.4	印度尼西亚	536278.7	28.0	豆饼、豆粕	61203.3	印度	41559.5	67.9
番茄酱罐头	848908.1	俄罗斯	78270.8	9.2	豆油	653436.2	俄罗斯	128164.3	19.6
蘑菇罐头	226417.9	俄罗斯	35291.1	15.6	棉花	1156168.0	印度	112036.9	9.7
		越南	164706.5	21.2	糖	2286253.4	泰国	284992.1	12.5
柑橘属水果	775228.1	泰国	81195.6	10.5			泰国	1684269.5	60.3
		俄罗斯	130014.0	16.8	天然橡胶	2792696.6	印度尼西亚	450365.5	16.1
苹果	1334636.4	泰国	117247.2	8.8			马来西亚	301776.5	10.8
		菲律宾	121547.9	9.9	鲜、干水果及坚果	4507859.1	泰国	638994.2	14.2
烟草	205920.5	印度尼西亚	42430.8	20.6	棕榈油	3464555.9	印度尼西亚	2212046.8	63.8
		埃及	20163.5	9.8			马来西亚	1250939.4	36.1

数据来源：商务部

2. "一带一路"共建国家进出口食品质量政策差异大

"一带一路"共建国家进出口食品质量政策受多重因素影响。由于"一带一路"共建国家在政治、经济、社会和环境方面存在巨大差异，影响到食品进出口需求以及监管政策。营商环境参差不齐。例如，新加坡经济发达，土地面积小，90%以上的粮食和蔬菜需要高质量进口。因此，对食品进出口实行了较为严格的控制，食品标准要求高，市场准入门槛达到发达国家（地区）标准。再如海湾国家，由于该地区大部分土地是沙漠，耕地面积不到全国的 5%，因此大部分食品需要进口，更倾向于从欧盟以及美国进口产品。由于我国与该地区距离遥远，运输及维护成本高、损失大，缺乏价格方面的优势，因而我国粮食在该地区的市场占有率仅占 2%左右。

"一带一路"共建国家之间的食品安全管理水平参差不齐，质量管理水平存在很大差距。各国标准不一，计量检测技术能力不同，认证认可难以互认。使各国间的食品贸易陷入低效交易，亟须"一带一路"共建国家食品贸易的自由化、便利化的解决方案。

3. "一带一路"共建国家食品安全质量基础设施发展不均衡

"一带一路"共建国家既有发达经济体，也有极为落后的国家，但大多数为发展中国家，经济发展水平有巨大差异，市场化程度参差不齐。导致其食品安全质量基础设施差异较大，亚太地区的印度尼西亚、马来西亚、越南、菲律宾等国是当前全球经济最为活跃的地区，印度经济也呈加快增长的态势。共建国家的经济实力对其食品产业的发展很大影响，相应地，其食品安全质量基础设施水平及能力也差异较大。比如新加坡、马来西亚、泰国、印度尼西亚、菲律宾的食品安全质量基础设施较强，体系完善，但越南、老挝、柬埔寨、缅甸、文莱等国的质量基础设施比较薄弱、政策缺失、体系不完备[47]。

11.3.2　我国进出口食品安全质量基础设施的未来机遇

"一带一路"倡议的本质就是创造市场，市场的不断竞争，就使得产品的质量越来越好，随着不断扩大开放，各国人民都将享受到更优质的产品，未来的食品安全质量基础设施的建设一定充满机遇。

1. 我国高质量发展战略促使食品安全质量基础设施迅速发展

当前，我国正处于转型发展的关键阶段。"一带一路"倡议就是要落实以质量效益为核心的新发展理念。创造质量动力，支持供给侧结构性改革。围绕"十三五"国家规划和"一带一路""长江经济带""京津冀一体化"等战略规划，实施高质量发展战略，提高国内消费能力，增加和改善食品消费需求。加强食品安全质量基础设施建设，加快食品安全质量基础设施推广应用，运用先进的食品安全质量基础设施工具，加大食品安全质量投入，切实提高食品产业发展支撑能力，增强产业创新服务能力，促进食品行业间、行业内、区域内质量提升。中央和国务院强调，经济发展要提质增效，加快建设质量强国。要出台一系列国家战略规划，明确发展目标和方向，以基础设施建设为重点，指导实施未来优质工程和优质基础设施建设。"一带一路"倡议是食品安全进出口战略的重要组成部分。《中华人民共和国国民经济和社会发展第十四个五年规划》和《2035 年远景纲要》明确指出"完善国家质量基础设施，建设生产应用示范平台、认证认可、检验可信等工业技术基础公共服务平台"。

2. 经济区/全球性质量基础设施协调深入发展

解决食品安全的问题刻不容缓，也是体现一个国家综合国力的体现。通过"一带一路"共建国家深度合作，发挥沿线各个地区的食品资源技术优势，才能共同维护食品安全。当前，尤其是包括东盟十国以及中国、日本、韩国、澳大利亚、新西兰在内的 15 个国家，正式签署全球规模最大的自由贸易协定：区域全面经济伙伴关系协定（RCEP）。中国与东盟已互为最重要的贸易和投资伙伴之一，双边经贸领域关系早已水乳交融、密不可分。2018 年，双方共同庆祝了中国-东盟建立战略伙伴关系 15 周年。2018 年 11 月，中国和东盟通过了《中国-东盟战略伙伴关系 2030 年愿景》，双方明确表示将"努力深化经贸联系，促进互联互通"。东盟标准与质量咨询委员会（ACCSQ）负责消除包括标准、质量检测和技术法规等形式在内的非关税壁垒，使东盟具有国际公认的、以人为本的、可持续的标准以及技术法规与合格评定程序管理体制，使商品和服务自由流通，确保东盟地区的安全、健康与环保。2014 年 9 月，ACCSQ 会议批准了《东盟标准统一指南》。2015 年底，东盟发布《东盟共同体愿景 2025》。ACCSQ 围绕《东盟共同体愿景 2025》带来的新机遇和新挑战，制定了《东盟标准与合格评定战略计划（2016～2025）》。2016～2025 年的使命是建立标准、技术法规、合格评定程序相关综合性政策，支持质量基础设施建设，以建立高度一体化和具有凝聚力的东盟经济。ACCSQ 与东盟其他相关部门机构一同建立重点部门的机制和监管机制，通过协调标准、技术法规、合格评定结果互认以及接受等同性技术法

规，消除技术性贸易壁垒。2015 年，ACCSQ 扩大消除技术性贸易壁垒的范围。优先
一体化领域包括：农基产品（预制食品）、保健品（化妆品、药品、医疗器械、传统药
品、保健补品）等。目前在标准与合格评定活动方面所取得的成就都是基于三个核心活
动，包括把标准与国际标准和惯例统一、制定合格评定程序互认协定和重点领域统一监
管计划[48]。

全球性质量基础设施进一步发展，代表着相应的全球性质量基础设施协调更加广
泛和深入。大型跨国食品公司继续扩大食品供应链，覆盖最不发达国家和地区。发展中
国家越来越多地参与食品供应链，发展中国家确保食品安全的治理能力不断提高。中国
的"一带一路"倡议，涉及多个国家，但各国存在标准不同，对食品质量安全的监管不
同，阻碍了食品农产品贸易。例如，欧盟制定了动物福利标准，对中国出口猪肉、牛肉
等肉制品实行贸易限制；海合会成员国要求，进入该地区的某些产品必须符合其标准，
必须符合海合会标准，不得进口酒精饮料。同时，农产品不易保鲜，难以长期保存，但
食品农产品贸易中的大部分产品已经进入鲜活供应链，公路运输、物流和港口建设的要
求都很高。有公路运输的共建国家大多是经济相对薄弱、基础设施建设薄弱的发展中国
家。由于不符合贸易要求，削弱了食品农产品的市场竞争力，阻碍了共建国家食品农产
品贸易的合作与发展。只有不断地提高食品安全标准，提高食品安全质量基础设施的能
力，才能为发展中国家提供一个机会，使它们能够更加重视食品安全，建立消费者对本
国食品生产者的信心，形成可持续、高效益的长期出口模式。

共建"一带一路"可以把各国的优势结合起来，形成互补，共同分享发展机遇。
"一带一路"倡议涉及多个国家。沿线各国经济发展不平衡，对食品安全的重视程度参
差不齐。这就导致了食品质量管理体系、食品安全法律体系和食品质量管理体系之间的
差异。食品监管缺乏法律和技术标准，计量体系和计量标准薄弱，实验室检测结果难以
获得国际认可，这就增加了进出口企业的成本，增加了贸易合作和发展难度。

可喜的是，国际组织及区域组织积极推动发展食品安全质量基础设施协调深入发
展，这就为食品安全质量基础设施在区域性经济伙伴关系、自由贸易区与各国的双边关
系基础上深入发展提供了机遇。

3. 食品技术创新带来的食品产业转型升级

科技创新是食品工业发展的重要动力和有力发展支撑。我国食品工业发展的主要
特点是丰富多样，加工与先进技术相结合，保健食品占主导地位，加工技术先进，食品
物流服务发展迅速。贸易方式不断优化，创新能力显著提高。2019 年，跨境电子商
务、市场采购等新型外贸模式依然活跃。其中，跨境电子商务进出口 1862.2 亿元，增
长 37.3%；市场采购进出口总额 562.95 亿元，增长 19.8%；这两类贸易的总和对全球贸
易增长的贡献率接近 15%。对外贸易对工业现代化的促进作用更大。新技术的采用和
管理制度的完善，提高了对严格标准的适应能力，创造了新的竞争优势，使进出口食品
贸易的产业链更长、附加值更高、更具代表性的企业自主发展能力不断增强，从而提高
了产业链的价值和贸易竞争力。在这个过程中，食品安全质量基础设施与食品创新技术
的配套实施也在不断完善中。

4. 国际市场巨大需求，为我国食品安全质量基础设施国际共治创造了基础

我国的贸易伙伴遍布世界各地，在多个地区蓬勃发展。2019 年，中国对欧盟、东盟、美国和日本的进出口总额占同期中国进出口总额的 48.1%。其中，对欧盟进出口总额 48.6 亿元，增长 8%；对东盟进出口增长 14.1%，达到 4.43 万亿元；对美进出口：3.73 万亿元，下降 10.7%；对日进出口总额 2.17 万亿元，增长 0.4%。共建国家进出口 9.27 万亿元，增长 10.8%，比进出口总额高 7.4 个百分点，占进出口总额的 29.4%，比上年提高 2 个百分点。中国与沿途各国贸易发展势头良好，合作潜力不断释放，成为中国对外贸易发展的新动力。拉丁美洲和非洲的进出口分别增长 8%和 6.8%，分别比进出口总额分别增长 4.6%和 3.4%，占进出口总额的 6.9%和 4.6%。

"一带一路"沿线发达国家较少，多数是经济不够发达，新兴经济落后的国家。许多国家因而具有巨大的经济增长潜力。例如，预计到 2030 年，越南的经济增长率将保持在 6%以上；印度目前的增长率超过 7%，预计将超过 8%，预计将持续到 2030 年；孟加拉国和印度尼西亚也在 6%以上。随着各国经济的增长和综合国力的发展，消费能力将不断挖掘，形成庞大的消费群体，比如我国的食品包装产品，对"一带一路"共建国家就极具吸引力。因此，"一带一路"共建国家对我国国内食品行业有着巨大的市场需求，将为食品安全质量基础设施的发展带来发展机遇。

11.3.3　我国进出口食品安全质量基础设施建设的挑战

1. 全球/区域食品安全与各国政府管理之间存在的矛盾

贸易利益和质量标准已成为食品安全管理发挥作用的主要障碍，作为国际贸易中最重要的食品安全监管组织，世贸组织 WTO 呼吁各成员采用协调一致的国际食品安全标准，协调进出口管制和检疫措施，消除食品贸易壁垒，促进食品跨境自由流通。由于每个国家制定不同的法律法规，实施不同的进口限制，各国政府主管部门的主要目标和目的不同，他们根据各自的职能范围和自己的偏好来制定食品安全管理标准[49]。存在着各国的食品安全监管措施的多样性与丰富性与有效和高效的进出口贸易所要求的一致性和协调性的矛盾。国际标准化组织（ISO）和国际消费者组织等国际组织不具备国际法规定的主体资格，不能开展超出其能力范围的工作，大型跨国公司则把经济利益作为关键的出发点，在遇到商业利益和食品安全冲突时，往往不会牺牲经济利益。各国法律标准之间的冲突使世界食品安全法律体系分崩离析。此外，各国的执法情况差别很大，特别是"一带一路"沿线的发展中国家，其食品法本身就存在执法力度不够、监管能力不足等诸多问题。其次，还存在着标准不一且互不采信，检测认证市场一定程度上被外资机构垄断，认证费用居高不下的问题。此外，部分自愿性认证因客户要求也变相成为强制性认证，如沃尔玛要求虾产品生产商需要通过一项非强制性的美国水产品 ACC 认证。第三，食品跨境电子销售已成为一种重要的食品销售方式，各国监管力度不同。目前，我国跨境电商食品的运作模式，大致分为四种：一是网购保税+国内交易平台模式

（境内 B2C）。跨境电商经营者经跨境电子商务服务试点城市的保税区批量进口食品，通过国内电商平台（或与国内电商平台关联的、主要面对国内消费者的境外电商平台）销售[50]。例如，京东全球购采用此模式。二是消费者在合法正规设立的境外贸易商电商交易平台购买进口食品（境外 B2C），形成订单后直接邮寄给境内消费者的模式。例如，海外亚马逊网站销售境外生产食品属于此模式。三是个人通过不同途径在国内注册的互联网交易平台上销售进口食品（境内跨境电商），通过国内电商平台销售的模式。例如，淘宝上很多个人或公司卖家在淘宝平台上销售进口食品采用了此模式。四是境外的个体商家、个人买手通过境外的电商交易平台或其他方式形成订单，直接邮寄商品给国内消费者的模式（境外跨境电商）。例如，在 eBay 平台上，个体卖家的销售模式。跨境电商食品的市场在快速发展的同时，一些假冒伪劣、"三无"产品侵犯消费者权益的案例也频频见诸报端，尤其是婴幼儿配方乳粉，关系民生、关乎健康，更受到全社会的高度关注。因此，完善跨境食品的监管制度，建立国际共治的跨境食品安全治理体系迫在眉睫。综上，各国适当的食品安全保护水平与促进贸易便利化之间的矛盾，使两者的平衡不容易实现。一国国内食品安全法律的局限、标准、检测认证不统一、各国电商食品的迅猛发展以及监管的失败会带来全球化影响，因此，食品安全全球化使得多边治理成为解决食品安全问题的必然选择。

2. 我国国家治理体系和治理能力的现代化与食品安全质量基础设施滞后性的矛盾

《2018 年中国进口食品工业年报》显示，仅 2017 年，中国食品进口就超过 600 亿美元，中国已成为进口食品的主要消费国。然而，食品贸易的增长增加了国家食品安全的风险。海关总署数据显示，2017 年共发现不符合国家法律法规和标准的食品 4.9 万吨，总额 6963.7 万美元。为此，中国与美国、欧盟等国签署了合作协议，提出了进出口食品安全管理办法。实际上，与发达国家和地区相比，我国食品安全质量基础设施建设还很薄弱，不能完全满足进出口食品安全的实际需要。主要表现在：

1）计量基础实力差距较大

我国标准物质的研制水平与国际先进水平有一定差距，首先体现在标准物质研制中规划设计、制备和调整。美国 NIST 利用食品中蛋白质、脂肪和碳水化合物形成的组成含量三角关系，选择具有代表性的食品基质进行重点研发标准物质。目前，NIST 可以提供多达 61 种类型的标准值和具有不确定度信息的参考值。食物分析中占多数（153 种），但标准物质复制率高于 60%。这决定了 NIST 在标准物质开发领域的领先地位。我国标准物质更新慢。例如，在 56 种国家标准物质 GBE（E）系列食品分析标准物质中，有 13 种是在 1995 年以前提出的，我国虽然有大量的食品分析标准物质，但在研制过程中重复性较大。例如，就农药或纯物质而言，虽然有证标准物质总数为 247 种，但提供的特性量仅为 67 种，仍不能达到 433 种农药的国家标准。此外，标准物质的种类和特征的分布仍需调整。食品分析的基本标准物质提供了相对统一的特性，主要集中在无机元素上。另一方面，有机营养、脂肪、兽药、有机金属、生物活性成分和一般性质等有证标准物质也很少，在农药残留检测、兽药、巧克力、油脂、糕点糖果、种子坚果、包装材料、加工食品、食品添加剂等领域和产品的应用和推广仍需加强。

2）标准体系尚不完善，整体标准水平有待进一步提高

目前，虽然我国建立了食品安全标准体系，但依然欠缺关键环节标准。比如，农兽药等危害因子残留限量和配套检测方法与我国监管需求和发达国家（地区）相比还存在差距。我国《食品安全国家标准食品中农药最大残留限量》（GB 2763—2016）规定 433 种农药 140 项残留限量标准，而欧盟制定了 460 种农药 15 万多项限量标准，美国制定了 372 种农药 1.2 万项限量标准（Electronic Code of Federal Regulations，2017 年），日本制定了 800 多种农药 5 万多项限量标准（The Japan Food Chemical Research Foundation，2017 年）。已制定的农药残留限量涉及的食品种类，也远远少于我国实际生产消费的产品种类，尤其蔬菜、特色农产品、动物源产品和饲料中农药残留限量缺失严重。在兽药残留监管上，目前已批准使用兽药 359 种，需要制定最大残留限量的兽药有 156 种，已制定限量标准的兽药有 114 种，尚有 42 种兽药缺少最大残留限量标准；已制定残留限量标准的 16 种兽药还存在涵盖动物种类及组织不全的问题。

此外，农兽药残留配套检测方法也不能满足监管需求[47]。以污染物削减控制为目标的安全管控标准十分缺乏。CAC 制定了食品中微生物、化学品、重金属、生物毒素等一系列污染预防控制准则；欧盟 GLOBALGAP 体系针对初级农产品分别制定了保证生产安全的一套规范体系；美国通过 HACCP 系统建立生产全过程危害分析控制预防体系。而我国目前生产过程规范大多是针对传统农业保产量生产，针对污染物控制的安全管控标准，十分欠缺。我国参考 EU 的 GLOBAIGAP 形成的 31 项标准中仅有 4 项涉及安全技术规范；参考 CAC 建立的 20 项 HACCP 体系标准中仅有 4 项针对农产品生产；其他涉及安全管控标准只有无公害生产过程标准。中国制订的国际标准化组织（ISO）和国际电工委员会（IEC）标准只有 179 项，占总数的 0.7%。

另外，我国配套实施细则基本空白，在农产品质量标准和分等分级标准中，国际组织和发达国家（地区）都对产品质量指标进行了数值化，或制定了与产品质量标准相配套的评定实施操作手册。如苹果质量标准中，我国主要采用文字表述，而 UNECE 标准针对各个等级的果品色泽、品种特征、果锈、损伤、缺陷等都给出了图谱；在标准修订方面，发达国家和地区的标准基本上以 5 年为周期进行 1 次修订，标准的技术内容能够根据产业发展和市场变化及时进行调整。在我国，为加强国家标准的管理，根据《中华人民共和国标准化法》和《中华人民共和国标准化法实施条例》的有关规定，"标准实施后，制定标准的部门应当根据科学技术的发展和经济建设的需要适时进行复审。标准复审周期一般不超过 5 年。"然而，我国标准复审工作并未全面落实，标准发布实施后，其科学性、实用性和先进性极少受到跟踪评价，导致标准修订不及时，影响了标准的有效性和应用效果。统计显示，现行粮油产品标准中标龄超过 20 年的标准占 10%；现行的水果标准中，标龄在 5 年以上的标准高达 53.2%，标龄在 5～10 年的标准占 35.1%，标龄在 10 年以上的标准占 18.1%。技术内容过时的标准和存在重大技术缺陷的标准不但不会促进产业发展，反而会带来不可忽视的负面影响。标准制订缺乏基础研究

和数据支撑的现象比较普遍，突出表现在安全限量、检测方法和安全管控标准的制定上。总的来说，食品安全标准有待提高。虽然国家正在建立统一、全面的国家食品安全标准体系，但一些食品安全标准仍存在重叠、重复和缺失的问题。

3）合格评定方面存在很大差距

中国的认证认可在数量上是世界第一，但并不是一个认证认可很强的国家。国际标准化组织（ISO/Casco）的基本认可标准中，没有一项是由中国提出或制定的。目前，在国际上与食品相关的常见认证大致包括四大类：以 HACCP 和 ISO 9001 为代表的体系类认证、以有机食品和非转基因（IP 认证）为代表的产品类认证、以美国 FDA 认证、独联体国家 GOST 认证和日本 JAS 认证为代表的国家类认证、以清真认证和犹太认证为代表的宗教类认证。我国食品认证种类繁多，认证类型差异小，分化程度低。从认证的公信力、市场定位、监管等方面，给消费者、监管部门带来诸多困惑。还存在交叉重复认证现象，以及由于外资机构垄断，国际认证市场话语权亟待增强。外资机构认证壁垒对我国食品出口行业带来实质性影响，导致我国出口企业被迫接受外资机构认证，并制约我国其他行业的外贸出口。我国超九成食品出口企业需通过各类国外认证，认证壁垒正成为"隐形高墙"。包括食品出口检验检测认证市场一定程度上已被外资机构垄断，且存在认证费用居高不下，市场不同而标准不一互不采信等情况，部分自愿性认证变相成为强制性，加重我国出口企业的负担，认证和验厂费用以及通过认证需更新生产设施等费用已成为出口食品企业重大支出，直接推高产品出口成本约 1 个百分点，造成行业利润下滑。宁波华宇食品有限公司 2016 年在食品认证方面的费用支出为 91.15 万元，占出口成本的 1.31 个百分点。据宁波认证认可协会调查，外资机构占据宁波进出口检验检测认证市场 85% 以上的份额。近年来我国在拓展 FSMS、FSSC、BRC、GLOBALGAP、UTZ、欧盟有机认证、日本有机认证等方面取得了一些进展，但由于我国的认证机构在国际认证市场上缺乏品牌和影响力，互认的数量还是严重不足。

食品检验检测水平不高，食品检验检测是控制食品安全和食品原料加工质量安全的重要手段。我国食品检验检测机构相对分散、机构规模小、人员能力较弱，检验检测水平不高，离国际互认的检测结果一致的要求还有一定距离，食品安全检测的技术和设备还需改进。

4）食品安全监管部门面临体制机制障碍

第一，政策目标多种多样。监管部门不仅要确保食品安全和生产效率，还要注重实现发展目标，同时关注食品行业的经济效益。第二，监管能力薄弱。目前地方一级食品安全监测的人员、设备和能力不足，执法和监管能力建设资金不足，不利于有效执行监管政策。第三，政策工具没有足够的威慑力和激励作用。食品安全监管政策存在一些不足，比如强制性监管措施缺乏威慑作用，政策缺乏企业激励作用，这都不利于食品安全监管政策的有效性。监管部门职责分工不明确，各部门协同不够，部际联席会议协同作用尚未充分发挥。人力、财力、物力明显不足，熟悉国际规则的外语、法律知识和技能也明显不足。国家食品安全风险监测评估体系虽已建立，但食品风险监测评估意识较低。与发达国家和地区相比，我国食品监管队伍的能力还严重不足，不利于监管政策的有效实施。

5）食品安全质量基础设施服务有待提升

我国食品安全质量基础设施各要素融合协调较差，首先在规划上，缺乏统一规划，各要素各自为政。其次，尚未实现食品安全质量基础设施一体化服务。由于各要素之间具有密切的内在联系，只有融合协调发展，才能保证食品安全质量基础设施的效能提升。

以标准和标准物质为例，食品标准是衡量食品质量、判定食品质量责任、评定食品质量等级、进行食品质量抽查、开展食品质量认证的重要依据。标准物质则为检测提供数据的计量溯源性依据，标准物质与标准实施存在着配套、更新的问题。

综上，针对全球食品安全问题，应以食品安全质量基础设施技术要素为核心，也就是计量、标准、认可、合格评定的协调、融合发展为基础，以国际组织、政府、企业、消费者等社会各界共同参与治理为途径，通过"一带一路"共建国家合作共赢、风险共担实现国际食品安全质量基础设施国际共治。对于我国来说，机遇大于挑战。

11.4　对　策　建　议

11.4.1　进一步加强进出口食品安全质量基础设施国际共治

加强进出口食品安全质量基础设施国际共治是未来保障进出口食品安全的关键途径，食品安全问题的全球化使得多边治理不可或缺。我们的策略是通过食品安全质量基础设施的建设，带动信息交流、风险预警、技术合作，推进"一带一路"倡议和对接机制，积极推进食品安全质量基础设施国际共治和全球治理，承担大国的责任。

充分利用发挥国际组织在多边治理领域的作用，积极参与 CAC、ISO、BIPM、OIML、ILAC 和其他国际组织活动，推动关于食品安全质量基础设施的多边合作协议的缔结，建立食品安全质量基础设施的国际合作伙伴及"朋友圈"。从制度层面提高食品监管和贸易便利化水平，比如进一步完善跨境食品的监管制度，建立严密高效、国际共治的跨境食品安全治理体系；着力增加对"一带一路"共建国家的投入，加强其食品安全质量基础设施建设，提供标准、计量、认可、检测认证服务，使食品贸易更加便利；加强政府间合作，搭建食品安全进出口安全对话平台，充分发挥双边和多边高层次合作机制作用，开展多层次、多渠道磋商，推动双边、多边关系全面发展，为食品合作提供有力保障，将政府和国际组织纳入我国国际食品安全治理的框架或政策之中，建立国外食品安全体系综合评价框架，定期进行评审和评价。

11.4.2　进一步提升食品安全质量基础设施体系建设

从质量政策到各要素的融合协调发展、有效监督到一体化服务，与新技术、大数据、智能化相结合，依靠技术进步，加强技术治理，规避进口食品安全风险，加强计量、标准化、认可、合格评定等技术环节，完善进口食品安全国家标准，尝试整合国际标准；建立具有中国特色的进口食品技术贸易措施；强化引导企业以国际先进标准组织生产加工，不断提高质量管理水平，增强国际话语权，培育有国际影响力的民族品牌，比如通过对我国主要出口产品列入 CCC 等方式推动沿线、成员国家关于检验检测证书的国际互认，打造国际检验检测认证"中国服务"品牌[51]。

进一步完善我国食品安全立法，建立符合大国形象的进口食品监管制度。完善具有溯源性的进口食品安全质量基础设施。秉持平等、共商、共建、共享、互利共赢的理念，遵循国际通行规则，立足各国国情实际，在平等协商、兼顾各方利益的基础上，积极推进与"一带一路"共建国家全方位务实合作，共同促进国际计量体系的创新发展，共同推动国际标准的建立与实施，共同推动实验室认可及测量结果的互认进程，共同促进贸易便利化水平，共同服务区域/全球经济社会可持续发展。

促进食品安全质量基础设施的一体化服务，加强云服务，提高不同数据流的互通融合。推动食品安全质量基础设施的大数据化和智能化，依托大规模数据流分析和融合技术，实现从资源配置到数据分析和精准判别，再到智慧化风险预警评估；开发可穿戴式、监测式、预测式、融合式食品安全检测技术及设备，提高食品安全质量基础设施的基础能力，实现食品安全质量基础设施远程服务，完善食品安全质量基础设施新技术及新设备的有效性评价，解决食品安全质量基础设施中的卡脖子问题。

通过向"一带一路"沿线重点发展中国家提供资金和技术手段，提高发展中国家参与食品法典标准制定的能力。推广和发展 CODEX 标准，尽快完善标准物质研发体系、进口食品安全标准、提高食品标准化水平、完善国际一致的食品安全合格评定体系。

全方位地开展国际交流合作。在全球经济"统一市场"与"统一市场游戏规则"的活动中，发挥计量、标准、认证认可和检验检测的作用，从要素整合、流程优化、质量控制、技术创新、价值实现等视角，围绕食品产品价值链，实现创新价值链的增值。鼓励社会和企业积极参与食品安全质量基础设施的国际交流，积极参与高质量食品安全基础设施的国际治理，充分发挥中国专家在计量、标准化和合格评定等国际组织中的作用，参与国际规则、政策和规划实施，推动发展和开放高质量的食品安全质量基础设施体系。

通过完善食品安全法律法规体系，广泛运用法律、行政、经济、道德等手段实施食品安全监管，建立若干监督模式、完善进口食品安全监测体系，优化食品安全事故快速反应机制和程序，使它具有中国特色符合中国食品安全大国形象。

11.4.3　全面加强共建共治共享的食品安全社会治理体系

一方面要用好市场的"看不见的手"，通过大力加强治理和权力下放，强化食品企业的质量责任，有效激发企业的内在力量；另一方面要用好政府的"看得见的手"，改革现代化食品质量体制和机制，增加食品安全质量基础设施的有效供给，加强部门间的协调，加强跨部门的渗透，在各级政府之间建立一个共同的、跨部门的工作机制，协调内政和国际事务，社会与市场、各部门、行业与部门、政策、生产、学习、研究与实施，充分贡献各方力量，整合各方资源，广泛深入推进食品安全质量基础设施建设。同时还要加强食品企业的自律，通过制定行业规章制度，促进食品相关政策的落实，完善监督体系。实现共建共治共享的食品安全社会治理体系目标[52]。

11.4.4　加强食品安全质量基础设施人才的培养

培养符合食品产业发展与迫切需要的食品安全质量基础设施相关领军人才，引进和培养国际型人才；加强相关专家队伍的建设，组建专家队伍，特别是培养国际质量基础设施高端人才，在国际组织中发挥重要作用，加强食品安全质量基础设施宣传和推广。

总之，要建立食品安全质量基础设施建设机制，推动食品产业高质量发展。依靠计量和标准，确保计量的准确性和可靠性，解决测量结果准确性、一致性有效性问题，通过合格评定来验证和确认基础设施的水平是否符合要求，建立我国进出口食品安全质量基础设施要政策沟通、设施联通、资金融通、民心相通和贸易畅通，打造食品安全质量基础设施国际共治合作平台，实施实现"一个标准、一次校准、一次检测、一次认可、全球接受"的最优策略。

参 考 文 献

[1] Sanetra C, Marbán R M. 解决全球质量问题的终极答案：国家质量基础设施[M].刘军, 等译. 北京: 中国质检出版社, 2013.

[2] World Bank. Quality Systems and Standards for a Competitive Edge[R]. World Bank, Washington, DC, 2007.

[3] Christina Tippmann and Jean-Louis Racine, Innovation, Technology and Entrepreneurship Global Practice The National Quality Infrastructure–A Tool for Competitiveness, Trade, and Social Well-being[R]. World Bank, March 2013.

[4] Quality Policy: Guiding Principles [Z]. UNIDO. 2018.

[5] Quality Policy: A Practical Tool [Z]. UNIDO. 2018.

[6] Quality Policy: Technical Guide [Z]. UNIDO. 2018.

[7] Boosting Competitiveness with Quality & Standards UNIDO Tools & Methodologies [Z]. UNIDO. 2021.

[8] Quality Infrastructure: Building Trust for Trade [Z]. UNIDO. 2016.

[9] UNIDO. Challenges in agri-food exports: Building the quality infrastructure[C]. International Trade Forum, 2010.

[10] Lalith Goonatilake. Challenges and Opportunities for the Developing World Provided by International Accords in Metrology Accreditation and Standardization[Z]. Vienna: UNIDO, 2012.

[11] Physikalisch Technische Bundesanstalt. National Quality Policy for Palestina[R]. Ranallah: Ministry of National Economy, 2014.

[12] 中国计量科学研究院. 国家质量政策——指导原则技术指南和实践工具[M]. 北京: 中国质检出版社, 2019.

[13] 王玉芳. 技术性贸易壁垒对我国进出口食品监管的影响及对策分析[J]. 检验检疫科学, 2005(15).

[14] 沈炯. 进出口食品技术性贸易壁垒及其应对措施[J]. 合作经济与科技, 2014(2).

[15] 张晓林, 陈红. 国内外农药残留标准物质——标准样品现状分析[J]. 中国检验检测, 2019(6).

[16] Thilmany D D, Barrett C B. Regulatory barriers in an integrating world food market[J]. Review of Agricultural Economics, 1997, 19: 91-107.

[17] Olper A, Raimondi V. Market access asymmetry in food trade[J]. Review of World Economics, 2008, 144: 509-537.

[18] Mustafa K, Ahmad S. Barriers against agricultural exports from Pakistan: The role of WTO sanitary and phytosanitary agreement[J]. The Pakistan Development Review, 2003, 42.

[19] Nogueira L, Pace K. Food import refusals: Evidence from the European Union, Kathy Baylis[J]. American Journal of Agricultural Economics, January 2011, 93: 566-572.

[20] 高呈琳. 俄罗斯联邦食品市场准入机制概述[C]. 标准化助力供给侧结构性改革与创新——第十三届中国标准化论坛论文集, 2016.

[21] 姜婷. 中亚地区的食品安全和标准法规概览及应对策略研究——以乌兹别克斯坦为例[C]. 标准化改革与发展之机遇——第十二届中国标准化论坛论文集, 2015.

[22] 蔡高强. 从月饼海外受阻谈进出口食品安全法律制度的完善[J]. 太平洋学报, 2009 (11).

[23] 王茂华. 中国 HACCP 认证: 助食品企业快速进入国际高端市场[J]. 质量与认证, 2016(6).

[24] 凯文·洛. 通过标准、认可和认证改进食品安全——ANSI 和第三方认证机构的作用[J]. 上海质量, 2018 (3): 28-30.

[25] 朱世奇. 浅析被 GFSI 认可的食品安全认证方案[J]. 轻工标准与质量, 2019(3).

[26] 海关总署. 国家海关总署统计月报[EB/OL]. 2019. [2022-04-12]. http://www.customs.gov.cn/customs/302249/zfxxgk/2799825/302274/302277/3250476/index.html.

[27] 叶兴庆, 程郁, 赵俊超. 宁夏 "十四五" 时期的乡村振兴: 趋势判断、总体思路与保障机制[J]. 农村经济, 2020(9): 1-9.

[28] 欧盟 RASFF 官网数据: https://webgate.ec.europa.eu/rasff-window/portal/?event=searchForm&cleanSearch=1.

[29] 关增建. 中国计量发展历史分期初探[J]. 上海交通大学学报(哲学社会科学版), 2004(5): 27-32.

[30] 食品行业通用法律法规、部门规章及规范性文件汇总[EB/OL]. [2022-04-12]. http://www.eshian.com/article/75350192.html.

[31] 程景民, 胡月, 郭丹, 等. 完善我国食品安全监管体系[J]. 食品工程, 2012(1): 6-12, 31.

[32] 颜海娜. 我国食品安全监管体制改革——基于整体政府理论的分析[J]. 学术研究, 2010(5): 43-52, 160.

[33] 王玄览. 中欧食品安全法律体系及安全责任比较研究[J]. 中国调味品, 2019, 44(11): 183-186, 197.

[34] 都玉霞. 构建和谐社会与法治政府[J]. 理论学刊, 2008(4): 94-96.

[35] 姜洪, 宗光岭, 赵莹, 等. 从团体标准编制看山东专用小麦粉及其制品的特点和定位[J]. 粮食科技与经济, 2020, 45(1): 73-75, 89.

[36] 李江华, 张鹏, 孙晓宇, 等. 我国肉与肉制品标准体系现状研究[J]. 肉类研究, 2017, 31(5): 56-60.

[37] 王慧, 李启艳. 中国保健食品标准体系概述[J]. 中国药事, 2017, 31(9): 1056-1059.

[38] 许旭, 黄维义, 隋建新, 等. 海产鱼类中异尖线虫酶消化检测技术的研究与应用[J]. 中国海洋大学学报(自然科学版), 2010, 40(3): 105-110.

[39] 纪新. TPP 视阈下的食品安全法律问题研究[D]. 大连: 大连海事大学, 2015.

[40] 冯蕊蕊. 食品安全法律制度比较研究[D]. 郑州: 郑州大学, 2012.

[41] 王艳琴. 《食品安全国家标准 "十二五" 规划》发布[J]. 中国标准导报, 2012(8): 1.

[42] 刘功良, 陶嫦立, 白卫东, 等. 发酵食品中氨基甲酸乙酯检测的研究进展[J]. 中国酿造, 2012,

31(11): 1-3.

[43] 汪家胜, 程凡, 张温清, 等. ICP-MS 测定白酒生产原辅料中重金属元素方法的研究[J]. 酿酒科技, 2016(9): 116-118.

[44] 李云巧. 化学计量知识讲座 化学计量的主要内容[J]. 中国计量, 2011(9): 90-92.

[45] 肖良. 中国农产品质量安全检验检测体系研究[D]. 北京: 中国农业科学院, 2008.

[46] 郭金发, 贺先国. 提升政府信用: 构建政府主导的中国认证认可制度[J]. 现代交际, 2010(2): 11-13, 10.

[47] 姚涛. 我国与"一带一路"沿线国家农产品贸易分析[J]. 北京劳动保障职业学院学报. 2019-06-25.

[48] 王远东, 华从伶, 刘善民, 等. 中国与"一带一路"沿线国家食品农产品贸易现状及对策研究[J]. 食品与发酵科技, 2019, 12: 25.

[49] 顾益焕. 我国技术性贸易措施应对活动中的政府角色与政策建议研究[D]. 苏州: 苏州大学, 2017.

[50] 刘菊馨. 农产品安全监控信息平台知识转移模式及应用[D]. 上海: 同济大学, 2008.

[51] 顾龙权. 检测实验室质量管理体系的建立及其运行[D]. 南京: 南京理工大学, 2008.

[52] 汤晓艳, 郭林宇, 王敏, 等. 农产品质量安全标准体系发展现状与主攻方向[J]. 农产品质量与安全, 2017(6): 3-8.

第12章 食品安全重点领域专利发展战略研究

12.1 中国进出口食品总体情况调研分析

食品是人类生存和发展的基本物质基础，食品安全是当今世界各国面临的共同难题。2015 年，习近平在博鳌亚洲论坛上首次提出了"食品安全，国际共治"的概念，特别是在经济全球化和贸易自由化的今天，全球食品供应链越来越国际化，各国相互联系和依存日益加深。因此，保障食品安全已不再是一个国家或地区的"独角戏"，只有积极开展国际合作，同心协力推进食品安全国际共治格局，才能让全球消费者共享"舌尖上的安全"。

中国是食品进出口贸易大国，了解中国进出口食品总体状况对于开展中国进出口食品安全重点领域专利国际共治研究具有重要意义。本节主要从中国进出口食品的种类、主要贸易往来的国家、主要存在的食品安全问题以及中国进出口食品安全监管体系几个方面展开调研分析，为下一步专利分析的方向和思路提供参考。

12.1.1 中国进口食品总体状况

随着中国经济的快速发展和居民生活水平的不断提升，进口食品逐渐成为中国消费者重要的食品来源。下面主要从我国进口食品的规模和趋势、进口食品的种类和主要来源国、进口食品的质量安全状况进行分析。

1. 进口食品总体规模和趋势

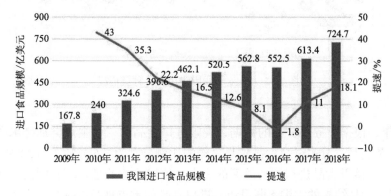

图 12-1 2009～2018 年我国进口食品规模及增长情况

数据来源：海关总署

根据 iResearch 的调查，当前 57.5%的消费者在进口食品上的消费金额占整体食品消费的比例超过了 10%[1]。同时，随着对外开放政策以及国内生鲜电商行业的不断发展，中国进口食品消费规模快速增长。

根据海关总署的统计数据，2009～2018 年十年间，我国进口食品规模以 17.7%的复合增长率高速增长，2018 年首次超过 700 亿美元，中国已成为全球最大的进口食品消费国。如图 12-1 所示，2009～2018 年间，除了 2016 年度有所降低外，整体上呈现出平稳较快增长的特征。值得一提的是，2018 年以来，我国又与有关国家签订了 30 多个农产品检验检疫准入议定书，进一步促进了食品进口贸易的发展。

2．进口食品的主要种类和来源国家

1）进口食品的主要种类

目前，我国进口食品的品种几乎涵盖了全球各类质优价廉的食品，进口种类十分齐全[2]。如图 12-2 所示，2016 年，食品进口贸易额排在前十位的食品种类分别是：肉类、水产及制品类、油脂及油料类、乳制品类、粮谷及制品类、酒类、糖类、饮料类、干坚果类和糕点饼干类，共 433.2 亿美元，占我国进口食品贸易总额的 92.9%。其中植物油 673.5 万吨、乳粉 96.5 万吨、肉类 460.4 万吨、水产品 388.3 万吨，是我国四大类大宗食品的进口种类。

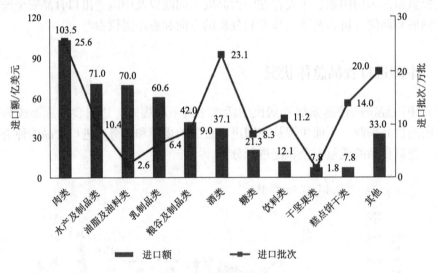

图 12-2　2016 年我国进口食品种类情况
数据来源：海关总署

2018 年，根据商务部公开的数据，我国进口食品的三个主要类别是水产及制品，乳制品、肉及制品，分占进口食品贸易总额的比例分别为 16.47%、16.22%、15.07%，总计 47.76%，接近食品进口贸易总额的一半。值得注意的是，随着国内消费观念的改变，消费者对食品结构的需求不断升级，进口食品的重点种类也正在发生改变，乳品、水产及制品、蛋品、水果、坚果及制品的贸易额持续增长。

2）进口食品的主要来源国

近年来，我国进口食品的来源越来越广泛。2016 年，我国进口食品来源国多达 187 个国家（或地区）。如图 12-3 所示，进口食品贸易额排在前十位的是：欧盟、东盟、美国、新西兰、巴西、加拿大、澳大利亚、俄罗斯、韩国和智利，占我国进口食品贸易总额的 81.6%。特别是，欧盟、东盟和美国之和占比超过 50%。

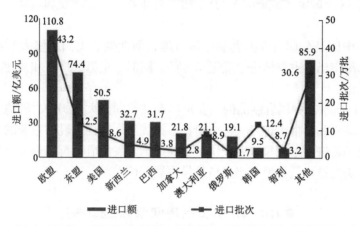

图 12-3　2016 年我国进口食品来源地情况
数据来源：海关总署

2018 年中国进口食品迅速增长，进口总额达 735.69 亿美元，比 2017 年净增长 119.15 亿美元，同比增长 19.33%。2018 年食品主要进口国家分别是新西兰、澳大利亚、美国、印度尼西亚、泰国、加拿大、法国、巴西，以上八个国家进口的食品贸易总额为 387.2 亿美元，占当年食品进口贸易总额的 52.59%。2018 年，中国从新西兰和澳大利亚的进口贸易额超越了美国，分别位于第一和第二位，这与我国婴幼儿配方乳粉进口贸易量的快速增长有密切关系。根据《2019 中国进口食品行业报告》，中国进口食品来源地达 185 个，水海产品及制品、肉类及制品、乳品进口额突破百亿美元规模。由此可见，近年来，我国食品主要进口国家基本稳定，但是前几位的主要食品进口国家排名次序有所不同。

3）大宗进口产品的主要来源国

如上所述，我国进口食品种类中肉类、水产及制品类、油脂及油料类、乳制品类位于前四位，下面分别分析该四大类大宗进口产品的主要来源国。

肉类：近年来，我国肉类进口来自 32 个国家（或地区），进口量也不断增长，其中欧盟、巴西和美国位于贸易额前 3 位。根据《2019 中国进口食品行业报告》显示，2018 年牛肉及杂碎进口额占比最大，达 44.06%；其次为猪、羊、鸡肉及杂碎。在进口量方面，猪肉及杂碎则占比最大。2014~2018 年，牛肉及杂碎的进口额不断上涨，5 年内增幅超过 262%，增幅最大；同期进口量增幅最大的是猪肉及杂碎。2018 年，巴西、澳大利亚和新西兰是中国肉类及制品的前三大来源地，上海、广东和山东位列肉类及制品进口额的前三位。

水产品：近年来，我国水产品进口主要来自 96 个国家（或地区），进口量基本稳定，俄罗斯、美国和挪威的贸易额位列前 3 位。2018 年，在水海产品及其制品中，鱼类进口量和进口额均排在首位；从增速来看，虾的增幅最大，超过 92%；从来源地上来看，俄罗斯、美国和加拿大排名前三。

植物油：近年来，进口食用植物油是国内市场重要的供应来源，进口量基本稳定，主要来自 78 个国家（或地区），其中印度尼西亚、马来西亚和乌克兰的贸易额位于前三位。

乳制品：中国是全球主要的乳制品进口国，新西兰、美国、澳大利亚、德国、法国是主要的来源市场，占整体进口量近 80%[3]。同时，上海、广东和福建是中国乳品进口的前三大省市。

如表 12-1 所示，中国乳制品的主要进口产品类别为大包奶粉、乳清和婴幼儿配方奶粉。因为在品质和价格上进口大包奶粉都占据优势，因此是乳品企业的首选，这也是一直以来大包奶粉进口量增长速度较快的主要原因。发酵乳和鲜奶是液态奶进口的主要类别，其中鲜奶的进口量在液态奶进口总量中居首位。

表 12-1　2019 年 1～9 月中国乳制品进口概况

乳品种类	进口量/万吨	增长比例/%	主要来源国	占比/%
大包奶粉	78.27	24.9	新西兰	75.2
			欧盟	13.7
奶酪	8.55	4.7	新西兰	58.6
			欧盟	16.9
			澳大利亚	15.6
奶油	6.37	−36.3	新西兰	83.6
			欧盟	12.9
乳清	33.29	−22.3	欧盟	46.6
			美国	33.2
			白俄罗斯	8.1
婴幼儿配方奶粉	25.89	12.3	欧盟	70.5
			新西兰	20.7
鲜奶	65.76	39.9	欧盟	53.6
			新西兰	32.2
			澳大利亚	12.1
酸奶	2.64	11.8	欧盟	92.8
			新西兰	3.1

3. 进口食品的主要安全问题

目前，我国是世界上进口食品贸易总额排名第一的大国。虽然近年来没有发生重大进口食品质量安全事件，进口食品质量安全总体上保持稳定，但随着食品进口贸易的不断扩大，对食品质量安全的重视不容忽视。

1）进口不合格产品的原因

2016 年，从 82 个国家（地区）检出不符我国法律法规和标准、未准入境食品 3042 批、3.5 万吨、5654.2 万美元，同比增长分别为 8.4%、325.2%、135.5%；且饮料类、糕点饼干类、粮谷及制品类为主要不合格食品种类。如图 12-4，未准入境食品的不合格项目中的安全卫生问题，食品添加剂超范围或超限量使用、微生物污染较为突出，占未准入境食品总批次的 40.6%；非安全卫生问题中，品质不合格、标签不合格、证书不合格较为突出，占未准入境食品总批次的 41.4%。

如表 12-2 所示，对 2017 年和 2018 年我国海关拒绝入境的不合格进口食品的主要原因进行了对比分析。分析发现，2018 年，滥用食品添加剂、微生物污染是主要的安全卫生风险问题，占不合格进口食品总批次的 29.98%；品质不合格、标签不合格、证书不合格、货证不符则是主要的非安全卫生问题，占不合格进口食品总批次的 56.48%。2018 年与 2017 年相比，需要引起高度重视的是：在排名前五位的不合格原因中，滥用食品添加剂、微生物污染等安全卫生问题的风险大幅增加。

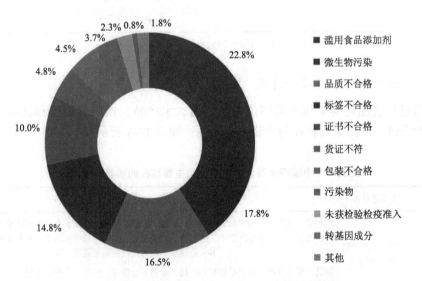

图 12-4　2016 年我国未准入境食品不合格原因情况

表 12-2　2017～2018 年被我国海关拒绝入境的不合格进口食品的主要原因

2018 年进口食品不合格原因	批次	占比/%	2017 年进口食品不合格原因	批次	占比/%
滥用食品添加剂	301	22.28	品质不合格	1518	22.89
品质不合格	258	19.10	证书不合格	1278	19.27
标签不合格	256	18.95	超过保质期	1149	17.33

续表

2018 年进口食品不合格原因	批次	占比/%	2017 年进口食品不合格原因	批次	占比/%
证书不合格	187	13.84	标签不合格	1065	16.06
微生物污染	104	7.70	滥用食品添加剂	968	14.60
货证不符	62	4.59	微生物污染	455	6.86
未获准入许可	61	4.52	包装不合格	422	6.36
包装不合格	42	3.11	未获准入许可	345	5.20
携带有害生物	36	2.66	货证不符	302	4.55
重金属超标	22	1.63	感官检验不合格	133	2.01
检出有毒有害物质	14	1.04	重金属超标	114	1.72
含有违禁药物	5	0.37	主动召回	70	1.06
感官检验不合格	2	0.14	携带有害生物	48	0.72
农兽药残留超标	1	0.07	检出有毒有害物质	28	0.42
其他			含有违禁药物	27	0.41
			含有违规转基因成分	21	0.32
			农兽药残留超标	4	0.06
			运输条件不合格	2	0.03

资料来源：中国海关总署：2017 年、2018 年进境不合格食品、化妆品信息并整理

2）大宗进口产品质量安全情况

我国进口食品种类中排在前四位的是肉类、水产品、食用植物油和乳制品类。该四大类大宗进口产品主要存在的质量安全问题，如表 12-3 所示。

表 12-3　中国四大类大宗进口产品主要存在的质量安全问题

类别	主要进口国	质量安全问题
乳制品	欧盟、新西兰和澳大利亚	乳制品：微生物污染、品质不合格、标签不合格、证书不合格、食品添加剂超限量或超范围使用等，安全卫生问题中，酵母菌、大肠菌群、霉菌等微生物污染，氢氧化钾、硝酸钠等食品添加剂超范围或超限量使用 婴幼儿配方乳粉：主要是标签不合格、证书不合格等。标签不合格，主要是由于营养成分符合性检测不合格。证书不合格，主要是进口国无法提供符合要求的输华乳品卫生证书
植物油（食用）	印尼、马来西亚和乌克兰	主要为包装不合格、品质不合格和污染物超标等，占未准入境食用植物油总批次近 80%。污染物主要表现在铅、砷、苯并芘等污染物超标问题较为突出。特别是 2016 年，我国在大批量进口食用棕榈油中检出总砷含量超标
肉类	欧盟、巴西和美国	主要为标签不合格、货证不符和品质不合格等，占未准入境肉类总批次近九成。安全卫生问题中，检出氯霉素超标 1 批
水产品	俄罗斯、美国和挪威	安全卫生问题中，二氧化硫等食品添加剂超限量或超范围使用，汞、镉、铅等污染物超标，大肠菌群、单增李斯特菌等微生物污染问题较为突出

导致乳制品、肉类、水产品、食用植物油四大类大宗产品进口中主要的质量安全问题的主要的原因如下：

乳制品：乳制品中的质量安全问题主要为品质不合格、微生物污染、证书不合格、标签不合格、食品添加剂超范围或超限量使用等，约占未准入境乳制品总批次的80%。其中安全卫生问题中，大肠菌群、酵母菌、霉菌等微生物污染，硝酸钠、氢氧化钾等食品添加剂超范围或超限量使用是主要的问题。证书不合格，主要是进口国无法提供符合要求的输华乳品卫生证书。标签不合格，主要是由于营养成分符合性检测不合格。

植物油：植物油的质量安全问题主要为品质不合格、标签不合格、污染物超标、证书不合格等，占总批次的近 90%。安全卫生问题中，砷、苯并芘等污染物超标问题比较突出，这与植物在种植过程中重金属的迁移有关，导致土壤或者水体中的重金属在农作物内累积，并进入食用油中。

肉类：肉类的质量安全问题主要为未经检验检疫就准入、货物和证书不匹配、标签不合格和微生物污染等，约占未准入境总批次的 80%。安全卫生问题中，大肠菌群超标、菌落总数是主要的微生物污染问题。品质不合格，主要是由于货物在运输途中出现缓化、变质、有异味的情况；兽药残留超标，主要是出口国家（地区）主管部门和生产企业未能有效控制兽药使用所致。

水产品：水产品的质量安全问题主要为品质不合格、证书不合格、微生物污染、标签不合格等，约占未准入境总批次的 70%。安全卫生问题中，以菌落总数、大肠菌群等微生物污染，镉等污染物超标问题为主；食品添加剂不合格，主要是厂家为保持产品的外观和新鲜程度，超范围或超限量使用食品添加剂，特别是使用二氧化硫。污染物超标，主要是海水或养殖水域污染导致。

12.1.2　中国出口农产品（食品）总体状况

在开放的市场经济条件下，对外贸易已经成为推动中国经济发展的重要力量。改革开放以来，中国农产品贸易规模持续快速扩大。2000 年，中国农产品出口额为 148.5 亿美元，到 2017 年增长至 735.8 亿美元，增加了 3.79 倍，年平均增长率为 10.29%[4]。同时，中国加入 WTO 后，很快成为一个农产品进口国，2008 年起，中国农产品贸易由长期顺差转变为持续性逆差，最高逆差额达到 417.2 亿美元[5]。由此可见，在世界农产品贸易格局中中国发挥着越来越重要的作用，中国已经成为世界上第一大农产品进口国，以及世界第四大农产品出口国。

1. 中国农产品出口的主要种类和国家

初级农产品是我国出口的主要类型，出口的产品和市场集中度均比较高。其中，出口额位居前三位的农产品种类为水产品及其制品、蔬菜类、水果及其制品。从单项产品来看，冻鱼和冻鱼片、大蒜、花生、烤鳗、苹果汁、香菇、蜂蜜、肠衣等农产品的出口量均位居世界前茅。中国农产品出口到亚洲、非洲、欧洲、南美洲、北美洲、大洋洲的 200 多个国家和地区，其中亚洲、欧洲和北美洲是主要出口市场。排名前三位的出口国家分别为日本、美国、韩国。

水产品：据统计截止到 2019 年，中国水产品出口额连续 17 年排名世界第一。其中头足类、罗非鱼、鳗鱼、藻类、大黄鱼是一般贸易主要出口品种。而且鳗鱼也是我国出口大宗农产品之一，主要出口品种有烤鳗和活鳗，主要出口日本，此外还销往美国、俄罗斯、韩国、加拿大及欧洲等市场。

蔬菜类：中国蔬菜类产品出口数量远大于进口数量，2016～2019 年中国蔬菜类出口数量逐年增加，蔬菜类产品包括新鲜蔬菜、冷冻蔬菜、罐头类（蘑菇罐头、番茄酱罐头等）。蔬菜种类主要有大蒜、辣椒、洋葱、萝卜、西红柿、卷心菜、南瓜等。中国蔬菜出口排名前五的国家为日本、越南、韩国、马来西亚、俄罗斯。

水果及其制品：中国是世界水果生产大国，水果产业在国民经济中占有重要地位。中国以新鲜冷冻水果出口为主，果汁、水果罐头、其他水果加工制品所占比例较少。按照出口交易额，2019 年出口前几位的水果种类为苹果、葡萄、柑橘、梨、桃子，跟中国传统水果的种植优势密切关联。水果出口海外市场主要有越南、泰国、印尼、菲律宾、俄罗斯、马来西亚、孟加拉国、缅甸、哈萨克斯坦等。

2. 中国农产品出口的主要质量安全问题

针对我国出口的主要农产品种类，通过文献资料查询，整理其主要存在的质量安全问题，如表 12-4 所示。

表 12-4　中国四大类大宗出口产品主要存在的质量安全问题

类别	质量安全问题
水产品[6]	重金属污染：环境水体污染以及食物链的富集作用所导致，主要有铅、镉、汞、砷
	抗生素、激素残留：恩诺沙星、孔雀石绿、硝基呋喃类、己烯雌酚等药物残留
	禁用药物：杀菌剂孔雀石绿残留
	微生物指标：菌落总数、大肠菌群
蔬菜[7]	农药残留为主：百菌清、多菌灵、达灭芬、虫螨腈、毒死蜱等农药残留
	微生物、重金属少数：大肠菌群、重金属镉等
	超范围使用添加剂：二氧化硫、阿斯巴甜、甜蜜素
水果	农药残留是新鲜水果存在的主要安全问题。果汁产品的农残主要表现在重金属、甲胺磷等方面
食用菌	农药残留超标
禽肉	超剂量使用预防药物和微量元素导致的药物、重金属残留等问题
肠衣	质量问题不突出，主要是兽药残留
蜂蜜	掺杂使假取代以往的抗生素问题，成为制约我蜂蜜出口的最主要因素。这迫使行业建立蜂蜜出口的质量可追溯体系，避免造假蜂蜜流入国际市场

12.1.3　中国进出口食品安全监管体系

面对近年来严峻的进出口食品安全形势和经济形势，为了保障进出口食品安全，保护人类生命和健康，进出口食品安全监管体系尤为重要。目前中国在进出口食品安全监管工作中坚持安全第一、预防为主、风险管理、全程控制、国际共治的方针，并建立了一套科学严密、高效便利、协调统一、公开透明的现代化治理制度。

1. 中国进出口食品监管部门

2018 年 9 月 10 日，《海关总署职能配置、内设机构和人员编制规定》（海关总署"三定"）正式公布，原质检总局下辖的进出口食品安全局正式并入海关总署。中国进出口食品质量安全统一由中华人民共和国海关总署进出口食品安全局负责，承担进出口食品、化妆品的安全和检验检疫工作制度的拟订，依法承担进口食品企业的备案注册和进口食品、化妆品的检验检疫、监督管理工作。

进口食品从监管从环节上可分为进口前和进口后。进口前的环节是由各海关下属的出入境食品检验检疫局负责，主要针对食品的可食用性安全以及是否符合我国的食品安全相关标准进行监督。进口后的环节，即进口食品流入消费市场后的流通领域的监管，由当地的市场监督管理局来负责，主要负责进口食品消费全过程的监督检查制度和隐患排查治理机制是否健全的监督，防范区域性、系统性食品安全风险，并组织开展食品安全监督抽检、风险监测、核查处置和风险预警、风险交流工作。

2. 中国进出口食品相关法律法规

目前我国已经形成包含五个层次的进出口食用农产品监管法规体系。一是《食品安全法》《商检法》《动植物检疫法》《农产品质量安全法》等法律制度；二是《食品安全法实施条例》等法规；三是《进出口食品检验检疫监督管理办法》等规章；四和五分别是规范性的文件和标准。从 2015 年 10 月 1 日起，我国开始实施新《食品安全法》，新《食品安全法》在食品进口方面强调"四个最严"的要求，即食品相关标准做到最严、对各主体的监管做到最严、违法主体的处罚做到最严、渎职部门的问责做到最严[8]。

3. 中国进口食品安全监管过程

随着我国经济社会发展水平的不断提高和贸易全球化的发展，进口食品已经成为我国消费者重要的食品来源。目前中国已经初步建立了基于风险分析，符合国际惯例的进口食品农产品安全管理体系。对进口食品农产品采用入境前准入、入境时检查和入境后监管三个环节的管理方法，做到"源头严防、过程严管、风险严控"三个"严"。中国积极推进食品安全国际共治，在促进产业良性发展、保障消费者健康、维护贸易公平等方面做出了积极努力。

第一，进口前的源头监管。境外地区食品进到中国之前，首先要对他们的食品管理体系进行评估，评估其是否能够保证进入到我国食品的安全性；其次，不仅对境外要出口到中国的企业实行注册，而且对进出口商进行备案，同时要求附其国家（地区）的官方证书，充分做到食品进口前源头的监管。

第二，严格把关进口时的检验检疫。在口岸现场，进口食品需检验检疫合格后方可进入。进口食品包装必须有符合要求的中文标签。为了及时发现进口食品的风险，监管部门不仅制定了年度监测计划，还对进口不合格的食品发布警示，上网公布，并通报出口国家和地区。

第三，严格履行进口后的监管。食品进入国家之后还要跟踪监管，对进口商建立真实可信的进口和销售记录。利用已经建立的食品进口销售记录平台，对存在问题的企业列入不良记录企业名单。力求做到"源头可追溯、去向可追踪、产品可召回"。

4. 中国出口农产品（食品）安全监管过程

改革开放以来，中国农产品贸易规模持续快速增长，加强出口农产品供应链的质量安全监管是获得我国国际农业竞争力的战略工具。目前在出口农产品安全监管过程中主要通过食品原料生产、食品生产加工、出口检验检疫三个环节进行管理，以保障出口农产品的质量安全。

第一，食品原料生产。在食品原料生产环节主要通过出口食品原料种植养殖的备案制度、出口食品原料基地有害物质监控制度对食品原料的生产环境进行监督、监控，评估其安全风险。

第二，食品生产加工。在食品生产加工环节主要通过三个方面制度来监管。一是，出口食品生产企业备案制度，即出口食品生产企业必须备案，其生产的产品才能出口；二是出口食品的分类管理制度，即对出口食品生产企业进行分类，实施分类管理，并对其建立信誉记录；第三是出口食品生产企业的安全管理责任制度，即出口食品生产企业应建立安全管理责任制，包括原料进厂查验和产品出厂检验制度。

第三，出口检验检疫。在出口检验检疫环节主要通过四个方面的制度来监管。一是出口抽查检验制度，即对出口食品在口岸按照一定的比例进行抽查检验；二是出口企业信誉记录制度，即对出口食品生产企业建立信誉记录，建立出口企业违规名单，予以公布；三是风险预警制度，即在出口食品抽检中发现问题的，应发出预警，增加抽样比例；四是追溯与召回制度，即出口企业应建立食品追溯体系，发现不符合食品安全要求的，应主动召回。

12.1.4　小结

通过中国进出口食品总体状况分析发现，在进口方面，我国的进口食品市场已经位居世界第一，进口食品大多来源于美国、欧盟和东盟，表现出进口食品来源广泛、种类多样、地区集中等特点，部分大宗进口产品已成为国内市场重要的供应来源。食品安全问题主要集中于中文标签不合规、滥用添加剂、微生物污染、伪劣产品等问题。在出口方面，我国以劳动密集型农产品为主，尤其是蔬菜、水果、水海产品占据出口主要地位，畜产品近年来一直处于逆差状态；主要出口日本、美国、韩国、印尼、德国、马来西亚、俄罗斯、越南、泰国等国家；在安全方面，农药残留、兽药残留、致病微生物、环境污染物、非法添加物以及掺杂使假是存在的主要问题。

通过进出口食品全监管体系的调研分析发现，进口食品主要从入境前准入、入境时检查和入境后监管三个环节进行管理，做到"源头严防、过程严管、风险严控"三个"严"。出口监管过程中主要通过食品原料生产环节的风险监控、食品生产加工环节的监督检查、出口检验检疫环节的抽查三个环节进行管理。另外建立食品安全可追溯体系和风险评估来保障出口农产品的质量安全。

面对中国食品进出口贸易中存在的上述问题，主要是因为食品安全问题十分复杂，无论在发展中国家还是发达国家（地区），食品安全问题都备受关注。其复杂性主要表现在食品供应源头范围广、食品加工环节多、食品不安全因素原因复杂、食品污染因子消除困难、全球各国监管存在差异五个方面。因此后续专利分析将从食品安全源头治理技术、食品安全过程控制技术、食品风险监测技术展开专利预警分析，围绕专利监测、预警、联盟等内容制定"食品安全国际共治"的食品安全专利战略。

12.2　国内外食品安全检测技术专利概况

食品安全问题是我国关注的重点。食品安全不仅关系着人们的健康和安全，还会影响社会的稳定以及持续发展。从当前我国食品安全管理监督现状出发，各种各样的食品安全问题仍普遍存在。因此，加强食品检测方法的研究，提高食品安全检测的水平，是当前食品安全风险防控的基础。

食品安全检测主要在农残检测、兽药检测、致病菌检测和重金属检测四个方面；本节就安全检测技术的专利申请现状做统计分析，以了解该相关技术的现状，包括技术发展趋势、各技术分支的专利占比，以及主要研发主体、技术的区域分布和研发主体的市场关注方向。

12.2.1　食品安全技术分解及专利检索

1. 技术分解

食品安全（food safety）指食品无毒、无害，符合应当有的营养要求，对人体健康不造成任何急性、亚急性或者慢性危害[1]。食品安全的定义规定了食品的质量安全和营养指标。食品安全也是一门跨学科领域，专门探讨在食品加工、存储及销售等步骤中，各方能如何保障食品卫生与食用安全、降低疾病隐患及防范食物中毒。以食品安全措施来排除或降低对消费者生命、健康的风险，是食品安全的核心。

2017 年 4 月 14 日，由国务院办公厅所印发的《2017 年食品安全重点工作安排》提出：通过继续完善食品安全标准体系，制修订一批重点急需的重金属污染、有机污染物、婴幼儿配方食品、特殊医学用途配方食品、保健食品等食品安全国家标准及其检测方法，推动食品安全标准与国际标准对接。坚持源头控制，净化农业生产环境，加强种养环节源头治理。要严格生产经营过程监管。严密防控食品安全风险，促进食品产业转型升级。

在食品安全领域，有效控制食品安全问题的危害，除了需要具备完善、先进的食品安全检测技术之外，还需要从源头上根治对食品安全带来不良影响的因素。食品安全危害的因素是指可能存在于某种或某些食品中能够引起健康不良结果的生物性、化学性或物理性因素。其中，生物性危害因素包括细菌（致病菌）、真菌及其毒素、寄生虫和病毒；化学性危害因素包括农药、兽药、重金属和食品添加剂；物理性危害因素包括物理性杂质和放射性危害因素。

导致食品存在安全风险的源头的划分，食品安全问题可以归纳为以下几个方面：

1）种植、养殖过程中因环境污染所造成的食品安全问题

（1）环境污染对食品安全的威胁。首先，河流、湖泊、海洋等污染是导致食品不安全的重要因素。其次是二噁英污染，二噁英的毒性极强，其致死量高达砒霜的 900 倍，并有很强的致癌性和致畸性，可直接或间接地污染肉、乳及水产品。

（2）种植业与养殖业所造成的源头污染。农用化学品（如化肥、农药、兽药、生长调节剂等）的大量使用，从源头上为食品安全埋下了极大隐患。

（3）生物毒素的污染。细菌毒素和霉菌毒素是生物毒素污染的两个主要方面。其中，细菌毒素能够直接引起细菌性食物中毒。

2）食品在生产加工过程中的安全问题

食品加工生产过程易造成的食品安全问题主要为以下四个方面：①超量、滥用食品添加剂和/或非法添加物；②生产加工企业未严格按照工艺要求操作，杀菌灭菌不完全或在生产、储藏过程中发生微生物腐败；③新原料、新技术、新工艺的应用所带来的食品安全问题；④食品流通环节中的二次污染、腐败变质问题。

而在对食品安全的保障工作方面，食品安全风险因素的检测技术，例如致病菌、农药残留、兽药残留、重金属的检测技术等，是食品进入安全领域的通关关卡。

食品安全风险监测是通过系统和持续地收集食源性疾病、食品污染以及食品中有害因素的监测数据及相关信息，并进行综合分析和通报。食品安全风险评估预警系统是对食品、食品添加剂中生物性、化学性和物理性危害对人体健康可能造成的不良影响所进行的科学评估，包括危害识别、危害特征描述、暴露评估、风险特征描述等；利用现有的科学资料和科学手段，就食品中对人体健康造成不良影响的危害因子进行识别、确认和定量分析，是保障食品安全的统一防线。

因此，基于保障食品安全的前提，将食品安全治理技术分为：食品安全检测技术、食品安全源头治理技术、食品安全过程控制技术、食品安全评估与监测技术四个方面，为了方便专利检索与数据统计的分析，将食品安全技术分解如表12-5所示。

表 12-5 食品安全技术分解表

一级分支	二级分支	三级分支
食品安全技术	检测技术	农残检测技术
		兽药检测
		病菌检测
		重金属检测
		食品添加剂检测
	源头治理技术	土壤修复
		水处理
		种植过程中的控制技术
		养殖过程中的控制技术
	过程控制技术	杀菌技术
		农药残留的降解
		重金属去除
		包装、存储技术
		抑菌保鲜运输技术
		溯源技术
	食品安全评估与监测技术	

食品安全因素的检测技术根据所检测风险因素的类别主要包括农药残留的检测、兽药残留的检测、致病菌及真菌毒素的检测、重金属检测、食品添加剂检测技术。

根据食品安全风险因素的源头,食品安全源头治理技术主要包括土壤修复、水处理、种植养殖过程中农药、兽药、重金属控制技术。

根据食品生产过程对食品安全的影响,分为食品杀菌技术、农药残留的降解技术、重金属去除技术、包装及存储技术、抑菌保鲜运输技术、溯源技术。

2. 检索与数据分析

本项目以合享专利数据库 incopat 为主,根据食品安全技术分解表,以分总式检索策略,对食品安全领域的专利文献进行检索。

12.2.2 专利申请趋势及技术占比

1. 全球专利申请趋势

食品安全检测主要涉及农残检测、兽药检测、致病菌检测和重金属检测等多个技术领域。在食品安全的总体目标下,各个技术领域已取得了较多的研究成果。在食品安全检测相关的几个技术领域的专利申请量，在全球已有 12450 件相关专利申请。

如图 12-5 所示，食品安全检测技术方面，在 1922 年就有了相关专利的申请，在此之后的近六十年时间内，食品安全检测技术一直处于萌芽期，发展缓慢；在 1980 年以后食品安全检测技术日趋稳定，其专利申请量也保持稳定增长的趋势；在 1995~2019 年的二十多年间，食品安全检测技术越来越成为研究的重点，专利申请量快速增长，食品安全检测技术实现了快速的发展，这与检测技术的发展、人们对生活品质的追求和国家的政策扶持密切相关。

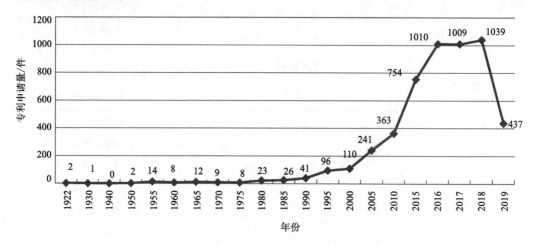

图 12-5　食品安全检测技术专利申请趋势

由图 12-5 分析可知，食品安全检测技术经历了三个发展阶段。

第一阶段，萌芽起步期（1980 年以前）：该阶段是技术储备和探索期，在此阶段内年专利的申请量均在 20 项以下，反映出萌芽期属于食品安全检测技术的引入阶段，主要进行技术积累。

第二阶段，平缓发展期（1981~1990 年）：此阶段专利的申请量有所提升，但总体发展速度不快，专利申请量开始平缓上升。

第三阶段，高速发展期（1991 年至今）：此阶段最重要的变化是申请量飙升，2018 年，专利年申请量达到 1039 项。随着政府政策的助推和食品安全检测研发技术的发展，使得食品安全检测水平快速提升，该阶段整体上专利申请呈现稳步上升的态势。

在 2019 年出现下降，是因为专利数据的滞后性，《专利法》规定，如果专利发明人不申请提前公开的话，专利在申请之日起 18 个月后公开，并不影响整体的发展趋势。

2. 全球专利技术分布

从食品安全检测技术领域来看，在该分析报告中，将食品安全的检测技术根据检测源划分为：农残检测技术、兽药检测技术、致病菌检测技术以及重金属检测技术四个方面。

根据食品安全检测技术的划分和专利统计，农残检测技术、兽药检测技术、致病菌检测技术以及重金属检测技术的专利申请的占比如图 12-6 所示。致病菌检测技术的专利申请量为 5473 件，占比最大，占总体的 53%；其次是农残检测技术专利申请量3899 件，占总体的 38%；兽药检测技术和重金属检测技术相关的专利申请量分别为635 件、365 件，占总体的 6% 和 3%。

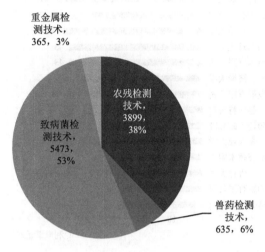

图 12-6　食品安全检测技术的分支占比

食品营养丰富，满足了人们最基本的需求。也正是由于食品含有丰富的营养，其很容易受到致病菌的污染，因此致病菌是食品污染的最主要原因。专利分析结果也表明致病菌检测技术在食品安全检测技术中占据绝对重要的地位。此外，在种植和养殖等过程中，农药的使用非常广泛，决定了农残检测技术占有很大的比重。兽药检测技术和重金属检测技术虽然占比不高，但其是食品安全检测中不可忽略的环节，因此也是目前技术研发的重要方向。

在食品安全检测技术领域，主要检测技术有色谱技术、生化分析法和电化学分析法。其中色谱技术是在近年来使用范围比较广泛的一种检测方法，主要在农药残留、兽药残留检测等方面中实现了应用；生化分析法主要应用于致病菌方面的检测，包括微生物培养生化鉴定以及近年来发展起来的免疫学技术、分子生物学技术、代谢学技术等；电化学分析法是利用物质的电学和电化学性质进行测量的方法，具有仪器简单、快速、灵敏、准确等特点，在农药残留、兽药残留、重金属、食品添加剂检测等方面都有应用。

12.2.3　专利申请人分析

食品安全检测技术虽然分为农残检测技术、兽药检测技术、致病菌检测技术以及重金属检测技术四个方面，但在食品安全检测方面的研究基本都是相通的，四个分支的检测技术相互交织，因此将食品安全检测技术作为一个整体来分析相关申请人，如图 12-7 所示。

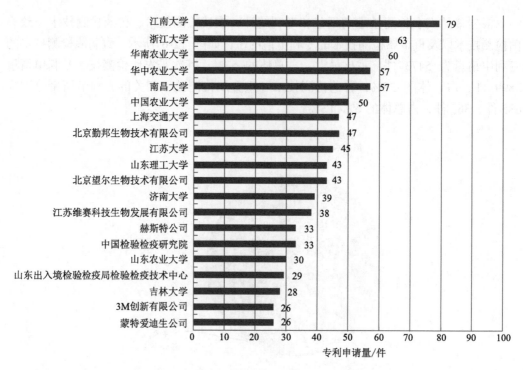

图 12-7　食品安全检测技术主要申请人排名

在食品安全检测技术排名前十的专利申请人中，江南大学排名第一，专利申请量为 79 件，这从一个角度证明了江南大学在食品领域中处于全球领先地位。从专利申请人所属的国别来看，除了美国的赫斯特公司、3M 创新有限公司、意大利的蒙特爱迪生公司，其余均为中国申请人，说明中国、美国和意大利的申请人与其他国家的专利申请人相比，研发能力更强，成果相对更多。在食品安全检测技术领域，中国相关技术的专利申请量优势明显。但从申请人的类型来看，国外的申请人均为企业，而中国的主要申请人基本上是高校或研究所。一般企业的研究比较注重成果的实际应用，而高校、研究所的研究则更注重基础研究；因此，可以从侧面得出，美国和意大利的申请人在检测方面更多针对实际应用，而中国的申请人多集中在基础研究方面。

12.2.4　专利地域分布及技术流向

1. 全球专利公开国家（地区）对比

表 12-6 为食品检测技术相关专利公开国家（地区）的地域分布。排在前几位的为中国、世界知识产权组织、美国、日本和韩国，说明这几个国家（地区）是主要目标市场和技术贡献者。其中，中国公开的专利申请量最多，为 6421 件，占全球总体申请量的 62%；美国、日本和韩国分别为 503 件、483 件、359 件，专利公开的数量远远低于中国。

表 12-6　全球专利公开国家（地区）统计

专利公开国家（地区）	专利数量/件	专利公开国家（地区）	专利数量/件
中国	6421	奥地利	87
世界知识产权组织	1302	俄罗斯	82
美国	503	印度	60
日本	483	墨西哥	52
韩国	359	巴西	22
法国	327	加拿大	19
欧洲专利局（EPO）	189	比利时	18
英国	113	西班牙	18
德国	102	澳大利亚	17

2. 主要国家（地区）专利申请量对比

图 12-8 所示为主要国家（地区）申请人所提出的专利申请量及占全球专利申请总量的比例。通过该数据可以看出各国申请人在食品安全检测技术领域的技术研发成果，从而反映该国的技术实力；排在前三的分别为中国、欧盟和美国；随着经济的发展以及人们对绿色食品的需求，中国日益重视食品安全问题，增强食品安全检测意识；中国申请人的专利申请量为 6364 件，位居首位，占全球申请量的 62%，说明中国在这一领域投入的研究和所取得的研究成果也最多；紧跟其后的是欧盟和美国，分别为 13%和 11%，其次是日本和韩国，其申请量占比分别为 8%以及 3%。

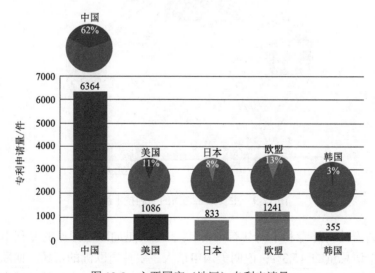

图 12-8　主要国家（地区）专利申请量

3. 国家（地区）之间的专利技术流向分析

表 12-7 为主要国家（地区）申请人向国外申请专利的情况统计，如表所示，虽然

来自于中国的申请人所提出的专利申请量高达 6364 件,但其向国外申请的专利数量仅为 133 件,仅占总量的 2.1%;而美国、日本、欧洲和韩国的申请人向本国(地区)之外的其他国家(地区)的专利申请量的比例远高于中国的申请人,尤其是来自于美国的申请人,其向国外的专利申请量占其专利申请总量的 73.3%。这些数据充分说明中国的申请人的知识产权保护意识和专利的布局意识远远不如美国、日本、韩国以及欧洲的发达国家;对于国外市场的专利布局不够重视,其海外市场的侵权风险较大。

表 12-7　主要国家(地区)申请人向国外申请专利的情况统计

	中国		美国		日本		欧盟		韩国	
	申请量/件	占比/%	申请量/件	占比/%	申请量/件	占比/%	申请量/件	占比/%	申请量/件	占比/%
本国	6231	97.9	290	26.7	382	45.9	1115	89.8	265	74.6
对外	133	2.1	796	73.3	451	44.1	126	10.2	90	25.4
总申请量	6364		1086		833		1241		355	

从图 12-9 所示主要国家之间的专利技术流向来看,中国申请人的对外专利申请共有 133 件,其中有 116 件是向世界知识产权组织提出的,进入指定国家的对外专利申请中最多的是向美国专利商标局和欧洲国家提出的申请,都是 6 项,占对外申请总量的 4.5%;而向日本、韩国提出的专利申请量占对外申请总量的比例均非常小,说明中国申请人相对比较重视在美国和欧洲的专利布局。

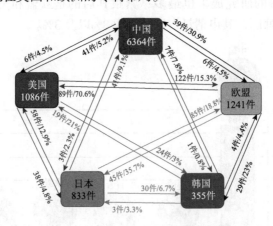

图 12-9　主要国家之间的专利技术流向

美国申请人的对外专利申请共有 796 件,主要是向欧盟国家的专利申请,占美国申请人对外申请总量的 15.3%;说明美国申请人主要注重欧洲的市场。而欧洲国家的申请人向外申请的专利中最多的也是流向了美国,占比 70.6%。专利的地域布局一方面是为抢占市场,另一方面是限制布局国家的竞争对手的发展;美国、日本、韩国和欧盟向中国的专利输出数量分别为 41 件、41 件、7 件和 39 件;尤其是美国、日本和欧盟,不仅在中国有较多专利的布局,相互之间均有超过 40 件专利的布局申请;这一方面反映出发达国家和地区对专利布局的重视；另一方面也反映出，发达国家和地区在此领域的技术领先性；我国需要加强专利技术输出，进行合理的专利布局，避开发达国家和地区技术布局的围困，形成自己的技术优势。

12.2.5　中国专利概况

1. 中国专利申请趋势

国内食品安全检测技术专利申请趋势如图 12-10 所示，我国从 1986 年开始涉足该技术领域，但当时的专利申请量较小，1986～2000 年，处于萌芽探索期，专利数量较少；2001～2006 年，专利申请量和公开量缓慢上升；2006 年之后，专利的申请量呈现较快增长。

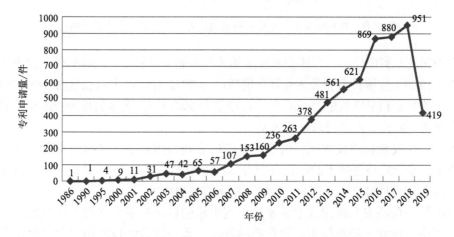

图 12-10　国内食品安全检测技术专利申请趋势

食品安全检测技术经历了四个发展阶段：

第一阶段，萌芽起步期（2000 年以前）：该阶段是技术储备和探索期，在该阶段内年专利的申请量均在 10 件以下，该阶段主要进行技术积累。

第二阶段，平缓发展期（2001～2006 年）：通过前一阶段的技术储备和探索，此阶段专利的申请量有所提升，但总体发展速度不快。

第三阶段，高速发展期（2007 年至今）：该阶段最重要的变化是申请量快速提升，在 2018 年达到顶峰，在 2018 年的申请量达到 951 件；此阶段总体的专利申请量提升很大。

2. 中国专利技术分布及优劣势

图 12-11 为国内外食品安全检测技术领域各分支技术专利申请量占比图，外环是国外的食品安全检测技术领域的四个分支相关专利申请占比，内环是中国的食品安全检测技术领域四个分支相关专利申请占比。

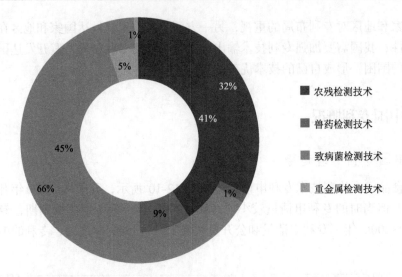

图 12-11　国内外食品安全检测技术领域各分支技术专利申请量占比

在中国的专利申请中，农残检测技术相关的专利申请数量为 2666 件，占申请总量的 41%；致病菌检测技术相关的专利申请数量为 2952 件，占申请总量的 45%，兽药检测技术相关的专利申请数量为 606 件，占申请总量的 9%，重金属检测技术相关的专利申请数量为 344 件，占申请总量的 5%。

国外食品安全检测技术领域的专利申请的农残检测技术、致病菌检测技术、兽药检测技术、重金属检测技术的占比分别为 32%、66%、1%、1%。致病菌检测技术占到了一半以上，说明国外的申请人最为注重致病菌检测技术。

与国外的食品安全检测技术领域的专利申请的各个技术分支的占比相比，中国的专利申请中，在农残检测技术、兽药检测技术、重金属检测技术相关专利申请占比相对较多，尤其是农残检测技术和兽药检测技术；这说明在中国，农药和兽药的残留相比国外更加严重；在人们的主观意识中，在农作物的种植和动物的养殖过程中，使用农药和兽药是非常普遍和正常的事情；因此一方面，需要加强农残检测技术和兽药检测技术的发展；同时中国需要改变意识，减少农药、兽药的使用，从源头上去降低食品安全的风险。

3. 主要申请人分析

如图 12-12 所示，通过对 10 位申请人的分析来看，食品安全检测技术排名前 10 的专利申请人中，有 9 位是高校，只有一位是企业（北京勤邦生物技术有限公司），说明中国高校非常重视食品检测技术的研究，在该技术领域有明显的技术优势；另一方面，也反映出在该方面的研究中，企业的研发水平整体不高，说明企业在此领域投入的研究较少，应该加强高校和企业之间的合作，将相关研究应用到具体领域，充分实现专利技术的价值。

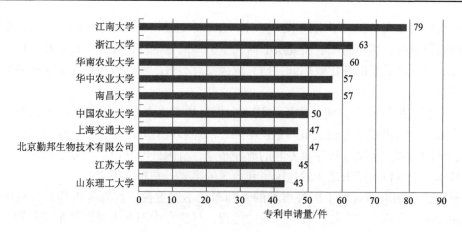

图 12-12　食品安全检测技术主要申请人排名

4. 国外企业在华专利布局情况

中国国内食品安全检测技术领域专利申请中，由国外申请人所提出的专利主要来自日本（41 件）、美国（41 件）；欧盟国家在中国专利布局共计 39 件。美国、日本、欧盟和韩国在中国布局的专利数量虽然不多，但是其均为发达国家和地区，不能忽视其技术的先进性；尤其是美国和欧盟食品安全检测技术的研究一直居于领先位置，经常实行技术壁垒，限制我国的食品出口。所以要加强对发达国家和地区的重视，进行专利的预警分析，同时合理展开专利布局，突破发达国家和地区设置的技术壁垒。

12.2.6　小结

综上所述，在食品安全检测技术领域的研发，近年来取得了突飞猛进的发展。食品安全检测技术的工作主要集中在农残检测技术、兽药检测技术、致病菌检测技术和重金属检测技术方面。并且在致病菌检测技术和农残检测技术方面已经取得了丰厚的成果，已有专利申请共计 9372 件；尤其是在致病菌检测技术方面，占食品检测技术总体成果的 53%。

经过国内外的食品安全检测技术领域的专利申请的各个技术分支的占比对比，在中国的专利申请中，农残检测技术相关的专利申请数量占申请总量的 41%，兽药检测技术相关专利的申请数量占申请总量的 9%；而国外的食品安全检测技术领域的专利申请的农残检测技术、兽药检测技术分支的占比分别为 32% 和 1%。从数据来看，国外的专利占比明显低于中国的专利数量占比，这说明在中国农药和兽药在食品方面的残留以及污染相比国外更加严重，在人们的主观意识中，在农作物的种植和动物的养殖过程中，使用农药和兽药是非常普遍和正常的事情。因此，一方面，需要加强农残检测技术和兽药检测技术的发展；另一方面中国的申请人需要改变意识，从源头上去降低食品安全的风险；同时政府也需要加强对药物滥用的监控。

在申请人方面，国外的申请人主要是企业类申请人，是技术成果的主要应用方，研究成果应用率高；实现了由技术到应用，从而转化成收益；而中国的申请人类型主要是高校或研究所，然而高校、研究所的研究更为偏向基础的研究，不具有技术成果的应用条件，且专利成果的转化效率低，研究成果没有有效的实施应用，需加强成果的转化及应用，实现技术的价值。

在专利的地域布局方面，中国申请人向国外申请专利数量很少，中国的申请人的知识产权保护意识以及专利的布局意识不强，不能形成有效的知识产权保护。而美国、日本、韩国及欧洲国家比较注重专利的海外布局，且国外专利申请主要布局在欧洲、美国和日本，中国目前还未成为发达国家和地区的主要专利布局国家。

目前，中国申请人对于国外市场的专利布局不够重视，其海外市场的侵权风险较大，因此中国申请人应当加快技术开发的进程，尽快在中国本土及海外布局专利，形成有效的知识产权保护。

12.3　国内外食品安全源头治理技术专利概况

食品安全源头治理是食品安全控制的重中之重，是发达国家和地区解决食品安全问题的有效措施之一。食品安全风险因素来自于食品生产的环境与过程，包括水体、土壤的纯净度，作物种植过程中的农药、化肥的合理使用和规范性，畜牧养殖过程中的饲料安全性、兽药、抗生素的施用量和规范性。因此，食品安全源头治理的技术包括污染水体的净化处理技术、污染土壤的修复净化技术，作物种植过程中农药用量、残留控制技术，以及畜牧养殖过程中饲料、兽药用量控制技术。

本节就食品安全源头治理技术的专利申请现状做统计分析，以了解该相关技术的现状，包括技术发展的趋势、各个技术分支的专利占比，以及主要研发主体、技术的区域分布和研发主体的市场关注方向。

12.3.1　专利申请趋势及技术占比

1. 全球专利申请趋势

食品安全源头治理涉及水污染治理、土壤修复、新型农药开发、兽药开发及使用规范等多个技术领域。在食品安全的总体目标下，各个技术领域已取得了较多的成果。与食品安全源头治理相关的几个技术领域的专利申请量，在全球已有 31557 件。图 12-13 为近 20 年食品安全源头治理技术相关专利的申请趋势。

从图 12-13 中可以看出，2007 年以前这一方面的专利年度专利申请量较少，且基本稳定，每年的专利申请量维持在 300~400 件。自 2008 年以来，专利年申请量逐年增加，从 538 件/年增长到 4330 件/年，并且增长速度越来越快。说明近十年来这一方面的研究成果逐年增多，且取得了突飞猛进的发展，涌现出了较多的食品安全源头治理技术。

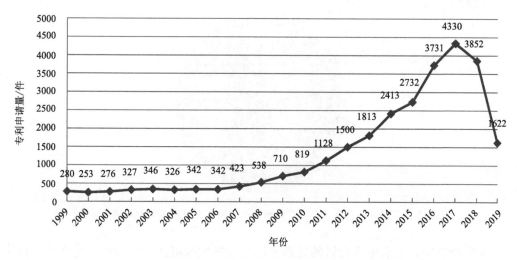

图 12-13　全球食品安全源头治理技术领域专利申请趋势

2. 全球专利技术分布

从食品安全源头治理技术领域来看，在该分析报告中，将食品安全的源头治理技术根据危险源的来源划分为：水体修复、土壤修复、作物种植过程中的风险因素控制和畜牧养殖过程中的风险因素控制技术四个方面。

水体修复特指在水产养殖、畜牧养殖、作物浇灌过程中能够从水体迁移到动植物体内，且与食品安全监测指标有对应关系的污染物的去除与降解技术，例如重金属、农药残留、抗生素、兽药残留的降解与去除。

土壤修复特指在作物种植过程中能够从土壤迁移到植物体内，且与食品安全监测指标有对应关系的污染物的去除与降解技术，例如重金属、农药残留、卤化物、有机烃等降解与去除。不包含土壤石油污染的治理、肥效的增强、酸碱度调理、疏松等技术。

另外，此处并没有将食品加工过程中所带来的食品安全的风险因素的治理包含在食品安全源头治理的范畴中，而是将食品加工过程的风险控制归为食品安全的过程管控的技术范畴中。

根据对食品安全源头治理技术的划分和专利统计，水体修复、土壤修复、作物种植过程中的风险因素控制、畜牧养殖过程中的风险因素控制技术的专利申请的占比如图 12-14 所示。其中通过水体修复的治理技术的专利申请量为 15568 件，占比最大，占总体的 48%；其次是通过土壤修复的治理技术专利申请量 6183 件，占总体的19%；种植过程、养殖过程中的风险因素控制技术相关的专利申请量分别为 7700 件、3240 件，分别占总体的 23%、10%。

在四种源头治理技术中，土壤修复和水体修复技术属于对种植、养殖环境的治理技术范畴。而环境因素对作物、动物水产体内是否含有害物质具有决定性影响，是需要关注的关键因素，是食品安全源头治理的根本所在。因此，研发人员也更为注重对水体、土壤环境的治理修复工作。

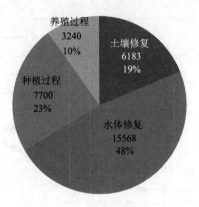

图 12-14　国内外食品安全源头治理技术领域各分支技术专利申请量占比

　　水体修复中，对水中重金属的处理方法分为物理吸附法、生物法、化学法。污染土壤的修复方法主要分为：①通过稳定固化、淋洗、萃取、电动力学等方式的物理化学修复；②微生物修复、植物修复、湿地修复、菌根修复、植物-微生物联合修复、菌根菌剂联合修复等方式的生物修复；③物理化学-生物联合修复；④采用焚烧、热解等方式的热量修复[9-12]。目前，通过不同方法土壤修复技术的专利占比如图 12-15 所示。其中通过化学方法的技术手段最多，其次是通过生物修复方法。用热量及物理的方式修复处理的技术手段最少。

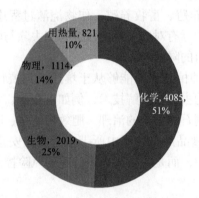

图 12-15　各种土壤修复方法技术占比

　　种植过程中和养殖过程中的风险因素的控制技术，属于人为因素和技术水平因素的范畴。作物种植过程中的风险因素控制、畜牧养殖过程中的风险因素的控制技术，主要是集中在药效好、残留量低的新型农药或兽药的开发，农药残留低、抗生素含量少或不含抗生素的饲料或饵料的研发，农药、兽药的精准施用方法的改进方面。

12.3.2　专利申请人分析

　　致力于食品安全源头治理技术研究开发的主要专利申请人按照四个分支技术领域，分别统计。

1. 水体修复技术主要申请人

图 12-16 为水体修复技术领域的主要申请人，其中，日本三菱的专利申请量最多，为 186 件，其次是同济大学、南京大学、湖南大学，专利申请量分别为 125 件、124 件、119 件，其技术实力基本相当，昆明理工大学专利申请量为 106 件，然后是华南理工大学、日本栗田工业、河海大学、中国科学院生态环境研究中心和浙江大学，其专利申请量分布在 80～100 件。

在水体修复技术领域专利申请量最多的主要申请人中，根据国别划分，除了日本的三菱、栗田大学，其余均为中国申请人，包括同济大学、南京大学、湖南大学、昆明理工大学、华南理工大学、河海大学、中国科学院生态环境研究中心和浙江大学。

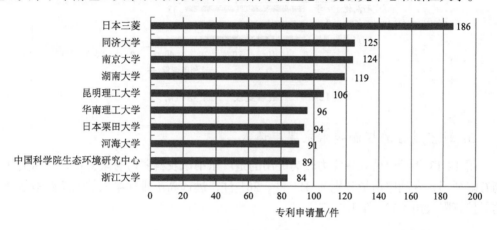

图 12-16 水体修复技术的主要申请人

从专利申请人所属的国别来看，日本和中国的申请人与其他国家的专利申请人相比，成果更多，实力更为突出。从申请人的类型来看，属于日本的主要申请人均为企业，而属于中国的主要申请人均为高校或研究所。一般来说，企业的研究比较注重成果的实际应用，高校、研究所的研究更偏向基础的研究；因此，可以从侧面得出，日本的申请人在水体修复方面的成果更多的是针对实际应用，而中国的申请人的研究还停留在基础研究方面，实际应用相对较少。

2. 土壤修复技术主要申请人

图 12-17 为土壤修复技术领域的主要申请人，包括四川农业大学、常州大学、中国科学院沈阳应用生态研究所、北京高能时代环境技术股份有限公司、浙江大学、中国科学院南京土壤研究所、湖南农业大学、广西博世科环保科技股份有限公司、辽宁石油化工大学、北京建工环境修复股份有限公司、南京农业大学。

四川农业大学、常州大学、中国科学院沈阳应用生态研究所、北京高能时代环境技术股份有限公司、浙江大学的专利申请量在 50～60 件之间，实力相对较强。

在土壤修复技术领域，专利申请量最多的主要申请人均为中国的申请人，其中高校或研究所等科研单位较多，即四川农业大学、常州大学、浙江大学、中国科学院南京土壤研究所、湖南农业大学、辽宁石油化工大学、南京农业大学；企业型申请人较少，为北京高能时代环境技术股份有限公司、广西博世科环保科技股份有限公司以及北京建工环境修复股份有限公司。

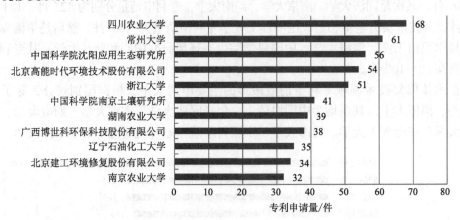

图 12-17　土壤修复技术的主要申请人

3. 种植过程的控制技术主要申请人

图 12-18 所示申请人中实力较为突出的是广东中讯农科股份有限公司、陕西美邦农药有限公司，专利申请量分别为 311 件、281 件，远远高于排在第三位的陕西韦尔奇作物保护有限公司（134 件）。

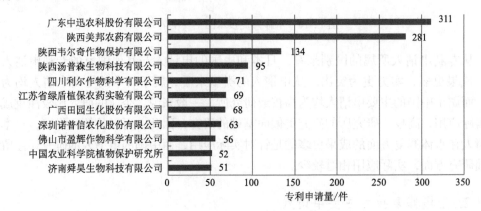

图 12-18　种植过程的控制技术方面的主要申请人

在种植过程的控制技术，主要体现在提升农药的药效和低残留特性，这也表明目前降低农残等食品安全风险的主要技术手段，还是提高种植过程中所使用农药的性能，其次是通过监控作物病虫害的发作，实施精准用药。

另外，由于在国外限制杀虫剂的使用，因此在这一领域的主要申请人集中在中国。这也与中国的粗放式、分散式的种植方式有很大关联。

4. 养殖过程的控制技术主要申请人

图 12-19 为养殖过程的控制技术方面的主要申请人，包括法国优克福公司、美国辉瑞公司、美国氰胺公司、北京大北农科技集团股份有限公司、青岛嘉瑞生物技术有限公司、美国希乐克公司、浙江大学、湖南农业大学、ERBA FARMITALIA 和北京康华远景科技有限公司。主要来自于法国、美国的制药公司，中国的生物技术公司及高校。

法国优克福公司、美国辉瑞公司、美国氰胺公司均为国际大型公司，具有较强的研发实力和市场份额，其实力远远领先于中国的申请人。

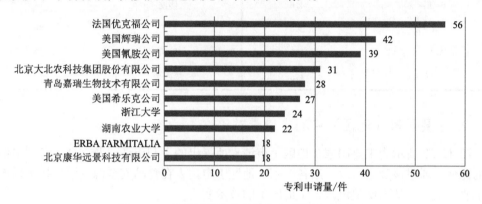

图 12-19　养殖过程的控制技术方面的主要申请人

综上，在水体修复技术领域，主要申请人为来自日本的三菱和栗田工业，以及中国的同济大学、南京大学、湖南大学等科研机构，日本的技术成果已达到实际应用的水平，而中国的技术成果却很少实施，还主要停留在技术研究开发阶段。在土壤修复技术领域，中国的申请人更为关注，且成果更多。既有高校研究所的前沿技术研究，又有企业的实际应用。在种植过程的控制方面的技术主要是通过提升农药的药效和低残留特性来降低农残等食品安全风险，其次是通过监控作物病虫害的发作，实施精准用药。因此这一方面的主要申请人大多为农药的研发及生产企业。在养殖过程的控制方面，申请人也主要为制药公司，即主要通过低残留药物的开发来降低兽药残留风险。

12.3.3　专利地域分布及技术流向

1. 全球专利公开国家（地区）对比

表 12-8 为食品安全源头治理技术相关专利公开国家（地区）的地域分布。排在前几位的为中国、日本、韩国、美国，说明这几个国家是主要目标市场国和技术贡献国。其中，中国公开的专利申请量最多，为 23817 件，占全球总体申请量的 76%；其次是日本、韩国、美国，分别为 2035 件、1153 件、904 件，专利公开的数量远远低于中国。

表 12-8　全球专利公开国家（地区）统计

专利公开国家（地区）	专利数量	专利公开国家（地区）	专利数量
中国	23817	澳大利亚	153
日本	2035	西班牙	95
韩国	1153	法国	94
美国	904	奥地利	87
世界知识产权组织	512	英国	84
德国	416	印度	74
俄罗斯	390	荷兰	59
欧洲专利局（EPO）	277	巴西	52
加拿大	176	墨西哥	52

2. 主要国家（地区）专利申请量对比

图 12-20 所示为主要国家（地区）申请人所提出的专利申请量及占全球专利申请总量的比例。通过该数据可以看出各国家（地区）申请人在食品安全源头治理技术领域的技术研发成果，从而反映该国家（地区）的技术实力。

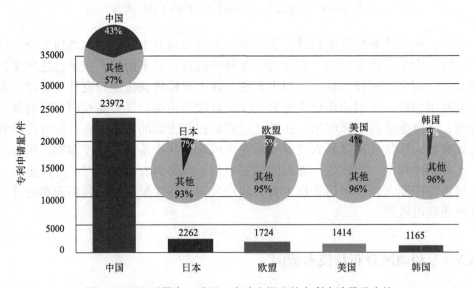

图 12-20　主要国家（地区）申请人提出的专利申请量及占比

中国经过几十年的粗放型经济发展，对土壤、水资源造成了十分严重的污染。随着经济的发展以及人们对绿色环境的需求，中国日益增强环境保护和降低环境污染的意识，大力发展水污染治理、土壤修复、固体废弃物的处理技术。环境不仅是人类生存的环境，也是人类食物的来源。与食品安全源头治理相关的水体修复、土壤修复技术随之也发生了巨大的发展。越来越多的研究人员和企业开始从事水体修复和土壤修复的研究工作。中国申请人的专利申请量为 23972，位居首位，占全球申请量的 43%；说明中国在这一领域投入的研究和所取得的研究成果也最多。其次是日本，日本的申请人的专利申请量是 2262 件，占全球专利申请总量的 7%。欧盟、美国、韩国的专利申请量相当，分别为 1724 件、1414 件和 1165 件。

3. 国家（地区）之间的专利技术流向分析

表 12-9 为主要国家（地区）申请人向国外申请专利的情况统计，由统计数据，虽然来自于中国的申请人所提出的专利申请量高达 23972 件，但其向国外申请的专利数量仅为 159 件，占总量的 0.7%；而美国、日本、欧洲和韩国的申请人向本国之外的其他国家的专利申请量的比例远远高于中国的申请人，尤其是来自于美国的申请人，其向国外的专利申请量占其专利申请总量的 57.6%。这些数据充分说明中国的申请人的知识产权保护意识远远落后于美国、日本、韩国以及欧洲的发达国家；对于国外市场的专利布局不够重视，其海外市场的侵权风险较大。

表 12-9   主要国家申请人向国外申请专利的情况统计

	中国		美国		日本		欧洲		韩国	
	申请量/件	占比/%	申请量/件	占比/%	申请量/件	占比/%	申请量/件	占比/%	申请量/件	占比/%
本国申请量	23813	99.3	599	42.4	1871	82.7	1269	73.6	1061	91.1
对外申请量	159	0.7	815	57.6	391	17.3	455	26.4	104	8.9
总申请量	23972		1414		2262		1724		1165	

图 12-21 为来自于中国、美国、日本、韩国和欧盟的申请人向国外申请专利的具体情况的统计，用于表示主要国家（地区）之间的技术流向。

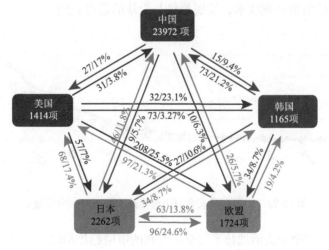

图 12-21   主要国家（地区）申请人的专利申请方向

从图中可以看出，中国申请人的对外专利申请共 159 件，其中 93 件是向世界知识产权组织提出的，进入指定国家的对外专利申请中最多的是向美国专利商标局提出的申请，有 27 项，占对外申请总量的 17%；而向日本、韩国和欧洲国家提出的专利申请量占对外申请总量的占比均不及 10%。说明中国申请人相对比较重视在美国的专利布局。

来自于美国申请人的对外专利申请共有 599 件，主要是向欧盟国家和韩国的专利申请，分别占美国申请人对外申请总量的 25.5%、23.1%。说明美国申请人主要注重韩国和欧洲的市场。而欧洲国家的申请人向外申请的专利中最多的也是流向了美国。而韩国的专利申请人的对外专利申请最多的也是美国。

专利的地域布局一方面是为抢占市场，另一方面是限制布局国家的竞争对手的发展。虽然，中国是最大的市场国，但是根据美国、日本、韩国以及欧洲国家的对外专利布局情况来看，并没有将中国作为主要的布局国家。这也从侧面说明中国申请人的技术实力还不足以引起发达国家和地区申请人的警戒，因此，没有将中国作为主要的专利布局区域。

12.3.4　中国专利概况

1. 中国专利申请趋势

中国的食品安全源头治理技术领域的专利申请共有 23964 件，图 12-22 为中国食品安全源头治理技术相关专利近 20 年的申请趋势。从图中可以看出，2007 年以前这一方面的专利年度专利申请量较少，且基本稳定，每年的专利申请量维持在 200 件以下，自 2008 年以来，专利年申请量逐年增加，从 216 件/年增长到 4123 件/年，并且增长速度越来越快。说明近十年来这一方面的研究成果逐年增多，且取得了突飞猛进的发展，涌现出了较多的食品安全处理技术，发展趋势与全球的趋势相同。

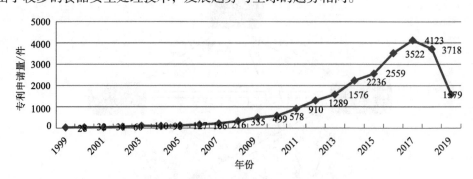

图 12-22　中国食品安全源头治理技术领域专利申请趋势

将中国在食品安全源头治理技术与全球专利的申请趋势相比，得出近 20 年中国专利申请占全球专利申请总量比例的变化趋势，如图 12-23 所示。在 2001 年以前，中国在这一领域的专利申请量仅占全球专利申请量的 10%左右，自 2002 年开始，中国的专利申请量占全球专利申请总量的比例逐年攀升，从 18.35%一直攀升到 90%以上，2014 年之后，中国的专利申请量占比逐渐趋于平稳。这说明，在 2002 年以前，中国在食品安全源头治理领域的技术实力相对全球较弱，2002 年以后，中国在这一领域的技术实力不断增强。虽然，这段时期内，中国国内在知识产权方面出台了一系列促进研发人员申请专利的政策，但是也不能掩盖中国在这一领域的技术实力的增长。

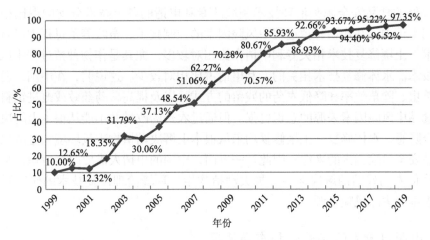

图 12-23　中国食品安全源头治理技术领域专利申请趋势

2. 中国专利技术分布及优劣势

图 12-24 为国内外食品安全源头治理技术领域各分支技术专利申请量占比图，图中内环是国外的食品安全源头治理领域的四个分支相关专利申请占比，外环是中国的食品安全源头治理领域四个分支相关专利申请占比。

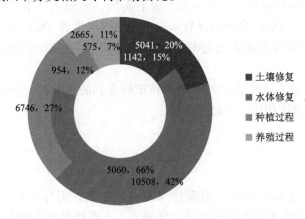

图 12-24　中国及国外食品安全源头治理技术领域各分支技术专利申请量占比

在中国的专利申请中，水体修复技术相关的专利申请数量为 10508 件，占申请总量的 42%；土壤修复技术相关的专利申请数量为 5041 件，占申请总量的 20%，作物种植过程中风险因素控制技术相关的专利申请数量为 6746 件，占申请总量的 27%，畜牧养殖过程中风险因素控制技术相关的专利申请数量为 2665 件，占申请总量的 11%。

国外的食品安全源头治理技术领域的专利申请的水体修复技术、土壤修复技术、作物种植过程中风险因素的控制技术、畜牧养殖过程中风险因素的控制技术各个技术分支的占比分别为 66%、15%、12%、7%。说明国外的申请人更为注重水体修复技术、土壤修复技术的开发和研究。

与国外的食品安全源头治理技术领域的专利申请的各个技术分支的占比相比，中国的专利申请中，在作物种植过程中风险因素的控制技术、畜牧养殖过程中风险因素的控制技术、土壤修复技术相关专利申请占比相对较多，尤其是作物种植过程中风险因素的控制技术。水体修复技术相关的专利申请占比相对较少。这说明，在中国，通过提高农药的杀虫、除草效率和降低农药的残留的方式，以及提高兽药药效或改进饲料的方式来降低食品中风险因素来源的意识更强。但通过农药的改进并不能从根本上解决农药残留的安全隐患，水体修复、土壤修复均未从根本上解决动植物生长环境，是从根源上来解决食品安全风险因素的来源。因此这一方面，中国的申请人需要改变意识，从其他方面寻找降低农药残留的解决途径。加大动植物生长环境治理修复技术的研究开发与实施，从根本上去除风险来源。

3. 中国申请人的海外专利布局情况

中国的申请人所提出的专利申请量高达 23972 件，但其向国外申请的专利数量仅为 159 件，仅占总量的 0.7%；远远低于美国（57.6%）、日本（26.4%）、欧洲（17.3%）的申请人。中国的申请人的知识产权保护意识远远落后于美国、日本、韩国以及欧洲的发达国家；对于国外市场的专利布局不够重视，其海外市场的侵权风险较大。

中国申请人向国外申请的专利主要国家有美国、欧洲、日本和澳大利亚，并且还有相当一部分是通过 PCT 途径向世界知识产权组织提出的 PCT 国际专利申请。通过 PCT 途径申请的国际专利在未来会根据申请人对市场发展战略的规划，有选择性地进入一些国家。

虽然中国的申请人已经意识到了向国外布局专利的重要性，但所布局专利的数量与其他发达国家和地区相比，还远远不够。

12.3.5　小结

综上所述，在食品安全源头治理技术领域的研发，近年来取得了突飞猛进的发展。食品安全源头治理的工作主要在于水体修复、土壤修复等作物生长、畜牧养殖的环境方面，其次才是作物种植、畜牧养殖的过程控制方面。并且在水体修复、土壤修复方面已经取得了丰厚的成果，已有专利申请共计 21751 件，占食品安全源头治理总体成果的 67%。在土壤修复方面主要的技术主要是通过生物法和化学法来实现土壤中有害物质的转化，完成污染土壤的净化。

经过国内外的食品安全源头治理技术领域的专利申请的各个技术分支的占比的对

比，中国注重通过农药的改进、兽药饲料的改进来降低风险来源，但这种方式并不能从根本上解决食品的安全隐患。而水体修复、土壤修复均为从根本上解决动植物生长环境，是从根源上来解决食品安全风险因素的来源。中国的申请人需要改变意识，从其他方面寻找降低农药残留的解决途径，加大动植物生长环境治理修复技术的研究开发与实施，从根本上去除风险来源。

在申请人方面，国外的申请人主要是企业类申请人，是技术成果的主要应用方，研究成果应用率高。而中国的申请人类型主要是高校或研究所，不具有技术成果的应用条件，且专利成果的转化效率低，研究成果没有得到有效的实施应用，需加强成果的转化及应用。

在专利的地域布局方面，中国申请人向国外申请专利数量很少，不能形成有效的知识产权保护。美国、日本、韩国及欧洲国家比较注重专利的海外布局，且国外专利申请主要布局在欧洲、美国和日本，中国目前还未成为发达国家和地区的主要专利布局国家。因此中国申请人应当加快技术开发的进程，尽快在中国本土布局专利，形成有效的知识产权保护。

12.4　国内外食品安全过程风险管控技术专利概况

12.4.1　专利申请趋势及技术占比

1. 全球专利申请趋势

国内外关于食品安全过程风险管控技术的专利申请总量为 45123 件；2000 年以后全球范围内的相关专利申请状况如图 12-25 所示。

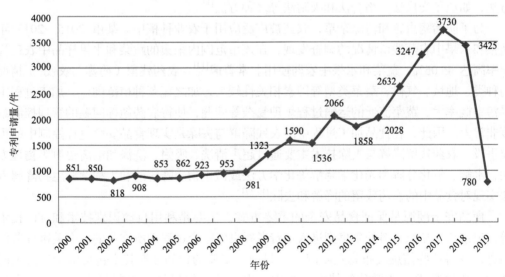

图 12-25　全球食品安全过程风险管控技术专利申请趋势图

2000～2008 年间，本领域的相关专利每年的申请量在 800～1000 件，专利技术的产出较为稳定。2008～2014 年间，每年的专利申请量逐渐从 1323 件/年上升到 2066 件/年，相关技术平缓发展。2014 年之后进入高速发展期：在该阶段中，每年全球相关专利申请量快速提升，2017 年，专利年申请量达到 3730 件/年，说明随着科学技术的进步，也带动了食品安全过程风险管控技术的巨大变革。

2. 全球专利技术分布

食品安全过程风险管控技术，根据食品产业链条中各环节分为杀菌技术、溯源技术、抑菌保鲜运输技术、包装存储技术、重金属去除技术、农药残留降解与去除技术这六大技术分支。其中，杀菌技术主要覆盖的是对食品处理过程中的杀菌/除菌处理技术手段。抑菌保鲜运输技术则是对运输过程中的食品进行抑菌保鲜等处理手段。包装存储技术则是对于食品包装物的抑菌、抗菌等包装、灌装技术手段。

重金属不能被生物降解，却能随着食物链被成千百倍地富集，最后进入人体，导致人体重金属中毒。重金属中毒后会对人体多器官、多系统、多指征、终生的以及不可逆的危害，因此，由重金属污染造成的食品安全问题相较于其他污染因素，危害更加深远。能源、运输、冶金和建筑材料的生产等过程所产生的废气、废水、废渣以及农业使用农药和化肥也都是造成食品重金属污染的原因。从源头控制重金属污染虽然是解决问题的根本，但是却较难在短期内实现。因此，有效去除食品中的重金属成为解决问题的最直接有效的途径。

重金属去除技术包括食品原材料生长过程中和食品加工过程中的重金属去除和控制，在食品原材料生长过程中可以通过改变培养方式减少食用菌对重金属的累积，也可以通过在动物性原材料生产养殖过程中，通过添加天然吸附剂或营养素来达到去除动物性原材料的重金属污染问题。在食品中针对不同的食品状态可以采用不同的重金属去除方法，如离子交换法、络合法和吸附法等多种方法[13]。

为了防治病虫害和清除杂草，农药被广泛应用于农业种植中。某市 2015～2017 年蔬菜和水果中农药残留情况的调查发现，在该市范围内采集的蔬菜和水果样品中农残检出率高达 45.05%，蔬菜和水果中农药使用非常普遍[14]。农药残留（简称"农残"）情况与种类、地域、气候、蔬菜类型等因素相关性较大，加之蔬菜种植范围广、加工过程中受污染概率大、蔬菜流通的运输过程烦琐复杂等问题，使得农药超标问题的管理控制难度非常大。因此，在食品加工过程中的农残降解与去除是实现食品安全过程控制中的重要手段。农药残留降解与去除技术主要通过超声清洗、吸附、洗涤和电离辐射等物理方法，水解、氧化分解和光化学降解等化学方法或微生物、降解酶和工程菌等生物降解方法实现对食品中的农药残留的降解和去除[15-17]。

食品安全溯源是保证食品安全的重要方式，主要是利用自动识别技术和 IT 技术等，记录从食品原材料的采集到进入消费者餐桌的整个过程中所涉及的各个关键环节的信息，并将这些信息发布到互联网[18]。目前，主要的食品溯源技术包括电子信息编码技术、生物技术、超微分析技术。其中，电子信息编码技术主要包括条形码技术和FRID 技术，生物技术主要指 DNA 溯源技术[19]。

结合图 12-26 食品安全过程风险管控技术的六大技术分支的专利占比情况可以看出，六大技术分支中占比前三名分别是杀菌技术（72%）、包装存储技术（10%）和溯源技术（10%），说明在食品安全过程风险管控技术中杀菌技术具有绝对重要的地位，另外在溯源技术和包装存储这两个环节是目前食品安全过程风险管控的重点环节，也是技术研发的重要方向。

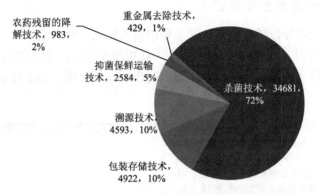

图 12-26　全球食品安全过程风险管控六大技术分支的专利占比图

12.4.2　专利申请人分析

1. 杀菌技术主要申请人

图 12-27 是国内外杀菌技术的主要申请人排名，排名前十的分别是达吉斯坦国立大学、艾哈迈多夫·玛格麦德·埃米诺维奇、山东新华医疗器械股份有限公司、美国强生爱惜康公司、美国灭菌公司、利乐拉瓦尔集团及财务有限公司、3M 创新有限公司、TSO3 公司、克朗斯集团和托邦印刷有限公司。

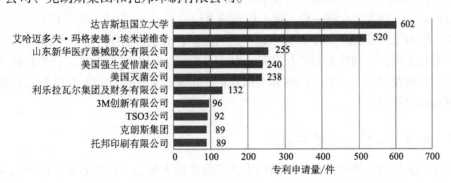

图 12-27　全球杀菌技术的主要申请人

杀菌技术排名前十的申请人中，有 2 位申请人来自俄罗斯，分别排在第一位和第二位，其中，排名第二位的艾哈迈多夫·玛格麦德·埃米诺维奇为个人申请；有 3 位申请人来自美国，分别排在第四位、第五位和第七位；有 1 位申请人来自中国，排第三位；有 1 位申请人来自瑞士，排第六位；有 1 位申请人来自日本，排第十位。

从国内外杀菌技术相关专利申请人排名可以看出，杀菌技术的研发主要集中在俄罗斯、美国、中国、欧洲和日本；尤其俄罗斯的达吉斯坦国立大学和艾哈迈多夫·玛格麦德·埃米诺维奇相关专利申请量分别为 602 和 520 项，说明俄罗斯在该技术领域具有较高的研发实力。

2. 包装存储技术主要申请人

图 12-28 是国内外包装存储技术的主要申请人排名，排名前十的分别是利乐拉瓦尔集团及财务有限公司、托邦印刷有限公司、ALPURA 公司、戴尼彭印刷有限公司、罗伯特博世有限公司、希悦尔公司、东洋精机制作所有限公司、SIG 技术公司、雀巢公司和国际纸业公司。

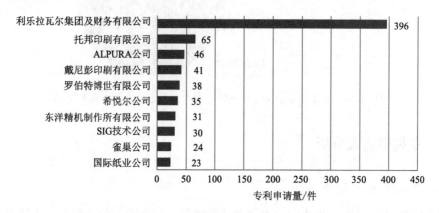

图 12-28　全球包装存储技术的主要申请人

来自瑞士的利乐拉瓦尔集团及财务有限公司以 396 件申请量远超其他申请人，说明其在包装存储技术领域占有绝对的技术优势；另外在排名前十的申请人当中，有 3 位申请人来自瑞士，分别排在第一位、第八位和第九位；有 3 位申请人来自日本，分别排在第二位、第四位和第七位；有 2 位申请人来自德国，分别排在第三位和第五位；有 2 位申请人来自美国，分别排在第六位和第十位。从申请人国别可以看出，包装存储技术的技术主要掌握在瑞士、日本、德国和美国这四个国家，而中国在包装存储技术领域的专利申请量相对较少。

3. 保鲜运输技术主要申请人

图 12-29 是国内外抑菌保鲜运输技术的主要申请人排名，从排名前十的申请人专利申请数量可以看出抑菌保鲜运输技术相关的专利申请量不多，说明抑菌保鲜运输技术也处于一个缓慢的发展过程中。

由图 12-29 可以看出全球排名前十的申请人全部是来自中国，说明中国在抑菌保鲜运输技术的研发上占有先机。天津瀛德科技有限公司以 52 件申请排名第一位，超排名第二位的四川农业大学 20 件。另外，排名前十的申请人中有 5 位属于高校及科研院所，有 4 位属于企业，有一位是个人申请且排在第四位。

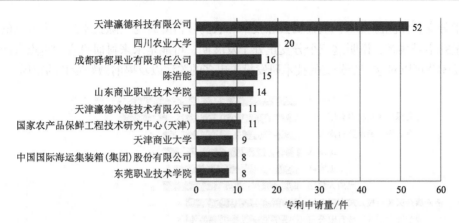

图 12-29　全球抑菌保鲜运输技术的主要申请人

4. 重金属去除技术主要申请人

图 12-30 是国内外重金属去除技术排名前十的申请人，排名第一位的是来自德国的巴斯夫集团，第六位的是来自韩国的杜松子酒农场，剩余的 8 位都是来自中国。在中国的 8 位申请人中，有 3 位是高校，有 5 位是企业，说明在重金属去除技术领域国内的企业的技术研发也占据一定的优势。

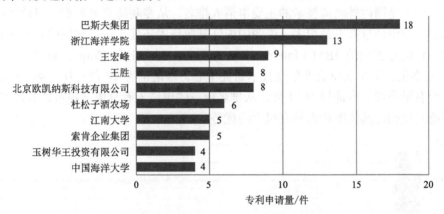

图 12-30　全球重金属去除技术的主要申请人

5. 农药残留去除技术主要申请人

图 12-31 是国内外农药残留降解与去除技术的主要申请人，其中排在第六位和第九位的分别是来自德国的巴斯夫集团和来自美国的宝洁公司，剩余的八位申请人全部来自中国；在这八位申请人当中，有三位申请人都是个人，分别排在第一位、第四位和第五位。值得关注的是排在第五位的王宏峰在图 12-32 的重金属去除技术中排在第三位，说明王宏峰专注于重金属去除技术和农药残留降解与去除技术的研发或应用。

综上分析，国内外在杀菌技术、抑菌保鲜运输技术和包装存储技术这三个分支的专利申请总量比较大，说明这三个分支是目前食品安全过程风险管控技术相对重要也相对成熟的技术分支；而溯源技术、重金属去除技术和农药残留降解与去除技术这三个分支的专利申请量并不是很多，说明这三个分支正处于发展期，可能是未来科研投入的重点方向；国内研发团队可以对这三个分支的技术研发投入更多的关注以及提前做好专利的布局。

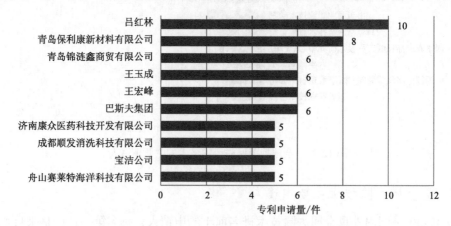

图 12-31　全球农药残留降解与去除技术的主要申请人

6. 溯源技术主要申请人

图 12-32 是国内外溯源技术的主要申请人排名，从专利持有量来看，目前国内外溯源技术的专利申请量并不是很多，说明国内外溯源技术还处于一个缓慢的发展过程中。排名第一位的是美国的 IBM（International Business Machines Corporation），申请量为 38 件；排名第二的是北京农业信息技术研究中心，申请量为 18 件；排名第三的是航天信息股份有限公司，申请量为 17 件。从排名前三的申请人专利申请量可以看出 IBM 相关专利持有量相比其他申请人具有很大的优势。

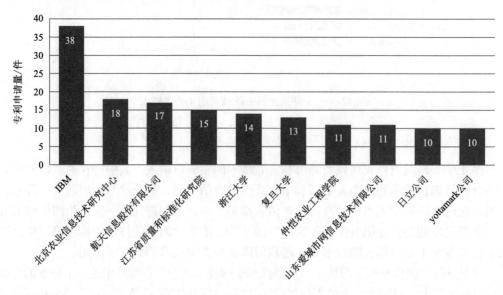

图 12-32　全球溯源技术的主要申请人

从图 12-32 中可以看出排名前十的申请人当中有 7 位都来自于中国，这说明中国在溯源技术领域的研发投入以及研发成果远超其他国家的技术水平。但是从国内申请人的类别可以看出，这 7 位申请人当中有 5 位属于高校及科研院所，仅有 2 位是中国的企业，分别是航天信息股份有限公司和山东爱城市网络信息技术有限公司。由此可见出溯源技术的研发集中在高校和科研院所。所以国内的企业与高校及科研院所之间应该进一步加强技术交流与合作，促进技术的应用与转化。

12.4.3　专利地域分布及技术流向

1. 全球专利公开国家（地区）对比

表 12-10 是食品安全过程风险管控技术相关专利公开国家（地区）的地域分布。排在前十位的为中国、美国、日本、韩国、德国、俄罗斯、法国、瑞士、英国和意大利。其中，中国公开的专利申请总量为 17628 件，排在首位；美国公开的专利申请总量为 6724 件，排在第二位；日本公开的专利申请总量为 6310 件，排在第三位；美国和日本公开的专利申请总量均不及中国公开的专利申请总量的一半。而排名第四名的韩国的公开的专利申请总量只有 2386 件，其公开的专利申请总量只有中国公开专利申请总量的八分之一。

表 12-10　全球专利公开国别统计

专利公开国家	专利数量	专利公开国家	专利数量
中国	17628	俄罗斯	1680
美国	6724	法国	1514
日本	6310	瑞士	1226
韩国	2386	英国	819
德国	2358	意大利	765

2. 主要国家（地区）专利申请量对比

图 12-33 是主要国家（地区）申请人所提出的专利申请量及占全球专利申请总量的比例。从图 12-33 可以看出，中国申请人的专利申请量为 17628 件，位居首位，占全球申请量的 28%；其次是美国，美国申请人的专利申请量为 6724 件，占全球申请量的 13%；日本、欧盟和韩国申请人的专利申请量分为 6310 件、5430 件和 2386 件；从全球范围内食品安全过程风险管控技术相关专利中各国申请人的申请量可以看出，中国在食品安全过程风险管控技术领域投入了大量的科研力量，也取得了最多的科研成果。

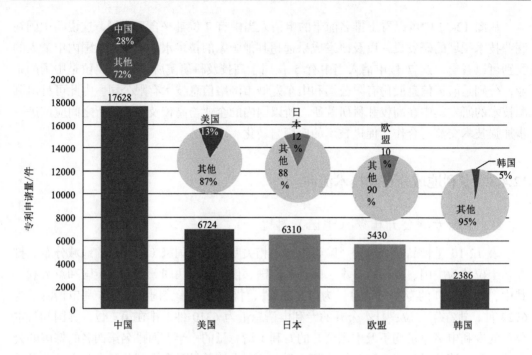

图 12-33　各国申请人专利申请量及占比图

3. 国家（地区）之间的专利技术流向分析

表 12-11 为主要国家申请人向国外申请专利的情况统计，由表 12-11 可以看出虽然中国申请人的申请总量远超其他国申请人，但是中国申请人对外申请量只占中国申请人申请总量的 0.93%；反观美国申请人，虽然申请总量不及中国申请人申请总量的一半，但是美国申请人对外申请量占其总量的 62.55%，超过一半的专利是对外进行专利布局；而日本、欧盟、韩国等申请人对外申请占其总申请量分别为 25.02%、16.91% 和 15.17%，对外申请的占比都远超中国申请人，这说明中国申请对外进行专利布局的意识不够强。

表 12-11　主要国家申请人向国外申请专利的情况统计

	中国		美国		日本		欧盟		韩国	
	申请量/件	占比/%	申请量/件	占比/%	申请量/件	占比/%	申请量/件	占比/%	申请量/件	占比/%
本国	17464	99.07	2518	37.45	4731	74.98	4512	83.09	2024	84.83
对外	164	0.93	4206	62.55	1579	25.02	918	16.91	362	15.17
总申请量	17628		6724		6310		5430		2386	

图 12-34 为来自于中国、美国、日本、韩国和欧盟的申请人向国外申请专利的具体情况的统计，通过箭头指向表示主要国家之间的技术流向，箭头上的百分比表示的是该国申请人向对应国家申请量占该国申请人对外申请的总量。

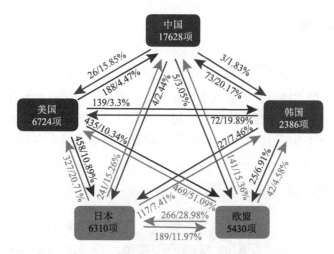

图 12-34　主要国家申请人的专利申请方向

结合表 12-11 和图 12-34，中国申请人对外申请量仅占中国申请人申请总量的 0.93%（164 件），中国申请人主要是在国内进行相关专利的申请，对外申请量很少。在对外申请的这 164 件专利中，向美国、日本、欧盟和韩国的申请量占中国申请人对外申请总量的比例分别为 15.85%、2.44%、3.05%和 1.83%，由此可见，中国申请人主要是在美国进行布局。

美国申请人对外申请量占美国申请人申请总量的 62.55%（4206 件），在对外申请的 4206 件专利中，向中国、日本、欧盟和韩国的申请量占美国申请人对外申请总量的比例分别为 4.47%、10.89%、10.34%和 3.3%，可见美国申请人更注重在日本和欧盟地区的专利布局，在中国和韩国的布局相对较少。

日本申请人对外申请量占日本申请人申请总量的 25.02%（1579 件），在对外申请的 1579 件专利中，向中国、美国、欧盟和韩国的申请量占日本申请人对外申请总量的比例分别为 15.26%、20.71%、11.97%和 7.41%；由此可见，日本申请人对外布局比较重视在美国和中国的专利布局，在韩国的布局相对较少。

韩国申请人对外申请量占韩国申请人申请总量的 15.17%（362 件），在对外申请的 362 件专利中，向中国、美国、欧盟和日本的申请量占韩国申请人对外申请总量的比例分别为 20.17%、19.89%、6.91%和 7.46%，可见韩国申请人对外布局比较重视在中国和美国的专利布局。

欧盟申请人对外申请量占欧盟申请人申请总量的 16.91%（918 件），在对外申请的 918 件专利中，向中国、美国、韩国和日本的申请量占欧盟申请人对外申请总量的比例分别为 15.36%、51.09%、4.58%和 28.98%，从比例可以看出欧盟申请人比较重视在日本和中国的专利布局。

综合中国、美国、日本、韩国和欧盟的申请人对外布局的数据来看，目前，日本、韩国和欧盟的申请人比较重视在中国地区的专利布局；因此，国内的相关申请人一方面需要对有需要的国家进行更多的专利布局，另一方面要防范重视中国市场的申请人所进行的专利布局，做好侵权规避工作。

12.4.4　中国专利概况

1. 中国专利技术分布及优劣势

图 12-35 是中国和国外在食品安全过程风险管控技术领域中六大分支中相关专利的申请占比图，其中内环为中国在食品安全过程风险管控技术领域中六大分支相关专利的申请占比比例，外环为国外在食品安全过程风险管控技术领域中六大分支相关专利的申请占比比例。

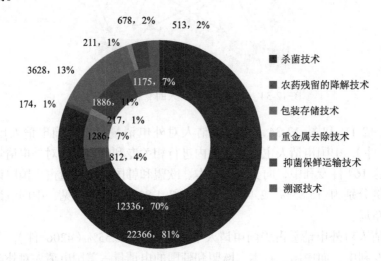

图 12-35　中国及国外食品安全过程风险管控各分支技术专利申请量占比

在中国的专利申请中，杀菌技术领域相关的专利申请数量为 12336 件，占申请总量的 70%；农药残留的降解与去除技术领域的相关专利 812 件，占申请总量的 4%；包装存储技术领域的相关专利 1286 件，占申请总量的 7%；重金属去除技术领域的相关专利 217 件，占申请总量的 1%；抑菌保鲜运输技术领域的相关专利 1886 件，占申请总量的 11%；溯源技术领域的相关专利 1175 件，占申请总量的 7%。

国外的专利申请中，杀菌技术领域相关的专利申请数量为 22366 件，占申请总量的 81%；农药残留的降解与去除技术领域的相关专利 174 件，占申请总量的 1%；包装存储技术领域的相关专利 3628 件，占申请总量的 13%；重金属去除技术领域的相关专利 211 件，占申请总量的 1%；抑菌保鲜运输技术领域的相关专利 678 件，占申请总量的 2%；溯源技术领域的相关专利 513 件，占申请总量的 2%。

对比中国和国外在食品安全过程风险管控技术领域六大分支相关专利的申请占比可以看出，在杀菌技术、包装存储技术方面，中国的专利占比低于国外占比，说明在杀菌技术、包装存储技术这两分支的研发，还需要继续付出更多的努力和科研投入。而在溯源技术、抑菌保鲜运输技术、农药残留降解与去除技术中国的专利占比高于国外占比，说明溯源技术、抑菌保鲜运输技术、农药残留降解与去除技术这三分支的研发水平相对较高，这三个分支是我国在食品安全过程风险管控技术领域的优势领域。

2. 主要申请人分析

图 12-36 是中国国内食品安全过程风险管控技术领域申请人排名，排名前十的申请人分别是山东新华医疗器械股份有限公司、江南大学、楚天科技股份有限公司、山东鼎泰盛食品工业装备股份有限公司、天津瀛德科技有限公司、浙江大学、利乐拉瓦尔集团及财务有限公司、张家港市嘉瑞制药机械有限公司、江苏神农灭菌设备股份有限公司、蒋文兰；其中，山东新华医疗器械股份有限公司以 256 项专利申请远远超出国内其他申请人。中国国内排名前十的专利申请人中，有 2 位申请人是高校，1 位申请人是个人，7 位申请人是企业，其中，排名第七位的利乐拉瓦尔集团及财务有限公司为瑞士的企业。由此可以看出中国国内在食品安全过程风险管控技术领域的主要技术研发集中在企业。

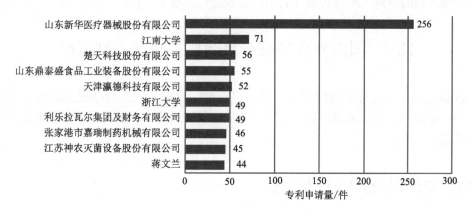

图 12-36　国内食品安全过程风险管控技术领域申请人排名

3. 国外企业在华专利布局情况

中国国内食品安全过程风险管控技术领域专利申请中，由国外申请人所提出的专利主要来自日本（240 件）、美国（187 件）、瑞士（81 件）、韩国（73 件）、德国（69 件）等国家；明在国内食品安全过程风险管控技术领域已经有外国企业开始对相关专利进行布局，尤其是来自瑞士的利乐拉瓦尔集团及财务有限公司，其在中国布局的相关专利申请高达 49 件；因此中国国内相关领域内的企业、高校应当及时开展专利预警和专利布局工作。

12.4.5　小结

随着食品安全过程风险管控所引起的重视程度的提升，从 2008 年开始中国在食品安全过程风险管控技术领域的研发进入一个高速发展期，尤其是在杀菌技术、包装存储技术和抑菌保鲜运输技术这三个分支，专利申请量占食品安全过程风险管控技术相关专利的 76%、11% 和 6%，说明在食品安全过程风险管控技术中杀菌技术具有绝对重要的地位，另外在抑菌保鲜运输和包装存储这两个环节是目前食品安全过程风险管控的重点环节，也是技术研发的重要方向。通过对杀菌技术、溯源技术、抑菌保鲜运输技术、包装存储技术、重金属去除技术、农药残留降解与去除技术各技术分支中专利申请人进行排名，可以看出，在溯源技术、抑菌保鲜运输技术、重金属去除技术和农药残留降解与去除技术这四个分支中，主要申请人中的中国申请人占比较多，一方面印证了这几个技术分支是中国的研发投入比较多的方向，另一方面说明在这几个技术分支国外的研发还未形成巨大的优势，中国的相关研发团队可以对此分支投入更多的精力。

结合全球专利的地域分布和技术流向，中国申请人的申请总量远超其他国家的申请人，但是中国申请人对外申请量只占中国申请人申请总量的 0.93%，远不如美国、日本、韩国和欧盟。另外，通过对美国、日本、韩国和欧盟专利申请人的专利申请流向可以看出，目前只有日本和欧盟的申请人比较重视在中国地区的专利布局，因此，国内的相关申请人一方面需要对有需要的国家进行更多的专利布局，另一方面要防范部分比较重视中国市场的申请人所进行的专利布局，做好侵权规避工作。

12.5　国内外食品安全风险监控技术专利概况

食品安全与风险总是协调统一、动态存在的。目前，我国食品安全的监管工作更侧重于风险监测，只有正确识别、监测、评估和预防风险，才能将食品安全事件遏制在初始状态。

12.5.1　专利申请趋势及技术占比

1. 全球专利申请趋势

全球在食品安全风险监控技术方面的专利申请总量共计 780 件，其中中国的专利申请量为 472 件，其专利申请趋势如图 12-37 所示。食品安全风险监控技术的起步晚于食品安全检测技术，随着食品流通的广泛性以及食品安全问题的日益突出，食品安全风险监控技术逐渐受到关注。在 2000 年之后，食品安全风险监控技术相关的专利申请逐渐增多，直到目前，专利申请的整体趋势呈现快速增长的状态。

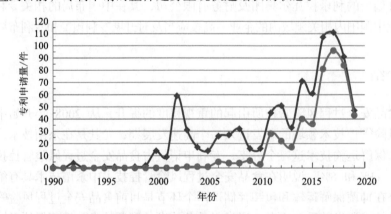

图 12-37　中国及全球食品安全风险监控专利申请趋势

该技术的生命周期如图 12-38 所示，2000～2015 年间，该技术领域的申请人数量和专利申请数量变化较为频繁，处于技术发展的初期，该时期是技术调整期，2015 年之后，申请人的数量及年专利申请量逐步增加，属于该技术的快速发展期。

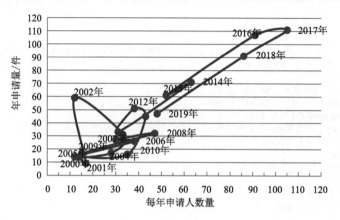

图 12-38　全球食品安全风险监控技术生命周期图

2. 全球专利技术分布

食品安全风险监控技术主要涉及计算机、网络及数据处理技术领域，该技术的国内外相关专利的技术分布如图 12-39 所示。由专利申请的技术分布可以看出，该领域的专利主要集中于 G06Q30/00、G06Q10/06、G06Q50/26、G06Q10/00、G06Q50/02、G06Q10/08、G06Q50/00、G06Q50/12、G06Q30/06 几个技术分支，这些分支在 IPC 分类体系中均属于 G06Q，即为"专门适用于行政、商业、金融、管理、监督或预测目的数据处理系统或方法；其他类目不包含的专门适用于行政、商业、金融、管理、监督或预测目的处理系统或方法"，部分涉及 G06K17/00，属于 G06K，即"数据识别；数据表示；记录载体；记录载体的处理"。

因此，这一技术的发展与食品安全风险因素的检测技术相关性不大，主要依赖于计算机处理、网络技术及数据处理技术领域的技术水平。

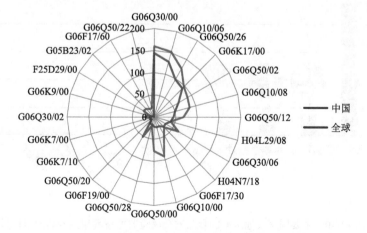

图 12-39　国内外食品安全风险监控技术分布图

G06Q30/00 商业，例如购物或电子商务（2012.01）
G06Q10/06 资源、工作流、人员或项目管理，例如组织、规划、调度或分配时间、人员或机器资源；企业规划；组织模型
（2012.01）
G06Q50/26 政府或公共服务（2012.01）
G06K17/00 在包括 G06K1/00 至 G06K15/00 两个或多个大组中的设备之间实现协同作业的方法或装置，例如，结合有传送
和读数操作的自动卡片文件
G06Q10/00 行政；管理（2012.01）
G06Q50/02 农业；渔业；矿业（2012.01）
G06Q10/08 物流，例如仓储、装货、配送或运输；存货或库存管理，例如订货、采购或平衡订单（2012.01）
G06Q50/00 特别适用于特定商业领域的系统或方法，例如公用事业或旅游（医疗信息学入 G16H）（2006.01，2012.01）
G06Q50/12 旅馆或饭店（2012.01）
G06Q30/06 购买、出售或租赁交易（2012.01）
G06F19/00（转入 G16C10/00-G16C60/00，G16Z99/00）
G06F17/30（转入 G06F16/00-G06F16/958）
H04L29/08 传输控制规程，例如数据链级控制规程
G06Q50/22 社会服务（2012.01，2018.01）
G06F17/60（转入 G06Q）
H04N7/18 闭路电视系统，即电视信号不广播的系统
G06Q50/10 服务（2012.01）
C12Q1/68 包括核酸（2006.01，2018.01）
F25D29/00 控制或安全设备的配置或安装
G05B23/02 电检验式监视

12.5.2　专利地域分布及申请人分析

从图 12-40 来看，食品安全风险监控相关的专利申请主要分布在中、韩、美、日四个国家，其中中国的专利申请量最多 475 件，占全球专利申请总量的 61%，其次是韩国（77 件）、美国（68 件）分别占全球专利申请总量的 10%、9%；日本的相关专利申请量为 53 件，约占全球专利申请总量的 7%。

上述数据说明，中国在食品安全风险监控技术领域具有较大优势，其专利申请量远远高于韩国、美国和日本。

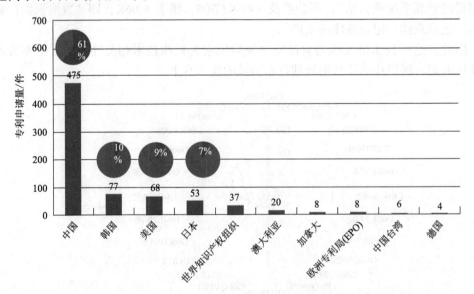

图 12-40　主要国家（地区）的食品安全风险监控技术相关专利的申请量

食品安全风险监控技术领域的主要专利申请人如图 12-41 所示，其中专利申请数量最多的是美国的艾默生零售服务有限公司（25 件），其次是韩国食品研究所、韩国食品药品管理局。虽然目前美国艾默生相对优势较为明显，但该领域的申请人的专利申请数量均不超过两位数（低于 30 件），说明该技术仍然没有产生技术的聚集和垄断。

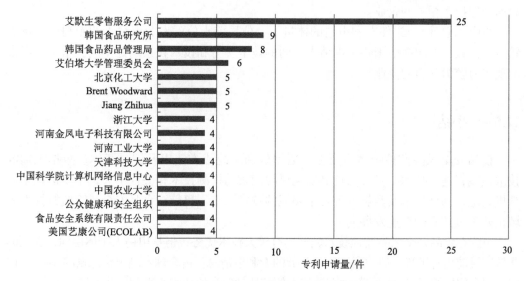

图 12-41　全球食品安全风险监控技术领域的主要申请人

在全球的主要申请人中，中国的部分专利申请人也位列其中，并且中国在这一领域的专利申请总量占全球专利申请总量的 61%，说明中国有望能够通过今后的努力在该技术领域达到较高的技术水平和行业地位。

12.5.3　中国专利概况

中国申请人共有 407 位，根据专利申请人的性质划分，如图 12-42 所示，其中，59% 的专利申请是由企业提出的，其余为个人、大专院校、科研单位等类型的申请人所提出，说明在这一领域的专利技术多数是以市场需求为前提所做出的。

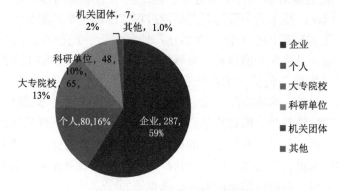

图 12-42　中国食品安全风险监控技术领域的申请人类型

中国主要申请人分别为华中农业大学、江苏省质量和标准化研究院、航天信息股份有限公司、中国科学院计算机网络信息中心、北京化工大学、天津科技大学、广东东洲大数据技术有限公司、广州中国科学院软件应用技术研究所、苏州亚安智能科技有限公司、青岛中科软件股份有限公司。其中包括高等院校和事业单位，另外还包括网络、数据处理技术相关的企业。

在中国总计 475 件专利申请的体量下，位居前十位的专利申请人的专利申请量仍然为个位数，说明在中国各个申请人之间的技术实力和技术积累均处于同一水平，还未出现实力较为突出的企业。

12.5.4　小结

食品安全风险监控技术主要涉及数据处理系统或方法以及记录载体、数据识别等技术领域，这一技术的发展与食品安全风险因素的检测技术相关性不大，主要依赖于计算机处理、网络技术及数据处理技术领域的技术水平。目前，食品安全风险监控技术领域正处于该技术的快速发展期。

中国在食品安全风险监控技术领域具有较大技术优势，但从申请人个体层面，美国的艾默生目前稍有优势。但中国在这一领域的专利申请总量占全球专利申请总量的 61%，说明中国有望能够通过今后的努力在该技术领域达到较高的技术水平和行业地位。

12.6　食品安全防控技术专利概况

12.6.1　冷链物流概况

1. 冷链物流是舌尖上的安全防线

冷链物流（cold chain logistics）泛指冷藏冷冻类食品在生产、贮藏运输、销售，到消费前的各个环节中始终处于规定的低温环境下，以保证食品质量，减少食品损耗的一项系统工程[21]。它是随着科学技术的进步、制冷技术的发展而建立起来的，是以冷冻工艺学为基础、以制冷技术为手段的低温物流过程。冷链包括低温加工、低温运输与配送、低温存储、低温销售四个方面。食品在产地收集后，经预冷、加工、储存、包装后，运到销售终端，最后卖给消费者。典型的冷链供应链流程如图 12-43 所示[20]。

冷链物流的适用范围包括：①初级农产品：蔬菜、水果，肉、禽、蛋、水产品，花卉产品；②加工食品：速冻食品，禽、肉、水产等包装熟食；冰淇淋、奶制品和巧克力，快餐原料；③特殊商品，例如药品。其中初级农产品、加工食品均属于食品冷链物流，随着人们生活水平与经济发展水平的提高，对食品安全的要求也越来越高，速冻产品和生鲜产品的需求量大大增加，因此加快冷链物流的发展对保障食品安全具有重要意义。由于食品的不同，对冷链物流的温度要求也不同[20]。

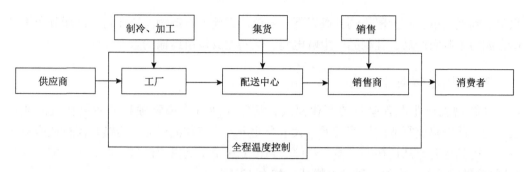

图 12-43　冷链供应流程图

在食品流通过程中，冷链物流为所需运输、仓储及流通加工的货品，提供最为适宜的温度和湿度环境，冷链物流的低温环境，能够抑制细菌的活性，对于绝大多数细菌数量的增长有明显的遏制效果，降低细菌在此过程中的繁殖量，能尽可能地保证这些食品不受到细菌的侵害，有效防止食品发生变质，保证食品的质量，为货品的品质和安全提供保障。因此，冷链物流是食品安全的安全防线。

2. 中国冷链物流产业的特点

1）冷链基础设施建设不足，与发达国家和地区差距明显

冷链物流基础设施中，冷库和冷藏车是最为核心的设备，在冷链中的投资占比也最高，2014 年，中国公路冷藏车保有量为 7.6 万辆，德国、日本和美国分别为 11 万辆、15 万辆和 25 万辆。中国约每 1.7 万人才配有 1 辆公路冷藏车，而美国和日本平均每千人配有一辆。冷库方面，2016 年中国冷库存储总量达 1.07 亿 m³，居世界第三，仅次于印度和美国，但是由于庞大的人口基数，中国人均冷库占有量仍处于较低水平，仅为 0.143 m³/人，与位于第一的荷兰的 0.96 m³/人相差甚远。2015～2019 年，我国冷库总量呈逐年递增趋势，2019 年，全国冷库总量约 6053 万吨，新增库容 814.5 万吨，但与需求量 2.352 亿吨差距较大。

2）市场分散，区域化分布

目前，中国冷链物流行业竞争格局呈现出集中度不高，从 2017 年，冷链物流百强的营业收入来看，冷链百强企业在 2017 年的总收入为 259.83 亿元，占比全国冷链物流的 27.52%。同时冷链百强企业的仓库总面积为 3185 万 m³，占比全国 26.7%，与美国冷链物流前五强企业的冷库容量占总容量的 63.4%的行业集中度相比，相差甚远。

在百强企业中，综合性企业有 21 家，占比 63%。目前中国还没有出现一家面向全国的综合性冷链仓储企业，随着冷链运输的需求日益明显，区域性企业冷链物流将有望在未来升级为全国性冷链物流企业，甚至是全球性冷链物流企业。此外，电商行业（如京东、苏宁）、物流行业（顺丰控股）纷纷加码布局冷链物流，将进一步提升行业的集中度。

此外，中国的冷链物流百强企业呈现出区域分布的特点，多分布在华东地区，且

只覆盖到地级市，较少覆盖到县级以下的乡镇。因此，冷链物流企业行业区域分布不平衡，成为限制农产品、乳制品、生鲜电商、医药尤其疫苗运输的重要原因。

3. 中国冷链商业模式

冷链物流行业没有单一的商业模式，每家企业都在摸索独特的冷链物流商业模式。随着冷链物流行业的快速发展，大量企业进入冷链物流行业，冷链物流行业服务水平模式得到提升，从最初的运输、仓储、超市配送衍生到供应链型、电商生鲜配送及互联网+冷链物流的平台等 8 种商业模式，如表 12-12。

表 12-12　中国冷链物流商业模式

运营模式	特点	代表企业
运输型	低温干线、区域干线	双汇物流、荣庆物流、众荣物流
仓储型	低温仓储、保管	普洛斯、太古、万维
城市配送型	仓配一体	快行线、唯捷城配、深圳曙光
电商型	生鲜到家	爱鲜蜂、京东到家
互联网+	数据搭建资源交易	冷链马甲、码上配
供应链	采购至需求端	顺丰冷链、九曳、黄马甲
交易型	批发市场为主	深圳北极星、雨润、白沙洲
综合型	仓、配、运综合化	招商美冷、北京中冷

4. 中国冷链发展潜力

冷链物流是生鲜供应链的基础设施，冷链物流主要服务于生鲜供应链的中下游环节，近几年随着生鲜电商的井喷式爆发，带动冷链物流的进一步发展。2015～2019 年中国生鲜电商交易规模保持在 35%以上的增长水平，到 2019 年生鲜电商交易规模达到 2796.2 亿元，同比增长 36.7%，相应地带动冷链物流需求不断增长。

随着近年来国家和各地政府的高度重视，冷链物流体系日益完善，根据产业在线《2019 年中国商用冷链设备行业年度研究报告》显示，截止到 2019 年底，全国 31 个省市自治区的冷库库容总量达到 5050 万吨，同比增长了 7.8%，冷藏车全国保有量为 18 万辆，同比增长 18.3%。艾媒咨询数据显示，2019 年冷链物流市场规模已达 3780 亿元，2020 年将达到 4850 亿元。

另外，随着"农超对接""新零售"等电子商务的兴盛，市场对生鲜品的需求会更旺盛，而政府在 2008 年后加强了政策支持，一方面出台促进物流行业发展的相关政策，另一方面出台促进农副产品流通的相关政策，都有效刺激了冷链物流行业快速发展，中国冷链物流行业将继续保持快速增长的势头。

2017 年国务院办公厅印发的《2017 年食品安全重点工作安排》研究制定了加快发展冷链物流保障食品安全促进消费升级的意见，完善食品冷链物流标准体系，鼓励社会力量和市场主体加强食品冷链物流基础设施建设。同年，国务院办公厅印发的《关于加快发展冷链物流保障食品安全促进消费升级的意见》指出，着力构建符合我国国情的"全链条、网络化、严标准、可追溯、新模式、高效率"的现代化冷链物流体系。到 2020 年，初步形成布局合理、覆盖广泛、衔接顺畅的冷链基础设施网络，基本建立"全程温控、标准健全、绿色安全、应用广泛"的冷链物流服务体系，培育一批具有核心竞争力、综合服务能力强的冷链物流企业，冷链物流信息化、标准化水平大幅提升，普遍实现冷链服务全程可视、可追溯，生鲜农产品和易腐食品冷链流通率、冷藏运输率显著提高，腐损率明显降低，食品质量安全得到有效保障。

冷链物流已成为促进消费升级、推动脱贫攻坚、加快乡村产业振兴、推动产地发展的重要方式，国家层面陆续出台的冷链物流相关政策如表 12-13。2019 年"冷链物流"上了中央政治局会议，要求实施城乡冷链物流基础设施补短板工程。中央一号文件连续 15 年提及冷链物流发展，2020 年更是明确开展国家骨干冷链基地建设。从多个维度指导并推动了冷链物流行业的健康发展。

表 12-13　2019～2020 年关于冷链物流的重点文件

序号	发布年份	政策名称	部门	概要
1	2019	《关于推动物流高质量发展促进形成强大国内市场的意见》	国家发展改革委等24 部门	就有关物流高质量发展的基础设施网络优化、服务实体经济能力提升、增强发展内生动力、完善营商环境、建立配套支撑体系、健全政策保障体系等六个方面提出了 25 项具体工作
2	2019	《关于推动农商互联完善农产品供应链的通知》	财务部、商务部	中央财政拟对确定支持的每个省（区、市）安排资金支持，发挥中央财政资金对社会资本引导作用，支持农产品供应链体系的薄弱环节和重点领域
3	2019	《关于深化改革加强食品安全工作的意见》	中共中央、国务院	提出史上最严的标准、最严的监管、最严的问责、最严的处罚，并提出 47 条具体举措，大力发展冷链物流，加强食品安全工作，确保人民群众"舌尖上的安全"
4	2019	《关于稳定生猪生产促进转型升级的意见》	国务院办公厅	要求实现"集中屠宰、品牌经营、冷链流通、冷鲜上市"，提出要健全现代生猪流通体系，使冷链物流作为运输保障肉类食品安全的重要手段
5	2020	《关于抓好"三农"领域重点工作确保如期实现全面小康的意见》	中共中央、国务院	安排中央预算内投资，支持建设一批骨干冷链物流基地，并加强农产品的冷链物流统筹规划、分级布局及标准制定
6	2020	《冷藏、冷冻食品物流包装、标志、运输和储存》	国家市场监督管理总局、国家标准化管理委员会	对冷藏、冷冻食品的包装、运输、温度控制、储存、记录保存期限均提出了明确要求，以规范企业经营、保障食品安全
7	2020	《关于加强冷藏冷冻食品质量安全监督管理的公告》	市场监管局	对冷藏冷冻食品储运的业务备案、监督执行、质量安全管控、问题提报以及奖惩环节提出了严格的管理要求
8	2020	《关于开展首批国家骨干冷链物流基地建设工作的通知》	国家发改委	通过开展国家骨干冷链物流基地建设，为生鲜农产品提供冷链物流资源，保障高品质生鲜农产品市场供给，促进城乡居民消费升级

续表

序号	发布年份	政策名称	部门	概要
9	2020	《关于印发重庆市城乡冷链物流体系建设方案（2020-2025年）的通知》	重庆市人民政府办公厅	明确了重庆市城乡冷链物流体系建设方案，明确了各类冷链物流节点的定义及建设要求，促进冷链及相关环节的协同发展
10	2020	《广东供销公共型农产品冷链物流基础设施骨干网建设总体方案》	广东省政府	对建设冷链物流骨干网提出了明确的目标任务，到2022年，骨干网运营管理的冷库容量将达到160万吨，新增冷藏车2000辆以上、移动预冷装置1000台以上，冷链物流基础设施骨干网在三年内完成总投资170亿元
11	2020	《关于做好2020年国家骨干冷链物流基地建设工作的通知》	国家发展改革委	公布了17个国家骨干冷链物流基地建设名单

　　此外，还有法规类的文件，主要针对冷藏冷冻食品销售、经营场所、设备、车辆、备案等方面进行了规定，进一步保障食品安全。其中，由国家卫健委、国家食品安全风险评估中心、中物联冷链委等单位共同起草制定的《食品安全国家标准 食品冷链物流卫生规范》（GB 31605—2020）强制性国家标准，规定了在食品冷链物流过程中的基本要求、交接、运输配送、储存、人员和管理制度、追溯及召回、文件管理等方面的要求和管理准则。该标准适用于各类食品出厂后到销售前需要温度控制的物流过程，已于2021年3月11日正式实施，是冷链物流行业第一个强制性标准。

　　同步的，在冷链溯源建设上，中央和各地政府也已经在政策层面，陆续出台了多项相关的政策和要求，如图12-44，意图加速整体行业质量安全发展。

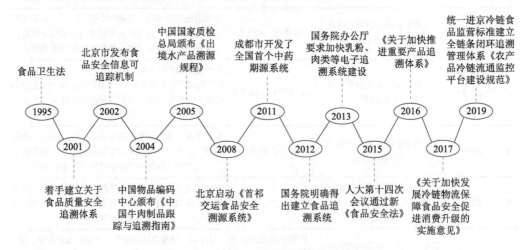

图 12-44　政府出台的冷链溯源方面的政策

12.6.2　冷链物流的发展趋势

1. 冷链物流走向智能化

在2010年，物联网以相对成熟的状态进入人们的视野，目前已在很多领域得到了应用。在冷链物流行业，物联网的应用包括物流信息系统和食品的溯源追踪系统，为了降低冷链物流的成本，势必要借助于互联网新技术的应用。仓库管理、运输管理、温度监控、运输车/船定位管理等每一个环节都需借助先进信息技术，以帮助冷链运输实现食品安全可追溯、质量可监控、订单信息/运输信息可跟踪等。尤其是需要通过大数据及物联网等技术的运用实现冷链物流的智能化，提升冷链物流配送的效率，并实现更好的管理把控。

2014 年，由国务院印发的《物流业发展中长期规划（2014—2020 年）》（国发〔2014〕42 号）指出，将进一步加强物流信息化建设作为发展重点。加强北斗导航、物联网、云计算、大数据、移动互联等先进信息技术在物流领域的应用。加快企业物流信息系统建设，发挥核心物流企业整合能力，打通物流信息链，实现物流信息全程可追踪。加快物流公共信息平台建设，积极推进全社会物流信息资源的开发利用，支持运输配载、跟踪追溯、库存监控等有实际需求、具备可持续发展前景的物流信息平台发展。进一步推进交通运输物流公共信息平台发展，促进物流信息与公共服务信息有效对接，鼓励区域间和行业内的物流平台信息共享，实现互联互通[22,23]。2020 年，国家发展改革委制定的《交通运输部关于进一步降低物流成本实施意见的通知》（国办发〔2020〕10 号）中提出，在确保信息安全前提下，交通运输、公安交管、铁路、港口、航空等单位要向社会开放与物流相关的公共信息，实现数据信息共享，提高仓储、运输、分拨配送等物流环节的自动化、智慧化水平，加快发展智慧物流。另外，在冷链物流的温度控制方面，使用 RFID 技术、GPS 技术、无线通信技术及温度传感技术的结合也普遍被应用，实现对产品品质实时管理[24,25]。随着科学的飞速发展以及技术的进步，冷链物流的系统化和信息化程度将在现阶段的基础上继续深化，成为未来行业发展的主要方向。

2. 冷链物流的温区走向精细化

要保证生鲜产品配送质量，就必须保证生鲜产品供应链的上、中、下游每一个环节保持新鲜。从产地预冷、自动化冷库贮藏、全程冷链运输到末端配送的冷链全过程中，每一个过程都要通过根据产品保鲜所需的温度进行严格控制。而不同类型的生鲜产品所需的温度不同，从而导致多温区的存在，在存储、运输中就需要针对不同的温区进行分别控制，而温区的增加，并非简单的设备增加，需要整个供应链的温层扩充，保证从采购到配送的每一个环节都在对应的温度下进行作业。因此对不同温区的管理也就变得越来越精细化。

3. 从自营走向平台化

目前物流企业存在因规模小，服务功能少，竞争力弱，货源散且不稳定等现象所造成的企业不能积极预测市场的问题，需平台整合资源，因此第三方物流、物流信息平台、基础设施建设是物流发展的"三驾马车"。建立信息高度畅通和共享的物流平台，不仅可以优化物流体系结构，而且有利于提升物流行业整体物流水平，实现"共享共赢"的"大物流"时代。目前中国国内已建或在建的公共物流信息平台已达上千家，平台建设平台信息服务功能也逐步向多元化方向迈进。

4. 跨境冷链快速发展

海关总署统计数据显示，1997～2017 年，中国农产品进口年均复合增长率达 13.5%。其中食品进口年均复合增长率达 14.6%。目前，中国已成为世界上最大的食品进口国，2017 年，中国 18112 家进口商进口了 616 亿美元的食品。近年来，我国食品进出口规模逐年扩大。在消费升级的当下，国民对于食品种类和品质的要求越来越高，进口食品也越来越受到消费者的喜爱，其中也包括大量的进口生鲜产品。根据中物联冷链委的测算，2017 年我国食品进口冷链物流费用约为 24.23 亿美元。

随着农产品、冷链食品产地、加工地和消费市场全球范围的重塑，冷链全球性需求日益增加，在生鲜进出口食品方面中国每年上千亿美元的市场需求。以生鲜电商为契机，生鲜农产品、冷链食品的流通飞速发展。根据海关总署发布的数据，2020 年，中国肉类（含杂碎）共进口 991 万吨，同比增加了 60.4%，累计进口额为 307.33 亿美元，同比增加了 59.6%；其中，猪肉进口 439.22 万吨，同比增加了 108.34%，鸡肉进口 143.30 万吨，同比增加了 98.28%，牛肉进口 211.83 万吨，同比增加 27.65%。

近年来国家有关部门和各地方政府对于跨境冷链物流发展也给予高度重视，国家层面出台了多个跨境冷链物流相关政策，从多个维度指导跨境冷链行业的健康发展。相关政策涵盖了优化鲜活产品检验检疫流程、加快通关放行、支持建设海关监管作业场所以及打造口岸公共信息服务平台几个方面。自 2021 年以来，广州海关在南沙海港开始推行全链条"零接触"的冷链监管新模式，加大"智慧海关"应用，依托 2019 年新建成的封闭式冷链查验存储一体化设施开展"封闭式"查验。

同时，跨境冷链基础设施也得到了进一步的完善，截至 2020 年 6 月底，全国 31 个省、自治区、直辖市已建设海关特殊监管区域 155 个，其中综合保税区 134 个，保税区 9 个，保税港区 8 个。2019 年冷链物流百强企业数据显示，已有 5.71% 的百强冷库具有保税型业务，与 2018 年相比有明显增长。

5. 可溯源需求提升

追溯体系是通过采集记录产品生产、流通、消费等环节信息，实现来源可查、去向可追、责任可究，强化全过程质量安全管理与风险控制的有效措施。溯源是伴随冷链物流信息化过程而产生的，为完善食品冷链物流追溯体系，规范食品冷链物流，2012 年《食品冷链物流追溯管理要求》（GB/T 28843—2012）正式发布实施。同时，国务院及各地方政府在 2015～2016 年期间发布了《关于加快推进重要产品追溯体系》的相关政策，并重点强调了建设食品冷链追溯体系；将追溯分为追溯环节和环节内追溯。其中，追溯环节指从生产到终端的整个链条的追溯；环节内追溯是指本环节和上下环节之间的追溯。而冷链物流的追溯体系主要是环节内追溯，包括产品从入库、在库、出库、运输、配送等各个环节的温度不断链，温度可记录并可查询，并且温度记录最少保留 2 年以上。

　　在国务院办公厅印发的《2017 年食品安全重点工作安排》中的"加强食品安全基础和能力建设"方面指出，要加快食品安全监管信息化工程项目建设，建立全国统一的食品安全信息平台。完善农产品质量安全追溯体系，加快推进省级重要产品追溯管理平台建设。在"严格生产经营过程监管"方面指出，要推动企业建立食品安全追溯体系。随着人们对食品安全的追求及消费理念的升级，对食品原产地、食品加工过程等信息的追溯的需求也逐渐增强。

12.6.3　冷链制冷技术专利分析

　　1. 全球及中国冷链制冷技术专利申请趋势

　　冷链因 19 世纪上半叶冷冻剂的发明而兴起，直到电冰箱的出现，各种保鲜和冷冻食品开始进入市场和消费者家庭。到 20 世纪 30 年代，欧洲和美国的食品冷链体系已经初步建立。40 年代，欧洲的冷链在二战中被摧毁，但战后又很快重建。目前欧美日等发达国家和地区冷链行业发展历史有一百余年，已十分成熟。在世界冷链物流的发展过程中，美国、加拿大、英国、荷兰和日本等国处于世界领先地位。这些食品冷链物流发展较好的发达国家和地区十分注重物流冷链技术的研究与应用，这为冷链物流的发展提供了重要的保障，并根据本国农业的特点和需求不同，开展农产品冷链物流体系建设，取得了不错的成绩。全球与中国冷链制冷技术相关专利的申请趋势如图 12-45 所示。

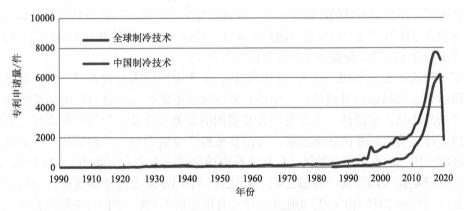

图 12-45　全球及中国冷链制冷技术专利申请趋势

　　结合图 12-45 所示的全球与中国冷链制冷技术相关专利的申请趋势，全球冷链制冷技术的发展如下：

　　第一阶段萌芽期：在进入 20 世纪之后，由于制冷机、冷冻剂和电冰箱的发明，制冷技术开始广泛应用于食品工业，食品工业得到了迅猛发展。随后制冷技术向着规模化、工业化发展，在 1908 年，Albert Barrier 在讲述控制低温条件能确保易腐食品品质时，第一次使用了法语冷链（Chainedu Froid）这一术语，冷藏链即初步形成[24]。

第二阶段缓慢发展期：自 20 世纪 30 年代开始，每年都有与冷链制冷技术相关专利申请，且申请量逐年缓慢增多并伴随着一定的波动，这说明冷链制冷技术正处于逐步发展中，运输品类更加多样化，制冷技术和运输设备更加先进。但是，这一时期仍处于传统工业化时代，冷藏食品零售业方兴未艾，零售商对冷链物流的运输效率要求不高，交通设施相对落后，因此冷链物流在运行效率和配送衔接上有待完善。

第三阶段快速发展期：从进入 20 世纪 80 年代后，每年与冷链制冷技术相关专利申请量逐年增多，尤其是在 1990 年后期至 2000 年之间每年专利申请量都超过了 1000 件。在 2000 年之后，冷链制冷技术更是进入高速发展期，冷链制冷技术相关专利的年申请量逐年攀升，这说明冷链物流已逐渐发展成为多品种、小批量、标准化、法规化的模式，"冷链"的概念已由原来的"原产地初预冷冷库冷藏运输到批发站点冷库"发展成为原产地、初预冷、冷库冷藏运输、批发站点冷库、零售商场冷柜、消费者冰箱的完整冷链系统，至此冷链物流已基本发展成熟。

与全球冷链物流技术的发展趋势相较而言，中国冷链物流技术起步晚，中国冷链物流行业始于 20 世纪 80 年代，发展主要经历以下三个阶段：

第一阶段萌芽期：20 世纪 80 年代的中国正处于国民经济发展较为缓慢、交通运输不完备的时期。为了调节淡旺季，保障肉、禽和水产品类等生鲜食品在市场上得到有效供应，中国在主要城市兴建大型库仓储，并由水运冷藏船及铁路冷藏车运输及配送。

第二阶段发展期：20 世纪 90 年代开始，中国冷链制冷技术从萌芽期逐渐过渡到发展期。改革开放政策的实施以及国民经济的迅速发展，居民生活水平迅速提高，产品需求由最初的肉、禽和水产品为主衍生到各种冷冻冷藏食品。中国一线城市开始出现连锁大型超市，采用大量先进的冷藏陈列柜，并逐渐完善零售终端冷藏链的配备。同时，交通设备的完善使得海陆空的冷链运输得以发展，冷藏车及冷库逐渐被大量使用，加快了冷链物流行业各环节的设备技术开发及建设进程[21]。

第三阶段快速发展期，进入 21 世纪后，由于中国国内消费者对生鲜食品品质意识逐渐增强，市场经济日趋活跃，中国自贸区试点不断扩大，进口生鲜品类增加，农产品及药品市场需求激活。尤其是随着互联网的发展及普及，生鲜电商崛起，多种因素促进了冷链物流行业的快速发展，冷链物流投资及资源整合并购增加。头豹数据显示，2009 年至 2014 年这 6 年间，生鲜电商市场共完成 20.2 亿元融资；2015 年，前三个季度生鲜电商市场完成融资总金额 43 亿元。中国生鲜电商市场规模从 2012 年的 40.5 亿元增长到 2016 年的 913.9 亿元，年复合增速达 118%。中国冷链物流市场全面爆发，以 27.29%的速度增长至 2017 年的 2231.3 亿元。同时，自 2016 以来，冷链物流行业并购呈现增长态势，2016 年并购事件金额规模达到 52 亿元到 2017 年金额超过 80 亿元，同比增加 54%。中国冷链物流市场需求和规模呈现高速增长的态势。

另外，交通运输纽带呈现多元化，汽车生产商加大冷藏车研发，中国短途及郊区运输以陆运为主，铁运、航运及海运需求也在增加，这都推动了冷链物流行业更进一步发展，提升冷链物流服务品质，减少运输损耗。

结合图 12-46 所示的全球冷链制冷技术生命周期图，可以看出在 2012 年前，全球冷链制冷技术相关的申请人数量和专利申请量存在一定范围的波动；在 2012 年之后，全球冷链制冷技术相关的申请人数量和专利申请数量开始稳步上升，这说明在 2013 年之后全球关于冷链制冷技术开始进入快速发展阶段。

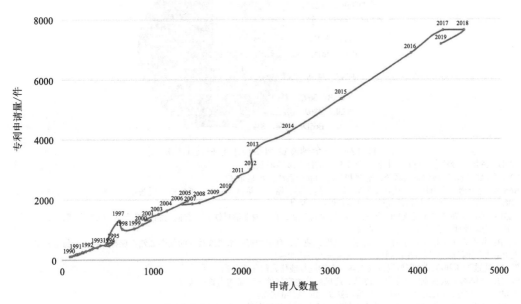

图 12-46　全球冷链制冷技术生命周期图

2. 全球冷链制冷技术专利地域布局

基于图 12-47 所示的全球冷链制冷技术相关专利的地域分布图，可以看出全球关于冷链制冷技术相关的专利主要集中在中国，共有 41504 件；其次分别是美国、韩国，专利数量分别是 12900 件和 11059 件；剩余国家像德国、英国、法国和日本等国家的相关专利数量均低于 3000 件。这说明在全球范围内，中国、美国、韩国这三个国家是冷链制冷技术研发和市场最大的地区。

美国、英国和法国起步较早，且冷链制冷技术相关的专利数量一直在稳定增长；中国、韩国、德国和日本对于冷链制冷技术的研发相对于美英法三国略晚，起步于 20 世纪 70 年代左右；尤其是中国，中国关于冷链制冷技术的专利数量虽然位居首位，但是中国的专利起步于 20 世纪 80 年代，在 2008 年之后专利数量出现爆炸性增长，说明近十多年来，随着中国交通运输和工业基础等因素的不断进步，冷链制冷技术也取得了突破性的发展。

3. 全球冷链制冷技术专利技术构成及申请趋势

如图 12-47，在全球冷链制冷技术相关专利的技术构成中，排名前十的技术构成分别是 F25D、F25B、B65D、A23L、A23B、F24F、F25J、B60H、B60P 和 C09K，且排名前十的技术构成中，F25D、F25B、B65D 和 A23L 的占比分别是 32%、18%、8%和 6%；剩余的技术构成占比均低于 4%。

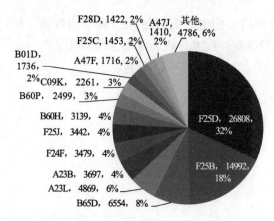

图 12-47　全球冷链制冷技术专利技术构成图

F25D：冷柜；冷藏室；冰箱；其他小类不包含的冷却或冷冻装置

F25B：制冷机，制冷设备或系统；加热和制冷的联合系统；热泵系统

B65D：用于物件或物料贮存或运输的容器，如袋、桶、瓶子、箱盒、罐头、纸板箱、板条箱、圆桶、罐、槽、料仓、运输容器；所用的附件、封口或配件；包装元件；包装件

A23L：不包含在 A21D 或 A23B 至 A23J 小类中的食品、食料或非酒精饮料；它们的制备或处理，例如烹调、营养品质的改进、物理处理；食品或食料的一般保存

A23B：保存，如用罐头贮存肉、鱼、蛋、水果、蔬菜、食用种籽；水果或蔬菜的化学催熟；保存、催熟或罐装产品

F24F：空气调节；空气增湿；通风；空气流作为屏蔽的应用

F25J：通过加压和冷却处理使气体或气体混合物进行液化、固化或分离

B60H：车辆客室或货室专用加热、冷却、通风或其他空气处理设备的布置或装置

B60P：适用于货运或运输、装载或包容特殊货物或物体的车辆

C09K：不包含在其他类目中的各种应用材料；不包含在其他类目中的材料的各种应用

B01D：分离

A47F：商店、仓库、酒店、饭店等场所用的特种家具、配件或附件；付款柜台

F25C：冰的制造、加工或冰处理

F28D：其他小类中不包括的热交换设备，其中热交换介质不直接接触的

A47J：厨房用具；咖啡磨；香料磨；饮料制备装置

结合图 12-48 所示的各个技术构成的申请趋势，可以看出，2010 年之后，关于 F25D

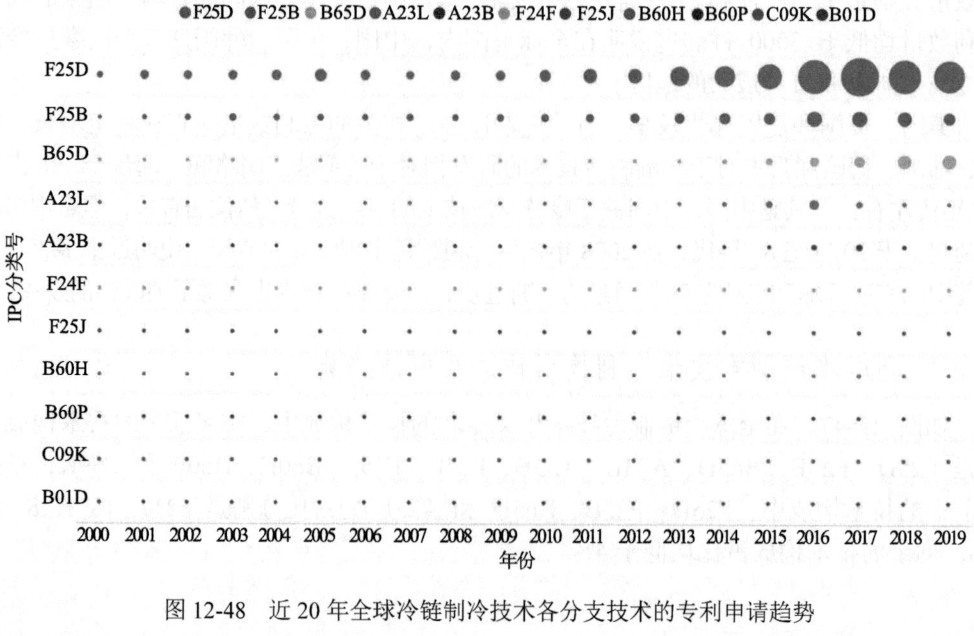

● F25D　● F25B　● B65D　● A23L　● A23B　● F24F　● F25J　● B60H　● B60P　● C09K　● B01D

图 12-48　近 20 年全球冷链制冷技术各分支技术的专利申请趋势

（冷柜；冷藏室；冰箱；其他小类不包含的冷却或冷冻装置）、F25B（制冷机，制冷设备或系统；加热和制冷的联合系统；热泵系统）、B65D（用于物件或物料贮存或运输的容器）这三个技术分支的专利申请数量明显增多，尤其是 F25D，增幅相当可观。

4. 全球及中国冷链制冷技术主要专利申请人

如图 12-49 所示，全球冷链制冷技术相关申请人排名中，排在前十位的申请人分别是 LG 电子、开利公司、青岛海尔股份有限公司、三星电子、美的集团股份有限公司、bsh 家用电器有限公司、热之王公司、合肥华凌股份有限公司、大金工业有限公司和霍尼韦尔国际公司；其中，LG 电子拥有冷链制冷技术相关专利共 3663 件；排名第二位的开利公司的专利量为 2034 件，剩余申请人相关专利申请量均低于 2000 件。从专利申请数量可以看出 LG 电子在冷链制冷技术的研发产出较多，说明 LG 电子是冷链制冷技术领域的龙头企业之一。排名第二位的开利公司，自其创始人开利博士于 1902 年发明第一套现代空调系统以来，一直引领空调行业的发展，是全球最大的暖通空调和冷冻设备供应商。

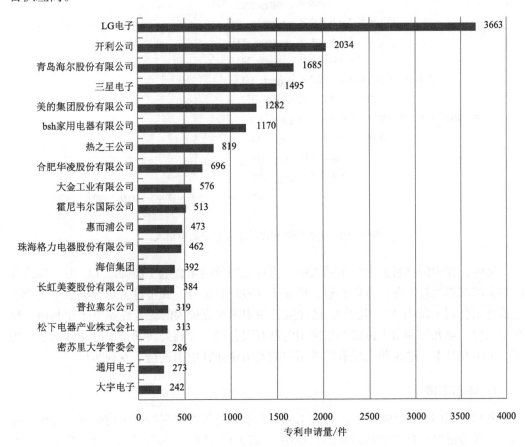

图 12-49　全球冷链制冷技术主要专利申请人

    如图 12-50，在中国国内关于冷链制冷相关专利申请人排名中，排名前十位的分别是海尔集团、美的、合肥华凌股份有限公司、乐金电子、珠海格力电器股份有限公司、美菱、bsh 家用电器有限公司、海信集团、开利公司和松下电器产业株式会社；其中，排名前两位的海尔集团、美的相关专利申请数量分别是 1311 件和 1146 件，其他申请人的申请量均低于 1000 件；从上述申请人的相关专利申请数量可以看出，在中国国内，海尔集团和美的对冷链制冷的技术研发实力更强。

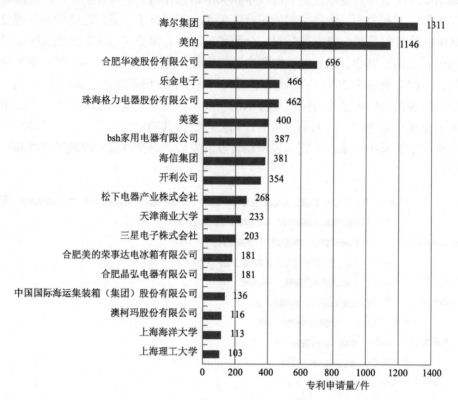

图 12-50　中国冷链制冷技术主要专利申请人

    另外，在中国排名前十位申请人中，排在第四位的乐金电子由韩国 LG 电子株式会社与天津市第二轻工业局合资兴建，成立于 1995 年 8 月，其全称为乐金电子（天津）电器有限公司（简称 LG 电子），已经成长为中国北方最大的综合性家电企业基地。排在第七位、第九位和第十位的 bsh 家用电器有限公司、开利公司和松下电器分别来自德国、美国和日本，这说明已经有国外相关的龙头企业在中国进行了专利布局。

    1）海尔集团

    海尔集团创立于 1984 年，从图 12-51 所示的海尔冷链制冷技术构成可以看出，海尔集团在冷链制冷技术的研发更多是集中在 F25D（冷柜；冷藏室；冰箱；其他小类不包含的冷却或冷冻装置）、F25B（制冷机，制冷设备或系统；加热和制冷的联合系统；热泵系统）和 F24F（空气调节；空气增湿；通风；空气流作为屏蔽的应用）。

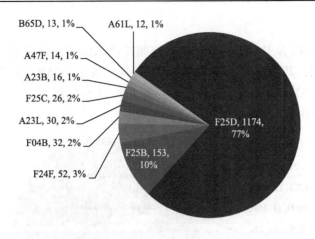

图 12-51　海尔冷链制冷技术构成

在第二十届中国专利奖评选中，青岛海尔股份有限公司专利号为"ZL201510264463.3"名称为"冰箱"的中国发明专利被评为中国专利金奖，为冰箱业斩获 29 年来首个专利金奖。海尔集团的海尔商用冷柜致力于成为全球领先的商用冷链全程解决方案服务伙伴。

针对不同圈层的冷链需求，海尔商用冷柜打造了区域性冷链服务基地，涵盖工程、零售、生态、售后，实现一站式服务，并通过推出 11 大系列 98 款产品，满足专业市场、酒店后厨、区域客户不同存储场景用户需求。针对专业市场用户，海尔商用冷柜为海鲜商户定制专业海鲜柜，采用四重防锈，延长冷柜使用寿命，通过创新的-38℃深冷储存，快速形成冰层锁住内部鲜活，有效锁留海鲜营养，维持原产地般新鲜口感。而为茶叶商户定制的茶叶柜通过一键精准控温、蓝鲸气流减霜模块以及 100 小时断电不化冻等功能，打造专业的储茶方案，满足了茶商对茶叶存储的多元化需求。在酒店后厨场景，海尔商用冷柜落地商厨业务模式，通过行业、企业、用户的信息转化，并整合商厨设计、工程等服务链，提供产品解决方案及产品价值链，实现一站式服务快速触达用户。在酒店后厨，海尔厨房冰箱-18℃专业冷冻，采用行业独有的风循环、抑菌技术，为食材提供专业的存储环境，而食品级 304 不锈钢内胆的设计，耐热性、耐腐蚀性更好。在医疗冷链系统也有诸多成果，例如"GSP 药品冷链安全解决方案"，为唯一符合GSP 新规、首创温湿度双控双显的项目，无线监控更便捷，同时还创立了药品冷链国际标准。

2）美的集团

2007 年，美的集团旗下的安得物流全面发展冷链物流事业。在冷链基础设施使用上，安得物流先后引入了先进的冷冻机组、车载温控仪、GPS 远程温度监控，并建立了庞大的精品对流专线和服务网络。并且，安得物流被中国食品工业协会、食品物流专业委员会认定为"全国食品冷链物流定点企业"，以及中国物流技术协会、中国物流与采购联合会冷链物流专业委员会联合授予安得物流"金链奖"，充分说明安得物流在冷链物流行业的地位。

从图 12-52 可以看出，美的集团在冷链制冷技术研发也是主要集中在 F25D（冷柜；冷藏室；冰箱；其他小类不包含的冷却或冷冻装置）、F25B（制冷机，制冷设备或系统；加热和制冷的联合系统；热泵系统）和 F24F（空气调节；空气增湿；通风；空气流作为屏蔽的应用）。

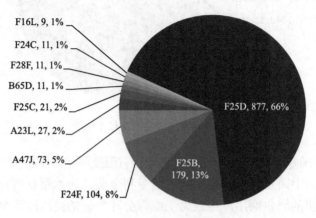

图 12-52　美的冷链制冷技术构成

3）中国国际海运集装箱（集团）股份有限公司

中国国际海运集装箱（集团）股份有限公司（简称中集集团），总部设在中国深圳，是世界领先的物流装备和能源装备供应商。中集集团致力于集装箱、道路运输车辆、能源化工及食品装备、海洋工程、重型卡车、物流服务、空港设备等业务领域。

结合图 12-53 所示中集集团的冷链制冷技术构成，中集集团在冷链制冷技术研发更多的是集中在 B65D（用于物件或物料贮存或运输的容器）、F25D（冷柜；冷藏室；冰箱；其他小类不包含的冷却或冷冻装置）、B62D（机动车；挂车）、B60P（适用于货运

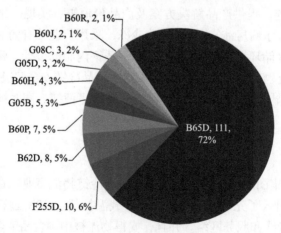

图 12-53　中集集团冷链制冷技术构成

或运输、装载或包容特殊货物或物体的车辆）和 G05B（一般的控制或调节系统；这种系统的功能单元；用于这种系统或单元的监视或测试装置）。从中集集团的技术构成可以看出，中集集团关于冷链制冷技术更多的是集中在冷链制冷和冷链运输等方向。

5. 冷链物流制冷技术中外技术差异

从图 12-54 可以看出，除了中国以外的全球范围关于冷链制冷技术构成主要集中在 F25D、F25B，分别占总申请量的 31%、23%；技术构成 F25J、A23L、B60H、F24F、C09K、B65D 的占比均在 4%~7%之间，要远低于 F25D、F25B 的申请数量。其中，C09K 所指代的技术范畴为"不包含在其他类目中的各种应用材料；不包含在其他类目中的材料的各种应用"；在冷链制冷技术领域表示制冷剂等化学物质。

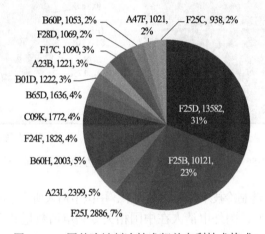

图 12-54　国外冷链制冷技术相关专利技术构成

图 12-55 是中国关于冷链制冷技术相关专利的技术构成，中国关于冷链制冷技术的研发更多的是集中在 F25D、B65D 和 F25B，分别占 32%、12%和 12%；从图 12-55 中可以看出中国在冷链制冷技术领域的研发更侧重于 B65D（用于物件或物料贮存或运输的容器）。

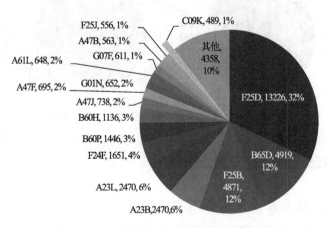

图 12-55　中国冷链制冷技术相关专利技术构成

6. 中外申请人专利海外布局情况

从图 12-56 所示的中国申请人在中国国内的申请数量有 37902 项专利，而中国申请人对外申请仅有 857 项专利，且中国申请人对外进行专利申请时更多的是在世界知识产权组织、美国、欧洲专利局、韩国和日本等国。从以上数据可以看出中国申请人向外申请的专利仅有 2.2%；这说明中国申请人还未重视研发成果在国外的专利布局。

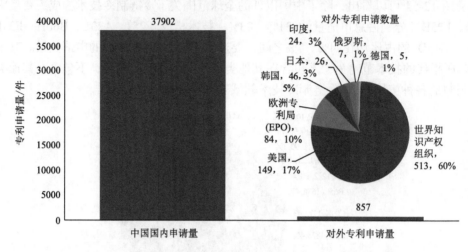

图 12-56　中国申请人在冷链制冷技术方面对外专利申请情况

在中国国内关于冷链制冷技术相关的专利中，中国申请人所申请的专利共有 37902 项，占国内总申请量的 91%，国外申请人在中国相关专利申请数量共有 3603 项；其中，美国申请人共申请了 1233 项，占 3%；日本申请人共申请了 682 项，占 2%；韩国申请人共申请了 584 项，占 2%；德国申请人共申请了 539 项，占 1%（图 12-57）；这说明已经有国外申请人开始针对冷链制冷技术在中国国内开始了专利布局，这需要引起国内相关领域申请人的重视，注意专利布局和规避。

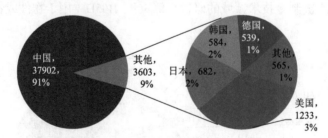

图 12-57　中国专利申请中外国申请人专利申请占比

12.6.4　冷链信息管理技术专利分析

1. 中外冷链信息管理技术专利申请趋势

早在 20 世纪 90 年代时期，欧美等发达国家和地区就已经对易变质食品在运输和配送等各个环节进行了温度立法，并且规定了食品运输所需的最低温度和最高温度，有利于建立食品冷链物流的评价体系，同时也对指标体系的分配权重提供了有效依据。英、美等发达国家和地区的易变质食品的冷藏率高达 100%，并且已经形成了完整的食品冷链物流体系。这些发达国家和地区的预冷技术、冷库自动化技术、气调技术等都十分先进，只有依靠先进的物流信息技术，才能对食品冷链物流实施完善的温度控制管理。因此，一些发达国家和地区积极采用自动化冷库技术，包括贮藏技术自动化、库房管理系统以及高密度动力存储电子数据交换技术，大大延长了食品的贮藏保鲜期。通过借助信息化手段，如 GPS 定位系统等，并且配备了许多先进的物流信息技术，通过建立冷链物流管理信息化系统，对冷链物流的各个环节的温度变化以及冷藏车的使用状态进行跟踪和监控，同时将货品运输过程中的信息传输到各地区的物流信息网络中，从而确保物流信息的快速可靠传递，通过先进物流技术的发展和先进的管理手段，大大提高了易变质物品的冷冻运输率以及运输质量的完好率，推动了食品冷链物流的快速发展。

图 12-58 是全球及中国冷链信息管理技术专利申请趋势，全球冷链物流信息化技术相关专利共有 10319 件，中国在本领域的相关专利共有 5346 件。在全球专利申请趋势中，20 世纪 40 年代开始研究冷链信息管理技术，有了相关专利申请，但我国直到 20 世纪 90 年代才开始有冷链信息管理技术相关专利的申请，起步较晚；在 1990～2000 年期间，全球冷链信息管理技术相关专利的申请经历了一个申请量提升的阶段；到 2001 年冷链物流信息化技术相关专利的年申请量达到一个小高峰，年专利申请数量达到 340 件/年，而此阶段的中国在冷链信息管理技术相关专利的年申请量还不足 30 件/年；2010 年后，中国在冷链信息管理技术相关专利的年申请量开始飞速发展，同时也促进了全球冷链物流信息化的进程。

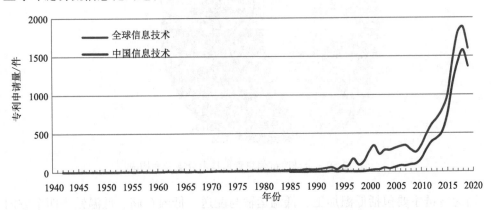

图 12-58　全球及中国冷链信息管理技术专利申请趋势

整体而言，冷链信息管理技术的研究发展经历了四个阶段：

第一阶段萌芽起步期（1990 年以前）：该阶段是技术储备和探索期，在此阶段内年专利的申请量不高，属于冷链信息管理技术的探索阶段，主要进行技术积累。

第二阶段平稳发展期（1991～2001 年）：此阶段全球的年专利申请量有所提升，全球总体发展稳定上升，专利年申请量相比于萌芽期提升了 10 倍之多，专利申请数量大幅上升。

第三阶段缓慢发展期（2001～2010 年）：此阶段全球的年专利申请量没有提升，维持在 250～350 件/年的范围内，而此时中国的专利年申请量开始缓慢提升。

第四阶段高速发展期（2011 年至今）：中国的专利年申请量飞速发展，促进了全球冷链物流信息化的发展，2018 年，全球专利年申请量达到 1878 件/年；中国专利年申请量达到 1577 件/年；在此阶段，随着科学技术的发展和人们生活水平的提高，消费者对生鲜食品品质意识逐渐增强；同时，随着互联网的发展及普及，生鲜电商崛起，多种因素促进了冷链物流行业的快速发展，冷链物流投资及资源整合并购增加，使冷链信息管理技术水平快速提升。

2. 冷链信息管理技术分支专利构成

全球冷链信息管理技术主要包括物流信息管理、仓库信息管理、温度监控和溯源技术四个方面。其中温度监控相关专利有 5362 件，占比 33%；物流信息管理相关专利 6978 件，占比为 42%；这两部分是冷链物流信息化技术的主要组成部分，此外，溯源技术相关专利 1933 件，占比 12%，库存信息管理相关专利 2163 件，占比 13%（图 12-59）。

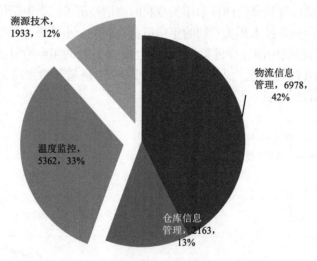

图 12-59　全球冷链信息管理技术分支专利构成

因为冷链主要包括低温加工、低温运输与配送、低温存储、低温销售四个方面，所以在温度监控层面是非常重要的；目前，随着科学技术和互联网的发展，信息管理和溯源技术在冷链信息管理技术中也越来越重要；互联网+冷链物流类是目前主要的研究方向，冷链物流依靠大数据、物联网等技术，融合物流金融等服务，打造互联网+冷链物流的交易平台，实现整个过程的信息监测以及食品的溯源。通过冷链信息管理技术，食品运输到目的地后，通过手持型读写器批量读取食品货物的编码及其温度信息，从而实现全程的温度信息瞬间获取，同时也能实现货物在途信息查询、实时温度监控和地理位置跟踪的自动化操作。

12.6.5　冷链物流温度监控技术专利分析

冷链物流本身是一个上下级链接，层级嵌套的供应服务链条，如图 12-60 所示。食品的冷链物流需求，物流的温控扮演着非常重要的角色。把运输、仓储等环节中所使用的冷藏车、冷库、冷柜、冷箱等独立冷链节点下的技术应用和监控，与全程冷链体系混为一谈是目前我国冷链流通产业的突出问题。从产品出库到上车，卸货到入库，中间的脱冷就是目前最突出的短板。通过溯源体系对在原料生产、半成品加工、成品流通等过程中，食品所处环境的温度、湿度等环境指标进行监测，即可全程冷链和全程温度监控。

冷链物流端到端服务链

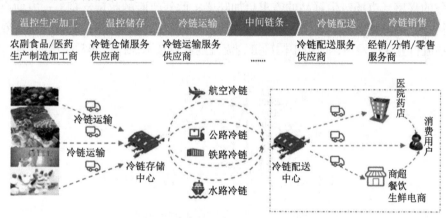

图 12-60　冷链物流供应服务链条
资料来源：LOG Research

冷链物流温度监控是指产品从产地采收（或屠宰、捕捞）后在生产、储存、运输和销售的各个环节始终处于适宜的低温保鲜环境下，最大限度地保证产品品质和质量安全、减少食品损耗的一项系统工程。因此，冷链物流温度监控技术也日益受到各国重视，成为发展的重心之一；目前通过检索分析，在冷链物流温度监控技术方面共有5362 件专利申请。

冷链物流全流程的温度监测的专利申请早在 1995 年就有提出，例如专利号为CN95202380.6、名称为"冷链温度监测记录控制仪"的中国专利，能够同时对 16 路贮藏疫苗的设备，根据所贮存疫苗要求的不同冷藏温度范围，自动测量、显示、记录打印，对 16 路中 8 路进行温度的自动控制。

在冷链物流全流程的温度监控的实现手段上，还有利用可以随温度变换颜色的温度标签来表征在冷链过程中，是否发生过冷链断链，例如美国的艾利丹尼森公司（艾弗里丹）提出的专利 ZL03805113.3（用于时间指示标签的颜色变化元件及其制造和使用方法）。但这种方法只能用于判断在冷链全流程中是否发生过断链，并不能追溯到在环节中何时发生断链。

随着溯源技术的发展，逐渐产生了具有 RFID 射频识别功能的温度传感器、与 GPS 定位技术结合的温度检测，借助物联网技术实现冷链全流程的温度检测。近两年，随着区块链技术的发展，也陆续出现了一些基于区块链的冷链温度监控技术。

1. 专利地域分布

在冷链物流温度监控技术的专利申请方面，如图 12-61，排在前十位的分别是中国、美国、韩国、世界知识产权组织、欧洲专利局、英国、德国、日本、法国和印度。其中我国在冷链物流温度监控技术的专利申请量为 2583 件，遥遥领先排在第二位的美国（961 件）；中国是世界生鲜品大国，早在 2014 年中国肉禽、水产品、蔬菜、水果等产量就已经跃居世界第一，我国的食品体量和需求量均居排在全球前列，而随着新零售，电子商务的兴盛，市场对生鲜品的需求更加旺盛；此外政府的政策支持，一方面出台促进物流行业发展的相关政策，另一方面出台促进农副产品流通的相关政策，都有效刺激了冷链物流行业快速发展，所以中国冷链物流温度监控技术保持了非常快速的增长势头。

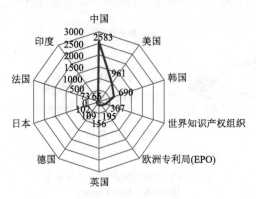

图 12-61　全球冷链温度监控技术专利地域分布

2. 中外专利申请趋势

从图 12-62 所示的全球及中国冷链温度监控技术专利申请趋势可以看出，全球出现

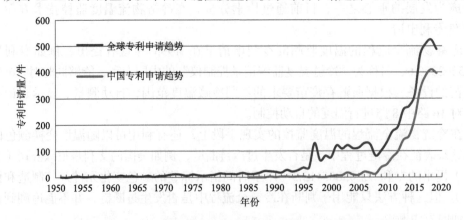

图 12-62　全球及中国冷链温度监控技术专利申请趋势

冷链温度监控技术相关专利的申请是在 20 世纪 50 年代，而中国出现冷链温度监控技术相关专利的申请是在 20 世纪 80 年代，相比于国外起步晚了 30 多年；国外在 1990～2000 年期间，在冷链温度监控技术相关专利的申请经历了一次小高峰，年度专利申请量突破 100 件；而处于同时期的中国，仍然处于萌芽发展阶段，在冷链温度监控技术相关专利的申请仅为个位数；但是从 2000 年之后，中国在冷链温度监控技术相关专利的申请趋势与全球步伐保持一致，并在近些年，在冷链温度监控技术相关专利的申请发明居于领先地位。

3. 中外专利技术构成

如图 12-63 所示，是全球冷链温度监控相关专利技术构成图，从 IPC 分类号的构成可以看出，全球在该领域专利的申请主要集中在以下几个方面：

F25D 冷柜；冷藏室；冰箱；其他小类不包含的冷却或冷冻装置；

G01K 温度测量；热量测量；未列入其他类目的热敏元件；

B65D 用于物件或物料贮存或运输的容器，如袋、桶、瓶子、箱盒、罐头、纸板箱、板条箱、圆桶、罐、槽、料仓、运输容器；所用的附件、封口或配件；包装元件；包装件；

F25B 制冷机，制冷设备或系统；加热和制冷的联合系统；热泵系统；

G06Q 专门适用于行政、商业、金融、管理、监督或预测目的数据处理系统或方法；其他类目不包含的专门适用于行政、商业、金融、管理、监督或预测目的的处理系统或方法；

G05D 非电变量的控制或调节系统；

G01D 非专用于特定变量的测量；不包含在其他单独小类中的测量两个或多个变量的装置；计费设备；非专用于特定变量的传输或转换装置；未列入其他类目的测量或测试；

G01N 借助于测定材料的化学或物理性质来测试或分析材料；

G05B 一般的控制或调节系统；这种系统的功能单元；用于这种系统或单元的监视或测试装置；

G06K 数据识别；数据表示；记录载体；记录载体的处理。

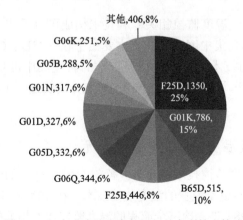

图 12-63　全球冷链温度监控相关专利技术构成

从图 12-64 所示的中国冷链温度监控相关专利的 IPC 分类号的构成可以看出，我国在该领域的专利申请主要集中在以下几个方面：

F25D 冷柜；冷藏室；冰箱；其他小类不包含的冷却或冷冻装置；

B65D 用于物件或物料贮存或运输的容器，如袋、桶、瓶子、箱盒、罐头、纸板箱、板条箱、圆桶、罐、槽、料仓、运输容器；所用的附件、封口或配件；包装元件；包装件；

G01K 温度测量；热量测量；未列入其他类目的热敏元件；

G01D 非专用于特定变量的测量；不包含在其他单独小类中的测量两个或多个变量的装置；计费设备；非专用于特定变量的传输或转换装置；未列入其他类目的测量或测试；

G05B 一般的控制或调节系统；这种系统的功能单元；用于这种系统或单元的监视或测试装置；

G06Q 专门适用于行政、商业、金融、管理、监督或预测目的的数据处理系统或方法；其他类目不包含的专门适用于行政、商业、金融、管理、监督或预测目的的处理系统或方法；

G06K 数据识别；数据表示；记录载体；记录载体的处理。

G05D 非电变量的控制或调节系统；

G08C 测量值、控制信号或类似信号的传输系统。

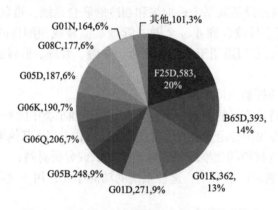

图 12-64　中国冷链温度监控相关专利技术构成

从我国与全球的冷链温度监控相关专利技术构成可以看出，全球申请专利的技术构成中，相关技术的研究集中度比较高，主要集中在 F25D、G01K 和 B65D 三个领域；在我国申请专利的技术构成中，相关技术的研究集中度也比较高，主要集中在 F25D、B65D 和 G01K 三个领域，与全球相同，充分说明这三个领域在全球以及我国都是研究的热点。

4. 中国冷链物流温度控制专利技术概况

冷链物流领域的温度监控技术主要涉及冷链存储过程中的温度监控、冷链运送设备的温度监控技术以及冷链全流程的温度监控技术。在冷链存储过程中的温度监测技术方面的专利申请量为 1984 件，冷链全流程的温度监控技术相关的专利申请为 480 件。

在冷链温度监控技术领域，该领域的专利申请人根据的经营范围主要分三种类别：制冷
设备生产型企业、冷链物流企业和物联网企业。

涉及冷冻或冷藏设备的温度控制与监控技术的专利申请主要由制冷设备生产型企
业类的申请人所提出，例如青岛海尔股份有限公司、长虹美菱股份有限公司、珠海格力
电器股份有限公司等，如图 12-65 所示。

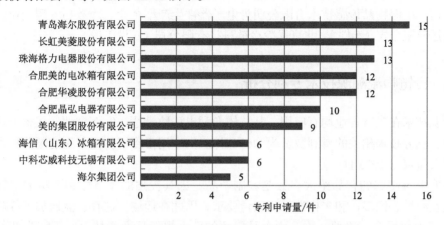

图 12-65 中国制冷设备生产型企业类的主要申请人

涉及冷链运送设备的温度监控技术以及冷链物流全流程的温度监控技术主要由物联网
信息技术企业、电子器件生产型企业、冷链物流企业和大专院校所提出，如图 12-66 所示。

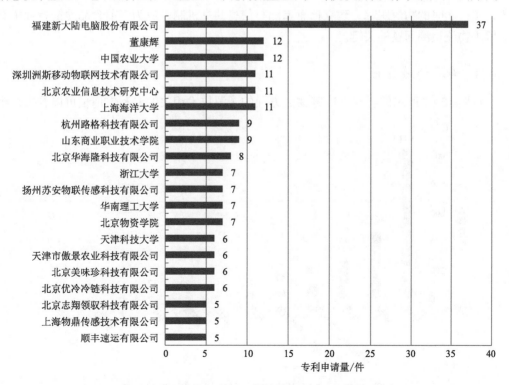

图 12-66 中国的冷链物流企业和物联网企业的主要申请人

其中，物联网类企业如福建新大陆电脑股份有限公司、深圳洲斯移动物联网技术有限公司、杭州路格科技有限公司、北京华海隆科技有限公司、北京志翔领驭科技有限公司等，这些物联网公司均致力于信息的网络融合，尤其是福建新大陆电脑股份有限公司、深圳洲斯移动物联网技术有限公司、杭州路格科技有限公司、北京志翔领驭科技有限公司均为专门服务于冷链物流行业的信息融合的物联网服务公司。扬州苏安物联传感科技有限公司、上海物鼎传感技术有限公司为电子器件生产型企业。冷链物流型企业，例如顺丰速运有限公司（5件）、北京优冷冷链科技有限公司（6件）等。

12.6.6　冷链物流溯源技术专利分析

溯源技术在各行各业均有应用，其总体专利申请数量达 30 万余件，在整个食品流通领域，溯源技术相关的专利数量为 4696 件。但应用于冷链物流方面的溯源技术相关的专利数量仅为 1933 件。

需要低温冷冻的食品绝大多数是农副产品，因其较强的季节性和严格的保鲜期，对物流及时性、恒温性和多样性的高质量要求，因此在运输、储存、流通加工等冷链的各个环节损耗严重。这种在物流中食品资源的巨大损耗是增产技术所不能弥补的。另外，食品冷链物流行业现有的软件及硬件设施还不足以满足"多品种，少数量"的消费模式的要求。信息技术和信息系统的发展，尤其是追溯技术的兴起，为提升冷链物流水平和食品质量的把控提供了行之有效的途径。无论是在储存、搬运、销售还是配送阶段，实行实时的物流跟踪，建立信息追溯与信息共享机制，成为当前食品冷链行业中有效解决物流追溯问题的关键。

1. 专利地域分布

从图 12-67 所示的全球在冷链物流方面的溯源技术相关的专利申请量可以看出，排

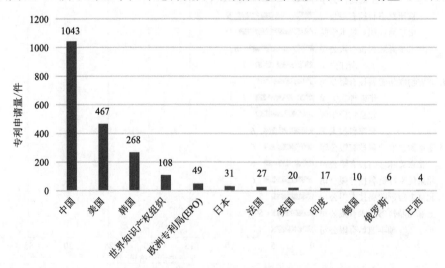

图 12-67　全球食品冷链溯源技术相关专利地域分布

在前十位的为中国、美国、韩国、世界知识产权组织、欧洲专利局、日本、法国、英国和印度。其中中国公开的专利申请总量为 1043 件、美国公开的专利申请总量为 467 件，韩国公开的专利申请总量为 268 件；从专利公开的专利申请总量来看，在冷链物流方面的溯源技术方面，中国投入了较多的研究，在专利申请总量方面遥遥领先于其他国家。

2. 国内外专利申请趋势

溯源食品就是通过一物一码以及物联网等现代技术对食品全生命周期进行追溯的食品。食品从原料来源到生产加工，再到最终销售，各个环节都有数据采集和记录，形成食品生产链条式的溯源档案。从冷链溯源技术专利申请趋势可以看出，全球出现冷链溯源技术相关专利的申请是在 21 世纪初期。溯源技术起步较晚，主要是因为溯源技术需要借助于互联网技术，所以只有在互联网技术发展起来的情况下，才能更好地建立食品溯源体系。溯源体系的建立，形成了对商品的来源、流通、检验检疫等方面的信息追溯。

从图 12-68 所示的冷链溯源技术专利申请趋势可以看出，中国与全球在冷链溯源技术方面的研究起始时间基本相同，但 2005 年全球在冷链溯源技术相关专利的申请经历了一次小高峰，年度专利申请量近 80 件，而处于同时期的中国，仍然处于缓慢发展阶段，相关专利的申请仅为个位数。这也说明，我国在冷链溯源技术的起步方面虽然与全球保持一致，但是在技术研究方面还是要落后于其他国家。不过从 2010 年之后，中国在冷链溯源技术相关专利的申请趋势与全球步伐基本保持一致，并在近些年，申请数量居于领先地位。

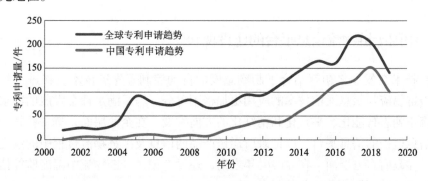

图 12-68　全球及中国食品冷链溯源技术相关专利申请趋势

3. 中国主要专利申请人

在冷链溯源技术领域，国内专利申请量排名前 10 位的申请人中，如图 12-69 所示，连云港伍江数码科技有限公司、深圳市沃特瑞迪科技有限公司和青岛海尔股份有限公司排在前三位，专利申请公开量分别为 16 件、9 件和 8 件。根据申请人的经营范围主要分三种类别：互联网科技企业、制冷设备生产型企业和高校，而且主要集中在互联网科技企业，排名前十位中有七位是互联网科技企业，这与冷链溯源技术的本质相一致，因为冷链溯源技术本质就是基于互联网技术的追溯研究。

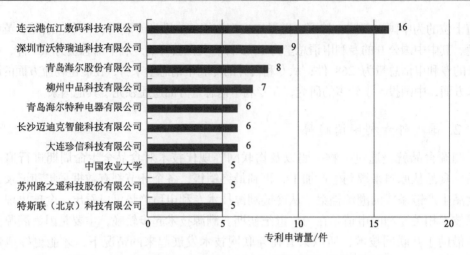

图 12-69　中国食品冷链溯源技术相关专利申请主要专利申请人

　　排在申请人前三位的连云港伍江数码科技有限公司、深圳市沃特瑞迪科技有限公司和青岛海尔股份有限公司，其中，连云港伍江数码科技有限公司的相关专利申请，主要涉及用于储存带有相应 RFID 标签的物品，以及识别 RFID 标签内信息的储物设备，属于具有溯源功能冷链存储或运输设备技术领域；深圳市沃特瑞迪科技有限公司的相关专利申请，主要涉及血液存储方面的溯源技术，属于医疗物资冷链技术领域的溯源技术；青岛海尔股份有限公司的相关专利申请主要为带有食品溯源功能的智能冰箱方面的相关技术。

12.6.7　中国冷链物流信息平台的建设现状

　　制冷技术在发展之初就结合了制冷温度的自动控制等先进技术，在进入物联网时代后，冷链物流与信息通信技术的应用更加密不可分。为了满足社会发展的需求，现代冷链物流正朝着智能化、平台化和精细化的方向发展。在企业层面，有一些物流企业具备物流信息监控的信息平台，以记录所运送产品的信息及冷链物流过程中的温度、湿度信息等。在政府官方层面，在 2020 年之前，还没有记录冷链物流中温度监控信息、冷链运输的物品的溯源信息的公共平台。

　　当前我国冷链物流的信息化发展中，存在冷链物流信息孤岛的问题。冷链物流企业之间的物流信息监控平台的操作规程、数据格式和标准规范各不相同。在数据的融合方面不仅具有企业独立经营的人为因素的限制，在技术上也存在数据融合的屏障。

　　冷链物流各环节的数据分散于监管部门或物流企业的内部，尚未实现有效整合，消费者难以获取充分的产品信息，跨区域监管也面临数据孤岛困境，必须在国家层面建立统一的冷链物流监管服务平台，面向公众提供权威的产品信息查询入口，面向企业和监管部门提供必要的数据共享交换服务。

12.6.8　小结

冷链物流是食品流通的通道，也是保障食品安全的关键。在人们对高品质生活的追求以及生鲜市场蓬勃发展的推动下，冷链物流行业发展前景广阔。

在食品安全要求下，冷链物流行业如何做到冷链全程的温度监控以及冷链溯源，是重中之重。目前中国在冷链过程的温度监控和溯源技术方面，冷链物流行业上中下游企业的关注点不同，上游企业（制冷设备生产企业）重视制冷设备的温度监控，中下游企业注重冷链运输过程中的温度监控技术。由于该技术对信息技术以及电子技术的依赖程度较大，技术开发研究通常是由服务于冷链物流行业的信息技术类企业承担。

在溯源技术方面，目前溯源技术主要用于追溯冷链物品在冷链运输过程中的温度状态、物品的原产地等方面信息。为了实现冷链物品流通的路径追溯，需要将更多的注意力转移到冷链物品的运送路径、储运信息（包括物流公司、搬运人员）等方面。同时在监管层面需要加大监管力度，提供冷链物流信息登记或查询的信息平台，以保证溯源信息查询的统一性、便利性及权威性。

参 考 文 献

[1] 尹世久, 高杨, 吴林海. 构建中国特色的食品安全社会共治体系[M]. 北京: 人民出版社, 2017.

[2] 吕煜昕, 吴林海, 池海波, 等. 中国水产品质量安全研究报告[M]. 北京: 人民出版社, 2018.

[3] 孙桂兰. 论乳制品进口过快增长对我国奶业发展的影响[J]. 赤峰学院学报 (自然科学版), 2015 (8): 116-118.

[4] 马轶群. 农产品贸易、农业技术进步与中国区域间农民收入差距[J]. 国际贸易问题, 2018(6): 41-53.

[5] 程国强. 中国农产品出口: 增长、结构与贡献[J]. 管理世界, 2004(11): 85-96.

[6] 洪浩峰, 叶敏. 出口水产品质量安全发展探析[J]. 现代农业科技, 2019(4): 223-225.

[7] 田新霞, 赵建欣, 谭立群. 我国果蔬农产品出口障碍破解[J]. 开发研究, 2018(6): 39-44.

[8] 邓成文. 我国进口食品安全法律规制研究[D]. 无锡: 江南大学, 2017.

[9] 周偲, 梅宝中, 张强. 重金属污染土壤修复技术及其修复研究[J]. 资源节约与环保, 2019(11): 75.

[10] 邢汉君, 蒋俊, 李晶, 等. 有机氯农药污染土壤异位热脱附修复研究[J]. 湖南农业科学, 2019(11): 62-64, 68.

[11] 魏睿. 植物-微生物联合修复农药污染土壤的技术研究[J]. 科技创新导报, 2018, 15(11): 103-104.

[12] 刘义, 刘庆广, 黄永凤. 土壤修复技术研究进展[J]. 德州学院学报, 2019, 35(6): 47-51.

[13] 叶萌祺, 杜宗军, 陈冠军. 食品中重金属去除技术研究进展[J]. 现代食品科技, 2017, 33(10): 308-318, 307.

[14] 罗月, 朱永义, 何远东. 2015—2017 年某市蔬菜和水果中农药残留现状分析[J]. 医学动物防制, 2019, 35(7): 651-653.

[15] 齐斌, 梁海斌, 乔丹, 等. 果蔬农残现状及其清洗去除方式研究进展[J]. 广州化工, 2019, 47(23): 43-45, 70.

[16] 孙蕊, 张海英, 李红卫, 等. 物理技术降解农产品农药残留的研究进展[J]. 中国粮油学报, 2013, 28(8): 118-128.

[17] 罗琴, 祖云鸿, 石开琼, 等. 微酸性电解水去除蔬菜农药残留效果的研究[J]. 食品安全质量检测学

报, 2014, 5(11): 3657-3663.

[18] 刘炯. 从专利角度浅析中国食品溯源技术的发展[J]. 现代食品, 2018(12): 7-10, 17.

[19] 郭振华, 陈换美. 食品溯源技术研究现状及分析[J]. 新疆农机化, 2017, (6): 34-37.

[20] 肖静, 张东杰, 刘子玉, 等. 我国食品冷链物流管理体系构建研究[J]. 农机化研究, 2008(7): 13-17.

[21] 李小娟, 刘晴. 食品冷链物流的现状及发展分析[J]. 粮食科技与经济, 2018, 43(4): 71-76.

[22] 中国物流与采购联合会冷链物流专业委员会. 打造智慧物流 发展绿色物流——2020 上半年中国冷链物流发展回顾[J]. 农业工程技术, 2020, 8(25): 19-25.

[23] 人民出版社编. 物流业发展中长期规划(2014—2020 年)[M]. 北京: 人民出版社, 2014.

[24] Thevenot R, 邱忠岳. 世界制冷史[J]. 冷藏技术, 1988, 9(30): 41-47.

[25] 李树磊. 高端海洋产品冷链物流追踪与溯源信息系统研究[D]. 杭州: 中国计量大学, 2018.

缩 略 语

ATCC（American Type Culture Collection）：美国菌种保藏中心

CARD（The Comprehensive Antibiotic Resistance Database）：加拿大综合抗生素耐药性数据库

CARSS（China Antimicrobial Resistance Surveillance System）：全国细菌耐药监测网

CCTCC（China Center for Type Culture Collection）：中国典型培养物保藏中心

CDC（Centers for Disease Control and Prevention）：美国疾病控制与预防中心

CGE（Center for Genomic Epidemiology）：丹麦基因组流行病学中心

CGMCC（China General Microbiological Culture Collection Center）：中国普通微生物菌种保藏管理中心

CICC®（China Center of Industrial Culture Collection）：中国工业微生物菌种保藏管理中心

CIPARS（Canadian Integrated Program for Antimicrobial Resistance Surveillance）：加拿大抗微生物药耐药性监测综合计划

CODEX（Codex Alimentarius Commission）：国际食品法典委员会

DANMAP（The Danish Integrated Antimicrobial Resistance Monitoring and Research Programme）：丹麦综合抗药性监测和研究计划

DSMZ（Deutsche Sammlung von Mikrooorganismen und Zellkulturen）：德国微生物菌种保藏中心

EDA（European Dairy Association）：欧洲乳品协会

EMA（Economically Motivated Adulteration）：经济利益驱动型掺假

FAO（Food and Agriculture Organization of the United Nations）：联合国粮食及农业组织

FDA（Food and Drug Administration）：美国食品药品管理局

FoodNet（Foodborne Diseases Active Surveillance Network）：食源性疾病主动监测网络数据库

FSIS（Food Safety and Inspection Service）：美国农业部食品安全和检疫局

gcMeta（A Global Catalogue of Metagenomics Platform）：全球微生物组数据存储和标准化分析平台

GFSI（Global Food Safety Initiative）：全球食品安全倡议

GOLD（Genomes OnLine Database）：基因组在线数据库

ICO（International Coffee Organization）：国际咖啡组织

IMG/M（Integrated Microbial Genomes & Microbiomes Data Management System）：集成微生物基因组和微生物组数据管理系统

IOC（International Olive Council）：国际橄榄油理事会

ISO（International Organization for Standardization）：国际标准化组织

JVARM（Japanese Veterinary Antimicrobial Resistance Monitoring System）：日本兽用抗菌药监控系统

KEGG（Kyoto Encyclopedia of Genes and Genomes）：京都基因与基因组百科全书

KONSAR（Korean Nationwide Surveillance of Antimicrobial Resistance）：韩国国家细菌耐药性监测网

NARMS（National Antimicrobial Resistance Monitoring System）：美国国家抗生素耐药性监测系统

NIH（National Institutes of Health）：美国国立卫生研究院

OIV（International Organisation of Vine and Wine）：国际葡萄与葡萄酒组织

PAMDB（*Pseudomonas aeruginosa* Metabolome Database）：铜绿假单胞菌代谢物数据库

PDO（Protected Designation of Origin）：原产地保护标识

PGI（Protected Geographical Indication）：地理标志保护

PHI-base（Pathogen Host Interactions）：病原体与宿主相互作用数据库

PubMLST（Public Databases for Molecular Typin and Microbial Genome Diversity）：分子分型和微生物基因组多样性公共数据库

TMIC（Metabonomics Innovation Center）：美国国立卫生研究院代谢组学创新中心

VFDB（Virulence Factors of Pathogenci Bacteria）：毒力因子数据库